XDNNSHCH

荷斯坦牛

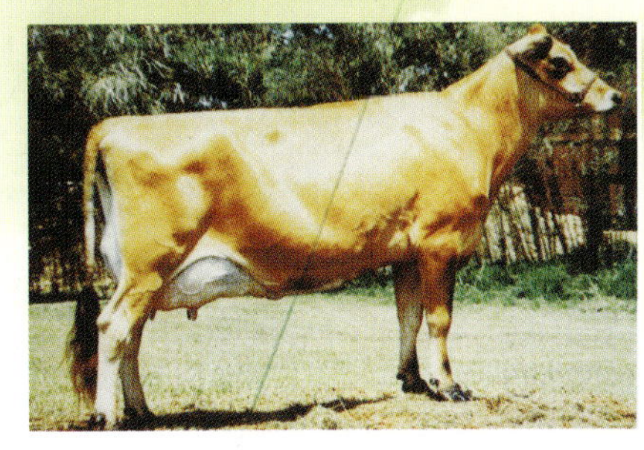
娟姗牛

爱尔夏牛

西门塔尔牛

现代奶牛生产

瑞士褐牛

更赛牛

新疆褐牛

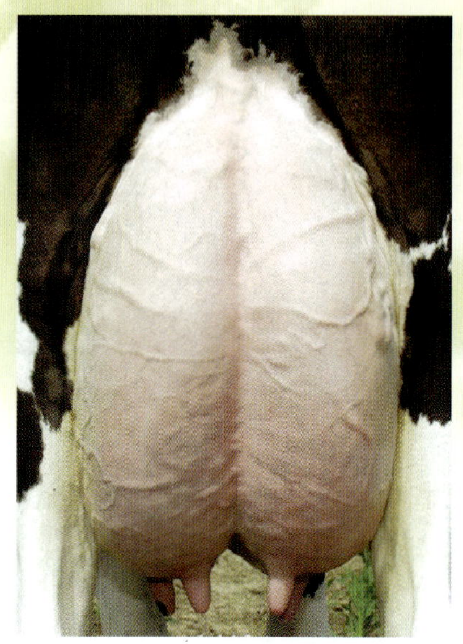
高产奶牛乳房

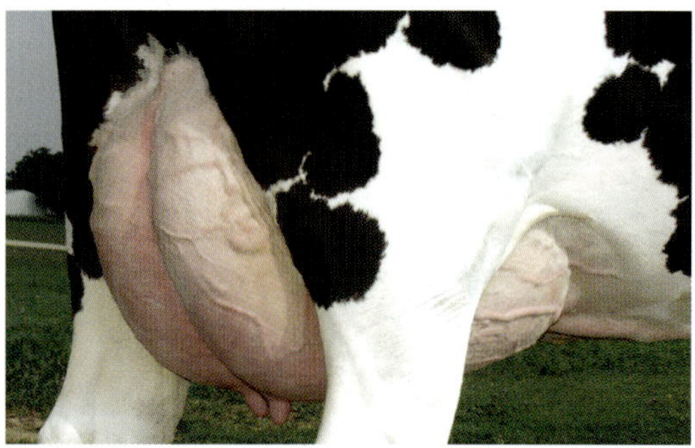
高产奶牛乳房

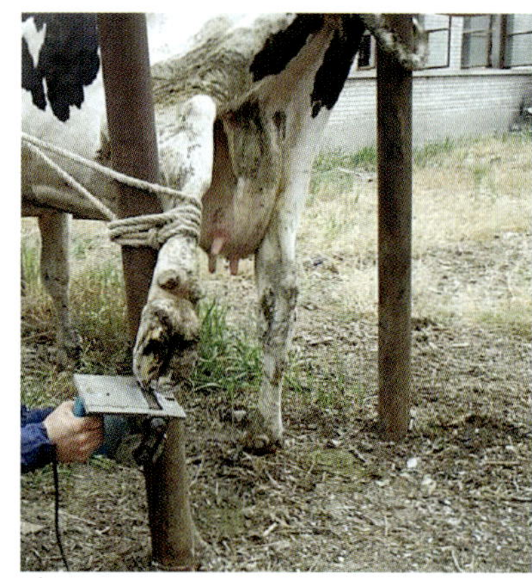
修蹄

犊牛栏

牛的擦痒器

补饲

舔食舔砖

运动场水槽

自动调式温水槽

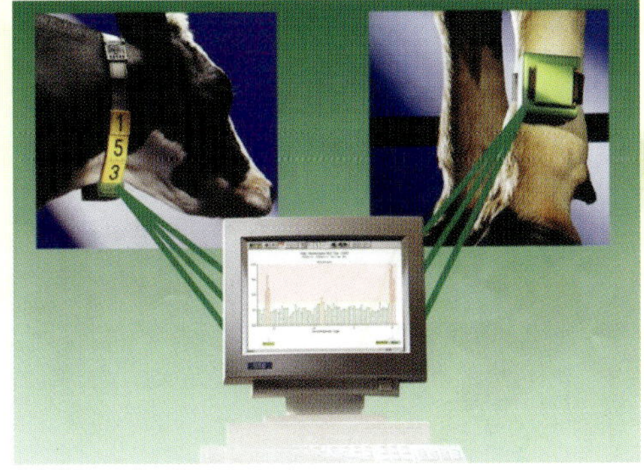

计步器和项圈式应答器

奶牛通道

饮水碗

固定式 TMR 搅拌

TMR 喂料

TMR 日粮混合喂料车

TMR 自带青贮抓手防止青贮二次发酵

混合后的 TMR 饲料

TMR 喂料

转盘式挤奶厅

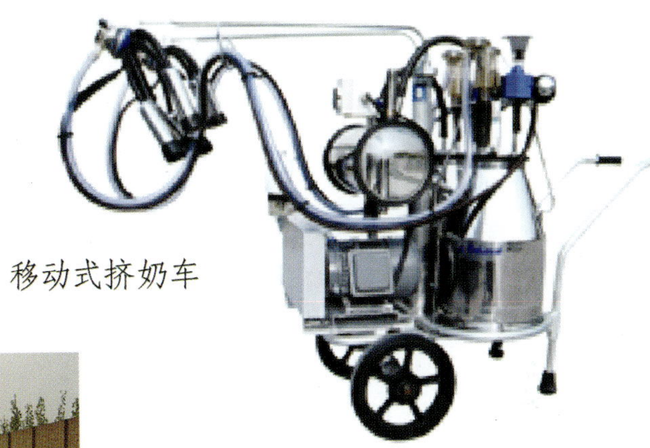
移动式挤奶车

青贮窖

青贮塔

储奶罐

储奶罐

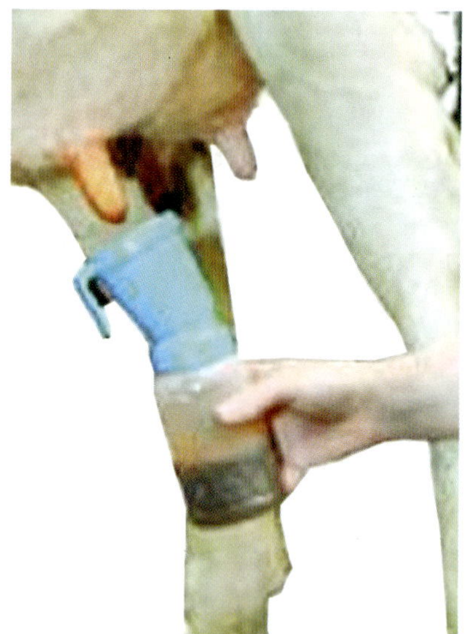

药浴乳头

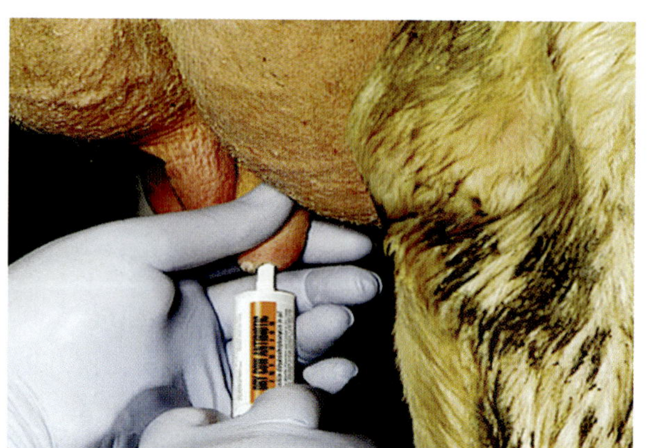

乳头注射

药浴乳头

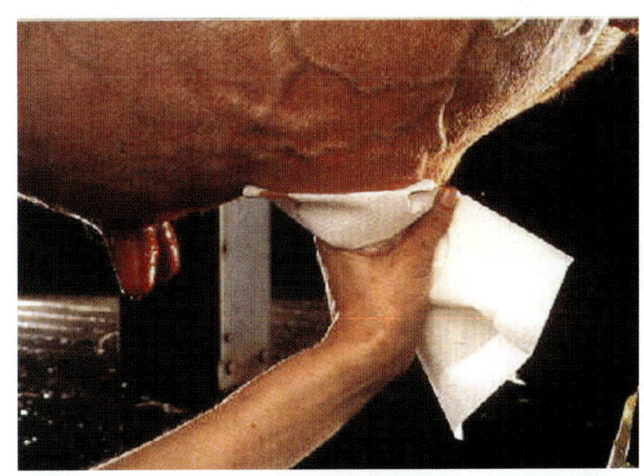

纸巾擦干乳头

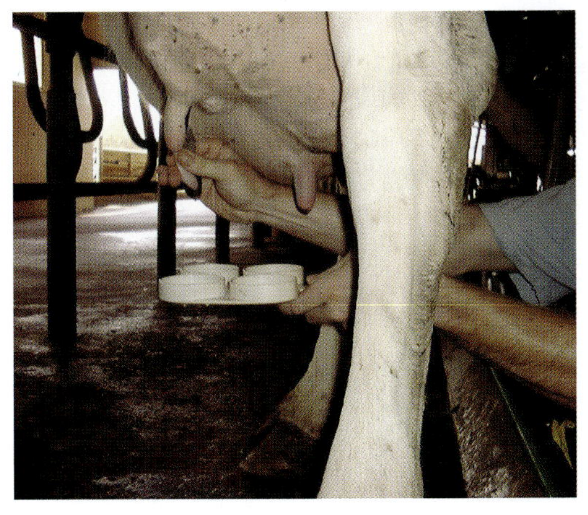

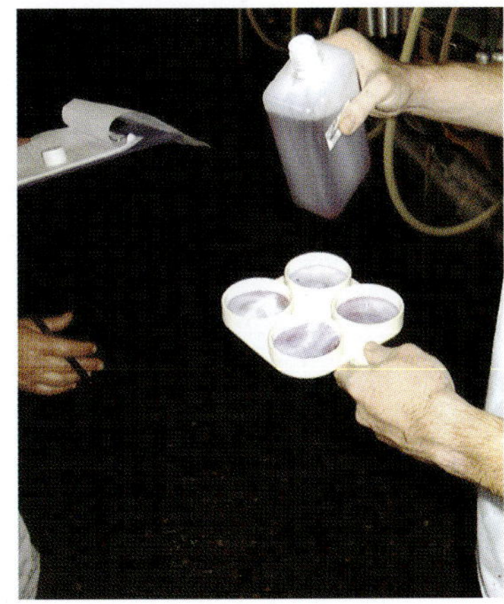

乳房炎检测

紫花苜蓿

苜蓿收割

苜蓿收割

苜蓿打捆

苜蓿草垛

苜蓿干草捆

国家重大出版工程项目

现代奶牛生产

李建国　主编

中国农业大学出版社

主　编　李建国

副主编　曹玉凤　高建锋　陈凤春　褚素乔　李秀峰
李淑芳

编　者　（以姓氏笔画为序）
仝　军　刘翠梅　孙凤莉　李秀峰　李运起
李建国　李勇军　李秋凤　李淑芳　杨家栋
芦春莲　陈凤春　胡海波　赵晓静　赵祥英
高建锋　高艳霞　曹玉凤　曹素英　褚素乔

前　言

奶牛生产是饲料转化效率较高的资源节约型产业之一，是极具发展潜力和广阔前景的“朝阳产业”。世界诸多发达国家和地区都将发展奶业放在畜牧业的首要位置，给予高度重视，这使全球奶业一直保持着健康平稳的发展态势。我国也不例外，近年来把发展奶业作为畜牧业产业结构调整的重要措施，得到了长足的发展，在畜牧业中越来越显示出重要地位。奶业的发展不但带动了农业和农村经济的发展，也对二、三产业起到了巨大的拉动作用。近 10 年来，我国奶业出现了前所未有的良好势头，中央有关部门与一些畜牧大省给予资金和政策的大力支持，原料奶及乳品产量速度增长，使我国成为全球奶业旺盛增长地区。

但我国奶业发展起步较晚，与发达国家和国内先进省区相比有很大差距。主要表现在良种覆盖率低、饲料利用率低、个体产奶量低、劳动生产率低、疾病发生率高。主要问题是饲料资源利用不合理，特别是粗饲料加工调制技术落后，造成产量低、质量差；有些高产牛营养负平衡、体况差、生理机能下降，难受孕或造成死胎；母牛选育未引起重视，使牛群个体变小；乳腺炎、肢蹄病、不孕症、营养代谢病仍是影响牛群的主要疾病；由于营养不合理及疾病，乳牛利用年限短，有些牛场平均不足 3 胎次……奶牛科技推广滞后，导致了生产效率较低。

为适应我国奶牛养殖生产的新形势，满足奶牛养殖企业和专业户的需要，我们编著了《现代奶牛生产》一书，以供同行参阅。本书分十四章，较系统地介绍了奶牛品种、奶牛的体型外貌鉴定与体况评分、奶牛的生产性能及其测定、奶牛的选育、奶牛的繁殖、奶牛对营养物质的消化与奶牛的营养需要、奶牛的饲料及饲料供应、优质饲草种植技术、奶牛的饲养管理技术、奶牛场的设计与建设、奶牛疫病防制技术等技术，为奶牛养殖企业和专业户在奶牛养殖过程中存在的问题，提供解决的办法。

在编写过程中，我们结合多年来从事奶业科研和教学成果，理论联系实际，做到技术简明实用，语言通俗易懂。同时广泛参阅了国内外众多学者的有关著作及文献的相关内容，并列入本书参考文献，在此一并对原作者表示诚挚的感谢！对于疏漏的文献作者，深表歉意。

因作者水平所限，书中缺点和不足之处敬请读者批评指正。

编著者

2006 年 10 月

目　　录

第一章 奶牛品种

第一节 国外乳用及乳肉兼用牛品种

一、荷斯坦牛

(一)乳用型荷斯坦牛

荷斯坦牛又称荷斯坦-弗里生牛,也简称荷斯坦牛或弗里生牛。来源于荷兰北部的西弗里斯和德国的荷尔斯坦省,目前分布于世界许多国家,由于被输入国经过多年的培育,使该牛出现了一定的差异,所以许多国家的荷斯坦牛常冠以本国名称,如美国荷斯坦、加拿大荷斯坦等。

1. 外貌特征 荷斯坦牛属大型的乳用品种(特别是美国和加拿大尤为突出),体格高大,结构匀称,后躯发达,测望体躯呈楔形。毛色大部分为黑白花,额部有白星,鬐甲和十字部有白带,腹部、尾帚、四肢下部均为白色。骨骼细致而结实,肌肉欠丰满。皮薄而有弹性,皮下脂肪少。被毛短而柔软。头狭长,清秀,额部微凹;角细短而致密,向上方弯曲。十字部比鬐甲部稍高,尻部长宽而稍倾斜,腹部发育良好。四肢长而强壮。乳房特别庞大,乳腺发育良好,乳静脉粗而多弯曲,乳井深大。尾细长。公牛体重一般为 900～1 200 kg,母牛 650～750 kg,犊牛初生重 40～50 kg。公牛平均体高 145 cm,体长 190 cm,胸围 226 cm,管围 23 cm。母牛体高 135 cm,体长 170 cm,胸围 195 cm,管围 19 cm。美国、加拿大和日本等国的黑白花牛属此类型。

2. 生产性能 荷斯坦牛比其他任何品种生产更多的奶、乳蛋白和乳脂。它以极高的产奶量、理想的形态、饲料利用率高、适应环境的能力强及产犊价值高著称于世。一般母牛年平均产奶量为 6 500～7 500 kg,乳脂率为 3.6%～3.7%。1979 年美国荷斯坦牛协会登记的 128 570 头荷斯坦牛的平均产奶量为 8 096 kg,乳脂率 3.64%。加利福尼亚州某农场饲养 192 头成母牛,平均头年产奶量达 12 475.5 kg,

乳脂率 3.8%。创世界个体产奶量最高记录者，是 1997 年美国一头名叫“Muranda Oscar Lucinda ET”的成年母牛，3 岁 4 个月，365 d(每日 2 次挤奶)产奶30 833 kg，乳脂率 3.3%，乳蛋白率 3.3%。

在美国有 90%的奶牛是荷斯坦牛，有 100 多个国家从美国引进荷斯坦牛、精液或胚胎。加拿大荷斯坦牛，以高产长寿而著称于世，305 d 泌乳期(每日挤奶 2 次)的产乳量为 7 200 kg，乳脂率 3.7%，乳蛋白率 3.2%。目前，世界许多国家都从美国、加拿大引进乳用型黑白花牛，以提高本国黑白花牛的产奶量，均取得良好效果。

(二)兼用型荷斯坦牛

兼用型荷斯坦牛是以荷兰本土的荷斯坦牛为代表的许多欧洲国家的荷斯坦牛，为乳肉兼用型品种。

1. 体型外貌 乳肉兼用型荷斯坦牛的体型较小。母牛体躯发育匀称，体躯较低，呈矩形。毛色与乳用型相同，但花片更加整齐美观。骨骼细而坚实，肌肉丰满。皮稍厚，但柔软，被毛细短。头短、宽，颈粗、长度适中。鬐甲宽厚，胸宽且深，背腰宽平，尻部方正，臀部肌肉丰满。乳房附着良好，前伸后展，发育匀称，呈方圆形，乳头大小适中，乳静脉发达。公牛一般体重为 900～1 100 kg，母牛 550～700 kg。犊牛初生重一般为 35～45 kg。母牛体高 126.4 cm，体长 156.1 cm，胸围 197.1 cm，管围 19.1 cm。

2. 生产性能 兼用型荷斯坦牛的平均产奶量比乳用型荷斯坦牛低。据原产地荷兰 1978 年统计，年平均个体产奶量为 5 094 kg，高者(母)可达 10 000 kg 之多，乳脂率为 2.8%～4.0%。丹麦兼用型荷斯坦牛 305 d 平均个体产奶量为5 255 kg，乳脂率为 3.97%。兼用型荷斯坦牛的产肉性能颇好，肥育后可产多汁的呈大理石状的牛肉，屠宰率可达 55%～60%。14～18 月龄活重可达 500 kg。平均日增重 900～1 200 g。

二、娟　姗　牛

原产于英国英吉利海峡的娟姗岛，是古老的奶牛品种之一，其性情温驯，体型较小，是举世闻名的高乳脂率奶牛品种。

1. 外貌特征 属小型乳用品种。中躯长，后躯较前躯发达，体型呈楔形。头小而轻，额部凹陷，两眼突出，轮廓清晰。角中等大小，向前弯曲，色黄，尖端为黑色。颈细长，有皱褶，颈垂发达。鬐甲狭窄，胸深宽，背腰平直。腹围大，尻长平宽，尾帚发达。四肢骨骼较细，左右肢间距宽，蹄小。乳房发育良好，质地柔软，乳静脉粗大而弯曲，乳头略小。皮薄而有弹性，毛短细而有光泽。毛色以灰褐色为最多，黑褐色次之，也有少数黄褐、银褐等色，腹下及四肢内侧毛色较淡，鼻镜及舌为黑色，口、眼周围有浅色毛环，尾帚为黑色。成年公牛体重为 650～750 kg，母牛为 340～450 kg，犊牛初生重 23～27 kg。成年母牛体高 113.5 cm，体长 133 cm，胸围 154 cm，管围 15 cm。而美国、丹麦的娟姗牛个体稍大。

2. 生产性能 娟姗牛以乳脂率高著称于世，用以改良提高低乳脂品种牛的乳脂量，取得明显效果。平均乳脂率为 5.5%～6.0%，个别牛高达 8%。并且乳脂肪球大，乳脂黄色，适于制作黄油。乳蛋白 4%。年平均产奶量 3 000～3 500 kg，个体年产奶量的最高记录为 18 929.3 kg。娟姗牛被公认为效率最好的乳牛品种，其每千克体重的产奶量超过其他品种，同时奶的风味极佳，所含乳蛋白、矿物质、干物质和其他重要营养物质都超过了其他品种的奶牛。娟姗牛能适应广泛的气候和地理条件，耐热力强。

娟姗牛性成熟早，耐热，适应于热带气候饲养。

三、爱尔夏牛

爱尔夏牛原产于英国苏格兰西南部埃尔郡。是英国古老乳用品种之一。

1. 外貌特征 角细长，形状优美，角根部向外方凸出，逐向上弯，尖端稍向后弯，为蜡色，角尖呈黑色。体格中等，结构匀称，被毛为红白花，有些牛白色占优势。该品种外貌的重要特征是其奇特的角形及被毛有小块的红斑或红白纱毛。鼻镜、眼圈浅红色，尾帚白色。乳房发达，发育匀称呈方形，乳头中等大小，乳静脉明显。成年公牛体重 800 kg，母牛体重 550 kg，体高 128 cm。犊牛初生重 30～40 kg。

2. 生产性能 爱尔夏牛的产奶量一般低于荷斯坦牛，但高于娟姗牛和更赛牛。美国爱尔夏登记牛年平均产奶量为 5 448 kg，乳脂率 3.9%，个别高产群体达 7 718 kg，乳脂率 4.12%。美国最高个体 305 d，每天 2 次挤奶产奶量为16 875 kg，乳脂率 4.28%；365 d 最高产奶记录为 18 614 kg，乳脂率 4.39%。

四、瑞士褐牛

瑞士褐牛属乳肉兼用品种，原产于瑞士阿尔卑斯山区，主要在瓦莱斯地区。由当地的短角牛在良好的饲养管理条件下，经过长时间选种选配而育成。

1. 外貌特征 被毛为褐色，由浅褐、灰褐至深褐色，在鼻镜四周有一浅色或白色带，鼻、舌、角尖、尾帚及蹄为黑色。头宽短，额稍凹陷，颈短粗，垂皮不发达，胸深，背线平直，尻宽而平，四肢粗壮结实，乳房匀称，发育良好。成年公牛体重为1 000 kg，母牛 500～550 kg。

2. 生产性能 瑞士褐牛年产奶量为 2 500～3 800 kg，乳脂率为 3.2%～3.9%；18 月龄活重可达 485 kg，屠宰率为 50%～60%。美国于 1906 年将瑞士褐牛育成为乳用品种，1999 年美国乳用瑞士褐牛 305 d 平均产奶量达 9 521 kg。

瑞士褐牛成熟较晚，一般 2 岁才配种。耐粗饲，适应性强，美国、加拿大、前苏联、德国、波兰、奥地利等国均有饲养，全世界约有 600 万头。瑞士褐牛对新疆褐牛的育成起过重要作用。

五、西门塔尔牛

西门塔尔牛原产于瑞士阿尔卑斯山区及德国、法国、奥地利等地，应用本品种选育法育成，现许多国家都有自己的西门塔尔牛，并冠以该国国名而命名，为乳肉兼用或肉乳兼用型品种。

1. 外貌特征 西门塔尔牛体型大，骨骼粗壮。头大额宽。公牛角左右平伸，母牛角多向前上方弯曲。颈短。胸部宽深，背腰长且宽直，肋骨开张，尻宽平，四肢结实，乳房发育良好。被毛黄白花或红白花，少数黄眼圈，头、胸、腹下，四肢下部和尾尖多为白色。成年牛体尺、体重见表 1-1。

表 1-1 成年西门塔尔牛体尺、体重

性别	体高(cm)	体斜长(cm)	胸围(cm)	管围(cm)	体重(kg)
公	144.8	185.2	217.5	24.4	964.7
母	134.4	164.2	195.5	20.7	577.0

2. 生产性能 西门塔尔牛产乳和产肉性能均良好，成母牛平均泌乳天数 285 d，平均产奶量 4 037 kg，乳脂率 4.0%～4.2%。放牧育肥期内平均日增重 0.8～1.0 kg 或以上；18 月龄时公牛体重为 400～480 kg。肥育至 500 kg 的小公牛，日增重 0.9～1.0 kg，屠宰率 55%以上，肉骨比 4.5，胴体脂肪率 4%～4.5%。母牛常年发情，初产期 30 月龄，发情周期 18～22 d，产后发情间隔约 53 d，妊娠期 282～290 d，繁殖成活率 90%以上，头胎难产率为 5%。

西门塔尔牛是世界上分布最广、数量最多的品种之一。用西门塔尔牛改良我国黄牛效果显著，杂种后代体型加大，生长增快，产乳性能提高，且杂种小牛放牧性能好。

第二节　我国乳用及乳肉兼用牛品种

一、中国荷斯坦牛

中国荷斯坦牛是从国外引进的荷斯坦牛与我国黄牛杂交，经长期选育而成，是我国唯一的乳用品种。

1. 外貌特征　毛色为黑白花，花片分明，额部多有白斑，角尖黑色，腹底、四肢下部及尾稍为白色。体格高大，结构匀称，头清秀狭长，眼大突出，颈瘦长而多皱褶，垂皮不发达。前躯较浅窄，肋骨开张弯曲、间隙宽大。背腰平直，腰角宽大，尻长、平、宽，尾细长。被毛细致，皮薄，弹性好。乳房大、附着好，乳头大小适中、分布均匀，乳静脉粗大弯曲，乳井大而深。肢势端正，蹄质坚实。成年公牛体重1 020 kg，体高150 cm，成年母牛体重500～650 kg，犊牛初生重35～45 kg。在正常饲养管理条件下，母牛在各生长发育阶段的体尺与体重见表1-2。

表1-2　中国荷斯坦牛母牛的体尺、体重

生长阶段	体高(cm)	体斜长(cm)	胸围(cm)	体重(kg)
初生	73.1	70.1	78.3	38.9
6月龄	99.6	109.3	127.2	166.9
12月龄	113.9	130.4	155.9	289.8
18月龄	124.1	142.7	173.0	400.7
1胎	130.0	156.4	188.3	517.8
2胎	132.9	161.4	197.2	575.0
3胎	133.2	162.2	200.0	590.8

2. 生产性能　据对21 570头头胎牛统计，一胎305 d平均产奶量5 197 kg。优秀牛群产奶量可达7 000～8 000 kg，一些优秀个体的305 d产奶量达到10 000～16 000 kg。平均乳脂率3.4%左右。未经育肥的淘汰母牛屠宰率为49.5%～63.5%，净肉率40.3%～44.4%。经育肥的24月龄公牛犊屠宰率为57%、净肉率43.2%；6、9、12月龄牛屠宰率分别为44.2%、56.7%和64.3%。中国荷斯坦牛性成熟早，繁殖性能高。据统计，年平均受胎率88.8%，情期受胎率48.9%，繁殖率为89.1%。改良本地黄牛，效果明显。杂种后代体格高大，体型改

善，产奶量大幅度提高。根据农业部畜牧兽医司普查结果，中国荷斯坦牛与本地黄牛杂交后代(简称荷本杂交)产奶性能比较见表1-3。

表1-3 中国荷斯坦牛与本地黄牛杂交后代产奶性能

类别	胎次	头数	泌乳天数	产奶量(kg)	乳脂率(%)
杂交一代	一	825	184.0	1 417.4	4.1
	三	343	203.8	1 628.2	4.2
	五	275	211.2	1 932.6	4.1
杂交二代	一	326	221.3	2 082.3	4.0
	三	257	236.2	2 513.5	4.0
	五	234	237.0	2 628.4	4.0
杂交三代	一	355	240.9	2 721.1	3.7
	三	328	265.9	3 347.9	3.7
	五	292	278.7	3 550.4	3.6
黄牛		1 492		644	
荷斯坦牛	一	5 818	305	5 693	3.6
	三	3 576	305	6 915	3.6
	五	1 930	305	7 151	3.6

中国荷斯坦牛性情温顺，易于管理，适应性强。分布于－40～40℃的气温条件下，由于全国各地饲料种类、饲养管理和环境条件的差异很大，因此在各地的表现也不尽相同，总的来说是对高温气候条件的适应性较差，亦即耐冷不耐热。据研究，在黑龙江北部地区，当气温上升到28℃时，其产奶量明显下降；而当气温降至0℃以下时，产奶量则无明显变化。在我国南方地区，6～9月份高温季节产奶量明显下降，并且影响繁殖率，7～9月份发情受胎率最低。

二、中国西门塔尔牛

中国西门塔尔牛是我国自20世纪40年代开始从前苏联、德国、法国、奥地利、瑞士等国引进西门塔尔牛，历经多年繁殖、改良和选育而成的。

1. 外貌特征 毛色为黄白花或红白花，但头、胸、腹下和尾帚多为白色。体型中等，蹄质坚实，乳房发育良好，耐粗饲，抗病力强。成年公牛活重平均800～1 200 kg，母牛600 kg左右。

2. 生产性能 据对1 110头核心群母牛统计，305 d产奶量达到4 000 kg以上，乳脂率4%以上，其中408头育种核心群产奶量达到5 200 kg以上，乳脂率4%

以上。新疆呼图壁种牛场 118 头西门塔尔牛平均产奶量达到 6 300 kg，其中 900302 号母牛第 2 胎 305 d 产奶量达到 11 740 kg。据 50 头育肥牛实验结果，18～22 月龄宰前活重 575.4 kg，屠宰率 60.9%，净肉率 49.5%，其中牛柳 5.2 kg，西冷 12.4 kg，眼肉 11.0 kg。

5 年的资料统计，中国西门塔尔牛平均配种受胎率 92%，情期受胎率 51.4%，产犊间隔 407 d。

三、三 河 牛

三河牛是由内蒙古地区培育的乳肉兼用优良品种牛。主要分布在呼伦贝尔盟，约占品种牛总头数的 90%以上；其次兴安盟、哲里木盟和锡林郭勒盟等地也有分布。

1. 外貌特征　体躯高大，结构匀称，骨骼粗壮，体质结实，肌肉发达；头清秀，眼大明亮；角粗细适中，稍向上向前弯曲；颈窄，胸深，背腰平直，腹围圆大，体躯较长；四肢坚实，姿势端正；心脏发育良好；乳头不够整齐；毛色以红（黄）白花占绝大多数。

2. 生产性能　年平均产乳量 2 000 kg 左右，在较好条件下可达 4 000 kg。最高产奶个体为谢尔塔拉种畜场 8144 号母牛，第五泌乳期，360 d 产奶 8 416.6 kg，牛群含脂率 4.10%～4.47%。在内蒙古条件下，该牛繁殖成活率 60%左右，国营农场中则可达 77%（平均）。母牛妊娠期 283～285 d。一般 20～24 月龄初配，可繁殖 10 胎次以上。该牛耐粗放，抗寒暑能力强（－50～35℃）。三河牛产肉性能好，在放牧育肥条件下，阉牛屠宰率为 54.0%，净肉率为 45.6%。在完全放牧不补饲的条件下，2 岁公牛屠宰率为 50%～55%，净肉率为 44%～48%，产肉量比当地蒙古牛增加 1 倍左右。

三河牛由于来源复杂，品种育成时间较短，因而个体间尚有差异。

四、新 疆 褐 牛

新疆褐牛是草原乳肉兼用品种。主要分布于新疆北疆的伊犁、塔城等地区，南疆也有少量分布。

1. 外貌特征　体格中等，体质结实。有角，角中等大小，向侧前上方弯曲，呈半椭圆形；背腰平直，胸较宽深，臀部方正；四肢较短而结实；乳房良好。新疆褐牛被毛为深浅不一的褐色，额顶、角基、口轮周围及背线为灰白或黄白色，鼻镜，眼睑、四蹄和尾帚为深褐色。成年母牛平均体重为 430 kg,成年公牛平均体重为490 kg。初生公犊牛重 30 kg,母犊牛重 28 kg。

2. 生产性能 新疆褐牛平均产乳量 2 100～3 500 kg,高的个体产乳量达 5 162 kg;平均含脂率 4.03%～4.08%,乳干物质 13.45%。该牛产肉性能良好,在自然放牧条件下,2 岁以上牛只屠宰率 50%以上,净肉率 39%,肥育后则净肉率可提高到 40%以上。

该牛适应性很好,可在极端温度－40℃和 47.5℃下放牧,抗病力强。

五、中国草原红牛

产地主要在吉林省白城地区、内蒙古自治区和河北张家口地区。分乳肉兼用和肉乳兼用两种类型。

1. 外貌特征 被毛多为深红色,鼻镜多呈粉红色。角细短,向上弯曲,呈蜡黄色,角尖呈黄褐色。颈肩宽厚,胸宽深,背腰平直,后躯略短,尻宽平。全身肌肉丰满,乳房发育良好。

2. 生产性能 成年公牛体重 825.2 kg,母牛体重 482 kg,每头年均产奶量 1 662 kg。18 月龄阉牛,屠宰率为 50.84%,净肉率为 40.95%,经短期育肥的牛屠宰率和净肉率分别可达到 58.1%和 49.5%,肉质良好。

第二章 奶牛的体型外貌鉴定与体况评分

第一节 奶牛的体型外貌

一、外貌鉴定的意义

奶牛生产的目标是高产、稳产、健康、长寿，而研究奶牛体质外貌的目的，在于揭示外貌与生产性能和健康程度之间的关系，以便在奶牛生产上尽可能地选出高产、稳产、健康的牛只。实践证明，通过科学的外貌鉴别技术，鉴定出的体质外貌较好的牛，一般生产性能也较高。因此，各国在奶牛的育种工作中，除重视牛的产奶性能之外，也十分重视奶牛的体质外貌。

二、奶牛体各部位的名称

牛的体躯一般分为头颈、前躯、中躯和后躯 4 部分。

1. 头颈部 在体躯的最前端，以鬐甲和肩端的连线为界与躯干分开。其中耳根至下颚后缘的连线之前为头，之后为颈。

2. 前躯 颈部之后至肩胛软骨后缘垂直切线以前，包括鬐甲、前肢、胸等部位。

3. 中躯 肩胛软骨后缘垂线之后至腰角前缘垂直切线之前的中间躯段，包括背、腰、胸(肋)腹等部位。

4. 后躯 腰角前缘垂直切线之后的部位，包括尻、臀、后肢、尾、乳房、生殖器官等。

牛体各部位名称如图 2-1 所示。

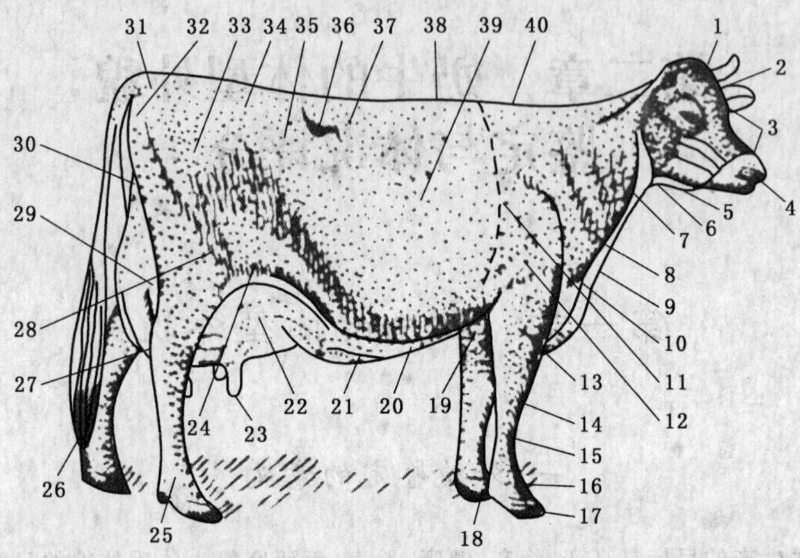

1.额顶 2.前额 3.面部 4.鼻额 5.下颌 6.咽喉 7.颈部 8.肩 9.垂皮 10.胸部 11.肩后区 12.臂 13.前臂 14.前膝 15.前管 16.系部 17.蹄 18.副蹄 19.肘端 20.乳井 21.乳静脉 22.乳房 13.乳头 14.后肋 25.球节 26.尾帚 27.飞节 28.后膝 29.大腿 30.乳镜 31.尾根 32.坐骨端 33.髋(臀角) 34.尻 35.腰角 36.肷 37.腰 38.背 39.胸侧 40.鬐甲

图 2-1 牛体部位名称

三、奶牛的外貌特征

(一)整体特征

乳牛皮薄骨细,血管外露,被毛细短而有光泽。全身肌肉不甚发达,皮下脂肪沉积不多,胸腹宽深,后躯和乳房十分发达,呈明显的细致紧凑型。从侧望、前望、上望均呈"楔形"。

侧望:将背线向前延伸,再将乳房腹线连成一条长线,延长到牛头前方,而与背线的延长线相交,构成一个楔形。从这个体型可以看出乳牛的体躯是前躯浅后躯深,表示其消化系统、生殖器官和泌乳系统发育良好、产奶量高。

前望:由鬐顶点作起点,分别向左右两肩下方作直线并延长之,而与胸下水平线相交,又构成一个楔形。这个楔形表示鬐甲和肩胛部肌肉不多,胸廓宽阔,肺活量大。

上望：由鬐甲分别向左右两腰角引两条直线，与两腰角的连线相交，亦构成一个楔形。这个楔形表示后躯宽大，发育良好。

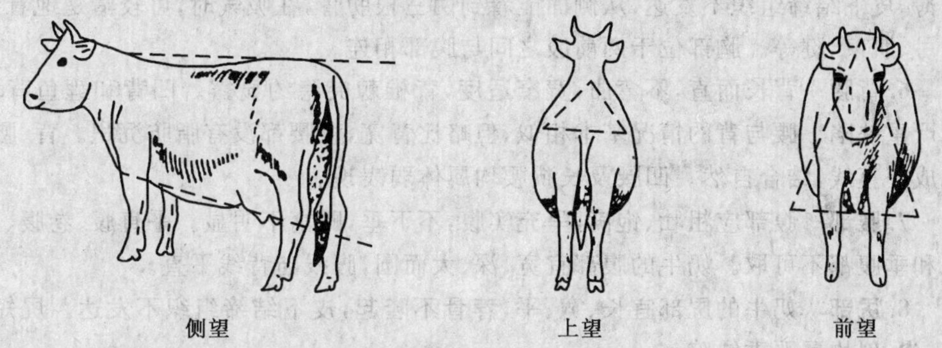

图 2-2　奶牛楔形模式图

（二）各部位特征

1. 头部　奶牛头轻，狭长而清秀；皮下结缔组织不发达，头部轮廓清晰，皮薄毛细、短、密，角细致光滑。

（1）眼：眼要圆大、明亮、有神、机敏、温顺（母牛）。眼睛细小无神而呆滞或眼球暴露凶相的均不可取。

（2）嘴与鼻：嘴要宽阔、口裂要深，界线要明显，上下唇应整齐、坚强，下颚发达，这是采食能力强的象征。鼻镜宜宽广，鼻梁正直，鼻孔粗大。

（3）耳：宜大小适中，薄而灵活，耳上的毛细血管明显，分泌物丰富，内侧呈橘黄色更佳。

（4）额：宜宽阔，以示脑部发育良好。

2. 颈部　奶牛的颈宜薄、长而平直，两侧纵行皱褶多。同时要注意头与颈、颈与肩的连接要自然，结合处不宜有明显凹陷。

3. 鬐甲　奶牛鬐甲宜长平而较狭，多与背线呈水平状态。牛体营养欠佳，肌肉不发达，弱体质时会形成尖鬐甲；背椎棘突发育不良、胸部两侧韧带松弛引起体躯下垂、胸部过度发育时都会形成岔鬐甲（双鬐甲）。

4. 肩部　奶牛的肩要求紧贴体壁而有适当倾斜，且颈肩、肩胸结合良好。肩部狭而长、肌肉欠丰满为狭长肩；肩部短而直立为短立肩；肩部长而宽广，适度倾斜为广长斜肩；肩胛骨上缘突出、两侧软弱无力，凹陷成沟为羽状肩；肩胛丰满圆润，富于脂肪为肥肩。

5. 胸部 奶牛的胸部宜宽深适度，深为体高的55%左右为宜。前胸不饱满，也不单薄。肋骨长而开张，弯曲，肋间距离宽，这样有利于胸腔的充分发育。胸部皮薄，皮下结缔组织不发达，从侧面能看到两三根肋骨，在吸气时，可较清楚地看到肋弓、肌束、腱等。胸部位于两前肢之间与腹部相连。

6. 背腰 背长而直，不弯曲，宽窄适度，背椎棘突隐约显露。凹背和鲤鱼背均为严重缺陷。腰与背的情况基本相似，但略比背宽，背腰都没有脂肪沉积。背、腰、尻成一直线，结合自然。凹腰及长狭腰均属体弱表现。

7. 腹部 腹部应粗壮、饱满，呈充实腹，不下垂，嗛窝不明显。平直腹、卷腹、草腹和垂腹都不可取。奶牛的腹部宜宽、深、大而圆，腹线与背线平直。

8. 尻部 奶牛的尻部宜长、宽、平，荐骨不隆起，皮下结缔组织不发达。尻短、窄、尖、斜均属严重缺陷。

9. 四肢 呈正常肢势，关节明显、干净，前管上血管显露，四肢长短适中，结实有力，蹄质致密，蹄壳圆、蹄底平，蹄与地面呈50°角左右。后肢间距离宽，大腿薄，乳镜附着高。系短有力，后肢侧望的飞节到头近于平行，后望垂直。

10. 生殖器官 公牛的睾丸应发育良好，大小均匀、对称，副睾发育良好，包皮整洁、无缺陷。如有隐睾、单睾，则不能留作种用。母牛阴唇应发育良好，外形正常，阴户大而明显，以利于分娩。

11. 尾 尾是用来维持机体运动中的平衡状态并兼有驱赶蚊虫等的作用，尾根不宜过粗，附着不能过前，长短应符合品种要求。

12. 乳房 乳牛应有一个发育良好的理想型乳房，乳房基部应充分地前伸后延，前乳房应向前延伸至腹部和腰角前缘，后乳房应向股间的后上方充分延伸，附着较高，使乳房充满于股间而突出于躯体的后方。四乳区应发育均匀而对称，各乳头大小长短适中而呈圆柱状，乳头间距宽，底线平坦。整个乳房附着良好，呈“浴盆状”，其底线略高于飞节。乳房应具有薄而细致的皮肤，短而稀疏的细毛，弯曲而明显的乳静脉，宽而大的乳镜，粗而深的乳井。乳房内部结构，其腺体组织占75%～80%，结缔组织和脂肪组织占20%～25%。这样的乳房富于弹性，挤奶前后形状变异较大，挤奶前乳房饱满，左右乳区间形成了明显的纵沟，挤奶后，纵沟消失，乳房形成许多皱折，乳房变得很柔软，是理想的“腺质乳房”。相反，乳房内部结缔组织和脂肪组织过度发育，就会抑制腺体组织的发育和活动。这种乳房外形虽大，但挤奶前、后乳房体积差异不大，叫做“肉乳房”。凡具有这种乳房的乳牛，其产奶量一般不会很高。此外，外形及内部结构发育不正常的乳房称为“畸形乳房”。这种乳房在外形上表现为前后乳区和左右乳区明显分开，或乳区大小发育不匀称，乳头大小、数目失常等种种情况；从内部结构上则主要表现在腺体组织与结缔组织的比例失常或内部韧带松弛形成肉质乳房、悬垂乳房和漏斗乳房，产奶量都低，且不适于机器挤奶。

乳静脉是从乳房沿下腹部，经过乳井到达胸部，汇合胸内静脉，再穿过胸壁而入心脏的静脉血管。乳静脉和乳房静脉粗大、明显、弯曲、分支多是高产奶牛的一个重要标志。

乳井是乳静脉在第八、九肋骨处进入胸腔所经过的孔道。它的粗细说明乳静脉发育程度的标志。一般乳井在腹下左右两侧各 1 个，个别乳牛有 3 个或者更多。乳井应粗大而深。

乳头应呈圆柱形，长度 7～9 cm，4 个乳头间距应均匀，大小长短一致。乳头过长、过短和脂肪乳头都是缺点，无论是手工挤奶或机器挤奶均不方便。

乳镜是指乳房后面沿会阴向下夹于两后肢之间的稀毛区。乳镜宜宽大。

第二节 体尺测量与体重估计

一、体尺测量

用于奶牛体尺测量的器具主要有测杖、卷尺、圆形测定器、测角计等。进行测量时，应使牛站立在平坦的地上。肢势端正，左右两侧的前后肢均须在同一直线上，从后面看后腿掩盖前腿，侧望左腿掩盖右腿，或右腿掩盖左腿。头应自然前伸，即不左右偏，也不高抬或下垂，枕骨应与鬐甲接近在一个水平线上。只有这样的姿势才能得到比较准确的体尺数值。

测定部位的多少，依测定的目的而定。奶牛常用的测定项目有以下几项：

1. 鬐甲高 又称体高，自鬐甲最高点垂直到地面的高度。用测杖量取。

2. 胸围 在肩胛骨后缘处作一垂线，用卷尺围绕 1 周测量之，其松紧度以能插入食指和中指上下滑动为准。

3. 体斜长 从肩端至坐骨端的距离。用卷尺或测杖量取，但需注明所用测具。

4. 体直长 从肩端至坐骨端后缘垂直线的水平距离。用测杖量取。

5. 背高 最后胸椎棘突后缘垂直到地面的高度。用测杖量取。

6. 腰高 亦称十字部高，两腰角的中央(即十字部)垂直到地面的高度。用测杖量取。

7. 尻高 荐骨最高点垂直到地面的高度。用测杖量取。

8. 胸深 在肩胛骨后方，从鬐甲到胸骨的垂直距离。用测杖量取。

9. 胸宽 左右第六肋骨间的最大距离，即肩胛骨后缘胸部最宽处的宽度。用测杖或圆形测定器量取。

10. 臀端高 坐骨结节至地面的高度。用测杖量取。

11. 背长 从肩端垂直切线至最后胸椎棘突后缘的水平距离。用测杖量取。

12. 腰长 从最后胸椎棘突的后缘至腰角前缘切线的水平距离。用测杖量取。

13. 尻长 从腰角前缘至尻端后缘的直线距离。用测杖量取。

14. 腰角宽 又称后躯宽，左右两腰角(髋结节)最大宽度。用测杖或圆形测定器量取。

15. 髋宽 左右髋部(髋关节)的最大宽度。用测杖或圆形测定器量取。

16. 坐骨端宽 左右坐骨结节最外隆凸间的宽度。用圆形测定器量取。

17. 管围 前肢胫部上 1/3 处的周径，一般在前管的最细处量取。用卷尺量取。

二、体尺指数

所谓体尺指数是指奶牛体尺指标之间的数量关系，用于表达不同体躯部位的相对发育程度，反映奶牛的体态特征及可能的生产性能。它的计算一般用某一常用体尺做基数，如体高与其他体尺之比，以百分率表示。奶牛常用的体尺指数的计算公式与含义为：

1. 体长指数 体斜长/体高×100。反映体格长度与高度的相对发育情况。

2. 胸宽指数 胸宽/胸深×100。反映胸部宽度与深度的相对发育情况。

3. 髋胸指数 胸宽/腰角宽×100。反映胸部对髋部的相对发育程度。

4. 体躯指数 胸围/体斜长×100。反映体躯容量的相对发育情况。

5. 尻高指数 尻高/体高×100。反映前后躯在高度方面的相对发育情况。

6. 尻宽指数 坐骨端宽/腰角宽×100。反映尻部的发育情况。

7. 管围指数 管围/体高×100。反映骨骼的相对发育情况。

8. 胸围指数 胸围/体高×100。反映体躯的相对发育程度。

9. 肢长指数 (体高－胸深)/体高×100。反映四肢长度的相对发育情况。

三、体　重

1. 实测法　也叫称重法，是在平台式地磅上称重。这种方法最为准确。犊牛每月测重一次，育成牛每 3 个月测重一次，成年牛根据生产需要进行测定。每次称重均应在清晨空腹进行，而成母牛应在挤奶之后进行。连续 2 d 同一时间称重，然后求其平均数。

2. 估测法　用体尺测量计算体重的方法。估重的方法很多，使用的公式不同，要求测量的体尺也各异。估测法所得的结果会与实际称重结果有一定差异，一般认为与实际相差 5%以内即为合格。各龄奶牛体重可采用以下公式进行估测：

6～12 月龄：体重(kg)＝ 胸围^2(m)×体斜长(m)×98.7

16～18 月龄：体重(kg)＝ 胸围^2(m)×体斜长(m)×87.5

初产至成年：体重(kg)＝ 胸围^2(m)×体斜长(m)×90

乳用牛或乳肉兼用牛估重公式：体重(kg)＝胸围^2(m)×体直长(m)×87.5

第三节　年龄鉴定

鉴定奶牛年龄最准确的方法是根据出生记录推算。但实际中由于各种原因，只能根据牙齿、角、外貌等来进行鉴别。其中根据牙齿来鉴别牛的年龄较为准确。

一、根据牙齿鉴别

牛的牙齿分为乳齿和永久齿，乳齿脱落换成永久齿后便不再脱换。年龄不同，门齿的更换和齿面的磨损情况也各异，这是鉴别年龄时的主要依据。

牛的乳齿共有 20 枚，其中门齿 8 枚，臼齿 12 枚，无后臼齿。永久齿共有 32 枚，其中门齿 8 枚，臼齿 24 枚，牛无犬齿。8 枚门齿生于下腭前方，上腭无门齿。中间的一对门齿叫钳齿，其两侧的一对称内中间齿，再次的一对称外中间齿，最边上的一对叫隅齿。臼齿有前臼齿和后臼齿之分，每侧各有 3 对，大多依其对数依次命名。

犊牛出生时，第 1 对乳钳齿就已长成，此后 3 个月左右，其他 3 对乳门齿也陆续长齐，1.5 岁左右，第 1 对乳钳齿开始脱换成永久齿，此后每年按序脱换 1 对乳门齿，永久齿则不脱换，到 4.5 岁时，4 对乳门齿全部换成永久齿，此时的奶牛俗称

“齐口”。鉴别牛的牙齿时，首先必须分清乳齿和永久齿。乳齿较小，颜色洁白而细致，齿颈明显；永久齿大而粗壮，齿颈不明显，颜色发黄或暗褐。在奶牛的牙齿脱换过程中，新长成牙的牙面也同时开始磨损，5 岁以后的年龄鉴别，即主要依据门齿的磨损规律进行判断(表 2-1 和图 2-3)。

表 2-1 奶牛牙齿生长、磨损特征和鉴别方法

年龄	牙齿特征	俗称
3 月龄	乳门齿磨蚀不明显，乳隅齿已长齐	
6 月龄	乳钳齿和乳内中间齿已磨蚀，有时乳外中间齿和乳隅齿也开始磨蚀	
12 月龄	乳钳齿的舌面，已全部磨光，其他乳门齿也有显著的磨蚀	
1.5 岁	乳钳齿已显著变短，开始动摇，乳内中间齿和乳外中间齿的舌面已磨光，乳隅齿的舌面，也接近磨光	
2 岁	1.5 岁以后，乳钳齿脱落，换生永久齿，2 岁左右，钳齿生长发育完全	“对牙”
3 岁	2.5 岁左右，乳内中间齿脱落，换生永久齿，3 岁左右内中间齿生长发育完全	“四牙”
4 岁	3 岁左右，乳外中间齿脱落，换生永久齿，3.5 岁左右外中间齿生长发育完全	“六牙”
5 岁	4 岁左右，乳隅齿脱落，换生永久齿，4.5 岁左右 4 对门齿发育齐全，并开始磨蚀，但不显著	“齐口”
6 岁	钳齿磨损面呈长方形或月牙形；外中间齿，尤其是隅齿的齿线，稍有现露，但不显著	
7 岁	钳齿齿峰开始变钝，齿磨损面呈三角形，但在后缘仍留下形似燕尾的小角，这时门齿的齿线和牙斑全部清晰可见	“满口斑”或“双印”
8 岁	钳齿磨损面呈四边形或不等边形，燕尾消失，齿峰显著变钝，并平于齿面；内中间齿齿峰开始变钝，齿磨损面呈三角形，齿线明显；外中间齿磨损面呈月牙形；此时所有门齿牙斑明显，齿龈正常	“八斑”或“四印”
9 岁	钳齿出现齿星(珠)，内、外中间齿的磨损面呈近四边形和三角形	“九出珠”
10 岁	内中间齿出现齿星，外中间齿和隅齿的磨损面呈近四边形和三角形，全部门齿变短，各齿间已有空隙	“二对珠”
11 岁	外中间齿出现齿星，隅齿的磨损面呈近四边形，齿间空隙增大	“三对珠”
12 岁	隅齿出现齿星，齿间空隙继续增大	“十二满珠”

另外，牛的门齿变化受多种因素的影响，如舍饲牛比放牧牛磨损慢，饲料品质粗硬的磨损快，而牙齿坚硬的个体磨损较慢，因此，在根据牙齿鉴别年龄时必须综合考虑。

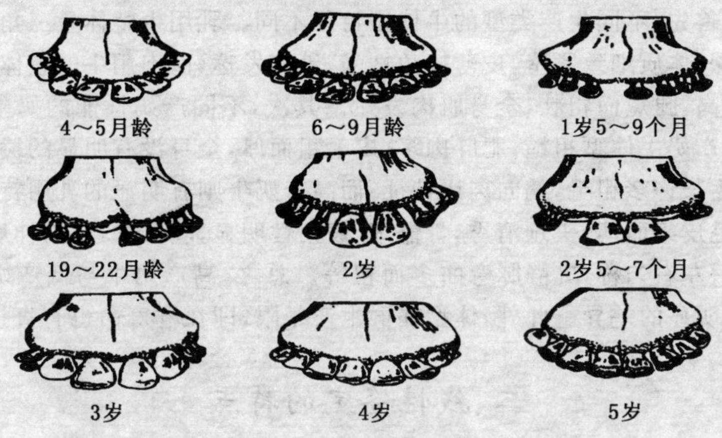

图 2-3　门齿的发生与脱换

二、根据角轮鉴别

角在一年当中由于营养的丰歉使生长速度受到影响而形成角轮。母牛每分娩一次角上也生一凹轮。所以，角轮数加初配年龄即为该牛的大致年龄（只算大的角轮，适用于舍饲奶牛）。角轮形成的原因很复杂，有时常难以分辨，所以，根据角轮推算年龄只能作为参考。

三、根据外貌鉴别

根据外貌只能对牛的年龄做大致鉴别，一般幼牛被毛光泽，眼盂饱满，目光明亮，皮肤柔润富有弹性；而老年牛则皮肤干枯，被毛粗刚，缺乏光泽，眼盂凹陷，目光呆滞，眼圈上皱纹多并混生长毛，行动迟缓。

第四节　体型线性评定

一、体型与奶牛生产性能的关系

实践证明，过分强调生产性能忽视体型或者过分强调体型忽视生产性能都是不恰当的。首先,不同生产类型的牛体型特征不同。乳用牛整体呈三角形,前窄后宽,前浅后深,体质细致紧凑,皮薄棱角性强,乳房发达,而肉用牛的整体呈长方形,体长大于体高,腿短而粗壮,全身肌肉发达。其次,不同产奶性能的奶牛体型特征也不同。低产奶牛体型粗糙,肥胖肉多,皮毛粗而厚,全身没有明显的棱角性,乳房发育差,并生长许多粗毛,偏向肉用特征;而高产奶牛则有明显的乳用特征,全身各部位细致,毛皮细而薄,头颈清秀,骨骼细,棱角性明显,乳房发达,前伸后延呈浴盆状,乳房前后左右匀称,乳静脉弯曲多而粗等。总之,高产奶牛与低产奶牛在体型结构上存在明显的差异。此外,体型在群生产年限,即在群寿命也有直接的影响。

二、线性鉴定的特点

奶牛的体型性状生理上表现为由一个极端向另一个极端发展的趋势;将这种发展趋势划分为若干范围,对划分出的这些范围进行数量化和概念化,同时,标示以评分,代表体型性状的各种生理状态表现;而在这若干范围中,可以找到每头奶牛个体的体型性状生理状态所处的位置,并能给出恰当的评分;很客观、很准确地反映出奶牛个体的体型实际状态,这就是奶牛体型外貌的线性评分。

线性评定追求的体型完美有助于奶牛产奶机能的表现和发挥以及经济价值的提高,并成为改进当代奶牛素质的主要手段,其目标主要有:①产奶量的提高和乳成分的改善;②奶用公犊在产肉性能上的较高平均日增重;③乳房、四肢等更适应高产稳产的需要;④母牛繁殖容易、挤奶流畅、性情温顺;⑤健康长寿,抗病力强。

体型的线性评定方法可以克服传统评定方法的缺陷和不足,主要是因为其具有以下几个特点:①线性评定的依据是体型性状的生物学特点,每个性状单独评定,可保证准确性;②线性性状的评定是数量化的,一般没有模棱两可的情况;③线性评定的结果是基本一致的;④线性评定有很高的实用性。因此,当代奶牛业普遍应用线性评定来识别种畜个体体型的优劣,也用于种畜及其精液销售的说明指标。

三、评定方法

现在国际通用线性鉴定评分方法有两种:以加拿大为代表的 9 分制线性鉴定评分方法和以美国为代表的 50 分制线性鉴定评分方法。由于 9 分制线性鉴定评分方法比较容易掌握,利于推广,所以,现在在全国推广使用 9 分制线性鉴定评分。

需要进行线性鉴定的性状,是根据其经济价值决定的,并且这些性状评定的结果将作为选种的依据。我们把这些性状分为主要性状和次要性状,也就是一级性状和二级性状两种。国际上一般线性鉴定是 29 个性状，其中主要性状 15 个，次要性状 14 个。各国情况不同，可根据本国选育方向和要求自行确定。为此，中国奶业协会育种专业委员会 1994 年 7 月制定了《中国荷斯坦牛体型线性鉴定实施方案（试行）》，要求各奶牛饲养单位存栏的全部成年母牛，必须在第一、二、三、四胎分娩后 30～150 d 内在挤奶前进行鉴定，用最好胎次的成绩代表该个体的水平。1996 年 5 月又对部分性状的评分标准做了必要的调整，并决定线性鉴定评分 50 分制和 9 分制在我国同时使用。2003 年中国奶业协会育种专业委员会决定在全国推广 9 分制线性鉴定评分。

现将中国荷斯坦牛体型线性鉴定性状和标准（张文志，2006）分述如下：

1. 结构与容量　本部位包括 6 个描述性状，9 个缺陷性状，占牛只体型总评分的 18%。

（1）体高：测定部位为十字部到地面的垂直高度，本性状为可度量性状，部位评分权重为 15%，评分标准见表 2-2，图 2-4。

表 2-2　体高评分标准　cm

评分	1	2	3	4	5	6	7	8	9
标准 30 月龄以下	130	132	135	137	140	142	145	147	150
标准 30 月龄以上	132	135	137	140	142	145	147	150	152
功能分	55	65	70	75	85	90	95	100	95
加权分	8.25	9.75	10.50	11.30	12.75	13.50	14.25	15.00	14.25

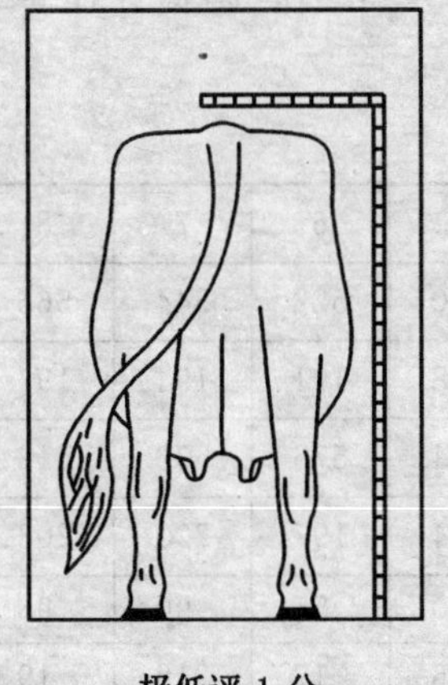
极低评 1 分

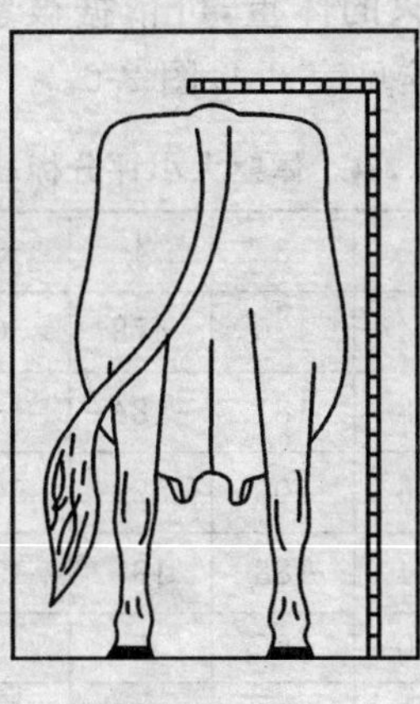
中等评 5 分

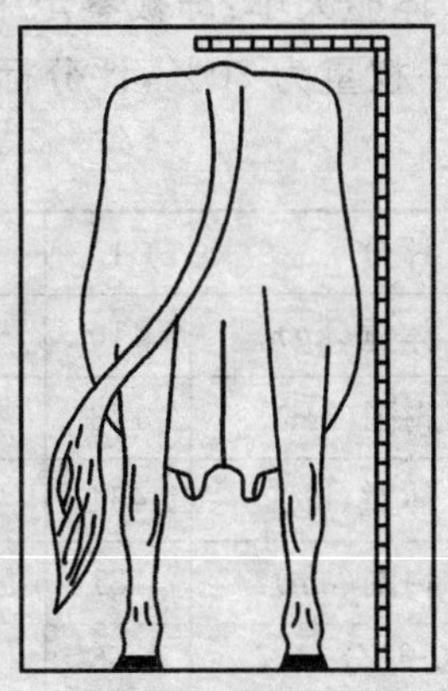
极高评 9 分

图 2-4　体高评分示意图

(2)前段:观察部位为奶牛的鬐甲部相对十字部的高度差。注意不因奶牛的背腰不平而误判。部位评分权重为8%,评分标准见表2-3,图2-5。

表2-3 前段评分标准

评分	1	2	3	4	5	6	7	8	9
标准	极低 前低5 cm		低 前低3 cm		平		高 后低3 cm		极高 后低5 cm
功能分	55	65	70	75	80	90	100	90	85
加权分	4.44	5.20	5.60	6.00	6.40	7.20	8.00	7.20	6.80

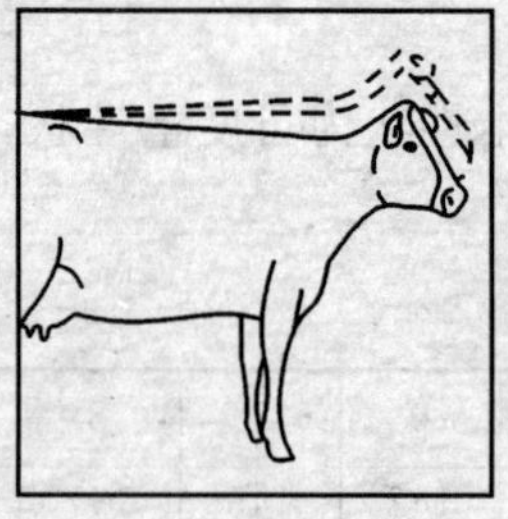
前低评1分

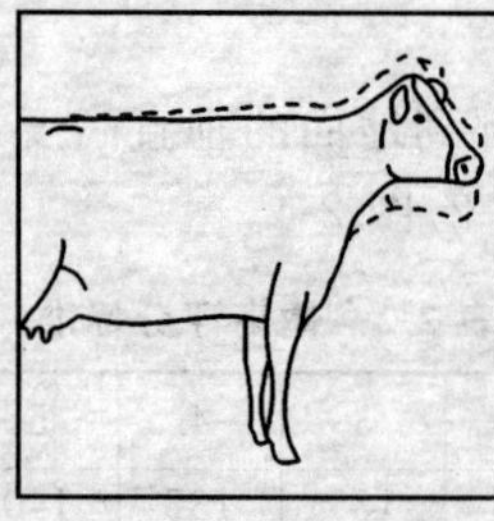
水平评5分

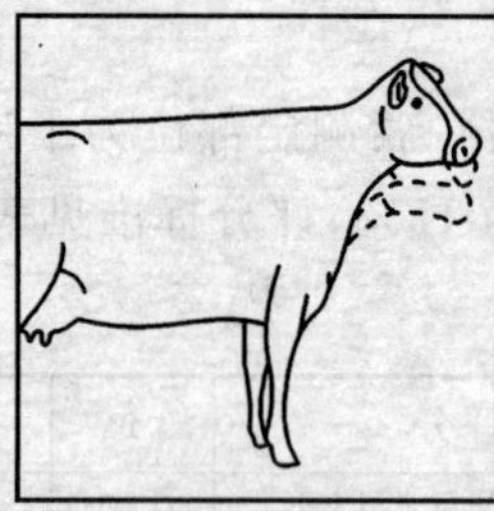
前高评9分

图2-5 前段评分示意图

(3)体躯大小:即被鉴定牛只的体重,可依据被鉴定牛的胸围估计体重。在部位评分中权重为20%,评分标准见表2-4,图2-6。

表2-4 体躯大小评分标准

	评分	1	2	3	4	5	6	7	8	9
一胎	体重(kg)	410	434	456	478	500	522	544	566	590
	胸围(cm)	173	178	181	184	188	191	194	197	200
三胎	体重(kg)	454	476	500	522	544	576	590	612	635
	胸围(cm)	181	184	188	191	194	197	200	203	206
功能分		55	60	65	75	80	85	90	95	100
加权分		11	12	13	15	16	17	18	19	20

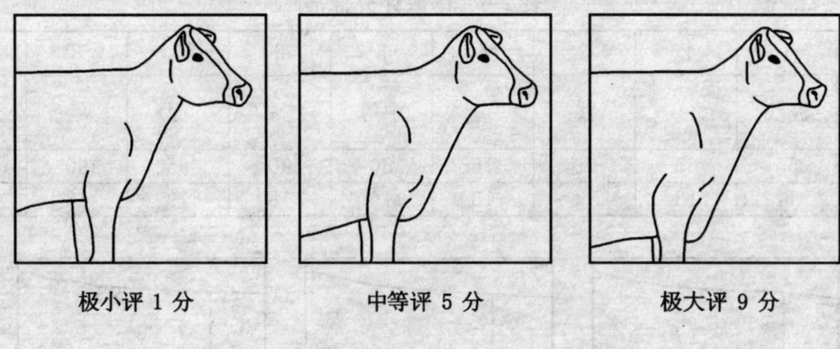

极小评 1 分　　中等评 5 分　　极大评 9 分

图 2-6　体躯大小评分示意图

(4)胸宽:以奶牛两前肢内侧的胸底宽度为指标,一般不进行度量,由鉴定员判断其宽度为主。部位评分权重 29%,评分标准见表 2-5,图 2-7。

表 2-5　胸宽评分标准

评分	1	2	3	4	5	6	7	8	9
标准	极窄 (13 cm)		窄 (19 cm)		中等 (25 cm)		宽 (31 cm)		极宽 (37 cm)
功能分	55	60	65	70	75	80	85	90	95
加权分	15.95	17.40	18.85	20.30	21.75	23.20	24.65	26.10	27.55

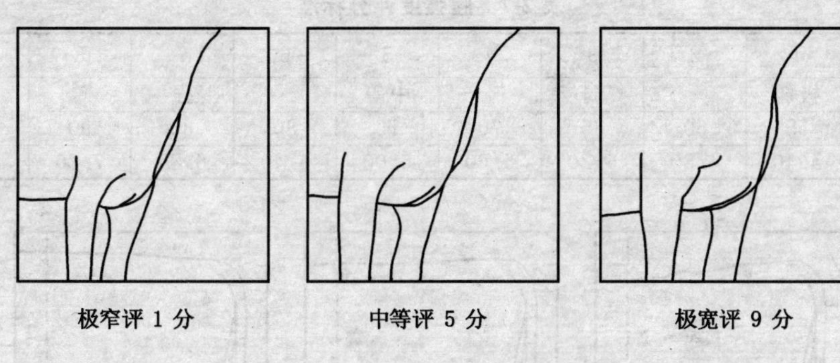

极窄评 1 分　　中等评 5 分　　极宽评 9 分

图 2-7　胸宽评分示意图

(5)体深:为奶牛体躯最后一根肋骨处腹下沿的深度,主要依据鉴定员观察判断。部位评分权重 20%,评分标准见表 2-6,图 2-8。

表 2-6　体深评分标准

评分	1	2	3	4	5	6	7	8	9
标准	极浅		浅		中等		深		极深（腹下垂）
功能分	55	65	70	75	80	90	95	90	85
加权分	11	13	14	15	16	18	19	18	17

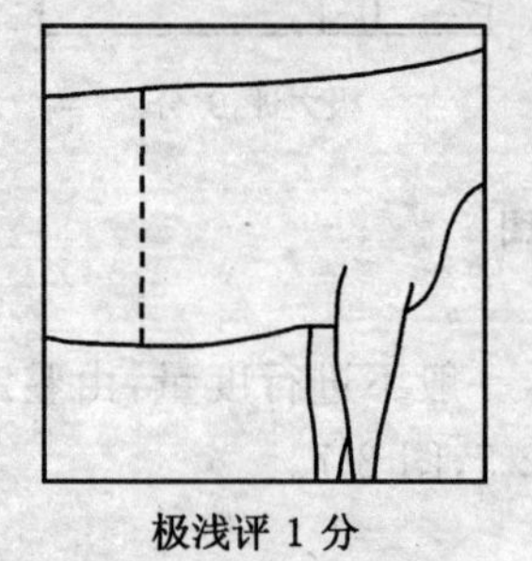
极浅评 1 分

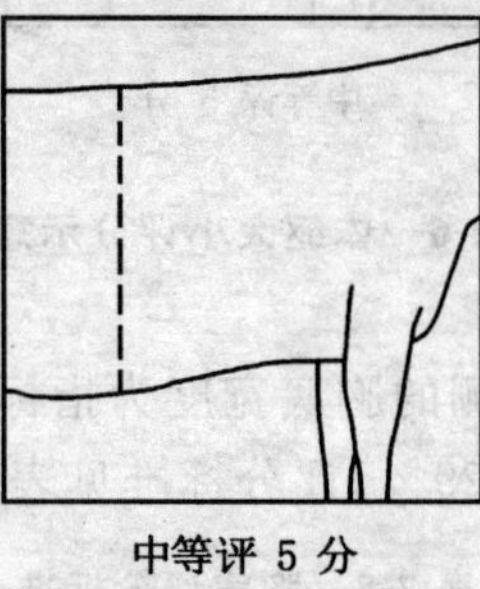
中等评 5 分

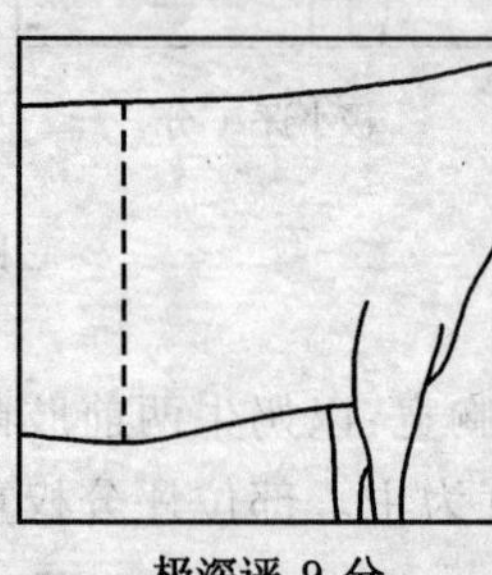
极深评 9 分

图 2-8　体深评分示意图

(6)腰强度：主要观察被鉴定牛只的臀（十字部）与背之间腰椎骨的连接强度及腰椎两侧之短骨发育状态。极强个体背部之腰椎骨微有隆起，其短骨发育长、平；极弱个体腰部下凹，其短骨发育短而细。部位评分权重 8%，评分标准见表 2-7，图 2-9。

表 2-7　腰强度评分标准

评分	1	2	3	4	5	6	7	8	9
标准	极弱		弱		中等		强		极强
功能分	55	60	65	70	75	80	85	90	95
加权分	4.40	4.80	5.20	5.60	6.00	6.40	6.80	7.20	7.60

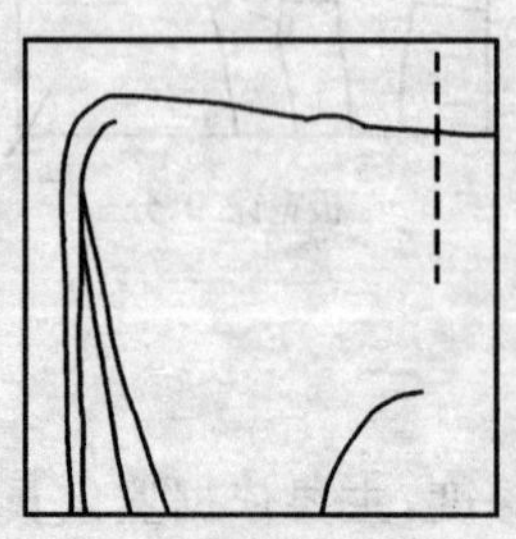
极弱评 1 分

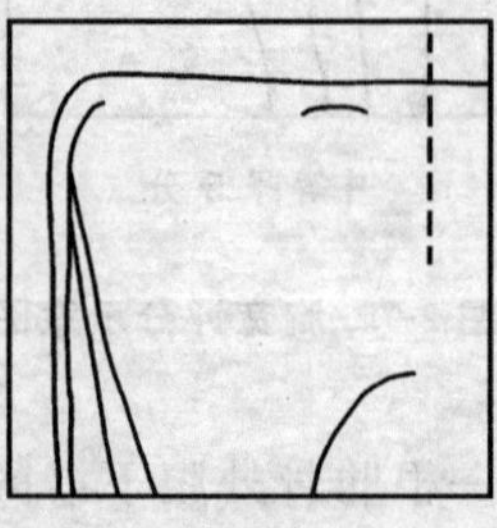
中等评 5 分

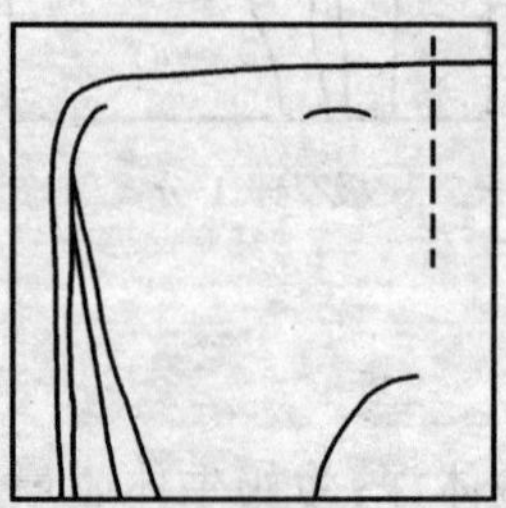
极强评 9 分

图 2-9　腰强度评分示意图

(7)缺陷性状扣分标准：见表 2-8。

表 2-8　缺陷性状扣分标准

序号	缺陷性状	扣分
1	面部歪：弯曲的下颌，扭曲的鼻梁骨，影响咀嚼和呼吸	2
2	头部不理想：缺少品种特征，如：头短、口笼窄、两眼太近或太远	1
3	双肩峰：指鬐甲和肩后相连成凹形	1
4	背腰不平	1
5	整体结合不匀称：一个部分与另一个部分连接不紧凑，整体结合不好	1
6	肋骨不开张：从牛的后面观察，其肋骨应该呈长、平、弧形开张，而不开张个体无弧形态	1
7	凹腰：腰椎骨和髋骨之连接应是高的，宽的；连接点不好的个体呈下凹状态，此缺陷应与腰强度评分区别	1
8	窄胸：胸应是大而深；在肘部有很好的开张前肋，并平滑的充满肩部。而窄胸则在肘部很窄。体弱	1
9	体弱	1

2. 尻部　本部位包括 3 个描述性状和 6 个缺陷性状，占牛只体型总评分的 10%。

(1)尻角度：指腰角至坐骨结节连线与水平线的夹角。评时以腰角对坐骨结节的相对高度为指标。部位评分权重 36%，评分标准见表 2-9，图 2-10。

表 2-9　尻角度评分标准

评分	1	2	3	4	5	6	7	8	9
标准	−5 cm 腰角低	−3 cm	−1 cm	0 cm 前后等高	+4 cm	+5 cm	+6 cm	+7 cm	+8 cm 腰角高
功能分	55	65	70	80	90	80	75	70	65
加权分	19.80	23.40	25.20	28.80	32.40	28.88	27.00	25.20	23.40

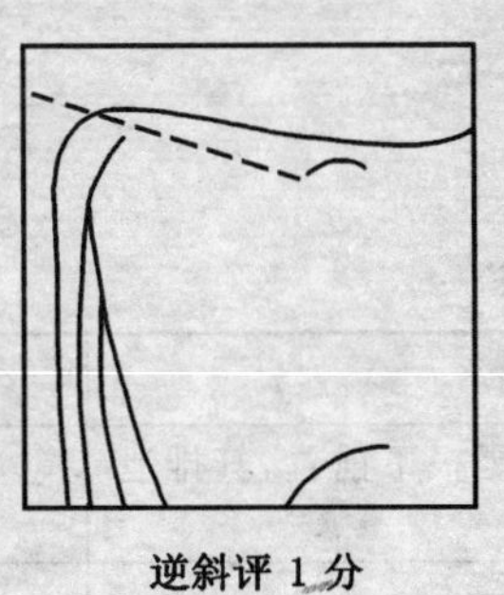
逆斜评 1 分

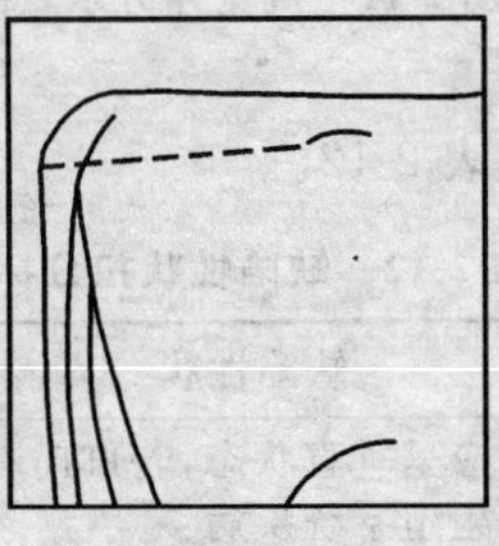
理想评 5 分

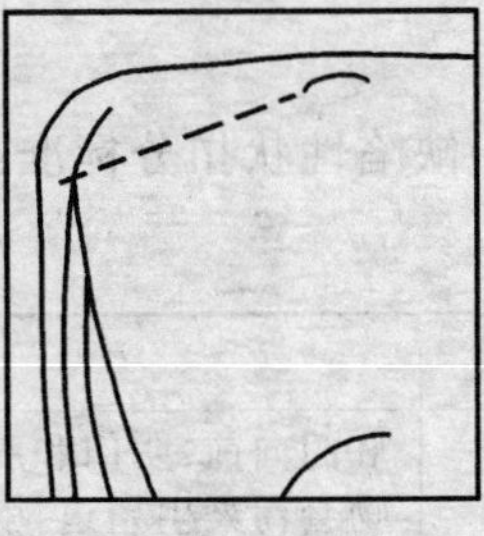
极斜评 9 分

图 2-10　尻角度评分示意图

(2)尻宽:以坐骨结节间的宽度为评分标准,部位评分权重为 42%,评分标准见表 2-10。

表 2-10 尻宽评分标准

评分	1	2	3	4	5	6	7	8	9
标准(cm)	10	12	14	16	18	20	22	24	26
功能分	55	60	65	70	75	79	82	90	95
加权分	23.10	25.20	27.30	29.40	31.50	33.18	34.44	37.80	39.90

(3)腰强度:和体躯结构与容量中之腰强度评分相同,部位评分权重为 22%,评分标准见表 2-11,图 2-11。

表 2-11 腰强度评分标准

腰强度	功能分	55	60	65	70	75	80	85	90	95
	加权分	12.1	13.2	14.3	15.4	16.5	17.6	18.7	19.8	20.9

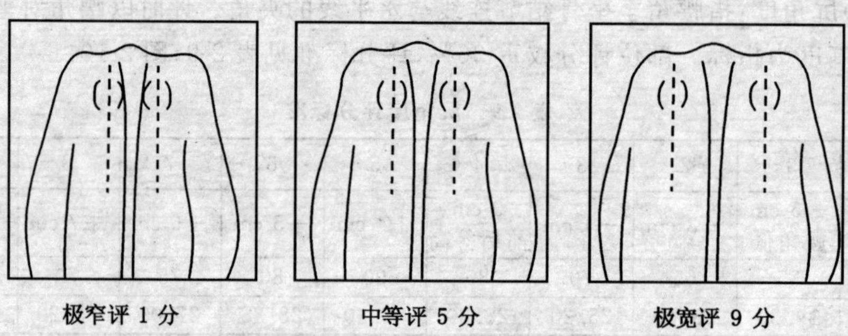

极窄评 1 分　　中等评 5 分　　极宽评 9 分

图 2-11 尻宽评分示意图

(4)缺陷性状扣分标准:见表 2-12。

表 2-12 缺陷性状扣分标准

序号	缺陷性状	扣分
1	肛门向前:阴门和肛门应呈垂直状态,若肛门在尾根下前置,其排泄物会污染生殖道,引起生殖系统疾病	2
2	尾根凹:尾根在臀骨间陷入	1
3	尾根高:尾根位于臀骨的顶上	1

续表 2-12

序号	缺陷性状	扣分
4	尾根向前：尾根的起始点应是在离臀角 2.5 cm 处，如果它的距离超过 2.5 cm 即为尾根向前	1
5	尾歪：尾应和背线呈一条直线，如果与背线弯曲则为尾歪	1
6	髋位偏后：髋部应是高和宽的，位于腰角和臀角之间，臀部偏后则会影响臀端的位置和后肢结构	1.5

3. 肢蹄　本部位包含 6 个描述性状和 7 个缺陷性状。占牛只体型总评分的 20%。

(1)蹄角度：指后蹄前壁与地面所形成的夹角。但易受修蹄因素的干扰，现改为观察蹄壁上沿的延伸线到前肢的位置进行评分，部位评分权重为 20%，其评分标准见表 2-13，图 2-12。

表 2-13　蹄角度评分标准

评分	1	2	3	4	5	6	7	8	9
标准	15°	25°	35°	40°	45°	55°	65°	70°	75°
	蹄上沿延伸线到前肢肘部				到前肢膝关节				到前肢膝关节以下
功能分	55	65	70	76	81	90	100	95	85
加权分	11	13	14	15.2	16.2	18	20	19	17

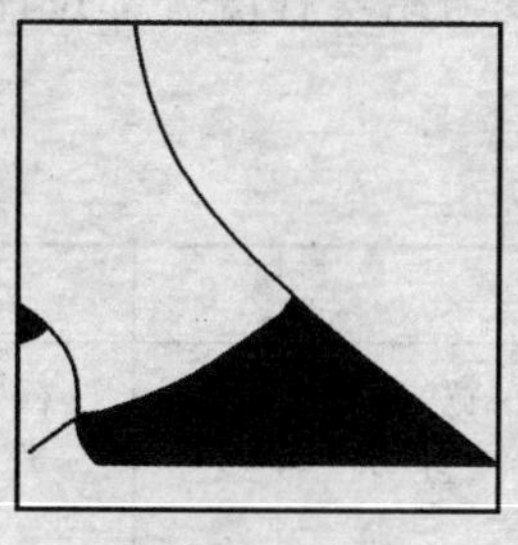
极低评 1 分

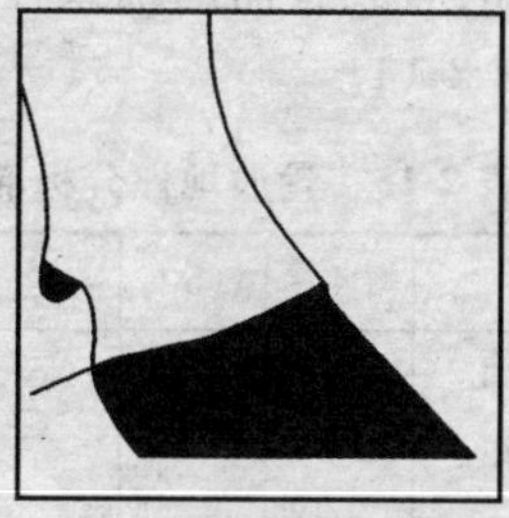
中等评 5 分

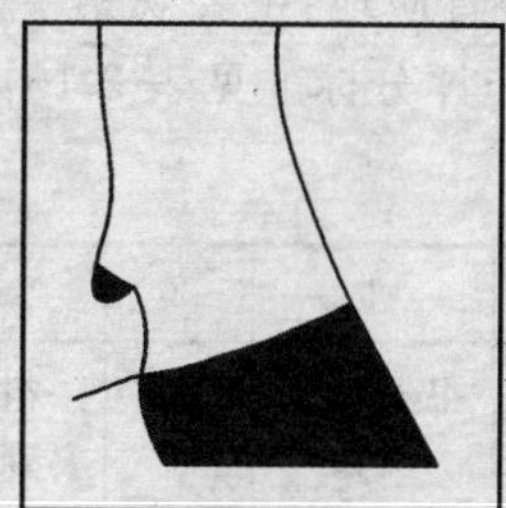
极陡评 9 分

图 2-12　蹄角度评分示意图

(2)蹄踵深度:主要观察鉴定牛只的后蹄之蹄踵上沿与地面之间的深度。部位评分权重为 20%,评分标准见表 2-14,图 2-13。

表 2-14 蹄踵深度评分标准

评分	1	2	3	4	5	6	7	8	9
标准	0.5 cm		1.5 cm		2.5 cm		3.5 cm		4.5 cm
功能分	55	65	70	75	80	85	90	95	100
加权分	11	13	14	15	16	17	18	19	20

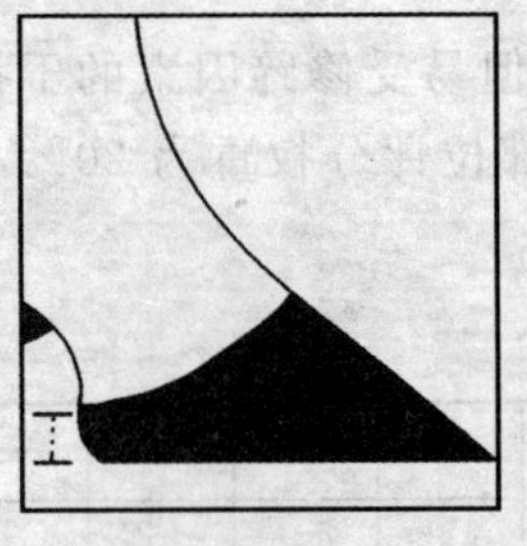
极浅评 1 分

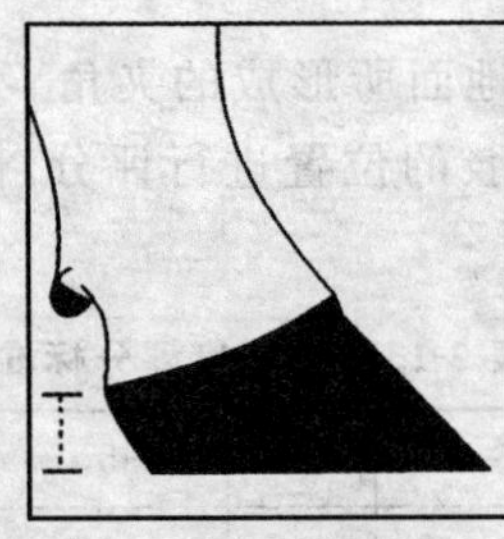
中等评 5 分

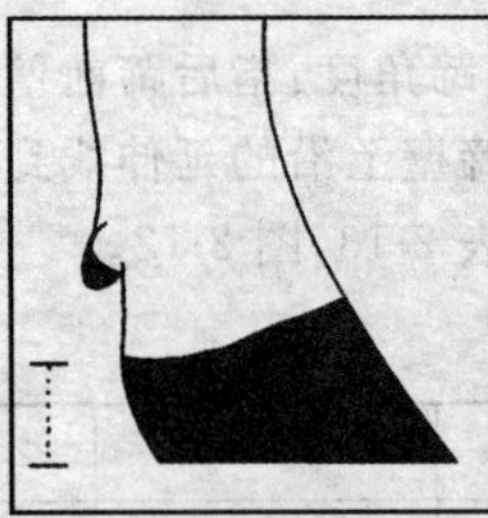
极深评 9 分

图 2-13 蹄踵深度评分示意图

(3)蹄瓣均衡:主要观察牛只 4 个蹄子蹄瓣的完好程度和磨损程度。属部位评分参考研究性状,不计分,也可不进行评定。

(4)骨质地:主要观察牛只的后肢骨骼的细致程度与结实程度。部位评分权重为 20%,评分标准见表 2-15,图 2-14。

表 2-15 骨质地评分标准

评分	1	2	3	4	5	6	7	8	9
标准	极粗、圆疏松		粗、圆疏松		中等		宽、扁平细致		极宽、扁平、细致
功能分	55	65	70	75	80	85	90	95	100
加权分	11	13	14	15	16	17	18	19	20

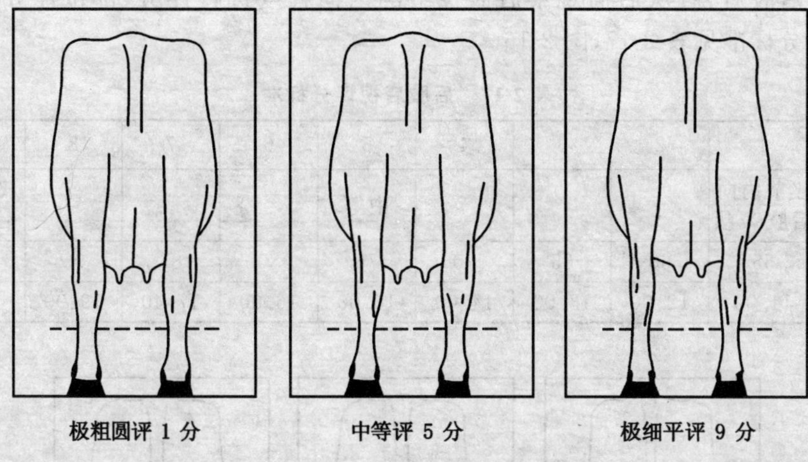

图 2-14　骨质地评分示意图

(5)后肢侧视：从侧面观察被鉴定牛只后肢飞节的弯曲程度。部位评分权重为 20%，评分标准见表 2-16，图 2-15。

表 2-16　后肢侧视评分标准

评分	1	2	3	4	5	6	7	8	9
标准	165° 直飞节		155° 较直飞		145°		135° 较曲飞		125° 极曲飞节
功能分	55	65	75	80	95	80	75	65	55
加权分	11	13	15	16	19	16	15	13	11

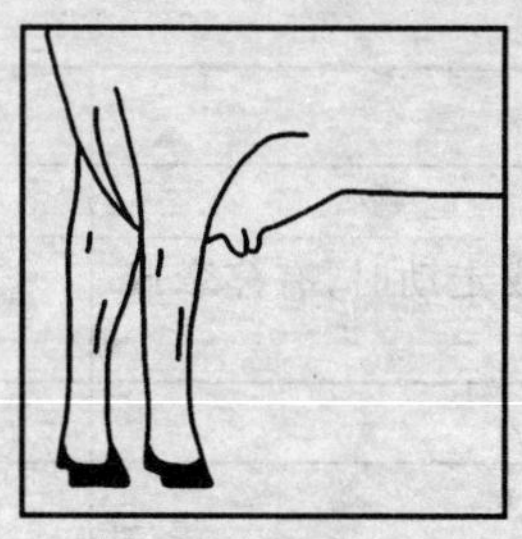

极直评 1 分

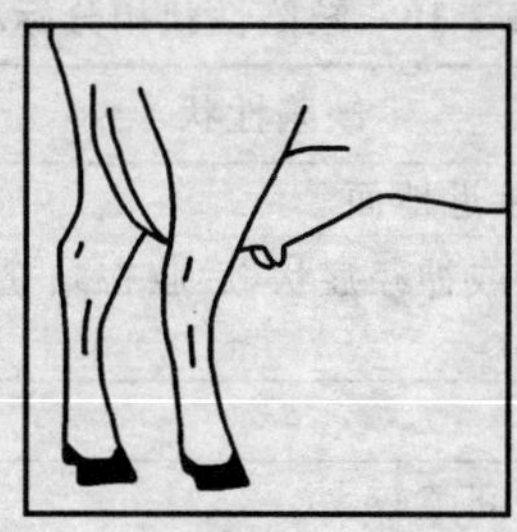

中等评 5 分

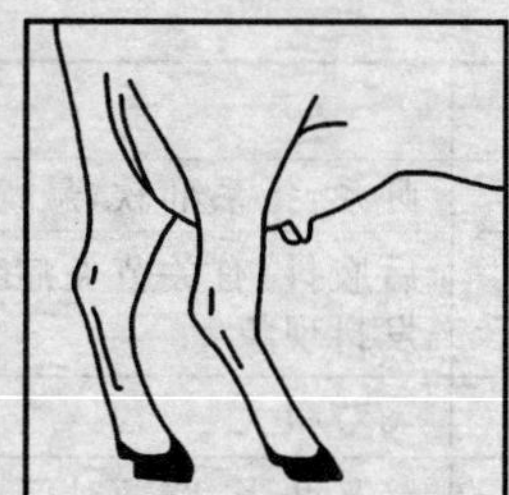

极曲评 9 分

图 2-15　后肢侧视评分示意图

(6)后肢后视:从后面观察后肢飞节的内向程度进行评分,部位评分权重为20%,评分标准见表2-17,图2-16。

表2-17 后肢后视评分标准

评分	1	2	3	4	5	6	7	8	9
标准	飞节内向 后肢X状				中等				飞节间宽 后肢平行
功能分	55	60	65	70	75	80	87	95	100
加权分	11.00	12.00	13.00	14.00	15.00	16.00	17.40	19.00	20.00

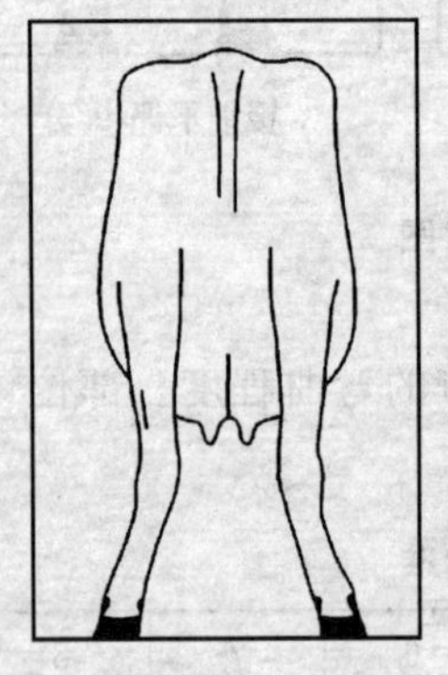
极X形评1分

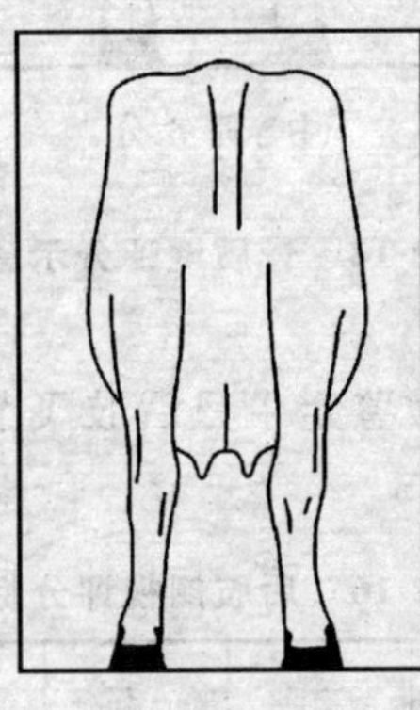
中等评5分

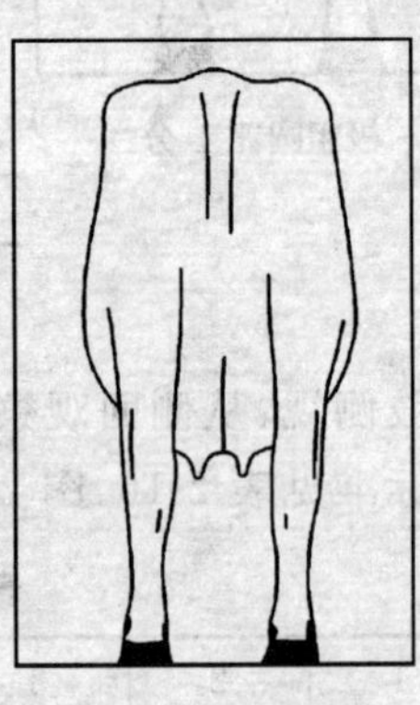
极平行评9分

图2-16 后肢后视评分示意图

(7)缺陷性状扣分标准:见表2-18。

表2-18 缺陷性状扣分标准

序号	缺陷性状	扣分
1	卧系:指系部软,悬蹄接近地面	1
2	后肢抖:有关节炎症状或神经症状,后肢在站立或走动时,有痉挛或发抖现象	3
3	飞节粗大	1
4	蹄叉开张:蹄两趾间的间隙较大	0.5
5	后肢前踏或后踏	1.5
6	过于纤细:指后腿骨骼纤细	1
7	前蹄外向	1

4. 乳房　本部位评分为两个系统，即前乳房、后乳房，占牛只体型总评分的40%。以下3个描述性状和3个缺陷性状，共同参与前乳房和后乳房评分。

乳房深度：指牛只乳房底部到飞节的距离。若乳房倾斜状态，则以最低点到飞节的距离。评分标准见表2-19，图2-17。

表2-19　乳房深度评分标准

评分		1	2	3	4	5	6	7	8	9
标准	一胎	极低 飞节平	飞节上 3 cm	低 飞节上 6 cm	飞节上 8 cm	适中 飞节上 12 cm	飞节上 14 cm	高 飞节上 16 cm	飞节上 18 cm	极高 飞节上 20 cm
	三胎	低于飞节 6 cm	飞节下 4 cm	飞节下 2 cm	飞节平	飞节上 5 cm	飞节上 7 cm	飞节上 9 cm	飞节上 12 cm	飞节上 15 cm
前乳房（8%）	功能分	55	65	75	85	95	85	75	65	55
	加权分	4.4	5.2	6	6.8	7.6	6.8	6	5.2	4.4
后乳房（12%）	功能分	55	65	75	85	95	85	75	65	55
	加权分	6.6	7.8	9	10.2	11.4	10.2	9	7.8	6.6

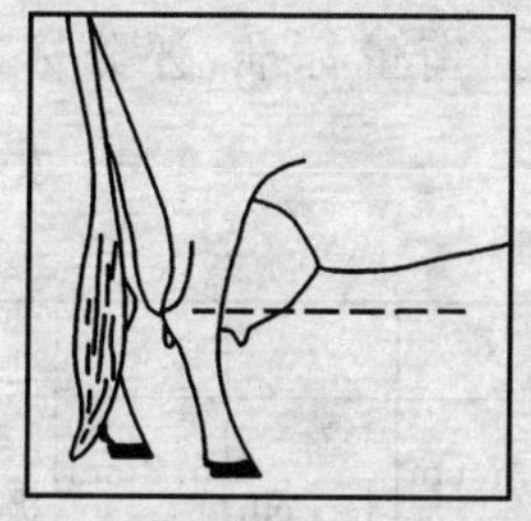
极深评1分

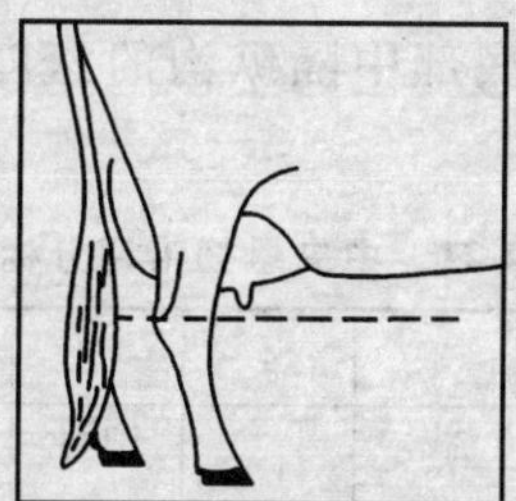
中等评5分

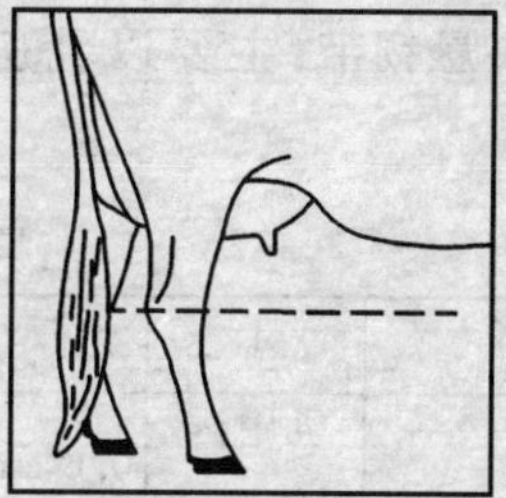
极浅评9分

图2-17　乳房深度评分示意图

乳房质地：通过观察和触摸牛只的乳房组织是以腺体组织或结缔组织构成进行评分。腺体组织乳房质地柔软细致，富有弹性，挤完奶后，乳房即收缩；而结缔组织多的乳房，则完全相反，即肉乳房。评分标准见表2-20，图2-18。

表2-20　乳房质地评分标准

评分		1	2	3	4	5	6	7	8	9
标准		结缔组织				半腺体组织				全腺体组织
前乳房（12%）	功能分	55	60	65	70	75	80	85	90	95
	加权分	6.6	7.2	7.8	8.4	9	9.6	10.2	10.8	11.4

续表 2-20

后乳房	功能分	55	60	65	70	75	80	85	90	95
(14%)	加权分	7.7	8.4	9.1	9.8	10.5	11.2	11.9	12.6	13.3

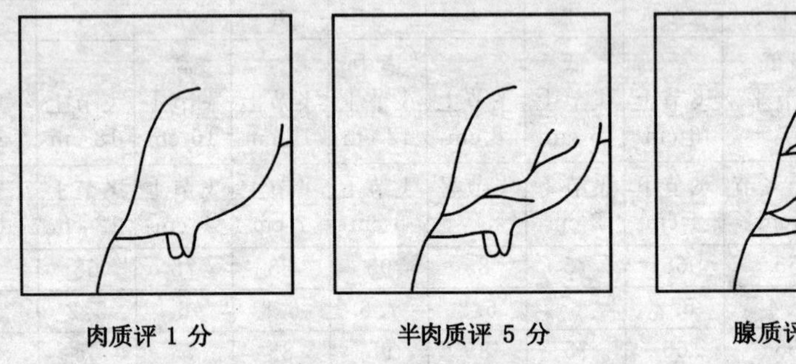

图 2-18 乳房质地评分示意图

中央悬韧带:主要以乳房底部中隔纵沟的深度为衡量标准,评分标准见表 2-21。

表 2-21 中央悬韧带评分标准

评分		1	2	3	4	5	6	7	8	9
标准		乳中沟 极浅 0 cm	0.6 cm	浅 1.5 cm	2.1 cm	中等 3 cm	3.7 cm	深 4.5 cm	5.2 cm	乳中沟 极深 6 cm
前乳房	功能分	55	60	65	70	75	80	85	90	95
(10%)	加权分	5.5	6	6.5	7	7.5	8	8.5	9	9.5
后乳房	功能分	55	60	65	70	75	80	85	90	95
(14%)	加权分	7.7	8.4	9.1	9.8	10.5	11.2	11.9	12.6	13.3

缺陷性状扣分标准:见表 2-22,图 2-19。

表 2-22 缺陷性状扣分标准

序号	缺陷性状	扣分
1	乳房前吊:乳房底部向前倾斜	1
2	乳房后吊:乳房底部向后倾斜	1
3	乳房形状差:指乳房整体形状不匀称,如袋状乳房等	1

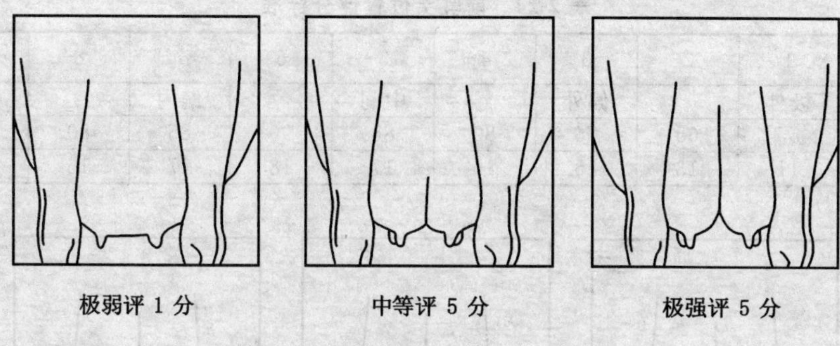

图 2-19　中央悬韧带评分示意图

(1)前乳房:本系统鉴定性状 3 个,缺陷性状有 7 个。占乳房评分的 45%。

①前乳房附着:从牛体侧面观察,借助触摸,看前乳房与体躯腹壁连接附着程度进行评分。本性状之权重为 45%,评分标准见表 2-23,图 2-20。

表 2-23　前乳房附着评分标准

评分	1	2	3	4	5	6	7	8	9
标准	极弱		弱		中等		强		极强
功能分	55	60	65	70	75	80	85	90	95
加权分	24.75	27	29.25	31.5	33.75	36	38.25	40.25	42.75

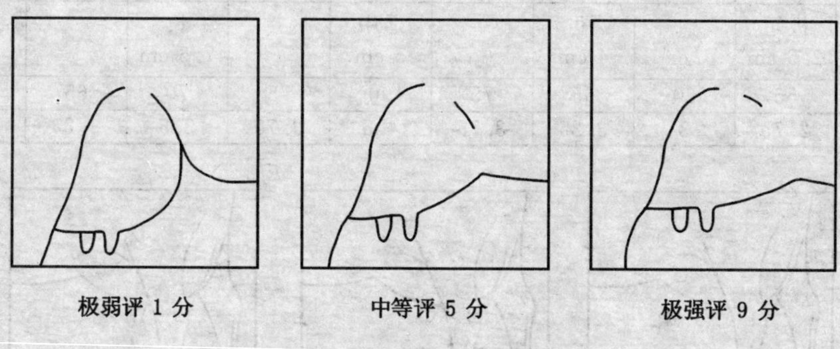

图 2-20　前乳房附着评分示意图

②前乳头位置:以前乳头在乳房基部的生长位置进行评分。本性状之权重为 20%,评分标准见表 2-24,图 2-21。

表 2-24 前乳头位置评分标准

评分	1	2	3	4	5	6	7	8	9
标准	极外		偏外		中间		偏内		极内
功能分	55	65	75	80	85	90	85	80	75
加权分	11	13	15	16	17	18	17	16	15

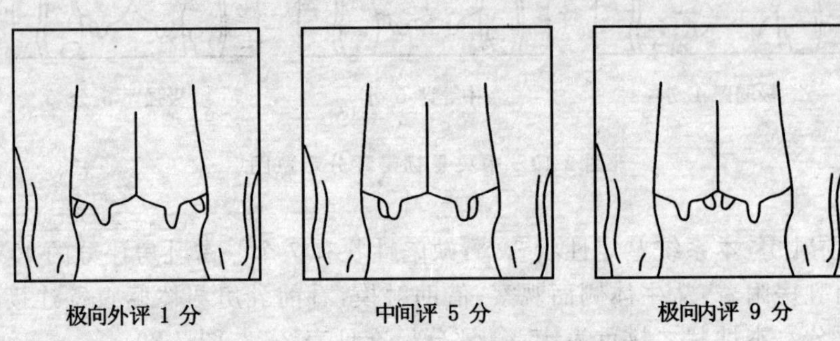

极向外评 1 分　　中间评 5 分　　极向内评 9 分

图 2-21 前乳头位置评分示意图

③前乳头长度:以前乳头之长度进行评分。本性状之权重为 5%,评分标准见表 2-25,图 2-22。

表 2-25 前乳头长度评分标准

评分	1	2	3	4	5	6	7	8	9
标准	极短 2.5 cm		短 4 cm		适中 5 cm		长 7.5 cm		极长 10 cm
功能分	55	60	65	75	90	75	70	65.	55
加权分	2.75	3	3.25	3.75	4.5	3.75	3.5	3.25	2.75

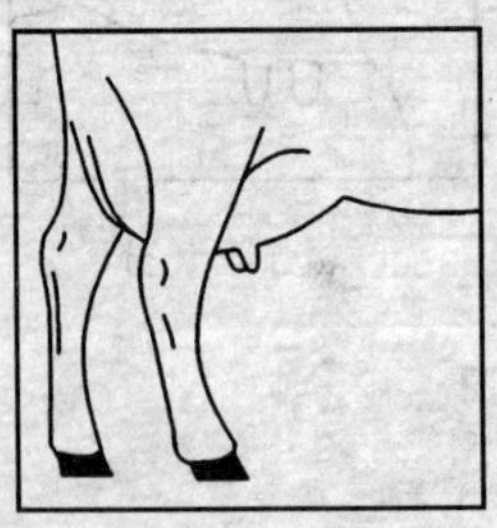

极短评 1 分

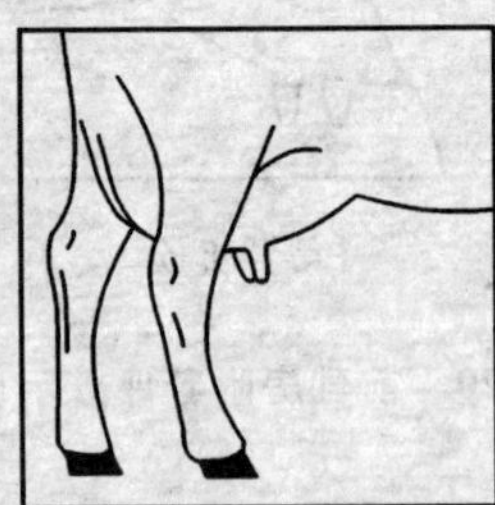

中等评 5 分

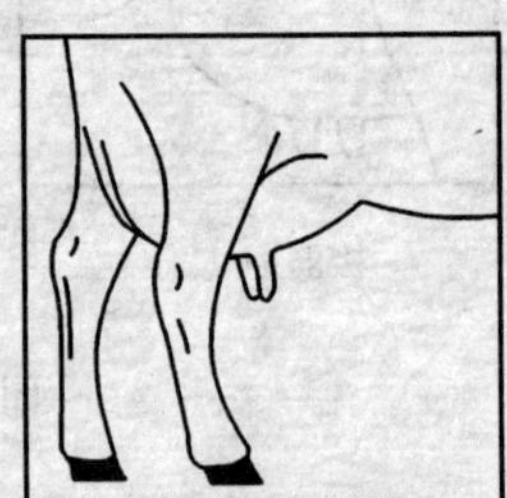

极长评 9 分

图 2-22 前乳头长度评分示意图

④乳房深度：评分同前；本性状之权重为8%。

⑤乳房质地：评分同前；本性状之权重为12%，

⑥中央悬韧带：评分同前；本性状之权重为10%。

⑦缺陷性状扣分标准见表2-26。

表2-26 缺陷性状扣分标准

序号	缺陷性状	扣分
1	前乳房膨大：指前乳房附着松懈向前突出	1
2	前乳房肥赘：前乳房左右膨大	1
3	左右不均衡：左右乳区大小不一致	2
4	前乳房短：前乳房没有足够的长度	1
5	前乳头不垂直	1
6	前乳头有附乳头：乳头上面长有小乳头	1.5
7	前乳房有瞎乳区	3

(2)后乳房：本系统鉴定性状3个，缺陷性状6个。在乳房评分中权重55%。

①后乳房附着高度：即后乳房乳腺之最上缘与阴门基底部之间的距离。本性状之权重为23%，评分标准见表2-27，图2-23。

表2-27 后乳房附着高度评分标准

评分	1	2	3	4	5	6	7	8	9
标准	极低 32 cm		低 28 cm		中等 24 cm		高 20 cm		极高 16 cm
功能分	55	65	70	75	80	85	80	95	100
加权分	12.65	14.95	16.1	17.25	18.4	19.55	20.7	21.85	23

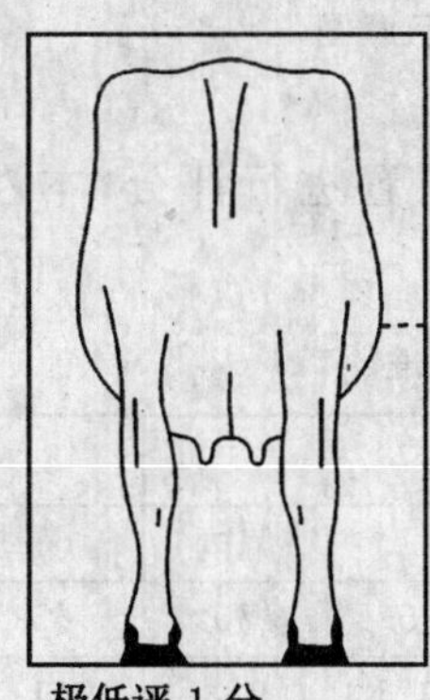
极低评1分

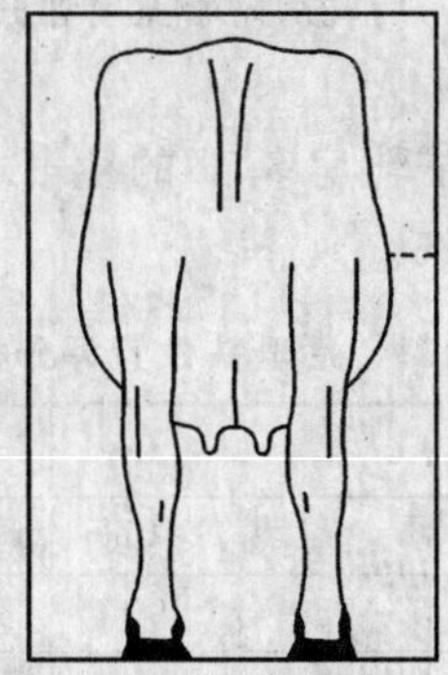
中等评5分

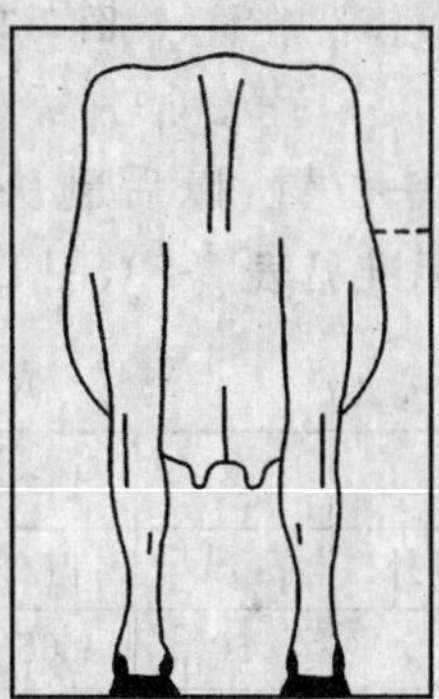
极高评9分

图2-23 后乳房附着高度评分示意图

②后乳房附着宽度：即后乳房乳腺组织的最上缘在后裆间的附着宽度。本性状之权重为23%，评分标准见表2-28，图2-24。

表 2-28 后乳房附着宽度评分标准

评分	1	2	3	4	5	6	7	8	9
标准	极窄 7 cm		窄 11 cm		中等 15 cm		宽 19 cm		极宽 23 cm
功能分	55	65	70	75	80	85	90	95	100
加权分	12.65	14.95	16.10	17.25	18.40	19.55	20.70	21.85	23.00

注：三胎牛其标准提高3 cm。

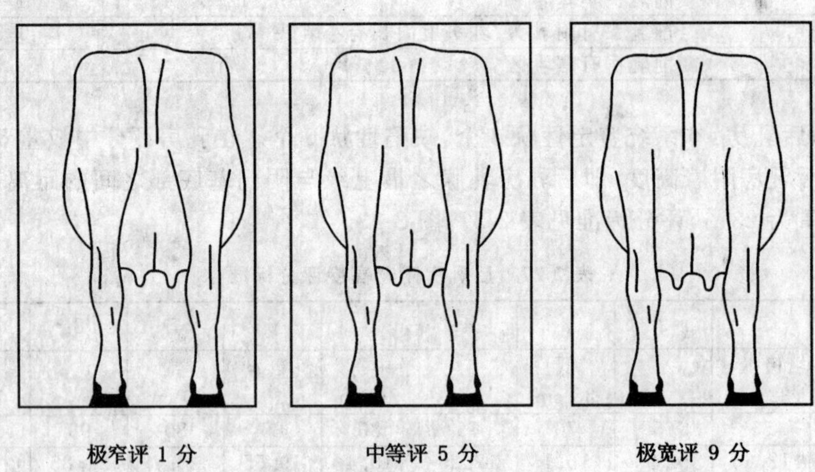

图 2-24 后乳房附着宽度评分示意图

③后乳头位置：以后乳头在乳房基部的生长位置进行评分，本性状权重为14%，评分标准见表2-29，图2-25。

表 2-29 后乳头位置评分标准

评分	1	2	3	4	5	6	7	8	9
标准	极外		偏外		中间		偏内		极内
功能分	55	60	65	75	90	75	70	65	55
加权分	7.7	8.4	9.1	10.5	12.6	10.5	9.8	9.1.	7.7

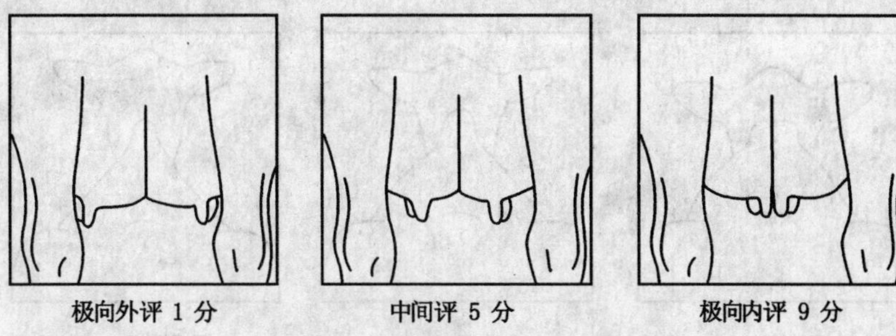

图 2-25　后乳头位置评分示意图

④乳房深度：评分同前；其权重为 12%。

⑤乳房质地：评分同前；其权重为 14%。

⑥中央悬韧带：评分同前；其权重为 14%。

⑦缺陷性状扣分标准见表 2-30。

表 2-30　缺陷性状扣分标准

序号	缺陷性状	扣分
1	后乳房左右不匀称：两个乳区大小不匀称	3
2	后乳房短	1
3	后乳头不垂直	1
4	乳头位置向后：后乳头生长位置靠后	1
5	后乳头上有附乳头：后乳头上生长有小乳头	1.5
6	后乳房有瞎乳区	3

5. 乳用特征　本部位评分鉴定性状有 1 个，其他部位评分中有 3 个性状参与本部位记分。共同构成乳用特征评分；缺陷性状有 1 个。在奶牛外貌总分中本部位评分占 12%。

(1)棱角性：主要观察奶牛整体的 3 个三角形是否明显，骨骼的轮廓是否清晰，平直、肋骨开张程度和肋间距之大小，尾巴的粗、细，股部大腿肌肉的凸凹程度以及鬐甲棘突的高低等。其权重为 60%，评分标准见表 2-31，图 2-26。

表 2-31　棱角性评分标准

评分	1	2	3	4	5	6	7	8	9
标准	极差		差		中等		明显		极明显
功能分	55	65	70	74	78	81	85	90	95
加权分	33	39	42	44.4	46.8	48.6	51	54	57

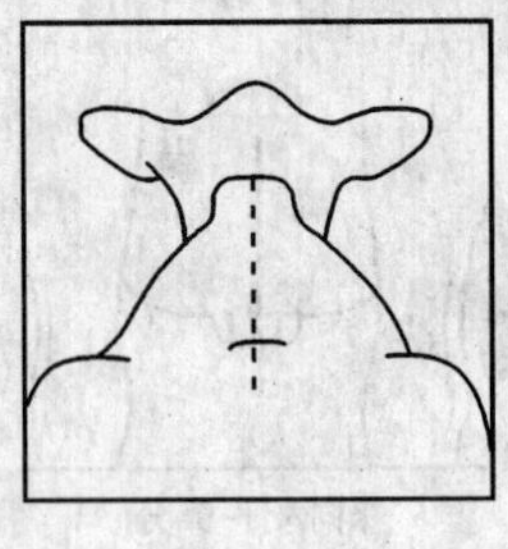

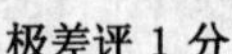
极差评 1 分

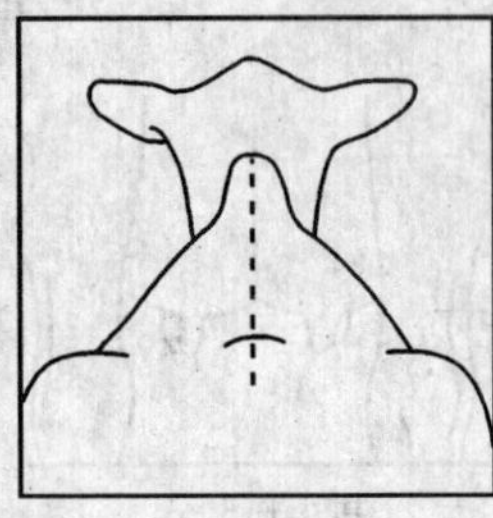
中等评 5 分

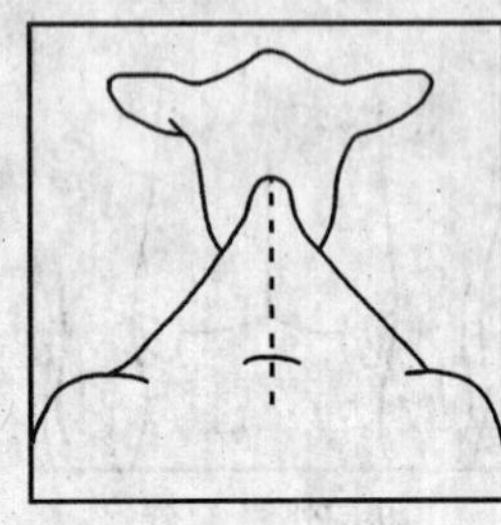
极明显评 9 分

图 2-26 棱角性评分示意图

肢蹄部位的骨质地，乳房部位的乳房质地与体躯结构/容量部位的胸宽 3 个描述性状也参与乳用特征部位的评分。

(2)骨质地：评分以肢蹄部位中之骨质地评分为准；其权重为 10% 。

(3)乳房质地：评分以乳房部位中的乳房质地位评分为准。其权重为 15%。

(4)胸宽：评分以结构与容量中之胸宽评分为准。其权重为 15%。

表 2-32 骨质地、乳房质地和胸宽评分标准

骨质地(10%)	功能分	55	65	70	75	80	85	90	95	100
	加权分	5.5	6.5	7	7.5	8	8.5	9	9.5	10
乳房质地(15%)	功能分	55	60	65	70	75	80	85	90	95
	加权分	8.25	9	9.75	10.5	11.25	12	12.75	13.5	14.25
胸宽(15%)	功能分	55	60	65	70	75	80	85	90	95
	加权分	8.25	9	9.75	10.5	11.25	12	12.75	13.5	14.25

(5)缺陷性状扣分标准：见表 2-33。

表 2-33 缺陷性状扣分标准

序号	缺陷性状	扣分
1	肋间近：如果肋骨间的间距小于 1 指，则为肋间近	1

6. 体型外貌总分的计算与体型外貌等级的划分

(1)计算公式：体型外貌总分 = $\sum$(部位评分×加权系数)，式中：部位评分指体型线性鉴定之分类部位评分的得分；加权系数指部位评分在体型外貌总分中之权重；$\sum$ 指体型线性鉴定之 5 个分类部位线性评定分与其在体型外貌总分中加

权系数之积的综合。

$$部位评分 = \sum_{1}(功能分 \times 权重) - \sum_{2}(缺陷性状扣分)$$

式中：$\sum_{1}$ 为该部位评定的若干个鉴定性状和参与记分的性状；功能分为鉴定性状的线性评分之功能分；加权系数为所鉴定性状在该部位评分中之权重；$\sum_{2}$（缺陷性状扣分）为本部位缺陷性状扣分之总和。

$$部位评分 = \sum_{1}(加权分) - \sum_{2}(缺陷性状扣分)$$

式中：$\sum_{1}$ 为该部位若干个鉴定性状和参与记分的性状；加权分为鉴定性状和记分性状的功能分；即功能分×权重＝加权分。

(2)各分类部位在体型外貌总分中之权重：见表 2-34。

表 2-34 各分类部位在体型外貌总分中之权重

分类部位	结构与容量	尻部	肢蹄	乳房	乳用特征
权重	18	10	20	40	12

(3)体型外貌等级的划分：见表 2-35。

表 2-35 体型外貌等级的划分表

序号	等级	分数
1	优秀(EX)	90～100
2	很好(VG)	85～89
3	好＋(GP)	80～84
4	好(G)	75～79
5	一般(F)	65～74
6	差(P)	65 分以下

第五节 体况评分

奶牛的体况评分(body condition scoring)即膘情评定，是当今奶牛饲养管理中的一项实用技术，它反映了奶牛身体能量储备状态，是衡量奶牛营养代谢正常与否、饲养效果及健康状况的标尺。奶牛不同生理时期和泌乳阶段应该有不同的体况评分,不合理的体况将会导致奶牛健康、繁殖率及泌乳持久力的下降。体况评分可作为调整奶牛日粮配方及饲喂量的重要依据之一,也是对奶牛进行健康检查的辅助手段之一。为此,每一个先进的奶牛场都应该重视奶牛体况评分。

一、体况评分时间

青年母牛一般自6月龄开始,每隔1～2个月进行1次体况评定,重点是6～12月龄、第一次配种及产前2个月。成乳牛体况评定的时间,理想状况下,每月进行体况评分。实际应用时,一般在干奶中期、产犊时、泌乳45 d、泌乳90 d、泌乳180 d、泌乳270 d进行体况评定。

二、评分部位与方法

奶牛体况通常是以体膘评分来衡量的。体膘是指一头母牛所具有的脂肪量或能量的储备水平。

体膘评分是以肉眼观察母牛关键骨骼部位的脂肪多寡来判断体况,主要的部位有髋骨(髋结节)、臀角(坐骨结节)和尾根。另外,腰椎上的脂肪(或肌肉)量也被用于评分指标。

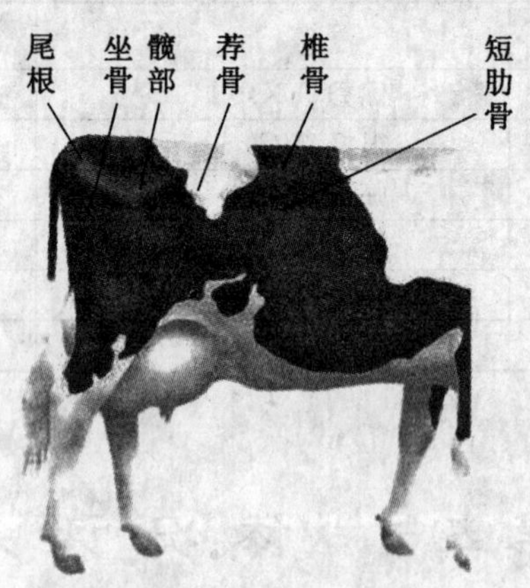

图2-27 评分部位

评定时,将牛拴于牛床上,评定人员通过对评定部位的目测和触摸,结合整体印象，对照标准给分。首先观察奶牛整个躯体的大小、全貌、肋骨的显露程度和开张程度，背线、腰角、坐骨及尾根等部位的肥瘦程度。同时，还需要考虑被毛光泽及顺逆、腹部的凹陷度。然后，用手触摸或按压以下各部位：

肋骨——用拇指和食指掐捏肋骨，检查肋肌的丰瘠程度。过肥的牛，不易掐住肋骨。

背线——用手掌在牛的肩、背、臀(尻)部移动按压，以测定其肥胖程度。

腰角和坐骨——用手指和掌心掐捏腰椎横突，触摸腰角和臀角。如肉膘丰厚，则不易触摸到骨骼。

尾根——如过瘦，尾椎与坐骨间的凹陷非常明显。

评分范围从 1 分(极瘦)到 5 分(极胖)。具体评分标准见表 2-36。

表 2-36　奶牛体况评分标准

等级分数	评分标准	
1	过瘦，整个脊骨覆盖的肌肉很少，呈皮包骨样，沿着脊背，各椎骨清晰可辨，且显著凸起，脊骨末端手感明显，形成延伸至腰部的清晰可见的衣架样；脊椎骨明显，节节可见，背线呈锯齿状；腰横突之下，两腰角之间及腰臀之间有深度凹陷；肋骨凸出于体表，肋骨根根可见；腰角与臀角之间凹陷，腰角及臀端轮廓毕露；尾根下部与两臀角之间凹陷呈深"V"字形的窝，使得该部位的骨骼结构极为明显地凸起	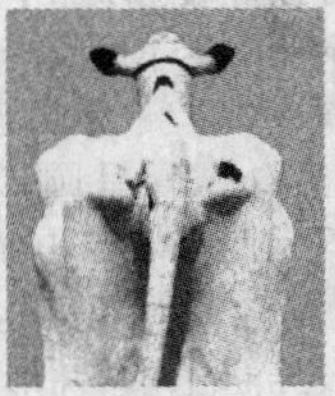 
2	皮与骨之间稍有些肉脂，整体消瘦但不虚弱。凭视觉辨别出整个脊骨，但不凸起，用肉眼不易区分一节节椎骨；脊骨末端虽覆盖的肌肉多一些，但手摸仍明显凸起；触摸时能区分横突和棘突，但棱角不明显；整个脊椎骨突出，背线呈波浪形，但脊骨不使人产生清晰衣架样的印象；前脊、腰部和尻部部位的脊椎骨在视觉上不明显，但手感仍可辨别；腰角及臀端突起分明，肋骨隐约可见，两腰角之间及腰臀之间呈明显凹陷，但骨骼结构有些肌肉覆盖；尾根和臀角之间的部位有些下陷，呈"U"字型	 
2.5	较清秀。脊椎骨似鸡蛋锐端，看不到单根骨头；腰横突之下，两腰角之间及腰臀之间凹陷；肋骨可见，边缘丰满，腰角及臀端可见但结实；尾根两侧下凹，但尾根上已开始覆盖脂肪	

续表 2-36

等级分数	评分标准	
3	体况一般，营养中等。脊椎骨丰满，背线平直；背脊呈圆形稍隆起，一节节椎骨已不可见，用手轻轻施加压力可辨别出整个脊骨，同时，脊骨平坦，无衣架样印象；前背、腰部和尻部部位的脊椎骨呈圆形背脊状；腰横突之下略有凹陷；肋骨隐约可见，腰角及臀端呈圆形且较圆滑；臀角之间和尾根周围部位平坦或仅有微弱下陷，尾根上有脂肪沉积	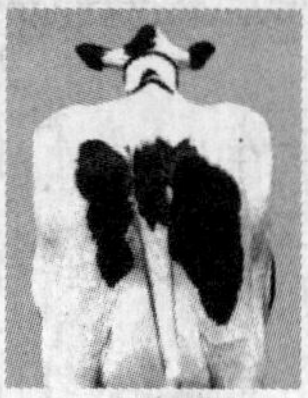 
3.5	脊椎骨及肋骨上可感到脂肪沉积；腰横突之下凹陷不明显；腰角及臀端丰满；根两侧仍有一定凹陷，尾根上脂肪沉积较明显	
4	从整体看有脂肪沉积，体况肥，属丰满健康体况。用手用力按才能辨别出整个脊骨，同时脊骨呈平坦或圆形，根本无衣架样印象；用力按压也难摸到横突，脊突两侧近于平坦，肋骨不显现；前脊部位脊椎骨呈圆形、平坦地隆起状，但腰横突之下无凹陷，腰、尻部位平坦；尻部肌肉丰满，腰角与臀端圆滑，两个腰角之间的十字部位看上去呈水平形；尾根和臀角周围部位的肌肉丰满，呈圆形，尾根两侧凹陷很小，尾根上有明显脂肪沉积，仅在触诊时才能摸到髋骨和坐骨结节	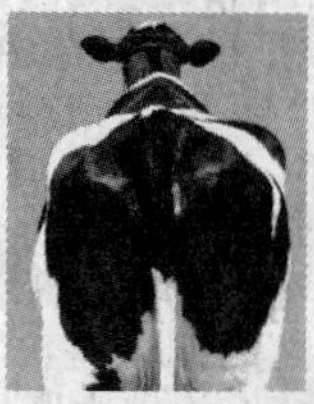 
4.5	属肥胖体况。背部"结实多肉"；腰角与臀端丰满，脂肪堆积明显；尾根两侧丰满，皮肤几乎无皱褶。	
5	明显过肥，属过度肥胖体况。牛体的背部"隆起多肉"、体侧和股部皮下为脂肪层所覆盖；腰角与臀端非常丰满，脂肪堆积非常明显，视觉上看不出脊椎骨、腰角和臀角部位的骨骼结构。皮下脂肪明显突起。腰角、臀角不明显；腰、臀之间呈圆形；尾根两侧显著丰满，皮肤无皱褶，尾根几乎埋进脂肪组织内	 

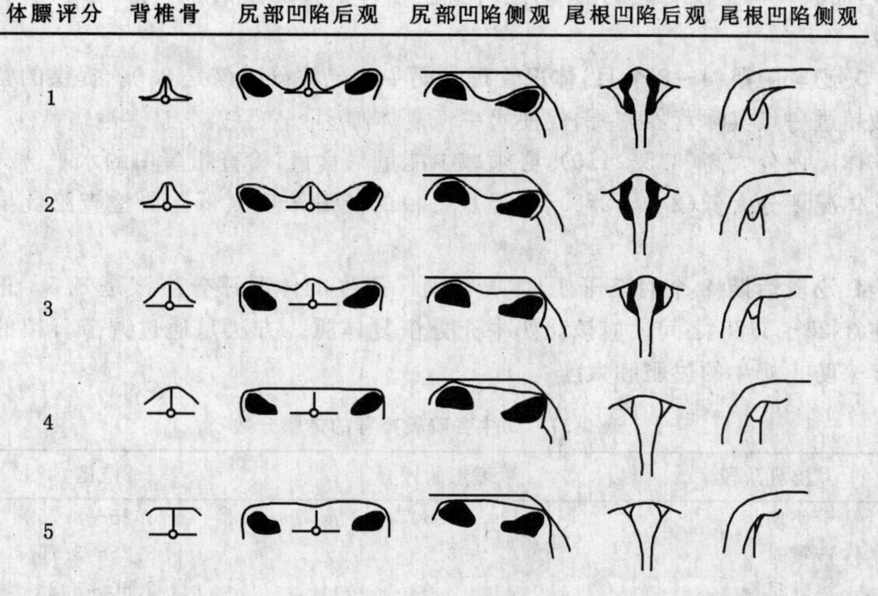

图 2-28　体况评分标准

三、奶牛不同阶段的理想体况

母牛在泌乳期各阶段，应有一个合适的体况，以使其产乳潜力能够最大限度地发挥，同时又能保证繁殖、消化机能的正常以及奶牛健康不受影响。一般而言，理想的母牛体况评分应在 2.5～4 分之间。因个体差异，允许泌乳高峰的短期内可稍低于 2 分，分娩前稍高于 4.5 分。生产上，应精心观测同一泌乳阶段的牛，看看它们的平均体况是否符合标准。

1. 分娩牛的体况管理　奶牛产犊时的体况评分应该是 3.0～3.5，产犊后 4 周之内体况评分不应该低于 3.0～2.5。理想的体况是 80％的奶牛从产犊到泌乳 30～40 d 损失 0.5～0.75 个体况评分。如果产犊后 4～5 周体况评分下降0.5 分，这说明饲养管理是合适和有效的。如果产犊后 2～3 周体况评分就下降1.0 分，说明体膘损失太快，可能是饲养管理出了问题。

2. 泌乳早期(高峰期 1～4 个月)体况管理　奶牛体况评分应该在 2.5～3.0，要尽量将奶牛的体况评分维持在 3 分左右，如果有的牛不是高产牛，而体况评分下降到 2.0，应该检查它的采食量。如果奶牛的体况评分处于较佳的状态(3.0～

3.5)，而其产奶量没有达到高峰，这时要注意日粮中的蛋白、矿物元素和饮水是否充足。

3. 泌乳中期(4～8个月)体况管理 奶牛体况评分应该是3.0。提供的营养要稍微超过一点实际营养需要，促使奶牛恢复体膘。

体况评分太高(3.5～4.0)，必须减少能量采食量，检查粗蛋白的水平。

体况评分太低(2.0～2.5)，可能是日粮的能量浓度太低。要检查泌乳早期的日粮。

4. 泌乳后期(8个月至干奶)体况管理 奶牛的体况评分应该是3.5。正常范围在3.25～3.75之间。应该让奶牛充分恢复体膘。方法是通过调节日粮的能量浓度来防止奶牛的过肥和太瘦。

表2-37 奶牛各阶段推荐的体膘分数

泌乳阶段	理想的评分	范围
干奶期	3.50	3.25～3.75
产犊时	3.50	3.25～3.75
泌乳早期	3.00	2.50～3.25
泌乳中期	3.25	2.75～3.25
泌乳后期	3.50	3.00～3.50
青年牛	3.00	2.75～3.25
青年牛产犊时	3.50	3.25～3.75

第三章　奶牛的生产性能及其测定

第一节 影响奶牛产奶性能的因素

奶牛产奶性能及乳的品质受遗传因素，如品种与个体；生理因素，如胎次、体格大小、配种年龄、产犊间隔、疾病等；外界环境因素，如营养水平、挤乳技术、温湿度等方面的影响。除遗传因素外，其他因素都与管理有关。正常牛奶的成分大致是稳定的，人们可根据其成分含量来辨别质量的好坏。但奶中各种成分的含量在一定范围内有所变动，其中脂肪变动最大，蛋白质次之，乳糖的含量则很少有变化。牛奶各种成分(%)的含量如下：水分 86%～89%，蛋白质 2.7%～3.7%，干物质 11%～14%，乳糖 4.5%～5.0%，脂肪 3%～5%，无机盐类 0.60%～0.75%。

一、遗传因素

1. 品种　不同品种间产奶量的差异很大，这是由遗传而来的因素。这一差异因素与人的选择有关。不同品种间在产乳量上差异很大，其中以荷斯坦牛产量最高，但乳脂率低。娟姗牛产乳量虽低而含脂率高，这也属品种特点。

奶牛品种是决定牛奶不同组成的最主要条件。不同奶牛品种所产牛奶的组成有一定差异。如娟姗牛蛋白质 5.14%、脂肪 5.04%；荷兰牛蛋白质 3.15%、脂肪 3.45%。

2. 个体　不同个体产奶量不同。即使同一品种内个体不同差异也很显著，甚至大于品种间的差异。如荷斯坦牛个体间产奶量可能为 2 000～27 000 kg，含脂率可能为 2.6%～6%。个体间的差异是选育工作的基础，选择优良个体是育种工作中的重要手段。

同一品种的奶牛，即使在同样饲养管理条件下，奶牛个体之间奶的组成也有所不同。其主要原因是受遗传所影响，但其差别没有品种间的差别显著。

二、生理因素

1. 年龄与胎次 假如奶牛以7～8岁(第5～6胎)时产乳量为100,初产母牛一般产乳量仅能达到60%～70%。随年龄、胎次增加,乳腺发育增大,产量也逐步增大。当达第8、第9胎次时产奶量降低,产量仅能达到5～6胎时的70%～80%,但这一规律也受乳牛成熟早晚与饲养条件影响。早熟的牛只高峰期来的较早,但也较早地下降。良好的饲养管理条件,可以保持较缓慢的下降。乳中的脂肪率则有与产乳量呈负相关的趋势。一般在乳量上升期含脂率略有下降,当乳量下降时,含脂率有可能再度上升。母牛随着年龄的增高,其产奶量及乳脂量也增加,至5～7胎达最高点,但含脂率没有显著增加的倾向。

2. 体型大小 乳牛个体间产奶量虽有差异,但通过大量统计,体型大小与产奶量之间也有关系。一般体型大,消化道容积大,食量也大,泌乳器官也大,故产奶量较高。据统计,在一定限度下,每100 kg体重可能相应增产牛乳1 000 kg,但超过一定限度时,并无明显增加。如黑白花奶牛体重在选择中一般以600～650 kg较好。过大的体型无论在产奶,饲料消耗及饲养管理操作上并不有利。因为体重过大,并不一定产奶就多,而且奶牛体重过大,不仅所需维持饲料相应增加,其所占牛舍面积相应较大,故并不合算。

3. 初产年龄与产犊间隔 初产年龄过早,不仅影响当次产乳,并且影响个体发育,从而影响终生产量。初产过晚则影响终生胎次,这样不仅减少了产奶量,并减少了犊牛的出生头数,在饲养成本上是不合算的。所以在乳牛业中掌握乳牛初产年龄是十分重要的。一般应掌握乳牛体重达成年70%左右配种,24～26月龄第一次产犊较为有利。但由于各地气候条件与营养水平很不相同,具体配种产犊时间则应灵活掌握,个体牛之间也须视具体情况而定。

母牛初产后,应保持一年一犊,一年中有10个月的产奶期,这样母牛的一生可多次出现泌乳高峰,无论对产奶与获得犊牛都十分有利,无限的延长产奶期,虽获得当前利益,实际得不偿失,故母牛产犊后应尽量使其在60～90 d内再度受孕。

4. 泌乳期 乳牛自产犊后产乳开始直至干乳期间称泌乳期。乳牛在泌乳期的产奶量上也有很大差异,一般都呈规律性的变化,即开始几天产量较低,随产后身体和生殖道的恢复,产量不断增加,在20～60 d出现高峰,一般高产母牛高峰来得较迟;反之,低产牛大都在20～30 d即可达到高峰。一般牛的产量在高峰期可能停留一段时间,良好的高产牛高峰期可达2个月左右,一般多在维持1个月左右即开始缓慢下降。良好的乳牛下降缓慢，月递减率一般在 7%以下，低产牛则往往在 9%～10%甚至更高。当母牛怀孕达 5 个月时，孕牛产乳下降较快，而未孕牛则下降较慢。这种根据牛的产奶数量高低以曲线表示称为泌乳曲线。下降过剧或多峰曲线则是不正常的曲线。泌乳曲线是鉴定乳牛的一项指标，也是改善饲养管理的一种依据。

三、环境因素

1. 饲养管理 奶牛泌乳能力的遗传力仅为 25%～30%，其余为饲养管理因素。饲养管理的内容很多，在饲养中，丰富的营养、日粮合理的搭配、精心的调制是产奶的物质基础。事实证明，同一品种乳牛，在不同牧场饲养，其产奶量差异很大，这固然与选择有关，但大部分原因乃是饲养管理的差异。

(1)营养：高产母牛营养需要较多，但完全靠精料满足需要往往效果很差，长期高精料型饲养易发生胃肠病，代谢病和难孕等疾患。低产牛过度丰富饲养，则牛体过肥，反而影响产量并发生难孕及难产等。高质量的粗饲料乃是提高产乳量和含脂率的基础。个体牛对饲养水平反映并不一致，在执行饲养标准中照顾到个体特点，乃是饲养技术的重要措施。

采用适宜的饲料喂奶牛可以提高产奶量和奶中干物质含量，但对乳脂及其他成分影响不大。特别是喂含蛋白质丰富的饲料时，产奶量增加，但对牛奶的组成没有影响。如多喂大豆之类的饲料，乳脂有增加的趋势，但这种影响是暂时的。通常情况奶牛瘤胃产生挥发性脂肪酸比例较高时，牛奶中含脂率也随之升高。精料比例过高，粗料比例下降，这时瘤胃中乙酸比例下降，乳脂亦下降，所以粗料比例应不低于日粮中总干物质的 40%，粗纤维应不低于 15%～17%。

长期喂料不足的奶牛与充分喂料的奶牛相比较，喂料不足的奶牛不仅产奶量显著降低，乳脂率也下降。如奶牛长期营养不足，恢复营养后其奶中大部分成分可以达到原来水平，但奶中蛋白质含量很不容易完全恢复。

(2)管理：奶牛经常刷拭、修蹄、运动、按时挤乳是日常管理的重要环节。这些环节都是保证牛体健康、促进血液循环的措施。只有健康的乳牛才能保持旺盛的采食量和大量产奶，健康状况不佳、瘦弱和干乳期不足的牛只，产乳量下降，即便有一时的高产乳量也不会持久。

2. 季节与环境温度 气温高低对牛乳的组成有很大影响。牛奶的组成随季节而异，通常在夏季乳脂率较低，牛乳中的干物质含量较低，冬季有升高的倾向。我国的奶牛，北方比南方的乳干物质含量高，脂肪的含量也是如此。

气温在4～21℃范围内，环境温度对奶牛产奶量及奶的成分几乎没有影响。在21～27℃的气温下，奶牛产奶量逐渐减少，乳脂率降低。气温达27℃以上时则产奶量降低更为显著，无脂干物质通常会下降。据报道，气温从10℃升高到29℃，乳脂率平均下降0.3%，气温从6月份平均22.2℃上升到7、8月份26.4℃和27.5℃，乳脂率从3.13%降低到3.03%，如果温度继续上升到29℃，由于泌乳量急剧减少，乳指率却相应上升，总固形物、乳糖等减少。南京、上海地区气温从4.4℃ 上升到35℃，非脂固形物平均从8.26%下降到7.58%，其中酪蛋白从2.26% 下降到1.81%，在27℃，相对湿度80%或气温32.2℃，相对湿度50%时，非脂固形物的含量显著下降，乳脂含量也减少。持续的湿热天气影响牛奶质量。

3.挤奶技术 挤奶技术与产奶量、含脂率关系甚为密切。合理的挤奶应当使乳牛早有挤乳准备，即先以温度较高的热水擦洗乳房，并加以按摩，使乳牛产生排乳反射，当乳房变硬产生放乳反射时，应集中精力立即挤奶，挤奶员应随乳牛泌乳速度加快挤奶，因为促使乳牛放乳的催产素在乳房中作用时间很短，仅数分钟，如能较快将奶挤出即可获得较多牛奶。但所谓加快挤奶，并不一定是加快动作，而应表示在单位时间内挤奶的数量上，关键是能以手力阻断奶汁回流，而以握力每次将乳头腔中奶量完全挤出。

每次挤奶要将乳完全挤净。乳房中积存的奶不仅不能成为下次挤奶量的积存量，并且对奶的分泌来说是一种阻碍，影响了泌乳速度，对挤奶量来说也是一种损失。此外，乳挤不净，容易造成乳房炎。

4.挤奶次数与挤奶间隔 乳是在两次挤奶之间形成的，其形成在挤奶后的1 h内最快，以后逐渐变慢。使乳房内压较小甚至排空，对奶的形成有利，一般3次挤奶比2次挤奶可多产奶16%～20%，而4次挤奶又较3次挤奶提高10%～12%。一般高产牛和初产牛增加挤奶次数以促进泌乳机能发挥。目前，西方国家劳力紧张，多执行日挤2次，我国多数牧场则日挤3次。挤奶次数过多不仅对工人休息和学习不利，在经济上也往往得不偿失。挤奶间隔应尽量均衡，只有照顾到工作时间安排、工人休息和学习，才可适当调整打破完全的均衡，使其中有一段时间略长，如3次挤奶中有2次各相距7 h，另一次相距则为10 h，但一旦建立起来的挤奶时间次序不可轻易改变，无规律的挤奶对生产是十分不利的。

在同一次挤奶中，牛奶成分并不是均匀一致的，特别是含脂率在挤奶初期乳脂含量很低(1%左右)，随后逐渐增加，到挤奶结束时乳脂含量最高(10%左右)，差别很显著,这和乳脂的物理性状以及乳脂肪球凝集在乳腺泡内有关。如每次挤奶不净,必然形成平均含脂率下降。

一般情况下,挤奶间隔长则产奶量多,与此相对应,乳脂含量却较低,而挤奶间隔短则乳脂含量高。如每天挤 2 次奶,其间隔各为 9 h 和 15 h,这时乳脂率分别为 4.6%和 3%。如将每天 2 次挤奶改为 3 次,产奶量可增加 10%,故适当增加挤奶次数可增加产奶量。从挤奶时间来说,如采取间隔 12 h,并在中午和半夜挤奶,则时间对产奶没什么影响。但如采取午前 6 点和午后 6 点挤奶时,则早晨产奶量较傍晚产奶量多,其乳脂率则相反。

5. 疾病　奶牛患病后,首先是产奶量降低,同时奶的组成也发生变化。最常见的疾病是乳房炎,奶牛患乳房炎后其乳脂变化不甚规则,但无脂干物质降低。一般来说,奶牛体温升高时,其产奶量和奶中无脂干物质含量均降低。体温不升高的疾病,其产奶量虽然减少,但对乳的组成没有多大影响。

第二节　产奶性能的测定

奶牛的生产性能测定是反映奶牛生产能力高低、为育种选育和饲养管理提供依据所必不可少的。反映奶牛生产性能的指标主要有产奶量、乳脂率、乳蛋白率、无脂固形物率、饲料转化率、排乳速度等。

一、产奶量的测定和计算

最精确的方法是将每头母牛每天每次的乳量进行称量记录,泌乳期结束后进行统计。这种方法十分繁琐,工作量大,不适于规模生产,实际中已很少采用。现介绍农业部颁发的测定办法。

1. 中国荷斯坦牛生产性能测定办法　测定的频度为每月一次,记录 24 h 内的奶量、乳脂率和乳脂量。奶量可用秤称或容器量,容器刻度不应超过 200 mL,奶量以 kg 表示,取一位小数。记录期间每次产奶量按比例取样,混合后作乳脂分析。奶样总收集量不少于 30 mL,以接近 0℃(但不能低于 0℃)保存,也可在每升奶中加入 1 g 重铬酸钾进行保存。乳脂率的测定用盖氏法或能得到相同结果的其他方法,并据此计算 24 h 内的乳脂量,取小数点后 3 位。

测产每月一次,可间隔 26～33 d,但分娩后 5 d 内不测定。泌乳期以产犊的次日为开始日期，在挤奶次数减为一日两次后，最后一次测产后的第十四天为该泌乳期的结束日(不是实际结束日)。产奶量和乳脂率的计算方法是：

设 M_1、$M_2\cdots M_n$ 为第 C_1、$C_2\cdots C_n$ 次测产的奶量，kg(小数点后一位)；m_1、m_2、$\cdots m_n$ 为每次测产的乳脂量，kg(小数点后3位)；l_1、l_2、$\cdots l_{n-1}$，为 C_1 和 C_2 次测产、C_2 和 C_3 次测产$\cdots C_{n-1}$和 C_n 次测产间的间隔天数；l_0 为产犊至第一次测产间的日数；l_n 为末次测产和泌乳结束日期间的日数(按 14 d 计算)；LM 为泌乳期奶量；LF 为泌乳期乳脂量。则：

$$LM=M_1(l_0+l_1/2)+M_2(l_1+l_2)/2+M_3(l_2+l_3)/2+\cdots+M_{n-1}(l_{n-2}+l_{n-1})/2+M_n(l_{n-1}/2+l_n)$$

$$LF=m_1(l_0+l_1/2)+m_2(l_1+l_2)/2+m_3(l_2+l_3)/2+\cdots+m_{n-1}(l_{n-2}+l_{n-1})/2+m_n(l_{n-1}/2+l_n)$$

$$\text{平均乳脂率}=(LF/LM)\times100\%$$

附加说明：如果漏测一次，可根据前后两次测产结果用内推法计算结果来代替，若测产中断 60 d 以上，则测产结果不予承认。在泌乳期长于 305 d 情况下，305 d 产奶量只取前 305 d 的测产结果。

对因条件所限，目前还不能按上述方法测产的个体户而言，可采用每月记录 3 d，间隔 8～11 d 的方法，按下列公式计算：全月产奶量(kg)＝$(M_1\times D_1)+(M_2\times D_2)+(M_3\times D_3)$。式中 M_1、M_2、M_3 为各测定日全天产奶量，D_1、D_2、D_3 为本次测定日与上次测定日之间的间隔天数。

2. 奶牛群体产奶量的统计 可依据下列两个公式进行。

$$\text{成母牛全年平均产奶量}=\frac{\text{全群全年总产奶量}}{\text{全年平均日饲养成母牛头数}}$$

$$\text{泌乳牛年平均产奶量}=\frac{\text{全群全年总产奶量}}{\text{全年平均日饲养泌乳母牛头数}}$$

式中全年平均日饲养成年母牛头数包括所有成年母牛，即按饲养日计算的年均产奶量，可反映牛群的整体管理水平，便于计算牛群的饲料报酬和产奶成本。而全年平均日饲养泌乳牛头数只计算泌乳的牛，即按实际泌乳日计算的年均产奶量，可以反映牛群的质量，并供拟定产奶计划时参考。

二、乳脂率和乳脂量的测定和计算

根据中国荷斯坦牛生产性能测定办法，乳脂率用盖氏法或能得到相同结果的其他方法测定，每月一次，与测定产奶量同时进行。现许多奶牛场拥有快速乳脂测定仪，也能较方便准确地测定乳脂率。根据乳脂率和产奶量计算乳脂量。

4%乳脂校正乳（FCM）的换算。不同奶牛个体的乳脂率差异很大，为评定不同个体间产乳性能的优劣，可用4%乳脂校正乳来比较，其换算公式为：

$$FCM(\%)=0.4\times M+15\times F$$

式中：FCM 为4%乳脂校正乳量，M 为产奶量（kg），F 为乳脂量（kg）。

三、饲料转化率的计算

饲料转化率可反映奶牛将饲料转化为奶的能力，也是鉴定奶牛品质的重要指标之一。其计算公式有二，A式表示每千克饲料干物质可生产多少千克牛奶，B式表示每生产1 kg牛奶需消耗多少千克饲料干物质。

$$\text{A：饲料转化率}=\frac{\text{全泌乳期 }FCM\text{ 总产量(kg)}}{\text{全泌乳期消耗饲料干物质总量(kg)}}\times 100\%$$

$$\text{B：饲料转化率}=\frac{\text{全泌乳期消耗饲料干物质总量(kg)}}{\text{全泌乳期 }FCM\text{ 总产量(kg)}}\times 100\%$$

四、乳蛋白率的测定

用凯氏微量定氮法、比色法、或能得到相同结果的其他方法进行测定。根据乳蛋白质率可计算出乳蛋白量。

五、排乳速度

排乳速度即挤奶时乳汁排放的快慢，以每30 s或每分钟排出的奶量（kg）为准，可在挤奶时用弹簧秤挂在三角架上直接称量。排乳速度快的母牛有利于在挤奶厅集中挤奶。

六、前乳房指数

奶牛左右乳房的奶量基本相等，即发育较匀称，而前后乳区的奶量差别较大，后乳区的发育明显好于前乳区。通常用前乳房指数表示乳房的对称程度。测定的方法是，用有4个奶罐的挤奶机，挤奶时使4个乳区的奶分别流入4个奶罐中而测得每个乳区的奶量。用下式可计算出前乳房指数：

$$前乳房指数=\frac{前两个乳区奶量(kg)}{总奶量(kg)}\times 100\%$$

一般乳用品种的前乳房指数为43%左右，并且成年母牛略小于头胎母牛。

七、其　　他

近来一些发达国家还测定乳中的无脂固形物率和体细胞数。乳无脂固形物率是指奶中除去脂肪后的固形物(干物质)含量，与奶的质量有关；乳中体细胞数与乳房炎关系密切，体细胞数越多，患乳房炎的可能性就越大。

八、中国荷斯坦牛产乳量的校正

乳牛产乳量的高低除受遗传因素影响外，还受非遗传因素的影响，如泌乳天数、产犊月份、胎次和年龄等。为了正确地评定奶牛的实际生产性能，减少环境偏差，排除这些非遗传因素对产乳量的影响。利用产乳量校正系数把奶牛产乳量校正到同一水平上，这样才便于对奶牛进行客观的评价，从而提高选种的准确性。表3-1介绍中国乳业协会拟订的校正系数。

表3-1　泌乳期不足或超过305 d的校正系数

实际泌乳天数	1胎	2～5胎	6胎以上	实际泌乳天数	1胎	2～5胎	6胎以上
240	1.182	1.165	1.155	305	1.000	1.000	1.000
250	1.148	1.133	1.123	310	0.987	0.988	0.988
260	1.116	1.103	1.094	320	0.965	0.970	0.970
270	1.086	1.077	1.070	330	0.947	0.952	0.956
280	1.055	1.052	1.047	140	0.924	0.936	0.939
290	1.031	1.031	1.025	350	0.911	0.925	0.928
300	1.011	1.011	1.009	360	0.895	0.911	0.916
305	1.000	1.000	1.000	370	0.881	0.904	0.913

注：使用系数时，产乳265 d使用260 d系数，如产乳266 d则用270 d系数校正。

第三节　DHI体系及其在奶牛饲养管理中的应用

DHI (dairy herd improvement)是奶牛群改良的英文缩写，国内称奶牛生产性能测定，是一套完整的奶牛生产性能测定体系。该体系指通过测试奶牛的奶量、乳成分、牛奶体细胞数并收集相关资料，对其进行分析后，获取一系列反映奶牛群配种、繁殖、饲养、疾病、生产性能等方面的信息，继而利用这些信息进行有效生产管理的综合体系。

一、奶牛性能测定(DHI)的目的和意义

(1)奶牛场利用这些信息迅速地组织他们的生产，如饲料配制，疾病的预防特别是乳房炎的预防以及生产状况的监测。

(2)有利于选择高产奶牛、培育良种，改良核心群。DHI的结果能向奶牛场建议尽快淘汰亏本牛只，提高高产牛在牛群中所占的比例。从而提高产奶量和生产成本之间的比例，达到提高奶牛场的经济效益。如果一个牛场不参加性能测定，牛场很难对一头牛的生产盈亏状态做出评估，对这头牛的饲喂可能处于一种盲目状态。

(3)奶牛场可根据性能测定报告，和一些例行的标准进行比较，及时更新管理，充分挖掘养牛生产中的潜力、发挥奶牛的最佳性能。从而创造出更高的经济效益。

(4)DHI性能测定的结果，是国际衡量奶牛育种水平的一种通用标准。通过奶牛性能测定，可以缩短我国奶牛业与国际间的差异，实现与国际接轨。

(5)DHI是一种衡量奶质的一种手段。

二、奶样的采集、保存与送检

参加测定的牛群每月取奶样一天，连续早中晚3次，使用统一的取样器取样，测定每头泌乳牛24 h的产奶量并逐头取样。

取样时，将奶样瓶加好防腐剂，按照一定顺序将奶样瓶摆放在取样架上。奶样总量为40～45 mL。将每天2次或3次的挤奶量按一定比例混合而成。如每天3次挤奶，则早中晚3次比例为4∶3∶3，每天2次挤奶比例为6∶4，根据比例因

挤奶间隔不同而作调整。

含防腐剂的奶样在冷藏(2～7℃)下安全存放 7 d。若无冷藏条件,加了防腐剂的奶样在室温 18℃下能安全存放 4 d;样品防腐剂一般为重铬酸钾,加入量是 40～50 mL 的奶样加 0.03 g。

现场取奶样后,牛场的鉴定员将记录的奶量输入计算机,通过,互联网将牛群变动情况和测定日奶量传给 DHI 检测机构。奶样送独立检测机构检测,测出的乳成分(乳脂肪率、乳蛋白率、乳糖率、干物质率)和体细胞计数等。再通过计算机数据处理软件对测定结果进行统计分析,形成报表、数据库及分析结果,通过互联网反馈给牛场。奶牛场利用这些信息指导奶牛场的饲养管理。

三、DHI 检测包含的内容

1. 牛号 对一头特定的奶牛,这是唯一的号。采用中国奶协规定的编号,共计十位,前五位是所在省份和牛场代号,后五位是出生年份及出生顺序号。例如某场 1998 年出生的第 32 个母牛的编号为 98032。统一编号增加了数据的准确性,便于建立奶牛档案,进行计算机联网。

2. 分娩日期 由奶牛场提供准确的分娩日期。分娩日期是计算其他各项指标的依据,根据分娩日期可产生一系列重要参数。如果没有精确的分娩日期,计算产生的大多数信息会毫无用处。

3. 泌乳天数 这是计算机按照你提供的分娩日产生的第一个数字,它依赖于你提供的分娩日期的精确性。通常指从分娩第一天到本次测奶日的时间。

4. 胎次 它对计算机产生 305 d 预计奶量是很重要的,因计算机需要精确的胎次以识别泌乳曲线,以成母牛为 7 000～7 500 kg 产奶量的牛一胎、二胎和三胎的泌乳曲线为例。

5. 牛群测定的奶量(HTW) 以千克为单位的牛只个体产奶量、群体产奶量;指测定日牛的奶产量,反映了牛只与牛群当前产奶水平的真实情况,查看此内容时结合泌乳天数和上月奶量,将会得到更多有用的信息。

6. 校正奶量(HTACM) 这是以千克为单位的计算机产生的数据,以泌乳天数和乳脂率校正产奶量而得。

7. 上次(月)测奶日的奶量(Prev. M) 这是以千克为单位的上个测奶日该牛的产奶量。

8. 乳脂率(F%) 这是从测奶日呈送的样品中分析出的乳脂的百分比。

9. 乳蛋白率(P%)　这是从测奶日呈送的样品中分析出的乳蛋白的百分比。

10. 乳脂/蛋白比例(F/P)　这是该牛在测奶日的牛奶中乳脂率和乳蛋白率的比值。

11. 体细胞计数(SCC)　单位为1 000,是每毫升样品中的该牛体细胞的记录。

12. 前次体细胞计数(PreSCC)　单位为1 000,上次样品中的体细胞数。

13. 初次体细胞数　单位为1 000,指奶牛分娩后第一次测得的体细胞数。

14. 牛奶损失(MLOSS)　这是计算机产生的数据,基于该牛的产奶量及体细胞计数。

15. 线性体细胞计数(LSCC)　这是基于体细胞计数计算机产生的数据,用于确定奶量的损失。

16. 累计奶量(LTDM)　计算机产生的数据,以千克为单位,基于胎次及泌乳日期,可以用于估计该牛只本胎次产奶的累计总量。对于完成胎次泌乳的牛而言,代表着每胎产奶量,可用以计算终生奶量。

17. 累计乳脂量(LTDF)　计算机产生的数据,以千克为单位。基于胎次及泌乳日期,可以用于估计该牛本胎次生产的乳脂总量。

18. 累计蛋白量(LTDP)　计算机产生的数据,以千克为单位。基于胎次及泌乳日期,可以用于估计该牛本胎次生产的蛋白总量。

19. 305 d奶量(305M)　计算机产生的数据,以千克为单位,如果泌乳天数不足305 d则为预计产量,如果完成305 d奶量,该数据为实际奶量。

20. 峰值奶量(高峰奶,PeakM)　以千克为单位的最高的日产奶量,是以该牛本胎次以前几次产奶量比较得出的。

21. 峰值日(PeakD)　表示产奶峰值发生在产后的多少天。

22. 繁殖状况(Reprostat)　如果牛场管理者呈送了配种信息,这将指出该牛是产犊、空怀、已配还是怀孕状态。

23. 预产期(DueDate)　如果牛场管理者提供繁殖信息,如怀孕检查,指出是怀孕状态,这一项将以上次的配种日期计算出预产期。

24. 高峰日(高峰奶量)　在一个泌乳期中,测定日奶量相比最高的为高峰奶量,该高峰奶量出现日为高峰日。

25. 干奶日期及已干奶日　指干奶第一天开始到泌乳结束的时间。

26. 泌乳期长短　指从产后的第一天到该胎泌乳结束的时间。

27. 持续力　这个数据可以用于比较个体牛的生产持续力。计算公式:

(前次奶量－本次奶量)/前次奶量×100×(30/两次测定间隔天数)－100

28. 体细胞计数(SCC)线性分的计算 是将体细胞数通过数学的方法线性化而产生的数据[Log_2(体细胞数/100)＋3]。

29. 体细胞计数(SCC)奶损失的计算 (乳量×乳损失率/100)/(1－乳损失率/100)。

30. 饲养日 牛群饲养成母牛的数量，每天每头为一个饲养日。

31. 泌乳日 牛群中饲养泌乳母牛的数量，每天每头泌乳牛为一个泌乳日。

32. 累计饲养日 全年(月)的饲养日的总和。

33. 累计泌乳日 全年(月)的泌乳日的总和。

34. 饲养日产 每天(月、年)的累计产奶量除以累计饲养日的数值，单位为kg/个。

35. 泌乳日产 每天(月、年)的累计产奶量除以累计泌乳日的数值，单位为kg/个。

36. 千克奶成本、千克奶内饲料饲草成本、工资福利、饲养日成本等。

37. 饲养日成本，每个饲养的成本。

四、DHI 报告分析与应用

DHI 对于所注册的成员提供基础服务，这种服务包括每月提供一份牛群总结报表，还有年末牛群的年度总结报告。

泌乳能力测定月报内容包括：牛场名称，鉴定日期，牛舍编号，牛号，分娩日期，胎次，上月记录(乳量、SCC、线性分)，鉴定日记录(乳量、脂肪率、蛋白率、乳糖率、干物质率、SCC、线性分、奶损失)，累计记录(泌乳天数、乳量、脂肪率、蛋白率、乳糖率、干物质率、日单产、SCC、线性分、奶损失)，脂肪蛋白比，高峰乳量，高峰日，持续力，90 d 产奶量，305 d 预计或实际产奶量、蛋白率、乳脂率，干奶或淘汰日期，父号，母号以及备注等。

牛群平均成绩一览表是以牛场为单位的月汇总表，内容与“泌乳能力测定月报”基本相同，增加了本月鉴定牛头数以及各统计项目的累计或平均数。

产奶量分布表按照不同胎次，统计出不同产奶水平的牛头数和所占的百分比，统计出本月采奶样牛占全群成母牛的比例。本月份完成一个胎次牛一览表将本月干奶或淘汰的牛基本情况做一汇总。体细胞数分布一览表按照不同胎次，统计出不同 SCC 水平的牛头数和所占的百分比。

每份 DHI 报告中均可获得牛群群体水平与个体水平等方面的信息。

1. 泌乳天数 反映了奶牛所处的泌乳阶段，有助于牛群结构的调整。特别应关注那些泌乳天数长的奶牛，查看其繁殖状况及奶量，如果属于长期不孕牛应考虑存留与否。对于 DHI 报告的第一项都应查看最后一行平均数，在全年均衡配种的情况下平均泌乳天数应为 150～170 d，这一指标也可以显示牛群繁殖性能及产犊间隔，如果数据比这一水平高许多，表明存在繁殖问题，

2. 胎次 保持牛群平均胎次为 3～3.5 比较合理，因为处于此状态的牛群不但有较高的产奶潜力及持续力，还有条件不断更新牛群，尽可能利用优良的遗传性能，提高群体生产水平。

3. 牛群测定的奶量 牛群测定奶量可以作为衡量目前群体生产水平的指标，用于配合合适的日粮。其均值和被测定产奶牛数可以用于经济预算，当把 305 d 预计产奶量和实际产量结合分析时可以用于本月的预算，也可以用于长期的预算。牛群奶量的上升或下降是检验管理水平的明显指标。

牛只个体奶量可以提供衡量每个个体牛产奶量的结果，这一结果可以用于分群管理。对于牛群而言，使其饲料成本经济的方法之一是将母牛按产奶水平分组，给各组按生产水平给予平衡的营养日粮以满足需要。饲养水平低于个体或群体的生产水平，最终会导致产奶量降低，乳成分下降。饲养水平若高于生产水平则增加生产成本，一方面浪费了饲料资源；另一方面增加了由于牛只过肥引起疾病的开支。为选种选配提供参考资料。

4. 校正奶量 依据实际泌乳天数和乳脂率较正为泌乳天数 150 d、乳脂率 3.5% 时产生的数据。可用于比较不同泌乳阶段奶牛的生产水平，也可用于不同牛群间生产性能的比较。例如 204 号牛与 256 号牛某月产奶量基本相同，但是就校正奶量而言，后者比前者高出近 10 kg，说明 256 号的产奶性能好。

5. 上次(月)测奶日的奶量 上月奶量可以用于比较经过饲养或管理改变之后的生产水平的变化，用以说明牛只的生产性能是否稳定，通过比较目前的生产水平和上月的水平可以确定出适当饲料配方。对于个体牛只，与上月比较，生产水平的显著提高或下降，是一个管理水平的指示性指标。如果奶量降幅太大，应注意观察牛的饮食状况，是否受到应激或发病。如果牛只表现出从一个月到下一个月较大的波动应尽早的找出原因，如：是不是从一个配方到下一个配方过渡时未给予足够让牛只适应的时间，母牛在产犊时是否太肥。这样的牛产后食欲往往时好时坏，结果是产量波动；有些牛只还常常表现出酸中毒，跛行，但未能及时发现原因等。例

如,158 号牛上月奶量 40.3 kg,本月 26 kg,相差 14.3 kg,泌乳天数为 63 d,正处于高峰期。经查该牛患有蹄病。

6. 乳脂率和乳蛋白率 当乳品加工厂收购政策引入以质论价时,对奶牛场便显得尤为重要。提高乳脂率和乳蛋白率势在必行。其高低主要受遗传和饲养管理两方面的影响,因此除了选择优良的种公牛外,还需加强饲养管理。乳脂率和乳蛋白率可以指示营养状况,乳脂率低可能是瘤胃功能不佳,代谢紊乱,饲料组成或饲料物理形式有问题等的指示性指标。如果奶牛产后 100 d 内蛋白率太低(3%),可能存在问题:干奶牛日粮不合理,造成产犊时膘情太差;泌乳早期精料喂量不足,蛋白含量低;日粮蛋白质中过瘤胃蛋白含量低。

当乳脂率减乳蛋白率小于 0.4%、乳脂率比牛群平均值低一个百分点时,预示可能出现酸中毒。

7. 乳脂/蛋白比例 脂肪蛋白比是一个较新的概念,指牛奶中乳脂率与乳蛋白率的比值,正常情况下为 1.12～1.13。高脂低蛋白说明日粮中添加了脂肪或是日粮中可消化蛋白不足,而低脂高蛋白很可能是日粮中缺乏纤维素的缘故。产后 120 d 以内牛群平均脂蛋比如果太高,可能存在如下问题:日粮蛋白中过瘤胃蛋白不足。如脂蛋比太低,可能存在如下问题:日粮组成中精料太多,缺乏粗纤维。

脂肪蛋白比值应为 1.12～1.36。如果乳脂率太低,可能是瘤胃功能不佳,存在代谢性疾病,日粮组成或者精粗料物理性加工存在如下问题。如果奶牛产后 100 d 内蛋白率太低,可能存在问题:干奶牛日粮不合理,造成产犊时膘情太差;泌乳早期精料喂量不足,蛋白含量低;日粮蛋白质中过瘤胃蛋白含量低。产后 120 d 以内牛群平均脂蛋比如果太高,可能存在如下问题:日粮蛋白中过瘤胃蛋白不足。如脂蛋比太低,可能存在如下问题:日粮组成中精料太多,缺乏粗纤维。

8. 体细胞计数 指每毫升牛奶中白细胞(巨噬细胞、淋巴细胞、多形核嗜中性细胞等)的含量。其主要功能是排除病菌感染,修复组织。当奶牛乳房受到病菌侵袭或乳房损伤时,乳腺分泌大量白细胞进入其中,把细菌包围起来并吞噬掉。随着炎症的加剧,体细胞数会急剧增加,当炎症消失后,体细胞数会逐渐减少。因此体细胞数是反映乳房健康程度的重要指标。另外,身体其他部位的炎症也会造成体细胞数一定程度的增加。

奶牛一旦患有乳房炎,奶量、奶质都会有相应的变化、临床性乳房炎的变化更加显著,所损失的乳量将会达到 20%～70%,有的个别牛甚至没有奶。另外体细胞数高,也会使牛奶质量下降。表现为乳脂率降低,钙含量下降,钠及氯含量上升,影响牛奶的营养价值及乳制品风味。患有乳房炎的奶与正常奶的不同点主要是干物质含量减少及各种乳成分的含有比例发生变化，这种化学性的变化因乳房炎的程度和类型而异，如果达到很重的程度，奶中成分接近血液的成分。如果奶中体细胞数的含量达到10万/mL，乳脂率减少0.01%，无脂固形物减少0.019%，蛋白质率减少0.001%。因乳房患有炎症，乳糖的含量也会损失10%～20%。奶的质量还可使热稳定性差。如果残留有抗菌素，影响奶制品的风味和质量。因此许多国家的乳品加工厂都设立了体细胞计数高低的奖罚措施。国外提供30万体细胞原料奶者会被处罚，50万体细胞数以上则会被拒收。

牛群体细胞数是保健管理水平的标志。体细胞数、体细胞评分反映了该牛群的健康状况。对于体细胞数较高的牛群，说明乳房保健存在问题，应检查：挤奶设备的消毒效果；挤奶设备的真空度及真空稳定性；奶衬性能及使用时间，牛床、运动场等环境卫生及牛体卫生。

9. 体细胞数与泌乳天数　这两项结合使用可以确定与乳房健康相关的问题在什么地方发生，如果高的体细胞数在泌乳早期发生，可能预示着较差的干奶期治疗，或可能是干奶牛舍和产房卫生条件太差，如果泌乳早期体细胞数很低，但在泌乳期持续上升，可能预示着挤奶程序有问题或挤奶设备有问题，出现这种情况，应该检查挤奶过程和设备以发现问题，并加以解决，体细胞数就会下降。

10. 牛奶损失　指由于乳房受细菌感染而造成的牛奶损失，可以通过体细胞数和奶量的高低进行计算。奶损失与体细胞数的关系见表3-6。DHI报告详细地提供了每头牛的奶损失及平均奶损失，由此可直接计算出经济损失。这正是牛奶记录系统的意义所在，也是牛场所关心的焦点问题。通过一些有效的管理措施，降低体细胞数，减少乳房炎发病率，从而可提高经济效益。

11. 前次体细胞计数　指上次测定日测得的体细胞数，用以说明牛场采取的预防管理措施是否得当，治疗手段是否有效。DHI记录体系及时反馈了这方面的信息。如果体细胞数在提高，说明问题仍在发生，如果在下降，说明管理有效。前次体细胞数可以说明是什么种类的细菌引起的乳房炎，如果体细胞数持续很高，常常预示是传染性的乳房炎，是由葡萄球菌或链球菌引起的，一般在挤奶时传染，如果体细胞数低，接着高，再接着低，预示着是环境型的乳房炎，一般与卫生问题有关。例如409号牛上月体细胞数为37.13×105/mL，奶量为15.7 kg，本月体细胞数为2.91×105个/mL，奶量为27.5 kg，效果很明显。

12. 初次体细胞数　指奶牛分娩后第一次测得的体细胞数，其高低反映了干奶期的防治效果和围产期的管理水平，因此是评估这方面工作的有效指标。

13. 305 d 奶量　查看本项目，可了解牛场不同奶牛的生产水平及牛群的整体生产水平，作为奶牛淘汰的决策依据。仔细研究前后几个月 305 d 的预测奶量，就会发现同一头奶牛不同月份 305 d 的预测量有所差异，如果奶量增加，说明饲养管理有所改进。若奶量降低，表明奶牛的遗传潜力因为饲养管理等诸方面因素的影响未能得以充分地发挥。

305 d 期待乳量:鉴定日的累计乳量乘以系数。系数的计算应通过泌乳天数与产奶量的关系,画出标准泌乳曲线。对不满 305 d 泌乳期的母牛,产奶量使用其系数校正来计算 305 d 期待量。

14. 繁殖状况 指奶牛当前所处的生理状况，如配种、怀孕、产犊、空怀。查看此项内容可及时了解奶牛当前的繁殖状况，及时发现问题，采取有效措施予以纠正。

15. 预产期 有助于提醒有关工作人员适时停奶，做好产房准备工作,及时将奶牛转入产房、做好接产等工作。总之,DHI 记录体系所提供的各项内容包括了奶牛场生产管理的各个方面,它代表着奶牛场生产管理发展的新趋势,因此掌握和应用好各项目,是管理好奶牛场的关键。

16. 高峰日与高峰奶量 高峰日期指奶牛在几次测奶中奶量最高时的泌乳天数,高峰奶量指几次测奶中的最高奶量。高峰日到来的时间和高峰奶量的高低直接影响胎次奶量。据报道,高峰奶量每提高 1 kg,相对于一胎奶牛 305 d 产量提高 400 kg,二胎奶牛 305 d 产量提高 270 kg,三胎奶牛 305 d 产量提高256 kg。在奶牛饲养中，及时到达泌乳高峰,并保持高峰奶量是奶牛饲养所追求的目标。通常情况下泌乳高峰到达的时间为产后 40～60 d 出现产奶峰值,而奶牛采食量高峰到达的时间较晚,约为产后 90 d。如果峰值日大于 70 d,即显示有潜在的奶量损失。如果产后 60 d 内达到了产奶高峰,但持续力较差,达到高峰后很快又下降,说明产后日粮配合有问题。如果峰值日推迟但持续性好,可能是因为干奶牛饲养不当或分娩时体况太差,因而不能按时达到峰值。影响峰值奶量的因素有:育成期围产期的饲养管理、泌乳后期膘情、泌乳早期营养、遗传因素、挤奶设备和方法等。因此,为使奶牛产奶高峰及时到达保持较高的产奶持续力必须做好以下工作:对成年牛而言,在上胎泌乳末期适当增加牛膘情,注意干奶牛的饲养,进行必要的干奶期治疗。对于头胎牛而言,做好犊牛期及育成期的培育,掌握好适时配种月龄及体高、体重。做好围产期的管理,保持环境干净卫生,防止乳房炎及其他并发症的发生。加强泌乳早期的营养,适时调整日粮配方,保持饲料的全价性及较高的营养水平。

表 3-2　峰值奶量与胎次奶量的关系　kg

峰值奶量	26.5	30.3	34.3	38.2	42.0	46.1	50.1
胎次奶量	5 440～6 350	6 350～7 260	7 260～8 160	8 160～9 070	9 070～9 980	9 980～10 890	10 890～11 800

17. 峰值比　以一胎牛的高峰值除以其他胎次高峰值，得到峰值比。一般牛群的峰值变化范围很窄(0.76～0.79)，如果比值不在正常范围内，应找出其原因。

表 3-3　峰值比与平均产奶量的关系

平均高峰值(kg)		峰值比	平均产奶量(kg)
一胎	其他胎次		
20.9	26.8	0.78	5 443
25.0	31.6	0.79	6 577
27.2	35.4	0.77	7 484
29.9	39.0	0.77	8 392
32.2	42.7	0.76	9 290
34.9	45.4	0.77	10 433

18. 干奶日期及已干奶日　反映了干奶牛的情况，如果干奶时间太长，说明过去存在繁殖问题，干奶时间太短，将影响奶牛体况的恢复和下胎的产奶量。正常的干奶时间应为 60 d 左右。

19. 泌乳期长短　反映了过去一段时间内牛只及牛场繁殖状况。泌乳期太长，说明存在繁殖等一系列问题，可能是配种问题，也可能是饲养方面的间接影响。这些均直接影响牛场的经济效益。

20. 持续力　这个数据可以用于比较个体牛的生产持续能力。泌乳持续性随胎次和泌乳阶段变化，它虽然受遗传的影响，但是受营养的影响最大，如果泌乳持续性很高，这可能预示着前期的生产性能表现不充分，一般因为前期的营养不足，接着在目前给予了充足的营养。如果持续力太低，目前的饲料配方可能不能满足需要，或目前的变化太快，乳房受感染或挤奶程序有问题或挤奶设备有问题。

表 3-4　正常的泌乳持续力指标　%

持续力	泌乳天数		
	0～65 d	65～200 d	200 d 以上
一胎	106	96	92
二胎以上	106	92	86

21.体细胞线性评分与体细胞数 体细胞线性评分的优点在于它的直观性和其与奶损失的直线关系，另外当用它来估计奶牛一个泌乳期的牛奶损失时不容易受一二次高值计数的影响，更能反映奶牛的真实奶损失。

表 3-5 体细胞线性评分与体细胞数的关系

牛奶中体细胞数(mL)	100	200	400	800	1 600	3 200	6 400
体细胞分	3	4	5	6	7	8	9

22.体细胞计数(SCC)与奶损失(表 3-6、表 3-7)。

表 3-6 体细胞计数与奶损失的关系

体细胞计数(SCC)	乳损失率(%)	乳房健康状况
<15 万	0	良好
15 万～25 万	1.5	较好
25 万～40 万	3.5	有患隐性乳房炎的可能
40 万～110 万	7.5	已患隐性乳房炎
110 万～300 万	12.5	极差
>300 万	17.5	乳房炎

表 3-7 体细胞评分、体细胞数与牛奶损失的关系

体细胞评分	体细胞数(×1 000)	一胎牛奶损失(kg)	二胎牛奶损失(kg)
0	12.5(0～17)		
1	25(18～34)		
2	50(35～68)		
3	100(69～136)		
4	200(137～273)	180	360
5	400(274～546)	270	540
6	800(547～1 092)	350	720
7	1 600(1 093～2 185)	450	900
8	3 200(2 186～4 371)	540	1 080
9	6 400(4 372 以上)	630	1 260

表 3-8　DHI 月报表

牛舍	牛号	分娩日期	干奶天数	胎次	上月记录			鉴定日录								累计记录						脂肪蛋白比	高峰乳量	高峰日	持续力	90 d 产奶量	305 d 期待或实际		干奶或淘汰日期	备注	父号
					乳量	体细胞数	线性分	乳量	脂肪率	蛋白率	乳糖率	干物质率	体细胞数	线性分	奶损失	泌乳天数	乳量	乳脂率	蛋白率	干物质率	日单产						产奶量	脂肪率			

表 3-9　DHI 牛群平均成绩一览表

鉴定头数	鉴定日期	平均胎次	干奶天数	上月记录			鉴定日录								累计记录						平均产奶量			305 d		高峰日	高峰乳量	持续力
				乳量	体细胞	线性分	乳量	乳脂率	蛋白率	乳糖率	干物质率	体细胞数	线性分	奶损失	泌乳天数	乳量	乳脂率	蛋白率	干物质率	日单产	90 d	305 d	标准奶	乳脂率	乳脂量			

表 3-10 体细胞分布一览表

胎次	0(＜2.5 万)		1(＜4.9 万)		2(＜9.7 万)		3(＜19.4 万)		4(＜38.7 万)	
	N	%	N	%	N	%	N	%	N	%
1 胎										
全体										

胎次	5(＜77.3 万)		6(＜154.6 万)		7(＜309.2 万)		8(＜618.3 万)		9(＞＝618.3 万)	
	N	%	N	%	N	%	N	%	N	%
1 胎										
胎次										

第四章　奶牛的选育

奶牛选育的主要目的是改善奶牛群的品质；提高产奶量；增加牛奶中的干物质含量；提高繁殖能力；增加对疾病的抵抗力；使体型结构符合生产管理上的要求；生产利用年限符合经济要求。这些性状都和奶牛场经营的经济效益有直接关系。一般来说，奶牛场最主要的经济收入是靠直接出售牛奶来获得的，在按质论价的地方，乳脂率、乳蛋白率或非脂固形物等成分的变异，都会影响经济收入。因此，改进遗传性能，是和经济效益紧密相关的。

奶牛群的选育工作具有连续性和长期性。通常奶牛群的遗传进展每年大约只有 0.5%～1%，而且在育种群中所获得的遗传进展，需要 2～3 代才能在生产群中产生作用。因此，一项育种措施在生产群中见效的时间至少需要 10～15 年(世代间隔按 5 年计算)。如果我们的选育工作时断时续，那么想培育出高产、优质和高效益的奶牛群几乎是不可能的。

我国非常重视奶牛的育种工作。在广大科技工作者的共同努力下，牛群质量有了很大的改善。中国荷斯坦牛(原中国黑白花奶牛)，就是经过几十年的系统育种工作，于 20 世纪 80 年代育成的优良奶牛品种，产奶量由不足 2 000 kg 提高到现在的 6 000～7 000 kg，高产牛群甚至达到 9 000 kg，已成为我国奶牛的当家品种。

牛群品质的改良是无止境的。为进一步提高奶牛的生产性能、体型外貌和适应性，必须采用现代育种技术。

第一节　遗传学基础

现代家畜育种的特点是以群体为对象，以性状为单位，所以在奶牛的选育中，可以把性状分为质量性状和数量性状两类。所谓质量性状是指同一种性状的不同表现型之间不存在连续性的数量变化，而呈现质的中断性变化的那些性状。数量性状则是指有经济价值的性状，其特点是一个性状受许多基因控制，其遗传效应是许多单个基因作用的总和，其变异呈连续性的数量变异，性状受环境条件的影响较大。

一、质 量 性 状

质量性状由单个或几个基因位点所调控，其分布是不连续的，即可分为两个或两个以上的等级。在奶牛的育种中，涉及的质量性状主要有毛色、隐性遗传缺陷、无角性状和血液抗原等。

质量性状的表现型不能以连续的标尺度量，其在群体中的基因频率一般可以通过遗传分析的方法进行估计。在经过长期的和一定程度的闭锁育种后，奶牛群体之间各质量性状的基因频率可能会有十分明显的区别。另一方面，质量性状极少受环境因素的影响，但其表现可受一些修饰基因的影响而使表现型出现一些微小的变异。目前对奶牛的大部分质量性状的遗传基础和规律都已经有了较清楚地了解。

1. 毛色的遗传 牛的毛色大致可分为白色、红色、黑色、褐色、灰色和黄色 6 类。作用于毛色及其类型的至少有 9 个基因位点，其中有 4 个位点上各具有 3 个等位基因。此外，还有一些修饰基因对毛色有影响。

白色牛有 3 种，一种是显性白，WW 是白毛，ww 是红毛，Ww 是沙毛(沙)，如英国短角牛。Ww 再带有黑色基因(B)时，由于黑白毛混生而呈蓝灰色或称蓝沙。一种是白化 cc，是隐性基因，皮肤、毛、眼睛等均为白色，见之于荷兰牛、丹麦牛等。再一种是全身白毛，只有耳部有黑毛，如瑞典高地牛。

黑色和红色在牛是常见的颜色，黑色是由于显性基因 B 的作用，红色是隐性纯合基因 bb 的作用，它们还受其他位点基因的影响。牛的灰色受基因 A 控制，A-B 是灰色牛，A-bb 是红色牛，它们也受修饰基因和性激素的影响。

黑白花牛(包括一些乳肉兼用及肉用牛)的黑色对于其他毛色为显性，特别是对红毛是完全显性，决定白斑的是另一基因位点上的等位基因。全一色无白斑的是由显性基因 S 控制，花斑是由于隐性基因 ss 的存在，而花斑大小则受修饰基因的影响。在这个基因位点上还有两个等位基因，显性基因 S^G 决定的白斑形成是体侧为有色毛，背线、腹线(包括胸前)和四肢为白毛，另一显性基因 S^H 决定了白头。这是一组复等位基因，S、S^G 和 S^H 间相互为不完全显性，但它们对于隐性基因 s 都是显性，这是形成黑白花牛多种毛片花斑的主要原因。

环境对毛色的作用极小，但钼中毒、在热带长期暴露于阳光下及冷冻烙印等可有明显的影响。毛色是一个品种外貌一致性的重要标志，长期以来受到育种者的重视，但过分追求毛色花片一致会使一些高生产性能但毛色不理想的个体遭到无端淘汰，使牛的遗传进展受到限制。因此近来国际上许多育种工作者已放松了对牛毛色和毛色类型的要求。

2. 遗传缺陷　牛和人类及其他动物一样，有许多遗传性疾病，即遗传缺陷。它们有的表现为机体的某些部分在解剖学上和组织学上有缺陷，有的在生理学上表现为代谢功能障碍，有的对某些疾病易感性强，还有的在妊娠期间胎儿死亡或被吸收，有时还产生怪胎或出生后很快死亡等。在奶牛业生产中，有的性状虽然对牛本身不一定有害，但从经济角度考虑，则可能就是缺陷。最典型的例子是多乳头性状，虽然无害，但会给机械化挤奶带来麻烦。因此，在育种工作中对这些缺陷也应当重视。

遗传缺陷产生的主要原因是隐性有害基因。通常可根据牛有害基因的致畸程度及受害后代的死亡比例分为 3 种：一种是导致母牛妊娠期间胚胎或胎儿死亡或出生时即死亡的基因，称为致死基因；另一种是可引起犊牛出生后或生后不久就死亡的基因，称为半致死基因；再一种是某些基因虽然不至于使牛死亡，但使其生产性能降低或致畸形或导致功能上的缺陷，叫做非致死有害基因。已知牛的遗传缺陷有几十种，它们几乎都是由单个的隐性基因所控制，主要表现有：

(1)软骨发育不全：犊牛出现短脊椎、鼠蹊疝，前额圆而突出，颚裂，腿很短。有的轴骨和附属骨骼受影响，头部畸形，短而宽，腿短。这种犊牛一般胎死腹中或生后不久死亡。

(2)下颚不全：下颚比上颚短，仅见于公犊，为伴性基因所致。

(3)白化：被毛、皮肤、眼睛均缺乏色素。

(4)大脑疝：前额骨骨化不良，头盖骨敞开，脑组织突出，生后不久死亡。

(5)先天性痉挛：头部和颈部有连续的间歇性运动，通常为上下运动。

(6)屈肢：后肢严重畸形，飞节紧靠体躯。不能向前弯曲。

(7)断肢：病犊牛的前肢以前臂骨或上膊骨为末端，后肢从飞节以下为末端，有时伴有脑积水，犊牛死产或生后不久即死亡。

(8)癫痫：低头，嚼舌，口吐白沫，最后昏厥。

(9)裂唇：犊牛单裂唇，其旁缺少牙床，有硬颚但吃奶困难。

(10)无毛：部分或全身无毛，热调节不良，一般出生后即死亡。

(11)表皮缺损：腿下部、眼周围缺表皮，有的蹄壳脱落。出生后会迅速发展为致命感染。

(12)乳头黏连：乳房同侧的乳头部分黏连。

(13)联趾(驴蹄)：受害肢只有一趾，直立酸疼而跛行。

(14)后肢麻痹：犊牛不能站立，生后几周内死亡，为二互补基因所致。

(15)脐疝：生后脐环失去紧闭，为不完全隐性基因。多出现在犊牛 8～20 日龄时，延续到7日龄以后疝囊似乎紧缩，可能使疝环关闭，只发现于雄性。

(16)肛门闭锁：无肛门或肛门肌不发育。

(17)侏儒症：潜伏隐性，很难活到性成熟。

(18)脑积水：骨骼和脑畸形，额部突出，颅盖穹窿增大，有时涉及四肢和其他骨骼。犊牛多数致死。

(19)大脑发育不全：犊牛不能掌握平衡，一般生后不久死亡。

(20)多乳头：副乳头类似正常乳头，少数为偏形，大小不一。

(21)软肢：四肢无功能，关节活动无定向。

(22)歪脸：鼻发育不对称，使面部偏扭不正。

(23)卵巢发育不全：牛体性腺发育不全，当涉及两侧性腺时，造成不育；只涉及一侧时，有生育力，但繁殖力比正常牛低。

(24)多趾：个体在一只或所有的脚趾上具有多余的足趾，可引起跛行。这种遗传疾病可能属于显性遗传。

以上所列遗传缺陷，一经发现即可证明其双亲携带有害基因。这些基因一般被正常基因所掩盖而在表型中不显现，必须在纯合状态下才表现出来，所以从牛群中完全排除有极大的困难。实际上遗传缺陷只是从病牛的表现中得出的结论，因受胎率和胚胎发育受多种因素的影响，所以一个简单基因的作用很难证实。

致死基因和其他基因存在于同一染色体上，致死的程度各不相同。因在纯合状态下致死，所以都是通过杂合体世代相传。半致死基因在纯合时不一定使个体死亡，环境好时可以活下去，但有严重缺陷。位于性染色体上的伴性致死基因，可使染色体异常的个体死亡。有害基因会使奶牛产生退化，降低生活力和生产性能，引起遗传疾病。在近交繁殖时，遗传缺陷和致死基因的出现频率会增加，在育种过程中一旦出现有遗传缺陷的个体，应立即停止使用其双亲，以减少有害基因的扩展。

3. 角的遗传　牛有角或无角是由常染色体上的一个基因位点上的两个等位基因所控制的。无角对有角是不完全显性，但品种间有不同程度的变异。另外，角型还受一些修饰基因和性激素的影响，如无角安格斯牛与有角荷兰牛交配，雌性后代只露出角样组织。应说明的是，角的有无与牛的生产性能无任何相关关系，人们选育无角品系只是出于便于管理的考虑。

4. 血液抗原的遗传　血型是一种稳定遗传的质量性状，可以通过抗原与相应的抗体进行反应而被鉴定出来。目前已经确定牛的血型有12种多态抗原系统，即A、B、C、FV、J、L、M、N、SU、Z、R′S′、T′，其中包括60多个不同的血型因子。一般认为，血型抗原都是等位基因的产物，在每个血型抗原系统中多数含有多个等位基因。如牛的B血型系统中，已知一个基因位点上就有500多个等位基因，使牛血液抗原的遗传基础相当复杂。因此，对牛来说，用血型来辨别亲缘关系几乎不可能。但血型与其他一些蛋白的多态性相结合还是可以解决牵涉到两头公牛的亲缘关系纠纷的。一些发达国家设有专门进行奶牛血型和蛋白多态系统的监测机构，我国也在天津建立了奶牛血型中心。

虽然迄今为止还未能证明哪个质量性状与生产性能有关，但在奶牛的育种过程中，质量性状作为品种的特征也不应忽视。

二、数量性状

数量性状是由分布在不同染色体上，不同基因位点上的多个微效基因调控的性状。由于每个微效基因的遗传效应十分微弱且缺乏显性，所以无法进行单独的测定，但它们的效应是可累加的。另外，数量性状的表型值除受遗传因素的影响外，还受环境因素的重大影响。因此，数量性状是表现连续变异的性状，其表型值是连续的正态分布，即属于中间程度的个体最多，而趋向两极的个体越来越少。可见数量性状不能分类为严格区分的组别，其基因型的判断也是很困难的。这就决定了研究数量性状的遗传规律主要是以群体为单位，通过数学统计方法了解群体中各数量性状受遗传因素影响的程度，即遗传力；而各性状遗传的稳定程度即重复力；以及各性状间的相互关系即遗传相关。另外，在育种学上还会涉及到表型相关，即各性状表型值之间的相关关系。

从基因结构和遗传效应方面看，遗传力可被认为是累加变量和表型变量的比率，即"广义遗传力"；而从育种角度和实践意义来讲，遗传力是选择差(选留个体平均数与群体平均数之差)可传给下代的百分数，即育种值对于表型值的回归系数，此即"狭义遗传力"。遗传力的主要用途是预测选种效果、确定选种方法和制定选择指数。重复力是表型变量中遗传组分和永久环境组分所占的百分数，在育种学上它表示性状可遗传给后代的稳定程度。表型相关是不同性状表型值之间的相关，可以按照剖分表型值的方式剖分为育种值之间的相关(即遗传相关)和环境效应之间的相关(即环境相关)。可见在选种时重要的是遗传相关而非表型相关。遗传相关主要用于估计间接选择的效果、预测引种效果和制定相关性状的选择指数。

奶牛的绝大部分重要经济性状都是数量性状，根据性状的生物学基础、遗传规律、经济意义和记录方式，大体上可分为5类。

1. 产奶性状 产奶性状是衡量奶牛生产性能高低的最重要指标，主要包括产奶量(kg)、乳脂率(%)、乳脂量(kg)、乳蛋白率(%)和乳蛋白量(kg)5个性状。此外，还有在奶牛育种中不常用的乳糖率(%)、无脂固形物率(%)等几个指标。

中国荷斯坦牛的产奶性状在不同地区表现的差异很大。按各省市的牛群平均数计，大体的变异范围是：成年母牛每个泌乳期的产奶量为3 000～7 000 kg，乳脂量110～260 kg，乳脂率2.8%～4.0%，乳蛋白量100～240 kg，乳蛋白率2.4%～3.6%。

奶牛群中各性状的变异幅度大，有利于高产个体的选择。我国荷斯坦牛各地牛群产奶性状的表型标准差均较大，如产奶量一般在700～1 000 kg之间，乳脂率在0.3%～0.4%之间。但要取得理想的育种效果，还必须看遗传变异程度和各性状的遗传力(h^2)。表4-1列出了奶牛5个产奶性状的遗传力和相互间的关系，供参考。

表4-1 奶牛各产奶性状的遗传参数

性状	遗传力(h^2)	相关系数				
		产奶量	乳脂率	乳脂量	蛋白率	乳蛋白量
产奶量	0.25(0.09～0.40)		−0.13(−0.36～+0.14)	0.85(0.59～0.96)	−0.23(−0.47～−0.06)	0.96(0.82～0.98)
乳脂率	0.46(0.24～0.76)	−0.21(−0.61～+0.20)		0.29(0.13～0.47)	0.48(0.22～0.87)	0.09(0.03～0.21)
乳脂量	0.23(0.05～0.43)	0.76(0.54～0.96)	0.32(−0.10～+0.62)		0.10(±0.0～0.19)	0.94(0.89～0.98)
乳蛋白率	0.60(0.10～0.87)	−0.25(−0.45～−0.11)	0.53(−0.06～+0.74)	0.09(±0.0～0.15)		0.13(0.01～0.31)
乳蛋白量	0.20(0.05～0.46)	0.75(0.71～0.82)	0.07(−0.01～+0.10)	0.8(0.68～0.87)	0.15(0.14～0.33)	

引自：姬作义、张沅主编.高产奶牛的培育和饲养.1992。

由表4-1可见，产奶性能中产奶量、乳脂量和乳蛋白量3个性状的遗传力低于乳脂率和乳蛋白率，但这些性状都是具有中等和中等以上遗传力的，所以经选择可获得较好的效果。由于产奶量与乳脂量和乳蛋白量之间存在函数关系，所以它们之间有很强的正相关关系，因而对这3个性状中任何一个进行选择，其余两个都会得到间接改进。但产奶量与乳脂率和乳蛋白率之间有一定程度的负相关，在选择时必须引起注意。

2. 生长发育性状 奶牛在育成阶段生长发育的快慢会直接影响以后的生产效率和生产性能，奶牛的生长发育性能主要用3个性状来衡量，即日增重(g/d)、饲料利用率(饲料/增重)和生长能力(一定时期内所达到的最大体重)。表4-2根据国外的一些资料列出了这3个性状的遗传参数，供参考。应该指出的是，日增重与饲料利用率之间有很强的负相关，饲料利用率与生长能力间也有一定程度的负相关，因此，在选育时可以不选择测定繁琐的饲料利用率性状。

表 4-2　奶牛生长发育性状的遗传参数

性状	遗传力	相关关系				
		(1)	(2)	(3)	(4)	(5)
(1)日增重(♂)	0.40		0.60	−0.80	0.40	0.10
(2)日增重(♀)	0.10	0.80		−0.55	0.30	0.10
(3)饲料利用率	0.30	−0.70	−0.50		−0.40	−0.10
(4)生长能力	0.30	0.35	0.30	−0.42		0.30
(5)乳脂率	0.25	0.10	0.10	−0.15	0.25	

注：对角线上半部为表型相关系数，下半部为遗传相关系数。引自：姬作义、张沅主编．高产奶牛的培育和饲养．1992。

3. 繁殖性状　奶牛群繁殖性能的好坏，对养牛业的经济效益有重要作用，对奶牛的终生生产性能有直接影响。可供选择的繁殖性状很多，母牛主要有初产年龄(早熟性)、胎间距(连产性)、配妊时间、一次妊娠输精次数、情期一次受胎率、分娩行为、利用年限(长寿性)等，公牛主要有精液品质(包括密度、活力、冷冻、解冻后的活力)、情期一次受胎率等，奶牛几个主要繁殖性状的遗传力为：配妊时间 0.10、情期一次受胎率公母牛均为 0.05、产犊行为 0.10、利用年限 0.05。

可见繁殖性状的遗传力都很低，所以很难取得满意的育种效果。但在实际育种工作中，对一些经济意义重大的繁殖性状也应重视，尤其是在目前人工授精相当普及的情况下，公牛的繁殖性状也相当重要。另外，繁殖性状受多种因素的影响也是造成选择难度大的一个原因。如母牛的产犊行为受犊牛大小和产道状况及阵缩力强弱的双重影响；受胎率既取决于母牛的受胎能力，又与公牛的精液品质有关等。

奶牛的头胎产奶量与利用年限和终生产奶量之间的遗传相关系数，分别为 0.76 和 0.85，说明头胎产奶量多的，其利用年限长，终生产奶量多。

在奶牛育种工作中，对繁殖性状，如果我们能扩大性能测定的范围并提高测定的准确性，在对母牛选择时既考虑个体本身的记录，也参考半同胞姐妹的成绩；对公牛选择时尽量扩大后裔记录的数量，这样起码可以在部分繁殖性状上得到有益的进展。如果我们单纯强调生产性状，往往会因性状间的拮抗作用使繁殖力下降。

4. 体型外貌性状　奶牛的体型外貌与生产性能之间有密切的关系，并且根据外貌鉴定结果选择种牛(公牛和母牛)也较为方便。绝大部分的体型外貌性状受数量基因的控制，虽然它们与生产性能间无明显相关关系，但对体型外貌的评定结果在育种工作中至少有以下功能：①作为区分牛个体的重要标准；②作为品种特征的评价标准；③作为评价健康状况的辅助标准；④作为种牛评比或销售的标准之一。

根据现代育种学观点，在育种中考虑体型外貌性状主要是为了防止那些不利于生产性能发挥及影响健康和生产效益的身体缺陷。如乳房形态上的一些缺点(悬垂式乳房、分级式乳房、分叉式乳房等)既影响机器挤奶操作，又容易引起乳腺炎；肢蹄上的缺陷如后肢麻痹、后肢角度过小或软系、分叉型蹄等影响牛的正常运动，进而影响生产性能的发挥。表 4-3 是部分奶牛体型外貌性状的遗传力，可见它们一般为中等水平。研究表明，体型外貌性状间一般是正相关关系，这有利于我们的选择。

表 4-3 奶牛部分体型外貌性状的遗传力

性状	遗传力	性状	遗传力
体型总评分	0.28±0.02	体高	0.38±0.02
一般外貌	0.23±0.02	前乳房附着	0.13±0.01
乳用特征	0.16±0.02	后乳房高度	0.16±0.01
体躯	0.39±0.02	后肢侧视	0.19±0.01
泌乳系统	0.16±0.01	蹄角度	0.07±0.01

5. 适应性和抗病力性状 奶牛的品种、品系不同，对地方的适应性有很大差异，一般来说，奶牛耐寒性强于耐暑性。奶牛对许多疾病的抵抗力受数量基因所控制，但在表型中仅有健康和发病之区别(绝大多数由病原体引起的传染病不在此列)。一般与抗病力有关的疾病有 3 种类型：①代谢病和非感染性、应激引起的疾病，如酮血症、产后不能起立和产乳热；②传染性的乳腺炎；③涉及到一般抗病力(特异性抗体、吞噬活力和免疫球蛋白水平等)的疾病。

适应性和抗病力性状的遗传力普遍较低，作为选种的内容之一难以取得效果。但若能找到一些可以表明是否发病而本身又是连续分布的指标，作为这些性状的辅助性状进行检测就较为理想，如将乳牛奶和血清中酮体含量作为酮血症的指标；将奶中体细胞数作为是否发生乳腺炎的标记等。在生产实践中，由于抗病力性状的数据需要由兽医记录，而兽医采用的手段及临床经验不尽一致，所以这些数据往往有较大的偏差。尽管如此，适应性与抗病力对提高牛的生产性能和饲料利用率有重要作用，因而在育种时应当考虑。最后应该指出的是，数量性状的遗传力受多种因素的影响而不是固定不变的，往往因品种、牛群、样本大小、计算方法等不同而有差异。因此，平时应做好生产性能的测定和记录，以便确定本地区牛群各性状的遗传力水平，为搞好选育工作奠定基础。

第二节　选　种

奶牛的选种就是按照预定的目标，从奶牛群中选择在合理环境中表现优良的个体作种用。其目的就是使后代牛群得到遗传改良。奶牛的选种包括种公牛的选择和母牛的选择两方面。

一、个体选择

此法简单易行，可较快得出牛本身表现的评价，是奶牛选种工作的基础。主要包括以下内容。

（一）种母牛的选择

1. 体质外貌选择　牛的体型外貌与经济性状间存在密切的关系，根据外貌鉴定种牛有其特殊的优势。通常，体质结实、外貌优良的奶牛，其产奶量也必然是高的。可以通过肉眼鉴定和评分法相结合或通过测量鉴定的方法进行，要特别注意其泌乳系统、中躯及后躯的发育情况、四肢及乳房的性状和品质；据报道，一般外貌、乳用特征、体躯容积、泌乳系统 4 个特征性状与泌乳量的相关系数分别为 0.055、0.116、0.089 和 0.014；奶牛外貌鉴定评分与产奶性能间的表型相关和遗传相关约 0.2；奶牛特征评分与产奶性能间的遗传相关在 0.45 以上。故可根据个体乳用特征来选择。据报道，在鉴定乳房时，因乳房的宽度、长度、斜度与尻部的宽度、长度、斜度间相关系数分别为 0.113、0.173 和 0.143，而斜尻的遗传力较高，可由尻部的斜度来判断乳房的斜度。

目前，国内外已普遍采用线性鉴定新技术，所得评分与生产性状间有很强的相关，尤其是奶牛体型线性评分所得总分有更重要的意义。其中体型线性性状中的泌乳系统特征是影响产奶量的主要性状，其中乳房深度、前房附着、后房高度、悬韧带、后方宽度等很重要。据报道，对荷斯坦牛来说，后乳房发育较好、乳房附着强且深、乳头位置内向的母牛产奶量较高，但过深的乳房和松弛的乳房都不好，因此要构建一个适宜的泌乳系统特征。另外，乳房各性状大多具有中等以上的遗传力，加强这方面的选择,一定会使奶牛的遗传力得到改善。

2. 体重与体型大小的选择 奶牛的初生重与成年体重间存在相关,初生重大的牛,生长发育比较快,成年体重较大,据研究,一、三胎犊牛初生重与其成年体重间的相关系数分别为 0.849、0.974;也有资料报道,初生重不同的荷斯坦牛,3、6、18 月龄体重差异不显著,12 月龄体重差异极显著,头胎 305 d 产奶量差异不显著。

奶牛的体重、体高、胸宽、胸围、腰角宽、尻长、肋骨宽度等与产奶量、乳脂量多为中等的正相关。一般来说,体重较大的牛,采食量大,故产奶量较高,但也有一定的限度,据报道,大型品种的奶牛,体重在 600～700 kg 之间,产奶量最高,超过700 kg,产奶量反而降低;奶牛体高与产奶量呈正相关(r=0.05～0.63),以上说明奶牛体尺、体重性状与产奶性状间存在着较小的协同关系,在遗传选择时,若改良某一性状,另一性状也会得到相应改进,但也并非体尺、体重越大的母牛,才是生产性能最高的母牛,说明保持奶牛适当的体型才是保持较高产奶性能的前提。而胸围与产奶量间多呈负相关,因此,在选择产奶量的同时,还要注意奶牛胸部的适当宽度。另外,奶牛成熟时体重、体高、体长、胸围、腰角宽等的遗传力也较高,其中,体高在外貌性状中遗传力最大。在一定的生活环境中,按个体选择是有效的。

3. 产奶性能 对奶牛来说,产奶性能是非常重要的性状。主要包括产奶量、乳品质、饲料转化率、排乳速度等。

(1)产奶量:为便于比较产奶量的高低,母牛泌乳期的长短、每天挤奶次数、胎次或年龄、产犊季节等应校正为同样水平,但校正后的产奶能力与实际产奶能力仍有一定误差,所以,应尽量选择母牛年龄相同、并在同一季节配种产犊的。另外,头胎牛的乳用性状不受干奶期的影响,按头胎的产奶量及其成分选择较适宜。据统计,产奶量的遗传力为 0.21～0.35(平均 0.29),说明遗传力不高,受环境影响较大,但如果很好地进行选择也能改进,并且家系选择比个体选择的效果大。

(2)乳品质:乳品质主要包括乳脂率、乳蛋白率、乳糖率、无脂固形物、总干物质等,以上指标决定着乳品质的好坏。最主要的是乳脂率和乳蛋白率,据报道,乳脂率遗传力为 0.50～0.60,乳蛋白率遗传力为 0.45～0.55,乳糖率为 0.35～0.70,说明乳成分的遗传力较高,受环境的影响较小,故选择效果也较好;不同奶牛品种牛奶成分的遗传力也不同,其中黑白花奶牛的乳脂率、乳蛋白率、无脂干物质率的遗传力高于娟姗牛和爱尔夏牛。乳中各成分间,表型相关与遗传相关为 0.5～0.9,呈很高的正相关,如乳脂率与乳蛋白率、乳脂率与无脂固形物;但产奶量与乳脂率及乳蛋白率之间多为负相关,因此在制定选育方案时要统筹兼顾。

(3)饲料转化率:饲料转化率也是奶牛的重要的选择指标之一,在饲养条件好的情况下,产奶量较高的牛,其饲料转化率也高,其饲料转化率与标准奶量间的相关系数为0.75。同时,饲料转化率的遗传力也较高,大约在0.5左右。

(4)排乳速度:排乳速度多用排乳最高速度来表示,排乳最高速度越高,挤奶时间就越短,劳动效率就越高。据报道,排乳最高速度与泌乳期总产奶量之间为正相关;乳头孔径与排乳速度间多为高的正相关,排乳最高速度与乳头括约肌抵抗力间为高的负相关,与乳头长度、乳头外径的大小间的相关并不高。因此,应选择乳头孔径大、乳头括约肌抵抗力小的牛作种用。但要注意,排乳速度高的牛乳房炎的发病率有较高的倾向。另外,不同奶牛品种和个体排乳速度也有差别,据报道:不同品种间排乳速度顺序为:黑白花牛＞乳用短角牛＞爱尔夏牛。排乳速度的遗传力较强,为0.5～0.6,有利于选种。但其与挤奶条件又有很大关系。

(5)前乳房指数:若指数低于40%,表明泌乳不匀,前后乳房发育不匀称;若指数大于40%～45%,表明前后乳房发育基本相同或相差不多,因此,选种时最好选择前后乳房发育较匀称的。

(6)泌乳均匀性的选择:产奶量高的牛,在整个泌乳期中泌乳稳定、均匀,下降幅度不大,能维持较高的产奶水平,并且,这种特性可遗传给后代,遗传力在0.2左右。因此,泌乳均匀性在奶牛育种上具有重要意义。生产中,泌乳均匀性有许多类型,其中有的类型牛在整个泌乳期中产奶量非常均匀,最初3个月产奶量占总产奶量的33.7%,第4、5、6个月占31.5%,第7、8、9个月占31.5%,最后1个月占3.3%,这种牛产奶量最高,因此,可选择此类型牛作种用。

4. 繁殖性状的选择　母牛的繁殖性状指标主要包括早熟性、受胎率、产犊间隔、多胎性及长寿性等,这些性状的遗传力都较低,一般小于0.2,在一定程度上可遗传给后代,但主要应通过加强饲养管理和提高人工授精技术,来提高奶牛的繁殖力。

5. 适应性和抗病力　这类性状属阈性状,很难直接作为选种的内容,但如能利用辅助性状进行检测,可收到较好的效果,如国外普遍采用体细胞计数作为是否发生乳房炎的标记,目前,国内已开始引用。奶牛对环境的适应性很重要,一般来说,奶牛及肉牛的耐寒性相对地强于耐暑性,且不同牛种、品种、品系对地方的适应性有很大差别,奶牛品种中,黑白花牛和乳用短角牛对高温最敏感,采食量、产奶量大幅度下降,有的产奶量下降50%,严重者引起疾病甚至死亡。

适应环境的遗传性,由于种间、品种间的不同而有很大差别,热带与亚热带的普通牛与瘤牛杂交能提高后代牛群耐热与抗焦虫病的能力,如在广州,黑白花牛7～8月份产奶量比3～4月份平均下降23%,而辛地红牛与黑白花牛的杂交母牛，其产奶量虽比同期黑白花牛低 11%左右，但其耐热性与抗焦虫病的能力增强。

奶牛的抗病力，一般是当地品种对当地的适应性及对当地地方病的抵抗能力强于外地牛。目前，热应激对养牛业的危害很大，增强奶牛对环境的适应性与抗病力对提高奶牛的生产性能非常重要，因此，选种时应注意这方面的内容。

（二）种公牛的选择

根据种公牛本身表现选择的性状主要有生长发育、早熟性、体质外貌、精液品质等。在进行外貌鉴别时，主要看其体型结构是否匀称，外貌及毛色是否符合品种要求，雄性特征是否明显，有无明显的外貌缺陷，如四肢不够健壮结实，肢势不正，背腰凹下或弓起，狭胸，垂腹，尖斜尻等。生殖器官发育良好，睾丸大小正常，有弹性，无单睾现象。对于体型结构、局部外貌有明显缺陷的，或生殖器官畸形的（如单睾、隐睾等）不能做种用。通过鉴别评分可评出其外貌等级，一般要求，种公牛的外貌等级不低于一级，种子公牛要求特级。

除外貌鉴别外，还要看公牛的生长发育，主要包括初生重、断奶时体重、成熟时体重、日增重及各发育阶段的外貌评分等指标，可通过测量体尺、体重，然后按品种标准分别评出等级。通常，这类性状的遗传力中等。

另外，公牛繁殖性的指标主要有睾丸围度、受精率、精液品质等。

优秀的奶牛品种，客观反映种公牛、母牛两方面的遗传性能，因此，两方面的遗传优势都要发挥。育种工作者，能否识别公牛的优良遗传性，能否选出优秀种公牛对奶牛育种工作有着重要的意义。

二、系谱选择

系谱就是种公牛、母牛的家谱，是种牛的档案材料。系谱中记载的主要内容有：种畜自身的彩照、编号、出生年月、生长发育、体尺、体重、生产成绩、繁殖成绩、外貌评分等；另外，还有该牛的祖先和后代的编号、出生年月、生产成绩等资料。这些资料都是根据系谱选择时的重要依据。

系谱选择，对于未产奶的幼龄母牛以及尚未进行后裔测定的种公牛至关重要，可达到提早选种的目的，即使一般生产牛只，在选购时也应查阅系谱。系谱一般记载 3～5 代，生产实践中多用 3 代，即父母、祖父母（包括外祖父母）、曾祖父母（包括外曾祖父母）。根据系谱上父母双亲的资料可以估计个体的育种值（$\hat{A}$），计算公式为：

$$\hat{A}=\frac{1}{2}h^2(P_d-\overline{P}_d)+\frac{1}{2}h^2(P_s-\overline{P}_s)$$

式中：P_d 和 P_s 分别为母亲和父亲性状的表型值，$\overline{P}_d$ 和 $\overline{P}_s$ 分别为母亲和父亲所在群体的平均数，h^2 为性状的遗传力。当父母为同一群体的同龄牛时，

$$\hat{A}=h^2(P_{\overline{P}}-\overline{P})$$

式中：$P_{\overline{P}}$为双亲的平均数，$\overline{P}$为相应牛群平均数。若双亲均有育种值记录，则

$$\hat{A}=\frac{1}{2}h^2(A_S+A_D)$$

式中：A_S 为父亲育种值，A_D 为母亲育种值。在有母亲记录和父亲育种值时，

$$\hat{A}=\frac{1}{2}h^2(P_D+\overline{P}_D)+\frac{1}{2}A_S$$

例如，已知某欲留作种用的犊牛母亲的 305 d 校正产奶量为 8 400 kg，群体均数为 7 800 kg，其父亲产奶量的育种值为 7 180 kg，产奶量的遗传力为 0.25，则该犊牛的育种值可估计为：

$$\hat{A}=\frac{1}{2}h^2(8\ 400-7\ 800)+\frac{1}{2}\times 180=165\ \text{kg}$$

根据系谱资料估计育种值的可靠性较差，但这种方法的最大优点就是可以早期选种。因此，要求系谱的记载必须清楚和完整，应包括生长发育、生产性能、体型外貌、繁殖成绩、遗传缺陷及公牛后代生产性能等各方面的记录。一般要求三代系谱清楚，这样可以为早期选种提供依据。

对公犊的初选可根据系谱指数进行，常用的系谱指数有两种，即

双亲指数：$$PI=\frac{2A_S+A_D}{3}$$

系谱指数：$$PI=\frac{1}{2}A_S+\frac{1}{4}A_{mgs}$$

式中：A_{mgs}为外祖父的育种值，系谱指数是国际上通用的。经统计，用系谱指数选择公犊的结果与日后后裔测定结果间有较高的相关性。

鉴定时，既要全面审查，又要突出重点，一般把重点放在生产性能的评定和有无遗传缺陷方面；在作分析比较时，要注意历代祖先的生产水平的发展变化是逐渐上升或是逐代下降；其祖先越近对该牛的遗传影响越大，愈远愈小，据测定，种公牛后裔测定成绩与其父亲后裔测定成绩间的相关系数为 0.43，与其外祖父后裔测

定成绩间的相关系数为0.24，而与其母亲1～5个泌乳期间的相关系数仅为0.21、0.16、0.16、0.28和0.08；但在许多情况下，后代往往受其远亲的遗传，即隔代遗传；另外，还要逐代进行比较鉴定，并着重分析其亲代与祖代，要求其父母和祖父母都是良种登记牛；若父系和母系双方出现共同祖先，则需了解共同祖先的历史情况，分析近交程度，从而了解其个体间的血缘关系与品种纯度，防止近亲与品种杂化。没有任何记载的系谱，不得选作种牛。

三、同胞选择

后备种牛的选择除审查直系亲属记录和本身外貌及生长发育之外，还可参考半同胞、全同胞等旁系亲属的性状表现，借以判断从父母接受遗传性的好坏。牛是单胎动物，且世代间隔较长，全同胞很少，因此，主要是依靠半同胞资料来估计其育种值，计算公式为：

$$\hat{A}_x=(\overline{P}_{(HS)}-\overline{P})h^2_{(HS)}$$

式中：$\overline{P}_{(HS)}$为半同胞的表型值平均数；$\overline{P}$为同期同龄牛群性状表型值的平均数；$h^2_{(HS)}$为半同胞均值遗传力，按下式求出：

$$h^2_{(HS)}=\frac{0.25nh^2}{1+(n-1)0.25h^2}$$

式中：n为半同胞头数，0.25为半同胞间的亲缘系数（全同胞间为0.5），h^2为性状的遗传力。

用半同胞资料选种的准确性取决于半同胞的数量和性状的遗传力。半同胞数量越多，遗传力越高，选择的准确性也越高。在遗传力较高（0.25以上）时，用半同胞资料估计育种值的准确性不如用个体本身资料，但其主要优点是可用于早期选择，并且在遗传力较低的性状其选择的准确性并不亚于个体本身资料。如果将双亲资料、个体本身资料和半同胞资料合并考虑，则可大大提高选择的准确性。

在使用多种资料估计育种值时，由于亲属间存在不同的相关，所以它们的遗传效应不能直接相加，要用偏回归系数给以不同的加权。另由于各种资料不见得同时具备，因此，资料的合并就有多种组合，而每一种组合中各种资料的偏回归系数都有所不同，例如个体记录加一个亲本记录，公式为：

$$\hat{A}_x=K_x(P_{(n)}-\overline{P})+K_p(P_p-\overline{P})$$

这里K就是偏回归系数

$$K_x=\frac{h^2_{(n)}(4-h^2_nP_{(n)})}{4-h^2_{(n)}h^2_{p(n)}};K_P=\frac{2h^2_{p(n)}(1-h^2_{(n)})}{4-h^2_{(n)}h^2_{p(n)}}$$

个体加双亲公式为(D 表示母亲,S 表示父亲):

$$\hat{A}_x=K_x(P_{(n)}-\overline{P})+K_D(P_{D(n)}-\overline{P})+K_S(P_{S(n)}-\overline{P})$$

式中

$$K_x=\frac{h^2_{(n)}(4-h^2_{D(n)}-h^2_{S(n)})}{4-h^2_{(n)}(h^2_{D(n)}+h^2_{S(n)})};K_D=\frac{2h^2_{D(n)}(1-h^2_n)}{4-h^2_{(n)}(h^2_{D(n)}+h^2_{S(n)})}$$

$$K_S=\frac{2h^2_{S(n)}(1-h^2_n)}{4-h^2_{(n)}(h^2_{D(n)}+h^2_{S(n)})}$$

上述公式中 $P_{(n)}$ 为个体记录,P_p 为亲本记录,$P_{D(n)}$ 为母亲记录,$P_{S(n)}$ 为父亲记录,$\overline{P}$为群体平均数,h^2 分别为各自相应记录性状的遗传力。

合并时所涉及的资料越多,计算过程就越复杂。因此,在实际中不便推广,并且涉及的统计量多,也会使误差加大。从理论上讲,尽量利用一切可能利用的遗传信息是提高选择性的有效途径。目前计算机在奶牛育种中的应用提高了计算的准确性。

顺便说明一下,许多资料中估计个体育种值的公式后都再加一个群体平均数($\overline{P}$)。$\overline{P}$是固定的,$\overline{P}$不加不会影响选择的正确性。

四、后 裔 选 择

后裔测定是选择优良种公牛的主要手段和最可靠的方法,因此,育种工作者必须重视这项工作。

1. 后裔测定的方法 根据中国奶牛协会育种专业委员会 1992 年 10 月制定的《中国荷斯坦牛种公牛后裔测定规范(试行)》(此规范已由农业部作为法规发布),后裔测定方案可按图 4-1 进行。

规范规定,被测公牛系谱必须三代清楚,并按系谱指数($PI=\frac{1}{2}A_S+\frac{1}{4}A_{mgs}$)的大小结合公牛本身的条件进行选择,即其初生重在 38 kg 以上,6 月龄体重 200 kg 以上,12 月龄体重 350 kg 以上;体质健壮,外貌结构匀称,无明显缺陷;经检验无任何疾病;在 16～18 月龄采精,精液品质必须符合国家标准要求。

种子母牛(群体中产奶量和乳脂率最高的 5%头胎牛或成年当量产奶量在 9 000 kg 以上、乳脂率在 3.6%以上、外貌评分在 80 分以上的母牛)所产的公犊,分两个阶段选择，最后选出 1/3 参加后裔测定；待后裔测定成绩公布后，再从中选出 1/3 作为继续使用的良种公牛。

参加后裔测定的公牛一般在 16～18 月龄采精，冷冻 1 000 头份，并集中在3 个月内完成随机配种，应至少配孕母牛 100 头以上，其女儿的分布必须跨越省界并总共不少于 10 个牛场，分布场数越多越好。为确保公牛女儿的生产成绩等各项资料的准确，对承担公牛后裔测定的奶牛场，中国奶牛协会作了以下规定：①牛场重视，技术力量强；②有专人负责；③饲养成年母牛头数在 100 头以上；④饲养条件稳定；⑤有准确而齐全的各项记录资料。

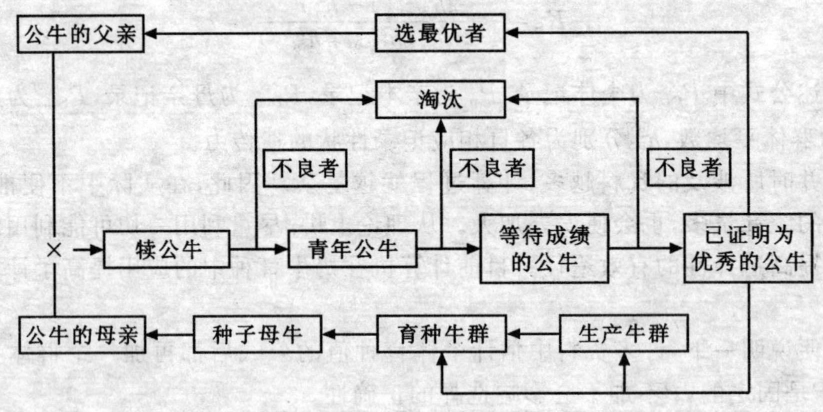

图 4-1 乳用公牛后裔测定方案

被测公牛的全部女儿满 15～18 月龄进行配种，待其分娩产奶后详细记录生产性能和外貌鉴定成绩。生产性能的测定办法详见后述，体型外貌的线性鉴定方法详见前述。

被测公牛在等待后裔测定结果期间，不可种用；后裔测定证明不良者不可种用；后裔测定证明是优秀的公牛，由农业部或中国奶业协会颁发《优秀公牛证书》，并进行登记。

公牛育种值的计算方法，采用最佳线性无偏预测值（best linear unbiased prediction，简称 BLUP 法）。被测公牛的女儿在完成第一个泌乳期后，应及时汇总资料并公布后裔测定结果，公布内容有：公牛号、分布省份、名次、分布牛场数、女儿头数、305 d 产奶量、乳脂率、蛋白率育种值、蛋白率、产奶量育种值、外貌总分（绘出柱形图）、公牛重复率、乳脂率育种值、有无隐性基因存在。

2. 同群牛比较法（HC） 在公牛评定中，为消除环境差异，20 世纪 60 年代美国率先使用同群牛比较法(herdmate comparison,简称 HC)。后来在对此法改进时减去了品种平均数而得到一个所谓的"预期差"(predicted difference,简称 PD),因而又称为"PD"法。PD 法最初是在 1965 年开始使用的,为了与后来的 PD_{74} 相区别,所以常标为 PD_{65}。经过几次修改,PD 法的公式成为:

$$PD=R[(\overline{D}-\overline{HM}_{A})+0.1+(\overline{HM}_{A}-BA)]$$

式中:PD 为预期差,即在相同环境条件下被测公牛的女儿与同群牛平均数的差异;$\overline{D}$ 为被测公牛女儿的平均数;$\overline{HM}_{A}$ 为经过头数校正的同品种、同群、同年龄、同季节产犊的其他公子女儿的平均数;BA 为品种平均数,R 为重复力。

上式中的$\overline{HM}_{A}$ 按下式求出:

$$\overline{HM}_{A}=RA+\frac{NHM}{NHM+1}(\overline{HM}-RA)$$

式中:RA 为本地区同品种,同季节、同年度所有母牛的平均数,NHM 为同群牛头数,$\overline{HM}_{A}$ 为同群牛未经头数校正的平均数。

重复力 R 既是对 PD 值估计准确性的衡量标准,在公式中也起回归系数的作用。计算公式为:

$$R=\frac{Nh^{2}}{4+(N-1)h^{2}+\frac{4\sum n_{i}(n_{i}-1)}{N}C^{2}}$$

式中:N 为公牛女儿总数,n_i 为在 i 群中的女儿数,h^2 为性状的遗传力,C^2 为同群内父系半同胞间的环境相关。

依据 PD 值可直接对公牛的单性状进行遗传评定,在实际中大多是应用几个性状的 PD 值来制定公牛的总性能指数(total performance index,简称 TPI)。我国使用的是产奶量、乳脂率和外貌评分 3 个性状,公式为:

$$TPI=50\times\left[\left(5\times\frac{PDM}{250}\right)+\left(3\times\frac{PDF}{0.09}\right)+\left(2\times\frac{PDT}{0.07}\right)\right]$$

式中:PDM、PDF、PDT 分别为产奶量、乳脂率、外貌评分 3 个性状的预期差估计值。250、0.09、0.7 分别为上述 3 个性状的遗传标准差。5、3、2 分别为上述 3 个性状的加权值,是根据生产和市场条件确定的。

3. 改进同期同龄比较法(MCC)　同群牛比较法是根据被测公牛女儿的成绩与同群牛的成绩偏差来估计公牛育种值的。该法必须建立在一定的假设条件之上,即被测的所有公牛都随机来自于遗传同源并具有同一群体均数的总体。当该假设条件不能满足时，则用 HC 法评定公牛的准确性将不能保证。

现在评定的公牛多来源于不同地区，并有不同的出生年月，实际上已不是来自于遗传同源并具有同一平均数的总体了，这就使得 HC 法失去了准确性。因而美国农业部 1974 年对 HC 法进行了一系列修改，提出了评定公牛的新方法，即所谓的“改进同期同龄比较法”(modified contemporary comparison，简称 MCC)，其基本计算公式为：

$$PD_{74}=R(D-MCA+SMC)+(1-R)GA$$

式中：PD_{74} 仍为预期差，但这个估计值是以 1974 年实施此法时的遗传水平为基础，并便于和 PD_{65} 相区别。这样，此法就使不管哪年出生的公牛，都可以直接进行比较。另外，由于长期选育的遗传进展，使遗传基础不断提高，过一定时期则需要更新遗传基础。实际上美国农业部已在 1982 年更新过一次遗传基础。

R 为重复力，虽然其意义与同群牛比较法相同，但在计算时考虑了多种因素，所以其公式也较为复杂，在美国应用较广的是：

$$R=\frac{N}{N+\frac{2.8N}{H}+6.2+\frac{20}{\sum LWi}}$$

式中：N 为被测公牛有记录的女儿数，H 为公牛女儿分布的牛场数，在女儿均匀地分布于每个牛场，即每个牛场有 N/H 头女儿时，该公式最为精确；$\sum LWi$ 为泌乳期加权值之和，每个女儿泌乳期产奶记录的泌乳期加权值为：

$$LWi=\frac{1}{\frac{0.5}{r_m}+\frac{0.05(1-\overline{MCSR})+0.14}{n_s}+\frac{0.81}{\sum MCr_m}}$$

式中：r_m 为部分泌乳阶段(例如前 90 d)产奶量与全期产奶量的相关系数，$\sum MCr_m$ 为改进同期同龄牛 r_m 之总和，$\overline{MCSR}$ 为改进同期同龄牛其父亲的重复力的平均数，n_s 为改进同期同龄牛父亲的数量。

D-MCA 中的 D 为公牛后代女儿的平均产量，MCA 为改进的同期同龄平均值，即与被测公牛女儿同期同龄母牛记录的平均数。这里的“同期同龄”包括了与公牛女儿同月或前后两个月以内产犊的所有其他公牛的女儿。计算同期同龄平均值时也可以利用与公牛女儿不是一个泌乳期的非同期同龄牛的信息。

SMC 是改进的同期同龄母牛的父亲的平均遗传值，也是对改进的同期同龄牛的平均遗传值的估计值。这一部分相当于同群牛比较法中的 $0.1(\overline{HMA}-BA)$，它消除了由于同群牛遗传水平不一致所造成的偏差，从而提高了预测值的准确性。*SMC* 与 *D-MCA* 两部分合到一起称为改进的同期同龄离差（*MCD*），即 $MCD=D-MCA+SMC$。

$(1-R)GA$ 使用的是系谱信息，*GA* 为遗传组平均数。所谓遗传组是按所有参加评定的公牛的遗传传递力的系谱指数（*PI*）划分的，有相似系谱指数的公牛归为一组，然后以每组公牛的平均改进的同期同龄离差作为该组的平均值（*GA*）。

MCC 法在预测 *PD* 值时，引入了系谱信息，系谱信息的相对价值是随公牛可利用的后裔信息量而变化的。后裔信息量越少，重复力 *R* 就越小，系谱信息在公牛评定中就越显重要，反之，系谱信息的作用就越小。当没有后裔成绩时，$R=0$，则公牛的 *PD* 值就等于公牛所在遗传组的平均值。因而在 *R* 值较小时系谱信息为公牛的评定提供了十分有价值的补充信息。

美国用乳蛋白量、乳脂量、体型 3 个性状的预期传递能力（predicted transmitting abilities，*PTA*，等于预期差 *PD*）和乳器综合指数 *UDC* 来制定公牛的总性能指数 *TPI*，其公式是：

$$TPI=\left[3\times\left(\frac{PTAP}{19.0}\right)+1\times\left(\frac{PTAF}{22.5}\right)+1\times\left(\frac{PTAT}{0.7}\right)+1\times\left(\frac{UDC}{0.8}\right)\right]\times 50+576$$

（注：此公式来源于 Sire Summaries 1995，vol. 1。）

4. 最佳线性无偏预测（BLUP）法　BLUP 法是 Henderson 在 20 世纪 70 年代中期提出的一种评定种公畜育种值的方法，现许多国家已经采用。其优点是估测精确度高，可用线性函数表示，被认为是目前最好的估计方法。

BLUP 方法的基础是一线性混合模型，在估计种公牛育种值时，常用的有公畜模型和动物模型。公畜模型 BLUP 的模型为：

$$y_{ijk1}=hys_i+g_j+s_{jk}+e_{ijk1}$$

式中：y_{ijk1} 为第 i 个环境水平中第 j 个公牛组的公牛 k 的第 1 个女儿的观察值；hys_i 为该女儿所在牛场、产犊年份和产犊季节的综合效应，简称场年季效应，是影响观察值的环境效应；g_j 为该公牛所在的遗传组（第 j 个公牛组）的效应，为固定的遗传效应；s_{jk} 为该公牛的效应，是其遗传素质对女儿表型值的影响，用与公牛组效应的离差表示，是一种随机的遗传效应，e_{ijk1} 为随机残差效应，即剩余遗传和环境效应的总和。

为了表达多个公牛的多个女儿的观察值和便于编制计算机程序，通常将这个模型用矩阵形式表示为：

$$y=x_1h+x_2g+z_s+e$$

式中：y 为所有观察值的向量；h 为所有场年季效应的向量，x_1 为 y 与 h 之间的关联矩阵(即固定环境效应的结构矩阵)；g 为所有公牛组效应向量，x_2 为 y 与 g 之间的关联矩阵(即公牛组效应的结构矩阵)；s 为所有公牛效应的向量，z 为 y 与 s 之间的关联矩阵(即公牛效应的结构矩阵)；e 为所有残差效应的向量。

通常对这一模型做以下假定：

$$E(s)=E(e)=0,\mathrm{Var}(s)=Ad_{\mathrm{s}}^2,\mathrm{Var}(e)=Id_{\mathrm{e}}^2,\mathrm{Cov}(s,e')=0$$

式中：d_s^2 为公牛的遗传方差组分，d_e^2 为随机残差方差组分，I 为一单位矩阵，A 为公牛血液相关矩阵，A 阵中的元素为公牛个体间的血缘相关系数，即

$$a_{ii}=1+f_i,a_{ij}=\sum\left(\frac{1}{2}\right)^{n+n'}(1+f_A)$$

式中：a_{ii}为 A 中第 i 个对角线元素，f_i 为公牛 i 的近交系数；a_{ij} 为 A 中的第 i 行第 j 列上的元素，f_A 为公牛 i 和公牛 j 的一个共同祖先 A 的近交系数，n 和 n'为公牛 i 和公牛 j 经过不同通径至 A 的世代数。

根据这个模型，一头公牛的遗传素质是它所在公牛组效应和它本身效应之和，人们常将这个和称为遗传传递力(transmitting ability，简称 TA)，即

$$TA_{jk}=g_i+s_{jk}$$

公牛的育种值(BA)就等于 2 倍的遗传传递力，即

$$BV=2TA$$

根据以上模型，我们可建立一个混合模型方程组：

$$\begin{bmatrix} x'_1x_1 & x'_1x_2 & x'_1z \\ x'_2x_1 & x'_2x_2 & x'_2z \\ z'x_1 & z'x_2 & z'z+A^{-1}\lambda \end{bmatrix}\begin{bmatrix} \hat{h} \\ \hat{g} \\ \hat{s} \end{bmatrix}=\begin{bmatrix} x'_1y \\ x'_2y \\ z'y \end{bmatrix}$$

式中：x'_1 为 x_1 的转置矩阵，A^{-1}为 A 的逆矩阵，$\lambda=\frac{\delta_{\mathrm{e}}^2}{\delta_s^2}=\frac{4-h^2}{h^2}$。若将该方程组中的 $A^{-1}\lambda$ 部分去掉，即变成通常的最小二乘方程组的形式。加入 $A^{-1}\lambda$ 后，使得公牛间的遗传关系更加丰富了，即不仅可以利用公牛自己女儿的信息，也可以利用与该公牛有血缘关系的其他公牛女儿的信息，使育种值估计的准确性大为提高。

Henderson 证实，对以上方程组求解，所得到的 h、g 和 s 的估计值 h、g 和 s 具有 3 个性质，即估计值是观察值的线性函数；估计值是无偏的；在所有线性无偏估计中，用此法得到的估计值最精确。这样，公牛遗传传递力的最佳线性无偏估计为：

$$ETA_{jk}=g_j+s_{jk}$$

用这一模型估计公牛的育种值时，所用资料要满足以下条件：公牛在群体中完全与母牛随机交配；公牛和与配母牛间无血缘关系；每个母牛只有一个女儿，即每个公牛的女儿都是半同胞，每个女儿只有一个观察值。这些条件在生产实际中有的很难满足，有的则可通过人为的对资料的取舍来实现。

由此可见，无论公畜模型 BLUP 还是动物模型 BLUP，由于计算相当复杂，都必须依靠计算机才能完成，在此不再举例。

五、综合选择指数法

综合选择指数法就是把几个不同性状的资料，各按其遗传力和相对的经济重要性合并成一个指数，作为选留的标准。此法可避免淘汰掉某一项表现较差而另一些性状较为突出的个体，因而有利于保留牛群中某个性状非常优良的个体，并增加牛群中某些性状的变异。一般要求组成选择指数的性状不要太多。

当欲选择的两个性状间为负相关（如产奶量和乳脂率）时，指数选择法可以平衡每个性状的选择强度。如果两个性状为正相关，则选择指数比较容易测定，把它们可遗传部分的经济效果直接相加即可。综合选择指数的公式为：

$$\begin{aligned}I&=W_1h_1^2(P_1-\overline{P}_1)+W_2h_2^2(P_2-\overline{P}_2)+\cdots+W_nh_n^2(P_n-\overline{P}_n)\\&=\sum_{i=1}^{n}W_ih_i^2(P_i-\overline{P}_i)\end{aligned}$$

式中：W 为各性状经济重要性的加权值，根据市场情况和在育种上的重要性的不同而确定；h^2 为性状的遗传力；P 为个体表型值；$\overline{P}$为群体平均数。

由于各性状的单位不同，计算时不能直接相加。为消除这一缺点，可将上式改进为：

$$I=W_1h_1^2\frac{P_1}{\overline{P}_1}+W_2h_2^2\frac{P_2}{\overline{P}_2}+\Lambda+W_nh_n^2\frac{P_n}{\overline{P}_n}=\sum_{i=1}^{n}\frac{W_ih_i^2P_i}{\overline{P}_i}$$

这个公式实际上就是各性状的相对育种值（$h^2P/\overline{P}$）以各自的经济重要性加

权，来组成指数。实际工作中为选种上的方便及便于比较，把各性状都处于群体平均数的个体的指数定为100，这时综合选择指数的公式就成为：

$$I = \sum_{i=1}^{n} \frac{W_i h_i^2 P_i \times 100}{\overline{P}_i \sum W_i h_i^2}$$

式中经济相对重要性(W_i)之和必须等于1。

例如，要制定一个产奶量、乳脂率和外貌评分3个性状的综合选择指数，假如某奶牛品种的4%标准奶量的遗传力(h)为0.25，乳脂率的遗传力为0.6，外貌评分的遗传力为0.3；标准奶量的相对重要性(w)为0.4，乳脂率的对重要性为0.35，外貌评分的对重要性为0.25；头胎平均标准奶量($\overline{P}$)为5 000 kg，乳脂率为3.4%，外貌评分为70。综合选择指数的制定步骤如下：

首先，求出 $\sum W_i h_i^2$，即

$$\sum W_i h_i^2 = 0.25 \times 0.40 + 0.6 \times 0.35 + 0.3 \times 0.25 = 0.385$$

将已知资料代入公式有：

$$\begin{aligned} I &= \frac{0.40 \times 0.25 \times 100}{5\,000 \times 0.385} P_1 + \frac{0.6 \times 0.35 \times 100}{3.4 \times 0.385} P_2 + \frac{0.3 \times 0.25 \times 100}{70 \times 0.385} P_3 \\ &= 0.005\,2 P_1 + 16.042\,8 P_2 + 0.278\,3 P_3 \end{aligned}$$

这样，将该场任何一头牛各性状的表型值直接代入上式，即可得到该牛的综合选择指数。如某牛305 d的产奶量为7 230 kg，乳脂率为3.3%，外貌评分为80分，则该牛的综合选择指数为：

$$I = 0.005\,2 \times 7\,230 + 16.042\,8 \times 3.3 + 0.278\,3 \times 80 = 112.8$$

第三节 选 配

一、选配的原则

1.选配的概念及意义 选配是选种工作的继续，是有目的地决定公母牛的交配，以达到在其后代中将双亲优良性状的遗传基础结合在一起，以期培育出优秀的

种公牛和种母牛。通过选种,可以发现和选出优秀的种牛;而通过适当的选配可以巩固乃至于发展选择成果。相反,不适当的交配系统会使得已经获得的选择反应丧失殆尽。所以,选配方法在育种中的重要性并不亚于选择,但目前这种重要性往往被忽视。

选种选出的优秀种公牛与不同的种母牛交配,其后代的表现可能会有很大的差异。其原因除公牛的遗传特性不够稳定及环境对后代的影响外,还有一个亲和力问题。亲和力是指基因结合的能力,主要来自公母牛间遗传物质的互作和互补效应。有些子代的基因型构成好,是由于亲本双方的遗传特征得到互补,亲和力大的基因适当组合;有些子代基因型构成不好,则是由于亲本原有的适当基因组合遭到重组、分离而破坏,也就是说,前者亲和力强,后者亲和力弱。选配的主要任务就是尽可能地选择亲和力强的公母牛进行交配,即人为地、有意识地组织优良的种公牛和种母牛交配。

选种和选配是相互关联和相互促进的两个方面。选种可以增加牛群中高产基因的比例,选配可有意识地组合后代的基因型。选种是选配的基础,因为有了优良的种牛选配才有意义;选配又是进一步选种的基础,因为有了新的基因型才有利于下一代的选种。

2. 选配的基本原则

(1)要根据育种目标综合考虑,加强优良特性,克服缺点;

(2)个体选配,要选择亲和力好的公母牛进行交配,应注意公牛以往的选配结果和母牛同胞及半同胞姐妹的选配效果;

(3)公牛的遗传素质要高于母牛,有相同缺点或相反缺点的公母牛不能选配;

(4)不可随意近亲交配,近亲系数应控制在6.25%以下。育种工作中必须使用近交时,要有计划有目的地进行;

(5)搞好品质选配,根据具体情况选用同质选配或异质选配。即用同质选配或加强型选配,巩固其优良品质;用异质选配或改进型选配,改进或校正不良性状和品质。

二、选配类型

1. 品质选配　主要指体质外貌、生产性能等品质改进与提高的选配。据育种阶段与生产实践中要求的不同,奶牛的品种选配又分为同质选配与异质选配。

(1)同质选配:同质选配就是选择具有相似性状的公、母牛相交配。一般用于下列情况:其一,在杂交育种后期,牛群外貌和生产性能往往参差不齐,因此可在体型外貌和生产性能的类型上进行同质选配;其二,为巩固和发展某些优良性状,须针对这些性状进行同质选配。其优点是不会发生退化现象,不仅可增加遗传稳定性,还可能发现更优良的后代。

进行同质选配时,一是要坚持“相同的配相同的产生更好的,好的配好的产生好的”的规则;二是注意有相同缺点的公母牛不得进行交配;三是选择公母牛体质强壮的、不过度同质性的、饲养管理条件较好的、没有亲缘关系的或亲缘关系较远的同质选配。

(2)异质选配:异质选配就是选择体格类型或生产性能不相同的公、母牛进行交配。其对改善和提高牛群的体型外貌、生活力、适应性和生产性能起着良好的影响。一般用于下列情况:其一,结合父、母牛双方不同的优良性状;其二,以交配一方的优点纠正另一方的缺陷。

进行异质选配时:一是必须采取符合育种目标和繁育方法、而在品质方面又各有某些不同优点的种公、母牛来交配;二是要避免采取极端的异质选配,否则,会使后代变异范围扩大,甚至出现畸形后代;其三是避免连续世代的差异大的长期异质选配。

在养牛实践中,要将同质选配与异质选配相结合进行,根据不同育种阶段和实际情况二者互为主从。

2. 其他类型选配

(1)亲缘选配:主要指公母牛双方的血缘关系,一般要求无血缘关系或血缘关系较远,近亲交配常常为后代带来不同程度影响。

在采用亲缘选配时,一是对最杰出的个体才采用亲缘选配;二是进行亲缘选配前,须仔细研究选配公、母牛的品质,对品质卓越的种公牛所选配偶的品质在一定程度上与其相接近,还要注意公母牛之间无相同的缺点,且要与品质选配相结合;三是要加强饲养管理;四是肉牛对近交的有害影响比较敏感,因此,在近亲和中亲选配时,要注意选配的其他条件;五是对拟近交的种公、母牛,最好进行异环境的培育,将它们放在不同地区或在同一地区不同类型的日粮和小气候中,这样可减轻亲代的有害影响,又能使双亲间保持一定的异质性和较高的同质性。

(2)年龄选配:由于父母的年龄能影响后代的品质,故在选配时要适当注意年龄选配。正确的选配年龄是壮年配壮年,这是最理想的形式,老年的种牛如无特殊价值,应予以淘汰;有繁殖能力的老年母牛,应配以壮年公牛;有特殊价值的种公牛，应尽量选配壮龄母牛。幼年的种公、母牛，都应配以壮年的公母牛。当其与品质选配或亲缘选配发生矛盾时，必须服从品质选配或亲缘选配，并以品质选配为主。老、壮、幼年龄的划分，因与品种、营养状况等不同而有很大差异，一般来说，年龄在10岁以上为老牛，5～10岁为壮年牛，5岁以下为幼牛。

三、选配计划的制定

选配的方法有个体选配和群体选配之分。个体选配就是每头母牛按照自己的特点与最合适的优秀种公牛进行交配；群体选配是根据母牛群的特点选择多头公牛，以其中的一头为主、其他为辅的选配方式。

为将选配计划制定好，首先必须了解和搜集整个牛群的基本情况，如品种、种群和个体历史情况，亲缘关系与系谱结构、生产性能上应巩固和发展的优点及必须改进的缺点等；同时应分析牛群中每头母牛以往的繁殖效果及特性，以便选出亲和力最好的组合进行交配。要尽量避免不必要的近交与不良的选配组合。选配方案一经确定，必须严格执行，一般不应变动。但在下一代出现不良表现或公牛的精液品质变劣、公牛死亡等特殊情况下，才可作必要的调整。

对于公牛的资料，可以从有关育种单位（如种公牛站）查到，了解公牛的生产性能、外貌鉴定（柱形图）和主要优缺点的资料。

表4-4是奶牛选配计划表的一般式样，仅供参考。

表4-4　奶牛的选配计划表

母牛				公牛				亲缘关系	选配目的	备注
牛号	品种	等级	生产性能	牛号	品种	等级	生产性能			

表 4-5 11100519 号种公牛资料

公牛号：11100519 出生日期：2000.1.18				
父亲：2027062 母亲：13156423 外祖父：1821208				
PTA值	可靠性	女儿头数	分布	一胎平均
PTAM：1 765	R：83%	68	17	8 980
PTAF：17.1	R：81%	68	17	341
PTAF%：−0.47	R：90%	68	17	3.80
PTAP：28.5	R：83%	68	17	278
PTAT%：−0.04	R：90%	68	17	3.08
PTAT：−0.06	R：86%	41	12	83.7
TPI：1360				

性状	程度	−2.0 −1.5 −1.0 −0.5 0 0.5 1.0 1.5 2.0	程度	STA	PTA
体高	骶		高	−0.69	−1.79
胸宽	窄		宽	0.48	0.38
体深	浅		深	1.64	1.51
楞角性	粗厚		鲜明	1.12	1.04
尻角度	逆斜		斜	−0.20	−0.28
尻宽	窄		宽	−0.06	−0.02
后肢侧视	直飞		镰状	−0.13	−0.10
蹄角度	低蹄		高蹄	1.06	0.86
前附着	弱		强	1.43	2.22
后房高	低		高	0.86	0.76
后房宽	窄		宽	0.89	0.99
悬韧带	弱		强	−0.78	−1.64
乳房深	底低		底高	−0.37	−0.67
乳头后望	外向		内向	0.24	0.27
乳头长度	短		长	1.02	1.32
一般外貌	低		高	0.22	0.16
乳用特征	低		高	0.96	0.72
体躯	低		高	0.48	0.50
乳器	低		高	0.57	0.42

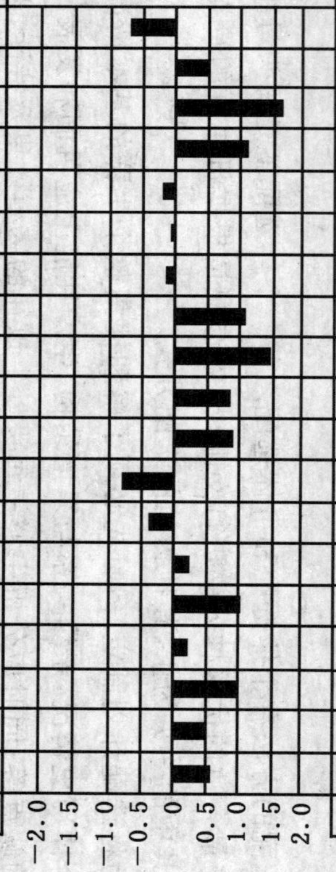

表 4-5 中符号、术语含义：

1. PTA 值　预测传递力(predicted transmitting ability)，是公牛预测育种值的一半，反映了公牛能够传递给女儿的遗传优势值，其作用相当于公畜模型中的 ETA 值。概要中的 PTAM、PTAF、PTAF(%)、PTAP、PTAP(%)和 PTAT 分别代表产奶量、乳脂量、乳脂率、乳蛋白量、乳蛋白率和体型整体评分的预测传递力。

PTA 值是衡量公牛优劣的主要指标，也是计算公牛其他评定指标(如 TPI，STA)的基础。在一次评定中，产奶性状和整体评分的 PTA 值越高越理想，这也是选用公牛的依据。但需注意的是：PTA 值是一个相对值，其高低随着比较的遗传基础和评定方法不同而不同，因此，除非经过有效的转换处理，否则，不同方法、不同地区、不同时期计算的 PTA 值是不能直接比较的。本概要中的 PTA 值也不能直接与以往公畜模型的 ETA 值进行比较。此外，由于动物模型利用的数据是胎次估计产量，而在 DHI 测定中，连续 3 个月测定就可以估计胎次产量，测定次数越多估计值越准确，所以随着测定次数的增加，个别公牛在女儿数增加不是很多的情况下，PTA 值出现波动属正常现象。

2. REL　可靠性(reliability)，是预测传递力(PTA)精确性的度量指标，相当于以前的重复率 R。一个个体预测育种值的可靠性高低取决于在估计该育种值时所利用的有效资料信息的多少。

公牛 PTA 值的可靠性越高，意味着参与 PTA 值计算的资料较多，PTA 值与公牛真实传递力较接近，用此 PTA 值作为公牛真实传递力的可靠性较大；反之，REL 值较小，则参与 PTA 估计的有效资料较少，该 PTA 值与真实传递力间的误差可能较大。一般来说，作为一个可以信赖的估计育种值，其重复力至少要达到 75%。对可靠性低于 75%的公牛，本概要把它们列在后面供参考。

3. 遗传基础　指在遗传评定中动物个体育种值(或 PTA)比较的共同基础，因为计算出的育种值(或 PTA)都是针对各因素效应的相对值。本概要中的 PTA 值是以北京市荷斯坦奶牛 1979—2005 年间产奶成绩记录的最小二乘群体均值作为比较的遗传基础。在目前尚缺乏全国性统一评定的情况下，由于不同地区(省)牛群的遗传基础不同，各地区公牛的评定结果不能直接进行有效比较。例如公牛 A 在甲地区评定的 PTAM 为+500 kg，公牛 B 在乙地区的 PTAM 值为+200 kg，能否说公牛 A 比公牛 B 优秀呢？不能！比较时还必须考虑两地牛群的遗传基础高低。假如已知甲地区的平均遗传基础是 6 000 kg，乙地区为 6 700 kg，那么公牛 A、B 的育种值分别是 6 000+2×500=7 000 kg、6 700+2×200=7 100 kg，结果公牛 B 比公牛 A 还要优秀。因此，在参照地区性评定结果选用公牛或比较不同地区的评定结果时，一定要考虑当地的实际生产水平，不能仅看相对比较结果(如 PTA 值)。

4. TPI 总性能指数(total performance index),它是将生产性状(产奶量、乳脂率、乳蛋白率和体型性状整体评分)的 PTA 值根据相对经济重要性加权构成的一个综合指数。TPI 值反映了公牛上述多个性状的综合遗传能力,公牛的选择通常按 TPI 值的大小顺序排列。其计算公式分别为:

$$TPI_1=[5\times PTAM/250+3\times PTAF(\%)/0.09+2\times PTAT/0.7]\times 50$$

$$TPI_2=[5\times PTAM/250+1.5\times PTAF(\%)/0.09+1.5\times PTAP(\%)/0.09+2\times PTAT/0.7]\times 50$$

这里 TPI_1 只考虑乳脂率的相对经济重要性,而 TPI_2 考虑乳脂率的同时也考虑了乳蛋白的相对经济重要性,为我国乳蛋白育种开了一个好头。各使用单位应参照本地实际情况使用,应以获得最大经济效益为原则,制定较长期的标准,进行选择。

5. STA 标准化的预测传递力,是绘制体型性状柱形图的基础。其计算公式为

$$STA=(\text{公牛 } PTA-\text{公牛群体 } PTA \text{ 均值})/\text{公牛群体 } PTA \text{ 的标准差}$$

柱形图是将各体型性状的预期传递力(PTA)进行标准化后的数据以图形形式直观表示公牛对各性状的改良能力。它是以性状平均数为轴,以标准差为单位绘制而成的。

通常,99%的 STA 值在-3 和+3 范围内。根据公牛体型线性性状的 STA 值大小,很容易比较、判定各性状的极端情况,如果一头公牛某个性状的 STA 值等于零,意味着该公牛该性状处于群体的平均水平。但 STA 的极端取值只是表明公牛性状与群体均值差异很大,并不表明性状一定理想或不理想,两者之间没有这类确切关系。对某些性状如悬韧带,以极端正值为好,极端负值为差;另有一些性状如后肢侧望,则以适中的 STA 值为理想,极端正值或负值都不好。因此在理解柱形图或选用公牛时应注意这个问题。

第四节 育种方法

一、纯种繁育

纯种繁育简称"纯繁",是指同品种内公母牛的繁殖和选育,可以使品种的优良品质和特性在后代中更加巩固和提高,是育种的主要方法之一。例如,各国的荷斯

坦牛由于采用了“纯繁”，不仅更适宜各国的气候条件，而且产乳量也比 20 世纪 30 年代几乎提高 1 倍，乳脂率由 3.2％提高到 3.6％。纯种繁育可分为近亲育种和远亲育种等方式。

1. 近交　奶牛群在育种过程中，为了固定某些优良性状，采用亲缘关系较近的个体间进行选配的方式，称为“近交”。近交能使牛群中的某些基因在后代中得到一定程度的纯化。巧妙地利用近交，可取得意想不到的效果。有目的地采用近交，主要有以下作用：

(1)固定某些优良性状：在育种过程中，如果发现优秀的个体，可利用近交能使基因纯合这一基本效应，有意识地采用近交来固定其优良性状。近交多用于培育种牛，因近交能提高种牛某些基因的纯度，在表型性状上可出现高产性能及优良的体型外貌。这些性状能够被固定并且稳定地遗传给后代。许多优秀品种的育成，在品种固定阶段或在牛群中固定某头种牛的优良特性时，用近交可迅速达到预期的目的。目前欧美一些著名的乳用种公牛，大多都有一定程度的近交系数。

近交系数是衡量近交程度的一个量化指标。它表示某一个体由于血缘关系而造成的相同等位基因的概率，即该个体会是纯合体的机会。近交系数的计算公式是：

$$F_X=\frac{1}{2}\sum\left[\left(\frac{1}{2}^{N}\cdot(1+F_{\mathrm{A}})\right]$$

式中：F_X 为个体 X 的近交系数，N 为共同祖先通往个体 X 的父亲和母亲的代数之和，F_{A} 为共同祖先本身的近交系数。如果共同祖先为非近交个体，则 $F_{\mathrm{A}}=0$，以上公式可简化为：

$$F_X=\frac{1}{2}\sum\left[\left(\frac{1}{2}\right)^{N}\right]$$

例如，以下系谱中共同祖先 E(非近交个体)通往个体 X 的父亲和母亲的代数之和为 4，即 $N=4$。

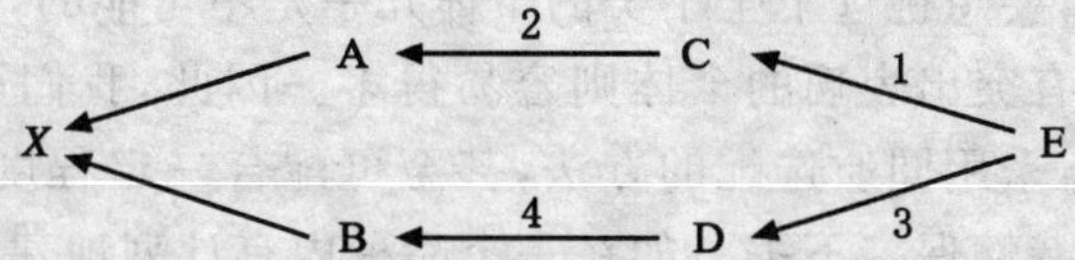

代入上述公式得知，X 的近交系数为 3.125％。

虽然应用同质选配也可以达到纯合基因、固定优良性状的目的，但由于同质选配只注重表型性状，忽视遗传基础，所以与近交相比，其固定速度慢，并且只在少数性状上起作用。而近交则能在多个性状上实现大范围的同质。

(2)暴露有害基因:既然近交能使基因纯化,那么也可使隐性的不良基因纯合而暴露出来,产生具有不良性状的个体。因此,近交可确定个体种牛的遗传价值。一般1头公牛与其25头左右的女儿交配,基本可以测出公牛所携带的全部隐性基因。对经验证明有致死或半致死等不良基因的公牛应停止使用,以便有效地减少牛群中有害基因的频率和不良的遗传性状。

(3)保持优良个体的血统:根据遗传学原理,任何一头牛的血统在非近交情况下,都会随世代的更迭不断地变化,只有通过近交才可使优秀个体的血统长期地保持较好的水平而不严重下降。因此,对某些出类拔萃的个体,为保持其优良特性,可有目的地采用近交方式。

(4)使牛群同质化:近交在使基因纯合的同时,可造成牛群的分化,出现各种类型的纯合体,再加上严格的选择,就可得到比较同质的牛群。这些牛群之间互相交配,可望获得较明显的优势,而且后代较一致,有利于规范化饲养管理;另外,比较同质化的牛群还有利于提高估计遗传参数和育种值的准确性,因而对选种有益。

(5)近交的不良后果:近交会给牛群带来衰退现象,主要是指近交后代的生活力及繁殖力减退、生长发育缓慢、死亡率增高、体质变弱、适应性差和生产性能下降等现象。据报道,奶牛近交系数每上升1%,产奶量平均减少8%。

为防止近交衰退现象出现,必须合理地应用近交,并严格掌握近交的程度。同时要严格淘汰制度,及时淘汰不良个体。

2. 品系繁育 品系繁育是本品种选育最常用的一种方法,是育种工作的高级阶段。其最大的特点就是有目的地培育牛群在类型上的差异,以使牛群的有益性状继续保持并遗传给后代。这里所说的有益性状,不仅仅指生产性能,还包括生长发育、体质健康、繁殖性能和适应性等。如在奶牛育种中,不能只要求产奶量高,还要考虑奶的质量(如乳脂率、无脂固形物率等)、牛的体健康状况、利用年限和适应能力等。因为只有健康的体质和良好的适应性才能保证高产稳产。

在实际工作中,要想挑选十全十美的个体几乎是不可能的,但要从一大群牛中挑选在某一方面具有突出表现的个体则容易得多。因此,我们可将在某一方面表现突出的个体类群,采用同质选配的方法,甚至可配合一定程度的近交,就能将此品种这方面的优良特性保持下去。如在一个品种内有计划地建立若干个各具特色的品系,然后通过品系间杂交,就可使整个牛群得到多方面的改良。所以,品系繁育既可达到保持和巩固品种优良特征、特性的目的,又可使这些优良特征、特性在个体中得到结合。在养牛业发达国家普遍采用品系繁育,我国在奶牛育种中多年来也有计划地进行品系繁育,都取得了显著的效果。

建立品系的首要问题是培育和选择系祖。系祖公牛必须具有卓越的优良性能,而且能将其本身的优良特征和特性遗传给后代。否则,特征特性不突出,尤其是遗传性不稳定的公牛,其后代不可能都具有突出的特性,因而不能作为系祖。在尚未发现具备系祖特性的公牛时,不应急于建系,应通过定向选配(如从种子母牛群或核心群中选出若干符合品系要求的母牛与较理想的公牛选配)的方式培育公牛,并经后裔测定证明是最优者,方可作为系祖来建立品系。一般情况下,为提高遗传稳定性,系祖公牛都含有一定的近交系数。据报道和经验,近交系数以不超过12.5%为宜。

有了优秀的系祖公牛,就可与经严格选择的同质母牛进行个体选配。这些同质母牛必须符合品系的要求,并且要有一定的数量。一般建系之初的品系基础母牛群至少要有100～150头成年母牛。供建系用的基础母牛头数越多,就越能发挥优秀种公牛的作用。

品系建立后,为继续保持,要积极培育系祖的继承者。一般情况下,品系的继承者都是系祖公牛的后代。继承者也必须按照培育系祖的要求,经后裔测定证明确是卓越的种公牛。

品系的建立增加了品种内部的差异,使牛群内的丰富遗传特性得以保持。建立品系的最终目的,是为了品系的结合(即品系间的杂交)。通过品系的结合,可利用品系间的互补遗传差异,增强品种的同一性,使品种内的个体更能表现出较全面的优良特征特性。

总之,品系的建立和品系的结合,是进行品系繁育的两个阶段,在育种过程中,这两个阶段可以循环往复,使品种不断得以改进和提高。

3. 顶交　顶交的含义是用近交公牛与无血缘关系的母牛交配,目的是为了防止近交衰退现象,提高下一代牛群的生产性能、适应性和繁殖效率。顶交还可在同一品种内出现杂种优势,因此,可得到良好的效果。

4. 远交　远交是指无血缘关系或血缘关系很远的个体之间的选配。远交的优点是可以避免近交衰退现象,在牛群中很少出现生产性能和生活力极端不良的个体,也使一些隐性的有害基因得以掩盖而不起作用。远交也是亲缘育种中有计划地进行血液更新的一种方法。但是,在远交牛群中生产性状的改进和提高较慢,也很少出现极优秀的个体,而且优良性状也不易固定。

二、杂交繁育

家畜的杂交可以改变基因型,把不同亲本的优良特性结合起来而产生杂种优势。世界上许多乳用、肉用和兼用品种都是在杂交的基础上培育成功的。

杂交能加快遗传变异而有利于选种，因此，在杂交过程中，要注意发现新变异，使其向有利的方向转化，并保持和发展下去。杂交是现代动物育种的一种较快的方法，通过杂交可以综合 2～3 个品种的优点，创造出新品种。

据研究，亲缘关系较远的个体间杂交，它们的基因是优劣交错的，彼此的长短可以互补，互相遮盖。因此，一般的杂种牛都能表现出双亲的优点，隐藏双亲的缺点，使生产性能有较大提高。

在奶牛育种上常用的是品种间杂交，可使生产性能有不同程度的提高，杂一代母牛的经济性状介于二品种之间或稍高。

杂交的效果受多种因素的影响，主要有配合力、杂种后代性别、母亲年龄及父亲本身特性等。

配合力就是种群通过杂交能够获得杂种优势的程度，即杂交效果的好坏和大小。它又可分为一般配合力和特殊配合力两种。一般配合力就是一个种群与其他各种群杂交所能获得的平均效果，其基础是基因的加性效应；特殊配合力是两个特定种群之间杂交所能获得的超过一般配合力的杂种优势，它的基础是基因的非加性效应，即显性效应和上位效应。配合力的测定需通过杂交组合试验来进行，比较费时费力。

杂交效果的好坏一般用杂种优势率表示，以便于各性状间的相互比较。其计算公式是：

$$H=\frac{\overline{F_1}-\overline{P}}{\overline{P}}\times 100\%$$

式中：H 为杂种优势率；$\overline{F_1}$ 为一代杂种的平均值；$\overline{P}$ 为亲本种群的平均值，即父本群体均值加母本群体均值的一半。

开展品种间杂交，必须考虑国民经济的要求和社会需要、自然条件特点、杂种牛的特征特性及可能出现的优缺点等情况，同时应参考前人的成就和经验。只有育种目标明确，选种选配合理，才能取得好的效果。

1. 杂交繁育的基本原则　为使杂交繁育达到预期目的，生产实践中采用杂交繁育应遵循以下基本原则：

(1)为小型母牛选择种公牛进行配对时，种公牛的体重不宜太大。一般要求两品种的成年牛的平均体重差异，种公牛不超过母牛体重的 30％～40％。大型品种公牛与中、小型品种母牛杂交时，母牛不选初配者，而选经产牛，以防止发生难产现象。

(2)要防止1头改良品种公牛的冷冻精液在一定区域内使用过久(3～4年或以上),防止近交带来不良后果。

(3)在地方良种黄牛的保种区内,严禁引入外来品种进行杂交。

(4)杂交要与合理的选配制度相结合,一定要选择配合力好的公母牛进行交配。

(5)良种牛需要较高的日粮营养水平以及科学的饲养管理方法,因此对杂种牛的优劣评价要有科学态度,应特别注意营养水平对杂种牛的影响。

(6)对于总存栏数很少的本地黄牛品种,若引入外血,或与外来品种杂交,应慎重从事,最多不要用超过成年母牛总数的1%～3%的牛只杂交,而且必须严格管理,防止乱交。

2. 杂交的方法　根据杂交后代生物学特性和经济利用价值,杂交育种的方法分为以下两种:

(1)品种间杂交:就是不同品种公、母牛个体间的交配,是最常见的杂交方法,通过杂交来提高牛群的生产性能或育成新品种。据报道,奶牛品种间杂交,产奶量有3%～12%、乳脂量有4%～37%的杂种优势。新西兰用娟姗牛与黑白花牛杂交,选育成娟姗、荷尔斯汀牛,获得产奶量(4 000 kg以上)、乳脂率(5%)均高的理想效果。另外,我国可以引用娟姗公牛、荷斯坦公牛与当地黄牛杂交,培育适应于南方气候的奶牛品种。

(2)种间杂交:种间杂交也称远缘杂交或异种间杂交,它们的后代称为远缘杂种。是指不同种间公、母牛的交配。这种方法在养牛业中应用也比较普遍,可以获得经济价值很高的牛群和创建新品种。例如,澳大利亚引用娟姗牛与印度的沙希华瘤牛进行杂交,培育成能适应热带气候条件、抗旱高产的澳大利亚乳用瘤牛新品种。蔡立等(1989)报道,用黑白花奶牛同牦牛杂交,杂一代黑犏牛产奶量超过牦牛2倍以上,挤奶期比牦牛长1～2个月,乳脂率犏牛为5.9%,牦牛为6.67%,比牦牛低0.87%,犏牛的生产力介于双亲之间,其屠宰率可达54.2%,净肉率为40.55%。

3. 杂交方式　奶牛业中,无论是品种间杂交或种间杂交,常用的杂交方式有以下几种。

(1)导入杂交:又称引入杂交。它是在一个品种基本上能够满足市场需要,但个别性状还存在缺点,这种缺点用本品种选育法又不易得到纠正时,就可选择一个理想品种的公牛与需要改良某个缺点的一群母牛交配,以纠正其缺点,使牛群趋于理想,这种杂交方式,叫导入杂交或改良杂交。若某种经济性状需要在短时期内尽快提高时也可采用这种杂交方式。其优点是不改变原来育种的方向,保留原品种的大部分优点,而不是彻底改造。

利用导入杂交克服品种缺点时,正确选择改良品种很重要,必须选择一个生产方向与被改良品种相同,但又能矫正其缺点的优良品种杂交一次,所得杂交一代,含导入品种血液为1/2,再将其与原有被改良品种回交一次,所得杂种二代含导入品种1/4的血液,这样,通常可达到既不完全动摇和改变被改良品种的生产方向,又能克服或矫正其缺点的目的。但若认为含1/4外血对原结构的冲击性太大,可再与原品种回交一次,含1/8外血即可。一般导入外血的量不宜超过1/8~1/4。

例如,美国荷斯坦牛产奶量与乳脂率都较高,荷兰引进美国荷斯坦弗利生公牛与黑白花奶牛杂交,结果杂交牛305 d的平均产奶量达7 000 kg以上,乳脂率为4.28%,蛋白含量3.36%,效果较好。还有,1984年前苏联引用乳脂率较高的娟姗牛公牛与本国的荷斯坦-弗利生牛进行导入杂交,结果杂种一代的乳脂率比母本体高0.8~10.0个百分点,我国也可通过这条途径,改良中国荷斯坦牛,提高其乳脂率。另外,为了改进我国黑白花奶牛的某些性状,曾引入前苏联、美国、加拿大等国的黑白花种公牛进行一次性的导入杂交。

(2)级进杂交:又称改造杂交或吸收杂交。就是利用优良的高产品种改良低产品种最常用的一种迅速而有效的杂交方式。其特点是选择引入品种的优良公牛与被改良品种的母牛交配,所得杂种母牛逐代与改良品种的不同公牛回交,直到获得所需要的性能时为止,然后就在杂种间选出优良的公母牛进行自群繁育。

例如,我国黄牛耐粗饲、适应性强,但产奶量低,可引用荷斯坦公牛进行级进杂交,级进到第3代,产奶量即与一般荷兰黑白花奶牛接近,级进杂交4~5代的改良牛群,在体质外貌和生产性能上已接近“纯种”。但一般级进到第3代,含本地牛血12.5%为止,若级进代数越高,则保留被改良牛的基因型越少,要求在停止杂交时,杂种牛的生产性能要高,同时还要保留适应当地自然条件的特性与特征。目前,我国饲养荷斯坦牛大部分是荷斯坦牛与本地黄牛及其他品种级进杂交,经长期选育而成。

(3)育成杂交:是指用两个或两个以上的品种培育新品种的方法,尤其在自然条件恶劣的情况下,级进杂交不能取得良好效果时,常采用此法。具体做法是:用两个或两个以上品种牛进行杂交,使它们的优秀性状结合在后代身上,产生原来品种所没有的优秀品质,当达到育种目标时,便选择其中的公母牛进行自群繁殖,以育成新品种。杂交方案包括简单的育成杂交(即二品种杂交)、复杂的育成杂交(三个或以上品种杂交)。

多品种杂交后代具有丰富的遗传基础，杂交效果优于简单的育成杂交。三品种杂种比二品种杂种具有更多的优势，杂种母牛比纯种母牛有较高的产奶稳定性。例如，我国黑白花奶牛主要引进美国、荷兰、德国等国的荷斯坦牛与本地黄牛杂交而成；有些地区的黑白花奶牛是由十多个品种杂交而来，这些杂种牛遗传基础广泛，在育种上有其优点，但因为类型复杂，性状分离较严重，不宜进行固定。

(4)经济杂交：也叫生产性杂交，多用于生产性牧场，如“奶肉牛”的生产。目的是为了获得具有高度经济利用价值的杂交后代，以增加商品牛(奶牛、肉牛)数量和降低生产成本、满足市场需要。

据报道，为了提高奶牛的肉用性能，黑龙江某农场用海福特公牛与黑白花奶牛进行杂交试验，结果杂种一代去势小公牛 22 月龄活重达 478.5 kg，屠宰率为 56.26%，净肉率 45.02%，效果良好。夏洛来公牛与娟姗牛杂交，杂种一代 392 d 的体重为 362 kg；每增重 1 kg 需要 4.8 个饲料单位；屠宰率为 50.4%。

第五节　奶牛育种工作的组织与实施

为了使牛群的生产性能不断提高，满足人们对牛奶日益增长的需要，必须有计划、有组织地进行奶牛的育种工作。实践证明，如果组织措施跟不上，技术措施也很难实现，育种工作也不会取得预期效果。

一、制定品种区域规划，建立育种协作组织

制定品种区划必须从实际出发，因地制宜。根据我国的情况进行奶牛品种区划。

各国的实践和经验表明，育种协作组织在奶牛的育种工作中有着相当重要的作用。我国在 1972 年就成立了中国黑白花奶牛的全国性及地方性育种协作组织(北方协作组和南方协作组)，1982 年成立了中国奶牛协会，各省市也相继成立了地方性奶牛协会。这些育种协作组织对我国奶牛的育种工作发挥了重要作用。

二、制定育种计划，建立繁育体系

制定奶牛群育种计划是育种工作的重要环节之一。在制定计划之前，必须对

现有牛群的基本情况进行详尽的了解，主要包括牛群的结构与组成、生产性能、繁殖性能、牛群的血缘关系、现有的优点和缺点等内容。

在牛群调查的基础上，制定切实可行的育种计划。首先要确定明确的育种目标，即通过育种所要达到的目的及所需的饲养管理水平等外界条件。其次是根据育种目标和原有牛群特点确定选育方式，根据实际情况采用本品种选育或杂交改良。第三是确定选种和选配的方法和标准，选择、培育理想的公牛，根据育种需要确定选育的性状。性状不宜过多，对那些存在强的负相关的性状，以采用品系繁育法为宜。第四是确定培育制度，制定适宜的饲养管理方案及幼牛培育方法，只有合理的饲养管理才能使牛的遗传潜力和生产潜力充分表现出来。第五是确定选育工作的范围及参加选育的重点场所，建立健全繁育体系，开展联合协作育种及群众性的育种工作。例如对地方良种的选育，可采用以国有牛场为核心、各级育种站和畜牧兽医站为骨干的场、站相结合的繁育体系。第六是根据遗传学原理和育种计划，估计遗传进展及其在生产上的经济效果，并制定育种成果的推广范围和具体措施。第七是要有相应的防疫措施。另外，还应有严格的选留和淘汰制度。

育种计划一经确立，一般应坚决贯彻执行，不能任意更改或中途废止。但也不能僵化，必须主动积极地不断研究和分析，根据进展情况及时解决出现的问题，使计划更加完善。

三、推广良种奶牛登记制度

良种登记是育种工作的重要措施之一。建立良种登记制度是为了发挥良种牛在育种工作中的作用。因为良种登记能反映出育种成绩，加快育种进度，同时也可了解育种工作中所存在的问题及提出解决问题的办法。一般是按品种成立登记组织，根据品种特点订出登记标准和制度。内容包括谱系、生产性能、体型外貌等。对不符合标准要求的牛不应登记。原中国黑白花奶牛北方育种协作组和南方协作组、中国奶牛协会曾进行过多次中国荷斯坦牛的良种登记，促进了我国奶牛的育种工作。

四、奶牛场日常的育种措施

奶牛场虽是生产的基层单位，但也必须重视育种工作，以使本场牛群生产性能不断提高，降低生产成本，提高经济效益。为此应做好以下工作。

1. 建立档案制度 建立档案可为育种工作提供科学依据。为了育种或经营管理，都不可缺少记录。奶牛场中的主要记录有产奶记录、配种记录、饲养记录、犊牛及育成牛生长发育记录、牛场日志、牛群饲料消耗记录等。各项记录都应登记在每头牛各自的卡片上。

2. 合理编制选配计划 根据牛群的特点选择合适的与配公牛，以保证牛群的素质越来越好。

3. 拟定和执行牛群更新和周转计划 及时而合理的牛群更新是不断提高质量和保持牛群结构的必要条件，一般奶牛场的母牛每年更新率为10%～15%，对育种群的更新比例应更高，以加快育种速度。种公牛的更新，一定要用经后裔测定证明为优良的个体来补充。在扩大牛群时，选留的后备幼牛必须合乎育种要求。为保持合理的牛群结构，应根据分娩计划、选留计划等拟定出畜群周转计划。

4. 完善饲料供应和饲养管理制度 只有充分及时地供应饲料及合理的饲养管理水平，才能使牛群的整体生产水平发挥出来。因此，必须重视饲料的储备和供应，以及牛场工作人员技术素质的提高。

第五章　奶牛的繁殖

第一节　生殖器官及生理功能

一、公牛的生殖器官及生理功能

(一)公牛的生殖器官

主要包括性腺(睾丸),输精管道(附睾、输管和尿生殖道),副性腺（精囊腺,前列腺,尿道球腺),外生殖器和阴囊等组成。公牛的生殖器官见图 5-1。

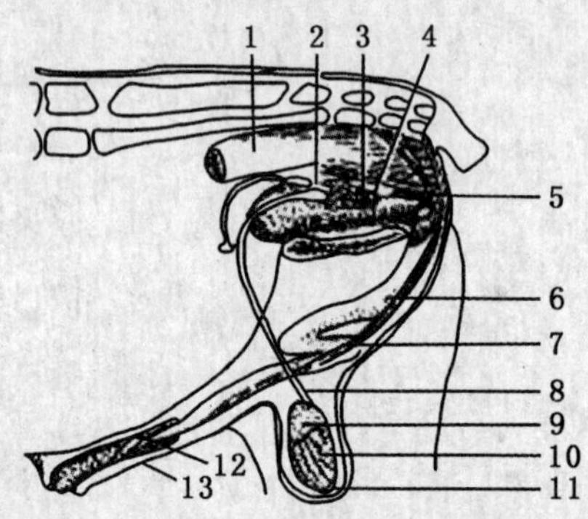

1.直肠　2.输精管壶腹　3.精囊腺　4.前列腺　5.尿道球腺　6.阴茎　7.乙状弯曲　8.输精管　9.附睾头　10.睾丸　11.附睾尾　12.阴茎游离端　13.内包皮鞘

图 5-1　公牛的生殖器官示意图

1.睾丸　位于阴囊内,左右各一,一般右侧睾丸稍大于左侧,形状呈长椭圆形,长轴与地面垂直,睾丸上端有血管和神经出入,为睾丸头,有附睾头附着,下端为睾丸尾,连于附睾尾。

睾丸表面光滑,大部分表面覆以固有鞘膜,此膜也包被着附睾,其深层为致密结缔组织构成的白膜，白膜从睾丸头端呈索状深入睾丸内，沿睾丸长轴向尾端延伸，将睾丸分隔成许多锥体形的睾丸小叶，这些间隔在睾丸纵轴处集中成网状，称为睾丸纵隔，从睾丸纵隔分出许多睾丸小隔，将睾丸实质分成许多睾丸小叶。每个睾丸小叶内有 2～3 盘曲的曲精细管，曲精细管互相汇合成直精细小管，在纵隔中互相吻合形成睾丸网，最后汇合成较粗的输出小管，输出小管穿出睾丸头的白膜进入附睾头。

2. 输精管道　包括附睾、输精管和尿生殖道

(1)附睾：位于睾丸的附睾缘，由附睾头、附睾体和附睾尾 3 部分构成。附睾头紧贴于睾丸头端和睾丸游离缘上 1/3 部，由睾丸输出小管弯曲盘绕而成，附睾头内的输出小管最终汇集成一条盘曲的附睾管，构成附睾体和附睾尾，附睾尾以睾丸固有韧带与睾丸尾端相连。附睾韧带由附睾尾延续至阴囊的部分 ，称为阴囊韧带。在胚胎时期，睾丸和附睾均在腹腔内，位于肾脏附近。出生前后，二者一起经腹股沟管下降至阴囊中，此过程称为睾丸下降。如有一侧或双侧睾丸未下降到阴囊内，称单睾或隐睾，这种公牛没有生殖能力，不能作种用。

(2)输精管：管壁厚、硬而呈圆索状。在睾丸系膜内由输精管、血管、淋巴管、神经、提睾内肌等组成精索。精索沿腹股沟管上行进入腹腔，随机向后上方进入盆腔，末端与精囊腺导管汇合成射精管开口于精阜。

(3)尿生殖道：是一条长的膜管，管壁包括黏膜、海绵体层、肌层和外膜。可分为盆部和阴茎部，两部之间以坐骨弓为界。起自膀胱颈龟头的输精管口，沿骨盆腔壁向后延伸，绕过坐骨弓，再沿阴茎的腹侧向前延伸，至阴茎头开口于外界。

3. 副性腺　包括精囊腺、前列腺和尿道球腺。若公牛幼龄去势，则副性腺不能正常发育。

(1)精囊腺：有一对，其形态为不规则的长卵圆形，表面不平，分叶清楚，左右精囊腺大小和形状常不对称。位于膀胱颈背侧的生殖褶中，在输精管壶腹部外侧，贴于直肠腹侧前方或后方。

(2)前列腺：由前列腺体和扩散部构成，呈淡黄色。前列腺体小，呈棱形，横位于膀胱颈和尿生殖道起始部的背侧。扩散部发达，分布在几乎整个尿生殖道盆部的尿道肌和海绵层之间，其背侧部厚，腹侧部薄。前列腺管多，成行开口于尿生殖道盆部的黏膜。两列位于精阜后方的两黏膜褶之间，另外两列在褶的外侧。

(3)尿道球腺：为一成对腺体，位于尿生殖道盆部后端的背外侧，呈球状。外面包有厚的被膜，并部分地被球海绵体肌覆盖。每个腺体发出一条导管，开口于尿生殖道峡部背侧的半月状黏膜褶。

(4)外生殖器：包括阴茎和包皮。阴茎平时柔软，藏于包皮内，交配时勃起，伸

长并变得粗硬。阴茎由阴茎海绵体和尿生殖道阴茎部组成。可分为阴茎根,阴茎体和阴茎头。阴茎的起点,称为阴茎根,分为两条阴茎脚,固定在耻骨的两侧。阴茎体在阴囊的后方形成弯曲,勃起时伸直,阴茎头为阴茎前端膨大部,主要由龟头海绵体构成,牛的龟头较尖,且沿纵轴略呈扭转形,在顶端左侧形成一沟,尿道外口位于此处。包皮为一末端垂直于腹壁的双层鞘囊,形成包皮腔,包着阴茎头。

5. 阴囊 位于两股之间,呈袋状皮肤囊。睾丸、附睾及部分精索包于其内,阴囊上部狭窄,称为阴囊颈,下面游离,称为阴囊底。阴囊壁构成由外向内依次为阴囊皮肤、肉膜、精索、精索外筋膜、提睾肌和鞘膜。在生理状况下阴囊内的温度低于体腔温度,有利于睾丸生成精子。

(二)公牛生殖器官的生殖功能

1. 睾丸 是产生精子和雄性激素的器官。睾丸的曲细精管产生精子。曲细精管之间有间质细胞,能分泌雄性激素,可以促进第二性征的出现和其他性器官的发育。

2. 输精管道

(1)附睾:是贮存精子和促进精子成熟的器官。附睾内温度低于体温 4.7℃,pH 值为 6.2～6.8,呈弱酸性,可抑制精子的活化。附睾管内的高渗透压环境,使精子移动时,发生脱水现象,使其体内缺乏可保持活动的最低限度的水分,故精子不能运动。以上这些因素使精子处于休眠状态,减少能量消耗,因此,可使精子在附睾内贮存 60 d 以上仍具有受精能力。另外,附睾容量很大,可贮存大量精子。

在睾丸生成的精子并不具有运动和受精能力。精子在通过附睾管的过程中,颈部原生质的脱落,使其增强了活动和受精能力,同时由于附睾管分泌的磷脂质及蛋白质的包被,能防止精子膨胀,抵抗外界不良影响。而且还可使精子体表获得负电荷,防止精子彼此凝集,这些条件都维持精子的正常运动,使精子达到成熟。

(2)输精管和尿生殖道:具有运送和排泄精子的功能。尿生殖道是尿液和精子排出的管道。

3. 副性腺 副性腺的分泌物有稀释精子、营养精子以及改善阴道环境等作用,有利于精子的生存和运动。射精时它们的分泌物与输精管壶腹部的分泌物混合组成精清,与来自附睾尾的精子悬浮液共同组成精液,射出的精液中,精清占精液总量的 75%。

公牛精囊腺分泌果糖,果糖是精子能量的主要来源。前列腺液吸收精子运动排出的二氧化碳,以维持精液的弱碱性环境。在交配之前阴茎勃起时排出的少量液体,主要产生于尿道球腺。

4. 外生殖器　阴茎为牛的交配器官，具有交配和排尿功能。包皮具有容纳和保护阴茎头的作用。

5. 阴囊　可通过其肉膜和提睾肌收缩及舒张调节其与腹壁的距离，使睾丸获得使精子生成的最佳温度。

二、母牛的生殖器官及生理功能

(一)母牛的生殖器官

包括性腺(卵巢)，生殖道(输卵管、子宫、阴道)，外生殖器官(尿道生殖前庭、阴唇、阴蒂)。母牛的生殖器官见图 5-2。

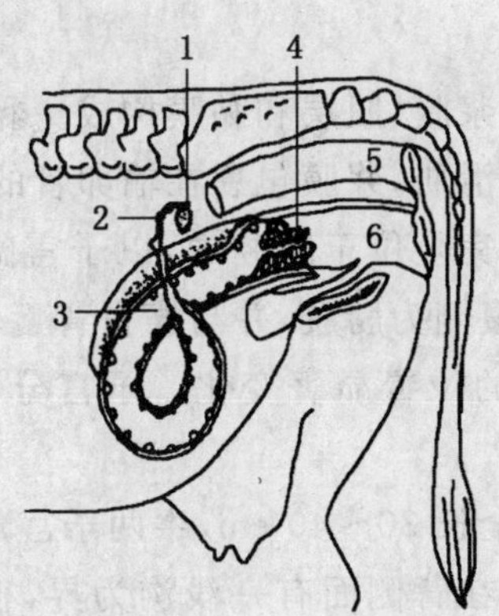

1. 卵巢　2. 输卵管　3. 子宫角　4. 子宫颈　5. 直肠　6. 阴道

图 5-2　母牛的生殖器官示意图

1. 卵巢　形状为扁圆形，附着在卵巢系膜上，其附着缘上有卵巢门，血管、神经即由此出入。在中等大的母牛，卵巢平均长 3～4 cm，宽 1.5～2.0 cm，厚 2～3 cm，通常右侧卵巢稍大于左侧。一般位于子宫角的尖端外侧，初产及经产胎次少的母牛，卵巢均在耻骨前缘之后。经产的母牛，子宫角因胎次增多而逐渐垂入腹腔，卵巢也随之前移至耻骨前缘的前下方。每侧卵巢系膜的前端为输卵管端，后端为子宫端，两缘为游离缘和卵巢系膜缘。输卵管端、子宫端和卵巢系膜缘分别与输卵管系膜、卵巢固有韧带、卵巢系膜相连。在输卵管系膜与卵巢固有韧带之间，形成一个宽大的卵巢囊。卵巢通常位于卵巢囊内，卵巢囊是保证卵细胞进入输卵管的有利结构。

牛的卵巢组织分为皮质部和髓质部，两者的基质都是结缔组织。接近表面的结缔组织细胞的排列大体上与卵巢表面平行，比靠近髓质处的略为致密，称为白膜。白膜表面盖有生殖上皮。白膜内为卵巢实质，可分为浅层的皮质和深层的髓质。皮质内含有卵泡，卵泡的前身和续产物(红体、黄体和白体)；髓质内无卵泡，由血管、淋巴管、神经和平滑肌纤维的结缔组织构成。

2. 输卵管 是卵子进入子宫必经的通道，包在输卵管系膜内，有许多弯曲，长5～30 cm。管的前1/3段较粗，称为壶腹，是卵子受精的地方。其余部分较细，称为峡部。壶腹和峡部连接处叫做壶峡连接部。靠近卵巢端扩大呈漏斗状，叫做漏斗。牛的漏斗面积为20～30 cm^2，漏斗的边缘形成许多皱襞，称为伞。牛的输卵管伞不发达。伞的一处附着于卵巢的上端，漏斗的中心有输卵管腹腔口，与腹腔相通。管的后端有输卵管子宫口，与子宫角相通。牛的子宫角尖端细，所以输卵管与子宫角之间无明显界限。

输卵管管壁从外向内由浆膜、肌层和黏膜构成。黏膜形成纵的输卵管褶，其上皮具有纤毛层主要是环行平滑肌，浆膜包裹在输卵管的外面，并形成输卵管系膜。

3. 子宫 牛的子宫几乎完全位于腹腔内，以子宫阔韧带附着于盆腔前部的侧壁上。子宫的背侧邻直肠，腹侧为膀胱，并与瘤胃背囊和肠管等相接触。在妊娠时则根据妊娠期的不同，子宫的位置显著变化。子宫分为子宫角、子宫体和子宫颈3部分。

(1)子宫角：左右各一，全长30～40 cm，牛两子宫角的后部以结缔组织和肌组织相连，并共同被覆浆膜，仅在背侧面有一浅沟为界，很像子宫体，故常称为伪体；子宫角前部游离，呈弯曲的羊角状，先向下，继而向外向后，再翻转向上，并逐渐变细，末端形成乙状弯曲，与输卵管相移行，在两子宫角分叉处有背侧和腹侧角间韧带相连，两子宫角后端相合为子宫体。

(2)子宫体：宫体呈圆筒状，背、腹侧略压扁。由于牛有伪体，故子宫体从外部看似有10 cm多，其实子宫体仅有3～4 cm长。

(3)子宫颈：是子宫体向后的延续部分，牛的子宫颈长5～10 cm，粗3～4 cm，壁厚而硬，不发情时管腔封闭很紧，发情时也只能稍微开放。子宫颈后端开口于阴道，又称子宫颈外口。牛子宫颈外口有明显的及辐射状黏膜褶，在青年牛呈菊花状，经产母牛皱褶肥大呈菜花状；子宫颈肌的环状层很厚，分为两层，内层和黏膜的固有层，构成2～5个横的新月形皱襞，彼此嵌合，使子宫颈管成为螺旋状。

4. 阴道 牛的阴道长约25 cm；位于盆腔内，其背侧为直肠，腹侧为膀胱和尿道，前接子宫，后连尿生殖前庭。阴道壁的外层，在前部被覆有腹膜，后部为结缔组织的外膜，中层为肌层，由平滑肌和弹性纤维构成，内层为黏膜。阴道黏膜呈粉红色，较厚，并形成许多纵褶，没有腺体。在阴道前端，子宫颈阴道部的周围，形成一个环状隐窝，称为阴道穹窿。

5. 外生殖器官 包括尿生殖前庭、阴唇和阴蒂。

(1)尿生殖前庭：为从阴瓣到阴门裂的部分，前高后低，稍为倾斜。牛的前庭自阴门下连合到尿道外口长约 10 cm，在前庭两侧壁的黏膜下层有前庭大腺，为分支管状腺，发情时分泌物增多。

(2)阴唇：阴唇分左右两片构成阴门，其上下端联合形成阴门的上下角。牛的阴门下角呈锐角。二阴唇间的开口为阴门裂。阴唇的外面是皮肤，内为黏膜，二者之间有阴门括约肌及大量阴蒂结缔组织。

(3)阴蒂：由两个勃起的组织构成，相当于公畜的阴茎，富有感觉神经末梢。

(二)母牛生殖器官的生殖功能

1. 卵巢 是卵泡发育和排卵的场所，卵巢皮质部分布着许多原始卵泡。经过各发育阶段，最终排出卵子。排卵后，在原卵泡处形成黄体。黄体能分泌孕酮，它是维持怀孕所必需的激素之一。在卵泡发育过程中，包围在卵泡细胞外的两层卵巢皮质基质细胞形成卵泡膜，卵泡膜分为内膜和外膜。内膜分泌雌激素，以促进其他生殖器官及乳腺的发育，也是导致母畜发情的直接原因。

2. 输卵管 承受并运送卵子，也是精子获能、受精以及卵裂的场所。输卵管上皮的分泌细胞在卵巢激素的影响下，在不同的生理阶段，分泌出不同的精子、卵子及早期胚胎的培养液。输卵管及其分泌物生理生化状况是精子及卵子正常运行、合子正常发育及运行的必要条件。

3. 子宫 是胚胎发育和胎儿娩出的器官。子宫黏膜内有子宫腺，分泌物对早期胚胎有营养作用。随着胚泡附植的完成和胎盘进行交换气体、养分及代谢物，这对胚胎的发育极为重要。此外，母牛妊娠期间，胎盘所产生的雌激素可刺激肌肉的生长及肌动球蛋白的合成。在妊娠末期，胎盘产生的雌激素逐渐增加，为提高子宫的收缩能力创造条件。而且能使子宫、阴道、外阴及骨盆韧带变松软，为胎儿顺利娩出创造条件。

4. 阴道 是交配器官，同时也是分娩的产道。阴道在生殖过程中具有多种功能。它除是交配器官外，也是交配后的精子贮库，精子在此处聚集和保存，并不断地向子宫供应精子。

5. 外生殖器官 是交配器官和产道，也是排尿必经之路。

第二节　初情期、性成熟和体成熟

一、初　情　期

犊牛出生以后，随着年龄的增长及各系统的发育，生殖系统的结构与功能也日趋完善和成熟。母牛达到初情期的标志是初次发情。在初情期，母牛虽然开始出现发情征状，但这时的发情是不完全、不规则的，而且常不具备生育力。公牛的初情期比较难以判断，一般来说，指公牛第一次能够释放出精子的时期，这时公牛可能表现多种多样的行为，如嗅闻母牛的外阴部，爬跨母牛，阴茎勃起，甚至有交配的动作，但一般不射精，或者精液中没有成熟的精子。在实践过程中可以根据个体和性腺的发育程度来判断初情期或性成熟。中国荷斯坦牛的初情期一般在 8～12 月龄，平均为 11 月龄。

二、性　成　熟

性成熟指的是公牛生殖器官和生殖机能发育趋于完善，达到能够产生具有受精能力的精子，并有完全的性行为的时期。母牛则有完整的发情表现，可排出能受精的卵子，形成了有规律的发情周期，具备了繁殖能力，叫做性成熟。

性成熟是牛的正常生理现象。性成熟期的早晚与品种、性别、营养、管理水平、气候等遗传方面和环境方面的多种因素有关，也是影响奶牛生产的因素之一。如小型早熟品种甚至在哺乳期（6～8 月龄）内就可达到性成熟（母）；而大型、晚熟品种，则需长到 12 月龄或更晚，一般公牛较母牛为晚。中国荷斯坦牛的性成熟期为 12～14 月龄。幼牛在生长期如果一直处于营养状况良好的条件下，可比营养不良的牛性成熟早 4～6 个月。放牧牛在气候适宜、牧草丰盛的条件下性成熟早，反之就晚。春夏季出生的母牛性成熟较早，秋冬季出生的母牛性成熟较晚。

三、体　成　熟

性成熟的母牛虽然已经具有了繁殖后代的能力，但母牛的机体发育并未成熟，全身各器官系统尚处于幼稚状态，此时尚不能参加配种，承担繁殖后代的任务。只有当母牛生长发育基本完成时，其机体具有了成年牛的结构和形态，达到体成熟时才能参加配种。过早配种对育成母牛有不良影响。有的在育成母牛尚未到12月龄，就已使之怀孕。这种现象会对母牛后期生长发育产生不良影响，因为此时的育成母牛身体的生长发育仍未成熟，还需要大量的营养物质来满足自身的生长发育需要，倘若过早地使之配种受孕，则不仅会妨碍母牛身体的生长发育，造成母牛个体偏小，分娩时由于身体各器官系统发育不成熟而易于难产，而且还会使母腹中的胎儿由于得不到充足的营养而体质虚弱，发育不良，甚至娩出死胎。通常中国荷斯坦奶牛的初次输精（配种）适龄为16～18月龄，最早不应早于15月龄，或达到成年母牛体重的70%为宜。

体成熟是指公母牛骨骼、肌肉和内脏各器官已基本发育完成，而且具备了成年时固有的形态和结构。因此，母牛性成熟并不意味着配种适龄，因为在整个个体的生长发育过程中，体成熟期要比性成熟期晚得多，这时虽然性腺已经发育成熟，但个体发育尚未完善。如果育成公牛过早地交配，会妨碍它的健康和发育，育成母牛交配过早，不仅会影响其本身的正常发育和生产性能，缩短利用年限，并且还会影响到幼犊的生活力和生产性能。

一般来说，性成熟早的母牛，体成熟也早，可以早点配种、产犊，从而提高母牛终生的产犊数并增加经济效益。育成母牛初配年龄应在加强饲养管理和培育的基础上，根据其生长发育和健康状况而决定，只有发育良好的育成母牛才可提前配种。这样可提高母牛的生产性能，降低生产成本。

第三节　母牛的发情与发情鉴定

一、发情季节

牛是常年、多周期发情动物，正常情况下，可以常年发情、配种。以放牧饲养为主的肉牛，由于营养状况存在着较大的季节差异，特别是在北方，大多数母牛只在牧草繁茂时期（6～9月份）膘情恢复后集中出现发情。这种非正常的生理反应可以通过提高饲养水平和改善环境条件来克服。以均衡舍饲饲养条件为主的母牛，发情受季节的影响较小。

二、发情周期

母牛到了初情期后，生殖器官及整个有机体便发生一系列周期性的变化，这种变化周而复始，一直到性机能停止活动的年龄为止。这种周期性的性活动，称为发情周期。发情周期通常是指从一次发情的开始到下一次发情开始的间隔时间。母牛的发情周期平均为 21 d(18～24 d)，处女牛 20 d，范围 18～24 d。母牛产后发情一般发生在产后 40～50 d。发情周期受光照、温度、饲养管理等因素影响。根据生理变化特点，一般将发情周期分为发情前期、发情期、发情后期和休情期。

1. 发情前期 此时的母牛尚无性欲表现，卵巢上功能黄体已经退化，卵泡已开始发育，子宫腺体稍有生长，阴道分泌物逐渐增加，生殖器官开始充血，持续时间 4～7 d。

2. 发情期 发情持续时间平均 18 h(6～36 h)。根据发情期不同时间的外部征状及性欲表现，又可分为发情初期、发情盛期和发情末期。

(1)发情初期：滤泡迅速发育，性激素含量增加，母牛表现兴奋不安，哞叫，食欲下降，放牧时尾随公牛，但不接受公牛爬跨。外阴肿胀，阴道壁潮红，有少量稀薄黏液分泌，子宫颈口开放。

(2)发情盛期：一侧卵巢增大，有突出于卵巢表现的滤泡，直径为 1 cm 左右，触摸波动性较差。母牛接受爬跨，阴道黏液显著增多，稀薄透明，能拉成丝状。

(3)发情末期：滤泡增大到 1 cm 以上，滤泡壁变薄，触之波动性强。母牛由兴奋转为安静，不再接受爬跨。阴道黏液减少而变黏稠。

3. 发情后期 此时母牛由性兴奋转入安静状态，发情征状开始消退。卵巢上的卵泡破裂，排出卵子，并形成黄体。子宫分泌出少而稠的黏液，子宫颈管道收缩。发情后期的持续时间为 5～7 d。

4. 休情期 为周期黄体功能时期，其特点是黄体逐渐萎缩，卵泡逐渐发育，从上一次情周期过渡到下一次情周期，母牛休情期的持续时间为 6～14 d。如果已妊娠，周期黄体转为妊娠黄体，直到妊娠结束前不再出现发情。

三、发情表现

1. 接受其他母牛的爬跨 发情母牛在运动场或放牧时会接受其他母牛爬跨。在发情旺盛期，接受爬跨时会静立不动。

2. 行为变化 母牛发情时会出现眼睛充血，眼神锐利，常表现出兴奋不安，有时出现哞叫，还有的伴有食欲减退，排粪、排尿次数增多，泌乳牛会出现乳量下降等变化。

3. 生殖道的变化　发情母牛外阴部充血、肿胀，子宫颈松弛、充血、颈口开放、分泌物增多，这些变化为受精及受精卵的发育做好了准备。牛发情的一个重要特征是，多数在发情后期有从阴道排出血黏液的现象。处女牛 90%，经产牛 50%以上都或多或少的有此现象。这是由于发情期间子宫黏膜充血水肿，至发情后期水肿消退时，表层毛细血管发生破裂，血细胞穿过黏膜上皮进入子宫腔混黏液而排出体外，发情后期少量出血与母牛配种后是否受胎无关。

4. 卵巢的变化　在发情前 2～3 d，卵巢内的卵泡发育开始加快，逐渐地卵泡液不断增多，卵泡体积增大，卵泡壁变薄，最后成熟卵排出，排卵后逐渐形成黄体。

四、发 情 鉴 定

母牛发情鉴定的方法主要有外部观察法、阴道检查法和直肠检查法等。

1. 外部观察法　主要是根据母牛的精神状态、外阴部变化及阴户内流出的黏液性状来判断是否发情。

发情母牛站立不安、大声鸣叫、弓腰举尾、频繁排尿，相互舔嗅后躯和外阴部、食欲下降，反刍减少。发情母牛阴唇稍肿大、湿润、黏液流出量逐渐增多。发情早期黏液透明、不呈牵丝状。由于多数母牛在夜间发情，因此在接近天黑和天刚亮时观察母牛阴户流出的黏液情况，判断母牛发情的准确率很高。在运动场最易观察到母牛的发情表现，如母牛抬头远望，东游西走，嗅其他牛，后边也有牛跟随，这是刚刚发情。发情盛期时，母牛稳定站立并接受其他母牛的爬跨。只爬跨其他母牛，而不接受其他母牛爬跨的，不是发情母牛，应注意区别。发情盛期过后，发情母牛逃避爬跨，但追随的牛又舍不得离开，此时进入发情末期。在生产中应建立配种记录和发情预报制度，对预计要发情的母牛加强观察，每天观察 2～3 次。

2. 阴道检查法　主要根据母牛生殖道的变化，来判断母牛发情与否。其方法是将母牛保定，用 0.1%高锰酸钾溶液或 1%～2%来苏儿溶液消毒外阴部，再用清水冲洗，用消毒过的毛巾擦干。开膣器先用 2%～5%来苏儿溶液浸泡消毒，再用温清水冲洗干净。然后一手持开膣器将阴道打开，借助手电筒光源，观察子宫颈口、黏液、黏液色泽等变化。发情母牛子宫颈口开张，黏膜潮红，黏液多。此法作为生产中发情鉴定的辅助手段。

3. 直肠检查法　根据母牛卵巢上卵泡的大小、质地、厚薄等来综合判断母牛是否发情。方法是将牛保定在六柱栏中，术者指甲剪短并磨光滑，戴上长臂形的塑料

图 5-3 图中被爬跨牛处于发情期而站立不动

手套,用水或润滑剂涂抹手套。术者手指并拢呈锥状插入肛门,先将粪便掏净,再将手臂慢慢伸入直肠,可摸到坚硬索状的子宫颈及较软的子宫体、子宫角和角间沟,沿子宫角大弯至子宫角顶端外侧,即可摸到卵巢。牛的卵泡发育可分为 4 期:

第一期(卵泡出现期):卵泡直径 0.5～0.7 cm,突出于卵巢表面,波动性不明显,此期内母牛开始发情,时间 6～12 h。

第二期(卵泡发育期):卵泡直径 1.0～1.5 cm,呈小球状,明显突出于卵巢表面,弹性增强,波动明显。此期母牛外部发情表现明显——强烈——减弱——消失过程,全期 10～12 h。

第三期(卵泡成熟期):卵泡大小不再增大,卵泡壁变薄,弹性增强,触摸时有一压即破之感,此时 6～8 h。此期外部发情表现完全消失。

第四期(排卵期):卵泡破裂排卵,卵泡壁变为松软皮样,触摸时有一小凹陷。

4. 试情法 利用切断输精管或切除阴茎的公牛进行试情,效果较好。可将一半圆形的不锈钢打印装置(在其下端有一自由滚动的圆珠,其打印原理与圆珠笔写字同),固定在皮带上,然后牢牢戴在公牛下颚部,当公牛爬跨发情母牛时,可将墨汁印在发情母牛的身上,这种装置叫下颚球样打印装置。也可将试情公牛胸前涂以颜色或安装带有颜料的标记装置,放在母牛群中,凡经爬跨过的发情母牛,都可在尾部留下标记。为了减少公牛切除输精管等手术的麻烦,可选择特别爱爬跨的母牛代替公牛,效果更好,因为切除输精管的公牛仍能将阴茎插入母牛阴道,可交叉感染疾病。

第四节　公牛的采精与精液冷冻

一、采　精

采精是人工授精中首要步骤和重要环节，认真做好采精前的准备工作，正确掌握采精技术，合理安排采精频率是保证采得多量优质精液和种公牛健康的重要条件。现在普遍应用的采精方法是假阴道法。

（一）采精前的准备

1. 采精场的准备　采精要在一定的环境下进行，以便公牛建立起固定的条件反射，同时也可防止精液污染。采精场应设在公牛舍和精液检查处理室附近，要求宽敞、平坦、安静、卫生，温度适宜，内设采精架以保定台牛，或设立假台牛供公牛爬跨进行采精。

2. 器材和设备的准备　采精用的主要有牛用假阴道、集精杯、假台牛等。精液处理用的恒温水浴箱、离心机等；精液质量检查用的显微镜、比色仪等；精液分装用的细管、分装机等；保存用的冷藏箱、冷冻设备、冷藏设备如液氮和液氮罐等。人工授精用的器材有精液运输时保存精液的设备、人工授精设备如输精管或输精枪等。

3. 假阴道的准备　假阴道是相当于肉牛阴道环境条件的人工阴道，诱导公牛在其中射精而取得精液。

（1）构成：假阴道是一筒状结构，圆筒外壳由硬橡胶或硬塑料制成，圆筒内胎由柔软而富有弹性的橡胶制成；双层保温集精杯或瓶由有色玻璃制成，装在假阴道的一端，另外还有固定集精杯的胶套、固定内胎的胶圈、充气调压用的气卡等部分组成。

（2）清洗、消毒与安装：假阴道各部件在使用前需用去污剂、肥皂、洗衣粉等清洗，再用净水冲洗，清洗内胎时应检查有无破损、裂缝或小孔，以防漏水、漏气。内胎和集精杯可用75％的酒精棉球擦拭消毒，待酒精挥发后，再用0.9％的灭菌生理盐水冲洗2～3遍。安装时，将内胎放入外壳内，然后将内胎的两端翻转套在外壳的两端，外面套一胶圈牢牢固定，装好的内胎应平直无扭曲、松紧适度，集精杯直接装在假阴道末端，用固定套固定。

(3)调节温度、润滑度和压力：采精前，将安装完毕的假阴道通过注水孔注入相当假阴道容积 2/3 的 50～55℃的温水，以维持内部温度在采精时保持 38～40℃，集精杯应保持 34～35℃，以防射精后因温度变化对精子的危害。用消毒后的玻璃棒蘸取经灭菌的凡士林(可在高温干燥箱内 150～180℃烘烤 0.5 h，也可放在蒸锅中蒸汽消毒 0.5 h)均匀涂抹在内胎上，涂抹深度约为假阴道全长的 1/2，注意润滑剂不要涂抹太多。涂好后，通过开关处注入空气来调节假阴道压力，以假阴道入口处的内胎形成 3 个饱满的瓣形为宜。

(4)假阴道安装好后，用消毒纱布盖住假阴道入口，可将其放入 40～42℃的恒温箱内，以免采精前温度下降。

4. 台牛的准备 可选择体格健壮、结实、大小适当的发情母牛作台牛，也可利用不发情，但性情温顺已习惯作台牛的母牛或假台牛，假台牛一般用木料或金属制成的假台牛架，其后部与母牛的后躯相似，架的表面大多覆盖牛皮。采精前，将台牛保定在采精架内，用温肥皂水或洗衣粉水擦洗其尾根、外阴、肛门等处，再用净水冲洗并用消毒布擦干。

5. 公牛的准备 对初次采精公牛要进行调教，8～10 月龄可开始采精训练，开始可用健康的非种用待淘汰的母牛作台牛，诱使其爬跨，待其适应了采精后，再换成假台牛。并且训练时要耐心、细致，避免强行从事或态度粗暴，采精人员应保持固定，采精场所要符合上述要求，公牛舍夏季要采取淋浴降温或其他降温措施，以保证公牛生精机能、精液品质及性欲。

公牛采精前，要用洁净的温开水冲洗腹部和包皮部，并按摩其阴囊，采精时先使公牛空爬数次，当阴茎充分勃起并排出少量分泌物时，才令其爬跨采精。注意，公牛采精前 1～2 h，不应大量采食，且避免激烈运动，在夏季，不要在公牛采精前后立即饮用凉水。

(二)采精操作步骤

(1)将公牛牵至采精架，采精人员站于台牛右后方，右手横握假阴道。

(2)让公牛进行 1～2 次假爬跨，当达性高潮时，用左手迅速准确地托握公牛包皮(勿触摸阴茎)将阴茎导入假阴道(假阴道应与阴茎方向一致)，配合牛的射精冲动移动假阴道，射精结束时，采精人员应持假阴道随公牛滑下，并将假阴道入口向上倾斜，取下假阴道，保持立势。

(3)打开外筒的开关，放掉内部的温水和空气，取下装有精液的集精杯，送入精液检查处理室。

(4)采精时要注意,假阴道内壁不要黏上水分;冬季应避免精液温度急剧下降,宜将集精杯至于保温瓶或用保温杯直接采精,以防温度骤变造成精子休克或伤害。

也可将假阴道安装在具有调节假阴道角度的假台牛后躯内,任由公牛爬跨假台牛而在假阴道内射精。

二、精液的组成与精子的发生周期

1. 精液的组成 精液大部分是精清,其中含有一定数量的精子,牛每次能排出5～8 mL精液,每毫升精液含精子数8亿～20亿,精子的主要成分有核酸(DNA)、蛋白质、酶和脂质等。

精子核酸几乎全部位于精细胞头部的核内,具有传递父系遗传信息和决定后代性别的双重作用。精子的蛋白质有核蛋白、顶体复合蛋白及尾部收缩性蛋白。核蛋白主要与DNA结合,与基因开启有关;顶体复合蛋白存在于顶体内,主要由谷氨酸等18种氨基酸及甘露糖、唾液酸组成,具有蛋白分解及透明质酸的活性,在受精时帮助精子进入卵子;尾部收缩性蛋白存在于精子尾部,主要是肌动球蛋白,与精子运动有关;精子体内的脂质主要是磷脂,占精液中脂质的90%,大部分存在于精子膜及线粒体内,多以脂蛋白和磷脂的结合状态存在。既作为精子的能量来源,也对精子起保护作用。

精清中以水分为主,占87%～98%,还含有多种与精子代谢有关的化学成分,其中有果糖、柠檬酸、甘油磷酸胆碱、脂质和无机成分K^+、Na^+、Ca^{2+}、Mg^{2+}、Cl^-等。精清的生理作用主要是扩大精液量,有助于精液射出及在母畜生殖道内的运行;副性腺分泌液对冲洗尿生殖道、精子正常代谢、延长精子受精能力和精子成熟等有重要关系。

2. 精子的发生周期 精子发生周期指从精原细胞开始,经过增殖、生长、减数分裂及变形等最后形成精子的过程所需要的时间。牛精子的发生是在公牛生殖腺(精巢)的生精细管中进行的,它包括增殖期、生长期、成熟期和形成期等发育过程,最后在附睾中进一步成熟。精原细胞是最靠近曲精细管的一层细胞。在精细管内,由精原细胞经过有丝分裂,增殖形成许多初级精母细胞,再由初级精母细胞分裂为次级精母细胞。由次级精母细胞形成精细胞的过程称为精子发生。精细胞在精细管内变形,形成精子的过程称精子形成。精子在附睾内发生一系列变化。形成具有受精能力的精子的变化过程叫精子成熟。牛的精子发生周期为54～60 d。所以,要获得高质量的精液,需要在此之前对公牛加强饲养管理。

三、精液品质鉴定

精液品质鉴定的最终指标是受精率的高低。但牛得到受精率数据最短也需要35 d。因此，需要在实验室内尽可能准确地评定精液品质非常必要。

精液品质鉴定的目的是鉴定精液质量的优劣，以便决定取舍和确定制作输精剂量的头份，同时也检查公牛的饲养管理水平和生殖器官机能状态，反映技术操作质量，并依此作为检验精液稀释、保存和运输效果的依据。

精液品质鉴定的项目分为常规检查和定期检查。常规检查项目包括射精量、活率、浓度、色泽、气味、浑浊度、pH 值等。定期检查项目包括死活精子检查、精子计数、精子形态、精子存活时间及指数、美蓝褪色试验、精子抗力及其他项目等。一般公牛的一个“可能授精”的精液样品的最低标准是：每毫升精液 5 亿个精子，活精子中 50%以上呈前进运动，80%的精子形态正常。如果其中有一条未达到，特别是在检查了 3 次以上的情况下，该公牛应怀疑为不育。但只有当精液中完全没有活精子并对生殖系统作彻底的疾病检查后，才可认定该公牛不育。

1. 精液外观和射精量 精液应该具有均匀、不透明的外观，表明其精子浓度高。半透明状的精液含的精子数较少。精液应不含毛发、脏物杂质和其他污染物。有的公牛持续产生黄色精液，是由于其中含有核黄素，这对精液品质没有影响。此种情况应注意与含尿的精液相区别，后者有明显的尿味。

一般说来，青年公牛和较小的个体产生的精液较少。频繁采精导致平均射精量减少，连续射精 2 次时，第 2 次的精液量通常较少。射精量少并非有害，但同时伴有精子浓度降低，则获得的总精子数就减少了。射精量的异常减少可能是公牛的健康因素所导致，或者采精程序有问题。

正常牛精液因精子浓度大而浑浊不透明，肉眼观察时，可见精子因运动翻腾滚滚而呈云雾状。正常牛精液呈乳白色或乳黄色。

2. 显微镜检查

(1)精子活率：精子活率是指精液中前进运动精子所占有的百分率，也称为活力。作前进运动的精子是指精子近似直线地从一点移动或前进到另一点。精子活率是精液品质评定的一个重要指标，因为受精率与所输精液包含的活动精子数高度相关。

精子活率是一个较经常评定的指标，一般在采精后，精液稀释后、降温平衡后、冷冻后、解冻输精前后都要评定。稀释液中的卵黄、甘油和乳汁等会使精子的运动速度减慢，但并不影响精子活率。全乳稀释液和其他一些稀释液会使单个精子难以看清，给评定带来难度和影响准确性。精子活率低于40%的原精液不适于使用，除非是来自特别优秀的种公牛而以降低受胎率为代价。

精子活率评定常采用目测法进行。评定时借助光学显微镜放大200～400倍，对精液样品中前进运动精子所占百分率进行估测，估测结果常以百分数或0～1.0之间的小数表示。因为精子活率受环境温度影响较大，在评定时精液样品的温度应为37～40℃。现常用电热恒温板来加热和维持恒温。该仪器控温精确，性能良好。

由于牛的精液精子浓度大，在评定精子活率时应对所评定的精液样品用等渗的稀释液进行稀释，以便能看清单个的精子运动情况，牛精液要稀释100倍。

目测法评定精子活率的主要缺点是其主观性。尽管如此，精子活率与授精率确实存在正相关关系。若二者出现相关程度低的情况，可能的原因是精子活率评定的准确性和精确性差。

(2)精子形态检查：完整的精子包括精子头、颈和尾部，其头部长约8 μm，颈部长约12 μm，尾部长约50 μm。精子头部前端有帽样结构覆盖，成为顶体。检查方法是在载玻片上滴一滴原精液，再加一滴染色液，完全混匀后，平拉制片，并使载玻片在常温下干燥后检查。也可将一小滴原精液与一小滴10%的福尔马林相互混匀后(使精子活动停止)，覆盖干净的盖玻片再置于显微镜下观察。要求计算100个精子，然后再计算正常精子的百分率。

①异常精子的种类有头部过大或过小、双头、双颈、无头精子、折尾、卷尾、颈部和中部含有原生质滴的不成熟精子等，如为保存精液或冷冻精液，则顶体损伤的精子也为异常精子。

②通常大多数种公牛，正常精子数都大于85%，但新鲜精液中异常精子若超过20%，则不能用于人工授精。

③公牛精液的异常精子比例随季节的不同有明显变化，通常，在晚春和夏季异常精子数较多。

(3)死、活精子鉴别：方法是取一滴待检精液置于干燥洁净的载玻片上，再滴一滴5%的伊红水溶液与精液混合均匀，后再迅速滴一滴1%的苯胺黑，用另一载玻片迅速推成抹片，迅速干燥，然后在显微镜下观察。活精子不着色，死精子呈红色，据此可算出活精子的百分率。注意，抹片的温度要与精液温度一致(38～40℃)；制片要快。

3. 精子浓度　也称精子密度，指单位容积(1 mL)的精液所含的精子数量。若某公牛精子浓度有持续下降趋势则表明含有较为严重的问题。这与采精前性刺激不足有关，或者采精进行得过于匆忙，或者在几周前公牛的生殖系统发生过或已开始出现病症。当精子浓度在正常范围内时，其与受精力的关系不大。但当精子浓度下降到低于正常值的50%时，则应谨慎使用这样的精液。

准确测定每毫升精液中的精子数量极其重要，因为这是一个极易变动的精液特性。精子浓度和射精量这两个指标所确定的总精子数决定了接受输精母牛的数量，每头母牛都输入最佳数量的精子。采用血球计数计来对精子进行计数。

(1)精子直接计数(血细胞计计算法)：血细胞计本来是用于血液中红细胞、白细胞计数的。精液品质评定工作中常利用它来计算精子的数量。其基本原理是，血细胞计的计数室深0.1 cm，底部为正方形，长宽各是1.0 cm。底部正方形又划分成25个小方格，通过计数和计算求出该计数是0.1 cm^3 精液中的精子数，再根据稀释倍数计算出每毫升精液中的精子数，计算公式为：

$$1\ \text{mL 精液中的精子数(精子浓度)} = 0.1\ \text{cm}^3\ \text{中的精子数} \times 10 \times \text{稀释倍数} \times 1\,000$$

利用血细胞计计算精子浓度时应预先对精液进行稀释，稀释的目的是为了在计数室使单个的精子清晰可数。牛精液一般稀释200倍，所用稀释液必须能杀死精子。常用的有3%氯化钠溶液，含5%氯化三苯基四氮唑的生理盐水，5 g碳酸氢钠和1 mL 35%的浓甲醛加生理盐水至100 mL组成的混合溶液。有人推荐2%的伊红水溶液，既具杀精作用又具染色作用，更便于精子计数。

一种新型的称为Makler计数室的工具现广泛用于体外受精和其他研究中，用来对精子计数和计算精子浓度。

(2)光电比色计测定法：光电比色计也称为分光光度计，其能准确测定精子浓度。精液样品浓度和样品光透率之间的线性关系用对数表示。使用光电比色计之前，需要根据血细胞计计算出精液样品中的精子数来确定标准。使用这些数据根据回归计算公式作出精子数量相对光密度的标准曲线。然后根据标准曲线上的光密度值来计算未知样品的精子浓度。

最新型的光电比色计(精子浓度测定仪)已事先把标准曲线储存在控制仪器的微电脑中，使用时自动对测定的精液样品稀释，可直接计算出或打印出样品的精子浓度、建议的稀释倍数和稀释液的加入量等项目数据。由于光电比色计测定精子浓度快捷、准确、方便，已被普遍用于冷冻精液生产单位。

(3)电子颗粒计数仪测定法：电子颗粒计数仪能准确测定精子浓度，其准确度比血细胞计或光电比色计更高，使用时该仪器被调整到测定颗粒物档位，以便只对样品中的精子细胞进行计数。已作稀释的精液样品通过一个特制的直径很小的毛细管时，每次只有一个精子细胞在两个电极之间通过。精子头部引起的电阻陡增被计数器记录。该仪器的最大缺点是价格昂贵，因此尚未常规应用。

4. 冷冻精液品质的评定　新鲜精液品质的评定决定了是否进行稀释、降温平衡、冷冻等下一步的处理，而冷冻精液品质的评定决定了某批次冷冻精液是否在一个输精剂量内能提供足够的有效精子数，从而决定是否存留。一般有5%～15%的满足处理条件的精液在冷冻后被丢弃。其中夏季高温天气占的比例较多。冷冻精液品质检查中2项重要的指标是精子活率和精子顶体完整率。我国农业部牛冷冻精液质量监督检验测试中心专门制定了《牛冷冻精液质量检测规程》，对牛冷冻精液品质检查指标和方法作了较详细的规定。

摄影法确定精子活率。长时间曝光的摄影法是一种客观的确定精子活率的方法，这种方法的重复性高、准确性好，但因其费时和费用高，主要用于冷冻解冻后精液精子活率的评定。

摄影法采用的设备是带有照相机的暗视野影显微镜。操作时把精子浓度为1 000万/mL的精液样品滴入Petroff-Hausser计数室内，并放于显微镜载物台上的恒温板上，使操作过程中精液样品维持在38℃。从6个不同位置对精液样品照相，每次曝光时间2 s，放大70倍。按照底片上精子运动轨迹来对活动精子和非活动精子计数，并计算出精子活率。

5. 精液品质分析仪　人们一直在研究客观、准确地评定精液品质的技术和设备，这就是精液品质电脑自动分析仪。这类设备近年来发展很快，已进入第二代和第三代阶段。由北京伟力新世纪科技发展有限公司和农业部牛冷冻精液质量监督检验测试中心联合研制的国产设备和系统已问世。

分析仪能对精液样品的精子活率、精子浓度、精子运动类型及速度、精子形态、精子顶体完整率等指标进行定量和定性分析并报告结果。分析仪系统由计算机（主机内含图像采集卡）、彩色生物电视显微镜、电热恒温板、彩色打印机、录像机等硬件和计算机分析软件组成。

第一代和第二代的分析仪存在的问题是不能区分样品中的杂物碎片和死精子，因此要求在分析前用孔径为0.2 μm的滤膜对精液样品进行过滤。第三代分析仪增加了对精子尾部的识别和分析，从而解决了这个问题。

自动分析仪提高了对精液的受精率的预测能力，有利于理解和弄清形态和受精率的确切关系。随着电脑自动分析仪分析速度的提高和价格的降低，会在不久进入常规实际应用阶段。

6. 其他检查方法

(1)流式细胞计数仪分析精子染色体结构：精子染色体结构是测定精子对原位DNA变性的敏感性，即精子在酸中处理30 s，然后用特异性荧光染料吖啶橙染色，通过流式细胞计数仪进行分析。此法可作为精液品质检查的辅助手段。另有利用溴氧尿苷(BrdU),末端氧核苷酸转移酶,荧光素标记的抗 BrdU 单克隆抗体进行切口 DNA 测定,可以检测精子 DNA (染色质)变性和核完整性及凋亡情况。其结果与精子浓度、活率和形态有明显关系。

(2)流式细胞计数仪分析精子质膜变化:通过膜联蛋白与精子质膜的结合快速检测冷冻后精子膜的变化。细胞破坏时,丝氨酸从膜内层转移到外层,这是细胞凋亡的最早迹象。用膜联蛋白 V 和碘化丙锭 2 种荧光染料染色,通过流式细胞计数仪分析进行分析。

(3)荧光极化各向异性测定精子质膜流动性:各向异性值与膜流动性成反比。冷冻/解冻后精子活率和活力与各向异性值呈强相关,因而可以预测冷冻保存效果。动前膜流动性越高,精子对冷冻的反应越好。

(4)荧光染色检查顶体状态:利用 the PSA-FITC/Hoechst 33258 染色,可以检测精子状态和活力。

(5)PCR 检测精液中病原微生物:多报道利用 PCR 或巢式 PCR 检测精液中的病原微生物。

四、影响精液品质的因素

1. 营养 营养是影响精液品质的主要因素,要保证公牛有旺盛的性欲和品质优良的精液,必须满足所需的各种营养物质。营养不足或缺乏某些营养成分,如蛋白质、维生素和矿物质,都会影响公牛的配种能力和精液品质。

2. 采精与采精频率 为了获得高质量的精液,采精时要注意做到:集精漏斗和集精管应采取足够的保护措施以避免低温打击;集精管应避免阳光照射;避免精液受尿液、水或润滑剂的污染;每次采精(包括射精失败)都应更换所准备的假阴道,以把精液的微生物污染减少到最小的程度;阴茎包皮的毛应剪去并加以清洗以减少污染。

合理安排公牛采精频率是维持公牛健康和最大限度采集精液的重要条件。1 g 睾丸组织每周大约生产 5 000 万个精子,而睾丸的发育和精子产量又与饲养管理关系很大。在生产上,成年种公牛通常每周采 2～3 次。青年公牛精子产量较成年公牛少 1/3～1/2,采精次数应酌减。精液品质检查时出现未成熟精子、精子尾部近头端有未脱落原生质滴、种公牛性欲下降等都说明采精过度,这时应立即减少或停止采精。配种次数:公牛的配种次数以每周 2～3 次比较适当,如果每天配种一次,连续几天要休息 1 d。对青年公牛一般每周不超过两次。过度配种会影响繁殖能力和精液品质。

3. 季节　公牛的生殖机能受季节影响不明显，但是在春季温度较低时精子密度高，畸形精子少；在炎热的夏季，精子密度较低，畸形精子多。

4. 运动　适当的运动能促进公牛的性欲和精子的生成。缺乏运动或运动过量，都会影响公牛的配种能力和精液品质。

5. 公牛的适配年龄　尽管公牛性成熟的年龄平均在 9 月龄，但公牛适宜的配种年龄应推迟至 1.5～2 岁，因为 18 月龄前的公牛身体发育还没有成熟，精液品质也较差。

五、冷冻精液的生产

精液的冷冻保存就是利用液氮(－196℃)、干冰(－79℃)或其他制冷设备为冷源，将精液经过特殊处理，保存在超低温下，以达到长期保存的目的。冷冻精液的最大优点是可长期保存，使精液的使用不受时间、地域以及种公牛寿命的限制，可充分提高优良种公牛的利用率。

1. 精液稀释液的配制　一份射精量为 6 mL 的公牛精液，其中含有的活精子数足够给 200～300 头母牛输精，但不可能把 6 mL 精液分成这么多头份。精液稀释是指在精液中加入适宜于精子存活并保持受精能力的稀释液，其目的是扩大精液容量，提高一次射精量可配母牛头数，补充适量营养和保护物质，抑制精液中有害微生物活动，以延长精子的寿命，便于精液的保存和运输。

精液稀释液的主要成分为糖类(如果糖、葡萄糖、蔗糖等)、缓冲物质(如柠檬酸钠、酒石酸钾钠、磷酸二氢钾、三羟基甲基氨基甲烷等)、卵黄和奶类、抗菌剂(如青、链霉素、卡那霉素、氯霉素、庆大霉素、泰乐霉素、林肯-壮观霉素等)和抗冻剂(甘油、二甲基亚砜等)。常用的冻精稀释液配方如下。

(1)细管用：①第一液——蒸馏水 100 mL、二水柠檬酸钠 2.97 g、卵黄 10 mL、青霉素 500～1 000 IU/mL、链霉素 500～1 000 μg/mL；第二液——取第一液 41.75 mL，加入果糖 2.5 g，甘油 7 mL、青霉素 500～1 000 IU/mL、链霉素 500～1 000 μg /mL。②脱脂乳 83 mL、卵黄 20 mL、甘油 7 mL。

(2)颗粒用：①12%蔗糖 75 mL、卵黄 20 mL、甘油 5 mL、青霉素 500～1 000 IU/mL、链霉素 500～1 000 μg/mL。②12%乳糖液 75 mL、卵黄 20 mL、甘油 5 mL、青霉素 500～1 000 IU/mL、链霉素 500～1 000 μg/mL。③2.9%柠檬酸钠 73 mL、卵黄 20 mL、甘油 7 mL、青霉素 500～1 000 IU/mL、链霉素 500～1 000 μg/mL。以上 3 种颗粒精液稀释液不加甘油可作第一液用，加入甘油后即为

第二液。

稀释液应现配现用，亦可配后 4～5℃冰箱中备用，但不应超过 1 周。

2. 精液的稀释、降温与平衡 精液应在镜检后(活率 0.6 以上，密度中等以上)尽快稀释，稀释前应将稀释液和被稀释的精液做等温处理(35℃左右)，然后将稀释液缓缓倒入精液杯中，稀释后还应取一滴精液再检查活力情况，以验证稀释液是否有问题。稀释的倍数应根据原精液的活率和密度等确定，要求细管每个输精剂量应包含的呈直线前进运动的精子数为 1 000 万个以上、颗粒 1 200 万个以上、安瓿 1 500 万个以上。

先用与精液同温(35℃)的第一液，按 1∶(1～2)倍作第一次稀释；然后将稀释过的精液，连同第二液放入装冰的广口保温瓶内，使之经 1～1.5 h 后降温至 4～5℃；再用 4～5℃的第二液按原精的 1∶(1～2)倍作第二次稀释。

将稀释后的精液，在 4℃冰箱静置 3～5 h，使甘油充分渗入精子内。

3. 冷冻 精液在冷冻前，应充分混匀，并检查精子活力。

(1)细管型冷冻精液：采用一种聚氯乙烯塑料细管来容纳精液。塑料细管的容量为 0.25 mL(微型细管)和 0.5 mL(中型细管)的 2 种。二者的长度都是 133 mm，外径分别是 2.0 mm 和 2.8 mm。细管的一端是开口的，另一端由塞柱结构封口。塞柱的总长度约 20 mm，由两截棉线塞中间夹封口粉(化学成分是聚乙烯醇)组成。塞柱遇到水(精液)之后封口粉立即凝固成凝胶状，使该端管腔堵塞，起到“封口”作用。细管型冻精的优点是标识、分装、冻结都可采用机械设备进行，且解冻后效果好于其他剂型，运输使用方便，易识别，不易污染。

目前生产上普遍采用细管精液分装机来分装。细管被等距离地水平排列在橡胶传送带上，传送到某一固定位置时，负责抽吸真空的一组针头(3 支)和通过乳胶管抽吸精液的另一组针头(3 支)分别同时插入 3 支细管的棉塞端和另一端(开口端)，使精液抽吸到这一组细管中，由于棉塞端内的封口粉凝固，此端即被封口。完成此动作后，这一组细管又被传送到下一位置，在该位置细管的开口端被封口仪的封口部件产生的超声波作瞬间封口并压扁。至此，细管两端全被封口。

细管精液的冷冻采用液氮蒸汽熏蒸法，这种方法是冷冻精液生产一直沿用的传统方法。根据冷冻时液氮蒸汽的状态又分为静止的液氮蒸汽熏蒸法和流动的液氮蒸汽熏蒸法两种。生产上采用熏蒸法冷冻细管精液的设备大致有 3 种。第一种是简易冷冻槽。第二种是大口径液氮罐，第三种是喷氮式冷冻仪。

(2)颗粒型冷冻精液：没有包装容器，是把处理后精液直接滴冻成半球状颗粒的一种剂型，一个剂量一般为 0.1 mL。缺点是不易标识，易受污染，优点是制作时不需复杂设备，占用贮存空间很小，目前颗粒型冻精仍在部分地区生产和使用，但最终会被细管型冻精替代。

颗粒精液的冷冻常采用滴冻法进行。操作时用滴管把平衡后的精液滴在一个已预冷的平面上(在装有液氮的容器上置一铜纱网或聚四氟乙烯板,距液氮面1～3 cm),滴完最后一滴,停3～5 min后,当精液颗粒颜色变白时,立即浸入液氮并将全部颗粒取下收集于贮精瓶或纱布袋内,并做好标记,然后立即移入液氮罐中贮存。低温容器可采用5 L的广口液氮罐、保温良好的金属小箱、铝锅或铝饭盒等。

(3)冻精活率检查:检查颗粒型冷冻精液时,将预先配制好的2.9%柠檬酸钠溶液1 mL,放于干净小试管中,置于40℃温水杯中,迅速取颗粒冷冻精液一粒放入试管,轻轻摇动至化冻时(约20 s),由水浴杯中取出,检查活率。对于细管冻精可以把细管直接放入40℃温水中解冻。不低于0.35即认为合格。在带有保温箱或保温台(35～38℃)的显微镜下进行活力检查。精子解冻后活率活力达0.35以上,直线运动精子数颗粒精液在1 200万个以上,细管精液在1 000万个以上方可输精。

六、中华人民共和国国家标准——牛冷冻精液

中华人民共和国国家标准——牛冷冻精液(GB 4143—84)全文如下:

本标准适用于奶牛、兼用牛、肉牛和黄牛的冷冻精液产品。

1　规格与质量

1.1　剂型

细管、颗粒和安瓿

1.2　剂量

a. 细管:中型0.5 mL;微型0.25 mL。

b. 颗粒(0.1±0.01)mL。

c. 安瓿0.5 mL。

1.3　精子活力

解冻后的活力,指呈直线前进运动的精子百分率(下限)30%(即0.3);精子复苏率(下限)50%。

1.4　每一剂量解冻后呈直线前进运动的精子数

细管:每支(下限)1 000万个。

颗粒:每粒(下限)1 200万个。

安瓿:每支(下限)1 500万个。

1.5　解冻后的精子畸形率(上限)20%。

1.6 解冻后的精子顶体完整率(下限)40%。

1.7 解冻后的精液无病原性微生物,每毫升中细菌菌落数(上限)1 000 个。

1.8 解冻后的精子存活时间

在 5～8℃贮存时(下限)为 12 h;在 37℃贮存时(下限)4 h。

牛冷冻精液(以下简称“冻精”),必须符合上述各项指标。否则,不得使用。

2 制作程序

2.1 采精

2.1.1 种公牛的质量

用于制作冻精的种公牛,其体型外貌和生产性能,均应合乎本品种的种用公牛特等、一等标准。在目前尚未建立国营种畜后裔测定站的地区,主力公牛必须经过种畜繁育场,进行后裔测定,由省、市、自治区级畜牧科研部门把关,未经后裔测定的种公牛的冻精,必须经上级主管部门审批,严格控制使用。

2.1.2 种公牛的体质

种公牛必须体质健壮,新引进的公牛,应在隔离场所经过检疫。种公牛须经正式兽医机构和兽医师证明,无下列传染病者,如牛肺疫、布鲁氏杆菌病、牛结核病、牛副结核病、牛白血病、钩端螺旋体病、传染性鼻气管炎、病毒性腹泻病、胎儿弧菌和阴道滴虫症等,才允许使用。

上述各种疫病的检查方法,可按中华人民共和国农牧渔业部颁布的有关规定执行。

2.1.3 成年种公牛每周采精两次;每次也可根据具体情况和需要,连续排精两次。采精前,应先用温水洗公牛阴筒和包皮,然后再用灭菌生理盐水冲洗干净。

2.1.4 种公牛的新鲜精液,应符合下列质量标准。不具备其中任何一项者,不得用于制作冻精。

a. 新鲜精液的色泽应呈乳白稍带黄色。

b. 直线前进运动精子(下限)60%。

c. 精子密度每毫升(下限)6.0 亿。

d. 精子畸形率(上限)15%。

2.2 精液的稀释

2.2.1 稀释保护剂的配制。

2.2.1.1 配制冻精用的稀释保护剂,必须用新鲜的双重蒸馏水和卵黄,二级品以上的化学试剂。

2.2.1.2 所用器具,必须达到牛冷冻精液人工授精技术操作规程的标准,保证清洁、无菌。

2.2.1.3　推荐下列配方，作为冻精用稀释保护剂。

a. 细管用：

第一液　蒸馏水 100 mL，柠檬酸钠 2.97 g，卵黄 10 mL。

第二液　取第一液 41.75 mL，加入果糖 2.5 g，甘油 7 mL。

脱脂奶 82 mL，卵黄 10 mL，甘油 8 mL。

b. 颗粒用：

12%蔗糖液 75 mL，卵黄 20 mL，甘油 5 mL。

12%乳糖液 75 mL，卵黄 20 mL，甘油 5 mL。

2.9%柠檬酸钠液 73 mL，卵黄 20 mL，甘油 7 mL。

c. 安瓿用：

可参照以上各种配方酌情使用。

上述各类稀释保护剂，在每 100 mL 中，应加青霉素、链霉素各 5 万～10 万 IU。

稀释保护剂要现配现用；亦可配后放入 4～5℃冰箱中备用，但不应超过一周。

2.2.2　稀释比例

不做具体规定，但必须保证每一剂量（细管、颗粒、安瓿）中，解冻后所含直线前进运动精子数的规定。

2.3　降温和平衡（预冷）

稀释后的精液，采用逐渐降温法。在 1～1.5 h 内，使稀释精液的温度降到 4～5℃；然后再在同温的恒温容器内平衡 2～4 h。

2.4　冷冻

2.4.1　制备冻精的操作室，应符合牛人工授精技术操作规程。

2.4.2　冻精的器具

2.4.2.1　细管冻精，应采用与细管配套的器具进行。

2.4.2.2　颗粒冻精，采用聚四氟乙烯板（简称氟板）、铜纱网、尼龙网或铝板均可。

2.4.2.3　安瓿冻精，采用净容量为 0.5 mL 的硅酸盐中性玻璃安瓿。以上各种用具，在冻精时，精液容器与液氮面的距离，一般保持 1～1.5 cm，初冻温度 −80～−120℃。

精液在冷冻前，应充分混匀，并检查精子活力。

细管精液，不论是用聚乙醇封口、钢珠封口，还是超声波塑料热合，都必须将口封严。

颗粒精液。每毫升稀释精液，滴冻（10±1）粒，滴管应事先预冷。操作要准确、规整，每冻完一头公牛精液之后，必须更换滴管、氟板等用具。

安瓿精液，用酒精喷灯火焰封口。

在制作冻精时，不论是细管、颗粒和安瓿，均应始终注意防止精液温度回升。

每冻完一批(头)精液，应立即放入液氮中泡浸，然后计数，取样检查和包装。

3 检查方法

3.1 精子活力检查

3.1.1 颗粒冻精，应先取2.9%二水柠檬酸钠1～1.5 mL，加温到(38±2)℃，投放冻精一粒，轻轻摇荡，使之迅速溶化，用压片法，立即在显微镜下检查。

3.1.2 细管、安瓿冻精，解冻后应混匀，用压片法在显微镜下检查。

3.1.3 评定精子活力的显微镜放大倍数，以150～600倍为宜。

3.1.4 精子死亡百分率检查，可采用染色法或升温血球计计算法。

3.1.5 检查用的显微镜载物台温度，应保持38～40℃；也可用显微镜和闭路电视的连接装置，在荧光屏上检查。

3.1.6 每批冻精，应随机取样两份，分别解冻检查。每个样品应观察3个以上的视野，注意不同液层内的精子运动状态，进行全面评定。

3.1.7 检查次数，应在冷冻后当时一次(或间隔24 h再做一次)，合格者贮存。冻精发放前再抽样检查，合格者方准予发放。

3.2 精子密度检查

3.2.1 检查用具：以用血球计算器为准；用光电比色计或其他电子仪器检查，都必须用血球计算器做出可靠的校正值。

3.2.2 每批冻精应进行密度检查，以确定稀释比例。

3.3 精子畸形率定期抽样检查 取新鲜和解冻后的精液样品，放在载玻片上，按常规方法制成抹片，风干后在显微镜下检查畸形精于数，每个精液样品应观察精子总数500个，计算其中畸形精于百分率。不合格者，不得制作冷冻精液和贮存使用。

3.4 解冻后精子顶体完整率的定期抽样检查 采用姬姆萨染色法镜检或用干扰相差(湿样品)镜检，每个样品观察精子总数500个。

3.5 冻精中细菌定期检查 取0.2 mL解冻后的精液样品，放入血清琼脂平面上，在37℃恒温箱中培养24 h，统计出现的菌落数。

3.6 解冻后的精子存活时间定期检查 细管、安瓿冻精解冻后不再稀释；颗粒冻精以2.9%二水柠檬酸钠液解冻，在5～8℃或37℃下贮存，在38～40℃下镜检。

上述定期抽样检查，每头公牛每月(下限)1次。

4 使用方法

4.1 解冻

4.1.1 细管、安瓿冻精，可用(38±2)℃温水直接浸泡解冻。

4.1.2 颗粒冻精，应一次一粒，用(38±2)℃ 1～1.5 mL 解冻液解冻；多于2粒时，应分别解冻。

4.1.3 解冻液配制

a. 配制2.9%二水柠檬酸钠液，用2 mL灭菌安瓿封装，解冻液净容量(下限)1.5 mL。

b. 蒸馏水100 mL，葡萄糖3.0 g，柠檬酸钠1.4 g。

c. 蒸馏水100 mL，柠檬酸钠1.7 g，蔗糖1.15 g，氨苯磺胺0.3 g，磷酸二氢钾0.325 g，碳酸氢钠0.09 g，青霉素、链霉素各10万IU。

4.1.4 解冻后的使用时间

细管和安瓿精液(上限)为1 h；颗粒精液(上限)为2 h。

如解冻后的精液需要外运时，应采取低温(10～15℃)解冻，然后用脱脂棉或多层纱布包裹，外边用塑料袋包好，置4～5℃下贮存。其使用时间(上限)为8 h。

4.2 输精

4.2.1 每头发情母牛，每次输精应用解冻精液一个剂量(细管、颗粒或安瓿)。输精之前，必须再进行一次精子活力评定，不够标准者不许使用。

4.2.2 应推行直肠把握子宫颈深部输精法

4.2.3 每一情期输精1～2次。要做到输精适时和输精器适深，慢插、轻注、缓出，防止精液逆流。

5 包装、标记、贮存和运输

5.1 包装

5.1.1 细管冻精应封闭良好

5.1.2 颗粒冻精必须用无菌容器包装。每一容器以装冻精50～100粒为一个单位。

5.1.3 安瓿冻精可放在液氮生物容器的提筒中，应防止碰撞。

5.2 标记

5.2.1 细管、安瓿表面和盛装颗粒冻精的容器外面，均应有鲜明的标记。注明站代号[按国家统一规定的省、市、自治区的代号]、公牛品种、名号、精液制冻日期(年、月、日或批号)以及该批冻精的精子活力和份数。

5.2.2 不同品种公牛的冻精，可用不同颜色包装加以区别；其包装颜色和公牛品种、品种代号见表。

公牛品种		冻精包装容器颜色（细管、颗粒、安瓿）	品种代号
奶牛	中国黑白花	白色	HB
	沙西瓦		SX
兼用牛	西门塔尔	粉红色	XM
	苏系		S—XM
	德系		D—XM
	奥系		A—XM
	瑞系		R—XM
	兼用短角		JD
	草原红牛		CH
	新疆褐牛		XH
	三河牛		SH
肉牛	肉用短角	草绿色	RD
	夏洛莱		XL
	海福特		HF
	安格斯		AG
	利木赞		LM
	莫累灰		ML
	圣格特鲁迪斯	草绿色	SG
	抗旱王		KH
	辛地红		XD
	婆罗门		PM
	婆拉福		PL
黄牛	南阳牛	浅黄色	NY
	秦川牛		QC
	延边牛		YB
	鲁西黄牛		LX
	晋南牛		JN
	复州牛		PZ
	朝鲜牛		CX
	蒙古牛		MG

5.3 贮存

5.3.1 用于冰贮存时，应根据贮存容器的大小，及时补充干冰，包装的精液不得外露。

5.3.2　用液氮生物容器贮存时，容器内液氮必须浸没冻精。

5.3.3　应经常检查液氮生物容器的状况，如发现容器异常，应当将冻精转移到其他完好的容器内。

5.3.4　取放冻精之后，应及时盖好容器塞，防止液氮蒸发或异物浸入。

5.3.5　液氮生物容器，应在使用前后彻底检查和清洗。清理时，先用中性洗涤剂刷洗，再用40～45℃温水冲洗干净，在室温下放置48 h以上再充入液氮。长期贮存冻精的容器，应定期清理和洗刷。

5.3.6　取放冻精时，提筒只许提到容器的颈下，严禁提到外边，停留时间(上限)10 s。如向另一容器转移冻精时，盛冻精的提筒离开液氮面的时间(上限)5 s。

5.3.7　大型液氮生物容器，应有冻精分类存放位置的详细图表，分别注册，登记清楚，并应备有足够的液氮生物容器，严防不同品种和不同个体公牛的冻精混淆。无继续贮存价值的冻精，应及时报请上级主管部门批准，妥善销毁。

5.4　运输

5.4.1　移动液氮生物容器时，应把握其手柄，轻拿轻放，防止冲撞。

5.4.2　贮精和贮液氮的生物容器，均不可横放、叠放或倒置。装车运输时，应在车厢板上加防震胶垫、毡垫或泡沫塑料垫。容器加外套，并根据运输条件，用厚纸箱或木箱装好，牢固地系在车上，严防撞击倾倒。

5.4.3　运输冻精时，应有专人负责，办好交接手续(应附带精液运输、交接卡片)。途中应及时检查和补充冷源。

5.4.4　用干冰运输冻精时，液氮生物容器必须盖严，干冰必须敷过冻精。

第五节　奶牛人工授精

一、授精前的准备

1. 检精室　要求保持干净，经常用清水冲洗降尘，地面保持干净。室内陈设力求简单整洁，不得存放有刺激气味物品，禁止吸烟。除操作人员外，其他人一律禁止入内。室温应保持18～25℃。

2. 优质精液的采购　采购精液常用小型液氮罐(3 L)作为采购运输工具。外购奶牛精液要结合本场牛群育种改良计划有目的选购，要选优秀高产且育种值高的种公牛，种公牛的外貌评分优秀，父母的表现优良，其精液的质量优良，解冻后活力镜检达 0.3 以上，即可作为选购目标。

3. 冷冻精液的保管 为了保证贮存于液氮罐中的冷冻精液品质，不致使精子活力下降，在贮存及取用时应做到以下几点。

(1)按照液氮罐保温性能的要求，定期添加液氮，罐内盛装贮精袋(内装细管或颗粒)的提斗不得暴露在液氮面外。注意随时检查液氮存量，当液氮容量剩 1/3 时，需要添加。当发现液氮罐口有结霜现象，并且液氮的损耗量迅速增加时，是液氮罐已经损坏的迹象，要及时更换新液氮罐。

(2)从液氮罐取出精液时，提斗不得提出液氮罐口外，可将提斗置于罐颈下部，用长柄镊夹取精液，越快越好。

(3)液氮罐应定期清洗，一般每年一次。要将贮精提斗向另一超低温容器转移时，动作要快，贮精提斗在空气中暴露的时间不得超过 5 s。

二、人工授精的技术程序

目前的人工授精常用直肠把握输精法，也叫深部输精法。

1. 母牛的准备 拴系固定母牛头部或将母牛拴于保定栏内，将其阴门、会阴部先用清水洗，接着用 2%的来苏儿或 1‰的新洁尔灭消毒外阴部及周围，然后用生理盐水或凉开水冲洗，最后用消毒抹布擦干。另一种方法是用酒精棉消毒阴门，待酒精挥发后再用卫生纸或毛巾擦干净。

2. 输精器材的准备 人工授精用的器材有精液运输时保存精液的设备、输精管或输精枪等。输精器械应清洗干净并消毒，消毒常用恒温(160～170℃)干燥箱。开膣器等金属用具可冲洗后浸入消毒液中消毒或使用前酒精火焰消毒。输精器每牛每次 1 支，不得重复使用。使用带塑料外套细管输精器输精时，塑料外套应保持清洁，不被细菌污染，仅限使用 1 次。

3. 精液的准备 解冻精液，并镜检精子活力。目前常用精液制剂有两种，一种为细管型，一种为颗粒型。细管冻精则可直接把细管放入 40℃温水中进行解冻。而颗粒型精液解冻，通常把解冻用稀释液(2.9%的两水柠檬酸钠 1～1.5 mL)安瓿置入 40℃温水中，再放入冻精颗粒于稀释液安瓿中；解冻后应镜检精子活力，确认合格后方可置入输精管(枪)备用。精液解冻后应立即使用，不可久置。

4. 输精人员的准备 输精人员的指甲须剪短磨光，洗涤擦干，用 75%的酒精消毒，手臂也应消毒，并涂以稀释液或生理盐水作润滑剂。

5. 操作步骤 直肠把握输精法，是目前普遍采用的输精方法。

具体操作是输精员一手五指合拢呈圆锥形，左右旋转，从肛门缓慢插入直肠，排净宿粪，寻找并把握住子宫颈口处，同时直肠内手臂稍向下压，阴门即可张开；另一手持输精器，把输精器尖端稍向上斜插入阴道 4～5 cm，再稍向下方缓慢推进，左右手互相配合把输精器插入子宫颈，再徐徐越过子宫颈管中的皱褶轮，使输精管送至子宫颈深部 2/3～3/4 处，然后注入精液。输精完毕，稍按压母牛腰部，防止精液外流。在输精过程中如遇到阻力，不可将输精器硬推，可稍后退并转动输精器再缓慢前进。如遇有母牛努责时，一是助手用手掐母牛腰部；二是输精员可握着子宫颈向前推，以使阴道肌肉松弛，利于输精器插入。青年母牛子宫颈细小，离阴门较近；老龄母牛子宫颈粗大，子宫往往沉入腹腔，输精员应手握宫颈口处，以配合输精器插入。输精时要注意以下几点。

（1）输精部位：一般要求将输精管插入子宫颈深部输精，即在子宫颈的 5～8 cm 处。

（2）输精量与有效精子数：与所用精液类型有关，如用常温精液，则输精量一般为 1～2 mL，有效精子数应在 3 000 万～5 000 万个；如用冷冻精液，则输精量只有 0.25 mL，有效精子数为 1 000 万～2 000 万个。

（3）输精时间：从行为上看，当发情母牛接受其他母牛爬跨而站立不动时，再向后推迟 12～18 h 配种效果较好；从流出黏液分析，当黏液由稀薄透明转为黏稠微浑浊状，用手可牵拉时，即可配种；最可靠的方法是通过直肠检查，在发情末期，此时母牛拒绝爬跨，卵泡增大，直径在 1.5 cm 以上，波动明显，泡壁薄，此时适宜配种。

（4）输精次数：输精量一般 1 次 1 剂，若用 2 次复配法，则用 2 剂。如果能确定排卵时间，则可用 1 次配种法。

（5）输精完毕，将所用器械清洗消毒备用。

三、适时输精

1. 育成牛最佳初配年龄的选择　决定育成牛初配的年龄，主要根据奶牛的生长发育速度、饲养管理水平、气候和营养等因素综合考虑，但最重要的是根据牛的体重确定。一般情况下，育成母牛的体重要达到成年牛标准体重的 70%以上时（育成母牛达到 15 月龄基本达到体成熟状态。中国荷斯坦成年母牛标准体重为 550 kg，育成母牛的体成熟标准体重为 385 kg），才能进行第一次配种。过早配种受孕，则不仅会妨碍母牛身体的生长发育，造成母牛个体偏小，分娩时由于身体各器官系统发育不成熟而易于难产，而且还会使母腹中的胎儿由于得不到充足的营养而体质虚弱，发育不良，甚至娩出死胎。

2. 母牛产后适宜配种时间的选择 母牛产后配种时间，应有利于提高牛的经济利用性(产奶量和产犊数)；不影响母牛健康和持久正常地生产。因此，产后配种过早或过晚都是不适宜的。对于奶牛，产犊的成绩往往和生产性能的发挥有着密切的联系，所以产犊后应尽可能提早配种。

母牛产后第一次发情有早有晚，早的在产后5～10 d，稍晚的在10～14 d，最晚的甚至在30～35 d或以上。产后第一次发情大多为“隐性”，有的发生排卵，有的则出现卵泡闭锁或黄体化。常常再经过一个发情周期后，一般在产后35～40 d，又重新出现发情排卵，而后形成黄体，成为新的发情周期。生产上通常把这次新的发情确定为产后第一次发情，这次发情如适时输精，母牛常常会受孕。关于母牛的产后适宜受孕时间，乳牛生产上通常掌握在40～60 d。若母牛体质良好，产后子宫、卵巢机能很快康复，可掌握在30～40 d配种。但大部分高产乳牛，由于受产后营养负平衡，热应激、产后疾病的影响，使子宫的复旧和卵巢机能的恢复大大延长，长时间没有发情表现，因此其配种受孕往往延长到60 d以后，但不应迟于90 d，最适宜的受孕时间为产后85 d，这样可保证母牛每年产一胎，泌乳305 d，干奶期60 d。

3. 母牛情期适宜配种时间的选择 在母牛发情后适时配种，可以节省人力、物力和精液，并提高受胎率。保证母牛较高的受精率，首先应了解：①排卵时间，母牛一般发情结束后5～15 h排卵；②卵子保持受精能力的时间，排卵后6～12 h；③精子在母牛生殖道内保持受精能力的时间为24～48 h。

在生产中排卵时间的确定，完全依靠频繁的直检是有困难的，必须从外阴部肿胀度、阴道黏膜的变化、黏液量和质的变化、子宫颈开张的程度、是否接受公牛的爬跨、直肠检查卵巢卵泡的变化等方面综合分析，才能找出最适宜的输精时间。

有经验表明，在发情症状结束前1 h到结束3 h范围内输精，其受胎率最高可达93.3%，由此可见输精的最适期只有三四个小时，因此要使受胎率高，必须要使卵子和精子的新鲜度高，也就是说排卵后不久就使精子到达输卵管。以下几种情况之一应予输精：①母牛由神态不安转向安定，发情表现开始减弱。②外阴部肿胀开始消失，子宫颈稍有收缩，黏膜由潮红变为粉红或带有紫褐色。③黏液量少，呈浑浊状或透明，有絮状白块。④卵泡体积不再增大，皮变薄，有弹力，泡液波动明显。

在生产中，如果在一个发情期输精一次，一般在母牛拒绝爬跨后的6～8 h内输精受胎率较高。如上午发现母牛接受爬跨安定不动，应于晚上或第二天清晨进行配种；如下午发现母牛接受爬跨，安定不动，应于第二天清晨或傍晚进行配种。

如果在一个发情期输精两次，可在母牛接受爬跨后8～12 h进行第一次输精，间隔8～12 h后再进行第二次输精。若上午发现母牛发情，则下午4～5点进行第一次输精，第二天上午进行第二次输精；若下午发现母牛发情，则在第二天上午8

点左右进行第一次输精，下午进行第二次输精。一般年老体弱母牛或夏季炎热天气，因发情持续时间较短，配种时间要适当提早，所以常说“老配早，少配晚，不老不少配中间”就是这个道理。

为了做到适时配种，应仔细观察牛群，及时检出发情牛，最好能掌握每头牛的发情规律（发情周期、发情持续期和排卵时间），使输精时机更合适，受胎率更高。

第六节 受精、妊娠与分娩

一、受　精

受精是精子和卵子相融合形成一个新的细胞即合子的过程。

（一）精子、卵子受精前准备

1. 精子受精前的准备

（1）精子在母牛生殖道内的运行：精子和卵子受精部位在输卵管壶腹部。精子的运行是指由输精部位通过子宫颈、子宫和输卵管 3 个主要部分，最后到达受精部位的过程。精子运动的动力，除其本身的运动外，主要借助于母牛生殖道的收缩和蠕动以及腔内体液的作用。

（2）精子获能：精子获得受精能力的过程称为精子获能。进入母牛生殖道内的精子，经过形态及某些生理生化变化之后，才能获得受精能力。牛的精子获能始于阴道，当子宫颈开放时，流入阴道的子宫液可使精子获能，但获能最有效的部位是子宫和输卵管。牛精子获能需要 3～4 h。

（3）顶体反应：获能后的精子，在受精部位与卵子相遇，会出现顶体帽膨大，精子质膜和顶体外膜相融合。融合后的膜形成许多泡状结构，随后这些泡状物与精子头部分离，造成顶体膜局部破裂，顶体内酶类释放出来，以溶解卵丘、放射冠和透明带。这一过程称为顶体反应。精子获能和顶体反应是精子受精前准备过程中紧密联系的生理生化变化。

2. 卵子受精前准备　卵子排出后，自身并无运动能力，而是随卵泡液进入输卵管伞后，借输卵管内纤毛的颤动，平滑肌的收缩以及腔内液体的作用，向受精部位运行，在到达受精部位并与壶腹部的液体混合后，卵子才具有受精能力。牛的卵子在母牛生殖道内的存活时间为 8～12 h。

(二)受精过程

受精过程是指精子和卵子相结合的生理过程,正常的受精过程可分为以下几个阶段。

1. 精子穿越放射冠 放射冠是包围在卵子透明带外面的卵丘细胞群,受精前,卵子被大量精子包围,放射冠的卵丘细胞在排卵后 3～4 h 即被经顶体反应的精子所释放的透明质酸酶溶解,使精子得以穿越放射冠接触透明带。此时卵子对精子无选择性。

2. 精子穿越透明带 穿越放射冠的精子即与透明带接触并附于其上,通过释放顶体酶将透明带溶出一条通道而穿越透明带并和卵黄膜接触。

3. 精子进入卵黄膜 穿过透明带的精子在与卵黄膜接触时,激活卵子,由于卵黄膜表面微绒毛的作用使精子质膜和卵黄相互融合,使精子进入卵黄。精子一旦进入卵黄后,卵黄膜立即起一种变化,拒绝新的精子进入卵黄。称为卵黄封闭作用。这是一种防止两个以上的精子进入卵子的保护机制。

4. 原核形成 精子进入卵黄后,尾部脱落,头部逐渐膨大变圆,形成雄原核;精子进入卵黄后不久,卵子进行第二次减数分裂,排出第二极体,形成雌原核。

5. 配子配合 两原核形成后,彼此靠近,随后两核膜破裂,核膜、核仁消失,染色体混合、合并,形成二倍体的核。从两个原核的彼此接触到两组染色体的结合过程称为配子配合。至此,受精过程结束,受精后的卵子称为合子。

二、妊娠与妊娠诊断

(一)妊娠

妊娠是指从受精卵沿着输卵管下行,经过卵裂、桑葚胚和囊胚、附植等阶段,形成新个体,即胎儿,胎儿发育成熟后与其附属膜共同排出前的整个过程。

1. 胚胎的早期发育 合子形成后立即进行有丝分裂,进入卵裂期。

(1)卵裂:早期胚胎的发育有一段时间是在透明带内进行的,细胞数量不断增加,但总体积并不增加,且有减小的趋势。这一分裂阶段维持时间较长,叫卵裂。

(2)囊胚:当胚胎的卵裂球达到 16～32 个细胞,细胞间紧密连接,形成致密的细胞团,形似桑葚,称为桑葚胚。桑葚胚继续发育,细胞开始分化,出现细胞定位现象。胚的一端,细胞个体较大,密集成团称为内细胞团;另一端细胞个体较小,只沿透明带的内壁排列扩展,这一层细胞称为滋养层;在滋养层和内细胞团之间出现囊胚腔。这一发育阶段叫囊胚。囊胚阶段的内细胞团进一步发育为胚胎本身，滋养层则发育为胎膜和胎盘。囊胚的进一步扩大，逐渐从透明带中伸展出来，变为扩张囊胚，这一过程叫做“孵化”。

(3)原肠胚和中胚层的形成：囊胚进一步发育，内细胞团外面的滋养层退化，内细胞团裸露，成为胚盘。在胚盘的下方衍生出内胚层，它沿滋养层的内壁延伸，扩展，衬附在滋养层的内壁上，这时的胚胎称为原肠胚。原肠胚进一步发育，形成内胚层、中胚层和外胚层。为器官的分化奠定了基础。

2. 妊娠识别与建立　孕体是指胎儿、胎膜、胎水构成的综合体，在妊娠初期，孕体产生的激素传感给母体，母体对此产生相应的反应，识别胎儿的存在，并在二者之间建立起密切的联系，这一过程即为妊娠识别。孕体和母体之间产生了信息传递和反应后，双方的联系和互相作用已通过激素的媒介和其他生理因素而固定下来，从而确定开始妊娠，这叫做妊娠建立。牛妊娠信号的物质形式是糖蛋白。妊娠识别后，即进入妊娠的生理状态，牛妊娠识别的时间为配种后 16～17 d。

3. 胚泡的附植　囊胚阶段的胚胎称胚泡。胚泡在子宫内发育的初期阶段是呈游离状态，与子宫内膜之间未发生联系。因胚泡液的增多，限制了胚泡在子宫内的移动，逐渐贴附于子宫壁，随后才和子宫内膜发生组织及生理的联系，位置固定下来，这一过程称为附植(着床)。牛为单胎时，常在子宫角下 1/3 处附植，双胎时则均分于两侧子宫角。附植是一个渐进的过程，在游离之后，胚胎在子宫中的位置先固定下来，继而对子宫内膜产生轻度浸润，即发生疏松附植，紧密附植的时间是在此后较长的一段时间。牛的胚胎附植在排卵后 28～32 d 为疏松附植，40～45 d 为紧密附植。胚胎都是在子宫血管稠密，且能供给丰富营养的地方附植。

4. 胎盘和胎膜　胎盘是由胎儿胎盘和母体共同构成。胎儿具有独立的血液循环系统，不与母体循环直接沟通。但是，母体必须通过胎盘向胎儿输送营养和帮胎儿排出代谢产物。牛的胎盘为子叶类胎盘，由于胎儿子叶与母体子叶嵌合非常紧密，所以在分娩时，胎衣娩出较慢，且易发生胎衣不下。胎膜为胎儿以外的附属膜，包括绒毛膜、尿膜、羊膜、卵黄囊。胎膜具有营养、排泄、呼吸、代谢、内分泌和保护功能。脐带是胎体同胎膜和胎盘联系的渠道，其中有脐动脉两条，脐静脉两条。

(二)妊娠诊断

为了尽早地判断母牛的妊娠情况，应做好妊娠诊断工作，以做到防止母牛空怀、未孕牛及时配种和加强对受孕母牛的饲养管理。妊娠诊断的方法主要包括以下几种。

1. 外部观察法　就是通过观察妊娠牛的外部表现来判断母牛是否妊娠。输精的母牛如果 20 d、40 d 两个情期不返情，就可以初步认为已妊娠。另外，母牛妊娠后还表现为性情安静，食欲增加，膘情好转，被毛光亮。妊娠 5～6 个月以后，母牛腹围增大，右下腹部尤为明显，有时可见胎动。但这种观察都在妊娠中后期，不能做到早期妊娠诊断。

2. 直肠检查法 直肠检查指用手隔着直肠触摸妊娠子宫、卵巢、胎儿和胎膜的变化，并依此来判断母牛是否怀孕。此法安全、准确，是牛早期妊娠诊断最常用的方法之一。配种后 40～60 d 诊断，准确率达 95%。检查的顺序依次为子宫颈、子宫体、子宫角、卵巢、子宫中动脉。

(1)母牛配种 19～22 d，胎泡不易感觉到，子宫变化也不明显，若卵巢上有成熟的黄体存在则是妊娠的重要表现。

(2)母牛妊娠 1 个月时，两侧子宫大小不一，孕侧子宫角稍有增粗，质地松软，稍有波动，用手握住孕角，轻轻滑动时可感到有胎囊。未孕侧子宫角收缩反应明显，有弹性。孕侧卵巢有较大的黄体突出于表面，卵巢体积增加。

(3)母牛妊娠 2 个月时，孕角大小为空角的 1～2 倍，犹如长茄子状，触诊时感到波动明显，角间沟变得宽平，子宫向腹腔下垂，但可摸到整个子宫。

(4)母牛妊娠 3 个月时，孕侧卵巢较大，有黄体；孕角明显增粗(周径 10～12 cm)，波动明显，角间沟消失，子宫开始沉向腹腔，有时可摸到胎儿。

3. 阴道检查法 根据阴道黏膜的色泽、黏液分泌及子宫颈状态等判断奶牛是否妊娠。

(1)阴道黏膜检查：妊娠 20 d 后，黏膜苍白，向阴道插入开膣器时感到有阻力。

(2)阴道黏液检查：妊娠后，阴道黏液量少而黏稠，浑浊、不透明，呈灰白色。

(3)子宫颈外口检查：用开膣器打开阴道后，可以看到子宫颈外口紧缩，并有糊状黏块堵塞颈口，称为子宫栓。

4. 其他方法

(1)超声波诊断法：将超声波通过专用仪器送入子宫内，使其产生特有的波形，也可通过仪器转变成音频信号，从而判断是否妊娠。此法一般多在配种后 1 个月应用，过早使用准确性较差。

(2)孕酮水平测定法：牛妊娠后，妊娠黄体、胎盘均分泌孕酮，使血液中孕酮含量明显增加，通过测定血浆或乳汁中孕酮的含量与未孕牛孕酮水平比较，可确定是否妊娠。这是一种实验室诊断法，在配种后 15 d 即可诊断。孕酮含量的测定可采用放射免疫法(RIA)、免疫乳胶凝集抑制实验法(LAIT)、单克隆抗体酶免疫法和孕酮酶免测定试剂盒等。

(3)碘酒测定法：取配种后 23 d 以上的母牛晨尿 10 mL，放入试管，加入 7%碘酒 1～2 mL，混合均匀，反应 5～6 min。若混合液成呈褐色或青紫色，则可判定该牛已孕，若混合液颜色无变化，则判定该牛未孕。此法准确可达 93%。

(4)硫酸铜测定法：取配种后 20～30 d 的母牛中午的常乳和末把乳的混合乳样 1 mL 于平皿中，加入 3%硫酸铜溶液 1～3 滴，混合均匀。若混合液出现云雾状，则可判断该牛已孕；若混合液无变化，则判定该牛未孕。此法准确率达 90%。

(5)激素反应法：利用妊娠母牛由于体内高孕酮水平而对适量的外源性雌激素的不敏感性，来判断牛是否妊娠。牛配种后 18～20 d，肌肉注射合成雌激素 2～3 mg，注射后 5 d 内不发情可判断已妊娠。此法准确率在 80%以上。

三、分　娩

妊娠期满，母牛把成熟的胎儿、胎衣及胎水排出体外。这个生理过程，即为母牛的分娩。

(一)孕牛预产期的推算

奶牛妊娠期一般为 280 d 左右，误差 5～7 d 为正常。奶牛生产上常按配种月份数减 3，配种日期数加 6 来算。若配种月份数小于 3，则直接加 9 即可算出。

例一：配种日期为 2005 年 8 月 20 号，则预产期为：预产月份为 8－3＝5；预产日期为 20＋6＝26，则该牛的预产期为 2006 年 5 月 26 日。

例二：配种日期为 2006 年 1 月 30 号，则预产期为：预产月份为 1＋9＝10；预产日期为 30＋6＝36，超过 30 d，应减去 30，余数为 6，预产月份应加 1。则该牛的预产期为 2006 年 11 月 6 日。

(二)分娩预兆

分娩前约半个月，乳房迅速发育膨大，腺体充实，乳头膨胀，至分娩前 1 周变为极度膨胀，个别牛在临产前数小时至 1 d 左右，有初乳滴出。阴唇从分娩前约 1 周开始逐渐柔软、肿胀、增大，阴唇皮肤上的皱褶展平，皮肤稍变红；阴道黏膜潮红，黏液由浓厚黏稠变为稀薄滑润。子宫颈在分娩前 1～2 d 开始肿大松软，黏液塞软化，流入阴道而排出阴门之外，呈半透明索状；骨盆韧带从分娩前 1～2 周即开始软化，至产前 12～36 h，尾根两旁只能摸到松软组织，且荐骨两旁组织塌陷。母牛临产前活动困难，精神不安，时起时卧，尾高举，头向腹部回顾，频频排尿，食欲减少或停止。上述各种现象都是分娩即将来临的预兆，要全面观察综合分析才能做出正确判断。

(三)分娩过程

1. 开口期 指从子宫开始阵缩到子宫颈口充分开张为止,一般需 2~8 h(范围为 0.5~24 h)。特征是只有阵缩而不出现努责。初产牛表现不安,时起时卧,徘徊运动,尾根抬起,常作排尿姿势,食欲减退;经产牛一般比较安静,有时看不出有什么明显表现。

2. 胎儿产出期 从子宫颈充分开张至产出胎儿为止,一般持续 3~4 h(范围 0.5~6 h),初产牛一般持续时间较长。若是双胎,则两胎儿排出间隔时间一般为 20~120 min。特点是阵缩和努责同时作用。进入该期,母牛通常侧卧,四肢伸直,强烈努责,羊膜绒毛膜形成囊状突出阴门外,该囊破裂后,排出淡白或微带黄色的浓稠羊水。胎儿产出后,尿囊才开始破裂,流出黄褐色尿水。因此,牛的第一胎水一般是羊水,但有时尿囊可先破裂,然后羊膜囊才突出阴门破裂。在羊膜破裂后,胎儿前肢和唇部逐渐露出并通过阴门。伴随产牛的不断阵缩和努责,整个胎儿顺产道滑下,脐带则自行断裂。产科临床上的难产即发生在产出期。难产常常由于临产母牛产道狭窄、分娩无力,胎儿过大,胎位、胎势、胎向异常等多种因素所造成。因此,奶牛场的畜牧兽医技术人员要及早做好接产、助产准备。

3. 胎衣排出期 此期特点是当胎儿产出后,母牛即安静下来,经子宫阵缩(有时还配合轻度努责)而使胎衣排出。从胎儿产出后到胎衣完全排出为止,一般需 4~6 h(范围 0.5~12 h)。若超过 12 h,胎衣仍未排出,即为胎衣不下,需及时采取处理措施。

(四)接产

接产目的在于对母牛和胎儿进行观察,并在必要时加以帮助,达到母仔安全。但应特别指出,接产工作一定要根据分娩的生理特点进行,不要过早过多地干预。

1. 接产前的准备

(1)产房:产房应当清洁、干燥,光线充足,通风良好,无贼风,墙壁及地面应便于消毒。在北方寒冷的冬季,应有相应的取暖设施,以防犊牛冻伤。

(2)器械和药品的准备:在产房里,接产用药物(70%酒精、2%~5%碘酊、2%来苏儿、0.1%高锰酸钾溶液和催产药物等)应准备齐全。产房里最好还备有一套常用的已经消毒的手术助产器械(剪刀、纱布、绷带、细布、麻绳和产科用具),以备急用。另外,还应准备毛巾、肥皂和温水。

(3)接产人员:接产人员应当受过接产训练,熟悉牛的分娩规律,严格遵守接产的操作规程及值班制度。分娩期尤其要固定专人,并加强夜间值班制度。

2. 接产　为保证胎儿顺利产出及母仔安全，接产工作应在严格消毒的原则下进行。其步骤如下。

(1)清洗母牛的外阴部及其周围，并用消毒液(如1%煤酚皂溶液)擦洗。用绷带缠好尾根，拉向一侧系于颈部。在产出期开始时，接产人员穿好工作服及胶围裙、胶鞋，并消毒手臂准备做必要的检查。

(2)当胎膜露出至胎水排出前时，可将手臂伸入产道，进行临产检查，以确定胎向、胎位及胎势是否正常，以便对胎儿的反常做出早期矫正，避免难产的发生。如果胎儿正常，正生时，应三件(唇及二前蹄)俱全，可等候其自然排出。除检查胎儿外，还可检查母牛骨盆有无变形，阴门、阴道及子宫颈的松软扩张程度，以判断有无因产道反常而发生难产的可能。

(3)当胎儿唇部或头部露出阴门外时，如果上面覆盖有羊膜，可把它撕破，并把胎儿鼻孔内的黏液擦净，以利呼吸。但也不要过早撕破，以免胎水过早流失。

(4)注意观察努责及产出过程是否正常。如果母牛努责，阵缩无力，或其他原因(产道狭窄、胎儿过大等)造成产仔滞缓，应迅速拉出胎儿，以免胎儿因氧气供应受阻，反射性吸入羊水，引起异物性肺炎或窒息。在拉胎儿时，可用产科绳缚住胎儿两前肢球节或两后肢系部(倒生)交于助手拉住，同时用手握住胎儿下颌(正生)，随着母牛的努责，左右交替用力，顺着骨盆轴的方向慢慢拉出胎儿。在胎儿头部通过阴门时，要注意用手捂住阴唇，以防阴门上角或会阴撑破。在胎儿骨盆部通过阴门后，要放慢拉出速度，防止子宫脱出。

(5)胎儿产出后，在立即擦干口腔和鼻腔黏液，防止吸入肺内引起异物性肺炎。胎儿产出后，如脐带还未断，应将脐带内的血液挤入仔畜体内，这对增进犊牛的健康有一定好处。断脐时，脐带断端不宜留得太长。断脐后，可将脐带断端在碘酒内浸泡片刻或在其外面涂以碘酒，并将少量碘酒倒入羊膜鞘内。如脐带有持续出血，须加以结扎。

(6)犊牛产出后不久即试图站立，但最初一般是站不起来的，应加以扶助，以防摔伤。

(7)对母牛和新生犊牛注射破伤风抗毒素，以防感染破伤风。

(五)难产的助产和预防

在难产的情况下助产时，必须遵守一定的操作原则，即助产时除挽救母牛和胎儿外，要注意保持母牛的繁殖力，防止产道的损伤和感染。为便于矫正和拉出胎儿，特别是当产道干燥时，应向产道内灌注大量滑润剂。为了便于矫正胎儿异常姿势，应尽量将胎儿推回子宫内，否则产道空间有限不易操作，要力求在母畜阵缩间歇期将胎儿推回子宫内。拉出胎儿时，应随母牛努责而用力。

难产极易引起犊牛的死亡并严重危害母牛的生命的繁殖力。因此，难产的预防是十分必要的。首先，在配种管理上，不要让母牛过早配种，由于青年母牛仍在发育，分娩时常因骨盆狭窄导致难产。其次，在注意母牛妊娠期间的合理饲养，防止母牛过肥、胎儿过大造成难产。另外，要安排适当的运动，这样不但可以提高营养物质的利用率，使胎儿正常发育，还可提高母牛全身和子宫的紧张性，使分娩时增强胎儿活力和子宫收缩力，并有利于胎儿转变为正常分娩胎位、胎势，以减少难产及胎衣不下、产后子宫复位不全等的发生。此外，在临产前及时对孕牛进行检查、矫正胎位也是减少难产发生的有效措施 。

第七节 现代繁殖技术

一、同期发情

同期发情是利用某些激素制剂人为地控制并调整一群母畜发情周期的进程，使之在预定时间内集中发情，并能排出正常的卵母细胞，以便达到同期配种、受精、妊娠、产犊的目的。

（一）同期发情的意义

1. 有利于推广人工授精 人工授精往往由于牛群过于分散（农区）或交通不便（牧区）而受到限制。如果能在短时间内使母牛集中发情，就可以根据预定的日程巡回进行定期配种。

2. 便于组织生产 控制母牛同期发情，可使母牛配种妊娠、分娩及犊牛的培育在时间上相对集中，便于肉牛的成批生产，从而有效地进行饲养管理，节约劳动力和费用，对于工厂化养牛有很大的实用价值。

3. 提高繁殖率 同期发情不但用于周期性发情的母牛，而且也能使乏情状态的母牛出现性周期活动。例如，卵巢静止的母牛经过孕激素处理后，很多表现发情；因持久黄体存在而长期不发情的母牛，用前列腺素处理后，由于黄体消散，生殖机能随之得以恢复。因此，可以提高繁殖率。

(二)同期发情的机理

母牛的发情周期,从卵巢的机能和形态变化方面可分为卵泡期和黄体期两个阶段。卵巢期是在周期性黄体退化继而血液中孕酮水平显著下降后,卵巢中卵泡迅速生长发育,最后成熟并导致排卵的时期,这一时期一般是从周期第18天至第21天。卵泡期之后,卵泡破裂并发育成黄体,随即进入黄体期,这一时期一般从周期第1天至第17天。黄体期内,在黄体分泌的孕激素的作用下,卵泡发育成熟受到抑制,母牛不表现发情,在未受精的情况下,黄体维持15～17 d,即行退化,随后进入另一个卵泡期。相对高的孕激素水平可抑制卵泡发育和发情,由此可见黄体期的结束是卵泡期到来的前提条件。因此,同期发情的关键就是控制黄体寿命,并同时终止黄体期。

现行的同期发情技术有两种方法:一种方法向母牛群同时施用孕激素,抑制卵泡的发育和发情,经过一定时期同时停药,随之引起同期发情。这种方法,当在施药期内,如黄体发生退化,外源孕激素代替了内源孕激素(黄体分泌的孕激素),造成了人为黄体期,推迟了发情期的到来。另一种方法是利用前列腺素$F_{2\alpha}$使黄体溶解,中断黄体期,从而提前进入卵泡期,使发情提前到来。

(三)母牛同期发情处理方法

用于母牛同期发情处理应用的药物种类很多,方法也有多种,但较适用的是孕激素埋植法和阴道栓塞法以及前列腺素法。

1. 孕激素埋植法　目前普遍采用的将3～6 mg 18-甲基炔诺酮与硅橡胶混合后凝固成为直径3～4 mm、长15～20 mm的棒状或用18-甲基炔诺酮20～40 mg与等量或半量磺胺结晶粉混合,一道研磨成细微粉末,填入内径约2.5 mm、长20～25 mm的壁上烫有小孔的塑料管中,称为药物埋植管。上述埋植物处理时,用专用的埋植器或大号的牛瘤胃穿刺放气套管针进行埋植,埋植于耳背皮下,时间为9～12 d。到期后在原植入口处,用刀片纵向划开一个小口,食指在耳背下面顶起,使埋植物一端突出皮肤,用镊子将埋植物取出。处理前肌肉注射4～6 mg苯甲酸雌二醇或戊酸雌二醇,可加速自然黄体的消退。

2. 孕激素阴道栓塞法　取18-甲基炔诺酮50～100 mg,用色拉油(事先煮沸消毒)溶解,浸泡于海绵中。海绵呈圆柱形,直径和长度约10 cm(大小根据个体大小而定,太大易引起努责,导致海绵栓被挤出,太小易滑脱),在一端拴一细绳。使用时利用开膣器将阴道扩张,用特制的放置器将海绵栓送入阴道中,让细绳暴露在阴门外。9～12 d后,拉住细绳将海绵栓取出。为了提高发情率,最好在取出海绵后肌肉注射 PMSG 或氯前列腺烯醇。该法的关键是要确保海绵栓中途不脱落，万一脱落，可每天肌肉注射孕激素 5～10 mg 。

除海绵栓外，还有阴道硅橡胶环孕激素释放装置，它们中间为硬塑料弹簧片，弹簧片外包被着发泡的硅橡胶，硅橡胶的微孔中有孕激素，栓的前端有一速溶胶囊，内含一些孕激素与雌激素的混合物，后端系有尼龙绳。与阴道海绵栓相比，这种装置使用时不易脱落，而且取出时也比较方便。

孕激素的处理有短期(9～12 d)和长期(16～18 d)两种。长期处理后，发情同期率较高，但受胎率较低；短期处理后，发情同期率较低，而受胎率接近或相当于正常水平。如在短期处理开始时，肌肉注射 3～5 mg 雌二醇(可使黄体提前消退和抑制新黄体形成)及 50～250 mg 的孕酮(阻止即将发生的排卵)，这样就可提高发情同期化的程度。但由于使用了雌二醇，故投药后数日内母牛出现发情表现，但并非真正发情，故不要授精。使用硅橡胶环时，环内附有一胶囊，内装上述量的雌二醇和孕酮，以代替注射。

孕激素处理结束后，在第 2 天、第 3 天、第 4 天内大多数母牛有卵泡发育并排卵。

3. 前列腺素法 前列腺素肌肉注射是最简便的同期发情方法。$PGF_{2\alpha}$ 的用量为 20～30 mg (以 25 mg 最常用)，PGC 为 700～800 μg，依牛的个体大小而定。处理后 3～5 d 大多数母牛可发情排卵。但 PG 对奶牛排卵后 5 d 以内的黄体无溶解作用，一次处理仅有 70％的母牛有反应，因此发展了间隔 11～12 d 两次用药的方法，第 2 次用药的量与第 1 次的相同。间隔 11～12 d 两次处理的方法有两种情况，一种是第 1 次处理后全部不输精，第 2 次处理后才定时输精；另一种情况是第 1 次处理后观察母牛的发情，发情者适时输精，不发情者于第 1 次处理后 11～12 d 再次 PG 处理。第一种情况是省去了发情观察，但至少有 60％～70％的动物多用一次药，造成一定的浪费，且这些牛多损失 11～12 d 的饲养费用。第二种情况是由人观察、鉴定发情母牛，节约药品和饲养费用。

4. PG 结合孕激素处理 目前采用的孕激素短期处理和 PG 一次处理，母牛的发情率均较低，因而又发展了将孕激素短期处理与前列腺素处理结合起来处理方法，效果优于二者单独处理。该法是先用孕激素处理 7 d，结束处理时肌肉注射 PG。该法的处理依据是：经过 7 d 的孕激素处理，处于排卵后 5 d 内的母牛其黄体已经发展至少 5 d，已对 PG 敏感，因而处理结束后有较高的发情率和配种后有较高的受胎率。同期发情处理结束时，给予 3～5 mg FSH、1 000～1 500 IU 的 PMSG 或50～150 μg LRH-A_3，可提高处理后的发情率和受胎率。尤其是单独 PG 处理，对那些本来卵巢静止的母牛，效果很差甚至无效。

二、超数排卵

超数排卵简称超排，就是在奶牛发情周期的一定阶段，通过外源激素处理，提高血液中促性腺激素浓度，降低发育卵泡的闭锁率，增加早期卵泡发育到成熟阶段卵泡的数量，使卵巢比自然状况下有更多的卵泡发育并排卵。超排可以诱发母牛产双胎，因为母牛一个情期一般只有一个卵泡发育成熟并排卵，授精后只产一犊。进行超排处理，可诱发多个卵泡发育，增加受胎比例，提高繁殖率。目前，对供体母牛进行超排处理已成为胚胎移植的重要环节，只有能够得到足量的胚胎才能充分发挥胚胎移植的实际作用，提高应用效果。

（一）诱导母牛超数排卵的药物

主要有 FSH、PMSG、PG、孕激素等。FSH 由于半衰期短，一般每天给药两次，连续 3～4 d，操作繁琐，但药效均衡，超排效果比较稳定。PMSG 由于半衰期长，只需一次用药就可诱导超排，但 PMSG 易引起卵巢囊肿，降低可用胚胎数，为了克服 PMSG 因残余引起的胚胎死亡，最近发现在 PMSG 诱导发情后注射抗 PMSG 抗体以中和体内残余的 PMSG，可以提高超排效果。PG 和孕激素主要是控制母牛发情，以增强超排效果。

（二）母牛超数排卵处理方法

1. 用 FSH 超排　在发情周期（发情当天为 0 d）的第 9 天肌肉注射 FSH，以递减剂量连续注射 4 d，每天 2 次（7:00～8:00 和 19:00～20:00）。总剂量国产品 400 IU 左右，若为纯化制剂 7～10 mg，在第一次注射 FSH 48 h 后同时肌肉注射一次国产 $PGF_{2\alpha}$，剂量为 2～4 mL，间隔 12 h 再注同样剂量。第 13 天、14 天发情配种，第 20 天采胚。

2. 用 PMSG 超排　在发情周期（发情当天为 0 d）的第 12 天，按每千克体重 5 IU 的剂量，一次肌肉注射 PMSG。在注 PMSG 后的 48 h 和 60 h（发情周期的第 14 d），再分别肌注 $PGF_{2\alpha}$，每次剂量为 2～4 mL，母牛出现发情后 12 h（发情周期的第16 天）输第一次精液的同时肌注与 PMSG 相等剂量的抗 PMSG。第 23 天采胚。

为了使排出的卵子有较多的受精机会，一般在发情后授精 2～3 次，每次间隔 8～12 h。

（三）影响超排效果的因素

影响超排效果的因素很多，有许多仍不十分清楚。一般不同品种不同个体用同样的方法处理，其效果差别很大。青年母牛超排效果优于经产母牛；产后早期和泌乳高峰期超排效果较差。此外，使用促性腺激素的剂量，前次超排至本次发情的间隔时间、采卵时间等均可影响超排效果。如反复对母牛进行超排处理，需间隔一定时期。一般第二次超排应在首次超排后 60～80 d 进行，第三次超排应在第二次超排后 100 d 进行。增加用药剂量或更换激素制剂、药量过大、过于频繁地对母牛进行超排处理，则不仅超排效果差，还可能导致卵巢囊肿等病变。严寒、酷热、高温均对牛造成应激，这些极端刺激对生理的不良影响会作用于生殖内分泌轴，继而影响到发情和排卵，所以应减少和避开这些刺激，根据当地实际，在气候适宜的季节月份进行超数排卵。适宜的日粮水平是保证肉牛正常生殖能力的前提，所以在进行超数排卵前后，一定要保证日粮的全价和平衡，尤其是某些维生素和矿物质。

三、胚胎移植

胚胎移植是将一头高产奶牛配种后的早期胚胎取出，或者由体外受精及其他方式获得的胚胎，移植到另一头同种的生理状态相同的母牛体内，使之继续发育成为新个体，所以也有人通俗地叫借腹怀胎。提供胚胎的个体称为供体，接受胚胎的个体称为受体。胚胎移植实际上是产生胚胎的供体和养育胚胎的受体分工合作共同繁殖后代的过程。

（一）胚胎移植的意义

1. 可充分发挥高产奶牛的繁殖潜力，提高繁殖效率 作为供体的高产奶牛，由于省去了很长的妊娠期，繁殖周期无形中缩短了，更重要的是通常都实行超数排卵处理，一次即可获得多枚胚胎，所以，不论在一次配种后或从一生来看，都能产生更多的后代，比在自然情况下增加若干倍。一般情况下，1 头优良成年母牛一年只能繁殖 1 头犊牛，应用胚胎移植技术，一年可得到几头至几十头优良母牛的后代，大大加速了良种牛群的建立和扩大。

2. 可以缩短奶牛世代间隔，加快遗传进展 通过超数排卵和胚胎移植技术（MOET）可使供体牛繁殖的后代增加 7～10 倍。在奶牛育种工作中，应用 MOET，可以加大选择强度，可以提高选择准确性，可以缩短世代间隔。对于加快遗传进展尤为重要。

3. 胚胎移植还可以代替种畜的引进 胚胎的冷冻保存可以使胚胎的移植不受时间和地点的限制,可通过胚胎的运输代替种牛的进出口,大大节约购买和运输种畜的费用。

4. 诱发奶牛产双胎 对发情的母牛配种后再移植一个胚胎到排卵对侧子宫角内。这样配种后未受孕的母牛可能因接受移植的胚胎而妊娠,而配种后受母牛则由于增加了一个移植的胚胎而怀双胎。另外,也可对未配种的母牛在两侧子宫角各移植一个胚胎而怀双胎,从而提高生产效率。

(二)胚胎移植的基本原则

1. 胚胎移植前后所处环境的同一性

(1)供体和受体在分类学上的相同属性:即二者属于一个物种,但这并不排除异种(在动物进化史上,血缘关系较近,生理和解剖特点相似)之间胚胎移植成功的可能性。

(2)生理上的一致性:即受体和供体在发情时间上的同期性,也就是说移植的胚胎与受体在生理上是同步的,在胚胎移植实践中,一般供、受体发情同步差要求在±24 h内,发情同步差越大,移植妊娠率越低,以至不能妊娠。

(3)解剖部位的一致性:即移植后的胚胎与移植前,所处的空间部位的相似性。也就是说,如果胚胎采自供体的输卵管,那么把胚胎也要移植到受体的输卵管,如果胚胎采自供体的子宫角,那么胚胎也需移植到受体的子宫角。

2. 胚胎发育的期限 胚胎采集和移植的期限(胚胎的日龄)不能超过周期黄体的寿命。最迟要在受体周期黄体退化之前数日进行,当然更不能在胚胎开始附植之时进行。通常是在供体发情配种后 3～8 d 内采集胚胎,受体也在相同时间接受胚胎移植。

3. 胚胎的质量 从供体采到的胚胎并不是每个都具有生命力,胚胎需经过严格的鉴定,确认发育正常者(可用胚胎)才能移植。此外,在全部操作过程中,胚胎不应受任何不良因素的影响而危机生命力。

4. 供、受体的状况 包括以下两个方面:

(1)生产性能和经济价值:生产性能供体要高于受体,经济价值供体要大于受体,这样才能体现胚胎移植的优越性。

(2)全身及生殖器官的生理状态:供、受体应健康,营养良好,体质健壮,特别是生殖器官具有正常生理机能,否则会影响胚胎移植的效果。

(三)胚胎移植技术程序

胚胎移植的主要技术程序包括：供、受体选择，供、受体同期发情处理、超数排卵、供体的配种、胚胎采集技术、胚胎鉴定与保存技术、胚胎的移植技术(图 5-4)。

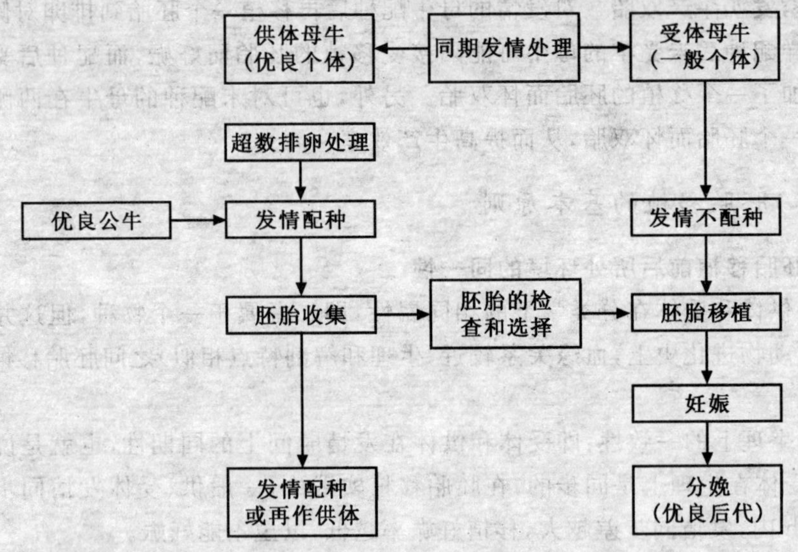

图 5-4　胚胎移植技术程序示意图

1. 供、受体的选择

(1)供体的选择：首先，应具有较高的生产性能和育种价值。供体奶牛最好能有一次完整的产奶记录，以衡量其种用价值。其次，生殖机能应处于较高的水平。应选择繁殖力高、具有正常的发情周期，生殖器官正常无疾病的母牛。最好是产过一两头犊，年龄 3～10 岁。对于未达到性成熟的青年母牛，只有预测其种用价值后，才有可能作为供体选择的对象。此外，供体应具有良好的繁殖能力，如易配易孕、没有遗传缺陷、无难产或胎衣不下现象、生殖器官正常无繁殖疾病、性周期正常、发情症状明显等。供体应营养良好体质健壮，健康无病。由于在进行超数排卵时供体母牛对促性腺激素反应的个体差异很大，在选择供体母牛时也应当重视其超数排卵成功的历史。

(2)受体的选择：受体母牛可选用非优良品种的个体或黄牛，但也应具有良好的繁殖性能和健康状态，体型中上等。在拥有大数量母牛的情况下，可以选择自然发情与供体发情时间相同或相近的母牛，一般两者发情时间不宜超过±24 h。由于在一般情况下往往不易找到足够的合适的母牛作为受体，所以大都需要对供体和受体进行同期发情处理。

用黄牛做受体是我国牛胚胎移植的特点。如何选择好受体黄牛十分重要。黄牛做受体，最大的问题，一是体小，易发生难产；二是营养差，影响移植效果。为解决好上述两个难题，在选择受体牛时除具有良好繁殖机能和健康体质外，还应满足以下标准：体高 112 cm 以上，体斜长 140 cm 以上。骨盆较宽大，因骨盆大小不能直接测定，可依十字部宽 45 cm、坐骨结节宽 13 cm、尻长 45 cm 以上作为间接判断的标准。营养状况（膘情）中上等，以保证黄牛常年正常发情。

2. 受体的同期发情和供体的超数排卵（见本节一、本节二）。

3. 胚胎的采集

（1）采集时间的确定：胚胎的采集就是利用冲卵液将胚胎由生殖道（输卵管或子宫）中冲出，并收集在器皿中。胚胎采集采用非手术法。采卵时间要考虑到配种时间、发生排卵的大致时间、胚胎的运行速度和胚胎在生殖道的发育速度等因素，牛 4 d 的胚胎（16 细胞）处于输卵管中，3～4 d 后进入子宫，7～8 d 形成囊胚。通常母牛在发情配种后 7 d(6～8 d)采用非手术法进行胚胎采集。

（2）奶牛胚胎的非手术采集方法：主要适合 6～8 d 的胚胎，具体做法如下。如图 5-5、图 5-6 所示，供体牛在采胚前要禁食 24 h，将采胚的供体牵入保定架内，呈前高后低姿势。于采胚前 10 min 对其进行麻醉，大都采用在尾椎硬膜外注入 2%的普鲁卡因 4～5 mL ，或颈部或臀部肌肉注射 2%静松灵 2 mL 左右。在麻醉的同时对外阴部清洗或消毒，用消毒液（如来苏儿）清洗外阴，然后用净水冲洗并擦干。为利于采卵管的通过，事先用消过毒的扩张棒进行宫颈扩张，青年牛尤为必要，成年母牛也可不进行扩张。把采胚管消毒后用冲胚液冲洗，并检查气囊是否完好，将消毒的不锈钢导杆插入采胚管内。为防止阴道的异物感染采胚管，通常先用开膣器扩张阴道，将采胚管通过开膣器插入子宫颈外口后，再把开膣器退出。操作者将手伸入直肠，清除母牛粪便，并检查两侧卵巢黄体数目，然后，一手通过直肠把握子宫颈，另一手将二路式或三路式采胚管经子宫颈缓缓导入一侧子宫角基部，此时抽出部分不锈钢导杆，操作者继续向前推进采胚管，当达到子宫角大弯处时，由进气口注入一定量的气体，充气量 10～20 mL，充气量的多少依子宫角粗细以及导管插入子宫角的深浅而定。充气量掌握适当，充气量太小，气囊太松，冲卵液可能沿子宫壁漏掉；充气量太大，容易造成子宫内膜破裂导致流血。认为气囊位置和充气量合适时，抽出全部不锈钢导杆，然后开始向子宫角注入冲胚液（37℃），前 2 次冲胚液对胚胎的回收很关键，一个子宫角不要充得太满，注入量一般在 30～50 mL ，充满一个子宫角，再令其流至集卵器，以后液量逐渐增加，与此同时隔着直肠轻轻按摩子宫，最好用手在直肠内将子宫提起，这样多次重复冲洗，直至用完 400～500 mL 冲胚液。一侧冲洗结束后，将气囊气放掉。可将采胚管在子宫内换侧，也可用另一根采胚管插入对侧子宫角，按前述方法进行冲洗。

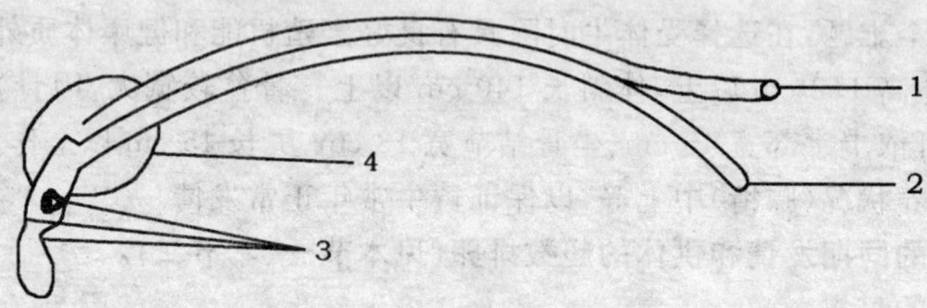

1. 空气管 2. 进出水管 3. 进出水孔 4. 气囊

图 5-5 二路式采卵器剖面结构

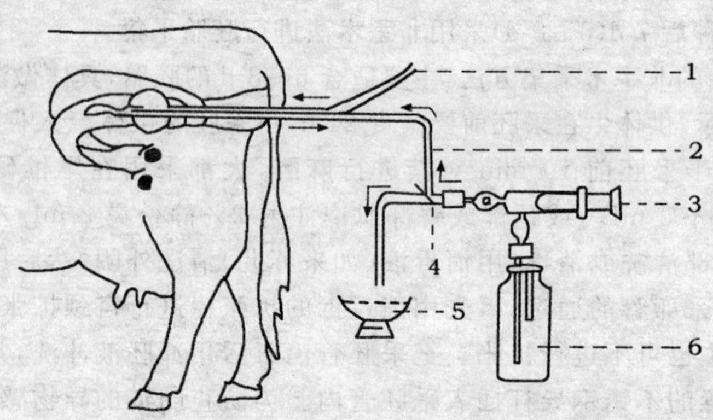

1. 空气 2. 三通管 3. 连续注射器 4. 夹子 5. 集卵器 6. 冲洗液

图 5-6 非外科手术采卵过程示意图

冲胚液用杜氏磷酸盐缓冲液（PBS），其配方为（mg/1 000 mL）：NaCl 8 000；KCl 200；$CaCl_2$ 100；$MgCl_2 \cdot 6H_2O$ 100；Na_2HPO_4 1 150；KH_2PO_4 200；葡萄糖 1 000；丙酮酸钠 36；牛血清白蛋白 4 000。每毫升冲胚液加入青霉素 1 000 IU、链霉素 500～1 000 μg，以防止生殖道的感染。冲胚液使用的温度为 35～37℃。

冲洗结束后向子宫及生殖道内注入青霉素、链霉素各一支，以防子宫感染，同时肌肉注射 $PGF_{2\alpha}$ 4 mL，溶解黄体，维持牛的正常性周期活动。

4. 胚胎的检查与鉴定

(1)胚胎检查:检查胚胎应在 20～25℃的无菌室内进行。收集到的冲胚液移至 37℃温箱内,静止 20～30 min。胚胎沉入容器底部,移去上层液,将剩余的几十毫升冲胚液倒入培养皿内,在立体显微镜下放大 10～20 倍检查胚胎数量。检出的胚胎用吸胚器移入含有 20%犊牛血清的 PBS 培养液中进行鉴定。

(2)胚胎的鉴定:移植前正确鉴定胚胎的质量,是移植能否成功关键之一。在生产实际中主要是根据形态来进行。一般是在 50～80 倍的立体显微镜下或 120～160 倍的生物显微镜下进行综合评定,评定的主要内容是:①卵子是否受精。未受精卵的特点是透明带内分布匀质的颗粒,无卵裂球(胚细胞);②透明带的规则性即形状、厚度、有无破损等;③胚胎的色调和透明度;④卵裂球的致密程度,细胞大小是否有差异以及变性情况等;⑤卵黄间隙是否有游离细胞,或细胞碎片;⑥胚胎本身的发育阶段与胚胎日龄是否一致、胚胎的可见结构如胚结(内细胞团)、滋养层细胞、囊胚腔是否明显可见。

胚胎一般分为 A、B、C 和 D 4 个等级。

A 级:胚胎发育阶段与胚龄一致,胚胎形态完整,轮廓清晰,呈球形,分裂球大小均匀,结构紧凑,色调和透明度适中,无游离的细胞和液泡或很少,变性细胞比例<10%。

B 级:胚胎发育阶段与胚龄基本一致,轮廓清晰,分裂球大小基本一致,色调和透明度及细胞密度良好,可见到一些游离的细胞和液泡,变性细胞占 10%～30%。

C 级:胚胎发育阶段与胚龄不太一致,轮廓不清晰,色调变暗,结构较松散,游离的细胞或液泡较多,变性细胞达 30%～50%。

D 级:有碎片的卵、细胞无组织结构,变性细胞占胚胎大部分(75%)。

A、B、C 级胚胎为可用胚胎,D 级为不可用胚胎。

5. 胚胎的保存　胚胎保存是指在体外条件下将胚胎贮存起来而不使其失去活力,是胚胎移植的重要程序之一。

(1)常温保存:指胚胎在常温(15～25℃)下保存,胚胎存活期为 10～20 h。在生产中,通常采用含 20%犊牛血清的 PBS 保存液,可保存胚胎 4～8 h。

(2)低温保存:指在 0～10℃的较低温度下保存胚胎的方法。在此温度下,胚胎细胞分裂暂停,新陈代谢速度显著减慢,所以较常温保存时间延长,但也只能维持有限的时间,不能达到长期保存的目的。其优点是操作简便,不需加入抗冻剂、冷冻和解冻处理,能保存数天。适用于胚胎移植的培养液均可用作保存液,生产中通常采用的保存液为改良的 PBS 液。牛胚胎低温保存的适宜温度为 0～6℃。

(3)冷冻保存:胚胎冷冻保存是指在干冰(－79℃)或液氮(－196℃)中保存胚

胎。该项技术可以使胚胎移植不受时间、地域的限制，有利于胚胎移植技术的推广应用，同时为引种和品种资源保护开辟了新途径。

方法一：逐步降温法（快速冷冻法）。①胚胎的采集及鉴定。将合格胚于含20%犊牛血清的PBS液中冲洗两次；②加入冷冻液。将胚胎在室温（20～25℃）条件下直接移入1.4 mol/L甘油的PBS液中平衡5～10 min（或分0.45 mol/L，0.9 mol/L，1.4 mol/L甘油三步进行甘油平衡，每步平衡5～10 min），然后将胚胎吸入塑料细管中。吸入胚胎前，先吸入加有抗生素的含20%犊牛血清的PBS液，后留0.3 cm的空气，再吸入带有胚胎的1.4 mol/L甘油的PBS液，再留0.3 cm的空气，然后再吸入含1 mol/L蔗糖的溶液，最后将细管封口。并在细管外标记供体牛号、编号、等级和冷冻日期；③冷冻、植冰及贮存。将装入胚胎的细管放入冷冻仪进行降温。先以每分钟1℃的速率从室温降至－6～－7℃植冰（诱发结晶），然后以每分钟0.3℃的速率降至－35～－38℃，之后投入液氮中长期贮存；④解冻。在1 min左右的时间内，从液氮中取出装胚胎的细管直接放入25～37℃水浴中使胚胎解冻；⑤脱除抗冻剂。擦净细管，剪开。把解冻后的胚胎先放入1.4 mol/L甘油的PBS液中平衡5 min，然后移入含0.9 mol/L甘油的PBS液中平衡5 min，再移入含0.45 mol/L甘油的PBS液中平衡5 min，最后将胚胎用不含抗冻剂的20%血清PBS液中冲洗3～4遍。即可装管移植。

方法二：玻璃化冷冻法。玻璃化冷冻法是基于胚胎在0℃以上的温度下，置于高浓度且急速降温时易形成玻璃化的溶液中平衡后，直接投入液氮中，使细胞内、外液皆形成玻璃化状态，胚胎不会发生死亡的构思建立起来的一种快速胚胎冷冻方法。这种方法不需要程序降温仪进行慢速降温过程。玻璃化冷冻法所采用的抗冻液，投入液氮中冷冻后细胞内、外液皆无冰晶生成，即称为玻璃化溶液。此溶液是以PBS为基础液，添加高浓度的抗冻保护剂配制而成。桑润滋等研制的玻璃化溶液的组成为含40%乙二醇、18%聚蔗糖和0.3 mol/L蔗糖的PBS液（简称EFS40）。①冷冻。冷冻前将冷冻液及其器械在20℃室温下平衡1～2 h，用0.25 mL塑料细管依次吸入0.5 mol/L蔗糖、空气、EFS40、空气、EFS40，平行放于操作台上。将胚胎在10%乙二醇溶液中平衡5 min，用移液管移入塑料细管的EFS40中平衡30 s，将塑料细管继续吸入空气、EFS40、空气、0.5 mol/L蔗糖后，用聚乙烯醇粉将塑料细管封口，把含有胚胎的细管一端直接插入液氮，另一半用液氮熏蒸冷冻，待蔗糖部分冻结后放入液氮罐中长期保存。②解冻与脱除抗冻剂。用镊子将盛有胚胎的塑料细管从液氮中取出后，平行置于20℃水浴中轻轻摆动10 s。待细管中蔗糖液由乳白色变为透明后，擦去细管表面水分，剪掉两端口，用吸有0.5 mol/L蔗糖的注射器将细管内容物冲入表面皿内，在实体显微镜下回收胚胎，然后将胚胎移入0.5 mol/L蔗糖液中平衡5 min去除乙二醇，再用培养液

(PBS液)洗涤胚胎两次,除去蔗糖后,对胚胎进行鉴定,可用者待移植。

6. 胚胎的移植　对于牛来讲,通常采用非手术法移植。

将鉴定为可用的胚胎吸入0.25 mL塑料管内,胚胎和培养液按图5-7所示吸入。然后,隔着细管在立体显微镜下检查以确定胚胎是否在培养液中。然后将细管(有海绵塞端向后)装入移植器中待移。

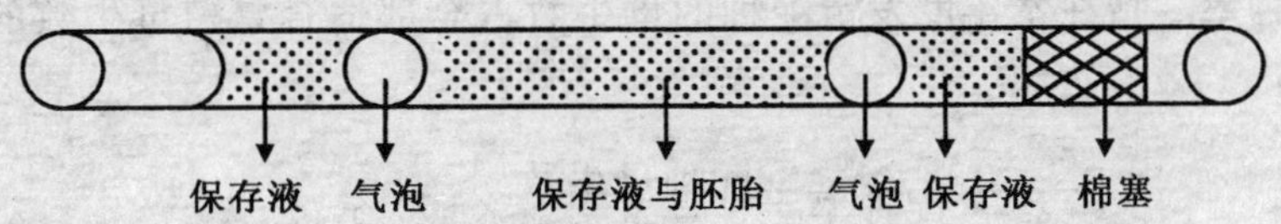

图5-7　胚胎吸入细管示意图

受体保定、消毒和麻醉与供体相同。移植者先把受体直肠内的宿粪掏净,然后把手放入直肠内,检查确定黄体位于哪一侧并记录发育状况,分开受体阴唇,移植者将移植器插入阴道,为防止阴道污染移植器,在移植器外套上经消毒的塑料薄膜,当移植器前端进入子宫颈外口时,将塑料薄膜撤回。按直肠把握输精的方法使移植器进入子宫颈,由于受体大都处于发情后6～8 d,子宫颈口封闭较紧,尤其青年受体,因此通过子宫颈口比发情输精时困难,移植者要谨防损伤子宫颈,当移植器通过子宫、子宫体到达子宫角时,将胚胎注入。

目前鲜胚移植成功率达60%～70%,冻胚达45%～50%。影响胚胎移植妊娠效果的因素是多方面的,而且各种因素都相互制约。加之胚胎损失的原因很复杂,涉及到生理、内分泌、遗传、免疫和环境等因素。胚胎方面的因素包括胚胎的质量、胚胎发育阶段、移植胚胎的数量、提供胚胎的供体、胚胎在体外停留的时间、鲜胚和冻胚等;母体因素包括供体受体发情同期化程度、受体的孕酮水平、移植黄体同侧与对侧、移植部位、受体的营养、受体子宫、卵巢的生理状况等;其他因素包括发情的一致性、移植法、移植器械污染程度以及操作者的熟练程度等。

第八节　提高繁殖力的措施

一、母牛繁殖力的概念

母牛的繁殖力主要是生育后代的能力和哺育后代的能力,它与性成熟的迟早、发情周期正常与否、发情表现、排卵多少、卵子受精能力、妊娠、泌乳量高低等有密切关系。

二、衡量母牛繁殖力的主要指标

1. 配种率 指在本年度发情配种的母牛数占全部适合繁殖母牛数的百分比。计算公式：

$$配种率=\frac{配种母牛数}{适繁母牛数}\times100\%$$

2. 受胎率 指受胎母牛数占配种母牛数的百分率。

(1)年总受胎率：指本年度末受胎母牛数占本年度参加配种母牛数的百分率。计算公式：

$$年总受胎率=\frac{受胎母牛数}{配种母牛数}\times100\%$$

(2)情期受胎率：指在本年度内受胎母牛数占参加配种母牛输精总情期数的百分率。计算公式：

$$情期受胎率=\frac{年受胎母牛数}{年输精总情期数}\times100\%$$

3. 分娩率 指本年度内分娩母牛数占受胎母牛数的百分率。计算公式：

$$分娩率=\frac{分娩母牛数}{受胎母牛数}\times100\%$$

4. 犊牛成活率 指断奶成活的犊牛数占本年度出生犊牛数的百分率。计算公式：

$$犊牛成活率=\frac{成活犊牛数}{出生活犊牛数}\times100\%$$

5. 繁殖率 指本年度内出生的犊牛数占本年度初适繁成母牛头数的百分率。计算公式：

$$繁殖率=\frac{出生活犊牛数}{适繁母牛数}\times100\%$$

6. 繁殖成活率 指断奶成活的犊牛数占本年度初适繁成母牛头数的百分率。

计算公式：

$$繁殖成活率=\frac{成活犊牛数}{适繁母牛数}\times 100\%$$

7. 产犊间隔 指母牛相邻两次产犊间隔的天数，又称胎间距。牛群的平均胎间距计算公式：

$$平均胎间距(d)=\frac{\sum 胎间距}{n}$$

式中：$\sum$ 胎间距为 n 个胎间距的合计天数，n 为总产犊胎数。

三、提高肉牛繁殖力的措施

提高奶牛繁殖力的措施必须从提高公牛和母牛繁殖力两方面着手，充分利用繁殖新技术，挖掘优良公、母牛的繁殖潜力。

（一）保证奶牛正常的繁殖机能

1. 加强种牛的选育 繁殖力受遗传因素影响很大，不同品种和个体的繁殖性能也有差异。尤其是种公牛，其精液品质和受精能力与其遗传性能密切相关，而精液品质和受精能力往往是影响卵子受精、胚胎发育和幼犊生长的决定因素，其品质对后代群体的影响更大，因此，选择好种公牛是提高家畜繁殖率的前提。母牛的排卵率和胚胎存活力与品种有关。

2. 及时淘汰有遗传缺陷的种牛 每年要做好牛群整顿，对老、弱、病、残和经过检查确认已失去繁殖能力的母牛，应有计划地定期清理淘汰。异性孪生的母犊中约有 95％无生殖能力，公犊中约有 10％不育，应用染色体分析技术在犊牛出生后进行检测，及时淘汰遗传缺陷牛，可以减少不孕牛的饲养数，提高牛群的繁殖率。公牛隐睾、公母牛染色体畸变，都影响繁殖力。某些屡配不孕的、习惯流产可胚胎死亡及初生犊牛活力降低等生殖疾病等，也与遗传有关。对于这些遗传缺陷动物，最经济有效的办法是及时淘汰。

3. 科学的饲养管理 加强种牛的饲养管理，是保证种牛正常繁殖机能的物质基础。

（1）确保营养均衡：营养对母牛的发情、配种、受胎以及犊牛的成活起决定性的作用。推广配合饲料的使用，保证维持生长和繁殖的营养平衡，从而保持良好的膘情和性欲。营养缺乏会使母牛瘦弱,内分泌活动受到影响,性腺机能减退,生殖机能紊乱,常出现不发情,安静发情、发情不排卵等。种公牛表现精液品质差,性欲下降等。

(2)防止饲草饲料中有毒有害物质中毒:豆科牧草和葛科牧草中存在的植物雌激素,既可影响公牛的性欲和精液品质,又可干扰母牛的发情周期,还可引起流产等。因此,在奶牛的饲养中应不用或少用这类饲草饲料。此外,饲料生产加工和贮存过程也有可能污染或产生某些有毒有害物质。如生产过程中的农药污染,加工和贮存过程中有可能发生霉变,产生诸如黄曲霉毒素类的生物毒性物质。这些物质对精子生成、卵子和胚胎发育均有影响。因此,在饲养过程中应尽量避免。

(3)创造理想的环境条件:环境因子如季节、温度、湿度和日照,都会影响繁殖。不论过高过低的温度,都可降低繁殖效率。在我国多数地区夏季炎热,冬季又较寒冷,所以,牛的繁殖率最低。春、秋两季温度适宜,繁殖率自然最高,冬季发情、受胎少的原因是日照短和粗料中维生素含量低。夏季高温会缩短发情持续期并减少发情表现。泌乳母牛在炎热的气候下,由于孕酮分泌的增加而造成不发情。高温还明显增加胚胎的死亡率。为了达到最大的繁殖效率,必须具备最理想的环境条件,如凉爽的气候、低的湿度、长的日照和丰富的营养。

(二)加强繁殖管理

繁殖是奶牛生产中联系各个环节的枢纽。繁殖与产乳关系极为密切,为了增加产乳收入和增殖犊牛的收入,必须提高奶牛的繁殖力,而做好繁殖管理是提高奶牛繁殖力的重要保证。

1. 做好发情鉴定和适时配种 发情鉴定的目的,是掌握最适宜的配种时机,以便获得最好的受胎效果。对牛来说,配种前除作表观行为观察和黏液鉴定外,还应进行直肠检查即通过直肠触摸卵巢上的卵泡发育情况,以便根据卵泡发育情况,适时输精,此法是目前准确性最高的方法。此外,应用酶免疫测定技术测定乳汁、血液或尿液中的雌激素或孕酮水平,进行发情鉴定的准确性也很高,而且操作方便,结果判断客观。

目前,奶牛的配种很大程度上采用了人工授精技术,因此在人工输精过程中一定要遵守操作规程,从发情鉴定,清洗消毒器械、采精、精液处理、冷冻、保存及输精,是一整套严密的操作,各个环节紧密联系,任何一个环节掌握不好,都会影响受胎率。

2. 进行早期妊娠诊断,防止失配空怀 为了及时掌握母牛输精后妊娠与否,定期进行妊娠检查,对提高牛群繁殖率,减少空怀具有极为重要的意义。通过早期妊娠诊断,能够及早确定母牛是否妊娠,做到区别对待。对已确定妊娠的母牛,应加强保胎,使胎儿正常发育,可防止孕后发情造成误配。对未孕的母牛,应认真及时找出原因,采取相应措施,不失时机的补配,减少空怀时间。

3. 预防和治疗屡配不孕　屡配不孕是引起母牛情期受胎率降低的重要原因。引起动物屡配不孕的因素很多,其中最主要的因素是子宫内膜炎和异常排卵。而胎盘滞留是引起子宫内膜炎的主要原因。因此,从动物分娩开始,重视产科疾病和生殖道疾病的预防,对于提高情期受胎率具有重要意义。

4. 降低胚胎死亡率　牛的胚胎死亡率是相当高的,最高可达 40%～60%,一般可达 10%～30%。胚胎在附植前容易发生死亡,附植后也可发生死亡,但比率较低。造成胚胎死亡的因素是多方面的。

(1)营养及管理失调:一般营养缺乏及某些微量元素不足,缺少维生素,特别是维生素 A 不足表现得明显,母牛缺乏运动,也会使胚胎死亡数增多,另外,饲料中毒、农药中毒以及妊娠牛患病,都可造成胚胎死亡。

(2)生殖细胞老化:精子和卵子任何一方在衰老时结合都容易造成胚胎死亡。老龄公母牛交配、近亲繁殖会使胚胎生活力下降,也能导致胚胎死亡率增加。

(3)在妊娠过程中,子宫感染疾病也是造成胚胎死亡的重要原因:如子宫感染大肠杆菌,链球菌、结核菌、溶血性葡萄球菌等都会引起子宫内膜炎,从而引起胚胎死亡。

5. 控制繁殖疾病　预防和治疗公牛繁殖疾病,如隐睾、发育不全、染色体畸变、睾丸炎、附睾炎、外生殖道炎等引起的繁殖障碍,提高公牛的交配能力和精液品质,从而提高母牛的配种受胎率和繁殖率。

母牛的繁殖疾病主要有卵巢疾病、生殖道疾病、产科疾病 3 大类。卵巢疾病主要通过影响发情排卵而影响受配率和配种受胎率,有些疾病也可引起胚胎死亡和并发产科疾病;生殖道疾病主要影响胚胎的发育与成活,其中一些还可引起卵巢疾病;产科疾病可诱发生殖道疾病和卵巢疾病,甚至引起母体和胎犊死亡。因此,控制公、母牛的繁殖疾病对提高繁殖力十分有益。

(三)推广应用繁殖新技术

对公牛来说,人工授精目前已经普及,现在主要任务是严格和改进操作程序,引进国外先进的精液品质评定方法和精液保存新方法,提高人工授精的受胎率。提高母牛繁殖利用率的新技术主要有超数排卵和胚胎移植、胚胎分割技术、卵母细胞体外培养和体外成熟技术。这些技术已经在一定范围内得到应用。由于应用这些新技术的成本较高,所以一般用在良种的培育和引进新品种,这样可以提高优秀种母牛的繁殖效率，取得更可观的经济效益。

第九节 奶牛繁殖技术管理规程

一、总 则

(1)为减少人为和环境因素对乳用种牛繁殖过程中的不良影响，充分发挥其繁殖潜力，提高饲养奶牛的经济效益，特制定本规程。

(2)本规程适用于乳用种公牛站、乳用生产企业及相关技术服务单位。

(3)在执行过程中，规程内容将随着繁殖技术的进步和生产发展的需要不断加以完善。

二、种公牛繁殖的技术管理

(一)基本要求和繁殖目标

(1)种公牛系谱至少三代清楚，并经后裔测定或其他方法证明为良种者。

(2)种公牛必须体质健壮，生殖器官发育正常，无繁殖障碍和传染病。

(3)开始采精年龄不得低于 14 月龄，体重不得低于 400 kg。

(4)全年冻精合格率不低于 60%，年生产量不得低于 1 万个剂量。

(二)采精管理

(1)根据育种(改良)计划、冻精销售情况、种公牛利用频率及种公牛饲养状况，做好采精计划，并精心组织实施。

(2)采精场所应整洁、防尘和地面平坦，并铺设防滑垫和安全栏。

(3)所有采精器具每次使用前均需清洗消毒，未经消毒不得重复使用。假阴道用后清洗干净，一般采用 75%酒精及紫外线灯进行消毒，用前检查、安装、保温备用。玻璃及金属器械可蒸煮消毒 15 min，有条件的可用高压灭菌锅消毒。

(4)采精后应清洗消毒台畜或假台畜。使用前应再次消毒后使用。做好采精牛平时的阴毛修剪和采精时的包皮冲洗、消毒以及公牛后躯的卫生工作。

(5)成年种公牛每周采精 2 次，每次不得超过 2 回。采精前做空爬 1～2 次。

采精时要求假阴道温度在37～40℃，松紧适宜，润滑剂涂抹深度不得超过1/2。

(6)采精时要做到人牛固定，动作规范，手法正确，不得粗暴，保证公牛射精充分。做到诱导采精由公牛阴茎自行伸入假阴道，射精后随公牛下落，让阴茎慢慢回缩自动脱落。

(7)采精员要随时注意种公牛的反应及性行为过程是否正常。既要保证人员安全，又要保证公牛安全。

(三)日常管理

(1)按种公牛的发育阶段和营养需要做好日粮配合。

(2)种公牛每天饮水3～4次，每次0.5～1 h。夏季可全天自由饮水，但应保证每天3次清洁水槽。在运动及采精后要防止立即饮水。

(3)保证每头公牛有足够的运动量。场地应铺垫10 cm厚的细沙，应保证公牛每天运动1～2 h。必要时可牵遛或驱使运动。如当日采精，可适当减少运动。

(4)每天刷拭牛体2次。以头颈和后躯清洁为重点，夏季每天2次喷淋或冲刷牛体。

(5)每月称重1次，并根据体重和膘情来调整日粮及饲养管理计划。

(6)每年修蹄2次。每周应检查、清理蹄壁及蹄叉1次。

(7)每周修剪阴茎周围长毛1次，每月修剪尾毛1次。平时注意对种公牛生殖器官的护理，防止各种因素造成的伤害。青年牛在首次采精前，对生殖器官全面检查1次，成年公牛每年检查1次，发现异常问题时要及时查明原因并酌情进行治疗或淘汰。

(8)建立兽医卫生保健制度。每年春、秋两次进行检疫、防疫及驱虫。每半月定期对环境消毒1次。每季度进行1次全面消毒。

三、乳用母牛繁殖的技术管理

(一)繁殖指标

(1)年总受胎率≥90%。

(2)年平均情期受胎率≥55%。

(3)年平均胎间距≤390 d。

(4)年繁殖率≥85%。

(二)人工授精技术管理

(1)配种母牛要求

①育成母牛满 16 月龄或体重达到 385 kg 以上开始配种。

②成年母牛产后第一次配种时间掌握在产后 50～90 d,膘情中等以上。

③配前要对母牛进行检查,对患有生殖疾病的牛不予配种,应及时治疗或淘汰。

(2)发情鉴定

①以外部观察法为主,结合直肠检查。

②外部观察:母牛阴门肿胀并流出玻璃棒状透明黏液;食欲减退,精神兴奋,哞叫不停;接受其他牛爬跨,站立不动。

③直肠检查,触感卵巢上有明显滤泡发育者为发情牛。

(3)人工授精技术

①检精室要求保持干净、卫生,不得存放有刺激气味物品,禁止吸烟。除操作人员外,其他人一律禁止入内。室温应保持 18～25℃。

②所用输精器械必须严格消毒,玻璃用具应在每次使用后彻底洗涤、冲洗,然后放干燥箱内经 170℃消毒 2 h 或蒸煮消毒 0.5 h;开膣器等金属用具可冲洗后浸入消毒液中消毒或使用前酒精火焰消毒。输精器每牛每次 1 支,不得重复使用。使用带塑料外套细管输精器输精时,塑料外套应保持清洁,不被细菌污染,仅限使用 1 次。

③输精前进行精液品质检查,精子活力达 0.35 以上,直线运动精子数颗粒精液在 1 200 万以上,细管精液在 1 000 万以上方可输精。

④采用直肠把握输精。输精时机掌握在发情中、后期。一个发情周期输精 1～2 次,每次 1 个剂量精液。

⑤配种全过程严格按人工授精卫生要求进行。

(三)妊娠诊断和管理

(1)妊娠诊断进行两次,第一次于输精后 60 d 进行,第二次在停奶前进行。

(2)采用直肠检查法、腹壁触诊法、超声诊断法等确定妊娠与否。

(3)妊娠母牛要加强饲养管理。保持中上等体况,做好保胎工作。

(四)产科管理

(1)母牛应以自然分娩为主,需助产时严格按产科要求进行。

(2)产后 6 d 内，观察母牛产道有无损伤，发现损伤要及时处理。

(3)产后 12 h 内，观察母牛努责情况。发现努责强烈，要注意子宫内有无胎儿和子宫脱征兆。发现子宫脱要及时处理。

(4)产后 24 h 内观察胎衣排出情况。发现胎衣滞留应及时处理。

(5)产后 15 d 左右观察恶露排净程度及黏液的洁净程度。发现异常要酌情处理。

(6)产后 30～40 d 通过直肠检查子宫复旧情况。发现子宫复旧不全要及时治疗。

(7)为促进母牛产后生殖机能恢复，提早发情配种时间，对产后母牛加强饲养管理。

(8)异性双胎母犊不留作繁殖用。

(五)繁殖障碍牛的管理

(1)对产后 60 d 未发情或发情后 40 d 以上不再发情的未配牛、妊娠检查发现的未妊娠牛要查明原因，必要时进行诱导发情。

(2)对输精两次以上未妊娠的牛，要进行直肠检查，发现病症及时处理。

(3)对产后半年以上的未妊娠牛要组织会诊。

(4)对早期胚胎死亡、流产、早产牛，要分析原因，必要时进行流行病学调查，并采取相应措施。

(5)对屡配不孕(3 个情期以上)或屡治不育的母牛要及时淘汰。

(六)繁殖记录及统计报表记录

(1)建立发情、配种、妊娠、流产、产犊、产科管理及繁殖障碍牛检查、处理等记录。原始记录必须真实。

(2)要认真做好各项繁殖指标的统计，数字要准确。

(3)建立繁殖月报、季报和年报制度。

第六章　奶牛对营养物质的消化与利用

第一节　奶牛的消化道结构

由口腔到肛门之间的一条长的食物通道称为消化道，而将消化道以及与消化道有关的附属器官统称为消化系统。消化道起于口腔，经咽、食管、胃、小肠（包括十二指肠、空肠和回肠）、大肠（包括盲肠、结肠和直肠），止于肛门。附属消化器官有唾液腺、肝脏、胰腺、胃腺和肠腺。

一、唾液腺和食管沟

1. 唾液腺　唾液腺位于口腔，分泌唾液。牛的唾液腺有腮腺、颌下腺、舌下腺、咽腺、舌腺、颊腺、唇腺等。反刍动物唾液分泌的数量很大。据统计，每日每头牛的唾液分泌量为100～200 L，唾液分泌具有两种生理功能，其一是促进形成食糜；其二是对瘤胃发酵具有巨大的调控作用。唾液中含有大量的盐类，特别是碳酸氢钠和磷酸氢钠，这些盐类担负着缓冲剂的作用，使瘤胃pH值稳定在6.0～7.0之间，为瘤胃发酵创造良好条件。同时，唾液中含有大量内源性尿素。对反刍动物蛋白质代谢的稳衡控制、提高氮素利用效率起着十分重要的作用。

2. 食道与食管沟　食道系自咽通至瘤胃的管道，成年牛长约1.1 m，草料与唾液在口腔内混合后通过食道进入瘤胃，瘤胃内容物又定期地经过食道反刍回到口腔，经细嚼后再行咽下。

食管沟从贲门起始到重瓣胃止，由两片肌肉褶构成。当肌肉褶关闭时，形成一个管沟，可使饲料直接由食道进入真胃，避开瘤胃发酵。食管沟是犊牛吮吸奶时把奶直接送到皱胃的通道，它可使吮吸的乳中营养物质躲开瘤胃发酵，直接进入皱胃和小肠，被机体利用。这种功能随犊牛年龄的增长而减退，到成年时只留下一痕迹，闭合不全。

二、复胃结构

牛的胃为复胃，包括瘤胃、网胃、瓣胃和皱胃 4 个室。前 3 个室的黏膜没有腺体分布，相当于单胃的无腺区，总称为前胃。皱胃黏膜内分布有消化腺，机能与单胃相同，所以又称之为真胃。4 个胃室的相对容积和机能随牛的年龄变化而发生很大变化。初生犊牛皱胃约占整个胃容积的 80%或以上，前两胃很小，而且结构很不完善，瘤胃黏膜乳头短小而软，微生物区系还未建立，此时瘤胃还没有消化作用，乳汁的消化靠皱胃和小肠。随着日龄的增长，犊牛开始采食部分饲料，瘤胃和网胃迅速发育，瘤胃黏膜乳头也逐渐增长变硬，并建立起较完善的微生物区系，3～6 月龄时已能较好地消化植物饲料。而皱胃生长较慢。

1. 瘤胃 瘤胃容积最大，通常占据整个腹腔的左半，为 4 个胃总容积的 78%～85%。瘤胃虽不能分泌消化液，但胃壁强大的纵形肌环能够强有力地收缩和松弛，进行节律性蠕动，以搅拌食物。胃黏膜表面有无数密集的角质化乳头，尤其是瘤胃背囊部“黏膜乳头”特别发达，有利于增加食糜与胃壁的接触面积和揉磨。瘤胃内存在大量微生物，对食物分解和营养物质合成起着极其重要的作用。从而使瘤胃成为牛体的一个庞大的、高度自动化的“饲料发酵罐”。

2. 网胃 网胃在 4 个胃中容积最小，成年牛的网胃占 4 个胃总容积的 5%。网胃的上端有瘤网口与瘤胃背囊相通，瘤网口下方有网瓣孔与瓣胃相通。网胃壁黏膜形成许多网格状皱褶，形似蜂巢，并布满角质化乳头，因此，又称网胃为蜂巢胃。

3. 瓣胃 瓣胃呈球形，很坚实，位于右季肋部、网胃与瘤胃交界处的右侧。成年牛瓣胃占 4 个胃总容积的 7%～8%。瓣胃的上端经网瓣口与网胃相通，下端有瓣皱口与皱胃相通。瓣胃黏膜形成百余叶瓣叶，从纵剖面上看，很像一叠“百叶”，所以俗称“百叶肚”。瓣胃的作用是对食糜进一步研磨，并吸收有机酸和水分，使进入真胃的食糜更细，含水量降低，利于消化。

4. 皱胃 皱胃位于右季肋部和剑状软骨部，与腹腔低部紧贴。皱胃前端粗大，称胃底，与瓣胃相连；后端狭窄，称幽门部，与十二指肠相接。皱胃黏膜形成 12～14 片螺旋形大皱褶。围绕瓣皱口的黏膜区为贲门腺区；近十二指肠黏膜区为幽门腺区；中部黏膜区为胃底腺区。皱胃分泌的胃液含有胃蛋白酶和胃酸，以消化来自前胃的食糜。

三、肠

1. 小肠 据测定,牛的肠长和体长比为 27∶1;牛的小肠特别发达,长 27～49 m。食糜进入小肠后,在消化液的作用下,大部分可消化的营养物质可被充分消化吸收。

2. 盲肠、结肠 牛等反刍动物两大发酵罐同时并存,据报道,反刍动物的盲肠和结肠也进行发酵作用,能消化饲料中纤维素的 15%～20%。纤维素经发酵产生大量挥发性脂肪酸,可被机体吸收利用。

由于复胃和肠道长的缘故,食物在牛消化道内存留时间长,一般需 7～8 d 甚至 10 d 以上的时间,才能将饲料残余物排尽。因此,牛对食物的消化吸收比较充分。

第二节 奶牛的采食与反刍

一、采 食

奶牛味觉和嗅觉敏感,喜欢食用青绿、多汁饲料和精料,其次是优质青干草、低水分青贮料,最不爱吃秸秆类粗饲料。虽然牛通过训练可消耗大量的含有酸性成分的饲料,但仍喜食甜、咸味的饲料。

牛没有上门齿,采食时依靠灵活有力的舌将草料卷入口腔,依靠舌和头的摆动扯断牧草,匆匆咀嚼后便吞入瘤胃中,容易将异物吞入胃中,造成瘤胃疾病,因此应防止异物混入草料中。据测定,年产奶 8 000～9 000 kg 的奶牛,平均每昼夜采食时间为 4 h 1 min 59 s,产奶 5 000～6 000 kg 奶牛为 3 h 23 min 40 s。放牧和饲喂粗糙饲料时,采食时间延长,而喂软嫩饲料时采食时间缩短。对切短的干草比长草采食量大,对草粉采食量少。如把草粉制成颗粒饲料时,采食量可增加 50%。日粮中精料比例增加,采食量增加,但精料量占日粮干物质 70%以上时,采食量随之下降。日粮中脂肪含量超过 6%时,日粮中粗纤维的消化率下降,超过 12%时,食欲受到限制。气温过高、过低均延长采食时间。环境温度从 10℃逐渐降低时,可使牛对干物质的采食量增加 5%～10%,当环境温度超过 27℃时,食欲下降,采食量减少。因此,根据牛的采食习性,夏天应以夜饲(牧)为主,冬天则宜舍饲。日粮品质较差时,应延长饲喂时间,从而增加牛的采食量。

牛喜食新鲜的饲料，不爱吃长时间拱食而沾有鼻唇镜黏液的饲料。因此，饲喂时应做到少添、勤添，下槽后，及时清扫饲槽，把剩下的草料晾干后再喂。变更饲料种类时，要有一段适应时间。

二、反　刍

草料最初被牛咀嚼，作用是很轻微的，只是使草料与唾液充分混合，形成食团，便于咽吞，当牛于采食后休息时，才把瘤胃内容物反刍到口腔，进行充分地咀嚼。一般的牛，在 9～11 周龄时出现反刍。乳牛采食草料后，通常经过 0.5～1 h 就开始反刍，每次反刍的持续时间平均为 40～50 min，1 昼夜进行 8 次左右，牛每天花在反刍上的时间总计 7～8 h。反刍咀嚼非常重要，草料咀嚼越细，越可增加瘤胃微生物和皱胃及小肠中消化酶与食糜接触面积，喂牛常以青粗饲料为主，咀嚼就更为重要。据试验表明，1 头乳牛当饲喂由青贮、干草和谷物混合精料组成的全价日粮时，每天下颌运动需 42 000 次左右。高产牛和中产牛，反刍时间分别占昼夜 24 h 的 18.18％和 14.15％，每分钟反刍分别为 1.1 次和 1.0 次，反刍每分钟咀嚼各 60 次和 58 次。

由于牛采食快，不经细嚼即将饲料咽下，采食完以后，再行反刍。因此，给成年牛喂给整粒谷物时，大部分未经嚼碎而被咽下沉入胃底，未能进行反刍便进入瓣胃和真胃，造成过料，即整粒的饲料未被消化，随粪便排出。未经切碎或搅碎的块根、块茎类饲料喂牛，常发生大块的根茎饲料卡在食道部，引起食道梗阻，可危及牛的生命。牛的舌上面有许多尖端朝后的角质刺状突出物，故食物被舌卷入口中就难以吐出，如果饲料中混入铁钉类尖锐异性物时，就会随饲料进入胃中，当牛进行反刍，胃壁强烈收缩，尖锐物可刺破胃壁、甚至心包，引起创伤性心包炎，造成死亡。因此，喂牛的饲料应适当加工，如粗料切短，精料破碎，块根、块茎类切碎等。另外，要注意清除饲料中异物。

第三节　饲料营养物质的消化与吸收

一、瘤胃的消化及其调控

1. 瘤胃微生物　瘤胃微生物是由 60 多种细菌和纤毛原虫组成的，种类甚为复杂,并随饲料种类、饲喂制度及奶牛年龄等因素而变化。1 g 瘤胃内容物中,含细菌 150 亿～250 亿和纤毛虫 60 万～180 万,总体积约占瘤胃液的 3.6%,其中细菌和纤毛虫约各占一半。瘤胃内大量繁殖的微生物随食糜进入皱胃后,被消化液分解而解体,可为宿主动物提供大量优质的单细胞蛋白营养分。

一般情况下,瘤胃微生物的生长均处于动态环境。从理论上讲,当瘤胃微生物的外流速度与微生物的繁殖速度相一致时,则微生物的产量高,而且微生物的能量利用效率也最高。在一定范围内,微生物的产量随着瘤胃稀释率的增加而增加。

瘤胃中碳水化合物经发酵后,产生 ATP(三磷酸腺苷),对微生物的维持和生长具有重要作用。在生产实践中,常常用可消化有机物质或能量来估算微生物蛋白产量。

充足的瘤胃氮源供给,才能保证瘤胃微生物的最大生长。硫也是保证瘤胃微生物最佳生长的重要成分。瘤胃微生物的含硫氨基酸在比例上比较稳定,所以瘤胃微生物需要的硫可以用其与氮比例来表示。N∶S≈12∶1～15∶1。

日粮类型与瘤胃微生物种类和发酵类型相适应。当组成日粮的饲料改变时,瘤胃微生物的种类和数量也随之改变,如由粗料型突然转变为精料型,乳酸发酵菌不能很快活跃起来将乳酸转为丙酸,乳酸就会积蓄起来,使瘤胃 pH 值下降。乳酸通过瘤胃进入血液,使血液 pH 值降低,以致发生"乳酸中毒",严重时可危及生命。因此,饲草饲料的变更要逐步过渡,避免突然改变日粮。

此外,瘤胃内环境条件变化亦影响瘤胃微生物生长。

2. 瘤胃内环境

(1)瘤胃内容物的干物质:瘤胃内容物含干物质 10%～15%,含水分 85%～90%。牛采食时摄入的精料,大部分沉入瘤胃底部或进入网胃。草料的颗粒较粗,主要分布于瘤胃背囊。不同部位的内容物干物质含量有明显差异,不同饲养水平对同一部位的干物质含量也有一定影响。

(2)瘤胃的水平衡:瘤胃内容物的水分除来源于饲料水和饮水外,还有唾液和瘤胃壁透入的水。以喂干草、体重 530 kg 的母牛为例,24 h 流入瘤胃的唾液量超过 100 L,瘤胃液平均 50 L,24 h 流出量为 150～170 L。泌乳牛流量比干奶牛高 30%～50%。一般瘤胃液约占反刍动物机体总水量的 15%,而每天以唾液形式进入瘤胃的水分占机体总水量的 30%,同时瘤胃液又以占机体总水量 30%左右的比例进入瓣胃,经过瓣胃的水分 60%～70%被吸收。此外,瘤胃内水分还通过强烈的双向扩散作用与血液交流,其量可超过瘤胃液 10 倍之多。瘤胃可以看作体内的蓄水库和水的转运站。

(3)瘤胃温度:瘤胃正常温度为 39～41℃,与肛温相比,瘤胃温度易受饲料、饮水等因素影响。饮用水的温度较低，当饮用25℃的水时，会使瘤胃温度下降5～10℃，经2 h后才能恢复到瘤胃正常温度。

(4)瘤胃pH值：瘤胃pH值变动范围为5.0～7.5，低于6.5对纤维素消化不利。瘤胃pH值易受日粮性质、采食后测定时间和环境温度的影响。喂低质草料时，瘤胃pH值较高。喂苜蓿和压扁的玉米时，瘤胃pH值降至5.2～5.5。大量喂淀粉或可溶性碳水化合物可使瘤胃pH值明显下降。饲喂高精料日粮时，瘤胃pH值降低。谷物饲料经加工(如粉碎)，可使瘤胃pH值降低。采食青贮料时，pH值通常降低。饲后2～6 h，瘤胃pH值降低。背囊和网胃内pH值较瘤胃其他部位略高。

(5)渗透压：一般情况下，瘤胃内渗透压比较稳定。饲喂前一般比血浆低，而喂后数小时转为高于血浆，然后又渐渐转变为饲前水平。饮水导致瘤胃渗透压下降，数小时后恢复正常。高渗透压对瘤胃功能有影响，可使反刍停止，纤维素消化率下降。

(6)缓冲能力：瘤胃有比较稳定的缓冲系统，它与饲料、唾液数量及成分、瘤胃内酸类及二氧化碳浓度、食糜的外流速度和瘤胃壁的分泌有密切关系。瘤胃pH值在6.8～7.8时，缓冲能力良好，超出这个范围则缓冲能力显著降低。在正常的瘤胃pH值范围内，最重要的缓冲物质是碳酸氢盐和磷酸盐。当pH <6和瘤胃发酵活动强烈时，磷酸盐相对比较重要。

(7)氧化还原电位：瘤胃内经常活动的菌群，主要是厌气性菌群，使瘤胃内氧化还原电位保持在－250～－450 mV之间。负值表示还原作用较强，瘤胃处于厌氧状态；正值表示氧化作用强或瘤胃处于需氧环境。在瘤胃内，二氧化碳占50%～70%，甲烷占20%～45%，和少量的氢、氮、硫化氢等，几乎没有氧的存在。有时瘤胃气体中含0.5%～1%的氧气，主要是随饲料和饮水带入的。不过，少量好气菌能利用瘤胃内氧，使瘤胃内仍能保持很好的厌氧条件和还原态，保证厌氧性微生物连续生存和发挥作用。

(8)表面张力：通常瘤胃液的表面张力为50～60 dyn/cm^2。饮水和表面活性剂(如洗涤剂、硅、脂肪)可降低瘤胃液的表面张力。表面张力和黏度都增高时会产生气泡，造成瘤胃的气泡性鼓气。饲喂精饲料和小颗粒饲料，可使瘤胃内容物黏度增高，表面张力增加，在pH 5.5～5.8和pH 7.5～8.5时黏度最大。

由上述可见，尽管影响瘤胃内环境的因素很多，但反刍动物可通过唾液分泌和反刍、瘤胃的周期性收缩、内源营养物质进入瘤胃、营养物质从瘤胃中吸收、食糜的排空、嗳气和有效的缓冲体系等，使瘤胃内微生态环境始终保持相对稳定，为牛瘤胃内物质代谢和能量转化提供了条件。

3. 瘤胃的消化代谢

(1)瘤胃对蛋白质和非蛋白氮(NPN)的利用:反刍动物能同时利用饲料的蛋白质和非蛋白质氮,构成微生物蛋白质供机体利用。

进入瘤胃的饲料蛋白质,一般有30%~50%未被分解而排入后段消化道,其余50%~70%在瘤胃内被微生物蛋白酶分解为肽、氨基酸。氨基酸在微生物脱氨基酶作用下,很快脱去氨基而生成氨、二氧化碳和有机酸。因此,瘤胃液中游离的氨基酸很少。饲料中的非蛋白质含氮物,如尿素、铵盐、酰胺等被微生物分解后也产生氨。一部分氨被微生物利用,另一部分则被瘤胃壁代谢和吸收,其余则进入瓣胃。瘤胃内的氨除了被微生物利用外,其余一部分被吸收运送至肝,在肝内经鸟氨酸循环变为尿素。这种内源尿素一部分经血液分泌于唾液内,随唾液重新进入瘤胃,另一部分通过瘤胃上皮扩散到瘤胃内,其余随尿排泄。进入瘤胃的尿素,又可被微生物利用。这一过程称为尿素再循环。在低蛋白日粮情况下,反刍动物靠尿素再循环以节约氮的消耗,保证瘤胃内适宜的氨的浓度,以利微生物蛋白质合成。

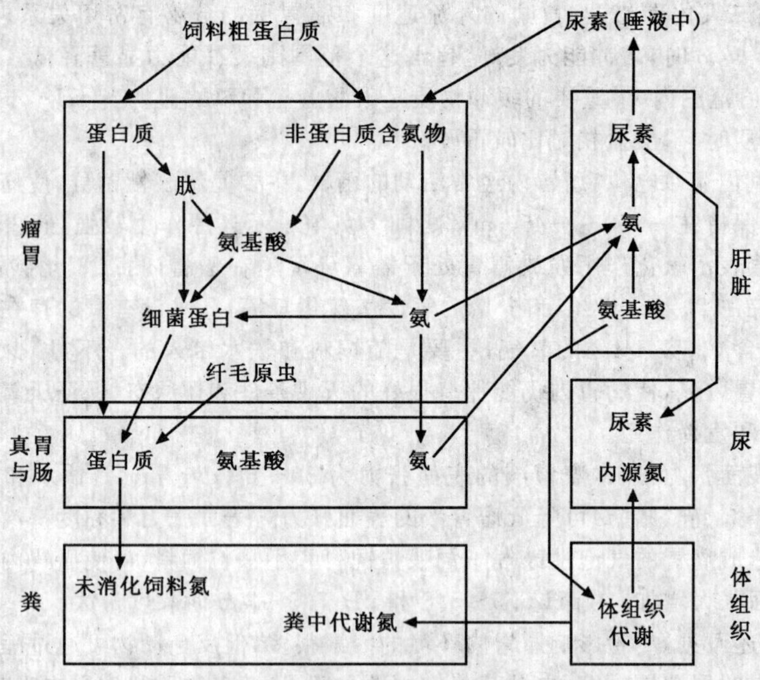

图6-1 奶牛的粗蛋白质消化代谢

瘤胃微生物能直接利用氨基酸合成蛋白质或先利用氨合成氨基酸后，再转变成微生物蛋白质。当利用氨合成氨基酸时，还需要碳链和能量。糖、挥发性脂肪酸和二氧化碳都是碳链的来源，而糖还是能量的主要供给者。由此可见，瘤胃合成微生物蛋白过程中，氮代谢和糖代谢是密切相互联系的。

反刍动物可利用尿素来代替日粮中部分的蛋白质。尿素在瘤胃内脲酶作用下迅速分解，产生氨的速度约为微生物利用速度的 4 倍，所以添加尿素时必须考虑降低尿素的分解速度，以免瘤胃内氨储积过多发生氨中毒和提高尿素利用效率。青绿饲料和青贮饲料中含有很多非蛋白氮，如黑麦草青草中非蛋白氮占总氮量的 11%，而黑麦草青贮中非蛋白氮占其总氮量的 65%。牛瘤胃微生物能把饲料中的这些非蛋白氮和尿素类饲料添加剂转变为微生物蛋白质，最后被牛消化利用。牛利用尿素等非蛋白氮的过程如下：

$$\text{尿素}\xrightarrow{\text{微生物脲酶}}\text{氨}+\text{二氧化碳}$$

$$\text{碳水化合物}\xrightarrow{\text{微生物酶}}\text{挥发性脂肪酸}+\text{酮酸}$$

$$\text{氨}+\text{酮酸}\xrightarrow{\text{微生物酶}}\text{氨基酸}$$

$$\text{氨基酸}\xrightarrow{\text{微生物酶}}\text{微生物蛋白}$$

$$\text{微生物蛋白}\xrightarrow{\text{真胃、小肠酶}}\text{游离氨基酸}$$

$$\text{小肠吸收的游离氨基酸}\longrightarrow\text{牛的体组织}$$

瘤胃微生物利用非蛋白氮的形式主要是氨。氨的利用效率直接与氨的释放速度和氨的浓度有关。当瘤胃中氨过多，来不及被微生物全部利用时，一部分氨通过瘤胃上皮由血液送到肝脏合成尿素，其中很大数量经尿排出，造成浪费，当血氨浓度达到 1 mg/100 mL 时，便可出现中毒现象。因此，在生产中应设法降低氨的释放速度，以提高非蛋白氮的利用效率。

为了保证瘤胃微生物对氨的有效利用，目前除了通过抑制脲酶活性、制成胶凝淀粉尿素或尿素衍生物使释放氨的速度延缓外，日粮中还必须为其提供微生物蛋白合成过程中所需的能源、矿物质和维生素。碳水化合物中，提供微生物养分的速度，纤维素太慢，糖过快，而以淀粉的效果最好，并且熟淀粉比生淀粉好。所以，在生产中饲喂低质粗饲料为主的日粮，用尿素补充蛋白质时，加喂高淀粉精料可以提高尿素的利用效率。

瘤胃微生物对饲料蛋白质的降解和合成，一方面它将品质低劣的饲料蛋白质转化成高质量的微生物蛋白质；另一方面它又可将优质的蛋白质降解。在瘤胃被降解的蛋白质，有很大部分被浪费掉了，使饲料蛋白质在牛体内消化率降低。因此，蛋白质在瘤胃的降解度将直接影响进入小肠的蛋白质数量和氨基酸的种类，这也关系到牛对蛋白质的利用。畜牧生产中将饲料蛋白质应用甲醛溶液或加热法等进行预处理后饲喂奶牛，可以保护蛋白质，避免瘤胃微生物的分解，从而提高日粮蛋白质的利用效率。

根据饲料蛋白质降解率的高低，可将饲料分为低降解率饲料(＜50％)，如干燥的苜蓿、玉米蛋白、高粱等；中等降解率饲料(40％～70％)，如啤酒糟、亚麻饼、棉籽饼、豆饼等；高降解率饲料(＞70％)，如小麦麸、菜籽饼、花生饼、葵花饼、青贮苜蓿等。

(2)瘤胃对碳水化合物的利用：对于大多数谷物(除玉米和高粱)，90％以上的淀粉通常是在瘤胃中发酵，玉米大约70％是在瘤胃中发酵。淀粉的结构和组成，淀粉同蛋白质的结构互作影响淀粉的降解和消化。淀粉在瘤胃内降解是由于瘤胃微生物分解的淀粉酶和糖化酶的作用。纤维素、半纤维素等在瘤胃的降解是由于瘤胃真菌可产生纤维素分解酶、半纤维素分解酶和木聚糖酶等13种酶的作用。

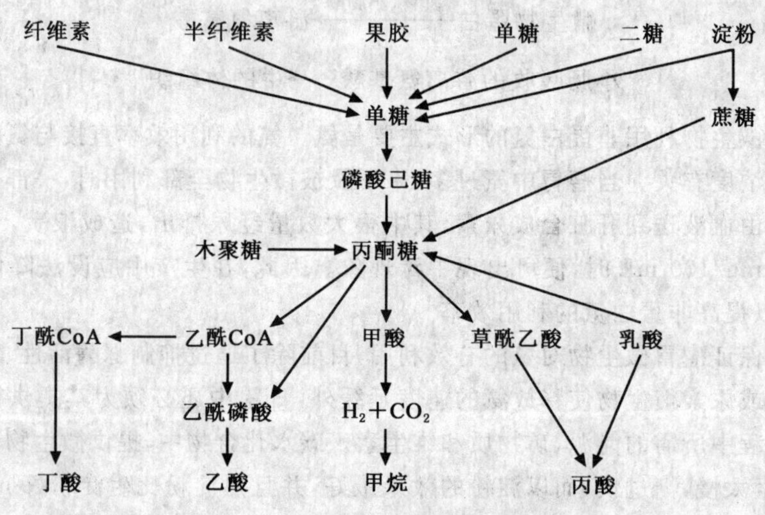

图6-2 碳水化合物在瘤胃的代谢过程

碳水化合物在瘤胃内的降解可分为两大步骤:第一步是高分子碳水化合物(淀粉、纤维素、半纤维素等)降解为单糖,如葡萄糖、果糖、木糖、戊糖等。在纤维酶作用下,纤维素基本上能全部分解。半纤维素大部分能分解。果胶在细菌和原生动物作用下可迅速分解,部分果胶可用于合成微生物体内多糖。木质素是一种特殊结构物质,基本上不能分解。半纤维素-木质素复合程度越高,消化效果越差。第二步是单糖进一步降解为挥发性脂肪酸,主要产物为乙酸、丙酸、丁酸、二氧化碳、甲烷和氢等。瘤胃发酵过程中还有一部分能量以 ATP 形式释放出来,作为微生物本身维持和生长的主要能源;而甲烷及氢则以嗳气排出,造成羊饲料中能量的损失。微生物附着在植物细胞壁物质上不断利用可溶性碳水化合物和其他物质作为营养使自身生长、繁殖,与此同时不断产生低级脂肪酸、甲烷、氢、二氧化碳等代谢产物,也不断产生纤维素分解酶把植物细胞壁物质分解成单糖或其衍生物。

瘤胃发酵过程中还有一部分能量以 ATP 形式释放出来,作为微生物本身维持和生长的主要能源;而甲烷及氢则以嗳气排出,造成牛饲料中能量的损失。甲烷是乙酸型发酵的产物,丙酸型发酵不生成甲烷,因此,丙酸发酵可以提供较多的有效能。正常情况下,瘤胃中乙酸、丙酸、丁酸占总挥发性脂肪酸的比例分别为 50%～65%、18%～25%和 12%～20%,这种比例关系受日粮的组成影响很大。粗饲料发酵产生的乙酸比例较高,乙酸和丁酸是奶牛生成乳脂的主要原料,被奶牛瘤胃吸收的乙酸约有 40%为乳腺所利用。精饲料在瘤胃中的发酵率很高,挥发性脂肪酸产量较高,丙酸比例提高;粗饲料细粉碎或压粒,也可提高丙酸比例,瘤胃中丙酸比例提高,会使体脂肪沉积增加。不同碳水化合物分解产品比较见表 6-1。

表 6-1　部分饲料发酵分解产品比较

饲　料	乙酸	丙酸	丁酸	戊酸
纤维饲料	高	很低	很低	
淀粉饲料	很低	比较高	比较高	
糖类饲料	很低	高	高	极低

瘤胃发酵生成的挥发性脂肪酸大约有 75%直接从瘤网胃壁吸收进入血液,约 20%在瓣胃和真胃吸收,约 5%随食糜进入小肠,可满足牛生活和生产所需能量的 65%左右。牛从消化道吸收的能量主要来源于挥发性脂肪酸,而葡萄糖很少。这里应指出的是,牛体内代谢需要的葡萄糖大部分由瘤胃吸收的挥发性脂肪酸——

丙酸在体内转化生成，如果饲料中部分淀粉避开瘤胃发酵而直接进入皱胃，在皱胃和小肠内受消化酶的作用分解，并以葡萄糖的形式直接吸收（这部分淀粉称之为“过瘤胃淀粉”），可提高淀粉类饲料的利用率，改善牛的生产性能。奶牛吸收入血液的葡萄糖约有60%被用来合成乳。

不同来源的淀粉瘤胃降解率不同。目前已经清楚，常用谷物饲料中淀粉在瘤胃内的降解顺序为：小麦＞大麦＞玉米＞高粱。因此，为了不同的生产目的和饲养体制，应当选择不同来源的淀粉，以实现淀粉利用的最优化。

在饲养中，如由粗料型突然转变为精料型，乳酸发酵菌不能很快活跃起来将乳酸转为丙酸，乳酸就会积蓄起来，使瘤胃pH值下降。乳酸通过瘤胃进入血液，使血液pH值降低，以致发生“乳酸中毒”，严重时可危及生命。因此，饲草饲料的变更要逐步过渡，避免突然改变日粮。

(3)瘤胃对脂肪的利用：与单胃动物相比，牛体脂含较多的硬脂酸。乳脂中还含有相当数量的反式不饱和脂肪酸和少量支链脂肪酸，而且体脂的脂肪酸成分不受日粮中不饱和脂肪酸影响。这些都是由牛对脂类消化和代谢的特点所决定的。

奶牛唾液中的消化酶对日粮中的脂肪几乎毫无消化作用。进入瘤胃的脂类物质经微生物作用，在数量和质量上发生了很大变化。一是部分脂类被水解成低级脂肪酸和甘油，甘油又可被发酵产生丙酸；二是饲料中不饱和脂肪酸在瘤胃中被微生物氢化，转变成饱和脂肪酸，这种氢化作用的速度与饱和度有关，不饱和程度较高者，氢化速度也较快。另外饲料中脂肪酸在瘤胃还可发生异构化作用；三是微生物可合成奇数长链脂肪酸和支链脂肪酸。瘤胃壁组织也利用中、长链脂肪酸形成酮体，并释放到血液中。

大多数研究认为，瘤胃细菌的氢化活性很高，在氢化过程中起决定作用；其次是原虫。氢化程度与脂肪酸的不饱和程度及构型、微生物类型等因素有关。亚麻酸常被氢化为硬脂酸，氢化率为85%～100%；亚油酸的氢化不完全，氢化率平均为80%。细菌只对游离脂肪酸进行氢化。由于微生物异构酶只有在自由羧基存在的条件下才具有活性，因此没有由自羧基的不饱和脂肪酸（如脂肪酸钙盐）能避免瘤胃的氢化作用。

未被瘤胃降解的那部分脂肪称“过瘤胃脂肪”。在牛日粮中直接添加没有保护的油脂，会使采食量和纤维消化率下降。油脂不利于纤维消化可能是由于①油脂包裹纤维，阻止了微生物与纤维接触；②油脂对瘤胃微生物的毒性作用，影响了微生物的活力和区系结构；③长链脂肪酸与瘤胃中的阳离子形成不溶复合物，影响微生物活动需要的阳离子浓度，或因离子浓度的改变而影响瘤胃环境的pH值。如果在牛日粮中添加保护完整的油脂即过瘤胃脂肪，就可以消除油脂对瘤胃发酵的不良影响。

(4)瘤胃对矿物质的利用：瘤胃对无机盐的消化能力强，消化率为30%～50%。无机盐对瘤胃微生物的作用，通常通过二条途径：一方面瘤胃微生物需要各种无机元素作为养分；另一方面无机盐可改变瘤胃内环境，进而影响微生物的生命活动。

常量元素除是瘤胃微生物生命活动所必需的营养物质外，还参与瘤胃生理生化环境因素(如渗透压、缓冲能力、氧化还原电位、稀释率等)的调节。微量元素对瘤胃糖代谢和氨代谢也有一定影响。某些微量元素影响脲酶的活性，有些参与蛋白质的合成。适当添加无机盐对瘤胃的发酵有促进作用。

(5)瘤胃对维生素的利用：幼龄牛的瘤胃发育不全，全部维生素需要由饲料供给。当瘤胃发育完全，瘤胃内各种微生物区系健全后，瘤胃中微生物可以合成B族维生素及维生素K，不必由饲料供给，但不能合成维生素A、维生素D、维生素E等，因此在日粮中应经常提供这些维生素。

瘤胃微生物对维生素A、胡萝卜素和维生素C有一定破坏作用。据测定，维生素A在瘤胃内的降解率达60%～70%。维生素C注入瘤胃2 h即损失殆尽。同时，血液和乳中维生素C含量并不增加，说明维生素C被瘤胃微生物所破坏。

瘤胃中B族维生素的合成受日粮营养成分的影响，如日粮类型、日粮的含氮量、日粮中碳水化合物量及日粮矿物质元素。适宜的日粮营养成分有利于瘤胃微生物合成B族维生素。

(6)气体的产生与嗳气：在微生物的强烈发酸过程中，不断地产生大量气体，牛一昼夜可产生气体600～1 300 L。其中二氧化碳占50%～70%，甲烷占20%～45%，间有少量氢、氧、氮和硫化氢等。日粮组成、饲喂时间及饲料加工调制会影响气体的产生和组成。犊牛出生前几个月的瘤胃气体以甲烷占优势，随着日粮中纤维素含量增加，二氧化碳量增多，6月龄达到成年牛的水平。健康成年奶牛瘤胃中二氧化碳量比甲烷多，当鼓气或饥饿时则甲烷量大大超过二氧化碳量。二氧化碳主要来源于微生物发酵的终产物，其次来自唾液及瘤胃壁透入的碳酸氢盐所释放。甲烷是瘤胃内发酵的主要终产物，由二氧化碳还原或由甲酸产生。这些气体约有1/4被吸收入血液后经肺排除，一部分为瘤胃内微生物所利用，其余靠嗳气排出。

嗳气是一种反射动作，反射中枢位于延髓，由增多的瘤胃气体刺激瘤胃的感受器所引起。嗳气时瘤胃后背盲囊开始收缩，由后向前推进，压迫气体移向瘤胃前庭。贲门也随着舒张，于是气体被驱入食管，整段食管几乎同时收缩，这时由于鼻咽括约肌闭合，一部分嗳气经过开张的声门进入呼吸系统，并通过肺毛细血管吸收入血。另一部分嗳气经口腔逸出。

奶牛由于采食大量幼嫩青草或苜蓿而发生瘤胃鼓气。其机理可能是幼嫩青草或苜蓿迅速由前胃转入皱胃及肠内，刺激这些部位的感受器，反射性抑制前胃的运动。同时，由于瘤胃内饲料急剧发酵产生大量气体，不能及时排除，于是形成急性鼓气。

4. 瘤胃的发酵调控 瘤胃发酵是通过对饲料养分的分解和微生物菌体成分的合成，为牛提供了必需的能量、蛋白质和部分维生素。研究证明，瘤胃中合成的微生物蛋白，除可满足牛维持需要外，还能满足一般青年牛生长或日产奶 12～15 kg 奶牛所需的蛋白质和氨基酸需要。然而，瘤胃发酵本身也会造成饲料能量和氨基酸的损失。因此，正确控制瘤胃的发酵，提高日粮的营养价值，减少发酵过程中养分损失，是提高牛的饲料利用率，改善生产性能的重要技术措施。通常采用的控制瘤胃发酵的途径和方法如下：

(1)瘤胃发酵类型的调控：瘤胃发酵类型是根据瘤胃发酵产物——乙酸、丙酸、丁酸的比例相对高低来划分的(表 6-2)。

表 6-2 瘤胃发酵类型划分

发酵类型	乙酸/丙酸
乙酸发酵	大于 3.5
丙酸发酵	2.0
丁酸发酵	丁酸占总挥发性脂肪酸摩尔比 20%以上
乙酸-丙酸发酵	3.2～2.5
丙酸-乙酸发酵	2.5～2.0

引自：卢德勋，1993。

瘤胃发酵类型的变化明显地影响能量利用效率。瘤胃中乙酸比例高时，能量利用率下降；丙酸比例高时，可向牛体提供较多的有效能，乙酸/丙酸比例从 2.32 下降到 1.92 时，乳脂率相应从 3.14 降到 2.86。

饲料和饲养方法是决定瘤胃发酵类型的最重要因素。日粮中精料比例越高，发酵类型越趋于丙酸类型；相反，粗料比例增高则导致乙酸类型。饲料粉碎、颗粒化或蒸煮可使瘤胃中丙酸比例增高。提高饲养水平，乙酸比例下降，丙酸比例上升。先喂粗料，后喂精料，瘤胃中乙酸比例增高；相反，先喂精料，后喂粗料，丙酸比例增高。在高精料日粮条件下，增加饲喂次数(如由 2 次改为 6 次)，瘤胃中乙酸比例增高，乳脂率提高。

(2)饲料养分在瘤胃降解的调控：增加饲料中过瘤胃淀粉、蛋白质和脂肪的量，对于改善牛体内葡萄糖营养状况、增加小肠中氨基酸吸收量、调节能量代谢、提高奶牛生产水平十分重要。豆科牧草在瘤胃内降解率较低，是天然的过瘤胃蛋白质资源。玉米是一种理想的过瘤胃淀粉来源。也可以通过物理和化学处理增加饲料中过瘤胃淀粉、蛋白质和脂肪的量。

(3)脲酶活性抑制剂：抑制瘤胃微生物产生的脲酶的活性，控制氨的释放速度，以达到提高尿素利用率的目的。最有效的脲酶抑制剂是乙酰氧肟酸。此外，尿素衍生物（羟甲基尿素、磷酸脲）和某些阳离子（Na^+、K^+、Co^+、Zn^{2+}、Cu^{2+}、Fe^{2+}）也有此作用。

(4)瘤胃 pH 值调控：控制瘤胃液 pH 值对于饲喂高精料饲粮的牛尤为重要，补充碳酸氢钠（小苏打）可稳定 pH 值，加快瘤胃食糜的外流速度，提高乙酸/丙酸值，提高乳脂率，防止乳酸中毒等。常用 pH 值调控剂是 0.4%氧化镁+0.8%碳酸氢钠（占日粮干物质）。

正确的调控瘤胃发酵，是养牛生产中一项新技术，是提高牛生产性能，降低饲养成本的有效方法。在运用这些技术时，若方法不当，会产生相反作用，在生产中应加以注意。

二、瓣胃的消化

犊牛瓣胃发育迅速，出生 10～150 d，其容积增加 60 倍。瓣胃内容物含干物质为 22.6%，含水量比瘤胃和网胃内容物少（瘤胃含干物质约 17%，网胃 13%），颗粒也较小，直径超过 3 mm 的不到 1%，而小于 1 mm 的约占 68%。pH 值平均为 7.2(6.6～7.3)。

瓣胃的流体食糜来自网胃，食糜含有许多微生物和细碎的饲料以及微生物发酵的产物。当这些食糜通过瓣胃的叶片之间时，大量水分被移去，因此，瓣胃起了滤器作用。截留于叶片之间的较大食糜颗粒，被叶片的粗糙表面揉捏和研磨，使之变得更为细碎。瓣胃内约消化 20%纤维素，吸收约 70%食糜的挥发性脂肪酸。此外，氯化钠等也可在瓣胃内被上皮吸收。

瓣胃运动起着水泵样作用，当瘤胃第一次运动周期中网胃的第二次收缩达到顶点时，网瓣孔开放，同时瓣胃管舒张，迫使食糜进入瓣胃体叶片之间。

由瓣胃流入皱胃的食糜性状及分量变化很大，食糜排出的间隔时间也不规则。网胃收缩时瓣胃有少量液汁滴出。在网胃收缩间隔期间，瓣胃食糜迅速排出，有时挤出成块的较干食糜。

三、皱胃的消化

皱胃是牛胃的有腺部分，分胃底和幽门两部分泌消化液。胃底腺分泌的胃液为水样透明液体，含有盐酸、胃蛋白酶和凝乳酶，并有少量黏液，含干物质为1%左右，呈酸性。幽门腺分泌量很少，并且呈中性或弱碱性反应，含少量胃蛋白酶原。与单胃动物比较，皱胃液的盐酸浓度较低些，凝乳酶含量较多。胃蛋白酶作用的适宜环境约为pH 2，pH>6酶活性消失。在胃蛋白酶作用下，蛋白被分解为朊和胨。凝乳酶在羔羊期含量高，凝乳酶先将乳中的酪蛋白原转化酪蛋白，然后与钙离子结合，于是乳汁凝固，使乳汁在胃中停留时间延长，有利于乳汁在胃内消化。皱胃的胃液是连续分泌的，这与反刍动物的食糜由瓣胃连续进入皱胃有关。

皱胃胃液的酸性，不断地杀死来自瘤胃的微生物。微生物蛋白质被皱胃的蛋白酶初步分解。

四、小肠的消化

进入小肠内半消化的食物，混有大量消化液——唾液、胃液、胰液、胆汁及肠液，构成半流体的食糜。牛的小肠有小肠腺和十二指肠腺。十二指肠腺经常分泌少量碱性黏液，分泌液中的有机物有黏蛋白酶和肠激酶等酶类。肠液中除含有活化胰蛋白酶原的肠激酶外，小肠上皮细胞产生几种肽酶，分解多肽成氨基酸。肠液中含有少量脂肪酶，它能补充胰脂肪酶对脂肪消化的不足，把脂肪分解成甘油和脂肪酸，蔗糖酶、麦芽糖酶和乳糖酶，把相应的双糖分解为单糖。肠液中也含有淀粉酶、核酸酶、核苷酸酶和核苷酶。肠液中的酶类存在于肠液的液体中和存在于小肠黏膜的脱落上皮细胞中。

小肠食糜中的营养物质在消化酶作用下，逐步分解，变成可被肠壁吸收的物质。消化酶的作用方式，除了混合在食糜内进行肠腔消化外，还附着于肠壁黏膜上，对通过肠管的食糜营养物进行“接触性消化”(膜消化)。在位的小肠黏膜上皮细胞中也含有酶，当食物的分解产物经小肠黏膜上皮细胞吸收时，未完全分解的物质可在细胞内酶的作用下，进行最后的分解。小肠中所吸收的矿物质，占总吸收的75%。未被瘤胃破坏的脂溶性维生素，经过真胃进入小肠后吸收利用，而在瘤胃合成的B族维生素也主要在小肠吸收。在反刍动物前胃消化中起重要作用的细菌和纤毛虫，经过皱胃内的消化，极大部分死亡，并被分解，作为构成小肠食糜营养物的一部分。不过，还有少量细菌处于芽孢状态，随食糜进入大肠后，遇到适宜条件，又开始繁殖。

五、大肠的消化与吸收

牛的盲肠和前结肠有明显的蠕动，每分钟 4～10 次。前结肠的逆蠕动把食糜送入盲肠，盲肠的蠕动又把食糜推入结肠。这样，食糜就在盲肠和前结肠间来回移动，使食糜能在大肠中停留较长时间，增进吸收，并造成微生物活动的良好条件，牛的盲肠和结肠能消化饲料中纤维素 15％～20％。

食糜经消化和吸收后，其中的残余部分进入大肠的后段。在这里，水分被大量吸收，大肠的内容物逐渐浓缩而形成粪便。

第七章　奶牛的营养需要

奶牛为了维持生命、生长发育、泌乳和繁衍后代，需要从外界摄取各种营养物质。奶牛的品种不同、生产目的与水平不同，对营养物质的需要量也不同。奶牛对各种营养物质的需要量是由动物营养学家通过大量的科学研究而得出的具有规律性的成果，是合理配制日粮的依据，也是奶生产实践的科学指南。

第一节　干物质采食量

一、干物质的营养作用

奶牛日粮必须保持一定的干物质采食量，它是奶牛健康和生产所需的必要的营养物质的量化基础。正确或准确地预测干物质采食量对于制定饲料配方，防止营养物质过高或过低的供给以及有效地利用营养物质是非常重要的。影响奶牛DMI的因素包括体重、产奶量、泌乳阶段、环境条件、日粮的精粗比例、饲料类型与品质、体况等。高产奶牛一般要比普通牛高40%以上，在高产奶牛盛期，能量往往不能满足其营养需要。

二、干物质采食量

1.产奶牛的干物质采食量　我国奶牛饲养标准中，泌乳牛DMI计算公式为：DMI(kg/d)$=0.062W^{0.75}+0.40Y$(适用于精粗料比约60∶40日粮)；DMI(kg/d)$=0.062W^{0.75}+0.45Y$(适用于精粗料比约45∶55日粮)。式中W为牛体重(kg)，Y为含脂4%标准乳量(kg)。

卢德勋(2001)对高产奶牛提出如下DMI方案：

表 7-1　奶牛干物质采食量

泌乳阶段		DMI 占体重的比例(%)
泌乳盛期	日产乳>30 kg	3.0～3.5
	日产乳<30 kg	2.7～3.3
泌乳中期		3.0～3.2
泌乳后期		3.0～3.2
干乳期		1.8～2.2
围产期		2.0～2.5

在 NRC(2001)标准中：产奶荷斯坦母牛干物质采食量的预测公式如下：

$DMI(\mathrm{kg/d})=(0.372\times FCM+0.0968\times BW^{0.75})\times\{1-e^{[-0.192\times(WOL+3.67)]}\}$，式中：$FCM$ 表示 4%乳脂率校正乳产量(kg/d)，BW 表示体重(kg)，WOL 表示泌乳周龄。$1-e^{[-0.192\times(WOL+3.67)]}$ 为调节泌乳早期干物质进食量降低的校正值。成年泌乳牛体重 680 kg、泌乳早期日产奶 30 kg、乳脂率 3.5%、乳蛋白率 3.0%，日进食干物质量为 14.5 kg，占体重的 2.1%。泌乳中期日产奶 35 kg、乳脂率 3.5%、乳蛋白率 3.0%，日进食干物质量为 23.6 kg，占体重的 3.5%。

Eastridge 等(1998)建议当环境温度超过等热区时，奶牛干物质进食量作如下调整：当温度超过 20℃时，$DMI\times\{1-[(℃-20)\times0.005922]\}$，而环境温度低于 5℃，$DMI/\{1-[(5-℃)\times0.004644]\}$。式中℃为测定日环境温度。

2. 生长母牛的干物质采食量　我国奶牛饲养标准提出的生长母牛的计算公式为：$DMI(\mathrm{kg/d})=0.062W^{0.75}(\mathrm{kg})+(1.5296+0.00371\times$体重$(\mathrm{kg})\times$日增重$(\mathrm{kg})$。

NRC(2001)提出荷斯坦后备母牛计算公式：$DMI(\mathrm{kg/d})=BW^{0.75}\times(0.2435\times NE_m-0.0466\times NE_m^2-0.1128)/NE_m$，式中：$BW$ 表示体重(kg)，NE_m 表示维持净能(M_{cal}/kg)。

表 7-2　生长母牛干物质采食量(NRC,2001)

体重(kg)	日增重(kg)	干物质采食量(kg)
150	0.5～1.1	4.1～4.2
200	0.5～1.1	5.1～5.2
250	0.5～1.1	6.0～6.2
300	0.5～1.1	6.9～7.1
350	0.5～1.1	7.7～8.0

3. 妊娠后期母牛的干物质采食量　我国奶牛饲养标准提出的妊娠后期母牛干物质进食量为：

$DMI(\mathrm{kg/d})=0.062W^{0.75}+(0.790+0.005587\times t)$。式中 W 表示体重(kg)，

t 表示妊娠天数。

表 7-3 妊娠干奶牛干物质采食量(NRC,2001)

妊娠天数	体重(kg)	干物质采食量(kg)	占体重的比例(%)
240	730	14.4	2.00
270	751	13.7	1.80
279	757	10.1	1.35

4. 乳用种公牛的干物质采食量 我国奶牛饲养标准提出的种公牛的干物质进食量为:DMI(kg/d)=NND×0.6

第二节 能量的营养需要

一、能量的来源和营养作用

奶牛生命的全过程和机体活动,如维持体温、消化吸收、营养物质的代谢,以及生长、繁殖、泌乳等均需消耗能量才能完成。牛体所需的能量来源于碳水化合物、脂肪和蛋白质 3 大类营养物质。最重要的能源是从饲料中的碳水化合物(粗纤维、淀粉等)在瘤胃的发酵产物——挥发性脂肪酸中取得的。脂肪的能量虽然比其他养分高两倍以上,但作为饲料中的能源来说并不占主要的地位。蛋白质也可以产生能量,但是从资源的合理利用及经济效益考虑,用蛋白质供能是不适宜的,在配制日粮时尽可能以碳水化合物提供能量是经济的。

泌乳牛能量营养不足时,生产力下降,健康状况恶化,饲料能量的利用率降低(维持比重增大),泌乳高峰迅速消失。在动用体贮备合成乳时,造成物质的分解、再合成过程耗能增大,利用效率下降。生长期牛能量不足,则生长停滞。动物能量营养水平过高对生产和健康同样不利。能量营养过剩,可造成机体能量大量沉积(过肥),繁殖力下降。饲喂奶牛需要量 160%能量水平时,血液中酮体量增加,导致酮血症。高产奶牛产前能量过多,可使产后瘫痪及乳房炎发病率增高。由此不难看出,合理的能量营养水平对提高牛能量利用效率,保证牛的健康,提高生产力具有重要的实践意义。

二、饲料能量在奶牛体内的转化

饲料能量并不能全部被奶牛所利用,在体内转化过程中有相当一部分被损失掉(图 7-1)。

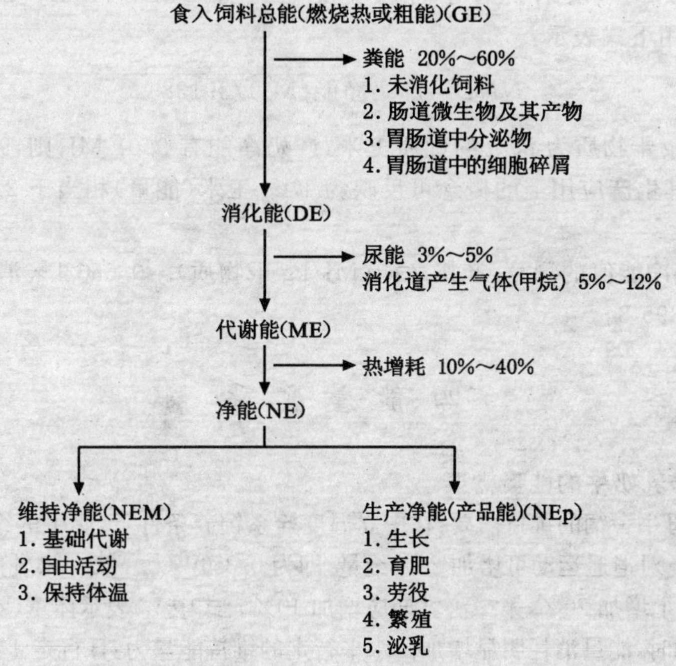

图 7-1　饲料能量在牛体内的利用与消耗

三、饲料能值的计算

总能(GE,MJ/kg 干物质)＝(粗蛋白％×5.7＋粗脂肪％×9.4＋粗纤维％×4.2＋无氮浸出物％×4.2)×0.041 84。

消化能(DE,MJ/kg 干物质)＝GE(MJ/kg 干物质)×总能消化率。

消化能(DE,MJ/kg 干物质)＝(粗蛋白％×5.7×粗蛋白消化率＋粗脂肪％×9.4×粗脂肪消化率＋粗纤维％×4.2×粗纤维消化率＋无氮浸出物％×4.2×无氮浸出物消化率)×0.041 84。

$$代谢能(ME)＝DE×0.82$$

$$产奶净能(NE_1,MJ/kg 干物质)＝0.550 1×DE－0.395 8$$

我国的奶牛饲养标准将奶牛的产奶、维持、增重、妊娠和生长所需能量均统一用产奶净能(NE_1)表示(饲料能量转化为牛奶的能量称为产奶净能)。并且采用相当于 1 kg 含脂 4% 的标准乳能量，即 3.138 MJ 产奶净能作为一个“奶牛能量单位”，缩写为 NND（汉语拼音字首），英文缩写为 DCEU（Dairy Cattle Energy Unit）。也可用下式表示：

$$NND = \text{产奶净能(MJ)}/3.138$$

例如：1 kg 干物质为 89% 的优质玉米，产奶净能有 9.01 MJ，则，9.01/3.138＝2.87NND。其生产应用上的概念可反映为 1 kg 玉米（能量）相当于 2.87 kg 奶（能量）的价值。

饲料产奶净能值的测算：产奶净能（MJ/kg 干物质）＝0.550 1×消化能（MJ/kg 干物质）－0.395 8。

四、能 量 需 要

1. 成年泌乳奶牛的能量需要

(1)成年母牛舍饲的维持需要：在中立温度拴系饲养条件下，奶牛的维持需要（MJ）＝$0.293W^{0.75}$。对逍遥运动可增加 20% 给量，即为 $0.356W^{0.75}$。第一泌乳期的能量需要应在维持基础上增加 20%，第二泌乳期应增加 10%。式中 W 表示体重（kg）。

放牧运动时，能量消耗明显增加。水平行走的维持能量为：日行走 1 km，行走速度为 1 m/s 和和 1.5 m/s 的维持能量需要分别为 $87W^{0.75}$ 和 88W 0.75；日行走 2 km，行走速度为 1 m/s 和 1.5 m/s 的维持能量需要分别为 $89W^{0.75}$ 和 $90W^{0.75}$；日行走 3 km，行走速度为 1 m/s 和 1.5 m/s 的维持能量需要分别为 $91W^{0.75}$ 和 $92W^{0.75}$；日行走 4 km，行走速度为 1 m/s 和 1.5 m/s 的维持能量需要分别为 $94W^{0.75}$ 和 $95W^{0.75}$；日行走 5 km，行走速度为 1 m/s 和 1.5 m/s 的维持能量需要分别为 $97W^{0.75}$ 和 $100W^{0.75}$。

低气温条件下能量需要明显增加。在 18℃ 基础上，平均每下降 1℃ 产热增加 0.002 5 MJ/$W^{0.75}$/24 h。例如，5℃ 时为 $0.389W^{0.75}$，0℃ 时为 $0.402W^{0.75}$，－5℃ 时为 $0.414W^{0.75}$，－10℃ 时为 $0.427W^{0.75}$，－15℃ 时为 $439W^{0.75}$，式中 W 表示体重（kg）。

(2)产奶的能量需要：牛奶的能量含量就是产奶净能的需要量，可按如下回归公式计算：

每千克奶的能量（MJ）＝0.75 十 0.388×乳脂率＋0.164×乳蛋白率＋0.055×乳糖率

或每千克牛奶含有的能量（kJ）＝1 433.65＋415.30×乳脂率

或每千克牛奶含有的能量（kJ）＝249.16×乳总干物质率－166.19

(3)产奶母牛的体重变化与能量需要：当产奶母牛日粮的能量不足时，母牛往往动用体内贮存的能量去满足产奶的需要，结果体重下降；反之，当日粮能量过多，多余能量在体内沉积，体重增加。成年母牛每千克增重或减重，相当于净能25.104 1 MJ。泌乳期间增重的能量利用效率与产奶相似，因此每增重1 kg约相当8 kg 4％标准奶（25.104/3.138＝8）。减重的产奶利用率为0.82，故每减重1 kg能产生20.585 MJ产奶净能（25.104×0.82＝20.585），即6.56 kg（20.585/3.138）4％标准奶。

（4）怀孕后期的妊娠能量需要：按胎儿生长发育的实际情况下，从妊娠第6个月开始，胎儿能量沉积已明显增加，牛妊娠的能量利用效率很低，每1.00 MJ的妊娠沉积能量约需要4.870 MJ产奶净能，按此计算，妊娠6～9个月时，每天应在维持基础上增加4.184，7.112，12.552和20.92 MJ产奶净能。

2. 生长公、母牛的能量需要　在中立温度区的维持需要（kJ）＝$584.6W^{0.67}$，式中W表示体重（kg）。其生长母牛的增重净能需要（增重的能量沉积即增重净能）。

$$\text{增重的能量沉积(MJ)} = \frac{\text{增重(kg)} \times [1.5 + 0.0045 \times \text{体重(kg)}]}{1 - 0.30 \times \text{增重(kg)}} \times 4.184$$

$$\text{增重所需的产奶净能} = \text{增重的能量沉积} \times \text{系数}$$

体重150 kg、200 kg、300 kg、350 kg、400 kg、450 kg、500 kg和550 kg生长牛的系数分别为1.10、1.20、1.26、1.32、1.37、1.42、1.46、1.49和1.52。

生长牛的维持能量需要与生长母牛相同。生长公牛增重的能量需要按生长母牛增重能量需要的90％计算。

3. 种用公牛的能量需要　种公牛的能量需要（MJ）＝$0.398W^{0.75}$。式中W表示体重（kg）。

第三节　蛋白质的营养需要

牛摄入的日粮蛋白质（CP）经瘤胃微生物降解的那一部分称瘤胃降解蛋白质（Ruminally degradable protein，RDP），被降解的部分蛋白质被合成瘤胃微生物蛋白质（MCP）。日粮中未被降解的蛋白质称瘤胃非降解蛋白质（Ruminally undegradable protein，UDP）。日粮瘤胃非降解蛋白质（UDP）与瘤胃微生物蛋白质（MCP）一起进入小肠，共同组成小肠蛋白质，被消化、吸收和利用。

一、蛋白质的营养作用

蛋白质是生命的重要物质基础。它主要由碳、氢、氧、氮4种元素组成，有些蛋白质还含有少量的硫、磷、铁、锌等。蛋白质是3大营养物质中唯一能提供牛体氮素的物质。因此，它的作用是脂肪和碳水化合物所不能代替的。蛋白质是维持正常生命活动，修补和建造机体组织、器官的重要物质，如肌肉、内脏、血液、神经、毛等都是由蛋白质作为结构物质而形成的。由于构成各组织器官的蛋白质种类不同，所以各组织器官具有各自特异性生理功能。蛋白质还是体内多种生物活性物质的组成部分，如牛体内的酶、激素、抗体等都是以蛋白质为原料合成的。蛋白质是形成乳的重要物质。

当日粮中缺乏蛋白质时，育成牛生长缓慢或停止，体重减轻；奶牛体重下降。长期缺乏蛋白质，还会发生血红蛋白减少的贫血症；当血液中免疫球蛋白数量不足时，则牛抗病力减弱，发病率增加。蛋白质缺乏可造成奶牛的繁殖机能降低，产奶量下降。反之，过多地供给蛋白质，不仅造成浪费，而且还可能是有害的。蛋白质过多时，繁殖能力下降，其代谢产物的排泄加重了肝、肾的负担，来不及排出的代谢产物可导致中毒。

二、非蛋白氮的营养作用

除蛋白质外，动植物中还存在许多其他的含氮化合物，这类化合物不是蛋白质，即不是由氨基酸组成，但它们都含有氮元素，其结构不同，功能各异，统称之为非蛋白氮。非蛋白氮对于奶牛有很重要的营养作用，因为它在奶牛饲料氮中占重要地位。非蛋白氮在植物快速生长期含量很高，约占草原牧草或早期刈割干草总氮的30%，青贮作物氮的50%。成熟的籽实及副产品中含量较少。饲料中非蛋白氮除嘌呤、嘧啶(DNA和RNA的组成成分，也是体内某些酶的成分)外，起主要营养作用的是酰胺和氨基酸。饲料中(或人工合成)的非蛋白氮可充分地被瘤胃机能发育完善的奶牛所利用，合成微生物蛋白，满足奶牛蛋白质的部分需要，降低饲养成本。

三、蛋白质需要

1. 产奶牛的蛋白质需要

(1)维持的蛋白质需要：维持的粗蛋白质(g)$=4.6W^{0.75}$；维持的可消化粗蛋白质(g)$=3.0W^{0.75}$。维持的小肠可消化粗蛋白质的需要为$2.5\ g\times W^{0.75}$，式中W表示体重(kg)。

(2)产奶的蛋白质需要：产奶的蛋白质需要量取决于奶中的蛋白质含量。在乳蛋白质没有测定的情况下，亦可根据乳脂率进行测算，乳蛋白率(%)$=2.36+0.24\times$乳脂率。

产奶的可消化粗蛋白质需要量＝牛奶的蛋白质量/0.60；产奶的小肠可消化粗蛋白质需要量＝牛奶的蛋白质量/0.70。

我国卢德勋报道的不同产奶量泌乳牛日粮蛋白质需要量推荐值和不同泌乳期奶牛日粮蛋白质平衡推荐值见表 7-4。

表 7-4　不同产奶量泌乳牛日粮蛋白质需要量推荐值

产奶量(kg/(d・头))	20	30	40	50
干物质(kg)	14.3	18.6	22.9	27.2
粗蛋白(%)	16	17	18	19
RDP(%)	10.7	11	11.3	11.4
UDP(%)	5.3	6	6.7	7.6

表 7-5　不同泌乳期奶牛日粮蛋白质平衡推荐值

	泌乳初期	泌乳中期	泌乳后期
日粮 CP(%DM)	17～18	16～17	15～16
降解蛋白(RDP,%CP)	62～66	62～66	62～66
非降解蛋白(UDP,%CP)	34～38	34～38	34～38
RDP/UDP	1.82～1.74	1.82～1.74	1.82～1.74

2. 妊娠母牛的蛋白质需要　妊娠的蛋白质需要按牛妊娠各阶段子宫和胎儿所沉积的蛋白质量进行计算。可消化粗蛋白用于妊娠的效率为 65%，小肠可消化粗蛋白质的效率为 75%。在维持的基础上，妊娠的可消化粗蛋白质的日需要量：妊娠 6 个月时为 50 g，7 个月时为 84 g，8 个月时为 132 g，9 个月时为 194 g；妊娠的小肠可消化粗蛋白质的日需要量：妊娠 6 个月时为 43 g，7 个月时为 73 g，8 个月时为 115 g，9 个月时为 169 g。

3. 生长牛的蛋白质需要　生长牛维持的可消化粗蛋白质需要(g)：体重 200 kg 以下为 $2.3\,W^{0.75}$，200 kg 以上为 $3\,W^{0.75}$。小肠可消化粗蛋白质的需要量为 200 kg 体重以下用 $2.2\times W^{0.75}$(g)。式中 W 表示体重(kg)。

生长牛增重的蛋白质需要量取决于体蛋白质的沉积量。

增重的蛋白质沉积(g/d)＝$\Delta W(170.22-0.173\,1W+0.000\,17W^2)\times(1.12-0.125\,8\Delta W)$，式中 ΔW 表示日增重(kg)，W 表示体重(kg)。

生长牛日粮可消化粗蛋白用于体蛋白质沉积的利用效率，采用 55%。但幼龄时效率较高，体重 40～60 kg 可用 70%，70～90 kg 可用 65%。生长牛日粮小肠可消化粗蛋白质的利用效率为 60%。

增重的蛋白质需要量=增重的蛋白质沉积/蛋白质利用效率。

4.种公牛粗蛋白质需要 粗蛋白质需要量(g)=6.15$W^{0.75}$。可消化粗蛋白质的需要(g)=4.0$W^{0.75}$。小肠可消化粗蛋白质的需要(g)=3.3$W^{0.75}$。式中W表示体重(kg)。

第四节 日粮纤维需要

一、日粮纤维的含义

对日粮纤维的定义常见的有两种方法:一种是生理学方法,把日粮纤维看成是一种不被动物消化酶所消化的日粮组成成分;另一种是化学方法,把日粮纤维看成是一种非淀粉多糖(NSP)和木质素的总和。Van Soest(1967)提出的洗涤纤维分析方法,是用中性洗涤纤维(NDF)、酸性洗涤纤维(ADF)和酸性洗涤木质素(ADL)作为测定饲料纤维性物质的指标。通过NDF可以知道饲料中总的纤维含量,它是预测粗饲料采食量的最好指标,而ADF含量多少与粗饲料消化率密切相关。卢德勋(1998)认为日粮纤维的定义应包括3层含义:①日粮纤维是日粮内一种具有特殊营养生理作用的复合成分,而不是一种化学组成相当一致的饲料或日粮成分;日粮内组成纤维的单个成分的营养作用并不等于日粮纤维的整体营养生理作用;②日粮纤维组成应包括结构性和非结构性成分两部分;③日粮纤维的分析方法应以全面反映日粮纤维定义的上述两层含义为原则,并具有操作简便、易行、重复性强的特点。

近年来,国外在奶牛营养中提出了有效中性洗涤纤维(effective NDF,eNDF)和物理有效中性洗涤纤维(physically effective NDF,peNDF)。eNDF是指有效维持乳脂率稳定总能力的饲料特性;peNDF是指纤维的物理性质(主要是碎片大小)刺激奶牛咀嚼活动和建立瘤胃内容物两相分层的能力。饲料的peNDF=NDF含量×pef(physical effectiveness factor,物理有效因子),pef的范围从0(NDF不能刺激咀嚼活动)到1(NDF刺激最大咀嚼活动)。Mertens(1997)试验得出了不同饲料的pef值。禾本科干草,长草为1、适中或粗切碎为0.8~0.95、粉碎或制粒为0.4;禾本科牧草青贮,适中或粗切碎为0.85~0.95;玉米青贮,适中或粗切碎为0.85~0.90;苜蓿干草,长草为0.95、适中或粗切碎为0.70~0.90、粉碎或制粒0.4;苜蓿青贮,适中或粗切碎为0.70~0.85;混合料,粉料为0.40,颗粒料为0.30。

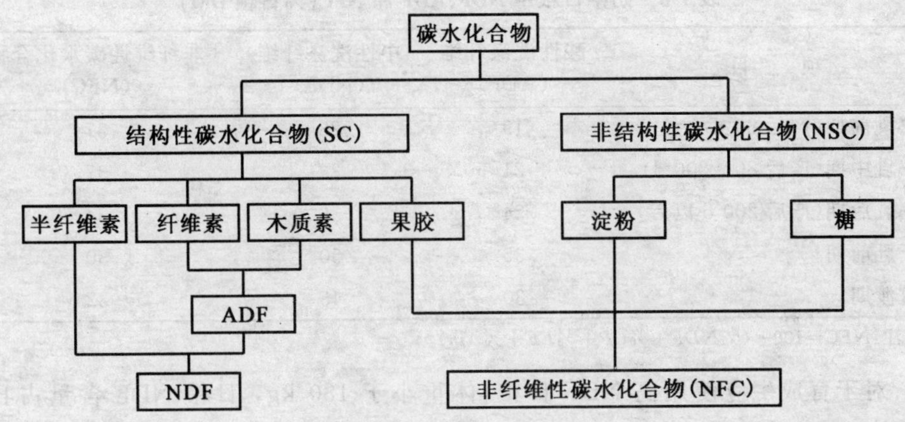

图 7-2 碳水化合物的组成

二、纤维需要量

粗纤维在瘤胃的降解速度较慢,高粗纤维日粮的采食量和消化率降低。如果日粮中纤维物质不足,奶牛表现为咀嚼和反刍时间缩短,唾液分泌减少,高精料日粮还可导致瘤胃发酵速度加快,瘤胃 pH 值下降。当瘤胃 pH 值降至 6.0～6.2 或以下时,瘤胃微生物对日粮纤维性物质的降解能力减弱,进而可导致酸中毒,引起乳脂率下降。因此,为保证奶牛正常的瘤胃发酵,提高产奶量和防止乳脂率降低,奶牛日粮中必须保证有一定数量的粗纤维。

奶牛日粮最低中性洗涤纤维含量与奶牛的体况、生产水平、日粮结构、加工工艺、日粮中饲料纤维长度、总干物质进食量、饲料的缓冲能力以及饲喂次数等有关。在以苜蓿或玉米青贮作为主要粗料,玉米作为主要淀粉源的日粮,中性洗涤纤维含量至少占日粮干物质的 25%,其中 19%的中性洗涤纤维必须来自粗饲料。当来自于粗饲料的中性洗涤纤维含量低于 19%时,每降低 1%,日粮中的最低中性洗涤纤维含量相应需提高 2%。Kawas(1984)报道,日粮干物质中 NDF 和 ADF 的含量分别为 24%～26%和 17%～21%时,可获得最大的 4%标准乳产量。

我国奶牛饲养标准(1986,2004)中规定,奶牛日粮粗纤维含量以 17%为宜,下限不低于日粮干物质的 13%。奶牛日粮中性洗涤纤维(NDF)含量不低于 25%。

NRC(2001)提出高产奶牛日粮中性洗涤纤维(NDF)、酸性洗涤纤维(ADF)和非纤维性碳水化合物(NFC)各泌乳阶段的需要(表 7-6)。

表 7-6 奶牛日粮中 NDF、ADF 和 NFC(%日粮 DM)

项目	酸性洗涤纤维(ADF)	中性洗涤纤维(NDF)	非纤维性碳水化合物(NFC)
泌乳前期(产后 80 d)	19	28	37
泌乳中期(产后 80～200 d)	21	32	37
泌乳后期(产后 200 d 以后)	24	36	34
干乳前期	35	50	30
过渡期	30	45	32

注:$NFC=100-(\%NDF+\%CP+\%EE+\%Ash)$。

对于育成牛应使用高 NDF 日粮,体重小于 180 kg,日粮 NDF 含量占日粮 DM 的 34%;体重 180～360 kg 时,占 42%;180～540 kg 时,占 50%。

我国卢德勋研究员提出的奶牛各阶段 ADF、NDF 和 NFC 需要量见表 7-7。

表 7-7 奶牛各阶段 ADF、NDF 和 NFC 需要量

	干奶期	围产期	泌乳盛期		泌乳中期	泌乳后期
			>30 kg	<30 kg		
ADF%DM	30	25	19	20	25	25
NDF%DM	40	32	28	30	33	33
NFC%DM	30	35	38	35	33	33

第五节 矿物质需要

奶牛所必需的矿物质元素有 20 多种。这些元素依其在体内的含量分为常量元素和微量元素 2 类。常量元素指在动物体内含量大于 0.01%的元素,属于这类的有钙、磷、钠、氯、钾、镁、硫;微量元素指含量小于 0.01%的矿物质元素,属于此类的有铁、铜、钴、锌、锰、硒、钼、氟等。

一、常量元素

1. 钙和磷

(1)钙和磷的营养作用:钙和磷是牛体内含量最多的无机元素,是骨骼和牙齿

的重要成分，约有 99%的钙和 80%的磷存在于骨骼和牙齿中。钙是细胞和组织液的重要成分，参与血液凝固，维持血液 pH 值以及肌肉和神经的正常功能。磷是磷脂、核酸、磷蛋白的组成成分，参与糖代谢和生物氧化过程，形成含高能磷酸键的化合物，维持体内的酸碱平衡。

日粮中缺钙会使幼牛生长停滞，发生佝偻病。成年牛缺钙引起骨软症或骨质疏松症。泌乳母牛的乳热症由钙代谢障碍所致，此病常发生于产后，故亦称产后瘫痪。缺磷会使牛食欲下降，牛出现"异食癖"，如爱啃骨头、木头、砖块和毛皮等异物。缺钙可导致难产、胎衣不下和子宫脱出。牛缺磷的典型症状是母牛发情无规律、乏情、卵巢萎缩、卵巢囊肿及受胎率低，或发生流产，产下生活力很弱的犊牛。高钙日粮可引起许多不良后果，会抑制干物质采食量和生产性能，并因元素间的拮抗而影响锌、锰、铜等的吸收利用，因影响瘤胃微生物区系的活动而降低日粮中有机物质消化率等。日粮中过多的磷会引起母牛卵巢肿大，配种期延长，受胎率下降。

(2)钙和磷需要量

①钙需要量。产奶奶牛维持需要每 100 kg 体重给 6 g，每千克标准乳给 4.5 g。生长奶牛的钙维持需要每 100 kg 体重给 6 g，每千克增重给 20 g。

②磷需要量。产奶奶牛维持需要每 100 kg 体重给 4.5 g，每千克标准乳给 3 g。生长奶牛的磷维持需要为每 100 kg 体重给 5 g，每千克增重给 10 g。

2. 钠与氯

(1)钠与氯的营养作用：主要存在于体液中，对维持牛体内酸碱平衡、细胞及血液间渗透压有重大作用，保证体内水分的正常代谢，调节肌肉和神经的活动。氯参与胃酸的形成，为饲料蛋白质在真胃消化和保证胃蛋白酶作用所需的 pH 值所必需。缺乏钠和氯，牛表现为食欲下降、生长缓慢、减重、泌乳下降、皮毛粗糙、繁殖机能降低。奶牛采食过多的氯化钠会增加乳房炎的发病率。

(2)钠与氯的需要量：牛日粮中需补充食盐来满足钠和氯的需要。产奶奶牛的食盐给量为每 100 kg 体重 3 g，每产 1 kg 4%标准乳给 1.2 g。或在精料补充料中加入 0.5%～1.0%，或让奶牛自由采食。牛饲喂青贮饲料时，需食盐量比饲喂干草时多；给高粗料日粮时要比喂高精料日粮时多；喂青绿多汁的饲料时要比喂枯老饲料时多。

3. 镁

(1)镁的营养作用：大约 70%存在于骨骼中，镁是碳水化合物和脂肪代谢中一系列酶的激活剂，它可影响神经肌肉的兴奋性，低浓度时可引起痉挛。泌乳牛较不泌乳牛对缺镁的反应更敏感。成年牛的低镁痉挛(亦称草痉挛或泌乳痉挛)

最易发生的是放牧的泌乳母牛，尤其是放牧于早春良好草地采食幼嫩牧草时，更易发生。表现为泌乳量下降，食欲降低，兴奋和运动失调，如不及时治疗，可导致死亡。

(2)镁的需要量：哺乳犊牛日粮中镁的推荐量为占日粮的0.07%，育成牛镁的需要量占日粮0.16%，泌乳牛镁的需要量占日粮0.2%，在易发生低血镁抽搐症的情况下和在泌乳早期的高产母牛，推荐的镁水平为占日粮的0.25%～0.30%。NRC将0.4%的日粮镁水平定为镁的最大耐受水平，但究竟什么水平能引起奶牛镁中毒尚不清楚。为了防止乳脂下降，在高精料日粮中加入0.8%的氧化镁，除偶尔引起腹泻外没有发现其他明显的不利影响，此日粮中的总镁含量可能已达到0.61%。

4. 钾

(1)钾的营养作用：在牛体内以红细胞内含量最多。具有维持细胞内渗透压和调节酸碱平衡的作用。对神经、肌肉的兴奋性有重要作用。另外，钾还是某些酶系统所需的元素。牛缺钾表现为食欲减退，毛无光泽，生长发育缓慢，异嗜，饲料利用率下降，产奶量减少。

(2)钾的需要量：泌乳牛钾的需要量占日粮0.9%，育成牛等钾的需要量占日粮0.65%。一般奶牛日粮中不用补充钾。夏季给牛补充钾，可缓解热应激对牛的影响。高钾日粮会影响镁和钠的吸收。

5. 硫

(1)硫的营养作用：在牛体内主要存在于含硫氨基酸(蛋氨酸、胱氨酸和半胱氨酸)、含硫维生素(硫胺素、生物素)和含硫激素(胰岛素)中。硫是瘤胃微生物活动中不可缺少的元素，特别是对瘤胃微生物蛋白质合成，能将无机硫结合进含硫氨基酸和蛋白质中。

(2)硫的需要量：泌乳牛硫的需要量占日粮0.2%，育成牛等硫的需要量占日粮0.16%。一般奶牛日粮中不用补充硫。但奶牛日粮中添加尿素时，易发生缺硫。缺硫能影响牛对粗纤维的消化率，降低氮的利用率。用尿素作为蛋白补充料时，一般认为日粮中氮和硫之比为15∶1为宜，例如每补100 g尿素加3 g硫酸钠。

二、微量元素

1. 铁、铜、钴 这3种元素都是和牛体的造血机能有密切关系。

铁是血红蛋白的重要组成成分。铁作为许多酶的组成成分，参与细胞内生物氧化过程。长期喂奶的犊牛常出现缺铁，发生低色素性小红细胞性贫血（血红蛋白过少及红细胞压积降低），皮肤和黏膜苍白，食欲减退，生长缓慢，体重下降，舌乳头萎缩。

铜是形成血红蛋白的催化剂，是许多酶的组成成分或激活剂，参与细胞内氧化磷酸化的能量转化过程。牛缺铜产奶量下降，胚胎早期死亡，胎衣不下，空怀增多；公牛性欲减退，精子活力下降。牛对铜的最大耐受量为 70～100 mg/kg 日粮，长期用高铜日粮喂牛对健康和生产性能不利，甚至引起中毒。

钴的主要作用是作为维生素 B_{12} 的成分，是一种抗贫血因子。牛瘤胃中微生物可利用饲料中提供的钴合成维生素 B_{12}。钴还与蛋白质、碳水化合物代谢有关，参与丙酸和糖原异生作用。牛缺钴表现为食欲丧失，贫血，幼牛生长缓慢，生产力下降，受胎率显著降低。缺钴的牛往往血铜降低，同时补充铜钴制剂，可显著提高受胎率。

2. 锌　锌是牛体内多种酶的组成成分，直接参与牛体蛋白质、核酸、碳水化合物的代谢。锌还是一些激素的必需成分或激活剂。锌可以控制上皮细胞角化过程和修复过程，并可调节机体内的免疫机能，增强机体的抵抗力。日粮中缺锌时，牛食欲减退，消化功能紊乱，异嗜，创伤难愈合，皮肤增厚，有痂皮和皲裂，产奶量下降，生长缓慢，繁殖力受损害。

3. 锰　锰是许多参与碳水化合物、脂肪、蛋白质代谢酶的辅助因子。参与骨骼的形成，维持牛正常的繁殖机能。缺锰牛生长缓慢、被毛干燥或色素减退。犊牛出现骨变形和跛行、运动共济失调。缺锰导致公、母牛生殖机能退化，母牛不发育或发情不正常，受胎延迟，早产或流产；公牛发生睾丸萎缩，精子生成不正常，精子活力下降，受精能力降低。

4. 碘　碘是牛体内合成甲状腺素的原料，在基础代谢、生长发育、繁殖等方面有重要作用。日粮中缺碘时，牛甲状腺增生肥大。幼牛生长迟缓，骨骼短小成侏儒型。母牛缺碘可导致胎儿发育受阻，早期胚胎死亡，流产，胎衣不下。公牛性欲减退，精液品质低劣。泌乳牛缺碘，产奶量下降。

5. 硒　硒是谷胱甘肽过氧化物酶的组成成分，能把过氧化脂类还原，保证生物膜的完整性。硒能刺激牛体内免疫球蛋白的产生，增强机体的免疫功能。缺硒地区的牛常发生白肌病，运动共济失调。幼牛生长迟缓，持续性腹泻。缺硒导致牛的繁殖机能障碍，胎盘滞留、死胎、胎儿发育不良等。公牛缺硒，精液品质下降。补硒的同时补充维生素 E 对改善牛的繁殖机能比单补任何一种效果更好。

表 7-8 和表 7-9 列出了奶牛日粮中微量元素需要量。

表 7-8 奶牛日粮中微量元素需要量(NRC,2001) mg/kg

项目	Fe	Cu	Co	I	Zn	Mn	Se
生长牛(6～18月龄)	43～13	10～9	0.11	0.27～0.3	32～18	22～14	0.3
青年母牛	26	16	0.11	0.40	30	22	0.3
泌乳牛	12.3～18	11	0.11	0.4～0.6	43～55	13～14	0.3
干奶牛	13～18	12～18	0.11	0.4～0.5	21～30	16～24	0.3

表 7-9 我国乳牛日粮中矿物质元素适宜水平(卢德勋,2006)

矿物质元素	泌乳初期	泌乳中期	泌乳后期
常量元素		(占日粮%)	
Ca	0.81～0.91	0.77～0.87	0.70～0.80
P	0.46～0.52	0.44～0.50	0.40～0.46
Mg	0.28～0.34	0.25～0.31	0.22～0.28
K	1.20～1.50	1.20～1.50	1.20～1.50
S	0.23～0.24	0.21～0.23	0.20～0.21
Na	0.20～0.25	0.20～0.25	0.20～0.25
Cl	0.25～0.30	0.25～0.30	0.25～0.30
微量元素		(mg/kg 日粮)	
Mn	44	44	44
Cu	11～25	11～25	11～25
Zn	10～80	70～80	70～80
Fe	100	100	100
Se	0.30	0.30	0.30
Co	0.20	0.20	0.20
I	0.50	0.50	0.50

第六节 维生素的营养需要

维生素不是构成牛体组织器官的主要原料,也不是有机体能量的来源。却是维持牛体正常代谢所必需,对维持牛的生命和健康、生长和繁殖有十分重要的作用。到目前为止，至少有 15 种维生素为牛所必需。这些维生素按其溶解特性分为两大类，即脂溶性维生素和水溶性维生素，前者包括维生素 A、维生素 D、维生素 E、维生素 K；后者包括 B 族维生素及维生素 C。

一、脂溶性维生素

1. 维生素 A

(1)维生素 A 的营养作用：维生素 A 仅存在于动物体内。植物性饲料中的胡萝卜素作为维生素 A 原，可在动物体内转化为维生素 A。维生素 A 与正常视觉有关，它是构成视紫质的组分，为暗光中视觉所必需。对维持黏膜上皮细胞的正常结构有重要作用。维生素 A 参与性激素的合成，促进幼牛生长发育，增强犊牛的抗病能力。维生素 A 是奶牛最重要的维生素之一。

缺乏维生素 A 时，牛食欲减退，采食量下降，增重减慢，最早出现的症状是夜盲。严重缺乏时，上皮组织增生，角质化，牛的抗病力明显降低。幼牛生长停滞、消瘦。公牛性机能减退，精液品质下降；公犊可出现睾丸生精上皮退化，精子生成减少或停止。母牛受胎率下降，性周期紊乱，流产，胎衣不下。牛从饲料中获得的胡萝卜素作为机体获得维生素 A 的主要来源，也可补饲人工合成制品。

(2)维生素 A 需要量：乳用生长牛每日每 100 kg 体重胡萝卜素需要量为 10.6 mg(或 4 240 IU 维生素 A)，妊娠和泌乳牛为 19 mg 胡萝卜素(或 7 600 IU 维生素 A)。每产 1 kg 含脂 4%标准乳需要维生素 A 1 930 IU。

2. 维生素 D

(1)维生素 D 的营养作用：促进小肠对钙和磷的吸收，维持血中钙、磷的正常水平，有利于钙、磷沉积于牙齿与骨骼中，增加肾小管对磷的重吸收，减少尿磷排出，保证骨的正常钙化过程。维生素 D 缺乏会影响钙磷代谢，幼牛引起佝偻病或软骨病，四肢呈“O”形或“X”形，脊柱弯曲，四肢关节肿大，步态拘谨；妊娠母牛和泌乳母牛导致钙、磷代谢负平衡，引起骨质疏松症，表现为骨质不坚，易发生骨折、跛行。

(2)维生素 D 需要量：乳用犊牛、生长牛和成年公牛每 100 kg 体重需 660 IU 维生素 D。泌乳及怀孕母牛按每 100 kg 体重需要 3 000 IU 维生素 D 供给。每产 1 kg 含脂 4%标准乳需 1 930 IU 维生素 D。

3. 维生素 E

(1)维生素 E 的营养作用：是一种抗氧化剂，能防止易氧化物质的氧化，保护富于脂质的细胞膜不受破坏，维持细胞膜完整。犊牛日粮中缺乏维生素 E，可引起肌肉营养不良或白肌病，缺硒时又能促使症状加重，影响牛的繁殖机能，公牛表现为睾丸发育不全，精子活力降低，性欲减退；母牛性周期紊乱，受胎率降低。日粮中适宜水平的硒和维生素 E 可以防治子宫炎和胎衣不下。维生素 E 和硒与乳房炎发病率关系密切。试验表明，牛每日每头添加维生素 E 1 g，肌肉注射亚硒酸钠 0.1 mg/kg，乳房炎发病率减少 37%。

(2)维生素 E 的需要量：正常饲料中不缺乏维生素 E。犊牛日粮中需要量为每千克干物质含 25 IU，成年牛为 15～16 IU。

二、水溶性维生素

1. B 族维生素 B 族维生素包括 10 余种生化性质各异的维生素，均为水溶性。它们均为辅酶或酶的辅基，参与牛体内碳水化合物、脂肪和蛋白质代谢。幼龄牛(瘤胃功能尚不健全)必须由饲料中经常供给。成年牛瘤胃中可合成 B 族维生素，一般情况下不必由饲料供给。犊牛易出现缺乏症的维生素有：硫胺素、核黄素、吡哆醇、泛酸、生物素、尼克酸和胆碱。

维生素 B_{12} 在牛体内丙酸代谢中特别重要。牛维生素 B_{12} 缺乏常常由日粮中缺钴所致，瘤胃微生物没有足够的钴则不能合成最适量的维生素 B_{12}。牛缺乏维生素 B_{12} 表现为食欲丧失、脂肪肝、贫血、幼牛消瘦、被毛粗乱、生长迟缓，母牛受胎率和繁殖率下降。

近年来研究发现，虽然牛瘤胃中能合成 B 族维生素，但由于牛生产水平的提高，并不能满足其机体的需要，也须对它们在牛营养代谢中的功能做重新估计。报道较多的是烟酸，它可促进微生物蛋白质的合成，降低甲烷的产量，防止饲料蛋白质在瘤胃中降解。对于高产奶牛在产前 1 周至产后 1 周，每日每头添加 6～8 g 烟酸，奶产量增加 0.5%～11.7%。对患酮血病奶牛可每日添加 12 g 烟酸，有一定防治效果。

2. 维生素 C 牛能在肝脏或肾中合成维生素 C，参与细胞间质中胶原的合成，维持结缔组织、细胞间质结构及功能的完整性，刺激肾上腺皮质激素的合成。维生素 C 具有抗氧化作用，保护其他物质免受氧化。

近年研究发现，维生素 C 对牛的繁殖影响很大，维生素 C 有助于维持妊娠。发情期血液中维生素 C 浓度升高，其机理尚不清楚。维生素 C 可改善牛的配种能力，刺激精子的生成，提高精液品质和精子活力。研究表明适量维生素 C 可缓解奶牛热应激。

第七节　水的需要量

水是一种非常重要的日粮必需养分。若脱水5%则食欲减退，脱水10%则生理失常，脱水20%即可死亡。奶牛比肉牛等其他牛种需水量更多（牛奶的含水量为87%）。

一、水的营养作用

水是牛体内的良好溶剂，各种营养物质的吸收运送和代谢废物的排出都需要水；牛体内的化学反应必须在水媒介中进行，水不但参与蛋白质、脂肪和碳水化合物的水解过程，而且与许多需要加入或释放水的中间代谢反应有关；水对体温的调节起重要作用，水的比热大，体内产热量过多时，由水吸收而不使体温升高。水的蒸发热大，天热时牛通过喘息和出汗使水分蒸发散热，以保持体温恒定；水具有很高的表面张力，可保持畜体细胞、组织具有一定的形态、硬度和弹性；水是一种润滑剂，如含大量水分的唾液使牛能顺利地吞咽食物。关节囊液使牛体的关节活动无阻；水是乳汁的重要组成成分，乳中的含水量占80%以上，水是影响产奶量高低的重要因素之一。

二、水的需要量

通常奶牛的需水量(kg/d)多按下列公式计算：DMI×5.6或日产奶量×4～5，但当气温达27℃时，饮水量则应比气温4℃提高40%～50%。据报道，饮用凉水有利于抗热应激，保持稳产。

估测泌乳奶牛每天自由饮水量(free water intake，FWI)的计算公式如下：

FWI(kg/d)＝14.3＋1.28×产奶量(kg/d)＋0.32×日粮*DM*%(Dahlborn et al.，1998)。

FWI(kg/d)＝15.99＋1.58×*DMI*(kg/d)＋0.90×产奶量(kg/d)＋0.05×Na采食量(g/d)＋1.20×最低温度(℃)(Murphy et al.，1983)。

满足牛水的需要量来源于3个途径，即饲料水、代谢水和饮水。但主要通过饮水和饲料水得到满足。

水对处于热应激环境的牛是一种最重要的营养物质。气温 30℃较 18℃，奶牛的饮水消耗增加 29%，粪水减少 33%，但通过尿、皮肤和呼吸损失的水分分别增加 15%、59%和 50%(McDowell ,1972)。当气温达到 27～30℃，泌乳牛的饮水量明显增加(Winchester and Morris，1956；NRC，1981)。牛在高湿环境下的水消耗量比低湿环境下少。对热应激奶牛的水的需要量了解很少。建议在热应激环境下，泌乳牛的水需要量较适宜气温时增加 1.2～2 倍。

给泌乳牛供水不当，产奶量降低的速度和幅度较其他任何养分都显著。饮水质量应达到 NY 5027(2001)的规定标准。

第八节　奶牛的饲养标准

一、我国奶牛的饲养标准

我国奶牛的饲养标准(ZB B 430086)见表 7-10 至表 7-15。

表 7-10　成年母牛维持的营养需要

体重(kg)	日粮干物质(kg)	奶牛能量单位(个/kg)	产奶净能(MJ)	可消化粗蛋白质(g)	小肠可消化粗蛋白质(g)	钙(g)	磷(g)	胡萝卜素(mg)	维生素 A(IU)
350	5.02	9.17	28.79	243	202	21	16	63	25 000
400	5.55	10.13	31.80	268	224	24	18	75	30 000
450	6.06	11.07	34.73	293	244	27	20	48	19 000
500	6.56	11.97	37.57	317	264	30	22	53	21 000
550	7.04	12.88	40.38	341	284	33	25	58	23 000
600	7.52	13.73	43.10	364	303	36	27	64	26 000
650	7.98	14.59	45.77	386	322	39	30	69	28 000
700	8.44	15.43	48.41	408	340	42	32	74	30 000
750	8.89	16.24	50.96	430	358	45	34	143	57 000

注：对第一个泌乳期的维持需要按上表基础增加 20%，第二个乳期增加 10%。如第一个泌乳期的年龄和体重过小，应按生长牛的需要计算实际增重的营养需要。放牧运动和环境温度低时，须在上表基础上增加能量需要量，按奶牛饲养标准中的说明计算。泌乳期间，每增重 1 kg 体重需增加 8 个/kg 和 325 g 可消化粗蛋白；每减重 1 kg 需扣除 6.56 个/kg 和 250 g 可消化粗蛋白。

表 7-11　每产 1 kg 奶的营养需要

乳脂率（%）	日粮干物质（kg）	奶牛能量单位（个/kg）	产奶净能（MJ）	可消化粗蛋白质（g）	小肠可消化粗蛋白质（g）	钙（g）	磷（g）	胡萝卜素（mg）	维生素 A（IU）
2.5	0.31～0.35	0.80	2.51	49	42	3.6	2.4	1.05	420
3.0	0.35～0.38	0.87	2.72	51	44	3.9	2.6	1.13	452
3.5	0.37～0.41	0.93	2.93	53	46	4.2	2.8	1.22	486
4.0	0.40～0.45	1.00	3.14	55	47	4.5	3.0	1.26	502
4.5	0.43～0.49	1.06	3.35	57	49	4.8	3.2	1.39	556
5.0	0.46～0.52	1.13	3.52	59	51	5.1	3.4	1.46	584
5.5	0.49～0.55	1.19	3.72	61	53	5.4	3.6	1.55	619

注：乳蛋白率＝2.36＋0.24×乳脂率（%）。

表 7-12　母牛怀孕最后 4 个月的营养需要

体重（kg）	怀孕月份	日粮干物质（kg）	奶牛能量单位（个/kg）	产奶净能（MJ）	可消化粗蛋白质（g）	粗蛋白质（g）	钙（g）	磷（g）	胡萝卜素（mg）	维生素 A（千 IU）
350	6	5.78	10.51	32.97	293	451	27	18	67	27
	7	6.28	11.44	35.90	337	518	31	20		
	8	7.23	13.17	41.34	409	629	37	22		
	9	8.70	15.84	49.54	505	777	45	25		
400	6	6.30	11.47	35.99	318	489	30	20	76	30
	7	6.81	12.40	38.92	362	557	34	22		
	8	7.76	14.13	44.36	434	668	40	24		
	9	9.22	16.80	52.72	530	815	48	27		
450	6	6.81	12.40	38.92	343	528	33	22	86	34
	7	7.32	13.33	41.84	387	595	37	24		
	8	8.27	15.07	47.28	459	706	43	26		
	9	9.73	17.73	55.65	555	854	51	29		
500	6	7.31	13.32	41.48	367	565	36	25	95	38
	7	7.82	14.25	44.73	411	632	40	27		
	8	8.78	15.99	50.17	483	743	46	29		
	9	10.24	18.65	58.54	579	891	54	32		

续表 7-12

体重(kg)	怀孕月份	日粮干物质(kg)	奶牛能量单位(个/kg)	产奶净能(MJ)	可消化粗蛋白质(g)	粗蛋白质(g)	钙(g)	磷(g)	胡萝卜素(mg)	维生素 A(千 IU)
550	6	7.80	14.20	44.56	391	602	39	27	105	42
	7	8.31	15.13	47.59	435	669	43	29		
	8	9.26	16.87	52.93	507	780	49	31		
	9	10.72	19.53	61.30	603	928	57	34		
600	6	8.27	15.07	47.28	414	637	42	29	114	46
	7	8.78	16.00	50.21	458	705	46	31		
	8	9.73	17.73	55.65	530	815	52	33		
	9	11.20	20.40	64.02	626	963	60	36		
650	6	8.74	15.92	49.96	436	671	45	31	124	50
	7	9.25	16.85	52.89	480	738	49	33		
	8	10.21	18.59	58.33	552	849	55	35		
	9	11.67	21.25	66.70	648	997	63	38		
700	6	9.22	16.76	52.60	458	705	48	34	133	53
	7	9.71	17.69	55.53	502	772	52	36		
	8	10.67	19.43	60.97	574	883	58	38		
	9	12.13	22.09	69.33	670	1 031	66	41		
750	6	9.65	17.57	55.15	480	738	51	36	143	57
	7	10.16	18.51	58.08	524	806	55	38		
	8	11.11	20.24	63.52	596	917	61	40		
	9	12.58	22.91	71.89	692	1065	69	43		

注：1.干奶期间按表 2-4 计算营养需要。2.怀孕第 6 个月如未干奶，除按表 2-4 计算营养需要外还应加产奶的营养需要。

表 7-13 生长母牛的营养需要

体重(kg)	日增重(g)	日粮干物质(kg)	奶牛能量单位(个/kg)	产奶净能(MJ)	可消化粗蛋白质(g)	粗蛋白质(g)	钙(g)	磷(g)	胡萝卜素(mg)	维生素 A(千 IU)
40	0		2.20	6.90	41	63	2	2	4.0	1.6
	200		2.67	8.37	100	154	6	4	4.1	1.6
	300		2.93	9.21	130	200	8	5	4.2	1.7
	400		3.23	10.13	158	243	11	6	4.3	1.7
	500		3.52	11.05	185	285	12	7	4.4	1.8
	600		3.84	12.05	212	326	14	8	4.5	1.8
	700		4.19	13.14	238	366	16	10	4.6	1.8
	800		4.56	14.31	263	405	18	11	4.7	1.9

续表 7-13

体重(kg)	日增重(g)	日粮干物质(kg)	奶牛能量单位(个/kg)	产奶净能(MJ)	可消化粗蛋白质(g)	粗蛋白质(g)	钙(g)	磷(g)	胡萝卜素(mg)	维生素A(千IU)
50	0		2.56	8.04	49	75	3	3	5.0	2.0
	300		3.32	10.42	137	211	9	5	5.3	2.1
	400		3.60	11.30	165	254	11	6	5.4	2.2
	500		3.92	12.31	192	295	13	8	5.5	2.2
	600		4.24	13.31	218	335	15	9	5.6	2.2
	700		4.60	14.44	244	375	17	10	5.7	2.3
	800		4.99	15.65	269	414	19	11	5.8	2.3
60	0		2.89	9.08	56	86	4	3	6.0	2.4
	300		3.67	11.51	143	220	10	5	6.3	2.5
	400		3.96	12.43	170	262	12	6	6.4	2.6
	500		4.28	13.44	198	303	14	8	6.5	2.6
	600		4.63	14.52	223	343	16	9	6.6	2.6
	700		4.99	15.65	249	383	18	10	6.7	2.7
	800		5.37	16.87	274	422	20	11	6.8	2.7
70	0	1.22	3.21	10.09	62	95	4	4	7.0	2.8
	300	1.67	4.01	12.60	165	254	10	6	7.9	3.2
	400	1.85	4.32	13.56	198	305	12	7	8.1	3.2
	500	2.03	4.64	14.57	231	355	14	8	8.3	3.3
	600	2.21	4.99	15.65	260	400	16	10	8.4	3.4
	700	2.39	5.36	16.82	291	448	18	11	8.5	3.4
	800	2.61	5.76	18.08	321	494	20	12	8.6	3.4
80	0	1.35	3.51	11.00	70	108	5	4	8.0	3.2
	300	1.80	4.32	13.56	172	265	11	6	9.0	3.6
	400	1.98	4.64	14.57	205	315	13	7	9.1	3.6
	500	2.16	4.96	15.57	237	365	15	8	9.2	3.7
	600	2.34	5.32	16.70	267	411	17	10	9.3	3.7
	700	2.57	5.71	17.91	297	457	19	11	9.4	3.8
	800	2.79	6.12	19.21	327	503	21	12	9.5	3.8
90	0	1.45	3.80	11.93	76	117	6	5	9.0	3.6
	300	1.84	4.64	14.57	177	272	12	7	9.5	3.8
	400	2.12	4.96	15.57	210	323	14	8	9.7	3.9
	500	2.30	5.29	16.62	241	371	16	9	9.9	4.0
	600	2.48	5.65	17.75	271	417	18	11	10.1	4.0
	700	2.70	6.05	19.00	301	463	20	12	10.3	4.1
	800	2.93	6.48	20.34	331	509	22	13	10.5	4.2

续表 7-13

体重(kg)	日增重(g)	日粮干物质(kg)	奶牛能量单位(个/kg)	产奶净能(MJ)	可消化粗蛋白质(g)	粗蛋白质(g)	钙(g)	磷(g)	胡萝卜素(mg)	维生素A(千IU)
100	0	1.62	4.08	12.81	82	126	6	5	10.0	4.0
	300	2.07	4.93	15.49	191	294	13	7	10.5	4.2
	400	2.25	5.27	16.53	226	348	14	8	10.7	4.3
	500	2.43	5.61	17.62	260	400	16	9	11.0	4.4
	600	2.66	5.99	18.79	292	449	18	11	11.2	4.4
	700	2.84	6.39	20.05	325	500	20	12	11.4	4.5
	800	3.11	6.81	21.39	356	548	22	13	11.6	4.6
125	0	1.89	4.73	14.86	97	149	8	6	12.5	5.0
	300	2.39	5.64	17.70	204	314	14	7	13.0	5.2
	400	2.57	5.96	18.71	238	366	16	8	13.2	5.3
	500	2.79	6.35	19.92	271	417	18	10	13.4	5.4
	600	3.02	6.75	21.18	302	465	20	11	13.6	5.4
	700	3.24	7.17	22.51	334	514	22	12	13.8	5.5
	800	3.51	7.63	23.94	366	563	24	13	14.0	5.6
	900	3.74	8.12	25.48	396	609	26	14	14.2	5.7
	1 000	4.05	8.67	27.20	423	651	28	16	14.4	5.8
150	0	2.21	5.35	16.78	111	171	9	8	15.0	6.0
	300	2.70	6.31	19.80	216	331	15	9	15.7	6.3
	400	2.88	6.67	20.92	249	383	17	10	16.0	6.4
	500	3.11	7.05	22.14	282	434	19	11	16.3	6.5
	600	3.33	7.47	23.44	312	480	21	12	16.6	6.6
	700	3.60	7.92	24.86	343	528	23	13	17.0	6.8
	800	3.83	8.40	26.36	374	575	25	14	17.3	6.9
	900	4.10	8.92	28.00	404	622	27	16	17.6	7.0
	1 000	4.41	9.49	29.80	430	662	29	17	18.0	7.2
175	0	2.48	5.93	18.62	125	192	11	9	17.5	7.0
	300	3.02	7.05	22.14	227	349	17	10	18.2	7.3
	400	3.20	7.48	23.48	260	400	19	11	18.5	7.4
	500	3.42	7.95	24.94	293	451	22	12	18.8	7.5
	600	3.65	8.43	26.45	322	495	23	13	19.1	7.6
	700	3.92	8.96	28.12	353	543	25	14	19.4	7.8
	800	4.19	9.53	29.92	383	589	27	15	19.7	7.9
	900	4.50	10.15	31.85	412	634	29	16	20.0	8.0
	1 000	4.82	10.81	33.94	438	674	31	17	20.3	8.1

续表 7-13

体重(kg)	日增重(g)	日粮干物质(kg)	奶牛能量单位(个/kg)	产奶净能(MJ)	可消化粗蛋白质(g)	粗蛋白质(g)	钙(g)	磷(g)	胡萝卜素(mg)	维生素A(千IU)
200	0	2.70	6.48	20.34	160	246	12	10	20.0	8.0
	300	3.29	7.65	24.02	261	402	18	11	21.0	8.4
	400	3.51	8.11	25.44	293	451	20	12	21.5	8.6
	500	3.74	8.59	26.95	324	498	22	13	22.0	8.8
	600	3.96	9.11	28.58	354	545	24	14	22.5	9.0
	700	4.23	9.67	30.34	384	591	26	15	23.0	9.2
	800	4.55	10.25	32.18	413	635	28	16	23.5	9.4
	900	4.86	10.91	34.23	442	680	30	17	24.0	9.6
	1 000	5.18	11.60	36.41	467	718	32	18	24.5	9.8
250	0	3.20	7.53	23.64	189	291	15	13	25.0	10.0
	300	3.83	8.83	27.70	286	440	21	14	26.5	10.6
	400	4.05	9.31	29.21	317	488	23	15	27.0	10.8
	500	4.32	9.83	30.84	348	535	25	16	27.5	11.0
	600	4.59	10.40	32.64	376	578	27	17	28.0	11.2
	700	4.86	11.01	34.56	405	623	29	18	28.5	11.4
	800	5.18	11.65	36.57	434	668	31	19	29.0	11.6
	900	5.54	12.37	38.83	462	711	33	20	29.5	11.8
	1 000	5.90	13.13	41.13	486	748	35	21	30.0	12.0
300	0	3.69	8.51	26.69	216	332	18	15	30.0	12.0
	300	4.37	10.08	31.63	311	478	24	16	31.5	12.6
	400	4.59	10.68	33.51	341	525	26	17	32.0	12.8
	500	4.91	11.31	35.48	371	571	28	18	32.5	13.0
	600	5.18	11.99	37.61	398	612	30	19	33.0	13.2
	700	5.49	12.72	39.92	427	657	32	20	33.5	13.4
	800	5.85	13.51	42.38	454	698	34	21	34.0	13.6
	900	6.21	14.36	45.06	481	740	36	22	34.5	13.8
	1 000	6.62	15.29	48.00	505	777	38	23	35.0	14.0

续表 7-13

体重(kg)	日增重(g)	日粮干物质(kg)	奶牛能量单位(个/kg)	产奶净能(MJ)	可消化粗蛋白质(g)	粗蛋白质(g)	钙(g)	磷(g)	胡萝卜素(mg)	维生素A(千IU)
350	0	4.14	9.43	29.59	243	374	21	18	35.0	14.0
	300	4.86	11.11	34.86	336	517	27	19	36.8	14.7
	400	5.13	11.76	36.91	365	562	29	20	37.4	15.0
	500	5.45	12.44	39.04	394	606	31	21	38.0	15.2
	600	5.76	13.17	41.34	421	648	33	22	38.6	15.4
	700	6.08	13.96	43.81	449	691	35	23	39.2	15.7
	800	6.39	14.83	46.53	476	732	37	24	39.8	15.9
	900	6.84	15.75	49.42	503	774	39	25	40.4	16.1
	1 000	7.29	16.75	52.56	526	809	41	26	41.0	16.4
400	0	4.55	10.32	32.39	268	412	24	20	40.0	16.0
	300	5.36	12.28	38.54	359	552	30	21	42.0	16.8
	400	5.63	13.03	40.88	388	597	32	22	43.0	17.2
	500	5.94	13.81	43.35	417	642	34	23	44.0	17.6
	600	6.30	14.65	45.99	444	683	36	24	45.0	18.0
	700	6.66	15.57	48.87	471	725	38	25	46.0	18.4
	800	7.07	16.56	51.97	498	766	40	26	47.0	18.8
	900	7.47	17.64	55.40	524	806	42	27	48.0	19.2
	1 000	7.97	18.80	59.00	547	842	44	28	49.0	19.6
450	0	5.00	11.16	35.03	293	451	27	23	45.0	18.0
	300	5.80	13.25	41.59	383	589	33	24	48.0	19.2
	400	6.10	14.04	44.06	412	634	35	25	49.0	19.6
	500	6.50	14.88	46.70	441	678	37	26	50.0	20.0
	600	6.80	15.80	49.59	467	718	39	27	51.0	20.4
	700	7.20	16.79	52.64	494	760	41	28	52.0	20.8
	800	7.70	17.84	55.99	521	802	43	29	53.0	21.2
	900	8.10	18.99	59.59	547	842	45	30	54.0	21.6
	1 000	8.60	20.23	63.48	569	875	47	31	55.0	22.0

续表 7-13

体重(kg)	日增重(g)	日粮干物质(kg)	奶牛能量单位(个/kg)	产奶净能(MJ)	可消化粗蛋白质(g)	粗蛋白质(g)	钙(g)	磷(g)	胡萝卜素(mg)	维生素 A(千 IU)
500	0	5.40	11.97	37.57	317	488	30	25	50.0	20.0
500	300	6.30	14.37	45.10	407	626	36	26	53.0	21.2
500	400	6.60	15.27	47.91	436	671	38	27	54.0	21.6
500	500	7.00	16.24	50.97	465	715	40	28	55.0	22.0
500	600	7.30	17.27	54.19	491	755	42	29	56.0	22.4
500	700	7.80	18.39	57.70	518	797	44	30	57.0	22.8
500	800	8.20	19.61	61.55	544	837	46	31	58.0	23.2
500	900	8.70	20.91	65.61	570	877	48	32	59.0	23.6
500	1 000	9.30	22.33	70.09	593	912	50	33	60.0	24.0
550	0	5.80	12.77	40.09	341	525	33	28	55.0	22.0
550	300	6.80	15.31	48.04	432	665	39	29	58.0	23.2
550	400	7.10	16.27	51.05	461	709	41	30	59.0	23.6
550	500	7.50	17.29	54.27	489	752	43	31	60.0	24.0
550	600	7.90	18.40	57.74	516	794	45	32	61.0	24.4
550	700	8.30	19.57	61.43	543	835	47	33	62.0	24.8
550	800	8.80	20.85	65.44	570	877	49	34	63.0	25.2
550	900	9.30	22.25	69.84	596	917	51	35	64.0	25.6
550	1 000	9.90	23.76	74.56	618	951	53	36	65.0	26.0
600	0	6.20	13.53	42.47	364	560	36	30	60.0	24.0
600	300	7.20	16.39	51.48	456	702	42	31	66.0	26.4
600	400	7.60	17.48	54.86	485	746	44	32	67.0	26.8
600	500	8.00	18.64	58.50	514	791	46	33	68.0	27.2
600	600	8.40	19.88	62.39	541	832	48	34	69.0	27.6
600	700	8.90	21.23	66.61	568	874	50	35	70.0	28.0
600	800	9.40	22.67	71.13	595	915	52	36	71.0	28.4
600	900	9.90	24.24	76.07	622	957	54	37	72.0	28.8
600	1 000	10.50	25.93	81.38	645	992	56	38	73.0	29.2

表 7-14 生长公牛的营养需要

体重(kg)	日增重(g)	日粮干物质(kg)	奶牛能量单位(个/kg)	产奶净能(MJ)	可消化粗蛋白质(g)	粗蛋白质(g)	钙(g)	磷(g)	胡萝卜素(mg)	维生素 A(千 IU)
40	0		2.20	6.90	41	63	2	2	4.0	1.6
	200		2.63	8.25	100	154	6	4	4.1	1.6
	300		2.87	9.00	130	200	8	5	4.2	1.7
	400		3.12	9.80	158	243	10	6	4.3	1.7
	500		3.39	10.63	185	285	12	7	4.4	1.8
	600		3.68	11.55	212	326	14	8	4.5	1.8
	700		3.99	12.52	238	366	16	10	4.6	1.8
	800		4.32	13.56	263	405	18	11	4.7	1.9
50	0		2.56	8.04	49	75	3	3	5.0	2.0
	300		3.24	10.17	137	211	9	5	5.3	2.1
	400		3.51	11.01	165	254	11	6	5.4	2.2
	500		3.77	11.85	192	295	13	8	5.5	2.2
	600		4.08	12.81	218	335	15	9	5.6	2.2
	700		4.40	13.81	244	375	17	10	5.7	2.3
	800		4.73	14.86	269	414	19	11	5.8	2.3
60	0		2.89	9.08	56	86	4	3	6.0	2.4
	300		3.60	11.30	143	220	10	5	6.3	2.5
	400		3.85	12.10	170	262	12	6	6.4	2.6
	500		4.15	13.02	198	303	14	8	6.5	2.6
	600		4.45	13.98	223	343	16	9	6.6	2.6
	700		4.77	14.98	249	383	18	10	6.7	2.7
	800		5.13	16.11	274	422	20	11	6.8	2.7
70	0	1.2	3.21	10.09	62	95	4	4	7.0	2.8
	300	1.6	3.93	12.35	165	254	10	6	7.9	3.2
	400	1.8	4.20	13.18	198	305	12	7	8.1	3.2
	500	1.9	4.49	14.11	231	355	14	8	8.3	3.3
	600	2.1	4.81	15.11	260	400	16	10	8.4	3.4
	700	2.3	5.15	16.16	291	448	18	11	8.5	3.4
	800	2.5	5.51	17.28	321	494	20	12	8.6	3.4

续表 7-14

体重(kg)	日增重(g)	日粮干物质(kg)	奶牛能量单位(个/kg)	产奶净能(MJ)	可消化粗蛋白质(g)	粗蛋白质(g)	钙(g)	磷(g)	胡萝卜素(mg)	维生素 A(千 IU)
80	0	1.4	3.51	11.01	70	108	5	4	8.0	3.2
	300	1.8	4.24	13.31	172	265	11	6	9.0	3.6
	400	1.9	4.52	14.19	205	315	13	7	9.1	3.6
	500	2.1	4.81	15.11	237	365	15	8	9.2	3.7
	600	2.3	5.13	16.11	267	411	17	10	9.3	3.7
	700	2.4	5.48	17.20	297	457	19	11	9.4	3.8
	800	2.7	5.85	18.37	327	503	21	12	9.5	3.8
90	0	1.5	3.80	11.93	76	117	6	5	9.0	3.6
	300	1.9	4.56	14.31	177	272	12	7	9.5	3.8
	400	2.1	4.84	15.19	210	323	14	8	9.7	3.9
	500	2.2	5.15	16.16	241	371	16	9	9.9	4.0
	600	2.4	5.47	17.16	271	417	18	11	10.1	4.0
	700	2.6	5.83	18.29	301	463	20	12	10.3	4.1
	800	2.8	6.20	19.46	331	509	22	13	10.5	4.2
100	0	1.6	4.08	12.80	82	126	6	5	10.0	4.0
	300	2.0	4.85	15.23	191	294	13	7	10.5	4.2
	400	2.2	5.15	16.16	226	348	14	8	10.7	4.3
	500	2.3	5.45	17.12	260	400	16	9	11.0	4.4
	600	2.5	5.79	18.16	292	449	18	11	11.2	4.4
	700	2.7	6.16	19.34	325	500	20	12	11.4	4.5
	800	2.9	6.55	20.55	356	548	22	13	11.6	4.6
125	0	1.9	4.73	14.86	97	149	8	6	12.5	5.0
	300	2.3	5.55	17.41	204	314	14	7	13.0	5.2
	400	2.5	5.87	18.41	238	366	16	8	13.2	5.3
	500	2.7	6.19	19.42	271	417	18	10	13.4	5.4
	600	2.9	6.55	20.55	302	465	20	11	13.6	5.4
	700	3.1	6.93	21.76	334	514	22	12	13.8	5.5
	800	3.3	7.33	23.02	366	563	24	13	14.0	5.6
	900	3.6	7.79	24.44	396	609	26	14	14.2	5.7
	1 000	3.8	8.28	25.99	423	651	28	16	14.4	5.8

续表 7-14

体重(kg)	日增重(g)	日粮干物质(kg)	奶牛能量单位(个/kg)	产奶净能(MJ)	可消化粗蛋白质(g)	粗蛋白质(g)	钙(g)	磷(g)	胡萝卜素(mg)	维生素A(千IU)
150	0	2.2	5.35	16.78	111	171	9	8	15.0	6.0
	300	2.7	6.21	19.50	216	331	15	9	15.7	6.3
	400	2.8	6.53	20.51	249	383	17	10	16.0	6.4
	500	3.0	6.88	21.59	282	434	19	11	16.3	6.5
	600	3.2	7.25	22.77	312	480	21	12	16.6	6.6
	700	3.4	7.67	24.06	343	528	23	13	17.0	6.8
	800	3.7	8.09	25.40	374	575	25	14	17.3	6.9
	900	3.9	8.56	26.87	404	622	27	16	17.6	7.0
	1 000	4.2	9.08	28.50	430	662	29	17	18.0	7.2
175	0	2.5	5.93	18.62	125	192	11	6	17.5	7.0
	300	2.9	6.95	21.80	227	349	17	10	18.2	7.3
	400	3.2	7.32	22.98	260	400	19	11	18.5	7.4
	500	3.3	7.75	24.31	293	451	21	12	18.8	7.5
	600	3.6	8.17	25.65	322	495	23	13	19.1	7.6
	700	3.8	8.65	27.16	353	543	25	14	19.4	7.8
	800	4.0	9.17	28.79	383	589	27	15	19.7	7.9
	900	4.3	9.72	30.51	412	634	29	16	20.0	8.0
	1 000	4.6	10.32	32.39	438	674	31	17	20.3	8.1
200	0	2.7	6.48	20.34	160	246	12	10	20.0	8.0
	300	3.2	7.53	23.64	261	402	18	11	21.0	8.4
	400	3.4	7.95	24.94	293	451	20	12	21.5	8.6
	500	3.6	8.37	26.28	324	498	22	13	22.0	8.8
	600	3.8	8.84	27.74	354	545	24	14	22.5	9.0
	700	4.1	9.35	29.33	384	591	26	15	23.0	9.2
	800	4.4	9.88	31.01	413	635	28	16	23.5	9.4
	900	4.6	10.47	32.85	442	680	30	17	24.0	9.6
	1 000	5.0	11.09	34.82	467	718	32	18	24.5	9.8

续表 7-14

体重(kg)	日增重(g)	日粮干物质(kg)	奶牛能量单位(个/kg)	产奶净能(MJ)	可消化粗蛋白质(g)	粗蛋白质(g)	钙(g)	磷(g)	胡萝卜素(mg)	维生素 A(千 IU)
250	0	3.2	7.53	23.64	189	291	15	13	25.0	10.0
	300	3.8	8.69	27.28	286	440	21	14	26.5	10.6
	400	4.0	9.13	28.67	317	488	23	15	27.0	10.8
	500	4.2	9.60	30.13	348	535	25	16	27.5	11.0
	600	4.5	10.12	31.76	376	578	27	17	28.0	11.2
	700	4.7	10.67	33.48	405	623	29	18	28.5	11.4
	800	5.0	11.24	35.28	434	668	31	19	29.0	11.6
	900	5.3	11.89	37.33	462	711	33	20	29.5	11.8
	1 000	5.6	12.57	39.46	486	748	35	21	30.0	12.0
300	0	3.7	8.51	26.70	216	332	18	15	30.0	12.0
	300	4.3	9.92	31.13	311	478	24	16	31.5	12.6
	400	4.5	10.47	32.85	341	525	26	17	32.0	12.8
	500	4.8	11.03	34.61	371	571	28	18	32.5	13.0
	600	5.0	11.64	36.53	398	612	30	19	33.0	13.2
	700	5.3	12.29	38.58	427	657	32	20	33.5	13.4
	800	5.6	13.01	40.84	454	698	34	21	34.0	13.6
	900	5.9	13.77	43.23	481	740	36	22	34.5	13.8
	1 000	6.3	14.61	45.86	505	777	38	23	35.0	14.0
350	0	4.1	9.43	29.59	243	374	21	18	35.0	14.0
	300	4.8	10.93	34.31	336	517	27	19	36.8	14.7
	400	5.0	11.53	36.20	365	562	29	20	37.4	15.0
	500	5.3	12.13	38.08	394	606	31	21	38.0	15.2
	600	5.6	12.80	40.17	421	648	33	22	38.6	15.4
	700	5.9	13.51	42.39	449	691	35	23	39.2	15.7
	800	6.2	14.29	44.86	476	732	37	24	39.8	15.9
	900	6.6	15.12	47.45	503	774	39	25	40.4	16.1
	1 000	7.0	16.01	50.25	526	809	41	26	41.0	16.4

续表 7-14

体重(kg)	日增重(g)	日粮干物质(kg)	奶牛能量单位(个/kg)	产奶净能(MJ)	可消化粗蛋白质(g)	粗蛋白质(g)	钙(g)	磷(g)	胡萝卜素(mg)	维生素A(千IU)
	0	4.5	10.32	32.39	268	412	24	20	40.0	16.0
	300	5.3	12.08	37.91	359	552	30	21	42.0	16.8
	400	5.5	12.76	40.05	388	597	32	22	43.0	17.2
	500	5.8	13.47	42.26	417	642	34	23	44.0	17.6
400	600	6.1	14.23	44.65	444	683	36	24	45.0	18.0
	700	6.4	15.05	47.24	471	725	38	25	46.0	18.4
	800	6.8	15.93	50.00	498	766	40	26	47.0	18.8
	900	7.2	16.91	53.06	524	806	42	27	48.0	19.2
	1 000	7.6	17.59	56.32	547	842	44	28	49.0	19.6
	0	5.0	11.16	35.03	293	451	27	23	45.0	18.0
	300	5.7	13.04	40.92	383	589	33	24	48.0	19.2
	400	6.0	13.75	43.14	412	634	35	25	49.0	19.6
	500	6.3	14.51	45.53	441	678	37	26	50.0	20.0
450	600	6.7	15.33	48.12	467	718	39	27	51.0	20.4
	700	7.0	16.21	50.88	494	760	41	28	52.0	20.8
	800	7.4	17.17	53.89	521	802	43	29	53.0	21.2
	900	7.8	18.20	57.12	547	842	45	30	54.0	21.6
	1 000	8.2	19.32	60.63	569	875	47	31	55.0	22.0
	0	5.4	11.97	37.57	317	488	30	25	50.0	20.0
	300	6.2	14.13	44.36	407	626	36	26	53.0	21.2
	400	6.5	14.93	46.87	436	671	38	27	54.0	21.6
	500	6.8	15.81	49.63	465	715	40	28	55.0	22.0
500	600	7.1	16.73	52.51	491	755	42	29	56.0	22.4
	700	7.6	17.75	55.69	518	797	44	30	57.0	22.8
	800	8.0	18.85	59.17	544	837	46	31	58.0	23.2
	900	8.4	20.01	62.81	570	877	48	32	59.0	23.0
	1 000	8.9	21.29	66.82	593	912	50	33	60.0	24.0

续表 7-14

体重(kg)	日增重(g)	日粮干物质(kg)	奶牛能量单位(个/kg)	产奶净能(MJ)	可消化粗蛋白质(g)	粗蛋白质(g)	钙(g)	磷(g)	胡萝卜素(mg)	维生素 A(千 IU)
550	0	5.8	12.77	40.09	341	525	30	28	55.0	22.0
	300	6.7	15.04	47.20	432	665	39	29	58.0	23.2
	400	6.9	15.92	49.96	461	709	41	30	59.0	23.6
	500	7.3	16.84	52.85	489	752	43	31	60.0	24.0
	600	7.7	17.84	55.99	516	794	45	32	61.0	24.4
	700	8.1	18.89	59.29	543	835	47	33	62.0	24.8
	800	8.5	20.04	62.89	570	877	49	34	63.0	25.2
	900	8.9	21.31	66.87	596	917	51	35	64.0	25.6
	1 000	9.5	22.67	71.13	618	951	53	36	65.0	25.0
600	0	6.2	13.53	42.47	364	560	36	30	60.0	24.0
	300	7.1	16.11	50.55	456	702	42	31	66.0	26.4
	400	7.4	17.08	53.60	485	746	44	32	67.0	26.8
	500	7.8	18.13	56.91	514	791	46	33	68.0	27.2
	600	8.2	19.24	60.38	541	832	48	34	69.0	27.6
	700	8.6	20.45	64.19	568	874	50	35	70.0	28.0
	800	9.0	21.76	68.29	595	915	52	36	71.0	28.4
	900	9.5	23.17	72.72	622	957	54	37	72.0	28.8
	1 000	10.1	24.69	77.49	645	992	56	38	73.0	29.2

表 7-15　种公牛的营养需要

体重(kg)	日粮干物质(kg)	奶牛能量单位(个/kg)	产奶净能(MJ)	可消化粗蛋白质(g)	粗蛋白质(g)	钙(g)	磷(g)	胡萝卜素(mg)	维生素 A(千 IU)
500	7.99	13.40	42.05	423	651	32	24	53	21
600	9.17	15.36	48.20	485	746	36	27	64	26
700	10.29	17.24	54.10	544	837	41	31	74	30
800	11.37	19.05	59.79	602	926	45	34	85	34
900	12.42	20.81	65.32	657	1 011	49	37	95	38
1 000	13.44	22.52	70.67	711	1 094	53	40	106	42
1 100	14.44	24.26	75.94	764	1 175	57	43	117	47
1 200	15.42	25.83	81.05	816	1 255	61	46	127	51
1 300	16.37	27.49	86.07	866	1 332	65	49	138	55
1 400	17.31	28.99	90.97	916	1 409	69	52	148	59

二、NRC泌乳牛饲养标准

NRC(2001)推荐的泌乳牛饲养标准见表7-16和表7-17。

表7-16 NRC奶牛饲养标准(成年牛体重680 kg)

产奶量(kg)	乳脂率(%)	DMI(kg)	体重变化(kg)	NE_1(MJ)	RDP g/(d·头)	RDP %	UDP g/(d·头)	UDP %	CP(%)
	泌乳早期								
20	3.5	12.4	−0.1	23.9	1 400	11.3	480	3.9	15.2
20	3.5	12.4	−0.2	24.5	1 400	11.3	660	5.3	16.6
20	3.5	12.4	−0.4	25.1	1 400	11.3	840	6.8	18.1
30	3.5	14.5	−0.7	30.6	1 620	11.2	850	5.9	17.0
30	3.5	14.5	−0.9	31.4	1 620	11.2	1 110	7.7	18.8
30	3.5	14.5	−1.1	32.3	1 620	11.2	1 370	9.4	20.6
40	3.5	16.7	−1.4	37.2	1 830	11.0	1 210	7.2	18.2
40	3.5	16.7	−1.6	38.4	1 830	11.0	1 560	9.3	20.3
40	3.5	16.7	−1.9	39.6	1 830	11.0	1 910	11.4	22.4
	泌乳中期								
35	3.5	23.6	1.2	33.8	2 450	10.4	800	3.4	13.8
35	3.5	23.6	1.0	34.8	2 450	10.4	1 110	4.7	15.1
35	3.5	23.6	0.8	35.9	2 450	10.4	1 410	6.0	16.4
45	3.5	26.9	0.7	40.4	2 710	10.1	1 170	4.3	14.4
45	3.5	26.9	0.4	41.8	2 710	10.1	1 560	5.8	15.9
45	3.5	26.9	0.2	43.1	2 710	10.1	1 950	7.2	17.3
55	3.5	30.2	0.1	47.1	2 960	9.8	1 560	5.2	15.0
55	3.5	30.2	−0.2	48.7	2 960	9.8	2 040	6.8	16.6
55	3.5	30.2	−0.6	50.7	2 960	9.8	2 510	8.3	18.1

表 7-17　干奶牛饲养标准(NRC,2001)

项　目	荷斯坦奶牛成年体重 680 kg,犊牛体重 45 kg,妊娠期日增重 670 g		
妊娠天数	240	270	279
妊娠体重(kg)	730	751	757
月龄	57	58	58
DMI(kg)	14.4	13.7	10.1
NE_l (MJ/d)	58.58	60.25	60.67
NE_l (MJ/kg)	4.06	4.39	6.02
RDP(g/d)	1 114	1 197	965
UDP(g/d)	317	292	286
日粮瘤胃降解蛋白(%)	7.7	8.7	9.6
日粮瘤胃非降解蛋白(%)	2.2	2.1	2.8
CP(%)	9.9	10.8	12.4
最低 NDF(%)	33	33	33
最低 ADF(%)	21	21	21
最高 NFC(%)	42	42	42
可吸收钙(g)	18.1	21.5	22.5
日粮钙(%)	0.44	0.45	0.48
可吸收磷(g)	19.9	20.3	16.9
日粮磷(%)	0.22	0.23	0.26

三、奶牛常用饲料成分与营养价值

奶牛常用饲料成分与营养价值见表 7-18 至表 7-27。

表 7-18　青绿饲料类

饲料名称	样品说明	饲料编码	干物质(%)	产奶净能(MJ/kg)	奶牛能量单位(个/kg)	粗蛋白质(%)	可消化粗蛋白质(%)	粗纤维(%)	钙(%)	磷(%)
甘薯藤	11省市,15样品平均值	2-01-072	13.0 100.0	0.72 5.36	0.22 1.71	2.1 16.2	1.4 10.5	2.5 19.2	0.20 1.54	0.05 0.38
黑麦草	北京,伯克意大利黑麦草	2-01-632	18.0 100.0	1.18 6.53	0.37 2.07	3.3 18.3	2.4 13.6	4.2 23.3	0.13 0.72	0.05 0.28
野青草	北京,狗尾草为主	2-01-677	25.3 100.0	1.26 4.98	0.4 1.58	1.7 6.7	1.0 3.8	7.1 28.1	0.24 1.27	0.03 0.16

表 7-19 青贮饲料类

饲料名称	样品说明	饲料编码	干物质(%)	产奶净能(MJ/kg)	奶牛能量单位(个/kg)	粗蛋白质(%)	可消化粗蛋白质(%)	粗纤维(%)	钙(%)	磷(%)
玉米青贮	4省市，5样品平均值	3-03-605	22.7 100.0	1.13 4.98	0.36 1.58	1.6 7.0	0.8 3.5	6.9 30.4	0.10 0.44	0.06 0.26
玉米青贮	吉林双阳收获后黄干贮	3-03-025	25.0 100.0	0.80 3.18	0.25 1.02	1.4 5.6	0.3 1.1	8.7 35.6	0.10 0.40	0.02 0.08
苜蓿青贮	青海西宁，盛花期	3-03-019	33.7 100.0	1.64 4.82	0.52 1.53	5.3 15.7	3.2 9.4	12.8 38.0	0.50 1.48	0.10 0.30

表 7-20 块根、块茎、瓜果类

饲料名称	样品说明	饲料编码	干物质(%)	产奶净能(MJ/kg)	奶牛能量单位(个/kg)	粗蛋白质(%)	可消化粗蛋白质(%)	粗纤维(%)	钙(%)	磷(%)
甘薯	7省市8样品平均值	4-04-200	25.00 100.0	1.89 7.45	0.59 2.38	1.0 4.0	0.6 2.2	0.9 3.6	0.13 0.52	0.05 0.20
胡萝卜	12省市13样品平均值	4-04-208	12.0 100.0	0.93 7.66	0.29 2.44	1.1 9.2	0.8 6.7	1.2 10.0	0.15 1.25	0.09 0.75
马铃薯	10省市10样品平均值	4-04-211	22.0 100.0	1.64 7.37	0.52 2.35	1.6 7.3	0.9 4.0	0.7 3.2	0.02 0.09	0.03 0.14
甜菜	8省市9样品平均值	4-04-213	15.0 100.0	0.97 6.57	0.31 2.09	2.0 13.3	— —	1.7 11.3	0.06 0.40	0.04 0.27

表 7-21 干草类

饲料名称	样品说明	饲料编码	干物质(%)	产奶净能(MJ/kg)	奶牛能量单位(个/kg)	粗蛋白质(%)	可消化粗蛋白质(%)	粗纤维(%)	钙(%)	磷(%)
羊草	黑龙江，4样品平均值	1-05-646	91.6 100.0	4.31 4.73	1.38 1.51	7.4 8.1	3.7 4.0	29.4 32.1	0.37 0.40	0.18 0.20
苜蓿干草	北京，苏联苜蓿2号	1-05-622	92.4 100.0	5.15 5.57	1.64 1.78	16.8 18.2	11.1 12.0	29.5 31.9	1.95 2.11	0.28 0.30
苜蓿干草	北京，下等	1-05-625	88.7 100.0	4.02 4.52	1.27 1.44	11.6 13.1	8.5 9.5	43.3 48.8	1.24 1.40	0.39 0.44
野干草	北京，秋白草	1-05-646	85.2 100.0	3.90 4.61	1.25 1.46	6.8 8.0	4.3 5.0	27.5 32.3	0.41 0.48	0.31 0.36

表 7-22　农副产品类

饲料名称	样品说明	饲料编码	干物质(%)	产奶净能(MJ/kg)	奶牛能量单位(个/kg)	粗蛋白质(%)	可消化粗蛋白质(%)	粗纤维(%)	钙(%)	磷(%)
玉米秸	辽宁,3样品平均值	1-06-062	90.0 100.0	4.69 5.23	1.49 1.66	5.9 6.6	2.0 2.2	24.9 27.7		
小麦秸	新疆,墨西哥种	1-06-622	89.6 100.0	3.65 4.06	1.16 1.29	5.6 6.3	0.8 0.9	31.9 35.6	0.05 0.06	0.06 0.07
稻草	浙江,晚稻	1-06-009	89.4 100.0	3.65 4.11	1.16 1.30	2.5 2.8	0.2 0.2	24.1 27.0	0.07 0.08	0.05 0.06
谷草	黑龙江栗秸秆2样品平均值	1-06-615	90.7 100.7	4.19 4.61	1.33 1.46	4.5 5.0	2.6 2.8	32.6 35.9	0.34 0.37	0.03 0.03
甘薯蔓	7省市31样品平均值	1-06-100	88.0 100.0	4.23 4.77	1.34 1.52	8.1 9.2	3.2 3.6	28.5 32.4	1.55 1.76	0.11 0.13
花生蔓	山东,伏花生	1-06-617	91.3 100.0	4.82 5.28	1.54 1.68	11.0 12.0	8.8 9.6	29.6 32.4	2.46 2.69	0.04 0.04

表 7-23　谷实类

饲料名称	样品说明	饲料编码	干物质(%)	产奶净能(MJ/kg)	奶牛能量单位(个/kg)	粗蛋白质(%)	可消化粗蛋白质(%)	粗纤维(%)	钙(%)	磷(%)
玉米	23省市120样品平均值	4-07-263	88.4 100.0	7.16 8.12	2.76 3.12	8.6 9.7	5.9 6.7	2.0 2.3	0.08 0.09	0.21 0.24
高粱	17省市38样品平均值	4-07-104	89.3 100.0	6.53 7.33	2.09 2.34	8.7 9.7	5.0 5.6	2.2 2.5	0.09 0.10	0.28 0.31
大麦	20省市49样品平均值	4-07-022	88.8 100.0	6.70 7.54	2.13 2.40	10.8 12.2	7.9 8.9	4.7 5.3	0.12 0.14	0.29 0.33
小麦	15省市28样品平均值	4-07-164	91.8 100.0	7.54 8.21	2.39 2.61	12.1 13.2	9.4 10.3	2.4 2.6	0.11 0.12	0.36 0.39

表 7-24 糠麸类

饲料名称	样品说明	饲料编码	干物质(%)	产奶净能(MJ/kg)	奶牛能量单位(个/kg)	粗蛋白质(%)	可消化粗蛋白质(%)	粗纤维(%)	钙(%)	磷(%)
小麦麸	全国 115 样品平均值	4-08-078	88.6 100.0	6.03 6.78	1.91 2.16	14.4 16.3	10.9 12.4	9.2 10.4	0.18 0.20	0.78 0.88
玉米皮	北京	4-08-094	87.9 100.0	4.94 5.65	1.58 1.80	10.1 11.5	5.3 6.0	13.8 15.7	0.28 0.32	0.35 0.40
米糠	4 省市 13 样品平均值	4-08-030	90.2 100.0	6.78 7.49	2.16 2.39	12.1 13.4	8.7 9.7	9.2 10.2	0.14 0.16	1.04 1.15
大豆皮	北京	4-08-001	91.0 100.0	5.82 6.41	1.85 2.04	18.8 20.7	9.9 9.9	25.1 27.6	— —	0.35 0.38

表 7-25 饼粕类

饲料名称	样品说明	饲料编码	干物质(%)	产奶净能(MJ/kg)	奶牛能量单位(个/kg)	粗蛋白质(%)	可消化粗蛋白质(%)	粗纤维(%)	钙(%)	磷(%)
豆饼	13 省市,机榨 42 样品平均值	5-10-043	90.6 100.0	8.29 9.17	2.64 2.92	43.0 47.5	36.6 40.3	5.7 6.3	0.32 0.35	0.50 0.55
菜籽饼	13 省市,机榨 21 样品平均值	5-10-022	92.2 100.0	7.62 8.29	2.43 2.64	36.4 39.5	31.3 34.0	10.7 11.6	0.73 0.79	0.95 1.03
胡麻饼	8 省市,机榨 11 样品平均值	5-10-062	92.0 100.0	7.66 8.33	2.44 2.65	33.1 36.0	29.1 31.7	9.8 10.7	0.58 0.63	0.77 0.84
花生饼	9 省市,机榨 34 样品平均值	5-10-075	89.9 100.0	8.54 9.46	2.71 3.02	46.4 51.6	41.8 46.5	5.8 6.5	0.24 0.27	0.52 0.58
棉籽饼	4 省市,去壳机榨 6 样品平均值	5-10-612	89.6 100.0	7.33 8.21	2.34 2.61	32.5 36.3	26.3 29.4	10.7 11.9	0.27 0.30	0.81 0.90
向日葵饼	北京,去壳浸提	5-10-110	92.6 100.0	6.82 7.37	2.17 2.34	46.1 49.8	41.0 44.3	11.8 12.7	0.53 0.57	0.35 0.38

表 7-26　糟渣类

饲料名称	样品说明	饲料编码	干物质(%)	产奶净能(MJ/kg)	奶牛能量单位(个/kg)	粗蛋白质(%)	可消化粗蛋白质(%)	粗纤维(%)	钙(%)	磷(%)
酒糟	吉林,高粱酒糟	5-11-103	37.7 100.0	3.02 7.95	0.96 2.54	9.3 24.7	6.7 17.8	3.4 9.0		
酒糟	贵州,玉米酒糟	4-11-092	21.0 100.0	1.39 6.49	0.43 2.07	4.0 19.0	2.4 11.4	2.3 11.0		
粉渣	玉米粉渣,6省市,7样品平均值	4-11-058	15.0 100.0	1.22 8.16	0.39 2.60	2.8 12.0	1.5 10.3	1.4 9.3	0.02 0.13	0.02 0.13
粉渣	马铃薯粉渣,3省3样品平均值	4-11-069	15.0 100.0	0.93 6.11	0.29 1.95	1.0 6.7	— —	1.3 8.7	0.06 0.40	0.04 0.27
啤酒糟	2省,3样品平均值	5-11-607	23.4 100.0	1.59 6.82	0.51 2.17	6.8 29.0	5.0 21.2	3.9 16.7	0.09 0.38	0.18 0.77
甜菜渣	黑龙江	1-11-609	8.4 100.0	0.51 6.07	0.16 1.93	0.9 10.7	0.5 5.4	2.6 31.0	0.08 0.95	0.05 0.60
豆腐渣	2省市,4样品平均值	1-11-602	11.0 100.0	0.97 8.83	0.31 2.82	3.3 30.0	2.8 25.5	2.1 19.1	0.05 0.45	0.03 0.27
酱油渣	宁夏银川,豆饼3份,麸皮2份	5-11-080	24.3 100.0	2.10 8.54	0.66 2.73	7.1 29.2	4.8 19.6	3.3 13.6	0.11 0.45	0.03 0.12

表 7-27　常用矿物质饲料中的元素含量表

	名称	化学式	矿物质含量	
钙	碳酸钙	$CaCO_3$	Ca=40%	
	石灰石粉		Ca=34%～38%	
钙、磷	磷酸氢二钠	$Na_2HPO_4 \cdot 12H_2O$	P=8.7%	Na=12.8%
	亚磷酸氢二钠	$Na_2HPO_3 \cdot 5H_2O$	P=14.3%	Na=21.3%
	磷酸钠	$Na_3PO_4 \cdot 12H_2O$	P=8.2%	Na=12.1%
	焦磷酸钠	$Na_4P_2O_7 \cdot 10H_2O$	P=14.1%	Na=10.3%
	磷酸氢钙	$CaHPO_4 \cdot 2H_2O$	P=18.0%	Ca=23.2%
	磷酸钙	$Ca_3(PO_4)_2$	P=20.2%	Ca=38.7%
	过磷酸钙	$Ca(H_2PO_4)_2 \cdot 2H_2O$	P=24.6%	Ca=15.9%

第八章　奶牛的饲料及饲料供应

根据国际分类原则，按照饲料的营养特性，我国将饲料分成 8 大类：青绿饲料、青贮饲料、粗饲料、能量饲料、蛋白质饲料、矿物质饲料、维生素饲料、添加剂饲料。奶牛的常用饲料种类很多，根据饲料的性质可分为青、粗饲料和精料补充料两大类。

第一节　青、粗饲料

青、粗饲料又分为粗饲料、青绿饲料和青贮饲料。

一、粗饲料及加工调制

粗饲料是指高纤维成分的植物茎叶部分（干物质中粗纤维含量在 18%以上，中性洗涤纤维含量大于 30%）。包括青干草、秸秆、秕壳和树叶等。粗饲料的一般特征是体积大，纤维含量高，蛋白质的含量差异大，粗饲料中钙、钾和微量元素高，但磷含量低于动物需求量。

（一）青干草

1. 青干草的种类和营养特性　青干草是将牧草及饲料作物适时刈割，经自然或人工干燥调制而成的能够长期贮存的青绿饲料，保持一定的青绿颜色。优质的青干草颜色青绿，叶量丰富，质地较柔软，适口性好，营养丰富。青干草的粗蛋白含量为 10%～20%，粗纤维含量为 22%～23%，无氮浸出物含量为 40%～50%，并且含有较丰富的矿物质，是奶牛的最基本、最重要饲料。

目前常用的豆科青干草有苜蓿、沙打旺、草木樨等干草，是牛的主要粗饲料，在成熟早期营养价值丰富，富含可消化粗蛋白、钙和胡萝卜素。豆科干草的蛋白质主要存在于植物叶片中，蛋白质的含量变化为 10%～21%。豆科干草的纤维在瘤胃中发酵通常比其他牧草纤维快，因此牛摄入的豆科干草量总是高于其他牧草。禾本科干草主要有羊草、披碱草、冰草、黑麦草、无芒雀麦、苏丹草等，数量大，适口性好，但干草间品质差异大，粗蛋白质含量为 7%～13%。

2. 青干草的加工调制　在实际生产中，要想获得优质的青干草，关键要适时刈割、合理加工调制、科学贮存管护。

(1)适时刈割：青干草的质量、产量与刈割的时间密切相关，牧草过早刈割，水分多，产量低，不易晒干；过晚刈割，营养价值降低。因此，必须在营养物质产量、牛利用率最高的时期刈割，一般禾本科草类在抽穗期，豆科草类在孕蕾及初花期刈割为好。

(2)青干草的加工调制方法：青干草的干燥法主要有两种，自然干燥法和人工干燥法。目前常常采用自然干燥法。

①自然干燥法。就是靠太阳的辐射以及空气的蒸腾作用，使牧草含水量降低到 20%以下，这种干燥法容易造成营养成分的损失，因此必须操作规范。常用的有地面干燥法、草架阴干法等。

地面干燥法：青草刈割后，在原地将青草滩开晾晒，经 4～5 h 暴晒，水分降至 40%时，将青草堆成小堆，晾 4～5 d，当水分降至 15%～17%，楼成大垛存贮。对于豆科牧草和杂草类调制干草，用牧草压扁机把牧草茎秆压裂、干燥，可缩短干燥时间 1/3～1/2。

草架阴干法：把收割的青草在草棚的草架上自然晾干。在晴天需要 10 d 左右晾干，可防止雨淋，日晒造成的损失，比地面干燥法减少营养损失 17%，消化率提高 2%。

②人工干燥法。主要包括常温鼓风干燥法和高温快速干燥法。

常温鼓风干燥法：就是把经自然晾晒含水量降到 50%的青草，放在有通风道的草棚中，用鼓风机吹风进行干燥，这种方法只有当气温高于 15℃，相对湿度小于 75%适用效果好。一般把草垛成 1.5～2 m 高的小堆，干燥 3 d 左右，再堆成 4～5 m 的大堆干燥。

高温快速干燥法：成本高，国内较少使用。用专用的牧草烘干机，可在几小时甚至数秒内使青草的含水量由 80%迅速降至 15%，这种方法几乎可以完全保存青饲料的营养价值。

(3)青干草的存贮与管护：干草安全贮存的含水量，散放干草为 25%，打捆干草为 20%～22%，铡碎干草为 18%～20%，干草块为 16%～17%。判断干草的含水量的简易方法为，用手拿一束干草进行拧扭，如草茎轻微发脆，扭弯部分没有见到水分，可安全贮存。

贮藏时的注意事项：在贮存初期，要实行贮存干燥法，用塑料大棚贮存库时，在库底垫好草帘，在草帘下面安鼓风机，将草垛的湿气吹出，在草帘上面堆高 1～2 m

草捆，侧面安放鼓风机，堆未完全干的堆贮草垛实行3～4 d昼夜吹风，后在白天晴天吹风6～7 d，以确保草垛全干，使存贮安全。

潮湿的干草（含水量在19%～20%）容易发热，以至燃烧，引起火灾应特别注意，这种现象多发生在贮存后的1～1.5个月内。因此，在这一阶段要多观察草垛，如发现草垛有发热现象，温度达到60℃时要立即搬开草捆，并密切注意温度变化。

(4)干草的品质鉴定：优质干草的品质感官鉴定方法如下。

①颜色气味。优质青干草呈绿色，绿色越深，品质越好，有干草香味。茎秆上每个节的茎部颜色是干草所含养分高低的标记，每个节的茎部呈现深绿色部分越长，则干草所含养分越高。

②叶片含量。干草中的叶量越多，品质越好。优质豆科牧草的干草中叶量应占干草总重量的50%以上。

③牧草形态。干草中所含的花蕾、未结实花序的枝条越多，叶量越多，茎秆质地越柔软，适口性越好，品质越好。

④含水量。优质干草的含水量在15%～18%，如果含水量超过20%不宜贮存。

⑤病虫害情况。有病虫害的牧草调制成的干草品质较低，牛不愿采食，也不利于牛健康。如果干草叶有病斑或有黑色粉末则为有病症的干草，不能饲喂牛。

(5)青草粉的颗粒化和压块处理：颗粒化处理就是将粉碎的草粉，再制成颗粒的方法。颗粒饲料的优点是具有全价性和可用性，在制作颗粒的过程中可以按营养要求配制成全价饲料，可以克服草粉粉尘大，不易操作，易于损失等缺点，压制成草块更适合于养牛。干草块的加工即将水分10%左右的干草切成3～4 cm，然后加水使其含水量达到14%～15%压制而成。

（二）秸秆和秕壳

1.秸秆的种类和营养特性 农作物及牧草收获籽实后，残留下的茎叶等通称为秸秆，秸秆的营养特点是营养价值较低，秸秆中粗纤维含量高，可达30%～45%，其中木质素多，一般为6%～12%。粗蛋白含量低，为3%～9%，低于反刍动物饲料要求的蛋白质最低含量（8%）。秸秆中的消化能低，秸秆对牛的消化能为7.8～10.5 MJ/kg DM。秸秆中缺乏维生素，其中胡萝卜素含量仅为2～5 mg/kg，此外，秸秆的钙、磷等含量低，钙、磷的比例不适宜。秸秆的消化率一般低于50%。

牛单独饲喂秸秆时，牛瘤胃中微生物生长繁殖受阻，影响饲料的发酵，不能给宿主提供必需的微生物蛋白质和挥发性脂肪酸，难以满足对能量和蛋白质的需要。但我国秸秆资源丰富，如果采取适当的补饲措施，并结合适当的加工处理，如氨化、碱化及生物处理等，能提高牛对秸秆的消化利用率。目前被用作饲料的秸秆如下。

(1)玉米秸：刚收获的玉米秸，营养价值较高，但随着贮存期加长，营养物质损失较大。一般玉米秸粗蛋白质含量为6%左右；粗纤维为25%左右，牛对其粗纤维的消化率为65%左右；同一株玉米秸的营养价值，上部比下部高，叶片较茎秆高。玉米穗苞叶和玉米芯营养价值很低。

(2)麦秸：麦秸的营养价值低于玉米秸，其中木质素含量很高，含能量低，消化率低，适口性差，是质量较差的粗饲料。该类饲料不经处理，对奶牛没有多大营养价值。

(3)稻草：营养价值低于玉米秸、谷草，优于小麦秸。粗蛋白质含量为2.6%～3.2%，粗纤维21%～33%。灰分含量高，但主要是不可利用的硅酸盐。钙磷含量均低。牛对稻草的消化率50%左右，其中对蛋白质和粗纤维的消化率分别为10%和50%左右。

(4)谷草：在禾本科秸秆中，谷草品质最好。质地柔软，叶片多，适口性好。

(5)豆秸：指豆科秸秆。在豆秸中蚕豆秸和豌豆秸质地较软，品质较好。由于豆秸质地坚硬，应粉碎后饲喂，以保证充分利用。

2. 秕壳的种类和营养特性　秕壳为籽实脱离时分离出的夹皮、外皮等。营养价值略高于同一作物的秸秆，但稻壳和花生壳质量较差。

(1)豆荚：含粗蛋白质5%～10%，无氮浸出物42%～50%，适于喂牛。

(2)谷类皮壳：包括小麦壳、大麦壳、高粱壳、稻壳、谷壳等。营养价值低于豆荚。稻壳的营养价值最差。

(3)棉籽壳：含粗蛋白质为4.0%～4.3%，粗纤维41%～50%，消化能8.66 MJ/kg，无氮浸出物34%～43%。棉籽壳虽然含棉酚0.01%，但对牛影响不大。在奶牛日粮中，注意喂量要逐渐增加，1～2周即可适应。喂时用水拌湿后加入粉状精料，搅拌均匀后饲喂，喂后供给足够的饮水。喂小牛时应控制喂量，以防棉酚中毒。

3. 加工调制

(1)物理加工

①机械处理。机械加工是指利用机械将粗饲料铡碎、粉碎或揉碎，这是粗饲料利用最简便而又常用的方法。秸秆饲料比较粗硬，加工后便于咀嚼，减少能耗，提高采食量，并减少饲喂过程中的饲料浪费。粉碎机筛底孔径以8～10 mm为宜。利用铡草机将粗饲料切短成1～2 cm，稻草较柔软，可稍长些，而玉米秸较粗硬且有结节，以1 cm左右为宜。揉碎机械将秸秆饲料揉搓成丝条状，尤其适于玉米秸的揉碎，是当前秸秆饲料利用比较理想的加工方法。

②热喷和膨化处理。将切碎的粗饲料放在容器内加水蒸煮，以提高秸秆饲料的适口性和消化率。一般在压力 2.07×10^{5} Pa 下处理稻草 1.5 min，$7.8\sim8.8\times10^{5}$ Pa 处理 30～60 min。

膨化是利用高压水蒸气处理后突然降压以破坏纤维结构的方法，对秸秆甚至木材都有效果。膨化可使木质素低分子化合物分解，从而增加可溶性成分。但因膨化设备投资较大，目前在生产上尚难以广泛应用。

③盐化处理。指铡碎或粉碎的秸秆饲料，用1% 的食盐水，与等重量的秸秆充分搅拌后，放入容器内或在水泥地面上堆放，用塑料薄膜覆盖，放置 12～24 h，使其自然软化，可明显提高适口性和采食量。在东北地区广泛利用，效果良好。

④秸秆的颗粒化。将秸秆经过粉碎揉搓之后，根据用途设计配方，与其他农副产品及饲料添加剂搭配，用颗粒机械制成颗粒饲料。这种技术将维生素、微量元素、添加剂等成分加入到颗粒饲料中，提高了其营养价值，并改善了适口性，饲喂牛的效果明显，一次性投资不高，是一项值得推广的实用技术。

(2)化学加工：在生产中广泛应用的有碱化、氨化处理。

①碱化处理。碱类物质能使饲料纤维内部的氢键结合变弱，使纤维素分子膨胀，削弱细胞壁中纤维素与木质素间的联系，溶解半纤维素，有利于牛对饲料的消化，提高粗饲料的消化率。碱化处理所用原料，主要是氢氧化钠(NaOH)和石灰水[$Ca(OH)_2$]其方法是：100 kg 切碎的秸秆加 3 kg 生石灰或 4 kg 熟石灰，食盐 0.5～1 kg，水 200～250 kg，处理后晾 24～36 h 即可饲喂；或 100 kg 切碎的秸秆用 6 kg 16%的氢氧化钠溶液均匀喷洒，然后洗去余碱，制成饼块，分次饲喂。

②氨化处理。氨化处理是通过氨化与碱化双重作用以提高秸秆的营养价值。秸秆经氨化处理后，粗蛋白质含量可提高 100%～150%，纤维素含量降低 10%，有机物消化率提高 20%以上。氨化饲料的质量，受秸秆饲料本身的饲料质地优劣、氨源的种类及氨化方法诸多因素所影响。氨化选用清洁未霉变的麦秸、玉米秸、稻草等，一般铡短 2～3 cm。

堆贮法：适用于液氨处理、大量生产。先将 6 m×6 m 塑料薄膜铺在地面上，在上面垛秸秆。草垛底面积为 5 m×5 m 为宜，高度接近 2.5 m。秸秆原料含水量要求 20%～40%，一般干秸秆仅 10%～13%，故需边码垛边均匀地洒水，使秸秆含水量达到 30%左右。草码到 0.5 m 高处，于垛上面分别平放直径 10 mm，长 4 m 的硬质塑料管 2 根，在塑料管前端 2/3 长的部位钻若干个 2～3 mm 小孔，以便充氨。后端露出草垛外面约 0.5 m 长。通过胶管接上氨瓶，用铁丝缠紧。堆完草垛后，用 10 m×10 m 塑料薄膜盖严，四周留下 0.5～0.7 m 宽的余头。在垛底部用一长杠将四周余下的塑料薄膜上下合在一起卷紧，以石头或土压住，但输氨管外露。按秸秆重量3%的比例向垛内缓慢输入液氨。输氨结束后，抽出塑料管，立即将余孔堵严。

窖贮法：适用于氨水处理、尿素处理，中、小规模生产。氨水用量按3 kg/(氨水含氮量×1.21)计算。如氨水含氮量为15%，每100 kg秸秆需氨水量为3 kg/(15%×1.21)=16.5 kg。尿素用量见小垛法。

小垛法：适用于尿素处理，农户少量生产制作。在家庭院内向阳处地面上，铺2.6 m^2 塑料薄膜，取3～4 kg尿素，溶解在40～55 kg水中，将尿素溶液均匀喷洒在100 kg秸秆上，堆好踏实。最后用13 m^2 塑料布盖好封严。小垛氨化以100 kg一垛，占地少，易管理，塑料薄膜可连续使用，投资少，简便易行。

氨化的时间应根据气温和感官来确定。一般1个月左右，根据气温确定氨化天数，并结合查看秸秆颜色变化，变褐黄即可。饲喂时一般经2～5 d自然通风将氨味全部放掉，呈糊香味时，才能饲喂，如暂时不喂可不必开封放氨。

③“三化”复合处理。利用氨化、碱化、盐化综合技术处理秸秆，可提高干物质瘤胃降解率22.4%，提高牛日增重48.8%，牛肥育经济效益提高1.76倍(曹玉凤，李英等，1997)。处理液的成分以及处理秸秆的比例见表8-1，处理方法见氨化处理。

表8-1　“三化”复合处理液与秸秆的比例　kg

秸秆种类	秸秆重量	尿素用量	生石灰	食盐用量	水用量	贮料含水量
干玉米秸	100	2	3	1	45～55	35～40
干稻草	100	2	3	1	45～55	35～40
干麦秸	100	2	3	1	40～50	35～40

(3)生物学处理：生物学处理主要指微生物的处理，指给粗饲料接种某种微生物或加入发酵物，在适当的温度发酵一段时间，加入的菌类或者秸秆中原来的微生物产生的氧化酶分解粗饲料中粗纤维和木质素等，使饲料具有酸、甜、香、软、熟的特性，可提高营养价值和适口性。

发酵方法：①将粗饲料加适量水后堆积，让自身进行微生物发酵生热，或加入糖化霉菌，使淀粉类物质转化为糖；②用真菌中的绿色木酶产生纤维素酶，酶解饲料；③利用牛瘤胃内容物中微生物群，在体外用人工条件培养，用以发酵饲料。如“秸秆发酵活干菌”，是在厌氧条件下，加入适当的水分、糖分，在密闭的环境下，进行乳酸发酵。但多数因操作技术复杂，投入成本太高，而难以在生产上推广应用。

二、青绿多汁饲料及加工调制

青饲料是指含水量60%以上的青绿多汁的植物性饲料，营养丰富，适口性好，是牛的理想饲料。

1. 青饲料的种类和营养特性 青饲料的含水量高，干物质含量低，能值低。含有丰富的优质的粗蛋白质，一般占干物质的10%～20%，并且含有大量的酰胺，对牛的生长、繁殖和泌乳有良好的作用。维生素、矿物质元素含量高。青饲料中含有大量的胡萝卜素，可达50～80 mg/kg，高于任何其他饲料。此外，青饲料中还含有丰富的硫胺素、核黄素、烟酸等B族维生素。矿物质中钙、磷含量丰富，比例适当，尤其豆科饲料中含量丰富。此外，青饲料中还含有富含铁、锰、铜、硒、锌等必需微量元素。无氮浸出物含量丰富，粗纤维含量少。青饲料中粗纤维的含量占干物质的18%～30%，无氮浸出物占40%～50%，因此青饲料易于消化，牛对青饲料的有机物的消化率可达75%～85%。

常见青饲料种类主要包括天然牧草、栽培牧草、青饲作物、叶菜类作物、块根块茎类作物等。

(1)天然牧草：主要有禾本科、豆科、菊科和莎草科4大类牧草，其中豆科和禾本科牧草牛喜欢采食，菊科牧草有特殊的气味，适口性不好，牛不喜欢采食。

(2)栽培牧草：主要有苜蓿、黑麦草、无芒雀麦、草木樨、聚合草、苏丹草等。苜蓿有“牧草之王”的美称，粗蛋白的含量高，其营养价值与收获时期关系很大，最适宜的刈割时期是现蕾期至初花期。奶牛青饲每天适宜的喂量为25 kg。

(3)青饲作物：主要有青饲玉米、青饲大麦、燕麦等。

(4)叶菜类饲料：主要有苦荬菜、聚合草、甘蓝、人类食用剩余的蔬菜、次菜及菜帮等。

(5)树叶类饲料：主要有紫穗槐、刺槐叶、苹果树叶、橘树叶、桑叶、松叶等。

2. 青饲料的加工调制 为了保证青绿饲料多汁饲料的品质，在饲用时必须做到适时收割。因为在青绿多汁饲料的生长过程中，产量逐渐增加，而品质逐渐下降。因此过分追求产量将会牺牲其品质，从而影响其利用价值。一般禾本科牧草在孕穗期刈割，豆科牧草在初花期刈割。收割后的青绿多汁饲料，只需进行铡切处理，牧草铡成3～5 cm的短草，块根块茎类饲料以加工成小块或薄片为好，以免发生食道梗塞，还可缩短牛的采食时间。

三、青贮饲料及加工调制

青贮饲料指将新鲜的青刈饲料作物、牧草、新鲜的全株玉米或收获籽实后的玉米秸等青绿多汁饲料直接或经适当的处理后，切碎、压实、密封于青贮窖、壕或塔内，在厌氧环境下，通过乳酸发酵而成。

1. 青贮饲料的营养特点　青贮饲料的营养价值因原料种类的不同而不同，其共同的特点是：青贮饲料中富含水分、粗蛋白质、维生素和矿物质等营养成分，其中以全株玉米青贮营养价值最高。适口性好，易于消化。青贮饲料气味酸香，柔软多汁，非蛋白氮中以酰胺和氨基酸的比例高，大部分的淀粉和糖类分解为乳酸，粗纤维质地变软，因此易于消化。

2. 青贮饲料的种类

(1)常规青贮：目前常用于玉米秸青贮和全株玉米青贮。青贮料可极大限度的保存原料原有的营养价值，适口性好。全株玉米青贮的营养丰富，粗蛋白为8.4%，碳水化合物为12.7%。

(2)半干青贮：半干青贮又叫低水分青贮，是指青贮原料收割后，经风干含水量降到45%～55%，形成对微生物不利的生理干燥和厌气环境，同时植物细胞形成高渗透压，使生命活动受抑制，发酵过程变慢，在无氧的条件下保持青贮料的方法。它兼有干草和一般青贮料的优点，干物质含量比一般青贮料多一倍。半干青贮调制过程中，营养损失减少，是日益被广泛采用的青贮发酵的主要类型之一，常用于苜蓿半干青贮。

(3)混合青贮：混合青贮是指把两种或两种以上的青贮原料进行混合青贮，互相取长补短调制青贮的方法。这种青贮方法适合于青贮原料干物质含量低(如块根块茎类饲料)与秸秆或糠麸类混合青贮，或者含可发酵糖少的豆科牧草与禾本科牧草混合青贮等。

(4)添加剂青贮：添加剂青贮就是在一般青贮的基础上加入适当添加剂的一种方法。青贮添加剂可分为3类，第一类发酵促进剂，主要有淀粉和糖类，作用是为细菌提供充足的养分，使发酵正常进行。如糖蜜、玉米粉、大麦粉、葡萄糖、蔗糖、马铃薯和纤维素酶等；第二类发酵抑制剂，主要包括强酸和盐类，作用是抑制微生物的生长。如甲酸、乙酸、苯甲酸、柠檬酸、稀盐酸、硫酸、磷酸等；第三类营养型添加剂，主要用于改善青贮饲料营养价值，对青贮发酵一般不起有益作用，目前应用最广的是尿素，尿素和磷酸脲属于非蛋白氮添加剂，一般在青贮料中添加0.3%～0.5%。此外还有氨、缩二脲、矿物质等。

(5)拉伸膜青贮:包括两种类型的青贮,圆捆青贮和袋式青贮。"圆捆/袋式青贮"是指将收割好的新鲜牧草,玉米秸秆、稻草、甘蔗尾叶、地瓜藤、芦苇、苜蓿等各种青绿植物揉碎后,用捆包机高密度压实打捆,然后用青贮塑料拉伸膜裹包起来,造成一个最佳的发酵环境。经这样打捆和裹包起来的草捆,处于密封状态,在厌氧条件下,经 3～6 周,最终完成乳酸型自然发酵的生物化学过程。发酵后的草料,气味芳香,蛋白质含量和消化率明显提高,适口性好,采食量高,是理想的反刍动物粗饲料。

拉伸膜青贮有以下几个优点:①保存时间长,一般在露天保存 3～5 年;②制作青贮不受收割天气的影响,使用方便;③饲料浪费少,不会受踩踏的损失。

(6)圆捆青贮:圆捆青贮采用圆捆捆草机将草料压实,制成圆柱形草捆,然后采用裹包机,用青贮专用拉伸膜将草捆紧紧地裹包起来。大型圆捆,在含水量约 50%时,每捆草重约 500 kg。小型圆捆,在含水量约 50%时,每捆草重约 40 kg。

(7)袋式青贮:袋式青贮特别适合玉米秸秆、甘蔗尾叶、芦苇、高粱等。秸秆经切碎后,采用袋式灌装机将秸秆/牧草高密度地装入塑料拉伸膜制成的专用青贮袋。秸秆的含水量可高达 60%～65%。一个 33 m 长的青贮袋可灌装 180 000 kg 秸秆。每小时可灌装 120 000～180 000 kg。

裹包青贮和袋式青贮技术是目前世界上最先进的青贮技术,已在美国、欧洲、日本等发达国家广泛应用。北京、上海、安徽、湖南、广东、河南、青海等省市都分别对稻草、玉米秸秆、地瓜藤、芦苇、甘蔗尾叶等进行了裹包青贮实验和应用,测试报告都证实了其效果。

3. 青贮的制作

(1)青贮原料:凡无毒的新鲜植物均可作青贮,青贮原料要有一定的含糖量,一般不应低于 1%～1.5%,一般豆科牧草含蛋白质高单独青贮难成功,而禾本科含碳水化合物高容易成功。

①青刈带穗玉米。玉米带穗青贮,即在玉米乳熟后期收割,将茎叶与玉米锤整株切碎进行青贮,这样可以最大限度地保存蛋白质、碳水化合物和维生素,具有较高的营养价值和良好的适口性,是奶牛的优质饲料。

②玉米秸。收获果穗后的玉米秸上能保留 1/2 的绿色叶片,适于青贮。若部分秸秆发黄,3/4 的叶片干枯视为青黄秸,青贮时每 100 kg 需加水 5～15 kg。目前已培育出收获果穗后玉米秸全株保持绿色的玉米新品种,很适合作青贮。

③各种青草。各种禾本科青草所含的水分与糖分均适宜于调制青贮饲料。豆科牧草如苜蓿因含粗蛋白量高,不宜单独常规青贮。禾本科草类在抽穗期,豆科草类在孕蕾及初花期刈割为好。

甘薯蔓、白菜叶、萝卜叶等农副产品，收获期集中，且量大，适宜做青贮。注意及时调制，避免霜打或晒成半干状态而影响青贮质量。青贮时与小薯块一起装填更好。

(2)青贮设施：青贮设施主要有青贮窖、青贮坑、青贮袋等。青贮设施应选在地势高、干燥、地质坚实，地下水位低，靠近畜舍的地方。

①青贮窖。我国常见的青贮窖为地下式和半地下式，国外以地上式为主。地下式适用于地下水位低，气候寒冷、土质坚实的地区，和地下水位保持 0.8～1 m 以上；地下水位高地方，可建造半地下式青贮窖。青贮窖的开口在低处，以便于夏季排出雨水。大型牛场的青贮窖一般要求深 3 m 以上，宽 4～6 m，便于链轨拖拉机压实，长度按牛头数多少而定，一般为 20～40 m。要求青贮窖窖壁倾斜、面口大，底后小，呈斗形，倾斜度为每深 1 m 收缩 5～7 cm。窖壁光滑，长期利用的窖用砖砌加水泥抹光，如不是永久性的青贮窖，应将窖的四周围墙壁夯实，然后在内壁上铺上塑料薄膜，以防水分渗入和空气进入。为防止雨水或地面水渗入，窖沿高出地面 0.5～1 m，并以斜坡接地面。

②青贮坑。适用于小规模养殖户，不便于机械化操作。青贮坑深度不超过 2 m，一般为圆形或长方形。圆形青贮坑开窖时将坑顶泥土全部揭开，坑口不易管理，取用不方便；长方形青贮坑可以从一端一段段去用，便于取用和管理，但长方形青贮坑占地面积大。

③青贮袋。又称为袋式青贮，是目前国内外正推行的一种方法。具体方法是选用厚度 0.2 mm 以上的塑料膜做成圆筒形，与相应的袋装青贮机配套，装入原料水分适中，抽尽空气，压紧扎口即可。小型青贮袋能容纳几百千克，大的青贮袋可容纳数百吨的青贮料。我国目前使用的青贮袋长、宽各 1 m，高 2.5 m，可容纳 750～1 000 kg 的玉米青贮。入袋青贮原料水分以 65%～75%为宜。袋式青贮应注意，如用透明膜时，应避光存放。如果用干玉米秸秆做袋装青贮，必须将玉米秸秆打碎，结节捣碎，并将水分调好，否则不宜用袋式青贮。

④青贮塔。青贮塔是用钢筋、砖、水泥等砌成的青贮设施。一般青贮塔内径为 5～9 m，高 9～24 m，在塔身上每隔 1.5～2 m 设一个窗口便于取料。青贮塔的青贮质量高，养分损失少，机械化程度高，适用于大型牛场。

(3)青贮技术要点

①切短。原料的切碎长度直接影响青贮的质量，一般原料的切碎程度按原料的不同质地来确定。含水量高、质地细软的原料，可以切得长些，反之则要短些。玉米和高粱要求 1～2 cm，细茎牧草要 7～8 cm。

②调节水分含量。原料的含水量是关系到制作青贮成功与否的关键之一，普

通青贮适宜的含水量为65%～75%，半干青贮适宜含水量为50%～55%。

含水量过高的原料，不利于乳酸菌的繁殖，同时在压紧时易造成养分流失或黏结成块，导致青贮失败，因此必须通过混贮、凋萎（适当晾晒）或添加干料等方法来进行调节；对于含水量过低的原料可与含水量较多的原料混贮，也可以根据实际含水情况加水。青贮原料的含水量以用手抓原料时，水从手指缝间渗出并未滴下来，松手后仍保持球状，手上无湿印为宜（含水量为68%～75%）。

③装窖。装窖前先要清扫青贮窖，砖砌窖面衬上塑料薄膜。原料入窖时，要层层装填（15～20 cm厚），层层压实，特别注意窖四周边缘和窖角要踩实，大型窖可分段装填，以防止原料长时间暴露在空气中。小型窖采用人工压实，大型长方形的窖用机械压实。装窖时要一次完成，时间不能拖得过长，装填的时间越短青贮的品质越好。一般一个大型青贮窖要在2～5 d内装满压实。

④密封和管护。装满窖后要立即封埋，不能拖延密封期。装填的青贮料应高出青贮设施边缘，一般高出1 m左右，在原料的上面盖一层10～20 cm切短的秸秆、牧草，再用塑料薄膜覆盖，覆上30～50 cm的土踩实。在封窖的3～5 d内，注意检查窖顶，发现漏缝处及时修补，防止雨水渗入，并在青贮窖的周围约1 m的地方挖排水沟，及时排水防止雨水渗入。

⑤青贮利用注意事项。一般青贮在制作45 d后即可开始取用。奶牛日喂量10～25 kg。

在取青贮料时要求在垂直切面启窖，长方形窖从背风的一头开窖，小窖可从顶部开窖。青贮料一经取用必须连续利用，每天用多少取多少，大型窖取料时，要用青贮剁刀，每次取料从上到下，直切到窖底，一次切齐。为防止二次发酵，每天取出的料层至少在8 cm以上，最好15 cm以上，取用后用塑料薄膜覆盖压紧。一旦出现全窖二次发酵，如青贮料温度上升到45℃以上时，在启封面上喷洒丙酸，并且完全密封青贮窖，制止其继续腐败。

(4)半干青贮的制作：半干青贮与一般青贮的主要区别是青贮原料刈割后不立即铡碎，而要在田间晾晒至半干状态。晴朗的天气一般晾晒24～55 h，即可达到45%～55%的含水量，有经验者可凭感官估测，如苜蓿青草当晾晒至叶片蜷缩至筒状、小枝变软不易折断时其水分含量约50%。当青贮原料已达到所要求的含水量时即可青贮。其青贮方法、步骤与一般青贮相同。但由于半干青贮原料含水量低，所以原料要铡的更细碎，压的应更紧实，封埋的应更严、更及时。一定要做到连续作业，必须保证青贮高度密封的厌氧条件，才能获得成功。

(5)青贮饲料的品质鉴定：青贮饲料品质的评定有感官鉴定法、化学分析法和生物学法，生产中多用感官鉴定法。感官鉴定法包括观察青贮料的色泽、气味、质地等。感官鉴定标准见表 8-2。

表 8-2　青贮感官评定标准

等级	色	味	嗅	质地
优等	绿色或黄绿色	酸味浓	芳香味重舒适感	柔软稍湿润
中等	黄褐色、墨绿色	酸中等,酒味	芳香味淡	软稍干或水分稍多
劣等	黑色、褐色	酸味少	臭、腐败味或霉味	干松或黏结成块

化学评定法主要是测定青贮料的 pH 值和各种有机酸。一般优良的青贮料的 pH 值在 4.2 以下,超过 4.2 说明在青贮发酵过程中,腐败菌活动较为强烈。有机酸中的乳酸、醋酸和酪酸的含量是评定青贮品质的可靠指标,优质的青贮料中含较多的乳酸,少量的醋酸,不含酪酸。

第二节　精料补充料

一、能量饲料

指干物质中粗纤维含量在 18%以下,粗蛋白质含量在 20%以下,消化能在 10.46 MJ/kg 以上的饲料,是奶牛能量的主要来源。主要包括谷实类及其加工副产品、块根、块茎类和瓜果类及其他。

1. 谷实类饲料　谷实类饲料干物质以无氮浸出物为主(主要是淀粉),占干物质的 70%～80%,粗纤维含量在 6%以下,粗蛋白含量 10%左右。

(1)玉米:玉米被称为“饲料之王”,是高能饲料,淀粉含量高,适口性好,易消化,其中有机物的消化率为 90%。玉米的脂肪含量较高,不饱和脂肪酸较多。但玉米的赖氨酸和色氨酸含量低,钙、磷的含量低,且比例不合适,因此要配合其他饲料共同使用。玉米可大量用于牛的精料补充料,用量可占 40%～65%。

(2)大麦:大麦的粗蛋白含量比玉米高,为 11%～13%,氨基酸组成与玉米接近,但赖氨酸含量相对较高。钙、磷的含量比玉米高。大麦可作为牛的饲料大量使用,但饲喂前必须进行加工处理(如压扁、粉碎)。用大麦饲喂牛可改善牛奶和牛肉脂肪的品质。

(3)高粱:高粱的无氮浸出物为 68%,消化率低,因其含有单宁适口性差,并且易引起牛便秘,应限量饲喂,一般不超过日粮的 20%。

(4)燕麦:燕麦的粗蛋白含量为10%,粗蛋白的品质高于玉米,是牛的一种很好的饲料。燕麦的无氮浸出物含量丰富,容易消化,但燕麦的秕壳含量为20%~35%,因此粗纤维的含量较高,使用燕麦饲喂牛时要将其压扁或破碎。

2. 糠麸类饲料 糠麸类饲料是谷实类饲料的加工副产品,包括麸皮、米糠等,一般这类饲料的无氮浸出物为40%~62%,粗蛋白含量为10%~15%,B族维生素含量丰富,胡萝卜素和维生素E含量较少。含钙少,磷的含量较多。

(1)麸皮:麸皮是生产面粉的副产品,其营养价值随出粉率的高低而变化。麸皮粗纤维含量高,质地疏松,容积大,具有轻泻作用,是牛产前和产后理想的饲料。饲喂麸皮时,要注意补钙。

(2)米糠:米糠是糙米加工的副产品,米糠的有效营养变化较大,随含壳量的增加而降低。粗脂肪含量高,易在微生物及酶的作用下发生酸败。为使米糠便于保存,可经脱脂生产米糠饼。经榨油后的米糠饼脂肪和维生素减少,其他营养成分基本被保留下来。

(3)大豆皮:含粗纤维38%、粗蛋白12%、净能7.49 MJ/kg,几乎不含木质素,故消化率高,对于反刍家畜其营养价值相当于玉米等谷物,对于高产奶牛有助于保持日粮粗纤维理想水平,同时又能保证泌乳的能量需要。

3. 块根、块茎及瓜果类饲料 块根、块茎类饲料种类很多,主要包括甘薯、马铃薯、木薯等。按干物质中的营养价值来考虑,属于能量饲料。这类饲料的特点是含水量高,干物质含量仅10%~30%,干物质中主要是淀粉和糖类,纤维素的含量不超过10%,粗蛋白含量更低为5%~10%,矿物质中钙、磷贫乏。

(1)甘薯:称红薯、白薯、地瓜、山芋等。甘薯中干物质的含量为30%,其中无氮浸出物占80%。甘薯含有大量的胡萝卜素、硫胺素、核黄素,但钙、磷缺乏,多汁有甜味,适口性好,容易消化,生熟均可饲喂。禁止用有黑斑病的甘薯饲喂牛,否则可导致牛气喘病,严重者甚至死亡。

(2)马铃薯:又称土豆,干物质含量18%~26%,其中淀粉含量为80%,钙、磷和胡萝卜素缺乏。容易消化,奶牛的最高喂量为20 kg/d。禁止饲喂由于贮藏不当发芽的马铃薯,发芽的马铃薯中含有龙葵素,采食过量引起中毒。

(3)胡萝卜:胡萝卜是冬季牛不可缺少的饲料。它富含糖分和胡萝卜素,适口性好,有利于提高牛的生产性能和繁殖性能。胡萝卜以生喂为宜。成年奶牛每头每天饲喂量可达5 kg,胡萝卜最好切碎后饲喂,不然容易引起奶牛肠道梗塞。新鲜胡萝卜中含水量高,一般为87%~90%,单位体积能量浓度低,不能单独作为牛的能量来源。

(4)甜菜:甜菜是秋、冬、春三季很有价值的多汁饲料,干物质为12%,粗纤维含量低，易消化，甜菜叶柔嫩多汁，块根在冬季饲喂，有利于增进牛的健康提高生产性能。切碎或粉碎，拌入糠麸饲喂或煮熟后搭配精料饲喂。

二、蛋白质饲料

指干物质中粗纤维含量在18%以下，粗蛋白质含量为20%以上的饲料。对于奶牛主要是植物性蛋白质饲料、单细胞蛋白质饲料、非蛋白氮饲料等，反刍动物禁用动物蛋白饲料。

1. 植物性蛋白质饲料　主要包括籽实类、饼粕类、玉米加工的副产品及其他加工副产品。

(1)籽实类

①全脂大豆。全脂大豆蛋白质含量为42%，脂肪含量为21%，大豆中氨基酸含量丰富，特别是赖氨酸，但蛋氨酸不足。全脂大豆中含有抗营养因子，在饲喂前要进行适当的加热处理，一般采用膨化方法处理效果好。膨化大豆是犊牛代乳料和补充料的优质原料。

②全棉籽。全棉籽是泌乳高峰期奶牛的优质饲料。同时也是降低高产奶牛产后能量负平衡的首选饲料，具有以下优点：全棉籽能量含量高。其脂肪含量达19.3%；全棉籽的粗纤维100%为有效纤维，日粮中添加全棉籽可提高牛奶的乳脂率；全棉籽可整粒饲喂，不需要经过任何加工处理，降低饲料成本；日粮中添加全棉籽还可提高奶牛抵抗热应激的能力。每天每头奶牛可饲喂0.5～1.5 kg全棉籽。由于全棉籽中含有一定量的棉酚，日粮中添加棉籽时，要相应减少精料补充料中棉籽粕的添加量。

(2)饼粕类

①大豆饼(粕)。粗蛋白质含量为38%～47%，且品质较好，尤其是赖氨酸含量，是饼粕类饲料最高者，但蛋氨酸不足。大豆饼粕可替代犊牛代乳料中部分脱脂乳，并对各类牛均有良好的生产效果。

②棉籽饼(粕)。是棉籽榨油后的副产品。由于棉籽脱壳程度及制油方法不同，营养价值差异很大。粗蛋白质含量16%～44%，粗纤维含量10%～20%。棉籽饼粕蛋白质的品质不理想。棉籽饼中含有游离棉酚，长期大量饲喂会引起中毒。

③花生饼(粕)。营养价值较高，但氨基酸组成不好，花生饼(粕)的营养成分随含壳量的多少而有差异，带壳的花生饼(粕)粗纤维含量为20%～25%，粗蛋白质及有效能相对较低。

④菜籽饼(粕)。有效能较低，适口性较差。粗蛋白质含量在34%～38%，矿

物质中钙和磷的含量均高，特别是硒含量为 1.0 mg/kg，是常用植物性饲料中最高者。菜籽饼（粕）中含有硫葡萄糖苷、芥酸等毒素。在奶牛日粮中应控制在 10%以下。

另外还有胡麻饼（粕）、芝麻饼（粕）、葵花子饼（粕）都可以作为奶牛蛋白质补充料。

(3)玉米加工的副产品

①玉米蛋白粉。由于加工方法及条件不同，蛋白质含量在 25%～60%之间。蛋白质的利用率较高，由于其比重大，应与其他体积大的饲料搭配使用。

②玉米胚芽饼。粗蛋白含量 20%左右，由于价格较低，蛋白质品质较好，近年来在奶牛日粮中应用较多。

③玉米酒精糟。分 3 种，第一种是酒精糟经分离脱水后干燥的部分，简称 DDG；第二种是酒精糟滤液经浓缩干燥后所得的部分，简称 DDS；第三种是“DDG”与“DDS”的混合物，简称 DDGS。一般以 DDS 的营养价值较高，DDG 的营养价值较差，DDGS 的营养价值居前两者之间，以玉米为原料的 DDG、DDS、DDGS 的粗蛋白质含量基本相近，但三者的粗纤维含量则分别为 11%、7%和 4%左右。但三者的氨基酸含量及利用率都不理想，不适宜作为唯一的蛋白源。

(4)其他加工副产品：主要指糟渣类，是酿造、淀粉及豆腐加工行业的副产品。其主要特点是水分含量高为 70%～90%，干物质中蛋白质含量为 25%～33%，B 族维生素丰富，还含有维生素 B_{12} 及一些有利于动物生长的未知生长因子。

①豆腐渣、酱油渣及粉渣。多为豆科籽实类加工副产品，干物质中粗蛋白质的含量在 20%以上，粗纤维较高。维生素缺乏，消化率也较低。这类饲料水分含量高，一般不宜存放过久，否则极易被霉菌及腐败菌污染变质。

②酒糟、醋糟。多为禾本科籽实及块根、块茎的加工副产品，酒糟蛋白质含量一般为 19%～30%，酒糟中含有一些残留的酒精，对妊娠母牛不宜多喂。

③甜菜渣。甜菜渣是制糖工业的副产品，适口性好，是牛的调节性的好饲料。新鲜甜菜渣含水量高，营养价值低，含有大量游离的有机酸，喂量不能过大，否则引起腹泻。

2. 单细胞蛋白质饲料 以酵母最具有代表性，其粗蛋白质含量 40%～50%，生物学价值较高，含有丰富的 B 族维生素。

3. 非蛋白氮饲料 一般指通过化学合成的尿素、缩二脲、铵盐等。牛瘤胃中的微生物可利用这些非蛋白氮合成微生物蛋白，和天然蛋白质一样被供宿主消化利用。

尿素含氮 46%左右，其蛋白质当量为 288%，按含氮量计，1 kg 含氮为 46%的尿素相当于6.8 kg含粗蛋白质42%的豆饼。尿素的溶解度很高，在瘤胃中很快转化为氨，尿素饲喂不当会引起致命性的中毒。因此使用尿素时应注意：①尿素的用量应逐渐增加，应有2周以上的适应期，以便保持奶牛的采食量和产乳量；②只能在6月龄以上的牛日粮中使用尿素，因为6月龄以下时瘤胃尚未发育完全。奶牛在产乳初期用量应受限制；③和淀粉多的精料混匀一起饲喂，尿素不宜单喂，应于其他精料搭配使用，也可调制成尿素溶液喷洒或浸泡粗饲料，或调制成尿素青贮料，或制成尿素颗粒料、尿素精料砖等；④不可与生大豆或含脲酶高的大豆粕同时使用；⑤尿素应与谷物或青贮料混喂。禁止将尿素溶于水中饮用，喂尿素1 h后再给牛饮水；⑥尿素的用量一般不超过日粮干物质的1%，或每100 kg体重15～20 g。

近年来，为降低尿素在瘤胃的分解速度，改善尿素氮转化为微生物氮的效率，防止牛尿素中毒，研制出了许多新型非蛋白氮饲料，如糊化淀粉尿素、异丁基二脲、磷酸脲、羟甲基尿素等。

三、矿物质饲料

矿物质饲料是牛生长、发育、繁殖必不可少的饲料，包括钙源饲料、磷源饲料和食盐。

1. 钙源饲料 目前使用的钙源饲料主要有石粉，主要成分是碳酸钙，是补充钙最经济的钙源。石粉的含钙量为38%左右，要求粉碎粒度通过80目筛以上。奶牛禁用骨粉等动物性饲料。

2. 磷源饲料 磷源饲料主要有磷酸氢钙、磷酸二氢钙、磷酸氢钠、磷酸钠、脱氟磷酸钙等，这类饲料消化利用比单纯的钙矿物质好，故在生产中应用较多。

3. 食盐 食盐是配合饲料必不可少的矿物质饲料，奶牛以植物性饲料为主，摄入的钠和氯不能满足其营养需要，必须补充食盐。一般食盐的用量为精料的1%～2%。

四、饲料添加剂

饲料添加剂是配合饲料中添加的重要组成部分，是配合饲料的核心，直接影响到奶牛的生产性能、原料奶的安全和奶牛业的经济效益。具有完善日粮营养的全价性，提高饲料利用率、促进牛的生长与泌乳，防治疫病和减少饲料贮存期间的物质损失，改善牛奶品质等作用。在日粮中添加适量的饲料添加剂，可显著地提高生产效益，降低生产成本。饲料添加剂按作用可分为营养性添加剂和非营养性添加剂。

(一)营养性添加剂

这类添加剂主要包括氨基酸添加剂、矿物质添加剂、维生素添加剂、微量元素添加剂等。营养性添加剂主要作用就是平衡日粮的营养,改善产品的质量,保持动物机体各种组织细胞的生长和发育。

1. 氨基酸添加剂 目前使用的氨基酸添加剂主要有赖氨酸和蛋氨酸。氨基酸添加剂在犊牛的代乳品或开食料中广泛应用,对于成年奶牛由于瘤胃微生物对添加的氨基酸具有降解作用,所以,应补充降解率低的氨基酸类似物或瘤胃保护氨基酸(包被氨基酸)。近年来研究证明,高产奶牛除瘤胃自身合成的部分氨基酸外,日粮中还需一定数量的氨基酸,才能发挥正常的生产性能。

(1)赖氨酸添加剂:生产中常用 *L*-赖氨酸盐酸盐的形式添加。以菜籽饼、棉籽饼、花生饼、胡麻饼、芝麻饼等组成犊牛日粮,需添加赖氨酸;含大豆饼高的日粮,赖氨酸含量能满足营养需要,不需要添加赖氨酸。

(2)蛋氨酸添加剂:用作饲料添加剂的蛋氨酸及其类似物主要有 *DL*-蛋氨酸、羟基蛋氨酸及其钙盐、N-羟甲基蛋氨酸。其中 N-羟甲基蛋氨酸又称为保护性蛋氨酸,是德国迪高沙公司开发的产品,在瘤胃中不被微生物分解,适用于在奶牛饲料中应用。蛋氨酸具有促进反刍动物瘤胃对纤维素的消化,增加瘤胃微生物的数量和提高乙酸/丙酸比的作用。补充蛋氨酸羟基类似物,可使产奶量提高 12%～18%,犊牛增重提高 11%。Lundauist 发现,泌乳牛每头日添加 25～30 g 蛋氨酸羟基类似物,乳脂率提高 10%。一般在泌乳早期(产后 3～4 个月)精粗比 60∶40 情况下添加,效果较好。

2. 微量元素添加剂 主要是补充饲粮中微量元素的不足。奶牛日粮中需要补充的微量元素有铁、铜、锌、锰、钴、碘、硒等,常以这些元素的氧化物与硫酸盐添加到饲料中。在使用微量元素添加剂时,一定要充分拌匀,防止与大水分原料混合,以免凝集、吸潮,影响混合均匀度。

研究表明,微量元素氨基酸螯合物能使被毛光亮,并且能治疗肺炎、腹泻。用氨基酸螯合锌、氨基酸螯合铜加抗坏血酸饲喂小牛,可以治疗小牛沙门氏菌感染。

蛋氨酸锌在瘤胃中具有抗降解作用,锌的吸收率同氧化锌。通过尿排泄,在血液中浓度维持时间较长。试验研究表明,日粮中添加蛋氨酸锌每日每头产奶量提高 1.55 kg,牛奶中体细胞数下降 32.1%。另有报道,添加蛋氨酸锌可减少奶牛腐蹄病的发生。

3. 维生素添加剂 成年牛饲料中常需要添加的维生素主要有维生素 A、维生素 D 和维生素 E。犊牛在瘤胃功能没有健全以前，在代乳料中还需添加 B 族维生素和维生素 C。

胆碱添加剂：对于高产奶牛，在泌乳早期常表现为能量负平衡，机体需要从脂肪组织中动用大量游离脂肪酸，通过肝脏合成脂蛋白，再转运至乳腺组织供泌乳需要。此时机体内源合成的胆碱不能满足需要，有必要进行外源补充。但日粮胆碱在瘤胃 80%～98%被降解，直接添加无效。Erdman 等(1991)在泌乳早期荷斯坦奶牛日粮中分别添加过瘤胃保护胆碱 0.078%、0.156%和 0.234%(每头牛每天可摄入氯化胆碱 15 g、30 g 和 45 g)，结果其产奶量分别提高了 1 kg/d、2.2 kg/d 和 0.7 kg/d；对于泌乳中期奶牛，日粮中添加过瘤胃胆碱 0.08%、0.16%和 0.24%，其产奶量显著增加。日粮中添加 0.16%的过瘤胃氯化胆碱，3.5%的 FCM 产量提高 4.5 kg/d。

烟酸添加剂：研究表明，奶牛产奶量的提高、日粮中精料比例增加、日粮中亮氨酸和精氨酸过量、饲料加工过程对饲料中烟酸和色氨酸的破坏等因素均可导致牛缺乏烟酸。试验证明，在集约化生产条件下，高产奶牛在泌乳初期对烟酸的需要量提高。大量研究表明，每头奶牛每日从饲料中补饲 6 g 烟酸比较理想，而且补饲期应该从产犊前 2 周或产前 1 个月开始直到产后 120 d，奶牛产奶量可提高 2.3%～11.7%，乳脂率提高 2.0%～13.7%。

(二)非营养性添加剂

非营养性添加剂对牛没有营养作用，但可通过减少饲料贮藏期间饲料损失、提高粗饲料的品质、防治疫病、促进消化吸收等作用来促进生长，提高饲料报酬，降低饲料成本。

1. 抗生素　产奶牛禁用抗生素类添加剂，主要用于犊牛，对犊牛的生长发育具有良好的促进作用，并能有效的预防犊牛下痢。适合于犊牛的抗生素添加剂主要有杆菌肽锌、金霉素、土霉素等。

2. 益生素　常用的益生菌制剂主要有乳酸菌类、芽孢杆菌和活酵母菌。其中乳酸菌类主要应用的有嗜酸乳杆菌、双歧乳杆菌和粪链球菌；活酵母作为饲料添加剂主要应用酿酒酵母和石油酵母。反刍动物幼犊开食料中使用的微生物主要是乳酸杆菌、肠球菌以及啤酒酵母等，也可以使用米曲霉提取物。成年牛的微生物添加剂目前普遍使用米曲霉和啤酒酵母，使用量为 4～100 g/d。

3. 酶制剂　饲用酶制剂主要应用于犊牛的人工乳、代乳料或开食料中，常使用的酶制剂有淀粉酶、蛋白酶和脂肪酶，激活内源酶的分泌，提高和改善犊牛的消化功能，增强犊牛的抵抗力。应用于成年牛的主要是纤维素降解酶类和复合粗酶制剂。复合酶制剂含有各种纤维素酶、淀粉酶、蛋白酶等,可提高奶牛生产性能。

4. 缓冲剂 当高产奶牛高精料日粮时,或玉米青贮、啤酒糟等饲料,使奶牛瘤胃酸度增加、乳脂率下降。缓冲剂主要作用是调节瘤胃酸碱度,增进食欲,保证牛的健康,提高生产性能,并控制乳脂率下降。比较理想的缓冲剂首推碳酸氢钠(小苏打),其次是氧化镁,双乙酸钠近年也引起人们重视。

(1)碳酸氢钠:碳酸氢钠主要作用是调节瘤胃酸碱度,增进食欲,提高奶牛对饲料消化率以满足生产需要,改善乳的品质,提高产奶量。碳酸氢钠添加量占精料混合料的1.5%。添加时可采用每周逐渐增加(0.5%、1%、1.5%)喂量的方法,以免造成初期突然添加使采食量下降。

(2)氧化镁:氧化镁的主要作用是维持瘤胃适宜的酸度,增强食欲,增加日粮干物质采食量,有利于粗纤维和糖类消化,提高产奶量。氧化镁还能增加奶及血液中含镁量,有助于乳腺吸收大分子脂肪酸,进而增加乳脂,提高乳脂率。用量一般占精料混合料的0.75%~1%或占整个日粮干物质的0.3%~0.5%。碳酸氢钠与氧化镁二者同时使用效果更好,合用比例以(2~3):1较好。

(3)双乙酸钠:是乙酸钠和乙酸的复合物,是一种新型多功能饲料添加剂。对高产奶牛来说,为了保证一定的能量,粗饲料的进食受到限制,此时添加乙酸钠可起到提高乳脂率的作用。目前在奶牛生产中应用效果较好,通常添加量为每天每头40~100 g。另外双乙酸钠用于青贮饲料,有抑制霉菌生长和防腐保鲜的作用。因为双乙酸钠同时含有乙酸钠和乙酸的成分,经试验表明其饲喂效果优于乙酸钠。

注意:添加碳酸氢钠和双乙酸钠时,应相应减少食盐的喂量,以免钠食入过多,但应同时注意补氯。

5. 饲料存贮添加剂

(1)抗氧化剂:二丁基羟基甲苯是饲料中常用的抗氧化剂,用量一般为60~120 mg/kg饲料。此外还有丁羟基茴香醚,主要用作油脂的抗氧化剂;乙氧喹常用作维生素A的稳定剂,最大用量为150 mg/kg。

(2)防霉剂:防霉剂主要是丙酸、丙酸钙和丙酸钠。丙酸钙和丙酸钠的使用量为,当pH值为5.5时,防霉浓度为0.012 5%~1.25%;当pH值为6.0时,防霉浓度为1.6%~6.0%。

6. 其他添加剂

(1)抗热应激添加剂:高温季节奶牛皮肤蒸发量、饮水量和排尿量增加,钾的损失显著高于钠,因而,应提高日粮中钾的水平。氯化钾添加量为180 g/(头·d),分3次拌料饲喂。高温情况下如果多喂精料,同时应增加碳酸氢钠,推荐剂量为

150～200 g/(头・d)。奶牛日粮中添加 300 g/(头・d)乙酸钠,可在一定程度上缓解外界高温对产奶性能的抑制作用,产奶量及乳脂总分泌量明显增加。氧化镁占奶牛日粮干物质的 0.75%。

在热应激情况下,日粮中添加某些复合酶制剂、瘤胃素、酵母培养物等均有很好的缓解效果。研究表明,在日粮中添加酵母培养物能提高乳产量及乳成分含量,增强牛的体质,减少肠道疾病的发生,有助于产后的体况恢复,改善乳牛的繁殖性能。一些有清热解暑、凉血解毒作用的中草药,兼有药物和营养物质的双重作用,可有效缓解热应激反应。如采用石膏、板蓝根、黄芩、苍术、白芍、黄芪、党参、淡竹叶、甘草等中草药,按一定比例配制粉碎后,于夏季添加日粮中饲喂奶牛 2 个月,平均产乳量增加 1.5 kg/头・d,精料/奶比率也有所改善,牛奶成分没有显著变化。

(2)阴离子盐:日粮阳阴离子差(DCAD)是保证动物正常发挥生产性能的重要因素,其指的是日粮矿物质元素离子酸碱性的大小。DCAD 是指每 100 g 干物质中所含有的主要阳离子毫摩尔数与主要阴离子毫摩尔数之差,即 DCAD= meq $[(Na^+ + K^+) - Cl^-]$或 DCAD= meq $[(Na^+ + K^+) - (Cl^- + S\quad)]$,可通过在日粮中添加 $NaHCO_3$,$KHCO_3$,$CaCl_2$,$CaSO_4$,NH_4Cl,$(NH_4)_2SO_4$,$MgSO_4$,$MgCl_2$等进行调节。阴离子型日粮可使日粮呈酸性,增加日粮钙的吸收和促进骨钙动员,减少干奶牛的乳热病的发病率,而阳离子日粮可诱发并增加乳热病的发病率。

研究报道,当喂奶牛阳离子日粮时,48%奶牛患乳热症,喂阴离子日粮,奶牛则不发生乳热症。另外试验表明,当喂奶牛阴离子盐和每日采食 150 g 钙日粮时,奶牛乳热症发病率由 17%降至 4%。产前 2～3 周,饲喂 100 g 氯化铵,100 g 硫酸镁,减少乳热症发病率、低血钙症,产后 DMI 增加。Kim-Hyeonshup 等(1997)报道,DCAD 分别为 25,5,−10,−25 meq/100 g DM 时,饲喂阴离子型日粮的奶牛乳热病的发病率为 0,且在随后的产乳期产奶量增加 8%,而饲喂阳离子日粮的奶牛的乳热病的发病率为 5%。一般说来,阴离子型日粮要在干乳期末 3～4 周时饲喂,有利于提高下一个产乳期的产奶量。阴离子盐适口性不好,应与酒糟、糖蜜等饲料混合饲喂。

(3)酵母培养物:酵母培养物通常指用固体或液体培养基经发酵菌发酵后所形成的微生态制品。它由酵母细胞代谢产物和经过发酵后变异的培养基,以及少量已无活性的酵母细胞所构成。营养丰富,富含 B 族维生素、矿物质、消化酶。未知促生长因子和较齐全的氨基酸,是集营养与保健为一体的饲料添加剂。它具有能够刺激肠胃内有益微生物(蛋白质合成菌、纤维分解菌等)生长,保证瘤胃正常发酵,从而达到提高饲料利用率和改善动物生产力水平的作用。

综合国内外研究表明，在泌乳早期的荷斯坦奶牛日粮中，每日每头添加 60 g 酵母培养物，产奶量提高 0.9～1.77 kg/d，且显著提高了乳脂和乳糖的含量。

五、精饲料的加工调制

精饲料目前常用加工方法有浸泡、蒸煮、压扁、粉碎和制粒。最新发展的加工方法有挤压蒸汽压片和高温处理等。另外对脂肪、蛋白质、氨基酸，可进行过瘤胃保护加工处理，使其直接到达牛的真胃和小肠，经血液吸收利用。

1. 粉碎与压扁 由于受资金、技术等条件限制，粉碎加工最为常见。饲料经粉碎后饲喂，可增加其与消化液的接触面积，有利于消化，但不能粉得太细，否则适口性变差。

将玉米、大麦、高粱等加水，将水分调节至 5%～20%，用蒸汽加热到 120℃左右，再以压扁机压成 1 mm 的薄片，干燥冷却，制成压扁饲料，可显著提高消化率。

2. 浸泡 多用于硬实的籽实或油饼（如豆饼、棉籽饼等）使其膨胀柔软容易咀嚼或用于溶去有毒物质（如饲料中单宁等微毒物质），从而提高适口性和可利用性。

豆饼、棉籽饼等相当坚硬，不经浸泡很难咀嚼。但浸泡时注意气温，夏季浸泡时间不宜过长。浸泡一般用凉水，料水比为 1∶(1～1.5)，以手握指缝渗出水滴为宜。

3. 发芽 发芽饲料主要用于种公牛、犊牛、育肥牛、泌乳牛，为防止妊娠母牛流产一般在临产前不用。发芽用于麦类籽实、高粱、稻谷等，经发芽处理后可促进发情、提高精液品质和产奶量。发芽的具体方法为将去杂后的籽实饲料用 30～40℃温水浸泡一昼夜，待籽实充分膨胀后再捞出发芽，芽长 5～6 cm 切碎或打浆后拌入料中饲喂。

4. 制粒 制粒就是从粉状、块状物、溶液或溶解液状的原料，加工成形状和大小大致均匀的颗粒的操作。目前，颗粒饲料在我国养牛业中已得到广泛应用。颗粒饲料一般为圆柱形，喂牛时以直径 4～5 mm、长 10～15 mm 为宜。

颗粒饲料的优点：①颗粒饲料密度增加，体积减少，提高牛的适口性，增加采食量；②改善饲料中某些营养成分的理化性质（如淀粉经过制粒后，糊化和水解，刺激和加速产生乳酸菌；蛋白质的水溶性降低，减少蛋白质在动物消化道中的水解时间，提高蛋白质的营养效价；经过制粒使脂肪酶失活，保护脂肪），提高饲料利用率；③通过制粒破坏饲料中的某些有毒物质或抑制因子（如抗胰蛋白酶因子、血球凝集素等）的效价；④颗粒饲料大小均匀防止牛挑食，减少饲料浪费；⑤便于贮藏、包装、运输。

制粒的缺点：①经过制粒处理，对各种维生素有一定程度的破坏；②破坏饲料中的酶制剂效价；③制粒对胱氨酸、赖氨酸、精氨酸、苏胺酸和丝氨酸等有一定程度的不利影响；④破坏添加于饲料中的微生物制剂的活性。

5. 奶牛饲料的过瘤胃保护技术　饲喂过瘤胃保护蛋白质是弥补高产奶牛微生物蛋白不足的有效方法。补充过瘤胃淀粉和脂肪都能提高奶牛的生产性能。

(1)热处理：加热可降低饲料蛋白质的降解率，但过度加热也会降低蛋白质的消化率，引起一些氨基酸、维生素的损失，应加热适度。一般认为，140℃左右烘焙4 h，或130～145℃火烤2 min，或103 420.5×10^3帕压力和121℃处理饲料45～60 min较宜(蒋永清，1989)。周明等(1996)研究表明，加热以150℃、45 min最好。膨化技术用于全脂大豆的处理，取得了理想效果。

(2)化学处理

①甲醛处理。甲醛可与蛋白质分子的氨基、羟基、硫氢基发生烷基化反应而使其变性，免于瘤胃微生物降解。处理方法：饼粕经2.5 mm筛孔粉碎，然后每100 g粗蛋白质称0.6～0.7 g甲醛溶液(36%)，用水稀释20倍后喷雾与饼粕混合均匀，然后用塑料薄膜密封24 h后打开薄膜，自然风干。

②锌处理。锌盐可以沉淀部分蛋白质，从而降低饲料蛋白质在瘤胃的降解。处理方法：硫酸锌溶解在水里，其比例为豆粕：水：硫酸锌＝1：2：0.03，拌匀后放置2～3 h，50～60℃烘干。

③鞣酸处理。用1%的鞣酸均匀地喷洒在蛋白质饲料上，混合后烘干。

④过瘤胃保护脂肪。许多研究表明，直接添加脂肪对反刍动物效果不好，脂肪在瘤胃中干扰微生物的活动，降低纤维消化率，影响生产性能的提高，所以添加的脂肪采取某种方法保护起来，形成过瘤胃保护脂肪。最常见的是脂肪酸钙产品。脂肪酸钙作为奶牛的能量添加剂在国内已开始应用，不仅能提高奶牛生产性能，而且能改善奶产品质量。

6. 糊化淀粉尿素　将粉碎的高淀粉谷物饲料(玉米、高粱)70%～80%与尿素20%～25%混合后，通过糊化机，在一定的温度、湿度和压力下，使淀粉糊化，尿素则被融化，均匀地被淀粉分隔、包围，也可适当添加缓释剂。粗蛋白含量60%～70%。每千克糊化淀粉尿素的蛋白质量相当棉籽饼的2倍、豆饼的1.6倍，价格便宜。对于育成牛，糊化淀粉尿素可替代日粮中全部棉籽饼，且对平均日增重无影响，并可节省精料。糊化淀粉尿素替代泌乳牛日粮中56%豆饼，对产奶量无影响。每日每头用量：育成牛0.3 kg，成年泌乳牛0.8 kg。

第三节 配合饲料

全价配合饲料简称配合饲料，是根据动物不同品种、生理阶段、和生产水平对各种营养成分的需要量，把多种饲料原料和添加成分按照规定的加工工艺配制成均匀一致、营养价值完全的饲料产品。

奶牛配合饲料就是把干草、青贮饲料和各种精料以及矿物质、维生素等，按营养需要搭配均匀，加工成适口性好的散碎料或块料或饼料。

一、奶牛饲料的分类

1. 按物理形状分 分为散碎料、颗粒饲料、块(砖)饲料、饼饲料、液体饲料等。

2. 按其营养构成分 分为全价配合饲料、精料混合料、浓缩饲料和添加剂预混料。这 4 种产品的彼此关系见图 8-1。

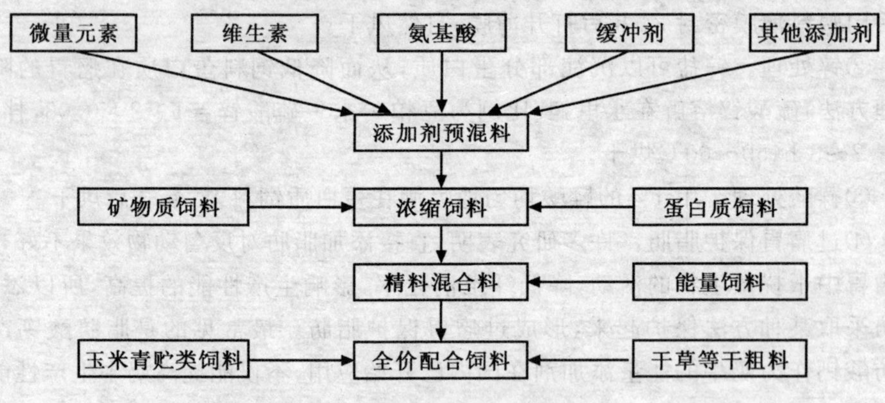

图 8-1 牛配合饲料组分模式图

全价配合饲料是用营养完善、价格便宜的配方加工调制成的配合饲料，可直接喂奶牛。根据其组分不同，分为干全价配合饲料和湿全价配合饲料两类。

添加剂预混料指由一种或多种营养性添加剂和非营养性添加剂，并以某种载体或稀释剂按一定比例配制而成的均匀混合物。它是一种不完全饲料，不能单独直接喂奶牛。

浓缩饲料(亦称平衡用配合饲料)是指蛋白质饲料、矿物质饲料(钙、磷和食盐)

和添加剂预混料按一定比例配制而成的均匀混合物。饲喂前按标定含量配一定比例的能量饲料(主要是玉米、麸皮),就是精料混合料。

精料混合料使用时,应另喂粗料和多汁饲料。在养牛生产中应用较为普遍。

二、配合饲料的优点

①营养全面,饲养效果好。加速牛的生长,促进奶牛产奶,节省饲料,降低成本。

②由于配合饲料采用了先进的技术与工艺,加上良好的设备、科学化的饲料配方、质量管理标准化,使配合饲料便于工业化生产,机械化操作,节省劳力,大大提高劳动生产率。适合于奶牛场机械化饲养。

③可以经济合理地利用饲料资源,也可较多地利用粗饲料。全价配合饲料采用自由采食的饲喂方法,可增加牛对干物质的采食量。

三、日粮配合的原则

奶牛日粮是指一头奶牛一昼夜所采食的各种饲料的总量,根据奶牛的饲养标准和饲料的营养价值,选用几种饲料按一定的比例相互搭配而成,所含营养物质种类、数量及比例能满足奶牛需要的日粮称为全价日粮或平衡日粮。奶牛日粮配合应遵守以下原则:

1. 满足营养需要　以牛的饲养标准及饲料营养价值表为日粮配合的主要依据,在实际生产中,要结合实际情况和养牛经验做必要的调整。

2. 平衡营养,优化饲料组合　在配合日粮时要注意保持能量、蛋白质、矿物质、维生素、非结构性碳水化合物以及中性洗涤纤维的平衡,将具有协同作用的营养因子尽可能配制在饲料中,对产生拮抗作用较强的营养因子加以回避。根据当地的饲料资源确定参配饲料种类,日粮组成应多样化,发挥不同饲料之间的营养互补作用,同时应适口性好,否则会由于适口性差、奶牛采食量不够而影响产奶量。

3. 保证日粮的容积和干物质的含量　日粮的体积要符合牛的消化道的容量,选择适当的饲料原料,以干物质为基础,日粮中粗料比例应在40%～60%,也就是说日粮中粗纤维含量应占干物质15%～24%,才会保证牛体健康。为了保证奶牛有足够的采食量,日粮中应保证有足够的容积和干物质食量,高产奶牛(日产奶量20～30 kg),干物质需要量为体重的3.3%～3.6%,中产奶牛(日产奶15～20 kg)

为 2.8%～3.3%;低产奶牛(日产奶量 10～15 kg)为 2.5%～2.8%。

4. 经济性的原则 配制日粮时要结合当地饲料资源,在满足营养需要的同时,尽量降低饲料成本,争取最大的经济效益。

四、日粮配合的方法

日粮配合的方法有电脑配方设计和手工计算法。电脑配方设计需要相应的计算机和配方软件,通过线性规划原理,在极短的时间内,求出营养全价并且成本最低的最优日粮配方,适合规模化奶牛场应用。手工计算法包括试差法和对角线法等。

1. 日粮配合的步骤

(1)查饲养标准,根据牛的年龄、体重、生理状态和生产水平,选择相应的饲养标准。饲养标准需要调整时,先确定能量指标,然后根据饲养标准中能量和其他营养物质的比例关系,调整其他营养物质的需要量。

(2)确定粗饲料的摄入量,一般要求粗饲料干物质应占总干物质摄入量的 30%～70%。高产奶牛的粗饲料干物质消耗量占其体重的 1.6%,低产奶牛的粗饲料干物质的消耗量占其体重的 2%。根据确定的粗饲料的摄入量,计算出粗饲料提供的能量、蛋白质等营养成分。

(3)计算精饲料中应含的营养量,从总营养需要量中扣除粗饲料提供的部分,得出需要精饲料提供的营养量。根据对能量的需求确定所需精饲料的量。

(4)根据当地的饲料资源确定参配饲料种类并查出饲料营养成分,进行合理搭配,确定精料配方。

(5)调整钙、磷的含量。首先用含磷高的饲料调整磷的含量,再用碳酸钙(石粉、贝壳粉)调整钙的含量。

(6)最后补加微量元素和多种维生素。

2. 计算机法 现在最先进的方法是利用计算机软件配合日粮,方法是将奶牛的体重、产奶量、乳脂率以及饲料的种类、营养成分、价格等输入计算机,计算机程序会自动将日粮配合计算好,并打印出来。用于奶牛配方设计的软件也很多,具体操作各异,但无论那种配方软件,所用原理基本是相同的,计算机设计饲料配方的方法原理主要有线性规划法、多目标规划法、参数规划法等,其中最常用的是线性规划法原理,可优化出最低成本饲料配方。配方软件主要包括两个管理系统:原料数据库和营养标准数据库管理系统、优化计算配方系统。多数软件都包括奶牛全价混合料、浓缩饲料、预混料的配方设计。对熟练掌握计算机应用技术的人员,除了购买现成的配方软件外，还可以应用 Excel(电子表格)、SAS 软件等进行配方设计，非常经济实用。

3. 手工计算法 首先应了解奶牛的产奶量和大致采食量，通过饲养标准确定奶牛每天营养成分的需要量，根据当地饲料资源确定饲料种类并查出饲料营养成分，进行合理搭配，配成全价日粮。

日粮配制示例：为体重 550 kg，日产奶 30 kg，乳脂率是 3.5%的奶牛配制日粮。可用饲料为青贮玉米秸、羊草、玉米、麸皮、豆饼、棉籽饼、磷酸氢钙、石粉、食盐等。

(1)根据奶牛饲养标准和饲料营养成分，列出必要的营养需要和饲料营养成分。

表 8-3 营养需要

项目	日粮干物质(kg)	奶牛能量单位(个/kg)	可消化粗蛋白质(g)	钙(g)	磷(g)
550 kg 体重维持需要	7.04	12.88	341	33	25
日产乳脂 3.5% 30 kg 奶需要	11.70	27.90	1 560	126	84
合 计	18.74	40.78	1 901	159	109

表 8-4 饲料营养成分含量(每千克饲料含量)

饲 料	干物质(%)	奶牛能量单位(个/kg)	可消化粗蛋白质(g)	钙(g)	磷(g)
青贮玉米秸	22.7	0.36	8	1.0	0.6
羊草	91.6	1.38	37	3.7	1.8
玉米	88.4	2.76	59	0.8	2.1
麸皮	88.6	1.91	109	1.8	7.8
豆饼	90.6	2.64	366	3.2	5.2
棉籽饼	89.6	2.34	263	2.7	8.1
磷酸氢钙	100			230	160
石粉	100			380	

(2)确定奶牛粗饲料用量及食入的营养：粗饲料采食量占日粮干物质 40%以上，粗饲料干物质每天为 7.5 kg 以上(18.74×40%=7.5)，因此确定每天饲喂玉米青贮 20 kg，羊草 3.5 kg，可获得营养物质如表 8-5 所示。

表 8-5 进食粗饲料的营养

饲料种类	数量(kg)	干物质(kg)	奶牛能量单位(个/kg)	可消化粗蛋白质(g)	钙(g)	磷(g)
青贮玉米秸	20	20×0.227=4.54	20×0.36=7.2	20×8=160	20×1.0=20	20×0.6=12
羊草	3.5	3.5×0.916=3.21	3.5×1.38=4.83	3.5×37=129.5	3.5×3.7=12.95	3.5×1.8=6.3
合计		7.75	12.03	289.5	32.95	18.3
与需要比尚缺		10.99	28.75	1611.5	126.05	90.7

(3)初拟精料混合料配方:根据精料所需量及前面所讲知识和实践经验,初拟精料各原料用量(kg):玉米 5、麸皮 1.5、豆饼 1.5、棉籽饼 1.5、磷酸氢钙 0.2、石粉 0.1、食盐 0.1、预混料 0.1。

表 8-6 初拟奶牛精料的营养

精料原料	数量(kg)	干物质(kg)	奶牛能量单位(个/kg)	可消化粗蛋白质(g)	钙(g)	磷(g)
玉米	5.5	5.5×0.884=4.86	5.5×2.76=15.18	5.5×59=324.5	5.5×0.8=4.4	5.5×2.1=11.5
麸皮	2	2×0.886=1.77	2×1.91=3.82	2×109=218	2×1.8=3.6	2×7.8=15.6
豆饼	2	2×0.906=1.81	2×2.64=5.28	2×366=732	2×3.2=6.4	2×5.2=10.4
棉籽饼	2	2×0.896=1.79	2×2.34=4.68	2×263=526	2×2.7=5.4	2×8.1=16.2
磷酸氢钙	0.2	0.2			0.2×230=46	0.2×160=32
石粉	0.1	0.1			0.1×380=38	
食盐	0.1	0.1				
预混料	0.1	0.1				
总计	12	10.73	28.96	1 800.5	103.8	85.7
与需要量相比		−0.26	+0.21	+189	−22.25	−5

(4)由表 8-6 可知,与标准相比,能量以基本满足需要,而蛋白偏高。可用玉米代替豆饼,1 kg 玉米代替 1 kg 豆饼则蛋白减少 307 g(366−59=307(g)),则需用 0.62 kg 的玉米代替等量的豆饼(189/307 ≈ 0.62)。此时玉米的用量为 6.12(5.5+0.62),豆饼的用量改为 1.38(2−0.62)。

再看钙和磷,可知钙、磷都不足,由于干物质用量尚缺,所以可适当增加磷酸氢钙和石粉用量。先用磷酸氢钙补磷。

磷酸氢钙用量=5/0.16(每克磷酸氢钙中含磷量)=31.25(g)≈0.03 kg。

磷酸氢钙含钙量=0.03×230=6.9(g),尚缺钙量=22.25−6.9=15.35(g)。

用石粉补充。石粉用量＝15.35/0.38(每克石粉含钙量)＝40.39(g)≈0.04 kg。因此磷酸氢钙最终用量为0.2＋0.03＝0.23(kg)，石粉最终用量为0.1＋0.04＝0.14(kg)。

最后精料混合料用量为玉米6.12 kg、麸皮2 kg、豆饼1.38 kg、棉籽饼2 kg、磷酸氢钙0.23 kg、石粉0.14 kg、食盐0.1 kg、预混料0.1 kg，共计12.07 kg。

(5)体重550 kg，日产奶30 kg，乳脂率是3.5%的奶牛日粮组成：为羊草3.5 kg、青贮玉米20 kg、混合精料12.07 kg。混合精料组成：玉米50.7%、麸皮16.57%、豆粕11.44%、棉粕16.57%、磷酸氢钙1.9%、石粉1.16%、食盐0.83%、预混料0.83%。营养水平：奶牛能量单位41.06个，可消化粗蛋白质1 900 g，钙158 g，磷107 g。

五、中华人民共和国农业行业标准——无公害食品　奶牛饲养饲料使用准则

中华人民共和国农业行业标准——无公害食品　奶牛饲养饲料使用准则(NY 5048—2001)全文如下：

1　范围

本标准规定了生产无公害生鲜牛奶所需的奶牛饲料质量要求、试验方法、检测规则、标签、包装、贮存、运输及使用原则和奶牛饮用水质量标准。

本标准适用于饲养奶牛以及生产经营奶牛饲料的单位。

2　规范性引用文件

下列文件中的条款通过本标准的引用而成为本标准的条款。凡是注日期的引用文件，其随后所有的修改单(不包括勘误的内容)或修订版均不适用于本标准，然而，鼓励根据本标准达成协议的各方研究是否可使用这些文件的最新版本。凡是不注日期的引用文件，其最新版本适用于本标准。

GB 4285 农药安全使用标准

GB/T 8381 饲料中黄曲霉素白 B_1 的测定方法

GB 10648 饲料标签

GB 13078 饲料卫生标准

GB/T 13079 饲料中总砷的测定方法

GB/T 13080 饲料中铅的测定方法

GB/T 13081 饲料中汞的测定方法

GB/T 13082 饲料中镉的测定方法

GB/T 13083 饲料中氟的测定方法

GB/T 13085 饲料中亚硝酸盐的测定方法

GB/T 13090 饲料中六六六、滴滴涕的测定方法

GB/T 13091 饲料中沙门氏菌的检验方法

GB/T 13092 饲料中霉菌的检验方法

GB/T 13882 饲料中碘的测定方法 硫氰酸铁—亚硝酸催化动力学法

GB/T 13883 饲料中硒的测定方法 2,3-二氨基萘荧光法

GB/T 14699 饲料采样方法

GB/T 16764 配合饲料企业卫生规范

GB/T 17480 饲料中黄曲霉素白 B_1 的测定方法 酶联免疫法

饲料和饲料添加剂管理条例

允许使用的饲料添加剂品种目录

农业转基因生物安全管理条例

青贮饲料质量评定标准

3 术语和定义

下列术语和定义适用于本标准。

3.1 饲料 feed

经工业化加工、制作的供动物食用的饲料,包括单一饲料、添加剂预混合饲料、浓缩饲料、配合饲料和精料补充料。

3.2 饲料原料 feedstuff,single feed

除饲料添加剂以外的用于生产配合饲料和浓缩饲料的单一饲料成分,包括饲用谷物、粮食加工副产品、油脂工业副产品、发酵工业副产品、动物性蛋白质饲料、饲用油脂等。

3.3 饲料添加剂 feed additive

在饲料加工、制作、使用过程中添加的少量或者微量物质,包括营养性饲料添加剂和一般饲料添加剂。

3.4 营养性饲料添加剂 nutritive feeda dditive

用于补充饲料营养成分的少量或者微量物质,包括饲料级氨基酸、维生素、矿物质微量元素、酶制剂、非蛋白氮等。

3.5 一般性饲料添加剂 general feed additive

为保证或者改善饲料品质、提高饲料利用率而掺入饲料中的少量或者微量物质。

3.6　精饲料 concentrate

容积大、纤维成分含量低(干物质中粗纤维含量小于18%)、可消化养分含量高的饲料。主要有禾本科籽实、豆科籽实、饼粕类、糠麸类、草籽树实类、淀粉质的块根、块茎瓜果类(薯类、甜菜)、工业副产品类（玉米淀粉渣、DDGS、啤酒糟粕等)、酵母类、油脂类、棉籽等饲料原料和由多种饲料原料按一定比例配制的奶牛精料补充料。

3.7　粗饲料 roughage

容积重小、纤维成分含量高、可消化养分含量低的饲料。主要有牧草与野草、青贮料类、农副产品类（包括藤、蔓、秸、秧、荚、壳)及干物质中粗纤维含量大于等于18%的糟渣类、树叶类和非淀粉质的块根、块茎类。

3.8　矿物质饲料 mineral feeds

主要有钙、磷(碳酸钙、磷酸氢钙等)和盐等。

4　要求

4.1　饲料原料

4.1.1　感官要求:应具有一定的新鲜度,具有该品种应有的色、嗅、味和组织形态特征,无发霉、变质、结块、异味及异嗅。

4.1.2　饲料原料中有害物质及微生物允许量应符合 GB 13078 的要求。

4.1.3　饲料原料中含有饲料添加剂的应做相应说明。

4.2　饲料添加剂

4.2.1　感官要求:应具有该品种应有的色、嗅、味和形态特征,无发霉、变质、异味及异嗅。

4.2.2　有害物质及微生物允许量应符合 GB 13078 及相关标准的要求。

4.2.3　饲料中使用的营养性饲料添加剂和一般性饲料添加剂产品应是《允许使用的饲料添加剂品种目录》所规定的品种,或取得试生产产品批准文号的新饲料添加剂品种。

4.2.4　饲料添加剂产品的使用应遵照产品说明书所规定的用法、用量使用。

4.3　配合饲料、浓缩饲料和添加剂预混合饲料

4.3.1　感官要求:应色泽一致,无发酵霉变、结块、异味及异嗅。

4.3.2　有害物质及微生物允许量应符合 GB 13078 及相关标准的要求。

4.3.3　奶牛配合饲料、浓缩饲料和添加剂预混合饲料中不应使用任何药物。

4.4　饲料加工过程

4.4.1　饲料企业的工厂设计与设施卫生、工厂卫生管理和生产过程的卫生应符合 GB/T 16764 的要求。

4.4.2 配料

4.4.2.1 定期对计量设备进行检验和正常维护，以确保其精确性和稳定性，其误差不应大于规定范围。

4.4.2.2 微量和极微量组分应进行预稀释，并且应在专门的配料室内进行。

4.4.2.3 配料室应有专人管理，保持卫生整洁。

4.5 混合

4.5.1 混合时间，按设备性能不应少于规定时间。

4.5.2 混合工序投料应按先大量、后小量的原则进行。投入的微量组分应将其稀释到配料称最大称量的5%以上。

4.6 留样

4.6.1 新接受的饲料原料和各个批次生产的饲料产品均应保留样品。样品密封后留置专用样品室或样品柜内保存。样品室和样品柜应保持阴凉、干燥。采样方法按GB/T 14699执行。

4.6.2 留样应设标签，载明饲料品种、生产日期、批次、生产负责人和采样人等事项，并建立档案由专人负责保管。

4.6.3 样品应保留至该批产品保质期满后3个月。

5 饲料检测方法

5.1 饲料采样方法按GB/T 14699执行。

5.2 砷按GB/T13079执行。

5.3 铅按GB/T13080执行。

5.4 汞按GB/T 13081执行。

5.5 镉按GB/T 13082执行。

5.6 氟按GB/T 13083执行。

5.7 六六六、滴滴涕按GB/T 13090执行。

5.8 沙门氏菌按GB/T 13091执行。

5.9 霉菌按GB/T 13092执行。

5.10 黄曲霉毒素B_1按GB/T 8381执行。

6 检验规则

6.1 感官要求，粗蛋白质、钙和总磷含量为出厂检验项目，其余为型式检验项目。

6.2 在保证产品质量的前提下，生产厂可根据工艺、设备、配方、原料等的变化情况，自行确定出厂检验的批量。

6.3 试验测定值的双试验相对偏差按相应标准规定执行。

6.4 检测与仲裁判定各项指标合格与否时，应考虑允许误差。

7 标签、包装、贮存和运输

7.1 标签

商品饲料应在包装物上附有饲料标签，标签应符合 GB 10648 中的有关规定。

7.2 包装

7.2.1 饲料包装应完整，无漏洞，无污染和异味。

7.2.2 包装材料应符合 GB/T 16764 的要求。

7.2.3 包装印刷油墨无毒，不应向内容物渗漏。

7.2.4 包装物的重复使用应遵守《饲料和饲料添加剂管理条例》的有关规定。

7.3 贮存

7.3.1 饲料的贮存应符合 GB/T 16764 的要求。

7.3.2 不合格和变质饲料应做无害化处理，不应存放在饲料贮存场所内。

7.3.3 饲料贮存场地不应使用化学灭鼠药和杀鸟剂。

7.3.4 干草类及秸秆类贮存时，水分含量应低于15%，防止日晒、雨淋、霉变。

7.3.5 青绿饲料与野草类、块根、块茎、瓜果类应堆放在棚内，堆宽不宜超过2 m，堆高不宜超过1 m，堆放时间不宜过长，防止日晒、雨淋、发芽霉变。

7.4 运输

7.4.1 运输工具应符合 GB/T 16764 的要求。

7.4.2 运输作业应防止污染，保持包装的完整。

7.4.3 不应使用运输畜禽等动物的车辆运输饲料产品。

7.4.4 饲料运输工具和装卸场地应定期清洗和消毒。

8 其他有关使用饲料和饲料添加剂的原则与规定

8.1 不应使用未取得产品进口登记证的境外饲料和饲料添加剂。

8.2 不应在饲料中使用违禁的药物或饲料添加剂。

8.3 禁止在奶牛饲料中添加和使用肉骨粉、骨粉、血粉、血浆粉、动物下脚料、动物脂粉、干血浆及其他血液制品、脱水蛋白、蹄粉、角粉、鸡杂碎粉、羽毛粉、油渣、鱼粉、骨胶等动物源性饲料。

8.4 根据奶牛营养需要合理投料、合理使用微量元素添加剂，尽量降低粪尿、甲烷的排出量，减少氮、磷、锌、铜的排出量，降低对环境的污染。

8.5 所使用的工业副产品饲料应来自生产绿色食品和无公害食品的副产品。

8.6 严格执行《饲料和饲料添加剂管理条例》有关规定。

8.7 严格执行《农业转基因生物安全管理条例》有关规定。

8.8 栽培饲料作物的农药使用按 GB 4285 规定执行。

8.9 青贮饲料的制作、贮存按《青贮饲料质量评定标准》规定执行。

第四节 奶牛饲料供给方式

一、均衡供给

不少牛场没有自己的饲料基地，全年饲草全部需要购买，且不能保证均衡供应。这种情况，往往不能保证供给牛充足的优质饲料，无法满足其营养需要，从而导致牛群体况下降，产奶量下降，繁殖潜力不能发挥，还可能因奶牛免疫力降低，引起牛只多病，甚至死亡，最终导致牛场经济效益每况愈下，亏损不断。因此在养牛生产中，要做到饲料均衡供应，且饲料的种类不能轻易改变。

饲草生产和周年平衡供应是发展畜牧业的重要保障，饲养场应该建立一定面积的饲草基地，因地制宜地种植优良牧草，采用制作青贮、青干草和秸秆氨化技术，既能保证青粗料的均衡供应，又能降低饲养成本。搞好饲草生产主要内容是搞好人工饲草基地建立，搞好单作和间作套种，最大限度地利用自然资源。

（一）常年青饲轮供计划与牛饲料的均衡供应

为了满足牛一年四季都能得到所需的青绿多汁饲料，必须根据各种青绿多汁饲料的生长特点和营养特性，进行搭配组合，合理轮作，余缺互补。充分利用现有饲料资源，划拨饲料基地，保证饲料供给。

1. 饲草组合生产和周年平衡供应原则

(1)种植的牧草要多年生和一年生牧草结合，以多年生牧草为主。

(2)温带饲草和热带饲草结合，寒冷地区以温带饲草为主，暖热地区以热带饲草为主；热带品种春播(3～5月份)为主，温带品种秋播(9～10月份)为主。

(3)上繁草和下繁草结合，视不同地区具体情况而定。

(4)豆科牧草和禾本科牧草结合，豆科占30%～40%，禾本科占60%～70%。

2. 常用的牧草品种

(1)禾本科牧草：温带牧草有意大利黑麦草、多年生黑麦草、草地羊茅等；热带品种有杂交狼尾草、岸杂一号狗牙根、非洲狗尾草等。

(2)豆科牧草：温带牧草有紫花苜蓿、三叶草等；热带牧草有907柱花草、184柱花草、大绿豆、大翼豆、平托花生等。

(3)作物品种：青饲的品种大麦、燕麦、美国籽粒苋、春箭舍豌豆等；常用的青贮作物有青贮玉米、高粱、苏丹草等。

(二)典型的均衡供应方案

饲养奶牛除了精饲料合理搭配外,必须能够喂上各种青饲料、青贮、啤酒糟等青绿多汁饲料。一般牛场10月份至翌年5月:以吃干草和青贮饲料为主,青饲料有胡萝卜、饲用甜菜、冬牧70黑麦等。6~9月:以各种栽培牧草和野生牧草为主,此外还可利用以甘薯藤、花生藤、瓜类等,此阶段应将多余的青绿饲料搞些青贮和青干草备用,青贮饲料和啤酒糟可以常年饲喂。

一头高产奶牛全年应贮备、供应的饲草、饲料量如下:

青干草:1 500~1 850 kg(应有一定比例的豆科干草)。

玉米青贮:7 000~10 000 kg(或青草青贮和青草)。

块根、块茎及瓜果类:1 500~2 000 kg。

糟渣类:2 000~3 000 kg。

精饲料:2 300~4 000 kg(其中高能量饲料占50%,蛋白质饲料占25%~30%),精饲料的各个品种应做到常年均衡供应。

二、季度供给

饲料就寒热属性而言,可分为温热性饲料与寒凉性饲料。温热性饲料适于寒冷季节应用,可为牛供给热能,促进机体产生热能,加强新陈代谢,提高抗病力,消除因内寒和外寒引起的寒冷应激等作用;寒凉性饲料适合于夏季饲喂,有利于缓解动物的热应激的作用。

1. 冬季供给的饲料

(1)白酒糟和啤酒糟:此类饲料除含有丰富的蛋白质和矿物质外,还含有一定量的乙醇,热性较大,属于“火性饲料”,具有改善消化功能,加强血液循环,扩张体表血管等作用。冬季使用,抗寒应激作用最佳。饲喂奶牛白酒糟不如啤酒糟效果好。

(2)稻草:属于暖性饲料适合于冬季供给,在我国南方地区应用较多。

(3)饲草小黑麦:为冬春饲料作物,适合低温生长,能在冬春枯草季节为牛提供蛋白含量高、维生素营养丰富的青饲料,可有效防止牛在冬春繁殖期发生维生素缺乏症,促进牛健壮快速生长,提高成年牛的繁殖力和幼犊的成活率。饲草小黑麦在冬春季一般可刈割青饲2~3次,每次收割青饲9 000~15 000 kg/hm^2,可保持枯草期优质青饲的持续均衡供应。

2. 夏季供给的饲料 夏秋季节白天炎热，容易造成牛的热应激，因此在炎热的夏季宜饲喂添加各种抗热应激饲料添加剂、调味剂（对氨基苯甲酸、谷氨酸等）的饲料，此外多饲喂各种青草、瓜果类饲料。在饲养管理上在炎热夏季应在较凉爽的夜晚放牧，或夜间补饲，提高牛的采食量。

三、TMR饲喂技术

TMR（total mixed ration，简称 TMR）技术在 20 世纪 90 年代在美、欧、以色列等国就全面应用，目前在全球范围内，越来越多的牛场采用 TMR 喂牛。

TMR 即全混合日粮技术是指根据奶牛在泌乳阶段的营养需要，把铡切成适当长度的粗饲料、精饲料和各种添加剂按照一定的比例进行充分混合将水分调整为 45%左右而得到的一种营养相对平衡的日粮的饲养方法。该技术可以针对大小牛群在恰当的阶段，都能够采食适量的平衡的营养，达到最高的产奶量、最佳的繁殖率和最大的利润。目前我国北京、上海、广州等地奶牛场已逐渐推广并取得了良好的效果。

1. 传统饲养方式的不足 传统的饲喂方式采食时间不足，限制奶牛干物质采食量，精粗饲料分次饲喂，不利于瘤胃 pH 值环境，影响菌体蛋白的合成效率和对纤维的消化利用率，易引起瘤胃酸中毒，难以应用现代营养学原理配制日粮进行集约化饲养管理。奶牛采食的精粗比不易控制，粗饲料采食不足，造成瘤胃功能异常，使生产性能受到影响，繁殖亦出现障碍。另外不按生产性能和生理阶段分群饲养，奶牛采食自由度大，个体营养摄入量与需求量不平衡，从而导致泌乳盛期高产奶牛和初产牛体况不佳，生产潜力不能发挥，而经产的干乳牛、低产牛因营养过剩，脂肪沉积而造成泌乳力下降，代谢性疾病频发。此外，饲养成本中劳动力成本较高。

2. TMR 饲喂技术的优点

（1）改善适口性，增加采食量：实践证明在精粗分饲时，粗饲料适口性较差，导致奶牛挑食，采食量和营养水平达不到日粮设计要求，严重影响奶牛的健康和生产性能的发挥。TMR 技术将各种原料混合掩盖某些原料的不良气味，提高适口性；投料数量充足，小量自由采食，时间延长，总采食量增加，可有效的防止挑食、抢食。同时，由于混料均匀可避免偶然发生的微量元素、维生素缺乏或中毒事件。

（2）提高饲料利用率，节约饲养成本：TMR 技术可保证牛稳定的饲料结构，TMR 可在全天为牛提供能量、蛋白质和其他必需养分平衡的日粮，采食饲料的养分相同，保证了瘤胃内的细菌和纤毛虫有稳定的生活环境，从而提高了饲料的消化率。TMR 充分利用各种廉价的饲料资源，可以最大限度地使用低成本饲料配方，节约饲养费用，提高经济效益。

(3)可有效地防止消化系统机能紊乱，维护瘤胃健康，减少牛疾病的发生：传统的饲喂方式容易造成牛的精粗比例不当，如果粗饲料摄入量不足，致使瘤胃 pH 值下降，破坏瘤胃微生物群落，影响牛的生产性能的发挥，甚至引起消化系统的疾病。TMR 饲喂技术可做到合理配制饲料，均匀混合统一采食，当粗饲料缺乏时还可以通过提高日粮中中性洗涤纤维含量弥补，保持瘤胃 pH 值稳定，维护瘤胃正常的生理机能，减少牛的消化道疾病和代谢病的发生。

(4)可进行大规模工厂化生产，降低劳动强度，节约劳力：混合车是应用 TMR 的理想容器，它容易操作，节省时间，半小时可以完成装载、混合和喂料。不用饲养人员多次分发不同的饲料，大大降低了劳动强度，节约劳力，节省管理成本，提高了经济效益。

但饲喂 TMR 也有一定的缺点。首先，用 TMR 时长纤维青干草很难混合；其次，TMR 需要昂贵的秤、搅拌车和传送设备；第三，TMR 日粮精确配制并经常核对，并且 TMR 日粮不适用于放牧的牛。

3. TMR 饲喂技术的应用

(1)选用适宜的混合搅拌车：搅拌车是推广应用 TMR 技术的关键，根据日粮的类型、牛场的饲养规模、牛场的建筑结构来选择适合的搅拌车。常见的 TMR 搅拌车有立式、卧式或牵引型搅拌车等。其中立式搅拌机搅拌效果好，混合均匀度高，机器的使用寿命长。目前我国使用的主要有 BM 牵引式发料车、前置式全自动发料车、后置式全自动发料车等。

(2)合理分群和适时转群：合理分群是 TMR 技术的必要措施，如果不分群，就会产生饲喂过肥的奶牛，严重影响牛的产奶性能的发挥。牛群的分群的数目视牛群的大小和现有的设备而定。一般小型奶牛场(＜300 头)可以直接分为泌乳奶牛群和干奶牛群，各设计一种 TMR 日粮；中型牛场(300～500 头)可根据泌乳阶段分为早、中、后期牛群和干奶牛群；大型牛场(＞500 头)可将牛细分为新产牛群、高产头胎牛群、高产经产牛群、体况异常牛群、干奶前期、干奶后期牛群等，分别设计 6～7 种 TMR。在具体分群过程中可根据牛的个体情况及牛群的规模灵活掌握，适时调整或合并，调整转群时要小群转移，最好在投料时转移。

对于干奶牛分为干奶前期(干奶到产前 30 d)和干奶后期两个群非常关键，因为这是两个完全不同的生理阶段。后备牛要细分，每群的大小不能太大，一般 10 头左右，要求群中个体一致，随着月龄的增加群体数量可以适当增加。

(3)TMR 的制作：粗饲料的铡切长度对于 TMR 日粮配制尤为重要，影响

TMR的混合效果。一般青贮料的适宜长度为2～3 cm,但要求有15%～20%的长度要超过4 cm,并应加入一定量的5 cm长的干草。TMR的含水量应为40%～50%,pH值5.5～6.0之间。TMR的投料顺序依次为搅拌混合时投料顺序一般为干草(铡短成2.5 cm)→精料(包括添加剂)→青贮料、副料等。边加料边搅拌,物料加齐后再搅拌5～8 min。一般时间15 min/批左右为宜,搅拌时间太长则TMR过细,有效中性洗涤纤维不足;搅拌时间过短,混合不均匀,营养不均匀,影响饲喂效果。TMR搅拌车在搅拌时要以满载量的60%～70%为宜,太多则混合不均匀。从感官上,搅拌效果好的TMR日粮,精粗饲料混合均匀,松散不分离,色泽均匀,新鲜不发热、无异味,不结块。

(4)TMR饲喂的料槽管理:TMR饲喂要均匀投放饲料,确保牛有充足的时间采食,一般干奶牛和生长牛一天投放一次,泌乳的奶牛一天投放2次,夏季可投放3次。在闷热的夏季为了防止饲料沉积发热,每天应翻料2～3次,并且要求每天清理剩余的饲料,剩槽3%～5%为合适,合理利用回头草。最好随时供应新鲜的日粮。

(5)TMR技术对牛舍的要求:散栏式牛舍是目前国内外现代化牛场采用的设计合理的最先进的牛舍,适合于TMR技术的应用,大大提高奶牛场的劳动生产率。一般要求牛舍的宽度20 m以上,长度在60～120 m,饲喂道宽4.0～4.5 m。标准牛舍以饲养200～400头以上牛为单位。在颈链拴系、固定牛床饲养管理条件下,也可根据个体产奶量单槽饲喂全混合日粮,从而达到消化吸收这项实用新技术的目的。

(6)其他注意的问题:有充足的采食位,牛只去角,避免相互争斗。食槽宽度、高度、颈颊尺寸适宜;槽底光滑,浅颜色。勤查槽,观察日粮一致性,搅拌均匀度;观察牛只采食、反刍及剩槽情况。夏季定期刷槽。不空槽、勤匀槽,如投放量不足,增加TMR给量时,切忌增加单一饲料品种。保持饲料新鲜度,认真分析采食量下降原因,不要马上降低投放量。观察奶牛反刍,奶牛在休息时至少应有40%的牛只在反刍。采食槽位要有遮阳棚,暑期通过吹风、喷淋,减少热应激;夏季成母牛回头草直接投放给后备牛或干奶牛,避免放置时间过长造成发热变质。同时避免与新鲜饲料二次搅拌引起日粮品质下降。

4. TMR推广遇到的问题 TMR技术存在以下制约因素:①为使所有原料均匀混合,秸秆、长草的切短或揉碎需专门的机械设备,同时为保证日粮营养平衡,要求有性能良好的混合和计量设备;②在原料的贮存过程中,要经常调查并分析其营养成分的变化,尤其是原料水分的变化;③奶牛的分群、饲槽的改装、原料的往返运输均需要劳力、时间等额外的投入;④如果在泌乳早期TMR的营养浓度不足,则高产奶牛的产奶高峰有可能下降；在泌乳中后期，低产奶牛如不及时转到 TMR 营养浓度较低群，则奶牛有可能变得过肥。

TMR 饲养技术尽管增加了一些额外的费用，但由于在原料选择上有更大的灵活性，所以在配制时可采用一些单喂适口性差但价格又十分便宜的原料，从而有利于饲粮成本的降低。另外，该技术对奶牛的奶产量也有一定提高。综合考虑 TMR 饲养技术的利弊，能得出这样的结论：TMR 适应当前畜牧业向集约化、规模化经营发展的需要，有利于缓解饲料资源供需不平衡的矛盾，缩短我国与世界养牛业发达国家的差距。TMR 技术体系是现代化奶牛场的重要手段，它也是现代化奶牛场智能化管理迈出的关键一步，相信在全国养牛界同行的关注和共同努力下，全混合日粮技术会越来越适合我国的实际状况，发挥越来越大的作用。

第九章　优质饲草种植技术

第一节　饲草的分类和我国饲草的栽培区划

饲草包括饲料作物和牧草。尽管同属饲用植物，但在我国它们分属于不同的概念范畴。

一、饲草的分类

1. 饲料作物　饲料作物是指用于栽培作为家畜饲料用的作物。根据其分类学地位或形态，又分为以下几种类型：①禾谷类饲料作物，包括玉米、高粱、大麦、燕麦、黑麦等禾本科作物。②豆类饲料作物，包括大豆、豌豆、绿豆等豆科作物。③块根块茎类饲料作物，包括甜菜、胡萝卜、红薯、马铃薯等。④瓜类饲料作物，包括南瓜、饲用西瓜等。

2. 牧草　凡是能用来饲喂牲畜的细茎植物称之为牧草。它包括以下几类：①草本植物，又分为一年生、二年生、多年生草本植物，如苏丹草、草木樨、苜蓿等。②藤本植物，如葛藤。③半灌木、小灌木、灌木。如柠条、沙棘等。

牧草种类繁多，但主要是豆科和禾本科植物，这两科几乎囊括了所有的栽培牧草。此外，藜科、菊科及其他科的有些植物也可用作牧草，但种类较少。

关于饲料作物和牧草的划分，因我国的传统习惯将它们定义为两类不同的饲用植物类型，但在美、欧及日本等国将我国所指的饲料作物和牧草统称为饲用作物，甚至干脆归在“作物”当中。

二、我国饲草的栽培区划

20世纪的后半叶，我国的草业生产迅猛发展，但在发展的过程中也出现了诸多问题。如盲目引种导致栽培工作失败；种子生产与实际需要脱节，而且基因混杂；在自然条件相同或相近的地区，重复引种、选育等。针对这一生产乱的现象，农业部在 1984 年下达“全国主要多年生栽培草种区划研究”课题，经多个科研、教学和生产单位的共同攻关，完成了我国多年生饲草栽培区划，将全国分为 9 个栽培区和 40 个亚区，为引导各地科学引种和栽培饲草奠定了基础。

1. 东北羊草、苜蓿、沙打旺、胡枝子栽培区 本区包括黑龙江、吉林和辽宁 3 省全部和内蒙古的呼伦贝尔盟及兴安盟所辖的 18 个旗县。气候特点是冬季严寒多雪，夏季高温多雨，极端温差达 80℃，≥10℃的积温 2 000～3 700℃，无霜期 90～180 d，年降水量 250～1 100 mm。土质为黑钙土，比较肥沃。人工草地以羊草、苜蓿、沙打旺、胡枝子为主，此外无芒雀麦、扁蓿豆、山野豌豆、广布野豌豆、野大麦、碱茅等也有栽培。

依据当家草种的生态、生物学特性、生产条件和利用方式，本区又分为以下 6 个亚区：①大兴安岭羊草、苜蓿、山野豌豆亚区；②三江平原苜蓿、无芒雀麦、山野豌豆亚区；③松嫩平原羊草、苜蓿、沙打旺亚区；④松辽平原苜蓿、无芒雀麦亚区；⑤东部长白山山区苜蓿、胡枝子、无芒雀麦亚区；⑥辽西低山丘陵沙打旺、苜蓿、羊草亚区。

2. 内蒙古高原苜蓿、沙打旺、老芒麦、蒙古岩黄芪栽培区 本区包括内蒙古大部、河北坝上、宁夏平原和甘肃的河西走廊等省区的部分地区，共辖 125 个旗县（市、区）。气候特点是冬季多风寒冷，夏季凉爽干燥。年平均气温－3～9.4℃，≥10℃的积温为 2 000～2 800℃，无霜期 90～170 d，年降水量 50～450 mm，春季多旱。土质多为栗钙土和灰钙土。适宜栽培的牧草有苜蓿、沙打旺、老芒麦、蒙古岩黄芪、披碱草、羊草、冰草、柠条、细枝岩黄芪等。

本区又可分以下 7 个亚区：①内蒙古中南部老芒麦、披碱草、羊草亚区；②内蒙古东南部苜蓿、沙打旺、羊草亚区；③河套——土默特平原苜蓿、羊草亚区；④内蒙古中北部披碱草、沙打旺、柠条亚区；⑤伊克昭盟柠条、蒙古岩黄芪、沙打旺亚区；⑥内蒙古西部琐琐、沙拐枣亚区；⑦宁甘河西走廊苜蓿、沙打旺、柠条、细枝岩黄芪亚区。

3. 黄淮海苜蓿、沙打旺、无芒雀麦、苇状羊茅栽培区 本区包括北京、天津、河北大部、河南大部、山东全部、江苏北部和安徽淮北地区，共辖 477 个县（市、区）。气候特点是属暖温气候，年平均气温 6～14.5℃，≥10℃的积温为 4 000～4 500℃，无霜期 145～220 d，年降水量 500～850 mm。土质为棕壤和褐土。适宜种植的牧草有苜蓿、沙打旺、无芒雀麦、苇状羊茅、葛藤、小冠花、草木樨、百脉根、多年生黑麦草、三叶草等。

本区又分为 5 个亚区：①北部西部山地苜蓿、沙打旺、葛藤、无芒雀麦亚区；②华北平原苜蓿、沙打旺、无芒雀麦亚区；③黄淮平原苜蓿、沙打旺、苇状羊茅亚区；

④鲁中南山地丘陵沙打旺、苇状羊茅、小冠花亚区；⑤胶东低山丘陵苜蓿、百脉根、黑麦草亚区。

4. 黄土高原苜蓿、沙打旺、小冠花、无芒雀麦栽培区 本区包括山西全部、河南西部、陕西中北部、甘肃东部、宁夏南部、青海东部，共辖 313 个县(市、区)。气候特点是属季风性大陆气候，年平均气温 4～14℃，≥10℃的积温为 3 000～4 400℃，无霜期 120～250 d，年降水量 240～750 mm。土质为黄绵土和黑垆土。适宜栽培的牧草有苜蓿、沙打旺、小冠花、红豆草、苇状羊茅、鸡脚草、湖南稷子、草木樨、冰草等。

本区又分为 4 个亚区：①晋东豫西丘陵山地苜蓿、沙打旺、小冠花、无芒雀麦、苇状羊茅亚区；②汾渭河谷苜蓿、小冠花、无芒雀麦、鸡脚草、苇状羊茅亚区；③晋陕甘宁高原丘陵沟壑苜蓿、沙打旺、红豆草、小冠花、无芒雀麦、扁穗冰草亚区；④陇中青东丘陵沟壑苜蓿、沙打旺、红豆草、扁穗冰草、无芒雀麦亚区。

5. 长江中下游白三叶、黑麦草、苇状羊茅、雀稗栽培区 本区包括江西、浙江和上海 3 省市的全部，湖南、湖北、江苏、安徽 4 省的大部，此外还包括河南的一小部分，共辖 561 个县(市、区)。气候特点是属亚热带和暖温带的过渡区，四季分明，冬冷夏热，年降水量 800～2 000 mm，≥10℃的积温为 4 500～6 500℃，无霜期 230～330 d。土质多为黄棕壤、红壤和黄壤。适宜栽培的牧草有白三叶、多年生黑麦草、苇状羊茅、雀稗、红三叶、鸡脚草、苜蓿、一年生黑麦草、象草等。

本区分为以下 3 个亚区：①苏浙皖豫平原丘陵白三叶、苇状羊茅、苜蓿亚区；②湘赣丘陵山地白三叶、岸杂 1 号狗牙根、苇状羊茅、苜蓿、雀稗亚区；③浙皖丘陵山地白三叶、苇状羊茅、黑麦草、鸡脚草、红三叶亚区。

6. 华南宽叶雀稗、卡松古鲁狗尾草、大翼豆、银合欢栽培区 本区包括闽、粤、桂、台和海南 5 省及云南南部，共辖 190 个县(市、区)。气候特点属亚热带和热带海洋气候，水热条件极为丰富，年降水量 1 100～2 200 mm，年平均气温 17～25℃，≥10℃的积温为 5 500～6 500℃。土质多为红壤。适宜栽培的牧草有宽叶雀稗、卡松古鲁狗尾草、大翼豆、银合欢、格拉姆柱花草、象草、银叶山蚂蟥、绿叶山蚂蟥、小花毛华雀稗等。

本区又分为 4 个亚区：①闽粤桂南部丘陵平原大翼豆、银合欢、格拉姆柱花草、卡松古鲁狗尾草、宽叶雀稗、象草亚区；②闽粤桂北部低山丘陵银合欢、银叶山蚂蟥、绿叶山蚂蟥、宽叶雀稗、小花毛华雀稗亚区；③滇南低山丘陵大翼豆、格拉姆柱花草、宽叶雀稗、象草亚区；④台湾山地平原银合欢、山蚂蟥、柱花草、毛华雀稗、象草亚区。

7. 西南白三叶、黑麦草、红三叶、苇状羊茅栽培区 本区包括陕西南部、甘肃东南部、四川、云南大部、贵州、湖北、湖南南部，共辖 434 个县(市、区)。气候特点属亚热带湿润气候，年降水量 1 000 mm，年平均气温 10～18℃，≥10 的积温为 2 500～6 500℃，无霜期 250～320 d。土质多为黄壤、紫色土、红壤等。适宜栽培的牧草有白三叶、多年生黑麦草、红三叶、苇状羊茅、扁穗牛鞭草、苜蓿、鸡脚草、圆芦草等。

本区分以下 4 个亚区：①四川盆地丘陵平原白三叶、黑麦草、苇状羊茅、扁穗牛鞭草、聚合草亚区；②川陕甘秦巴山地白三叶、红三叶、苜蓿、黑麦草、鸡脚草亚区；③川鄂湘黔边境山地白三叶、红三叶、黑麦草、鸡脚草亚区；④云贵高原白三叶、红三叶、苜蓿、黑麦草、圆芦草亚区。

8. 青藏高原老芒麦、垂穗披碱草、中华羊茅、苜蓿栽培区　本区包括西藏、青海大部、甘肃甘南及祁连山山地东段、四川西部、云南西北部，共辖 156 个县(市、区)。气候特点属大陆性高原气候，寒冷干燥，冬长夏短，无霜期短，温差大，日照强度高，年降水量 100～200 mm，年平均气温 -5～12℃。土质多为草甸土和草原土。适宜栽培的牧草有老芒麦、垂穗披碱草、中华羊茅、苜蓿、红豆草、无芒雀麦、白三叶、冷地早熟禾、沙打旺、草木樨等。

本区又分为 5 个亚区：①藏南高原河谷苜蓿、红豆草、无芒雀麦亚区；②藏东川西河谷山地老芒麦、无芒雀麦、苜蓿、红豆草、白三叶亚区；③藏北青南垂穗披碱草、老芒麦、中华羊茅、冷地早熟禾亚区；④环湖甘南老芒麦、垂穗披碱草、中华羊茅、无芒雀麦亚区；⑤柴达木盆地沙打旺、苜蓿亚区。

9. 新疆苜蓿、无芒雀麦、老芒麦、木地肤栽培区　本区包括新疆全部。气候特点是南疆气温高于北疆，年平均气温南疆为 7.5～14.2℃，北疆为 5～7℃；≥10℃的积温南疆为 4 000℃，北疆为 3 000～3 600℃；无霜期南疆为 200～220 d，北疆为 160 d。年降水量北疆高于南疆，北疆 150～200 mm，南疆只有 20 mm。土质多为盐土、灰钙土和棕钙土。适宜栽培的牧草有苜蓿、无芒雀麦、老芒麦、木地肤、沙拐枣、红豆草、鸡脚草、驼绒藜等。

本区分为 2 个亚区：①北疆苜蓿、木地肤、无芒雀麦、老芒麦亚区；②南疆苜蓿、沙拐枣亚区。

第二节　土壤耕作与施肥

一、土 壤 耕 作

土壤耕作是指在作物生长的整个过程中，通过农机具的物理机械作用，调节土壤耕层结构，改善和协调土壤中水、肥、气、热的关系，为作物播种出苗和生长发育提供适宜土壤环境的农业技术措施。

1. 土壤耕作的作用 首先，土壤耕作可使紧实的耕层土壤变得疏松，改善土壤的理化性状，创造适合牧草与饲料作物种子萌发和根系生长的耕层结构。其次，耕作可将各种动植物残体及杂草种子深埋在耕层中，即消灭了病虫杂草，又可增加土壤有机质含量。第三，通过耕作措施，可将撒施在土壤表面的底肥均匀地分布到耕层中。第四，通过耙地、耢地、镇压等措施，使耕层表面平整、软硬适中，有利于保墒和播种作业。

2. 土壤耕作措施 根据耕作对土壤作用的性质和范围，可将耕作分为 2 类，即基本耕作和表土耕作。基本耕作包括深耕翻、深松耕和旋耕 3 种；通过这 3 种耕作措施，可有效改善耕层土壤结构，达到疏松土壤、保墒防旱、消灭病虫杂草的目的。表土耕作包括浅耕灭茬、耙地、耱地、镇压和中耕 5 种作业方式；通过上述措施可起到清除地面残茬和杂草、破碎土块和板结以及平整地面的作用。

二、施　肥

施肥应按照不同生长阶段对养分的要求来进行，以满足其生长需求。

根据施肥的时间不同施肥可分为基肥、种肥和追肥 3 种类型。基肥是播种或定植前结合土壤耕作施用的肥料，其目的是为了满足饲草生长发育所要求的土壤条件和养分条件；作基肥的肥料主要有机肥料、磷肥和复合肥等。种肥是播种（或定植）时施于种子附近或与种子混播的肥料，其目的是为种子发芽和幼苗生长创造良好的条件；种肥的种类主要有：腐熟的有机肥料、速效的无机肥料或混合肥料、颗粒肥料及菌肥等，用作种肥的肥料必须对种子无副作用。追肥是在饲草生长期间施用的肥料，其目的是满足饲草生育期间对养分的要求；追肥的主要种类为速效氮肥和腐熟的有机肥料，磷、钾、复合肥也可用作追肥。

第三节　种子的处理和播种

一、种子的处理

1. 种子的品质要求 种子品质的优劣，直接影响到饲草的产量。优质种子应纯净、饱满、整齐、无病虫而且生命力强，表现在纯净度高、发芽势和发芽率好，千粒重大。为此在购买种子前后，应对所购种子进行上述指标的检测，以满足播种需求。

2. 种子的处理　播种前必须对饲草种子进行处理，如精选、去杂、浸种、消毒、硬实处理、根瘤菌接种和去壳去芒等处理，以保证种子质量和播种质量。

二、播　　种

全苗、壮苗是作物获得高产的基础环节。要保证做到全苗、壮苗，掌握好播种技术是关键，尤其是对粒小、播种量少、发芽慢的牧草种子更为重要。

1. 播种期　每一种饲草都有它适宜的播种期。适期播种可保证种子少受或不受不良环境的影响，有利于种子萌发，还可起到增产作用。

早春主要播种一些种子发芽要求温度较低、苗期较耐寒的种类或品种，如苦荬菜、紫花苜蓿等。晚春和夏季多播种一些幼苗不耐寒的夏秋饲料作物和牧草，如玉米、高粱、大豆、苏丹草等。秋季多播一些耐寒的二年生或多年生植物。秋播应注意出苗后幼苗应有至少一个月的生长期，以便安全越冬。秋播时雨水较为适宜，田间杂草处于衰败期，有利于牧草幼苗的生长。

2. 播种深度　播种深度应掌握小粒种子宜浅，大粒种子宜深；土壤黏重、含水量高宜浅，土壤沙大含水少宜深；在土壤墒情较差时宜深，土壤墒情较好时宜浅。通常播种深度以 2～6 cm 为宜。播种过深，种子发芽后没有能力顶破深厚的土壤而造成焖种；播种过浅，水分满足不了种子发芽的需要而造成晒种，从而使出苗率降低，因而要有适宜的播种深度。

3. 播种量　播种量随饲草的种类、利用目的、种子大小、土壤肥力、水分状况、播种期的早晚以及播种时气候条件而有变化。但就同一条件、同一饲草品种、同一利用目的而言，其播种量主要由种子用价高低决定。种子用价高，播种量少，种子用价低，播种量多。公式如下：

$$\text{播种量}(\mathrm{kg/hm^2})=\frac{\text{种子用价 }100\%\text{时播种量}}{\text{种子用价}}$$

$$\text{种子用价}=\text{纯净度}\times\text{发芽率}$$

4. 播种方式

(1)撒播：指将种子撒到地里，然后用耙覆土的播种方式。这种方式的优点是省工、省力、速度快；缺点是播种不匀，出苗不整齐，植株之间距离无规律，不易管理。

(2)条播:用条播机或开沟器将种子按一定行距撒成条带状。条播因幼苗集中在行内生长利于与杂草竞争,且易于田间管理,如中耕除草、施肥、浇水、灭虫等。条播行距依据饲草的种类和栽培目的确定。通常植株高大的饲料作物或牧草行距要宽,植株矮小的要窄;收籽为目的的要宽,收草的要窄。

(3)穴播:也称为点播。对某些大粒中耕作物如大豆、玉米等,多采用这种方式。

(4)混播:将生长习性相近的饲草种子混合在一起播种。混播多用于人工草地的建设,尤其是放牧地。植株高大的饲料作物和牧草通常不采用这种方式。

第四节 田间管理和刈割利用

一、田间管理

1. 灌溉 灌溉方法多种多样,大致分为3种类型,即地表灌溉、喷灌(空中)和地下灌溉(渗灌)。为节约用水和提高灌溉效果,应尽可能采用喷灌和渗灌的方式进行灌溉。灌溉除要选用合适的方式之外,还要注意灌溉的时间。要保证在饲草生长过程中需水的关键时期进行灌溉。如禾本科植物通常在拔节至抽穗、豆科植物从现蕾到开花是需水的关键时期,此时灌溉可收到良好效果。

2. 杂草防除 杂草通过与饲草争光、争水、争肥,影响饲草的正常生长,并对饲草品质带来不利影响。因此杂草防除对于保证饲草优质高产具有十分重要的意义。

杂草防除应采取综合技术措施。首先应在播种之前对播种材料进行清选,以剔除杂草种子;其次不要使用未经腐熟的粪肥或堆肥;选择适宜的播种季节进行种植,以避开杂草旺盛生长期;窄行条播、合理密植、适当加大播量等亦可有效抑制杂草;及时通过中耕消灭已出现的杂草;使用除草剂,但应注意施用时间、施用方法、施用剂量及施用安全。

3. 病虫害防治 饲草生长期间,经常受到病虫危害,导致产量和品质下降。因此加强病虫害防治工作,对促进饲草高产,保证饲草品质具有重要作用。

饲草的病虫害防治,必须贯彻“预防为主、综合防治”的方法。综合防治就是从生产的全局和农业生态系统的总体观点出发,根据病虫与农作物、与耕作制度以及与有益生物和环境条件之间的辩证关系,因地制宜地应用各种防治手段,取长补短,互相协调,经济有效地把病虫危害控制在一定水平之下,以达到增产增收的目的。常用的防治方法有植物检疫、农业防治、化学防治、生物防治和物理机械防治等。这些方法必须因地制宜,综合应用,方能达到预期的效果。

二、刈割利用

刈割收获是饲草生产的最终目的,也是确保优质高产的重要环节。

1. 收获时间 收获时间对于获得高产优质的饲草至关重要。确定适宜的收获时间必须要综合考虑,不能只强调产量或品质等某一方面。各种饲草的适宜收获时间应在饲草产量相对最高、单位面积营养物质的产量相对最高、收获后对再生和寿命没有不良影响的时间进行。

2. 收获方法 收获方法包括人工收获和机械收获。人工收获是在收获过程中不使用任何机械,完全用人工或畜力进行作业。机械收获则是在收获过程中采用各种靠动力牵引的收获机械来进行,其特点是速度快、效率高,适宜大面积地块应用。但这些机械投入大,能耗大、成本高,大面积应用尚有一定困难。因此,可采用机械和人工相结合的方式进行收获,除刈割、打捆等必须机器作业外,其余可采用人工劳动,可节约生产费用。

第五节 饲草的栽培技术

一、饲料作物栽培技术

(一)玉米

玉米又名玉蜀黍、苞谷、苞米、玉茭、玉麦、棒子、珍珠米。玉米即是重要的粮食作物,又是重要的饲料作物。其植株高大,生长迅速,产量高;茎含糖量高,维生素和胡萝卜素丰富,适口性好,饲用价值高,适于作青贮饲料和青饲料,被称为“饲料之王”。

1. 特性 一年生草本植物。玉米为喜温作物,种子一般在6～7℃时开始发芽,苗期不耐霜冻,出现－2～－3℃低温即受霜害。拔节期要求日温度为18℃以上，抽雄、开花期要求 26～27℃，灌浆成熟期保持在 20～24℃。需水多，适宜在年降水量 500～800 mm 的地区种植。需肥多，特别是对氮的需要量较高。对土壤要求不严，各类土壤均可种植。适宜的 pH 值为 5～8，以中性土壤为好，不适于在过酸、过碱的土壤中生长。

2. 栽培技术 玉米田要深耕细耙，耕翻深度一般不能少于 18 cm，黑钙土地区应在 22 cm 以上。春玉米在秋翻时，可施入有机肥作基肥，一般每公顷施堆、厩肥 30～45 t。夏玉米一般不施基肥。

玉米品种繁多，可根据使用目的和当地环境条件选择适宜当地生长的高产优质品种进行栽培。目前生产中广泛使用的专用青贮或青饲品种有农大 108、中原单 32、中玉 15、饲宝 1、饲宝 2、科多 4、科多 8 等，可根据当地条件选用。

播种期因地区不同差异很大。我国北方春玉米的播期大致为：黑龙江、吉林 5 月上、中旬；辽宁、内蒙古、华北北部及新疆北部多在 4 月下旬至 5 月上旬；华北平原及西北各地 4 月中、下旬；长江流域以南则可适当提早。小麦等作物收获后播种夏玉米时，应抓紧时间抢时抢墒播种，越早越好。玉米可采用单播、间作、套种等方式播种。单播时行距 60～70 cm，株距 40～50 cm：作青贮或青饲用时，行距可缩小到 30～45 cm，株距 15～25 cm。播种量一般收籽田每公顷 22.5～37.5 kg，青贮玉米田 37.5～60.0 kg，青刈玉米田 75.0～100.0 kg。播种深度一般以 5～6 cm 为宜；土壤黏重、墒情好时，应适当浅些，多 4～5 cm；质地疏松、易干燥的沙质土壤或天气干旱时，应播深 6～8 cm，但最深不宜超过 10 cm。

玉米生长到 3～4 片真叶时进行间苗，每穴留 2 株大苗、壮苗。到 5～6 片真叶时进行定苗，每穴留 1 株。玉米苗期不耐杂草，应及时中耕除草。另外，可应用西玛津或莠去津进行化学除草，一般在玉米播种前或播后出苗前 3～5 d 进行。玉米苗期常见的害虫为地老虎、蝼蛄和蛴螬。在玉米心叶期和穗期，常发生玉米螟危害。在玉米穗期可发生金龟子(蛴螬成虫)危害。出现虫害后应及时采用高效低毒农药进行防治。对于青贮玉米，要少施苗肥，重施拔节肥，轻施穗肥。

3. 收获和利用 籽粒玉米以籽粒变硬发亮、达到完熟时收获为宜，粮饲兼用玉米应在蜡熟末期至完熟初期进行收获。专用青贮玉米则在蜡熟期收获为宜。籽粒玉米一般每公顷产籽粒 6.0～8.0 t，青贮玉米一般每公顷产青 60～75 t。

玉米籽粒淀粉含量高，还含有胡萝卜素、核黄素、维生素 B 等多种维生素，是牛的优质高能精饲料。专用青贮玉米品种调制的青贮饲料品质优良，具有干草与青料两者的特点，且补充了部分精料。100 kg 带穗青贮料喂奶牛，可相当于 50 kg 豆科牧草干草的饲用价值。

（二）大麦

大麦又名有稃大麦、草大麦。因栽培地区不同有冬大麦和春大麦之分，冬大麦的主要产区为长江流域各省和河南等地；春大麦则分布在东北、内蒙古、青藏高原、山西、陕西、河北及甘肃等省（区）。大麦适应性强，耐瘠薄，生育期较短，成熟早，营养丰富，饲用价值高，是重要的粮饲兼用作物之一。

1. 特性　一年生草本植物。大麦喜冷凉气候，耐寒，对温度要求不严，高纬度和高山地区都能种植。耐旱，在年降水量 400～500 mm 的地方均能种植，但抽穗开花期需水量较大，此时干旱会造成减产。对土壤要求不严，不耐酸但耐盐碱，适宜的 pH 值为 6.0～8.0。土壤含盐 0.1%～0.2%时，仍能正常生长。

2. 栽培技术　播前要精细整地，每公顷施用厩肥 30～45 t、硫酸铵 150 kg，过磷酸钙 300～375 kg 作底肥。为预防大麦黑穗病和条锈病，可用 1%石灰水浸种，或用 25%多菌灵按适宜浓度拌种。用 50%辛硫磷乳剂拌种可防治地下害虫。条播行距 15～30 cm，每公顷播种量为 150～225 kg，播深 3～4 cm，播后镇压。青刈大麦在适期范围内播种越早，产量越高。冬大麦的播种期，华北地区以在寒露到霜降为宜；长江流域一带可延迟到立冬前播完。春大麦可在 3 月中、下旬土壤解冻层达 6～10 cm 时开始播种，于清明前后播完。

大麦为速生密植作物，无需间苗和中耕除草，但生育后期应注意防除杂草，并及时追肥和灌水。一般在分蘖期、拔节孕穗期进行，每公顷每次追氮肥 100～150 kg。

3. 收获与利用　籽粒用大麦在全株变黄，籽粒干硬的蜡熟中后期收获，每公顷产籽粒 2.25～3.0 t；青刈大麦于抽穗开花期刈割，也可提前至拔节后；青贮大麦乳熟初期收割最好。春播大麦每公顷产鲜草 22.5～30.0 t，夏播的产 15.0～19.5 t。在苗高 40～50 cm 时可青刈利用。此时柔软多汁，适口性好，营养丰富，是奶牛优良的青绿多汁饲料。也可调制青贮料或干草。国外盛行大麦全株青贮，其青贮饲料中带有 30%左右大麦籽粒，茎叶柔嫩多汁，营养丰富，是奶牛的优质粗饲料。

（三）燕麦

燕麦又名铃铛麦、草燕麦。在我国，主要分布于东北、华北和西北地区，是内蒙古、青海、甘肃、新疆等各大牧区的主要饲料作物，黑龙江、吉林、宁夏、云贵高原等地也有栽培。

燕麦分带稃和裸粒两大类，带稃燕麦为饲用，裸燕麦也称莜麦，以食用为主。栽培燕麦又分春燕麦和冬燕麦两种生态类型，饲用以春燕麦为主。

1. 特性 一年生草本植物。燕麦喜冷凉湿润气候，种子发芽最低温度 3～4℃，不耐高温。生育期需≥5℃积温 1 300～2 100℃。需水较多，适宜在年降水量 400～600 mm 的地区种植。对土壤要求不严，在黏重潮湿的低洼地上表现良好，但以富含腐殖质的黏壤土最为适宜，不宜种在干燥的沙土上。适应的土壤 pH 值为 5.5～8.0。

2. 栽培技术 燕麦要求土层深厚、肥沃的土壤，播前要精细整地。深耕前施足基肥，一般深耕 20 cm 左右，每公顷施厩肥 30.0～37.5 t。冬燕麦要求在前作收获后耕翻，翻后及时耙耱镇压。播种期因地区和栽培目的不同而异，我国燕麦主产区多春播，一般在 4 月上旬至 5 月上旬，冬燕麦通常在 10 月上、中旬秋播。收籽燕麦条播行距 15～30 cm，青刈燕麦 15 cm。播种量每公顷 150～225 kg，播种深度 3～5 cm，播后镇压。燕麦宜与豌豆、苕子等豆科牧草混播，一般燕麦占 2/3～3/4。

燕麦出苗后，应在分蘖前后中耕除草 1 次。由于生长发育快，应在分蘖、拔节、孕穗期及时追肥和灌水。追肥前期以氮肥为主，后期主要是磷、钾肥。

3. 收获与利用 籽粒燕麦应在穗上部籽粒达到完熟、穗下部籽粒蜡熟时收获，一般每公顷收籽粒 2.25～3.0 t。青刈燕麦第一茬于株高 40～50 cm 时刈割，留茬 5～6 cm；隔 30 d 左右齐地刈割第二茬，一般每公顷产鲜草 22.5～30.0 t。调制干草和青贮用的燕麦一般在抽穗至完熟期收获，宜与豆科牧草混播。

燕麦籽粒富含蛋白质和脂肪，但粗纤维含量较高、能量少，营养价值低于玉米，宜喂牛。燕麦秸秆质地柔软，饲用价值高于稻、麦、谷等秸秆。

青刈燕麦茎秆柔软，适口性好，蛋白质消化率高，营养丰富，可鲜喂，亦可调制青贮料或干草。燕麦青贮料质地柔软，气味芳香，是奶牛冬春缺青期的优质青饲料。用成熟期燕麦调制的全株青贮料饲喂奶牛，可节省 50%的精料，生产成本低，经济效益高。

二、优质牧草栽培技术

(一)禾本科优质牧草

1. 无芒雀麦 无芒雀麦又名无芒草、禾萱草、光雀麦等，原产于欧洲。1923 年我国在东北开始引种栽培，表现良好。在我国东北、华北、西北表现尤为良好，是我国北方地区建立人工草地的当家草种。无芒雀麦固土能力强，是优良的水土保持植物。

(1)特性：多年生草本植物。无芒雀麦特别适合寒冷干燥气候。在年降水量为

400～500 mm 的地区生长较为合适，有较强的耐旱能力。成株零下 33℃能安全越冬，零下 48℃，有雪覆盖的条件下越冬率可达 83%，适宜的生长温度为 20～26℃。对土壤要求不严，喜排水良好而肥沃的壤土或黏壤土，轻沙质土壤和盐碱土上也可以生长。耐水淹，水淹 50 d 也能成活。

(2)栽培技术：春播者要秋翻地，夏播者要在播前 1 个月翻地。耕地宜深，要在 20 cm 以上，整地宜平整细碎。结合耕翻每公顷施用 15.0～22.5 t 厩肥和 225 kg 过磷酸钙作底肥。无芒雀麦种子寿命短，贮藏 4～5 年以上的种子不要用于播种。春、夏、秋播均可，春、秋播种宜早不宜迟。墒情好，宜春播，春旱严重的地区，宜在 6～7 月雨季播种。条播，行距 15～30 cm。播种量每公顷 22.5～30.0 kg；若撒播，播种量以 45.0 kg 为宜。播种深度黏性土壤 2～3 cm，沙性土壤 3～4 cm，播后及时镇压 1～2 次。

苗期生长缓慢，因此应加强中耕除草。需要氮肥多，在拔节、孕穗及每次刈割后要结合灌水追施氮肥 150～225 kg。每年冬季或早春可追施厩肥，同时追 450～600 kg 的磷肥。生长到第 3～5 年时，根茎絮结成草皮，使土壤表面紧实，导致产草量下降。此时必须及时耙地松土复壮，以提高产草量和利用年限。

(3)收获与利用：无芒雀麦春播当年，只能刈割 1 次，此后每年可刈 2～3 次，刈割时间宜在孕穗至初花期。在灌溉条件下，鲜草产量 45.0 t/hm²。

无芒雀麦枝叶柔嫩，营养价值高，粗蛋白、粗脂肪、粗纤维、无氮浸出物、粗灰分含量分别为 15.6%、2.6%、36.4%、42.8%、2.6%，适口性好，牛尤喜食。在利用上，主要是放牧或刈制干草，也可青饲或调制青贮饲料。播种当年不能放牧，第 2、3 年采收第一茬草调制干草，用再生草放牧或青饲，此后主要用于放牧。

2. 羊草 羊草又名碱草，我国分布的中心在东北平原、内蒙古高原的东部，华北、西北亦有分布。羊草草地是东北及内蒙古地区重要的饲草基地，除满足当地需要外，还远销海内外。

(1)特性：多年生根茎型草本植物。羊草具极强的抗寒性，在－40.5℃条件下能安全越冬，由返青至种子成熟所需积温为 1 200～1 400℃。耐旱能力强，在年降水量 300 mm 的地区生长良好，但不耐水淹。对土壤要求不严，除低洼内涝地外，各种土壤均能种植，对瘠薄、盐碱土壤有较好的适应性，适应的土壤 pH 值为 5.5～9.0。

(2)栽培技术：播前要精细整地，耕深不少于 20 cm，并及时耙耱，使土壤细碎，墒情适宜，无杂草。结合翻地要施入 37.5～45.0 t 的厩肥作底肥。播前须对种子清选，除去杂质，提高净度，以利出苗。播种时间以夏天雨季为宜，也可春播，夏播最晚不迟于 7 月中旬，延晚会影响越冬。条播行距 30 cm，播种量每公顷 37.5～

45.0 kg，播种深度 2～4 cm，播后镇压 1～2 次。

羊草幼苗生长极慢，最宜受杂草危害，从而造成幼苗死亡，所以中耕除草，抑制杂草危害，是保证羊草幼苗成活的重要措施。羊草根茎发达，生长年限过长，根茎形成絮结草皮，致使土壤通透性下降，产草量降低。所以在利用 5～6 年以后，要进行耙地松土复壮，切断根茎，疏松土壤，延长羊草草地的利用年限。

(3)收获与利用：调制干草时，羊草的适宜刈割期为抽穗期，若青饲则在拔节至孕穗期刈割为宜。在良好的管理水平下，每年可刈割 2 次，若生产条件较差，每年只能刈割 1 次。在大面积栽培条件下，每公顷产干草 1.5～4.5 t，若有灌溉、施肥条件，可达 6.0～9.0 t。

羊草营养丰富，粗蛋白、粗脂肪、粗纤维、无氮浸出物及粗灰分含量分别为 13.35%、2.58%、31.45%、37.49%和 5.19%。叶量多，适口性好，属于优质饲草。其主要利用方式为调制干草，其干草是奶牛重要的冬春贮备饲料。放牧利用宜在拔节至孕穗期进行，注意不要过牧。

3. 冰草 冰草又名扁穗冰草、麦穗草、羽状小麦草、野麦子等，东北、西北、内蒙古、河北、青海等省区均有栽培。在农牧交错带及干旱草原地带，冰草是退化草地改良、人工草地建设、退耕还草及防风固沙等项目的重要草种之一。

(1)特性：多年生疏丛型草本植物。冰草耐寒性较强，当年植株在－40℃的低温下能安全越冬。抗旱性强，能在半沙漠地带生长，在年降水量仅 250～350 mm 的地区生长良好，它是我国目前栽培的最耐干旱的牧草之一，但不耐水淹。对土壤要求不严，除沼泽、酸性土壤外，一般土壤均能种植。耐瘠薄，即使干燥的沙土地也能良好生长，对盐碱土有一定的适应性。

(2)栽培技术：播前必须精细整地，反复耙耱，做到平整细碎。播种时间为春、夏、秋 3 季，春旱严重的地区宜夏季乘雨抢种，除严寒地区外，也可秋播。条播行距 20～30 cm，播种量每公顷 15.0～22.5 kg，撒播 30.0～37.5 kg，播种深度 3～4 cm，播后及时镇压 1～2 次。也可与紫花苜蓿等豆科牧草混播。

冰草播种当年生长缓慢，必须及时中耕除草。对水、肥反应敏感，有条件的地区，要适时灌水和追肥，旱作时也可在雨季乘雨追肥，以提高产量和品质。生长 3 年以上的冰草地，要在早春或秋季进行松耙，改善土壤通透性状，促进冰草更新和生长。

(3)收获与利用：冰草以放牧为主，调制干草为辅。若刈制干草要在抽穗至开花期刈割，每年只能刈割 1 次，一般每公顷产干草 1.5～3.0 t，水肥条件好时可达 6.0 t。

冰草富含各种营养物质，孕穗期粗蛋白含量达 19.14%，无氮浸出物 31.23%，还含有丰富的钙、磷和胡萝卜素，饲用价值高，草质柔软，适口性好，无论鲜草和干草牛均喜食。

4. 多年生黑麦草　多年生黑麦草又名英国黑麦草、宿根黑麦草、牧场黑麦草等，我国南方、西南和华北地区均有种植。多年生黑麦草分蘖多，耐践踏，绿期长，也是优良的草坪植物。

(1)特性：多年生草本植物。喜温凉气候，适宜在夏季凉爽、冬季不太寒冷的地区种植。生长的适宜温度为20℃，超过35℃生长不良。耐寒耐热性差，在东北、内蒙古等地不能越冬或越冬不良，在南方越冬良好，但夏季高温地区多不能越夏。喜湿润条件，在年降水量为500～1 500 mm的地区均可生长。不耐旱，高温干旱，对其生长更为不利。对土壤要求较严，最适宜在排灌良好，肥沃湿润的黏土或黏壤土上生长，适宜的土壤pH值为6～7。

(2)栽培技术：播前要细致整地，施足底肥。每公顷施厩肥15.0～22.5 t，过磷酸钙150～225 kg作底肥，施肥后耕翻耙压，做到地平土碎，以利播种。春播或秋播，以秋播最为适宜，时间在9～11月份，春播时宜在3月中旬进行。条播行距15～30 cm，播种量15.0～22.5 kg，播深1.5～2.0 cm。

多年生黑麦草喜肥，特别对氮肥反应敏感，追施氮肥不仅可以增加产草量，而且还可以提高粗蛋白的含量。在每次刈割或放牧后，均宜追施氮肥，在分蘖、拔节、抽穗等需水较多的阶段，要及时灌水。

(3)收获与利用：青饲利用时，适宜刈割期为抽穗至始花期，调制干草时宜在盛花期，鲜草产量45.0～60.0 t/hm^2，刈割留茬高度5～10 cm。

多年生黑麦草质地柔嫩，营养丰富，粗蛋白、粗脂肪、粗纤维、无氮浸出物、粗灰分含量分别为17.0%、3.2%、24.8%、42.6%和12.4%，适口性好，牛尤喜食。主要利用方式为放牧或刈牧结合，放牧在草层高20～30 cm时为宜。

5. 老芒麦　老芒麦又名西伯利亚披碱草、垂穗大麦草等。我国于20世纪60年代开始在东北、华北、西北地区推广种植，表现良好，已成为我国北方地区一种重要的、经济价值较高的牧草。

(1)特性：多年生疏丛型草本植物。老芒麦耐寒性强，在秋季－8℃仍保持青绿，能忍受－40℃的低温。从返青到种子成熟需活动积温1 500～1 800℃。具一定的抗旱能力，在年降水量400～500 mm的地区可旱作栽培。对土壤要求不严，能适应较为复杂的地理、地形、气候条件，瘠薄、弱酸、弱碱和轻盐渍化土壤均可种植。

(2)栽培技术：播前要精细整地，做到地平土碎。春播者要在前一年秋季耕翻。随翻耕施足底肥，每公顷施厩肥22.5 t，氮肥225 kg。种子具芒，影响种子的流动，播前要进行去芒处理，以提高播种质量。春、夏、秋播均可，春旱严重的地区宜夏秋播，在雨后抢墒播种。条播行距 20～30 cm，播深 2～3 cm，播种量每公顷 22.5～30.0 kg。

苗期要注意中耕除草，有条件的地区，在拔节期、孕穗期及每次刈割后进行灌溉，同时进行追肥。

(3)收获与利用：老芒麦适于刈割利用。刈割期以抽穗至始花期为宜，每年可刈割 1～2 次。一般每公顷产干草 3.0～6.0 t，高者可达 7.5 t 以上。

老芒麦叶量丰富，质地柔软，营养价值高，粗蛋白、粗脂肪、粗纤维、无氮浸出物、粗灰分含量分别为 13.90%、2.12%、26.95%、34.56%、9.12%，适口性好，是披碱草属中饲用价值最高的一种。无论青饲，还是调制干草牛均喜食。老芒麦再生性较差，再生草产量仅占总产量的 20%，所以在利用上一般一年只刈一次，再生草则放牧利用。

6. 披碱草 披碱草又名直穗大麦草、碱草、青穗大麦草等，在我国主要分布于东北、华北、西南，呈东北至西南走向。我国于 20 世纪 60 年代开始驯化栽培，70 年代逐渐推广，现已成为华北、东北地区的主要牧草。

(1)特性：多年生疏丛型草本植物。披碱草从返青至种子成熟需≥10℃的积温 1 700～1 900℃。抗寒能力较强，在－40℃条件下能够越冬。耐旱能力强，在年降水量 250～300 mm 的条件下生长尚好。对土壤要求不严，耐盐碱，可在微碱性或碱性土壤上生长，在 pH 值为 7.6～8.7 的范围内生长良好。

(2)栽培技术：播前要精细整地，耕深 20 cm，并施足底肥。种子具长芒，易黏结成团，影响播种质量，因而播前需作去芒处理，以利播种。披碱草春、夏、秋均可播种。水分条件好的地区宜春播，春旱严重的地区宜夏、秋乘雨抢种。条播行距 30 cm，播种深度 2～4 cm，播种量 30.0～45.0 kg，播后要镇压。

披碱草苗期生长缓慢，易受杂草侵害，要及时中耕除草，以消灭杂草，促进生长。第二年雨季每公顷追施尿素 150～300 kg。

(3)收获与利用：披碱草主要刈割调制干草，也可青饲或调制青贮饲料。调制干草在抽穗至始花期刈割，在旱作条件下，每年只能刈割一茬，留茬 8～10 cm。在灌溉条件下，干草产量 5.25～9.75 t/hm^2，旱作则为 2.25～3.0 t。

披碱草叶量少而茎秆多，品质不如老芒麦，营养成分为粗蛋白 14.94%、粗脂肪 2.67%、粗纤维 29.61%、无氮浸出物 41.36%、粗灰分 11.42%，属中等品质的牧草。抽穗期至始花期刈割调制的干草家畜均喜食，迟于盛花期刈割则茎秆粗老，适口性下降。

7. 苇状羊茅 苇状羊茅又名苇状狐茅、高牛尾草。我国南北各地栽培效果良好,许多省、区把其列为人工草地建设的当家草种或骨干草种。根系发达,固土力强,又是良好的水土保持植物。

(1)特性:多年生疏丛型草本植物。苇状羊茅喜温耐寒又抗热。幼苗能忍受零下3~4℃的低温和36℃以上的高温,在东北、华北、西北地区能安全越冬。苇状羊茅喜水又耐旱,适宜的年降水量为450 mm以上,地下水位高或排水不良的生境条件均能生长。在年降水量小于450 mm的干旱地区也能种植。对土壤要求不严,从贫瘠到肥沃的土壤,从酸性到碱性的土壤均可种植,适应的土壤pH值为4.7~9.5,即可在南方的红壤上种植,又可在北方的盐碱土壤上栽培。

(2)栽培技术:宜选择肥沃土壤并精细整地,耕深要在20 cm以上,耕后及时耙耱。耕翻前每公顷施用半腐熟的厩肥30.0~37.5 t和过磷酸钙375~450 kg作底肥,生长期间要及时追施氮肥,并配合追施适量的磷、钾肥。春、夏、秋3季播种。北方寒冷地区宜春播,春旱严重的地区亦可夏播;南方温暖地区宜秋播,但不宜过迟,时间掌握在幼苗越冬前达到分蘖期为宜。条播行距30 cm,播种量每公顷22.5~30.0 kg,覆土2~3 cm,播后镇压1~2次。

苗期生长缓慢,易受杂草危害,出苗后要及时中耕除草,以抑制杂草的滋生,单播地也可用2,4-D化学灭草。

(3)收获与利用:青饲利用时,宜在拔节至抽穗期刈割,调制干草和青贮饲料时则在孕穗至初花期刈割为宜。每年可刈割3~4次,鲜草产量30.0~45.0 t/hm^2。

苇状羊茅属中等品质的牧草,营养物质含量较丰富,粗蛋白、粗脂肪、粗纤维、无氮浸出物、粗灰分含量分别为15.4%、2.0%、26.6%、44.0%、12.0%。苇状羊茅适宜刈割利用,可青饲,也可调制成青贮饲料或干草。亦可放牧,时间宜在拔节中期至孕穗初期进行,也可在春季、晚秋或收种后的再生草地上放牧。青饲时食量不可过多,以防产生牛羊茅中毒症。

8. 苏丹草 苏丹草又名野高粱,原产于非洲北部的苏丹高原。1905—1915年开始栽培,是当前各国栽培最普遍的一年生禾草。我国30年代自美国引入,现在全国各地均有栽培。

(1)特性:一年生草本植物。苏丹草为喜温牧草,耐寒性差,幼苗期遇2~3℃的低温即受冻害,在12~13℃时,苏丹草即停止生长,生育期要求的积温为2 200~3 000℃。抗旱力强,在干旱年份也能获得较高产量。对水分反应敏感,在水大、肥足时,可大幅度增产,但又不能忍受过分湿润的土壤条件。对土壤要求不严,沙壤土、重黏土、盐碱土、微酸性土壤均可栽培,但最喜欢排水良好、肥沃的沙壤土和黏壤土。

(2)栽培技术:苏丹草忌连作。春播时应在头一年秋季进行翻耕,耕深应在

20 cm 以上，第二年春季耙耱之后播种。夏播时要在前作收获后及时耕翻耙耱，以便适时播种。播前需对种子进行清选，并晒种 4～5 d，可提高发芽率。北方一般在 4 月下旬到 5 月上旬，南方在 2～3 月播种。宜条播，干旱地区行距 45～60 cm，播种量 22.5 kg 为宜；水肥条件较好的地区行距 20～30 cm，播种量 30.0～37.5 kg。

苏丹草苗期生长慢，竞争能力不如杂草，应及时中耕除草，每隔 10～15 d 进行一次。需肥量大，特别对氮肥反应敏感。在播种时除每公顷施 15.0～22.5 t 厩肥作底肥外，还要在分蘖期、拔节期及每次刈割后结合灌溉进行追肥，每次每公顷追施尿素或硫铵 112.5～150.0 kg，过磷酸钙 150～225 kg，以促进分蘖和加速生长。

(3)收获与利用：调制干草时，宜在抽穗至开花期刈割，青饲时在孕蕾期刈割较为适宜，而调制青贮饲料时则宜在乳熟期刈割。在水肥条件较好的条件下，苏丹草每年可刈割 3～4 次，旱作时可刈 1～2 次，鲜草产量 15.0～75.0 t/hm^2，刈割留茬 7～8 cm。

苏丹草营养物质含量丰富，其粗蛋白、粗脂肪、粗纤维、无氮浸出物、灰分含量分别为 8.1%、1.7%、35.9%、44.0%和 10.3%。质地柔软，适口性好，各种家畜均喜食。饲喂奶牛的效果可与苜蓿相媲美。苏丹草适于调制干草或青贮，青饲也是主要的利用方式。

(二)豆科优质牧草

1. 紫花苜蓿 紫花苜蓿又名紫苜蓿、苜蓿。在我国主要分布在西北、东北、华北地区，江苏、湖南、湖北、云南等地也有栽培。苜蓿是家畜的主要饲草，还是重要的水土保持植物、绿肥植物和蜜源植物，在轮作倒茬及三元种植结构调整中也发挥着重要作用。

(1)特性：多年生草本植物。喜温暖半干燥气候。生长的最适温度是 25℃，零下 20～30℃能够越冬，有雪覆盖时，－44℃也能安全越冬。抗旱力强，适于在年降水量 500～800 mm 的地区生长。对土壤要求不严，除重黏土、极瘠薄的沙土、过酸过碱的土壤及低洼内涝地外，其他土壤均能种植。适宜的 pH 值范围为 7～8。生长期间最忌积水。

(2)栽培技术：整地要精细，做到深耕细耙，上松下实，地平土碎，无杂草。春、夏、秋均可播种，也可临冬寄籽播种。春季风沙大，气候干旱又无灌溉条件的地区以及盐碱地宜雨季播种。秋播不要过迟，一般以在播种后能有 30～60 d 的生育期较为适宜。长江流域 3～10 月均可播种，而以 9 月播种最好。播种量一般为每公顷 15.0～22.5 kg，播种深度 2 cm 左右。条播、撒播均可，但通常多用条播。条播行距为 20～30 cm。干旱地区和盐碱地种植可采用开沟播种的方法，播后要及时进行镇压。

应采取综合措施防除苜蓿田间杂草。首先播前要精细整地，清除地面杂草；其次要控制播种期，如早秋播种可有效抑制苗期杂草；第三可采取窄行条播，使苜蓿尽快封垄；第四进行中耕，在苗期、早春返青及每次刈割后，均应进行中耕松土，以便清除杂草；最后也可使用化学除莠剂进行化学除草。在返青及刈割后要注意追施磷、钾肥，并进行灌溉。苜蓿忌积水，雨后积水应及时排除，以防造成烂根死亡。

(3)收获与利用：苜蓿的适宜刈割时间为始花期。刈割后的留茬高度一般为5～7 cm。北方地区春播当年，若有灌溉条件，可刈割1～2次，此后每年可刈割3～5次，长江流域每年可刈割5～7次。鲜草产量一般为15.0～60.0 t/hm^2，水肥条件好时可达75.0 t以上。

苜蓿是奶牛的优质牧草。粗蛋白含量为21.01％，且消化率可达70％～80％。粗脂肪、粗纤维、无氮浸出物、粗灰分含量分别为2.47％、23.77％、36.83％和8.74％，另外，苜蓿富含多种维生素和微量元素，还含有一些未知促生长因子，对奶牛的生长发育均具良好作用，不论青饲、放牧或是调制干草和青贮，适口性均好，被誉为"牧草之王"。

在单播地上放牧易得臌胀病，为防此病发生，放牧前先喂一些干草或粗饲料，同时不要在有露水和未成熟的苜蓿地上放牧。

2.草木樨 又名甜车轴草、香草木樨，有白花草木樨和黄花草木樨两种。我国1922年引进种植，东北、华北、西北均有栽培。除做饲草利用外，还是重要的水土保持植物、绿肥和蜜源植物。

(1)特性：二年生草本植物。耐寒性较强，成株可在－30℃的低温下越冬。生长期间的适宜温度为17～30℃。抗旱力强，在年降水量300～500 mm的地方生长良好。对土壤要求不严，除低洼积水地不宜种植外，其他土壤均可种植；耐瘠薄，适宜的pH值为7～9。其耐碱性是豆科牧草中最强的一种。在含盐量0.20％～0.30％的土壤上生长良好。

(2)栽培技术：播前应精细整地，宜深耕细耙，地平土碎。结合耕地施足磷、钾肥。播前需对硬实种子进行处理，可用碾米机碾压，使种皮擦伤即可。春、夏、秋均可播种，也可冬季寄籽播种。白花草木樨生长年限短，在北方早春土壤解冻时趁墒播种较为适宜，但春旱多风地区，以6月上、中旬雨水较多时播种为宜，秋播不要过迟，以免影响越冬。播种量每公顷11.25～22.5 kg。条播、撒播均可，以条播为主。条播行距15～30 cm。播种深度2～3 cm，播种后要进行镇压，防止跑墒。

幼苗期要注意防除杂草。在分枝期、刈割后要追施磷、钾肥，并及时灌溉、松土等。追施磷肥可显著增加白花草木樨的产草量，在河北坝上地区施用

P_2O_5 270 kg/hm² 时，可使白花草木樨的产草量达到最大值。抗逆性黄花比白花草木樨要强，在白花草木樨不能很好生长的地区，可以种植黄花草木樨。

(3)收获与利用：适宜刈割期为现蕾期。留茬高度 10～15 cm 为宜。早春播种当年可产鲜草 15.0～30.0 t/hm²，第二年可达 30.0～45.0 t，高者可达 60.0～75.0 t。黄花产草量比白花草木樨要低。

草木樨质地细嫩，营养价值较高，含有丰富的粗蛋白和氨基酸，是家畜的优良饲草，可青饲、放牧利用，也可以调制成干草或青贮饲料后饲喂。株体内含有香豆素，具苦味，影响适口性。因此，饲喂时应由少到多，数天之后，开始喜食。调制成干草后，香豆素会大量散失，因而适口性较好。

3. 沙打旺 沙打旺又叫直立黄芪、斜茎黄芪、沙大王、麻豆秧、地丁、青扫条、薄地犟等。近年来我国北方各省区广泛栽培。沙打旺既是优质饲草，又是良好的水土保持植物、绿肥作物和蜜源植物。在我国北方，沙打旺已成为退耕还草、改造荒山荒坡及盐碱沙地、防风固沙、治理水土流失的主要草种。

(1)特性：多年生草本植物。喜温耐寒，生长期间需≥0℃的积温 3 600～5 000℃，无霜期 150 d 以上，否则不能开花结实，但营养体生长良好，－38℃的低温下能安全越冬。喜水耐旱，年降水量 300 mm 的地区即生长良好。对土壤要求不严，除低洼地、黏土、酸性土壤外均可种植。耐瘠薄，耐盐碱，不耐潮湿和水淹。抗风沙能力强，在风沙吹打下，甚至被流沙淹埋 3～5 cm，仍能正常生长。

(2)栽培技术：播前整地一定要精细，结合土地耕翻施入有机肥和磷肥做底肥。鲜种子硬实率较高，播前需进行碾压处理。春夏秋冬均可播种。在春旱比较严重的地区，以早春顶凌播种较好。春末和夏秋可乘雨抢种，但秋播时间不要迟于 8 月下旬。丘陵、山坡地乘雨抢种时，宜在雨季后期为宜。条播、撒播均可，可根据地形适当采用，平地条播，行距 30～40 cm，不便于条播的地块可撒播，播后要及时镇压。每公顷播量 2.25～3.0 kg。播种深度为 1～2 cm，过深出苗困难，易造成缺苗。播后最好镇压。

苗期生长慢，易受杂草危害，应注意及时中耕除草，并在每次刈割后中耕除草一次。当出现菟丝子时，要及时拔除病株，或用鲁保一号制剂防除。不耐涝，当土壤水分过多时应注意排水。有条件的地区，在早春和每次刈割后应进行灌溉和施肥。

(3)收获与利用：沙打旺播种当年可刈割 1～2 次，其后可刈割 2～3 次。适宜刈割期为现蕾期，花后刈割木质化严重，影响饲用价值。刈割留茬高度为 5～10 cm。春播当年可产鲜草 15.0～45.0 t/hm²，此后可达 75.0 t 以上。

沙打旺营养价值高(粗蛋白 17.27%、粗脂肪 3.06%、粗纤维 22.06%、无氮浸出物 49.94%、粗灰分 7.66%），适口性较好。在利用方式上，可青饲、放牧、调制青贮、干草和干草粉等，其干草的适口性优于青草。

4. 紫云英　紫云英又名红花草、莲花草、翅摇、米布袋等。我国长江流域和长江以南地区均有栽培，而以长江下游各省栽培最多，是我国水田地区主要的冬季绿肥牧草，也是良好的蜜源植物。

(1)特性：一年生或越年生草本植物。喜温暖气候，生长的最适温度为 15～20℃，低于－15℃不能越冬。喜水，不耐旱，但又忌积水。喜肥沃的沙壤土、黏壤土以及无石灰性的冲积土，适宜的土壤 pH 值为 5.5～7.5。耐酸能力较强，耐盐性较差，土壤含盐量超过 0.2%时就会死亡。

(2)栽培技术：紫云英常与水稻、棉花、麦类及油菜等轮作。种子硬实较多，可用温水浸种 24 h，或用碾米机碾磨进行处理。播种时间一般为秋播，最早在 8 月下旬，最迟在 11 月中旬，最好在 9 月上旬到 10 月中旬。在我国南方，往往收获水稻后在稻田直接撒播，或耕翻后撒播，也可整地后条播或点播，播种量 30.0～60.0 kg。作青贮用时可与黑麦草混播，播种量各 15.0 kg 左右。

紫云英一般不施底肥。在苗期至开春前追施灰肥、厩肥可促使幼苗健壮，提高抗寒能力。开春后及时追施人粪尿、硫铵等速效肥，并配合追施磷、钾肥。紫云英最忌积水，低洼地或排水不良的地方，应注意排除过多的水分，以防烂根死亡。

(3)收获与利用：适宜刈割时间为盛花期。每年可收 2～3 茬。一般产鲜草 22.5～37.5 t/hm^2，高的可达 52.5～60.0 t。

紫云英茎叶柔嫩，叶量丰富，适口性好，营养丰富。干物质中，含粗蛋白 22.27%，粗脂肪 4.79%，粗纤维 19.53%，无氮浸出物 33.54%，粗灰分 7.84%，此外还含有丰富的维生素和矿物质，是上等优质饲草。可青饲，也可调制成青贮饲料或干草、干草粉。青饲时一次喂量不可过多，以防得臌胀病。

5. 三叶草　我国三叶草有 8 种，最常见的是红三叶和白三叶。

(1)红三叶：又名红车轴草、红菽草等。我国在 20 世纪 20 年代引入，已在西南、华中、华北南部、东北南部和新疆等地栽培。花期长，蜜腺发达，是优良的蜜源植物，花色艳丽，还可用作草坪绿化植物。

①特性。多年生草本植物。喜温牧草，生长的最适温度为 20～25℃，耐热性差，抗寒性较强，－25℃并有雪覆盖能安全越冬。喜水不耐旱，适宜的年降水量为 800～1 000 mm。对土壤要求不严，但沙砾地、低洼地和地下水位较高的地不宜种植。耐酸性较强，适宜的土壤 pH 值为 5.5～7.5，土壤含盐量 0.3%则不能生长。

②栽培技术。不耐连作，同一地块需隔 5～7 年才能再次种植。种子硬实率较高，播前需用碾米机碾压。在华北、东北、西北地区宜春、夏播种，春播在 3 月中、下

旬至4月上旬，夏播在6月中旬至7月中旬。南方地区宜秋播，时间在9月中、下旬或10月上旬。条播行距30～40 cm，播种量15.0～22.5 kg，播深1～2 cm，播后镇压1～2次。

红三叶苗期生长缓慢，易受杂草危害，需及时中耕除草，每年返青前后也要中耕除草1～2次。红三叶不耐旱，不抗热，干旱和炎热天气，要及时灌水，以促进其生长。

③收获与利用。红三叶的适宜刈割期青饲用时在开花初期，调制干草和青贮饲料时则在开花盛期。在长江流域，一年可刈5～6茬，鲜草产量52.5～90.0 t/hm^2；在华北中、南部，一年可刈3～4茬，鲜草产量为37.5～45.0 t。刈割留茬10～12 cm。

红三叶营养丰富，其营养成分含量分别为蛋白质17.1%、粗脂肪3.6%、粗纤维21.5%、无氮浸出物47.6%、粗灰分10.2%，总消化养分和净能略高于苜蓿，饲用价值高。适口性好，可青饲、放牧利用，也可调制成青贮饲料或干草。放牧在现蕾至开花初期进行，放牧时注意预防臌胀病。

(2)白三叶：白三叶又名白车轴草、荷兰翅摇等。20世纪20年代引入我国，分布在东北、西北、华北、西南等20个省市。白三叶茎叶繁茂，固土力强，是良好的水土保持植物。草姿优美，绿色期长，可作为草坪植物。

①特性。多年生草本植物。主根短而侧根发达。茎细长，匍匐生长。掌状三出复叶，小叶倒卵形或倒心脏形，叶面有"V"字斑纹。头形总状花序，花冠白色或微带紫色。荚果长卵形，每荚含种子3～4粒。种子心脏形，黄色或棕褐色，千粒重0.5～0.7 g。

喜温暖湿润气候，生长的最适温度为19～24℃，抗寒能力较强，晚秋遇零下7～8℃的低温仍能恢复生长，耐热能力较强。喜水不耐旱，年降水量不宜低于600～800 mm。耐阴耐湿，可在林下种植。对土壤要求不严，除盐渍化土壤外均能种植。耐酸性较强，适宜的土壤pH值为5.6～7.0，pH值大于8的碱性土壤生长不良或不能生长。

②栽培技术。白三叶要求精细整地，耕深20 cm，耕翻前施有机肥45.0～60.0 t作底肥，酸性土壤宜施用石灰。种子硬实率高，播前需要碾磨处理，以破除硬实。北方地区宜春播，时间为3月下旬至4月上、中旬；南方地区从3月上旬至9月上旬均可播种，但以秋播为宜。条播、穴播或撒播均可，条播行距30 cm，在坡地上宜穴播，按株行距40～50 cm播种。播种量为每公顷3.75～7.5 kg，播种深度为1.0～1.5 cm。

苗期不耐杂草，在出苗后至封垄前要连续中耕除草2～3次。当封垄后，白三叶可有效抑制杂草，注意拔除大草即可。

③收获与利用。白三叶的适宜刈割期为开花期。在东北地区每年可刈2～3次，华北3～4次，南方4～5次，留茬5～15 cm。每公顷产鲜草45.0～60.0 t，高的可达75.0 t。

白三叶草质柔嫩，营养丰富，干物质中含粗蛋白24.7%，粗脂肪2.7%，粗纤维12.5%，无氮浸出物47.1%，粗灰分13.0%，且适口性好，牛喜食。白三叶是放牧型牧草，耐践踏，再生性好。注意放牧时间不能过长，因为白三叶含有雌性激素香豆雌醇，能造成奶牛生殖困难。冬季要禁牧。此外，青饲或放牧时还要注意预防臌胀病。

6. 红豆草　红豆草又名驴喜豆、驴食豆、普通红豆草，被誉为“牧草皇后”。华北、西北、东北南部都能种植，特别是适于西北干旱和半干旱地区。除做牧草利用外，红豆草还是良好的蜜源植物、园林绿化植物和水土保持植物。

(1)特性：多年生草本植物。喜温暖气候，耐寒性较差，－20℃以下，没有积雪的地区不能越冬。喜干燥，在干旱地区，降水量300～400 mm收成较好，在年平均气温12～13℃，降水量500 mm的地区生长最好。不耐涝。对土壤要求不严，但以富含石灰质、疏松的壤土为适宜，适宜的pH值为6.0～7.5。

(2)栽培技术：忌连作，同一块地须隔5～6年才能再次种植。播前要精细整地，并施37.5～52.5 t/hm^2的厩肥作底肥。在我国北方冬季寒冷地区，播种宜在春季，西北地区多在4月中、下旬或5月上旬播种，北方春旱严重的地区宜夏播，时间在6月中、下旬，冬季温暖地区可秋播，但应不迟于8月中旬。红豆草宜条播，行距30～60 cm，播种量45.0～60.0 kg/hm^2，播深3～5 cm，播后及时镇压。

苗期生长缓慢，注意中耕除草以防杂草危害，一般每隔15～20 d进行一次，每年返青及每次刈割后也要及时进行中耕除草。红豆草虽抗旱，但灌水可提高产量和品质，冬灌还可提高越冬率，所以有灌溉条件的地区，要适时灌水。

(3)收获与利用：红豆草适宜的刈割期为现蕾期。一般每年可刈2～3次，留茬5～6 cm，也可头茬收草，以后放牧利用。鲜草产量一般为30.0～52.5 t/hm^2。

红豆草营养丰富，粗蛋白、粗脂肪、粗纤维、无氮浸出物和粗灰分的含量分别达到了15.12%、1.98%、31.50%、42.97%和8.43%，适口性好，特别是食后不得臌胀病，是奶牛的优质饲草。青饲、放牧、调制青贮或干草均可。

7. 小冠花　小冠花又叫多变小冠花。辽宁、河北、河南、山西、山东、陕西、江苏、湖北、湖南等地均有种植，且表现良好。小冠花是良好的水土保持植物以及公路和铁路的护坡、护堤植物及土壤改良植物，还是良好的蜜源植物和园林绿化植物。

(1)特性:多年生草本植物。喜温耐寒,最适生长温度为20～23℃,－30℃能安全越冬,耐炎热,34～36℃持续高温,生长旺盛。喜水,适宜在年降水量600～1 000 mm的地区种植,但不耐水淹和潮湿环境。对土壤要求不严,除酸性过大、含盐量过高或低洼内涝地外,其他土壤均能种植,具一定的耐酸碱能力,最适pH值为6.8～7.5。

(2)栽培技术:整地质量要好,耕深要达到20 cm,并在耕翻前每公顷施入农家肥45.0～60.0 t。种子硬实率极高,达70%～80%,可用浓硫酸浸种20～30 min,用清水冲洗至无酸性反应,阴干播种。也可用80℃的水浸种3～5 min,再用凉水降温后捞出,晾干播种。春、夏、秋播均可,秋播宜早不宜迟,以免越冬困难。条播或穴播,条播行距100～150 cm,穴播株行距各100 cm,播种量6.0～7.5 kg,播深1～2 cm。

小冠花苗期生长缓慢,易受杂草危害,要注意中耕除草,返青期和每次刈割后,易滋生杂草,需中耕除草一次。冬前灌一次冬水,以利越冬。每年追肥、灌溉1～2次,追肥以磷肥为主。

(3)收获与利用:适宜刈割时期是从孕蕾到初花期,一年可刈3～4茬,留茬5～6 cm,产鲜草45.0～90.0 t/hm^2。放牧利用在株高40～60 cm时开始。

小冠花枝叶繁茂柔软,叶量丰富,无怪味,营养价值高,富含粗蛋白(18.83%)、粗脂肪(2.61%)和无氮浸出物(24.45%),且消化率较高,最适合作反刍家畜的饲料。可青饲、放牧利用,也可调制成青贮饲料和干草饲喂。

(三)其他科优质牧草

1.串叶松香草 串叶松香草又名松香草,菊花草、串叶菊花草等。我国1979年引入,目前大部分省市均有栽培。花期长,花金黄色,有清香气味,是良好的观赏植物和蜜源植物,其根还有药用价值。

(1)特性:多年生草本植物。喜温耐寒抗热。生长适温为25～28℃,夏季能忍受长时间35～37℃的高温,－39.5℃不受冻害,在东北、华北及西北地区能够越冬。喜水耐旱,适宜的年降水量为600～800 mm,凡年降水量450～1 000 mm的地方都能种植。耐涝性较强,地表积水长达4个月,仍能缓慢生长。喜欢中性至微酸性的肥沃土壤,壤土及沙壤土都适宜种植,适宜的土壤pH值6.5～7.5。黏土妨碍根的发育,不宜种植,抗盐性及耐瘠薄能力差,故而盐碱地和贫瘠的土壤也不适宜种植。

(2)栽培技术:要选择肥水充足、便于管理的地块种植,最好秋翻地,耕深20 cm以上,来不及秋翻的要早春翻耕。需肥较多,播前要施足底肥,每公顷施用厩肥 45.0～60.0 t，磷肥 240 kg，氮肥 225 kg。生长期间对氮肥极为敏感，因而要及时追施氮肥，每次追施硫酸铵 150～225 kg 或尿素 75～105 kg，施后及时浇水。

播种时要尽可能选用头一年采收的种子，并用 30℃温水浸泡种子 12 h，有利出苗。在北方春、夏、冬 3 季均可播种。春播在 3 月下旬至 4 月上旬，夏播在 6 月中下旬，不晚于 7 月中旬，也可冬前寄籽播种。南方春播、秋播均可，春播在 2 月中旬至 3 月中旬为宜，秋播宜早不宜晚，宜在幼苗停止生长时能长出 5～7 片真叶为宜。播种量为每公顷 3.0～4.5 kg。条播、穴播均可，以穴播为主，行距 40～50 cm，株距 20～30 cm。每穴播种子 3～4 粒，覆土深度 2～3 cm。

在封垄之前要除草 2～3 次，如果头两年管理得好，可以减少除草次数，甚至不必除草。播种当年在 3～6 片真叶时结合中耕除草进行定苗，根据土壤肥力情况，每公顷可留苗 45 000～90 000 株。返青期及每次刈割后要及时追肥和灌水。寒冷地区为安全越冬要进行培土或人工盖土防寒，也可灌冬水，促进早返青、早利用。

(3)收获与利用：串叶松香草播种当年产量不高，每公顷 30.0～45.0 t，第二年以后开始抽茎，株高可达 2 m 以上，产量成倍增加，鲜草产量可达 150.0～300.0 t/hm^2。播种当年只在越冬枯死前刈割 1 次，以后各年可刈割 2～3 次，适宜刈割期为现蕾至开花初期，以后每隔 40～50 d 刈割 1 次。北方年刈 3～4 次，南方 4～5 次为宜。刈割时留茬 10～15 cm。

串叶松香草不仅产量高，而且品质好，粗蛋白质、粗脂肪、粗纤维、无氮浸出物、粗灰分含量分别为 14.44%、3.48%、12.33%、39.15%、16.31%。属于优质饲料。利用以青饲或调制青贮饲料为主，也可晒制干草。初喂时有异味，多不爱吃，但经过驯化，即可变得喜食。

2. 籽粒苋　籽粒苋又名西粘谷、西番谷、蛋白草等。我国栽培历史悠久，全国各地均能种植。籽粒苋也可作为观赏花卉，还可作为面包、饼干、糕点、饴糖等食品工业的原料。

(1)特性：一年生草本植物。喜温暖湿润气候，生长的最适温度为 20～30℃，40.5℃ 仍能正常生长。不耐寒，成株遇霜冻很快死亡。耐干旱，不耐涝，积水地易烂根死亡。对土壤要求不严，耐瘠薄，抗盐碱。旱薄沙荒地、黏土地、次生盐渍土壤均可种植。在含盐量 0.23%的盐碱地上能正常生长，pH 值 8.5～9.3 的草甸碱化土地也能正常生长，可作垦荒地的先锋植物。但排水良好，疏松肥沃的壤土或沙壤土生长最好。

(2)栽培技术：籽粒苋忌连作。要精细整地，深耕多耙，结合耕翻每公顷施有机肥 22.5～30.0 t 作基肥。一般在春季地温 16℃以上时即可播种，低于 15℃出苗不良。北方于 4 月中旬至 5 月中旬播种，南方于 3 月下旬至 6 月播种，播种期越迟，产量也就越低。条播、撒播或穴播均可。行距 25～35 cm,株距 15～20 cm。播种量 375～750 g/hm^2,覆土 1～2 cm,播后及时镇压。

苗期生长缓慢,易受杂草危害,要及时进行中耕除草。在二叶期时,要进行间苗,4 叶期定苗。8～10 叶期生长加快,宜追肥灌水 1～2 次,每公顷施尿素 300 kg,现蕾至盛花期生长速度最快,对养分需求也最大,要及时追肥。苗高 20～30 cm 时再中耕除草一次。每次刈割后,结合中耕除草,追肥灌水。

(3)收获与利用:青饲用籽粒苋于现蕾期收割,调制干草时在盛花期刈割,制作青贮饲料时在结实期刈割。刈割留茬 20～30 cm,最后一次刈割不留茬。北方一年可收 2～3 次,南方 5～7 次,每公顷产鲜草 75.0～150.0 t。

籽粒苋茎叶柔嫩,清香可口,营养丰富。其籽实可作为优质精饲料利用。茎叶适口性好,其营养价值与苜蓿和玉米籽实相近,属于优质的蛋白质补充饲料,无论青饲或调制青贮、干草和草粉均为奶牛喜食。

第十章　奶牛的饲养管理技术

第一节　犊牛的饲养管理技术

犊牛是指出生至断奶阶段的牛。哺乳期犊牛的生理机能处于急剧变化阶段，可塑性大，犊牛的饲养是奶牛生产的第一步，提高犊牛成活率，培养健康的犊牛群，给育成期牛的生长发育打下良好基础。加强犊牛培育是提高牛群质量、创建高产牛群的重要环节。

一、乳用犊牛培育的原则和基本要求

1. 提供良好的培育条件　犊牛培育的好坏，直接影响到成年乳牛的体型及生产性能。犊牛从其父母双亲处继承来的优秀遗传基因只有在适当的条件下才能表现出来；通过改善培育条件，才能使犊牛的良好性能得到发挥，加快奶牛育种进度，提高整个奶牛群的质量。

2. 提供营养丰富的日粮，保持良好的乳用体型　犊牛日粮营养应丰富，但不能使犊牛过胖。恰当使用优质粗料，促进犊牛消化机制的形成和消化器官的发育，加强消化器官的锻炼，使其具有采食大量饲料的能力。

3. 加强犊牛的护理和运动，实现全活、全壮　新生犊牛出生后对外界环境的抵抗力差，机体的免疫机能尚未形成，容易遭受呼吸道和消化道疾病的侵袭，因此应加强培育措施，加强护理，减少犊牛死亡，提高犊牛成活率。适当的运动不仅有利于发育，而且有利于锻炼四肢，防止蹄病。

二、乳用犊牛生长发育特点

1. 体型和体重变化　在正常的饲养条件下，犊牛体重增长迅速。犊牛初生重占成母牛体重的 7%～8%，3 月龄时达成牛体重 20%，6 月龄达 30%，12 月龄达 50%，18 月龄达 75%，5 岁时生长结束。母牛妊娠期饲养不佳，胎儿发育受阻，初

生犊牛体高普遍矮小；出生后犊牛体长、体深发育较快，如发现有成年牛体躯浅、短、窄和腿长者，则表示哺乳期、育成期犊牛、育成牛发育受阻。所以犊牛和育成牛宽度是检验其健康和生长发育是否正常的重要指标。在正常饲养条件下，6 月龄以内黑白花奶牛平均日增重为 500～800 g；6～12 月龄黑白花育成母牛，每月平均增高 1.89 cm，12～18 月龄平均增长 1.93 cm，18～30 月龄（即第一胎产犊前）平均每月增高 0.74 cm。

2. 瘤胃发育 犊牛的消化特点，与成年牛有明显不同。新出生的犊牛真胃相对容积较大，约占 4 个胃总容积的 70%；瘤胃、网胃和瓣胃的容积都很小，仅占 30%，并且它的机能也不发达。1～2 周龄的犊牛几乎不反刍，3 周龄以后开始反刍，瘤胃发育迅速，比出生时增长 3～4 倍，3～6 月龄又增长 1～2 倍，6～12 月龄又增长 1 倍。满 12 月龄的育成牛瘤胃与全胃容积之比，已基本上接近成母牛（表 10-1）。瘤胃发育迅速，对犊牛育成牛的饲养，具有特殊的重要意义。

表 10-1 瘤胃与全胃容积之比的变化 %

月龄	所占比例
初生	30
2.5～3	67
4	80
18	85

三、初乳期犊牛的饲养管理

初乳期指犊牛出生 5～7 d 这段时间。初生犊牛由于消化器官尚未发育健全，瘤网胃只有雏形而无功能；真胃及肠壁虽初具消化功能，但消化道黏膜易受细菌入侵，皮肤的保护机能很差，神经系统的反应迟缓，对外界不良环境的抵抗力、适应性和调节体温的能力均较差，因此，初生犊牛容易受各种病菌的侵袭而引起疾病，甚至死亡。

1. 清除黏膜 犊牛出生后，应立即用干草或干净的抹布或毛巾将口鼻部黏液擦净，以利呼吸。如犊牛生后不能马上呼吸，可握住犊牛的后肢将犊牛吊挂并拍打胸部，使犊牛吐出黏液。如发生窒息，应及时进行人工呼吸，同时可配合使用刺激呼吸中枢的药物。

2. 断脐带 通常情况下，犊牛的脐带自然扯断。未扯断时，用消毒剪刀在距腹部 6～8 cm 处剪断脐带，将脐带中的血液和黏液挤挣，用 5%～10%碘酊药液浸泡

2～3 min 即可，切记不要将药液灌入脐带内。断脐不要结扎，以自然脱落为好。另外，剥去犊牛软蹄。犊牛想站立时，应帮助其站稳。

3. 尽早吃初乳　母牛产后 5～7 d 内所产的奶叫初乳。初乳具有很多特殊的生物学特性，是新生犊牛不可缺少的营养品。其特殊的作用如下。

(1)初乳的特性：①初乳的特殊功能就是能代替肠壁上黏膜的作用。初乳覆在胃肠壁上，可阻止细菌侵入血液中，提高对疾病的抵抗力。②初乳含有丰富而易消化的养分。母牛产后第 1 天分泌的初乳，干物质总量较常乳多 1 倍以上。其中，蛋白质含量多 4～5 倍，乳脂肪多 1 倍左右，维生素 A、维生素 D 多 10 倍左右，各种矿物质含量也很丰富。③初乳的酸度较高(45～50°T)，可使胃液变成酸性，不利于有害细菌的繁殖。④初乳可以促进真胃分泌大量消化酶，使胃肠机能尽早形成。⑤初乳中含有较多的镁盐，有轻泻作用，能排除胎粪。⑥初乳中含有溶菌酶和免疫球蛋白，能抑制或杀灭多种病菌。

母牛体血中的免疫球蛋白不能透过胎盘传给犊牛，初生犊牛没有免疫力，只有从初乳中得到免疫球蛋白，初乳中免疫球蛋白以未经消化状态透过肠壁被吸收入血后才具有免疫作用。但初生犊牛胃肠道对免疫球蛋白的通透性在生后很快开始下降，出生后 24 h，抗体吸收几乎停止。在此期间如不能吃到足够的初乳，对犊牛的健康就会造成严重的威胁。因此，犊牛生后应在 1 h 内哺喂初乳。喂初乳过迟，初乳喂量不足，甚至完全不喂初乳，犊牛都会因免疫力不足而发生疾病，增重缓慢，死亡率升高。通常在第一次饲喂健康犊牛时，初乳的喂量是 1.5～2 kg。第一次不能给予过多的初乳，以防消化紊乱。

随着食欲的增加，初乳喂量可逐渐增加，以后几天的犊牛，喂量视犊牛强弱每天可按体重的 1/8～1/10 计算初乳的喂量，每日 3～4 次。每次即挤即喂，保证奶温，如果初乳挤下时间长，温度下降，应采用隔水加温(水浴加温)至 37℃再喂。乳温过高，初乳会出现凝固变质，或因过度刺激而发生口炎，胃肠炎，或犊牛拒食初乳。初乳期喂其亲生母亲的奶，如果亲生母亲没有初乳或初乳不洁，可用其他母牛的初乳代替。犊牛每次哺乳之后 1～2 h，应饮温开水(35～38℃)一次。

(2)饲喂方法：人工哺乳包括用桶喂和带乳头的哺乳壶喂饲两种。用桶喂时应将桶固定好，防止撞翻，通常采用一手持桶，另一手中指及食指浸入乳中使犊牛吸吮。当犊牛吸吮指头时，慢慢将桶提高使犊牛口紧贴牛乳而吮饮，习惯后则可将指头从口拔出，并放于犊牛鼻镜上，如此反复几次，犊牛便会自行哺饮初乳。用奶壶喂时要求奶嘴光滑牢固，以防犊牛将其拉下或撕破。在奶嘴顶部用剪子剪一个“十”字，这样会使犊牛用力吮吸，避免强灌。

(3)补喂抗生素：为了防止犊牛生后拉痢，可补喂抗生素，如每天给予 250 mg

的金霉素，供给时间可以从生后的第 3 天，直至生后 30 d 为止；金霉素可溶于乳中供给。

四、常乳期犊牛的饲养管理

初乳期结束到断奶称为常乳期。这一阶段是犊牛体尺体重增长及胃肠道发育最快的时期，尤以瘤网胃的发育最为迅速，此阶段的饲养是由真胃消化向复胃消化转化、由饲喂奶品向饲喂草料过渡的一个重要时期。此阶段犊牛的可塑性很大，是培养优秀奶牛的最关键时刻。

(一)哺喂优质的常乳

一般有以下 2 种。

1. 人工哺乳 人工哺乳即犊牛生后，与其母亲隔离，在犊牛舍集中饲养或在室外犊牛栏内，由人辅助进行喂乳。犊牛经过 5～7 d 的初乳期后，即可开始饲喂常乳，从 10～15 d 开始，可由母乳改喂混合乳。初乳、常乳、混合乳的变更应注意逐渐过渡(4～5 d)，以免造成消化不良，食欲不振。同时做到定质、定量、定温、定时饲喂。

定质是指乳汁的质量，为保证犊牛健康，最忌喂给劣质或变质的乳汁，如母牛产后患乳房炎，其犊牛可喂给产犊时间基本相同的健康母牛的乳汁。

定量是指按饲养方案标准合理投喂食物，1～2 周龄犊牛，每天喂奶量约为体重的 1/10；3～4 周龄犊牛，每天喂奶量可为其体重的 1/8；5～6 周龄为 1/9；7 周龄以后为 1/10 或逐渐断奶。每次喂奶应在鲜奶中对 1/4～1/2 清洁的温水。

定温是指饲喂乳汁的温度。奶温应保持恒定，不能忽冷忽热。如饮食太凉，可导致腹泻。加热温度太高，初乳会出现凝固变质，同时高温饮食可使犊牛消化道黏膜充血发炎。故应采用水浴加热。饲喂乳汁的温度，一般夏天掌握在 36～38℃；冬天 38～40℃。

定时指两次饲喂之间的间隔时间，一般间隔 8 h 左右，如饲喂间隔时间太长，下次喂奶时容易发生暴饮，从而将闭合不全的食管沟挤开，使乳汁进入尚未发育完善的瘤胃而引起异常发酵，导致腹泻。但间隔时间过短，如在喂奶 6 h 之内犊牛又吃奶，则形成的新乳块就会包在未消化完的旧乳块残骸外面，容易引起消化不良。

中国荷斯坦牛哺乳期的平均日增重要求为 900～950g，即到 6 月龄体重达到 165～174 kg。传统的哺乳方案采用高奶量，哺乳期 4～6 个月，喂奶量 800 kg。实践证明，高奶量长哺乳期饲养，虽然犊牛增重快，但对其消化器官发育很不利；而且加大成本，奶牛产后往往不能高产。所以目前许多奶牛场开始逐渐减少哺乳量和缩短哺乳期。喂奶方案多采用“前高后低”，即前期喂足奶量，后期少喂奶，多喂精粗饲料。下面介绍几种哺乳方案。

方案一：510 kg 全乳，90 d 哺乳期。1～10 日龄，5 kg/d；11～20 日龄，7 kg/d；21～40 日龄，8 kg/d；41～50 日龄，7 kg/d；51～60 日龄，5 kg/d，61～80 日龄，4 kg/d；81～90 日龄，3 kg/d。

方案二：200～250 kg 全乳，45～60 d 哺乳期。1～20 日龄，6 kg/d；21～30 日龄，4～5 kg/d，31～45 日龄，3～4 kg/d；46～60 日龄，0～2 kg/d。

方案三：400 kg 全乳，90 d 哺乳期。1～30 日龄，6 kg/d；31～60 日龄，4.5 kg/d；61～90 日龄，3 kg/d。

2. 自然哺乳　自然哺乳即犊牛随母吮乳，在牧区较普通。一般是在母牛分娩后 10 d 或 30 d 内不挤奶，完全由犊牛吮乳。当母牛开始挤奶后，犊牛改为白天随母放牧，吮乳；夜间犊牛与母牛隔离。当母牛停止挤乳后，犊牛又开始与母亲昼夜同在一起。这种方法哺乳期长，对母牛繁殖影响较大，应加以改进。

（二）供给优质植物性饲料

1. 饲喂精料　在犊牛 10～15 日龄时，开始诱食、调教，初期在犊牛喂完奶后用少量精料涂抹在其鼻镜和嘴唇上，或撒少许于奶桶上任其舔食，使其犊牛形成采食精料的习惯，经 3～4 d 的调教后，犊牛已有采食少量精料的能力，这时就可将精料投放在食槽内，让其自由舔食。1 月龄时日采食犊牛料 250～300 g，2 月龄时 500～600 g。

表 10-2　犊牛料配方

时期	玉米（%）	麸皮（%）	豆饼（%）	棉籽饼＋菜籽饼（%）	饲用酵母粉（%）	磷酸氢钙（%）	食盐（%）	预混料（%）
7～19 日龄	55	16	21	0	5	1	1	1
20 日龄至断奶	50	15	15	13	3	2	1	1

2. 饲喂干草　从 1 周龄开始，在牛栏的草架内添入优质干草（如豆科青干草等），训练犊牛自由采食，以促进瘤网胃发育，并防止舔食异物。

3. 饲喂青绿多汁饲料　青绿多汁饲料如胡萝卜、甜菜等，犊牛在 20 日龄时开始补喂，以促进消化器官的发育。每天先喂 20 g，到 2 月龄时可增加到 1～1.5 kg，3 月龄为 2～3 kg。青贮料可在 2 月龄开始饲喂，每天 100～150 g，3 月龄时 1.5～2.0 kg，4～6 月龄时 4～5 kg。应保证青贮料品质优良，防止用酸败、变质及冰冻青贮料喂犊牛，以免下痢。

（三）犊牛的常规管理

1. 称重和编号 犊牛的称重一般在初生、6 月龄、周岁、第一次配种前应予以称重。在犊牛称重的同时，还应进行编号，编号应以易于识别和结实牢固为标准。生产上应用比较广泛的是耳标法——耳标有金属的和塑料的，先在金属耳标或塑料耳标上打上号码或用不褪色的色笔写上号码，然后固定在牛的耳朵上。

2. 去角 7～10 日龄去角，最晚不超过 15 日龄。

（1）电烙铁去角：用特制的电烙铁去角，电烙铁顶端做成杯状，大小与犊牛角的底部一致，通电加热后，烙铁的温度各部分一致，没有过热和过冷的现象。使用时将烙铁顶部放在犊牛角部，烙 15～20 s，或者烙到犊牛角四周的组织变为古铜色为止。用此法去角不出血，在全年任何季节都可用。

（2）苛性钾（氢氧化钾）去角：在化学药品商店购买棒状的苛性钾，同时准备一些医用凡士林。去角可按以下步骤操作：剪去角基部及四周的毛，将凡士林涂抹在犊牛角基部的四周，以防止涂抹的苛性钾液流入眼中，用苛性钾棒（手拿部分须用布或纸包上，以免烧伤）在犊牛角的基部涂抹、摩擦，直到出血为止。这是破坏角的生长点，必须仔细进行，如果涂抹不完全，某些角细胞没有遭到破坏，角仍然会长出。去角后 1 周左右，涂抹部位所结成的痂也将脱落。去角的犊牛，在初期须与其他牛犊隔离，同时避免受雨淋，否则涂抹苛性钾的部位被雨水冲刷，使含有苛性钾的液体流入眼内及面部会造成损伤。

3. 饮水 哺乳期要供给充足的饮水。因为奶中所含水分不能满足犊牛正常代谢需要，补水的方法最初可在牛乳中加 1/2～1/3 的热水，同时在运动场内设水槽，任其自由饮水。

4. 运动 除阴冷天气外，生后 10 d 即可让犊牛户外自由活动，几周后还应适当进行驱赶运动（每日 1 h 左右），以增进体质。

5. 做到“三勤”和“三净”

（1）“三勤”：即勤打扫，勤换垫草，勤观察。因为犊牛生活的环境应保持清洁、干燥、温暖、宽敞和通风，所以要勤打扫、勤更换垫草。并做到“喂奶时观察食欲、运动时观察精神、扫地时观察粪便”。健康犊牛一般表现为机灵、眼睛明亮、耳朵竖立、被毛闪光，否则就有生病的可能。特别是患肠炎的犊牛常常表现为眼睛下陷、耳朵垂下、皮肤包紧、腹部蜷缩、后躯粪便污染；患肺炎的犊牛常表现为耳朵垂下、伸颈张口、眼中有异样分泌物。其次注意观察粪便的颜色和黏稠度及肛门周围和后躯有无脱毛现象，脱毛可能是营养失调而导致腹泻。另外还应观察脐带，如果脐带发热肿胀，可能患有急性脐带感染，还可能引起败血症。

(2)"三净"：即饲料净、畜体净和工具净。饲料净是指牛饲料和饮用的乳汁不能有发霉变质和冻结冰块现象，不能含有铁丝、铁钉、牛毛、粪便等杂质。商品配合料超过保存期禁用，自制混合料要现喂现配。夏天气温高时，饲料拌水后放置时间不宜过长。畜体净就是保证犊牛不被污泥浊水和粪便污染，减少疾病发生。坚持每天1～2次刷拭牛体，促进牛体健康和皮肤发育，减少体内外寄生虫病。刷拭时可用软毛刷，必要时辅以硬质刷子，但用劲宜轻，以免损伤皮肤。冬天牛床和运动场上要铺放麦秸、稻(麦)(壳)或锯末等褥草垫物。夏季运动场宜干燥、遮荫，并且通风良好。工具净是指人工哺乳时，奶及喂奶工具要讲究卫生。所以每次用完的奶具、补料槽、饮水槽等一定要洗刷干净，保持清洁。

6. 防止舐癖　犊牛舐癖指犊牛互相吸吮，是一种极坏的习惯，危害极大。其吸吮部位包括嘴巴、耳朵、脐带、乳头、牛毛等。吸吮嘴巴易造成传染病；吸吮耳朵在寒冷情况下容易造成冻疮；吸吮脐带容易引发脐带炎；吸吮乳头导致犊牛成年后瞎乳头；吸吮牛毛容易在瘤胃内形成许多大小不一的扁圆形毛球，久之往往堵塞食道沟或幽门而致死。防止舐癖，首先初生犊牛最好单栏饲养，其次犊牛每次喂奶完毕，应将犊牛口鼻部残奶擦净。对于已形成舐癖的犊牛，可在鼻梁前套一小木板来纠正。同时避免用奶瓶喂奶，最好使用水桶。

7. 切除多余的乳头　乳房上若有副乳头，应在4～6周龄时剪除，这有利于成年后清洗乳房和预防乳房炎。如果多余乳头连附在正常乳头上或靠得很近，就得请兽医进行手术。多余乳头一般长在4个正常乳头的后边，切除时先固定小牛，识别出多余乳头，对乳房进行清洗、消毒，然后抓住多余乳头，慢慢拉离乳房，用阉割钳夹住根部，再用消毒后的手术剪刀剪掉，伤口用消毒药和抗菌剂处理。

8. 做好定期消毒　冬季每月至少进行1次，夏季10 d 1次，用苛性钠、石灰水或来苏儿对地面、墙壁、栏杆、饲槽、草架全面彻底消毒。如发生传染病或有死畜现象，必须对其所接触的环境及用具作临时性突击消毒。

牛场每年进行一次牛出血性败血症和牛结核病防疫注射，并做到在整个牛群中进行结核病普检，对阳性者及时处理。

(四)犊牛的断奶

1. 常规断奶　实践表明，过多的哺乳量和过长的哺乳期，虽然犊牛增重较快，但对犊牛的内脏器官，尤其是对犊牛的消化器官发育不利，而且加大饲养成本。高喂奶量饲养出的奶牛体型膘肥体胖，但腹围小，采食量少，奶牛产后往往不能高产。所以目前生产中，一般全期哺乳量控制在 250～350 kg，喂乳期 45～60 d，犊牛全期平均日增重 670～700 g，6 月龄体重可达到 160～165 kg。

表 10-3 350 kg 喂奶量(60 d 断奶)犊牛饲养方案

日龄	日喂奶量(kg/头)	犊牛料(kg/(头·d))	粗料(kg/(头·d))
0～30	6	0.1	0.1
31～50	6	0.2	0.25
51～60	5	0.4	0.45
61～90		1.5	1.5
91～180		2	2.5

犊牛料组成(%)：玉米 50，豆饼 35，麸皮 9，饲用酵母粉 3，磷酸氢钙 1，碳酸钙 1，食盐 1。(0～90 日龄犊牛每吨料内加 50 g 多种维生素)。粗料用中等羊草和玉米青贮各 50%(按风干计算)，每 5 kg 玉米青贮折合 1 kg 干草。

2. 早期断奶 早期断奶犊牛的喂乳期一般为 30～45 d。对犊牛进行早期断奶培育，是一项投入少、效益高的优选途径。实践证明，人为缩短犊牛喂乳期，既保证其营养需要，又不影响其生长发育，并能其在以后生产性能的发挥中带来更理想的效果。

每年上半年出生的犊牛可用 30 d 的喂乳期。下半年出生的犊牛由于受到高温和低温两种环境的不利影响，喂乳期可延长到 50 d。在生产实践中，犊牛的断奶时间可根据犊牛的日增重和进食量来确定，当犊牛日增重达到 500～600 g、犊牛料进食量高于 500 g 时即可断奶。早期断奶犊牛的饲养方案见表 10-4。

表 10-4 早期断奶犊牛饲养方案

日龄	喂奶量(kg/(头·d))	犊牛料(kg/(头·d))	粗料(kg/(头·d))
1～10	4	5～8 日开食	训练吃干草
11～20	3	0.2	0.2
21～30	2	0.5	0.5
31～40	3	0.8	1
41～50	2	1.5	1.5
51～60		1.8	1.8
61～180		2	2

犊牛料配方组成(%)：玉米 50，麸皮 12，豆饼 30，饲用酵母粉 5，石粉 1，食盐 1，磷酸氢钙 1。哺乳期为 30 d 的犊牛，30～60 日龄犊牛料中每千克应添加：维生素 A 8 000 IU、维生素 D 600 IU、维生素 E 60 IU、烟酸 2.6 mg、泛酸 13 mg、维生素 B_2 6.5 mg、维生素 B_6 6.5 mg、叶酸 0.5 mg、生物素 0.1 mg、维生素 B_{12} 0.07 mg、维生素 K 3 mg、胆碱 2 600 mg。60 日龄以上犊牛可不添加 B 族维生素，只加维生素 A、维生素 D、维生素 E 即可。

犊牛料可按 1∶1 的比例加水拌匀后再加等量干草或 5 倍的青贮料搅拌均匀后喂给。

(五)犊牛的饲养方式

奶牛场饲养犊牛的方式有集中饲养法和单圈饲养法两种。

1. 集中饲养法　这是一种传统的饲养方式，即将初生后至断奶前的犊牛混同一圈舍内，同一食槽上饲喂。犊牛出生后先经犊牛床饲喂 7 d，然后与其他犊牛混群饲养，一起上、下槽，下槽后放入运动场内。集中饲养的优点是便于统一管理，节省人力，牛舍占地面积少。缺点是不同月龄的犊牛对饲料要求不同，饲喂不便，另外犊牛密度大，增加病原微生物传播机会，发病率高。

2. 单圈饲养法　犊牛从出生到断奶始终在一个圈舍(犊牛栅)内饲养，单圈饲养的优点是造价低廉，经济实用；避免相互吸吮，减少疾病传播，降低犊牛发病率；圈舍空气新鲜，有利于犊牛运动，提高抗病力；缺点是牛栏占地面积大，喂草喂料分散。

图 10-1　犊牛单栏饲养

第二节　育成牛的饲养管理技术

育成牛指断奶后到配种前的母牛。育成牛培育的主要任务是保证牛的正常发育和适时配种。

一、育成牛的生长发育特点

1. 瘤胃发育迅速　随着年龄的增长,瘤胃功能日趋完善,7～12月龄的育成牛瘤胃容量大增,利用青粗饲料能力明显提高,12月龄左右接近成年水平。正确的饲养方法有助于瘤胃功能的完善。

2. 生长发育快　此阶段是牛的骨骼、肌肉发育最快时期,7～8月龄以骨骼发育为中心,7～12月龄期间是增长强度最快阶段,生产实践中必须利用好这一特点。如前期生长受阻,在这一阶段加强饲养,可以得到部分补偿。体型变化大,6～24月龄如以鬐甲高度增长为100,则尻高增长为99%,体长为126%,胸宽和胸深为138%,腰宽为164%,坐骨宽为200%,这样的比例是发育正常的标志。科学的饲养管理有助于塑造乳用性能良好的体型。

3. 生殖机能变化大　一般情况下9～12月龄的育成牛,体重达到250 kg、体长113 cm以上时可出现首次发情。13～14月龄的育成牛正是进入体成熟的时期,生殖器官和卵巢的内分泌功能更趋健全,发育正常者体重可达成年牛的70%～75%。15～16月龄达到350 kg以上体重时进行第一次配种。有的牛场在17～18月龄时达到400 kg时才进行配种。

二、育成牛的日粮

为了增加消化器官的容量,促进其充分发育,育成牛的饲料应以优质青干草和青贮料为主,精料只作蛋白质、钙、磷等的补充,以培育成体型高大、肌肉适中、消化力强、乳用型明显的理想体型。

1. 断奶至6月龄的日粮　断奶期由于犊牛在生理上和饲养环境上发生很大变化,必须精心管理,以使其尽快适应以精粗饲料为主的饲养管理方式。3月龄以后的犊牛采食量逐渐增加,应特别注意控制精料饲喂量,每头每日不应超过2 kg;要尽量多喂优质青粗饲料，以更好地促使其向乳用体型发展。90～180 日龄饲养方案如下：

91～120 日龄，犊牛料 2 kg，干草 1.4 kg 或青贮 5 kg。

121～150 日龄，犊牛料 2 kg，干草 1.6 kg 或青贮 8 kg。

151～180 日龄，犊牛料 2 kg，干草 2.1 kg 或青贮 10 kg。

犊牛料组成(%)：玉米 50，豆饼 35，麸皮 9，饲用酵母粉 3，磷酸氢钙 1，碳酸钙 1，食盐 1，(0～90 日龄犊牛每吨料内加 50 g 多种维生素)，粗料用中等羊草和玉米青贮各 50%(按风干计算)，每 5 kg 玉米青贮折合 1 kg 干草。

2. 育成牛 7～12 月龄的日粮　这个阶段的育成牛瘤胃的容量大大增加，利用青粗饲料的能力明显提高。在生产中，应加强饲养，获得较大的日增重。正常饲养情况下，12 月龄育成牛体重应达到 280 kg。日粮以优质青粗饲料为主，每天青粗饲料的采食量可按体重的 7%～9%。此阶段日粮总干物质应含 12.3 个 NND，粗蛋白 826 g，钙 43 g，磷 36 g。7～12 月龄育成牛的饲养方案如下：

7～8 月龄，精料 2 kg，玉米青贮 10.8 kg，羊草 0.5 kg。

9～10 月龄，精料 2.3 kg，玉米青贮 11 kg，羊草 1.4 kg。

11～12 月龄，精料 2.5 kg，玉米青贮 11.5 kg，羊草 2 kg，甜菜渣 0.6 kg。

精料配方组成(%)：①玉米 50，豆饼 30，麸皮 10，饲用酵母粉 2，棉仁饼 5，碳酸钙 1，磷酸氢钙 1，食盐 1。②玉米 50，豆饼 10，葵籽饼 10，棉仁饼 10，麸皮 12，饲用酵母粉 5，石粉 1，磷酸氢钙 1，食盐 1。③玉米 46，麸皮 31，高粱 5，大麦 5，饲用酵母粉 4，叶粉 3，磷酸氢钙 4，食盐 2。

3. 育成牛 12～18 月龄的日粮　在生产中，希望奶牛提前配种产犊，以期获得较大经济效益，则可以按计划配种月龄时应有的体重(达到本品种成年体重的 70%)与 12 月龄体重之差来求得必须在此阶段达到的平均日增重。为了促进育成牛乳腺和性器官的发育，其日粮中要适量增加青贮、块根、块茎饲料的喂量。13～14 月龄时，生殖器官和卵巢的内分泌功能更趋健全，发育正常的牛可达到配种体重(350～420 kg)，即可进行第一次配种。但达不到这个标准的牛，不要过早配种，否则对育成牛本身和胎儿发育均会带来不良影响。实践表明，此阶段的育成牛，营养不能过于丰富，也不能营养不足。育成牛过于肥胖易造成不孕或难产，营养不足可使牛发育受阻、采食量少和延迟发情及配种。12～18 月龄育成牛饲养方案如下：

13～14 月龄，精料 2.5 kg，玉米青贮 13 kg，羊草 2.5 kg，糟渣类 2.5 kg。

15～16 月龄，精料 2.5 kg，玉米青贮 13.2 kg，羊草 3 kg，糟渣类 3.3 kg。

17～18 月龄，精料 2.5 kg，玉米青贮 13.5 kg，羊草 3.5 kg，糟渣类 4 kg。

精料配方组成(%)：①玉米 47，豆饼 13，葵籽饼 8，棉仁饼 7，麸皮 22，碳酸钙 1，磷酸氢钙 1，食盐 1。②玉米 33.7，葵籽饼 25.3，麸皮 26，高粱 7.5，碳酸钙 3，磷酸氢钙 2.5，食盐 2。③玉米 40，豆饼 26，麸皮 28，尿素 2，食盐 1，预混料 3。

三、育成牛的管理

1. 加强运动 育成牛舍每头牛所占面积为成母牛的一半，运动场面积为 15 m^2。在舍饲条件下，育成牛每天应至少有 2 h 以上的运动，一般采取自由运动。在放牧的条件下，运动时间一般足够。加强育成牛的户外运动，可使其体壮胸阔，心肺发达，食欲旺盛。如果精料过多而运动不足，容易发胖，体短肉厚个子小，早熟早衰，利用年限短，产奶量低。

2. 乳房按摩 热敷乳房，可促进青年母牛乳腺的发育和产后泌乳量的提高。对周岁至配种期间的青年牛每天应按摩一次乳房，初配怀孕后的奶牛，每天可按摩两次，每次按摩时用热毛巾轻擦揉乳房。

3. 刷拭和调教 为了保持牛体清洁，促进皮肤代谢和养成温驯的气质，育成牛每天应刷拭 1～2 次，每天 5～10 min。

4. 制定生长计划 根据奶牛不同年龄的生长发育特点、饲草、饲料供应状况，确定不同日龄的日增重幅度，制订出生长计划，一般在初生至初配，活重应增加 10～11 倍，2 周岁时为 12～13 倍。

表 10-5 中国荷斯坦牛的增重(生长)率

月龄	北方			上海		
	体重(kg)	胸围(cm)	体高(cm)	体重(kg)	胸围(cm)	体高(cm)
初生	38.6	78.4	73.5	35.0	75.0	65.0
6 个月	173.6	127.8	102.2	165.0	125.0	100.0
12 个月	292.0	154.5	115.2	300.0	156.0	112.0
18 个月	395.7	175.1	124.7	400.0	173.0	120.0

5. 称重 6、12、18 月龄进行体尺、体重测定，了解其生长发育，并记入档案，作为选种育成的基本资料。

6. 初次配种 育成母牛何时初次配种，应根据母牛的年龄和发育情况而定。一般按 15～18 月龄初配，或按达成年体重 70%时才开始初配。

第三节 青年牛的饲养管理技术

习惯上把18月龄至初产这一阶段的母牛称为青年母牛,实际上叫做初孕牛更为合适。

一、青年牛的特点

一般情况下,15～16月龄出生发育正常的母牛,已配种怀孕,到18～19月龄时已进入妊娠中期,但此时母牛和胎儿所需养分增加不多,可按一般水平饲喂,而到产犊前2～3个月(22～25月龄),胎儿发育较快,子宫体和妊娠产物(羊水、尿水等)增加,乳腺细胞也开始迅速发育,在此期间每日每头牛增重700～800 g,高的可达1 000 g。

二、青年牛日粮

初孕牛体况不得过肥,视其原来膘情确定日增重,肋骨较明显的为中等膘,日增重可按1 000 g饲喂。一般认为,以看不到肋骨较为理想。保证优质干草的供应,喂量占达到体重的1%～1.5%。具体饲养方案见表10-6。精料应逐渐增加,一般为4～6 kg,以适应产后的大精料喂量,但不可使牛体过肥。同时要注意对维生素A和钙、磷的补充。怀孕后期(预产期前2～3周)可采用低钙日粮,即日粮钙含量调节到低于饲养标准的20%,有利于防止产后瘫痪。

表10-6 青年母牛的饲养方案 kg/(头·d)

月龄	精料量	干草	玉米青贮
19	2.5	3	14
20	2.5	3	16
21	3.5	3.5	12
22	4.5	4.5	8
23	4.5	5.5	6
24	4.5	5.5	6

精料配方组成(%):①玉米46,豆饼16.5,麸皮33,石粉2.5,食盐2。②玉米

48,豆饼 23,麸皮 26,碳酸钙 0.5,磷酸氢钙 1.7,食盐 0.5,添加剂 0.3。③玉米 51,麸皮 25,花生粕 10,棉籽粕 5,豆粕 5,磷酸氢钙 2,小苏打 1,预混料 1。

三、青年牛的管理

初次怀胎的母牛,未必像经产母牛那样温驯,因此管理上必须非常耐心,并经常通过刷拭、按摩等与之接触,使之养成温驯的习性,使其适应产后管理。如需修蹄,应在妊娠 5~6 个月前进行。运动可持续到分娩以前,运动量要加大,每日 1~2 h,可防止难产,保持牛的体质健康。分娩前 1 周放入产房进行单独饲养。保持牛舍、运动场卫生、供给充足饮水。从开始配种起,每天上槽后按摩乳房 1~2 min,促进乳房的生长发育;按摩进行到该牛乳房开始出现妊娠生理水肿为止。同时,还要防止机械性流产或早产,在牛群通过较窄的通道时,不要驱赶过快,防止互相挤撞,冬季要防止在冰冻的地面或冰上滑倒,也不要喂给母牛冰冻的饲料或饮冰水。严禁,打牛踢牛做到人牛亲和,人牛协调。

第四节 成年母牛的饲养管理技术

一、成年母牛生理及生产特点

奶牛生产周期通常是指从这次产犊开始到下次产犊为止的整个过程,在时间上与产犊间隔等同。根据成年母牛的生理生产特点和规律,将生产周期分为干奶期(停止挤奶至分娩前 15 d),围产期(母牛分娩前、后各 15 d 以内的时间)、泌乳盛期(产后 16~100 d)、泌乳中期(产后 101~200 d)和泌乳后期(产后 201 d 至干奶)5 个阶段,对成年牛按照不同的生理和泌乳阶段给予规范化饲养,这样既可保证奶牛体质健康,同时可充分发挥其生产潜力。

奶牛泌乳受内分泌激素的影响,产犊后泌乳量急剧上升,多数母牛大约在产后 4~6 周达到泌乳高峰,而此时的消化系统正处于恢复期,食欲差,采食量增加缓慢,12~14 周才达到高峰,这种泌乳性能和采食消化生理机能的不协调,致使高产乳牛营养食入量和泌乳营养产出量呈负平衡,营养赤字长达 1.5~2.0 个月,母牛不得不动用体贮支持泌乳,体重下降。奶牛在一个生产周期中泌乳、采食和体重之间的变化如图 10-3 所示。

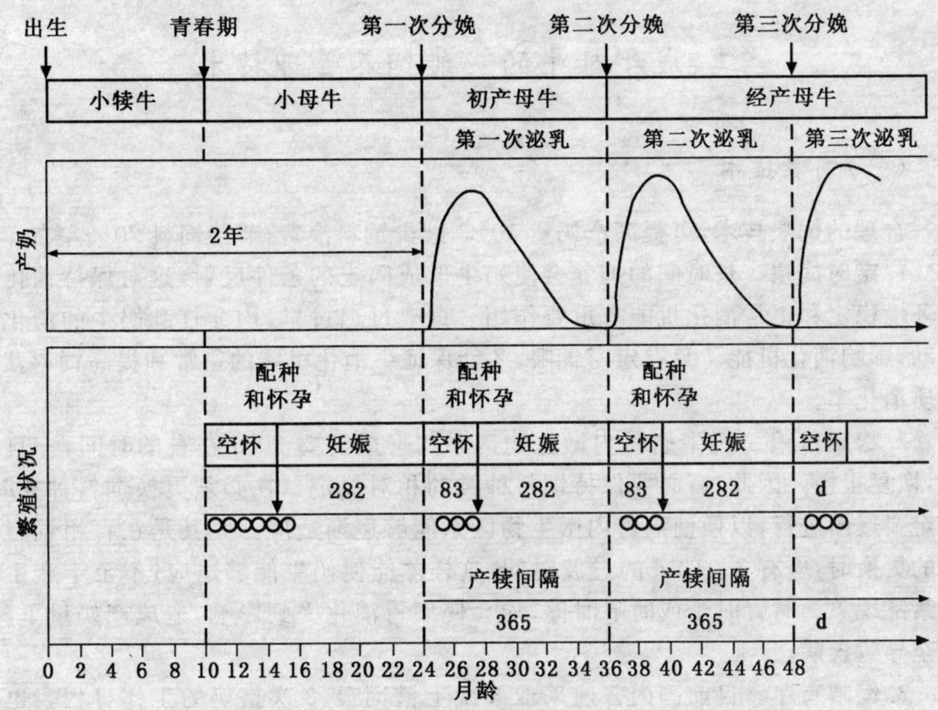

图 10-2　奶牛泌乳周期示意图

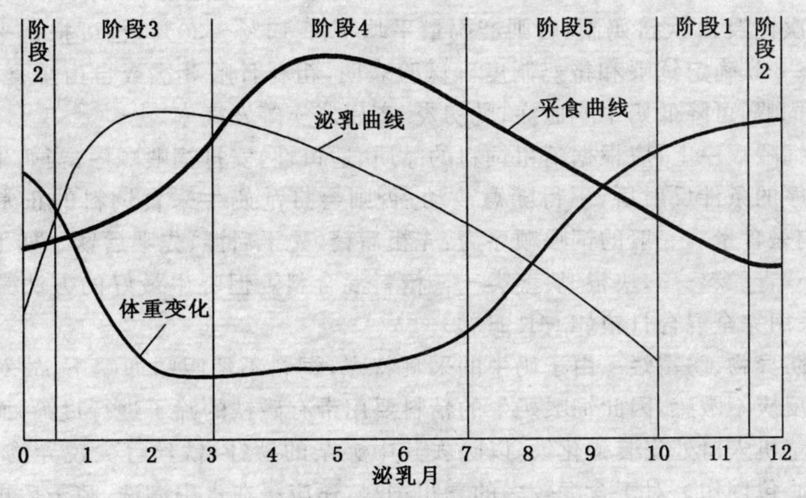

阶段 1：干奶期　阶段 2：围产期　阶段 3：泌乳盛期　阶段 4：泌乳中期　阶段 5：泌乳后期

图 10-3　奶牛生产周期中泌乳、采食和体重之间的关系

二、成年母牛的一般饲养管理技术

(一)饲喂技术

合理的饲喂技术,可提高产奶量10%,减少饲料浪费,节约饲料20%左右。

1. 定时饲喂 长时间的饲养会使奶牛形成固定的条件反射,这对保持消化道内环境稳定和正常消化机能有重要作用。饲喂过迟过早,均会打乱奶牛的消化腺活动,影响消化机能。只有定时饲喂,才能保证牛消化机能的正常和提高饲料营养物质消化率。

2. 稳定日粮 奶牛瘤胃内微生物区系的形成需要30 d左右的时间,一旦打乱,恢复很慢。因此,有必要保持饲料种类的相对稳定。在必须更换饲料种类时,一定要逐渐进行,以便使瘤胃内微生物区系能够逐渐适应。尤其是在青粗饲料之间的更换时,应有7～10 d的过渡时间,这样才能使奶牛能够适应,不至于产生消化紊乱现象。时青时干或时喂时停,均会使瘤胃消化受到影响,造成产奶量下降,甚至导致疾病。

3. 饲喂有序 目前国内普遍采取3次上槽饲喂、3次挤奶的工作日程。也有人建议,对于泌乳量3 000～4 000 kg的奶牛,可实行2次饲喂、2次挤奶制度,因为两种制度的平均产奶量没有明显变化。但对于产奶量超过5 000 kg的奶牛,应采取3次饲喂、3次挤奶制,否则产奶量平均下降16%～30%,也可根据平均间隔时间6～8 h确定饲喂和挤奶制度。试验表明,粗料日喂3次或自由采食,精料少量多次饲喂,可降低奶牛酮血症、乳房炎、产后瘫痪等发病率。

在饲喂顺序上,应根据精粗饲料的品质、适口性,安排饲喂顺序,当奶牛建立起饲喂顺序的条件反射后,不得随意改动,否则会打乱奶牛采食饲料的正常生理反应,影响采食量。一般的饲喂顺序为:先粗后精、先干后湿、先喂后饮。如干草——副料——青贮料——块根、块茎类——精料混合料。但喂牛最好的方法是精粗料混喂,采用完全混合日粮(TMR日粮)。

4. 防异物、防霉烂 由于奶牛的采食特点,饲料不经咀嚼即咽下,故对饲料中的异物反应不敏感,因此饲喂奶牛的精料要用带有磁铁的筛子进行过筛,而在青粗饲料切草机入口处安装磁化铁,以除去其中夹杂的铁针、铁丝等尖锐异物,避免网胃——心包创伤。对于含泥较多的青粗饲料,还应浸在水中淘洗,晾干后再进行饲喂。严防将铁钉、铁丝、玻璃、石沙等异物混入饲料喂牛;切忌使用霉烂、冰冻的饲料喂牛,保证饲料的新鲜和清洁。

5. 保证充足清洁的饮水　水是奶牛机能代谢和产奶不可缺少的物质。奶牛的饮水量一般为干物质进食量的5～7倍，每天需水60～100 L，冬季饮水的水温不低于10℃。饮水的方法有多种形式，最好在运动场安装自动饮水器，或在运动场设置水槽，经常放足清洁饮水，让牛自由饮用。目前在奶牛生产中应用的另一种方法是诱导饮水，如夏季可用凉水泡料或调制粥料喂奶牛，同时可喂含水分多的块根、青绿饲料；冬季可喂热粥料，效果很好。

（二）饲养检测

1. 日粮营养浓度　要依据奶牛饲养标准，检测各生产阶段日粮的养分含量是否能满足奶牛的需要，从而使奶牛保持适宜的体况。产后前7～10 d，干物质采食量下降幅度在30%以内。产后干物质采食量增加的速度为：初产牛每周1.4～1.8 kg，经产牛2.3～2.8 kg。产后8～10周达到最大干物质采食量。最大干物质采食量约为体重的4%。检查剩余的饲料量是否超过总量的5%～10%。

2. 采食与饮水　运动场上不采食的牛是否有50%正在反刍；每天可以采食饲草、饲料的时间是否少于20 h；饲喂设施是否充足；粗饲料颗粒大小是否适度；有无饲料管理制度，是否存在用发霉、变质饲料喂牛的可能；饮水设施是否足够，母牛能否在采食区15 m以内喝到水；饮水是否充足，能否保证水质，是否定期监测饮水的质量。

3. 母牛产后检查　产犊后1～3周的母牛是否做到分开饲养，有没有监测采食量、体温（直至体温降至39.2℃以下）、反刍（正常为1～2次/min）、排除粪尿、尿酮测定的制度。

4. 营养代谢指标检测　牛奶尿素N含量是否在140～180 mg/L之间（每月检查1次）；临产前尿液pH是否在5.5～6.5之间；临产前血液游离脂肪酸（NEFA）是否小于0.40 mEq/L；体况评分是否在正常范围内。

（三）日常管理

1. 运动　奶牛每天应有3～4 h的户外自由活动时间，适当的运动有利于提高奶牛的体质和产奶量，促进发情，预防胎衣滞留。舍饲成年母牛，若运动不足，牛体易肥，会降低产奶量和繁殖力，且会因体质下降而患病。据报道对奶牛每天驱赶3 km，可以有效地提高产奶量和乳脂率，但不得让奶牛剧烈、长时间的运动，否则会影响牛只健康。

2. 刷拭　牛体刷拭对促进奶牛新陈代谢、保持牛体清洁卫生和保证牛奶卫生均有重要意义。因此，奶牛每天应刷拭2～3次，刷拭时应用较硬的工具和铁箅，再用较软的工具如棕刷进行。刷拭方法是：饲养员以左手持铁刷，右手执棕毛刷，先由颈部开始，依次为颈→肩→背腰→股→腹→乳房→头→四肢→尾。刷完一侧再刷另一侧，刷时先用棕毛刷逆刷去，顺毛刷回，碰到坚硬结块刷拭不掉的污垢部分，先用水洗刷，再用铁篦轻轻刮掉，然后用棕刷刷拭。盛夏气温高，为了促使皮肤散热，用清水洗浴牛体，然后进行洗刷；在冬季，则应以干刷为主。

3. 环境消毒与疫病防治 要求门前设消毒池，并做到经常性保持消毒池中有消毒液或石灰粉。冬春每季度消毒1次，夏季每月消毒1～2次。做好常见的传染病（口蹄疫、结核病、布氏杆菌病等）的检疫与防疫工作。

4. 预防热应激 奶牛生产的最适宜气温是10～20℃，这时饲料利用率最好，产奶量最高。据报道，奶牛在－5℃以下产奶量略有降低；在20℃以上，能量消耗增多，就可出现热应激反应，养分需要量增加，采食量减少，饮水量增多，产奶量下降；环境温度超过27℃，奶牛就受到严重的热应激，产奶量和乳质量急剧下降，体温上升，呼吸加快，尤其高温多湿影响更烈。

夏季通过改善饲养管理，可以获得肯定的防暑效果。但热应激的危害不仅与温度，还与湿度、太阳辐射等有复杂的关系，所以在采取防暑措施时，应综合考虑多种因素。

（1）日常管理：在闷热时期，应使奶牛处于阴凉和通风良好的地方，尽量减少直射日光及热反射的影响，防止日射病和热射病。牛舍窗户要打开，加大空气对流量；朝阳窗、门、运动场要遮阴。有条件可安装通风设备（如电风扇等），来降低温度（详见第十一章奶牛场的设计与建设，第一节奶牛对环境的要求中的二、环境安全控制技术）。

（2）增加日粮的营养浓度：可给以粗饲料和精饲料的混合物，并在早晨和夜间凉爽时增加饲喂次数。选用优质粗饲料，即使减少给量也应占干物质摄入量的1/3～1/2，粗饲料长1～2 cm为宜。每日150～200 g的碳酸氢钠。暑期给以脂肪酸钙等过瘤胃脂肪和过瘤胃氨基酸，有防止牛奶乳脂率和固形物率下降之作用。给以冰冷冷水，可有短时的体温和呼吸次数的下降，并伴有采食量的增加。饲料中添加尼克酸等维生素制剂和消化酶制剂，也有一定效果。

5. 观察牛群动态，护理好病弱牛和妊娠牛 对牛群中精神不振、食欲不良、粪便异常的牛要及时采取措施。对病弱、妊娠牛，上下槽时不要驱赶、喧哗、打骂，以免牛受惊、拥挤、顶撞造成事故，及时检出发情牛，适时配种。注意妊娠母牛的保胎工作，防止流产和早产，妊娠最后2个月少喂或不喂酸性大的饲料，防止孕牛相互冲撞和滑倒，分娩前2周的重胎母牛转入产房，专人饲养管理。

6. 做好生产、育种记录 对每日的饲料消耗量、存贮量、种类及数量做好记录。

按照育种要求、详细记载牛的产奶量、配种时间、产犊日期、体重、体尺、外貌鉴定等。

(四)挤奶技术

在正常饲养管理条件下,正确而熟练的挤奶技术对奶牛高产稳产具有重要作用,而且还可以防止奶牛发生乳房炎。

1. 挤奶次数 一般日产 15 kg 以下母牛,每日挤奶 2 次;15 kg 以上,日挤奶 3 次。每次挤奶的间隔时间,尽可能保持均等。

2. 乳房按摩 正常的乳房按摩对于刺激排乳,创造良好的排乳条件具有重要意义。

在挤奶的整个过程中一般应有 3 次按摩乳房的操作。第一次是清洗乳房,准备挤奶之前进行按摩。按摩的方法是双手抱住右半部乳房,两拇指放在乳房右侧,其余手指放在乳房中沟,自上而下和自下而上按摩 2~3 次,使乳汁流向乳头,然后对左侧乳房以同样方法进行按摩。这时乳房皮肤表面的血管努张,呈淡红色,皮肤温度升高,触之坚硬,这是乳房要放乳的征兆,应立即进行挤奶。第二次是当部分乳已被挤完后,应再次按摩乳房,这时有利于产奶量的增加。此时采用半侧乳房按摩法,即分别按摩乳房的左侧和右侧乳区,按摩时两手由上而下,由外向里按压一侧的两个乳区,用力应重,重复 6~7 次,使乳房内乳汁流向乳池,然后重复挤取各个乳区的乳汁。到挤奶快结束时,进行第三次乳房按摩,这次应用力充分按摩,尤其是初产牛更应如此,两手逐一按摩 4 个乳区,直到完全挤净。

如果是手工挤奶,每次按摩时,应将乳桶放到一边,防止按摩时牛毛、皮肤屑以及其他脏物落入桶内,污染牛奶。现代机械挤奶时,一般只在挤奶开始和挤奶结束时按摩乳房,或仅在挤奶结束按摩。

3. 挤奶应注意的问题

(1)挤乳速度要快:挤乳引起的排乳反射时间只能持续 6~8 min。因此,当催产素引起乳腺肌上皮细胞收缩时,必须尽快挤乳。挤乳时乳房的热敷和按摩也有利于多挤出一些奶来。因此,挤乳前乳房经热敷和擦洗按摩后,要在 10 min 内将奶挤完,中间不能停顿,否则会降低产奶量。

(2)遵守挤奶规程:在挤奶时,任何外界的不良刺激都会影响挤奶量。因此挤奶员在挤奶时应精神集中,保持安静的环境条件,防止对放奶的抑制。

(3)防治乳房炎:严禁一切可能引起乳房外伤的因素。挤奶前,挤奶员应对奶牛的乳房进行认真仔细的观察,及时发现乳房有无红、热、肿现象。对于已感染上乳房炎的奶牛应最后挤奶,挤完奶以后,应将乳头浸入由豆油和磺胺类药物制成的浸泡液中，严重的应进行乳房的抗生素封闭注射，直至采用全身抗生素注射进行治疗。为减少乳房炎发生，在挤奶后，以3%次氯酸钠或2%碘伏浸一下乳头。

4. 挤奶方法 包括手工挤奶和机器挤奶两种。

(1)手工挤奶：挤奶环境应保持干燥，挤奶前，挤奶员应剪短指甲，同时应剪去乳房上过长的毛。然后将牛床后1/3处的垫草和粪便清除干净，并将牛体后躯、腹部及牛尾清洗干净。准备好清洁的集奶桶及盛有55℃左右温水的擦洗乳房桶及毛巾。洗净双手后，首先用50℃左右的清洁温水擦洗乳房，擦洗时挤奶员站在牛的一侧，用湿毛巾先洗乳头，再洗乳房；然后挤奶员站在牛的后侧，一手扶住牛的坐骨，一手擦洗牛的乳镜、乳房两侧及两大腿内侧，最后将毛巾拧干后擦拭乳房的每一个部位，接着将牛的尾巴拴在牛的一侧后腿上，立即进行挤奶时乳房的第一次按摩，以创造良好的放奶条件。也可将清洗与按摩乳房同时进行。按摩乳房后立即挤奶，挤出的第一、二把奶收集在专门的器皿内，弃之不要。挤奶时挤奶员坐在牛一侧后1/3～2/3处的小板凳上，将奶桶夹在两大腿之间。挤奶时一般先挤后侧的2个乳头，然后再挤前侧的2个乳头。挤奶时用手的全部指头握住乳头，从手底几乎看不到乳头，首先将拇指和食指握紧乳头基部，阻断乳腺乳池与乳头乳池乳汁的通路，然后顺着中指、无名指和小指，自上而下顺次压迫，使乳头乳池中的乳汁只能向乳头管外流出，将奶挤出，这种挤奶方法叫拳握法或压榨法。这种方法可以保持奶牛的乳头不变形、不损伤，挤奶速度快，省力而方便，拳握法应尽量用力均匀，挤乳速度每分钟80～120次为宜，这时的挤乳量1～2 kg/ min。

对于乳头短小的奶牛，可采用滑挤法，即用大拇指和食指握住乳头基部，向下滑动，将乳挤出，此种方法易造成乳头变长，也易造成乳头皮肤破裂，因此，除了乳头特别短小者，此法应禁止使用。

要禁止在挤奶前往乳头上涂抹凡士林、油脂等润滑剂。

(2)机械挤奶：手工挤奶劳动强度大，容易产生疲劳和造成牛奶的污染等。机械挤奶是减轻劳动强度、缩短挤奶时间、提高牛奶品质的极好办法。现代化奶牛场多采用机器挤奶，近来一些饲养头数较多的奶牛养殖户也开始使用机械挤奶。挤奶机是利用真空原理将牛奶从乳房中吸出，与犊牛哺乳非常相似。

挤奶设备一般由真空泵(含电动机)、真空罐及真空调节阀、真空管道和挤奶系统等组成，每一个挤奶系统又由集奶桶、集乳器、脉动器、金属和橡皮导管(其中一条为真空管、另一条为输乳管)和乳杯组成。挤奶设施基本上有3种类型：管道式挤奶系统、挤乳台(厅)和桶式挤奶系统。

管道式挤奶系统适用于较大规模拴系饲养的牛群，固定床位的奶牛舍内安装真空管道，连到牛舍外的真空罐及真空泵，当机器开动，达到一定真空就可将奶挤出。牛舍内另外安装不锈钢输奶管，将挤出的奶送到奶罐进行冷却。

挤奶台(厅)适用于较大规模散放式饲养的牛群或集中挤奶的奶牛养殖小区。挤奶台设在挤奶厅内，挤奶设备包括固定式挤奶器、牛奶计量器、牛奶输送管道、洗涤设备、精料喂饲等，此外还配有乳房自动清洗和奶杯自动摘卸装置。装置的配备根据自动化程度选用。常用的有坑道式(鱼骨式、平行、垂直形、菱形等)和转环(转台、转盘)式两种。奶通过封闭的管道输入贮奶间的冷却罐，将奶冷却到3℃。

桶式挤系统由真空泵机组、稳压系统、真空管道、挤奶系统组成。适于30～50头牛群使用。现以后者为例，简要介绍挤奶操作程序。

机械挤奶掌握以下技术参数：真空度通常为40～44 kPa；脉动频率每分钟55～65次；脉冲比一般在挤奶机出厂时已调节好，操作人员不宜擅自调节；挤奶时间每头牛控制在3～6 min。在使用挤奶器前，要了解机械性能，掌握拆卸、组装、操作方法，便于使用和及时排除故障。

挤奶前先用85℃热水洗涤奶桶，再将挤奶机上的大胶管和真空导管联上，拿住集乳器上的小钩，将集乳器向下放，使挤奶杯浸入水中浸洗，然后将水倒出，再行挤奶。

洗涤并擦干乳房之后，将乳杯放在离牛最近的真空管开关一面，将主干大胶管套在开关上。通常当乳房接受刺激(45 s)后，乳房开始发胀，偶尔乳头有乳漏出，说明奶牛已开始排乳。因此在擦洗和按摩乳房1 min(最多不超过1.5 min)后，必须套上挤奶杯开始挤奶。

安挤奶机之前，先打开真空导管开关，使搏动器开始工作。取下集乳器，左手握住挤奶杯，并使小钩末端朝向奶牛头部，打开挤奶桶开关，准备将挤奶杯套在乳头上。在套挤奶杯之前，应挤出每个乳区的一二把奶废弃(最好挤到特定容器内妥善处理，以免引起污染)或挤到带有黑罩的容器中，以检查有无乳腺炎发生，对已患乳腺炎牛的奶要另行处理。如果在牛的左侧挤奶，套挤奶杯之前，挤奶员左手握住3个乳杯小胶管，只将奶牛左侧前乳头那个挤奶杯留下，以便将第一个挤奶杯套在乳头上，未上套以前右手将留下的挤奶杯向上举，使通乳小管弯曲，阻止由挤奶杯进入空气。安挤奶杯的顺序是，首先套对侧前乳头，其次是对侧的后乳头，第三是同侧后乳头，最后是同侧前乳头。如果在牛的右侧挤奶，则用右手握住挤奶杯的3个小胶管，用左手套挤奶杯，顺序也是先对侧前后乳头，再同侧后前乳头。

搏动器上有一玻璃管，可观察到奶是否挤完。挤奶过程同时进行按摩可促进排乳。当显示出牛奶已快挤完奶时，必须挤干。可用手向下按摩，但这一过程不能超过20 s。由于各乳区所产的奶量不会完全一致，故应根据实际情况分别挤干。奶挤完后，将手指放进乳头与乳杯胶管之间，空气从手指间流进，另一手拉收集乳器，将乳杯卸下，并关上奶桶开关，以便将桶盖和搏动器取下，取出牛奶。目前已有自动脱落的挤奶机，各乳区挤干后分别自动落下，可以避免挤奶过度，造成乳房损伤。脱去乳杯后，将奶头末端的剩余奶汁除去，然后用已被国家批准使用的消毒液浸泡一下奶头（乳头药浴）以保证乳房健康。

用完挤奶机之后，将集乳器反过来，铁钩向下，使挤奶杯向下，放入冷水桶中，打开真空导管，冷水即通过挤奶杯胶管到挤奶桶内。先用冷水洗，后用 85℃热水冲洗干净，最后将挤奶桶和集乳器等放在架上晾干。

5. 牛奶的冷却和过滤 牛奶是微生物活动的良好培养基，因此，为防止牛奶污染，在人工挤奶的情况下，牛奶在称重后应立即过滤，除去机械杂质、牛毛、饲料屑等落入的污物，过滤时可用 4 层纱布。过滤后应立即将牛奶的温度降至 4℃，以抑制细菌生长，保持牛奶的新鲜品质。

6. 挤奶牛排列顺序 生产中每头泌乳牛的状况各不相同，理想的挤奶牛排列顺序是：先挤第一胎无乳房疾患的青年母牛；其次挤无乳房炎病的经产母牛；然后是历史上曾患过乳房炎但现无症状的母牛；最后挤各乳区产生不正常奶的母牛。

7. 母牛必须站立 挤奶后，母牛必须站立 1 h 左右，以使乳头括约肌完全收缩，并可防止乳头过早与地面接触，减少感染疾病的机会。使牛站立的最好办法是喂给新鲜饲料。实践证明，这个办法能减少乳房疾病。

（五）挤奶厅的管理

1. 挤奶厅卫生环境的控制 挤奶间是质量管理的关键环节。在挤奶间内许可使用的化学物质和产品，要以不会对牛奶造成污染的位置和方式贮存。确保挤奶中心的水被排净。挤奶间的下水道必须对设备和奶箱冲洗所用的水进行处理。地面的下水道应该有一个过滤较大固体沉淀物的措施。下水道必须有一个容易清洗干净的滤气阀，使废气和臭气排出挤奶间和挤奶中心。下水道应该定期清洗以防阻塞。挤奶间排除的废水应该收集或进行处理以避免对地表和地下水的污染。为了保证挤奶厅良好的卫生条件，还应经常检查是否存在卫生隐患问题。

2. 设备的清洗

挤奶管道的冲洗：

①挤奶前冲洗挤奶管道。每次挤奶后用温水冲洗管道，开始为 49～60℃，结束时为 35℃，去除 90%～95%牛奶固形物，温热挤奶管道。

②用含氯的碱溶液洗涤剂清洗牛奶管道。用含氯的碱溶液洗涤剂清洗牛奶管道去除脂肪和蛋白质，启动的最低温度为 71℃，循环结束时应在 43℃以上，使乳脂不能在表面沉积。根据水的体积和水质确定洗涤剂的用量（如硬度和铁含量）。循

环水 pH 值在 11.0～12.0 之间，碱度在 400～800 mg/L 之间，氯含量在 100～200 mg/L 之间，确保循环水维持 5～10 min，确保 20 次滞留/洗涤。

③用酸性洗液冲洗管道。中和洗涤残留物防止矿物质沉淀，确保酸洗液 pH 值低于 3.5，低 pH 值可以抑制微生物生长，降低循环水碱度及氯含量，以防损坏橡胶。每次挤奶后加酸或酸洗液，不得将酸性洗涤剂与含氯的产品混合，因为两者混合可能产生剧毒气体。

④每周检查自动清洗系统。大部分挤奶系统和贮奶罐有自动清洗系统（内置清洗），每次挤奶后应对挤奶系统自动清洗。每个自动系统都可能出问题，自动系统出错会影响牛奶品质和安全。

3. 挤奶设备的维护　奶设备保持良好状态就可一直获得高品质的牛奶，同时应附加适当的设计和安装。挤奶系统评估包括以下项目：挤奶期间奶头真空度、震动特性、有效储备、奶管斜度。挤奶器械技术员应为奶牛场的管理人员提供完整的维护方案。

（1）真空装置：挤奶期间，由资深挤奶技术员测量奶头端真空度，确保真空系统给乳头适宜的真空度。真空系统应就近张贴在真空度测量表旁，在出奶量最高时，奶头端真空度应符合要求。挤奶期间应检查真空泵不同区域及挤奶导管真空度的稳定性。

（2）震动：对于挤奶牛，适当震动是必要的。每年应至少检验一次震动器。为确保适当的震动，每个震动器的特性应与国际标准震动体系进行对比。

（3）有效储备：充足有效的储备可以保证意外时有足够的容量，如挤奶时奶杯滑脱。每年应进行一次有效储备的标准化测试，如果发现有效储备不完全，应进一步测试发现问题所在。

（4）挤奶管道倾斜度：适当的斜度（推荐导管斜度 1/10）可防止管道内牛奶滞留，应定期检查并与行业标准对照。

4. 挤奶系统维修管理　定期维修可确保挤奶机每天正常运行。依照厂家意见日厂家定期维修或由经销商作进一步分析。与厂商讨论维修工作，并作详细说明，对每项工作进行定员定责。

三、干奶期牛的饲养管理技术

进入妊娠后期，停止挤奶到产犊前 15 d，称为干奶期。干奶期是奶牛饲养的一个重要环节。干乳方法的好坏，干乳期的长短以及干乳期规范化的饲养管理对于胎儿的发育，母牛的健康以及下一个泌乳期的产奶量有着直接的关系。

1. 干奶期的作用

(1)有利于胚胎的发育:在妊娠后期,胎儿增重加大,需要较多营养供胎儿发育,实行干乳期停乳,有利于胚胎的发育,为生产出健壮的牛犊作准备。

(2)使乳腺组织得到更新:泌乳母牛由于长期泌乳,乳腺上皮细胞数减少,进入干奶期时,旧的腺细胞萎缩,临近产犊时新的乳腺细胞重新形成,且数量增加,从而使乳腺得以修复、增殖、更新。为下一个泌乳周期的泌乳活动打下基础,可以提高下一泌乳期的产奶量。

(3)有利于母牛体质的恢复:可补偿母牛长期泌乳而造成的体内养分的损失(特别是有些母牛如在泌乳期营养为负平衡),恢复牛体健康,使母牛怀孕后期得以充分休息。但不能把干乳期母牛喂得过肥。

2. 干奶期的时间 干奶期的时间根据母牛的年龄、体况、泌乳性能而定。一般是 45～75 d,平均为 50～60 d,凡初胎或早配母牛、体弱及老龄母牛、高产母牛(年产乳 6 000～7 000 kg 或以上)以及饲养条件较差的母牛,需要较长的干奶期(60～75 d)。而体质强壮、产乳量较低、营养状况较好的壮龄母牛,则干奶期缩短为 45 d。生产实践证明,干奶期少于 35 d,会影响下一个泌乳期的产奶量,过短的干奶期不利于乳腺上皮细胞的更新或再生。在早产、死胎的情况下,缺少或缩短干奶期,同样会降低下一期的泌乳量,例如在早产时泌乳量仅是正常乳量的 8 成。

奶牛正常的 6～9 周干奶期可分为 3 个阶段:第一阶段(干奶的最初 10 d),奶牛乳腺开始从泌乳状态转入停乳状态。在营养上,通常对饲料中的能量和蛋白质限饲几天,以帮助高产牛停止泌乳。第二阶段(持续约 1 个月),此时是胎犊牛快速生长、发育,母牛身体组织再生、复壮的时期。在此期间提供含饲草量高的平衡饲料是重要的。第三阶段(产前的 3 周),代谢上母牛正为分娩、泌乳作准备,临产时开始生产初乳。

3. 干奶的方法 干乳时不能患乳房炎,如有乳房炎需治愈后再干乳。干奶的方法一般可分为逐渐干奶法、快速干奶法和骤然干奶法 3 种。

(1)逐渐干奶法:逐渐干法一般需要 10～15 d 时间。从干奶的第 1 天开始,逐渐减少精料喂量,停喂多汁料和糟渣料,多喂干草,同时改变饲喂时间,控制饮水量,加强运动;打乱奶牛生活泌乳规律,变更挤奶时间,逐渐减少挤奶次数,停止运动和乳房按摩,改日 3 次为 2 次,2 次为 1 次乃至隔日挤奶,此时,每次挤奶应完全挤净,到最后一次挤 2～3 kg 奶时停挤,以后随时注意乳房情况。

(2)快速干奶法:快速干奶是在 4～7 d 内停奶。一般多用于中低产奶牛。快速干奶法的具体做法是从干奶的第 1 天开始,适当减少精料,停喂青绿多汁饲料,控制饮水量,减少挤奶的次数和打乱挤奶时间。开始干奶的第 1 天由日挤奶 3 次改为日挤奶1次，第2天挤1次，以后隔日挤1次。由于上述操作会使奶牛的生活规律发生突然变化，使产奶量显著下降，一般经5～7 d后，日产奶量下降到8～10 kg以下时，就可以停止挤奶。最后1次挤奶应将奶完全挤净，然后用杀菌液蘸洗乳头，再用青霉素软膏注入乳头内，并对乳头表面进行全面消毒。待完全干奶后用木棉胶涂抹于乳头孔处封闭乳头孔，以减少感染机会。乳头经封口后即不再动乳房，即使洗刷时也防止触摸它，但应经常注意乳房的变化。

(3)骤然干奶法：在奶牛干奶日突然停止挤奶，乳房内存留的乳汁经4～10 d可以吸收完全。对于产奶量过高的奶牛，待突然停奶后7 d再挤奶1次，但挤奶前不按摩，同时注入抑菌的药物（干奶膏），将乳头封闭。

3种方法比较：逐渐干奶法一般用于高产奶牛以及有乳房炎病史的牛。快速干奶法和骤然干奶法现在应用较多，因为这两种方法干奶所需要时间较短，省工省时，并且对牛体健康和胎儿发育影响较小，乳房承受的压力大，有乳腺炎病史的牛不宜采用；因此，需要工作人员大胆细心，责任心强，才能保证奶牛的健康。在停止挤奶后3～4 d，要随时注意乳房变化。乳房最初可能会继续肿胀，只要乳房不出现红肿、疼痛、发热和发亮等不良现象就不必管它。经3～5 d后，乳房内积存的奶即会逐渐被吸收，约10 d后乳房收缩变软，处于停止活动状态，干奶工作即完全结束。如停奶后出现乳房继续肿胀、红肿或滴奶等现象，母牛会兴奋不安，此时可再将乳汁挤净后再用青霉素药膏封闭为好。

4. 干奶期饲养　干奶期是母牛身体蓄积营养物质时期，适当地营养可使干奶母牛在此期间取得良好的体况，这对下期产乳量关系很大，如果在此期饲喂得合理，就可以在下个泌乳期达到较高的产乳量和较大的采食量。由于乳牛代谢疾病的增加，干奶牛体况应维持中等水平。但绝不应把母牛喂得过肥，否则易导致难产，影响以后的产奶量，过肥的母牛大多数在产后会食欲下降，以至于造成奶牛大量利用体内脂肪，从而易引发酮血症。此外，过肥的干奶牛还会造成脂肪肝的发生。

干奶期奶牛的饲养原则是根据具体体况而定，对于营养状况较差的高产母牛应提高营养水平，使其在干奶前期的体重比泌乳盛期时增加10%左右，从而达到中上等膘情；对于营养状况良好的干奶母牛，整个干奶前期一般只给予优质牧草，补充少量精料即可；而对于营养不良的干奶母牛，除充足供应优质粗饲料外，还应饲喂一定量的精料，精料的喂量视粗饲料的质量和奶牛膘情而定，一般可以按日产10～15 kg牛奶的标准饲养，供应8～10 kg的优质干草、15～20 kg的青绿饲料和3～4 kg配合精料。干奶牛的配合精料中应补充充足的矿物质微量元素和维生素预混料。

配方 1:适用 305 d 产奶量 5 500～6 000 kg 的干奶牛日粮为玉米青贮 22 kg,羊草 3.10 kg,混合料 2.60 kg(其中玉米 60%,豆饼 10%,麸皮 16%,大麦 6%,高粱 6%,食盐 2%),

配方 2:适用于体重 600～650 kg 的干奶前期日粮为玉米青贮 18 kg,中等羊草 3～3.5 kg,精料 3 kg(其中玉米 50%,豆饼 34%,麸皮 13%,磷酸钙 1.6%,碳酸钙 0.4%,食盐 1%)。

配方 3:适用于体重 500～550 kg 的牛的干奶前期日粮为玉米青贮 17 kg,中等羊草 2.5～3 kg,精料 3 kg(其中玉米 44%,豆饼 16%,麸皮 37%,磷酸钙 0.5%,碳酸钙 1.5%,食盐 1%)。

5. 干奶期的管理

(1)做好保胎工作:加强饲养管理是保胎工作的关键,为此应保持饲料的新鲜和质量,绝对不能供给冰冻、腐败变质的饲草饲料,冬季不应饮过冷的水,及时防治一些生殖系统的疾病,防止拥挤、摔倒等事件的发生。

(2)适当的运动:运动不仅可促进血液循环,有利于奶牛健康,而且可减少(或防止)肢蹄病及难产。同时还应增加日照时间,以便维生素 D 的形成,防止产后瘫痪。有条件的奶牛场应设有具有一定遮荫设施的大运动场或小块牧地,任其自由运动。在运动时必须和其他牛群分开,以免互相拥挤而造成流产,产前停止运动。

(3)保持皮肤的卫生:母牛在妊娠期内,皮肤代谢旺盛,容易产生皮垢,因此每天应加强刷拭,以促进血液循环,使牛变得更加温驯易管。

(4)乳房按摩:为了促进乳腺发育,经产母牛在干奶 10 d 后开始按摩,每天一次,但产前出现水肿的牛应停止按摩。

6. 干奶期饲养管理中存在的问题及对策

(1)应激:通常母牛在产前会减少采食,有时在分娩前 2～3 周就开始减食,但最严重的食欲减退一般发生在分娩后的第一天。除这种分娩刺激造成的应激外,由于干奶牛被重视程度低,通常被置放在粗放的饲养管理环境中,突发的或急剧的饲料、牛舍及管理方式的改变,常对干奶牛造成刺激,加重了干奶牛的应激反应,导致干奶牛的采食量进一步减少,发生酮病的危险加剧。因此,应提供通风良好、清洁干燥和有良好垫草的牛舍减少环境的应激。通过改进饲养管理可最大限度地减少母牛在怀孕后期采食量下降,以补偿母牛在分娩期间较正常采食量下降造成的影响。同时可提高其日粮的营养浓度,并饲喂优质青干草以补充营养。

(2)干奶牛饲料质量低劣:往往只重视产奶牛的饲草质量,而干奶牛则饲喂因不良气候和堆放条件差而造成腐败、发霉,甚至被真菌毒素污染的饲草。保证母牛在分娩前后几周有良好的饲养管理是极为重要的,低质量或发霉饲料会影响牛的采食，导致低产奶量、繁殖障碍及代谢异常，发生酮病、脂肪肝甚至蹄叶炎等。据美国科涅尔大学近期的研究表明，奶牛干奶期饲料的蛋白含量可影响母牛对酮病的敏感性。许多干奶牛的饲料中蛋白质极为短缺，因为这期间其饲养一般以干草为主，或配合青贮料饲喂，这些饲料仅提供9%～10%的蛋白质，这不仅影响牛的食欲，还可导致泌乳期奶牛蛋白浓度低。另据美国的研究表明，提高过瘤胃蛋白的比例是有益的，在奶牛临产前3周通过添加过瘤胃蛋白使粗蛋白质从10%提高到15%可降低酮病的发生率。

四、围产期牛的饲养管理技术

奶牛产前15 d称为围产前期，产后15 d称为围产后期。奶牛的围产期是奶牛对前一泌乳期的休整阶段，也是下一泌乳期的准备和开始阶段。这一时期的饲养管理直接关系到奶牛的体质、分娩情况，产后泌乳情况和健康状况。因此，长期以来，围产期被认为是奶牛生产中的一个关键时期。

1. 奶牛围产前期营养需要的特点 母牛体内胎儿已基本发育成熟，但不完全，且胎儿体积增长很快。此时营养水平直接关系到胎儿的体质。因此一方面要给予较高的营养水平，保证胎儿的正常发育，另一方面，营养水平又不能过高，以免胎儿和母牛过肥，否则可能使牛发生难产、代谢病和某些传染病。另外，为了能使母牛能在新的泌乳期内充分发挥泌乳潜力，促进产奶高峰期的早日到来，要求母牛能在产后很快地大量进食饲料干物质，特别是精饲料。所以围产前期的饲养要使母牛瘤胃逐渐建立起适应于消化大量饲料的微生物区系和内环境，故此必须给予适当高水平的营养。

2. 奶牛围产前期的饲养

(1)日粮营养水平：干物质占母牛体重的2.5%～3%；净能每千克日粮干物质含2～2.3个NND；可消化粗蛋白占日粮干物质9%～11%；钙、磷含量：钙为40～50 g，磷为30～40 g。中性洗涤纤维32%、酸性洗涤纤维25%和非纤维性碳水化合物35%。

(2)日粮配合：这段时间的饲养管理对产后泌乳、牛的健康、代谢病的预防、胎衣不下等都很重要。为了下个泌乳期多产奶，并防止泌乳高峰期体况的过度亏空，为瘤胃微生物适应产后采食大量精料打下基础。分娩前的母牛要保持较好的膘情，同时又要避免过肥，所以要适当比干乳期前一阶段多喂些精料，并且控制在相对较低的水平。日粮精粗比由干乳前期的35：65提高到40：60，一般喂给4～6 kg精料，大约为泌乳盛期给量的1/3。围产前期适当增喂精料，可以为瘤胃微生物适应产后采食大量精料打下基础。但喂精料过多又将导致产后食欲减弱，因此必须掌握比干乳前期稍高的相对低水平。

粗饲料应以优质干草为主，每头日喂给 3～4.5 kg 优质干草，可用东北羊草、秋白草或加部分苜蓿干草、谷草等。另外，青贮饲料包括玉米青贮、高粱青贮、大麦青贮等，以每头日喂给 10 kg 左右为宜。过多饲喂青贮也会导致奶牛过肥，这点需要注意。喂给足够数量的干草和青贮，除满足母牛营养需要外，目的还在于保持瘤胃的正常机能和一定的容积。在此期间，也可少量喂给一些糟粕类饲料和块根类饲料，每头日原则上不超过 3～5 kg。

矿物质、维生素类饲料，除按量给予磷酸氢钙、砺粉以补充钙磷需要外，还可添加适量的维生素 A、维生素 C、维生素 E，对于常年饲喂青贮很少喂青饲的牛群，补充维生素 A 是十分必要的，因青贮饲料中缺乏维生素 A。为了降低母牛产后胎衣滞留病的发生率，在围产期注射硒和维生素 E 可获得满意效果，硒和维生素 E 参与子宫平滑肌的代谢活动，正确补给可以降低胎衣不下发病率 50%以上。

(3)奶牛围产前期的管理：母牛一般在分娩前两周转入产房，以使其习惯产房环境。在产房内每牛占一产栏，不系绳，任母牛在圈内自由活动；产房派有经验的饲养员管理。产栏应事先清洗消毒，并铺以短草，产房地面不应光滑，以免母牛滑倒。天气晴朗时应让母牛到运动场适当活动，但应防止挤撞摔倒，保证顺利分娩。严禁饲喂发霉变质的饲料和饮用污水，冬季不能饲喂冰冻饲料和饮冰水。预防乳房炎和乳热症的工作应从此时开始。虽然乳房炎并非全由饲喂高水平精料造成，但饲喂高水平精料确有促进隐性乳房炎发病的作用。因此，干奶后期必须对母牛的乳房进行仔细检查、严密监视，如发现有乳房炎征兆时必须抓紧治疗，以免留下后患。

3. 奶牛分娩期的饲养管理 分娩期一般指母牛分娩至产后 4 d，也属于围产后期的一部分。因为这段时间奶牛经历妊娠至产犊至泌乳的生理变化过程，在饲养管理上有特殊性，所以单列一题加以阐述。

(1)临产牛的观察与护理：随着胎儿的逐步发育成熟和产期的临近，母牛在临产前发生一系列变化。为保证安全接产，必须安排有经验的饲养人员昼夜值班，注意观察母牛的临产症状，主要有 4 观察：①观察乳房变化。产前约半个月乳房开始膨大，一般在产前几天可以从乳头挤出黏稠、淡黄色液体，当能挤出乳白色初乳时，分娩可在 1～2 d 内发生。②观察阴门分泌物。妊娠后期阴唇肿胀，封闭子宫颈口的黏液塞溶化，如发现透明索状物从阴门流出，则 1～2 d 内将分娩。③观察是否“塌沿”。妊娠末期，骨盆部韧带软化，臀部有塌陷现象。在分娩前一两天，骨盆韧带充分软化，尾部两侧肌肉明显塌陷，俗称“塌沿”，这是临产的主要症状。④观察宫缩。临产前，子宫肌肉开始扩张，继而出现宫缩，母牛卧立不安，频频排出粪尿，不时回头，说明产期将近。观察到以上情况后，应立即将母牛拉到产间，并铺垫清洁，干燥、柔软的褥草，做好接产准备。

(2)分娩后的护理：母牛分娩后，由于大量失水，要立即喂母牛以温热、足量的麸皮盐水(麸皮 1～2 kg，盐 100～150 g，碳酸钙 50～100 g，温水 15～20 kg)，可起到暖腹、充饥、增腹压的作用。同时喂给母牛优质、嫩软的干草 1～2 kg。为促进子宫恢复和恶露排出，还可补给益母草温热红糖水(益母草 250 g，水 1 500 g，煎成水剂后，再加红糖 1 000 g，水 3 000 g)，每日 1 次，连服 2～3 d。

母牛产后经 30 min 即可挤奶，挤奶前先用温水清洗牛体两侧、后躯、尾部，并把污染的垫草清除干净，最后用 0.1%～0.2%的高锰酸钾溶液消毒乳房。开始挤奶时，每个乳头的第一二把奶要弃掉，挤出 2～2.5 kg 初乳，立即喂犊牛。

产后 4～8 h 胎衣自行脱落。脱落后要将外阴部清除干净并用来苏儿水消毒，以免感染生殖道。胎衣排出后应马上移出产房，以防被母牛吃掉妨碍消化。如 12 h 还不脱落，就要采取兽医措施。母牛在产后应天天或隔天用 1%～2%的来苏儿水洗刷后躯，特别是臀部、尾根、外阴部，要将恶露彻底洗净。加强监护，随时观察恶露排出情况，如有恶露闭塞现象，即产后几天内仅见稠密透明分泌物而不见暗红色液态恶露，应及时处理，以防发生产后败血症或子宫炎等生殖道感染疾病。观察阴门、乳房、乳头等部位是否有损伤：有无瘫痪发生征兆。每日测 1～2 次体温，若有升高及时查明原因进行处理。

母牛在分娩前 1～3 d，食欲低下，消化机能较弱，此时要精心调配饲料，精料最好调制成粥状，特别要保证充足的次水。由于经过产犊，气血亏损，牛体抵抗力减弱，消化机能及产道均未复原，而乳腺机能却在逐渐恢复，泌乳量逐日上升，形成了体质与产乳的矛盾。此时在饲养上要以恢复母牛体质为目的。在饲料的调配上要加强其适口性，刺激牛的食欲。粗饲料则以优质干草为主。精料不可太多，但要全价，优质，适口性好，最好能调制成粥状，并可适当添加一定的增味饲料，如糖类等。4 d 后逐步增加精料、块根块茎料、多汁料及青贮。要保持充足、清洁、适温的饮水。一般产后 1～5 d 应饮给温水，水温 37～40℃，以后逐渐降至常温。

产犊的最初几天，母牛乳房内血液循环及乳腺胞活动的控制与调节均未正常，所以绝对不能将乳汁全部挤净，否则由于乳房内压显著降低，微血管渗出现象加剧，会引起高产奶牛的产后瘫痪。每次挤奶时应热敷按摩 5～10 min，一般产后第一天每次只挤 2 kg 左右，够犊牛哺乳量即可，第二天每次挤奶 1/3，第三天挤 1/2，第 4 天才可将奶挤尽。分娩后乳房水肿严重，要加强乳房的热敷和按摩，每次挤奶热敷按摩 5～10 min，促进乳房消肿。

4. 奶牛围产后期(产后第 7～15 天)的饲养管理

(1)日粮营养水平:干物质占母体体重的 3%～3.8%;净能每千克干物质含 2.3～2.5 个 NND;可消化粗蛋白占日粮干物质的 11%～15%;分娩后立即改为高钙日粮,钙占日粮干物质的 0.7%～1%(130～150 g/d),磷占日粮干物质的 0.5%～0.7%(80～100 g/d)。

(2)日粮配合

精饲料:为弥补营养不足,应在围产后期提高饲料的营养浓度,根据牛的食欲及乳房消肿情况,逐渐增加各种饲料的给量,特别是精饲料。从产后第 4 天开始,以牛最大限度采食为原则,每天增加 0.5～1 kg 精饲料,一直增加到产奶高峰。日采食干物质量中精料比例逐步达 60%,精料中饼类饲料应占到 30%,同时,每头牛可补加 1～1.5 kg 全脂膨化大豆,以补充过瘤胃蛋白和能量的不足。增喂精饲料是为了满足产后日益增多的泌乳需要,同时尽早给妊娠,分娩期间出现的负平衡以补偿。一般日喂混合料 10～15 kg(其中谷实类头日喂给 7～10 kg,饼类饲料 2～3 kg)。

粗饲料:粗饲料饲喂由开始时的以优质干草为主,逐步增喂玉米青贮、高粱青贮,至产后 15 d,青贮喂量宜达 20 kg 以上,干草 3～4 kg,其中为增进干草采食量可喂一些苜蓿草粉或谷草草粉,占干草量的 1/3 左右,产后 7 d 后还可以喂些块根类、糟渣类饲料,以增强日粮的适口性,提高日粮营养浓度。块根类头日喂量 5～10 kg,糟渣类 15 kg。

钙、磷:产后奶牛体内的钙、磷也处于负平衡状态。如日粮中缺乏钙、磷,有可能患软骨症、肢蹄症等,使产奶量降低。为保证牛体健康和产奶,母牛产后需喂给充足的钙、磷和维生素 D。豆科饲料富含钙,谷实类饲料含磷较多,饲料中钙,磷不足应喂给矿物质饲料,分娩 10 d 后,头日喂量钙不低于 150 g,磷不低于 100 g。

5. 奶牛围产期的饲养与代谢疾病的关系

(1)产后瘫痪:产后瘫的发生是由于产前的高钙日粮(钙占日粮干物质的 0.6%,钙∶磷=1.5∶1),使母牛在生理上形成了对饲料中钙、磷来源的依赖性,表现为甲状旁腺分泌机能降低。奶牛分娩后骤然泌乳,随着大量钙流失,使血钙低下,不能引起甲状旁腺的充分分泌,使骨钙动员迟缓。这时虽然饲料中有充足的钙、磷来源,但此时乳牛肠道对钙的吸收减少,利用率低,从而导致低血钙症,造成产后瘫痪,甚至可能引发乳房炎。因此,围产前期必须给予低钙日粮。对于老龄牛、高产牛更要注意产后瘫发生。母牛分娩后应很快恢复高钙日粮,以免造成长期的钙、磷负平衡而影响乳牛健康。典型的低钙日粮一般是钙占日粮干物质的 0.4%以下,一般为 40 g,钙∶磷=1∶1。

随着研究的不断深入，研究人员提出了日粮阴阳离子平衡理论，即围产前期日粮中添加阴离子盐（NH_4Cl、$(NH_4)_2SO_4$、$MgCl_2$、$MgSO_4$、$CaCl_2$、$CaSO_4$）和镁，一方面，阴离子盐能降低血液 pH 值，从而促进产后奶牛骨钙的重吸收，增加血液钙离子浓度；另一方面，镁的采食量增加，提高血镁的含量，防止因低血镁、低血钙造成的产乳热或其他一些产后疾病。

(2)胎衣不下：在奶牛围产前期，一些饲养管理因素能引起胎衣不下的发生，如产前过高营养水平，造成母牛过肥，而使母畜子宫收缩无力，易引起难产和胎衣不下；过高的营养水平，使母体内胎儿过于肥大引起难产和胎衣不下；日粮中钙、镁、磷比例不当，使母牛身体虚弱，也易引发胎衣不下；某些维生素如维生素 A，特别是维生素 E 的缺乏，直接引发产生胎衣不下。

因此，在奶牛围产前期的饲养中，一定要给予科学日粮，不能形成过肥母牛和肥大胎儿，各种矿物质比例恰当，坚持低钙日粮；在围产前期应特别注意维生素的缺乏问题，应该在此时期补充一些富含维生素的胡萝卜和鲜苜蓿等。在实践中，为了更有效地防止胎衣不下，特别是对习惯性胎衣不下的母牛，可以进行硒制剂和(或)维生素 E 的预防注射。

(3)乳房炎：围产期的饲养与乳房炎的发生有密切关系。在围产前期，由于乳房乳腺开始活动，此时很容易受外界环境中细菌的感染而产生乳房炎；由于胎衣不下而继发；由于产后过量饲喂精料，使乳腺分乳机能过强而造成损害，形成乳房炎；由于不正确挤奶法等机械因素造成乳房炎。

针对以上情况，奶牛围产期饲养管理应该坚持产房的每日严格消毒和运动场地的按时消毒。产前 7 d 要坚持药浴乳头，产后坚持药浴。挤奶时要注意牛体、乳房卫生和个人卫生。产房工人要有熟练的挤奶技术，丰富的管理经验和强烈的责任心，要减少由于机械因素和其他人为意外因素而引起的乳房炎。母牛产后要合理搭配日粮，精料的比例不能过高，一般精：粗为 60：40。严禁饲喂发霉变质的饲料和饮用污水，冬季不能饲喂冰冻饲料和饮冰水。

五、泌乳早期母牛的饲养管理技术

产后 16～100 d 为泌乳早期，也称泌乳盛期。

1. 泌乳盛期的特点 此阶段乳牛能量代谢呈负平衡，不得不动用体贮支持泌乳，体重下降。母牛泌乳初期动用的体贮的主要成分是脂肪（能量），母牛减重 1 kg 所含能量约可合成 6.56 kg 乳，而所含的蛋白质只能合成 4.8 kg 乳。一般体内可以动用的体脂可供产奶 1 000 kg，而可动用的体蛋白仅可合成 127 kg 乳，相比之下，营养赤字中尤以蛋白质为严重。泌乳盛期的泌乳量，占整个泌乳期产乳量的50%左右，因此，乳牛生产中非常重视这个时期的饲养管理。

这一阶段泌乳能力的发挥对饲养管理水平的高低反应最敏感，增加营养也最容易提高和保持产奶量。因此，应及时根据产奶量及体重的变化调整精料给量，只要奶量不断上升，就可以不断增加精料给量，直至产奶量不再上升时为止。要求日粮适口性好、体积小、饲料种类多。饲养上要适当增加饲喂次数，保证饲养方法的相对稳定。

2. 泌乳盛期乳牛的日粮配合

(1)日粮营养水平：日粮干物质要求占体重3.5%以上，每千克干物质含2.4个NND，粗蛋白16%～18%，钙0.7%，磷0.45%，精粗比60∶40，粗纤维不少于15%，中性洗涤纤维28%～30%、酸性洗涤纤维19%～20%，非纤维性碳水化合物35%～38%。

(2)高产奶牛的饲料

①能量饲料。用作能量补充料的饲料有大豆类、玉米、高粱、大麦、整棉籽和脂肪酸钙(过瘤胃脂肪)等，高能量混合谷物精料喂牛时，应逐日增加(每日以0.5～1 kg为限)，此类饲料最高日喂量不应超过15 kg。

全棉籽是一种非常有价值的奶牛饲料，因为它是良好的能量(油)、蛋白和纤维来源，它含有约20%的粗蛋白和23%的粗纤维。但有许多关于奶牛棉酚中毒的报道。全棉籽的喂量应限制在每头牛每天2.5～3.0 kg。当饲喂更多的全棉籽时可能会出现棉酚中毒症状。

近年来为了提高饲料的能量水平，弥补泌乳盛期奶牛能量不足，日粮中添加保护性脂肪，以防动用体内贮备，分解体脂肪。而未保护脂肪添加量过多会抑制瘤胃微生物的活动和乳蛋白率降低，降低纤维素消化率。由于长链脂肪酸易形成不溶性物质而不能被充分利用，而添加保护脂肪——脂肪酸钙，则能取得良好的效果。由于脂肪酸钙在瘤胃中不分解，只有在真胃及小肠才被分解，一方面减少了对瘤胃微生物的影响，另一方面提高了对脂肪酸的利用率。瘤胃消化功能的正常，使奶牛对干物质的采食量不减少；大量脂肪酸在小肠被直接吸收，保证了肌体能量供应的充足。所以添加脂肪酸钙可有效地改善奶牛的能量负平衡状态，在泌乳期由于能量供应充足而使产奶量增加。一般在奶牛常规饲料中添加脂肪酸钙300 g/(头·d)，使产奶量提高19.29%。

②蛋白质饲料。泌乳高峰期奶牛对蛋白质的需要量很高，瘤胃产生的微生物蛋白不能满足需要，日粮中应补充优质低降解蛋白饲料(如豆饼、酒糟等)，有助于提高产奶量。此外还可添加保持性蛋氨酸和赖氨酸添加剂。

③粗饲料。粗饲料应选择当地最好的饲料，其喂量(以干物质计)至少为母牛体重的1%，以便维持瘤胃的正常功能。干物质中粗纤维低于10%，容易引起消化障碍；低于13%会引起卵巢囊肿、子宫内膜炎等繁殖障碍多发病。对于高泌乳牛，即使其饲料干物质中含粗纤维18%也有可能发生消化机能障碍和食欲不振。因此要保证粗纤维率在15%以上，如有可能达到17%以上就最理想。苜蓿干草日喂量可达6 kg。每日每头饲喂玉米青贮15～20 kg。玉米青贮最好是全株青贮，牧草的低水分青贮(半干青贮)，效果比一般青贮好。

新鲜的啤酒糟、粉渣和豆腐渣等副料都是乳牛的好饲料，可明显的提高产奶量。但喂量要适度，日喂量以7～8 kg为宜，在产奶量明显提高的同时，对牛的健康无不良影响。另外一定要新鲜，糟渣含水量大，保鲜时间短，高温时更易酸败产生有毒物质，喂牛可导致中毒甚或死亡。

④添加剂。当谷物饲料喂量过高时，每天可补饲120 g小苏打和60 g氧化镁，以防酸中毒。高产奶牛子宫复原不足，发情不明显，受胎率低等繁殖机能障碍是比较普遍的，这主要是营养不足，特别是与维生素A、维生素D、维生素E等缺乏有关，日粮中添加这些维生素可以有效地改善繁殖机能。每日每头维生素A、维生素D_3、维生素E和β-胡萝卜素的投喂量分别为50 000 IU、6 000 IU、1 000 IU和300 mg。微量元素添加剂是奶牛日粮必不可少的。每头牛每日可添加6～12 g的烟酸，既可提高产奶量，又可预防酮病的发生。在奶牛日粮中添加瘤胃保护氨基酸、氨基酸类似物和过瘤胃脂肪和过瘤胃蛋白质都有提高产奶量的效果。

(3)奶牛的日粮配方：应根据饲料资源和奶牛产奶量随时调整，可参考如下。

体重600 kg，日产奶25 kg的中国荷斯坦牛日粮：玉米青贮18 kg，羊草4 kg，胡萝卜3 kg，混合料10.4 kg(其中玉米48%，豆饼25%、麸皮21.6%，小苏打1.5%，磷酸氢钙1%，碳酸钙1.9%，食盐1.0%)。维生素、微量元素预混料另加。

体重600 kg，日产奶20 kg泌乳牛日粮：玉米青贮18.0 kg，干草4.0 kg，胡萝卜3.0 kg，混合料8.5 kg(其中玉米47.8%，豆饼28.3%，麸皮18.4%，小苏打1.5%，磷酸氢钙1%，碳酸钙2%，食盐1%)。维生素、微量元素预混料另加。

体重600 kg，日产奶15 kg泌乳牛日粮：玉米青贮16.0 kg，羊草5.0 kg，胡萝卜3.0 kg，混合料8.4 kg(其中玉米52.5%，豆饼24%，麸皮18%，小苏打1.5%，磷酸氢钙1%，碳酸钙2%，食盐1.0%)。维生素、微量元素预混料另加。

(4)饲喂方法：粗料日喂3次或自由采食，精料少量多次饲喂，可降低奶牛丙酮血症、乳房炎、产后瘫痪等发病率。我国一般采用3次饲喂，3次挤奶的方法，在饲喂顺序上，一般是“先粗后精”、“先干后湿”、“先喂后饮”。试验表明，混合精料分8次饲喂，每次喂1.2～1.6 kg，每年产奶量可提高1 360 kg。据北京双桥农场总结多年来的饲养经验,实行干草→青贮+精料→青贮→粥→青贮+精料→粥的饲喂顺序,效果很好。具体做法是:"先添干草牛上槽,一次青贮一次料,二次青贮一次粥,三次青贮二次料,最后用粥收剩草"。此种做法使得他们多年来一直保持全国奶牛高产水平,此经验值得推广应用。近年来,为了充分发挥高产奶牛的产奶潜力,在泌乳盛期广泛采用引导饲养法和和全混合日粮饲喂技术。

①引导饲养法(俗称奶跟着料走)。引导饲养法是从母牛干乳期的最后两周开始,直到产犊后泌乳达到最高峰时,喂给高水平的能量,以减少酮血症的发病率,有助于维持体重和提高产奶量。具体做法是产犊前两周开始,除喂给足够量的高能粗料(如全株玉米青贮)外,每天约喂 2~2.5 kg 精料,以后每天增加 0.45 kg,直到母牛每 100 kg 体重吃到 1.0~1.5 kg 精料为止。母牛产犊后,仍继续按每天 0.45 kg 增加精料,直到产乳高峰或精料不超过日粮总干物质的 65%为止。这时,母牛的采食量已增加到一定水平而自动停止。其泌乳量就停滞在高的水平上。而这个高峰,根据母牛个体情况,有持续几周的,也有不足 1 周就下降的。泌乳盛期过后,奶量逐渐缓慢下降,根据产乳量、乳脂率、体重等情况及时调整精料喂量。在整个"引导"饲养阶段必须保证提供优质饲草,任其自由采食,并给予充足饮水,以减少消化道的疾病,引导饲养法对高产牛与低产牛应区别对待。一般牛平均精料 6~7 kg/(头·d),而高产牛平均 9~15 kg/(头·d)。

②全混合日粮(TMR)饲养技术。详见本书第八章的第四节奶牛饲料供给方式。

试验结果表明,在日粮营养水平基本一致情况下,采用 TMR 饲养技术全期平均产奶量乳成分提高 7%,日粮中的营养物质用于产奶的效率明显提高。全混合日粮饲喂技术已在我国广州市和上海市开始应用,经几年观察,奶牛的生产水平和牛群的健康状况一直处于全国领先水平。由于条件所限,我国绝大部分牛场尚不具备混合喂料车、电子计量系统,因此使该项技术在应用上受到一定限制。但是,在颈链拴系、固定牛床饲养管理条件下,也可根据个体产奶量单槽饲喂全混合日粮,从而达到消化吸收这项实用新技术的目的。建议奶牛场按产奶量或泌乳阶段分群饲养,按全群平均产奶量和体重配制基础全混合日粮,优先满足粗纤维、能量、蛋白质以及微量营养素最基本的营养需要。饲喂时可根据个体牛的体况和产奶量对"泌乳料"进行适当的增减,可采取人工搅拌后,直接饲喂的方法,这就简化了全混合日粮的应用,提高了营养物质供应的准确性。可以保证营养素之间的平衡,提高产奶量、乳脂率和乳蛋白率,改善牛群体况,其综合经济效益远远高于额外增加的费用,是一项先进的奶牛饲养制度,适合在广大奶牛场户中推广和应用。

图 10-4　全混合日粮(TMR)饲养

“玉米秸秆青贮＋干草”类型日粮在生产中可参考如下配方：

产奶低于 20 kgTMR 配方(%)：玉米 15.00、麸皮 3.60、豆粕 2.30、棉粕 3.30、菜粕 2.00、花生粕 2.00、磷酸氢钙 0.30、石粉 0.70、小苏打 0.50、食盐 0.30、预混料 0.30、苜蓿干草 7.60、谷草 7.60、玉米青贮 54.50。

产奶高于 20 kgTMR 配方(%)：玉米 20.00、麸皮 4.00、豆粕 3.50、棉粕 3.10、菜粕 2.10、花生粕 2.00、磷酸氢钙 0.35、石粉 0.70、小苏打 0.55、食盐 0.35、预混料 0.35、苜蓿干草 8.50、谷草 8.50、玉米青贮 46.00。

“全株玉米青贮＋干草”类型日粮在生产中可参考如下配方：

产奶低于 20 kgTMR 配方(%)：玉米 12.00、麸皮 5.10、豆粕 2.30、棉粕 3.30、菜粕 2.00、花生粕 2.00、磷酸氢钙 0.30、石粉 0.70、小苏打 0.50、食盐 0.30、预混料 0.30、苜蓿干草 7.60、谷草 7.60、全株玉米青贮 56。

产奶高于 20 kgTMR 配方(%)：玉米 15.00、麸皮 6.00、豆粕 3.50、棉粕 3.10、菜粕 2.10、花生粕 2.00、磷酸氢钙 0.35、石粉 0.70、小苏打 0.55、食盐 0.35、预混料 0.35、苜蓿干草 8.50、谷草 8.50、全株玉米青贮 49.00。

3. 泌乳盛期的管理要点

(1)泌乳盛期的奶牛每天的采食量大，应适当延长采食时间，饲喂时，定时定量，少给勤添，提高采食量的方法之一是每天食槽的空置时间不应超过 2～3 h，剩料的重量不应大于 3%～5%，饲料应凉爽且有甜香味，不要在食槽中堆积、发热、变酸；饲料种类应保持相对稳定，更换饲料时，必须逐渐进行，过渡时间应在 10 d

以上。每头奶牛应有 45～70 cm 的食槽空间,食槽表面应光滑;拴系式的牛舍颈链有足够的长度,散放式牛舍头架不要卡得太紧。

(2)高产奶牛容易感染乳腺炎,因此必须严加预防。挤奶后药浴乳头。

(3)注意泌乳早期牛的发情,以产后 70～80 d 配种最佳。高产奶牛在泌乳早期的发情表现往往不明显,必须注意观察,以免错过情期。

(4)要保证充足清洁的饮水,实践证明,奶牛饮水不足产奶量会下降,而有足够的饮水可使产奶量增加;运动有助于消化,可增强体质,促进泌乳。奶牛挤奶后要立即饮水。

(5)运动不足会降低产奶性能和繁殖力,也易发生肢蹄病,故应有适当的运动量;保持牛体清洁卫生,每头必须坚持刷拭牛体 2～3 次;奶牛除饲喂、挤奶时留在室内外,其余时间可让它到运动场上自由活动。

(6)做好奶牛防疫灭病和牛舍内外清洁卫生工作。

(7)做好泌乳盛期奶牛的防暑降温。

六、泌乳中期母牛的饲养管理技术

产后 100～200 d 称泌乳中期。

1. 泌乳中期的特点 产奶量开始缓慢下降,每月下降 5%～7%,母牛体质逐渐恢复,自 20 周起体重开始增加,日增重约为 500 g。饲养得当可延缓泌乳量下降速度。

2. 泌乳中期的日粮 根据产奶量变化调整精料饲喂量,减少谷物饲料供给,此期母牛采食力强,饲料转化率高,大量供给粗饲料、副料。

(1)日粮营养水平:日粮中干物质为体重的 3%左右,每千克干物质含 2.13 个 NND,粗蛋白质 13%,钙 0.45%,磷 0.4%。中性洗涤纤维 33%、酸性洗涤纤维 25%,非纤维性碳水化合物 33%。精粗比例 40∶60。

(2)日粮配方:粗料每日每头牛 20 kg 玉米青贮、4 kg 干草。精料按每产 2.7 kg 奶给 1 kg 供给;每产 2.5～3 kg 奶给 1 kg 鲜啤酒糟(或饴糖糟、甜菜渣、豆腐渣)。精料组成:玉米 50%、熟豆饼(粕)20%、麸皮 12%、玉米蛋白 7.5%、酵母饲料 5%、小苏打 1.5%,磷酸钙 1%、碳酸钙 2%、食盐 1%、微量元素与维生素添加剂另加。

体重 600 kg,每日每头产奶 20 kg 奶牛日粮:玉米青贮 18 kg、羊草 4 kg、胡萝卜 3 kg,混合料 8.84 kg(其中玉米 47.3%,豆饼 28.3%,麸皮 18.9%,小苏打 1.5%,磷酸钙 1%,碳酸钙 2%、食盐 1%,微量元素与维生素添加剂另加)。

3. 泌乳中期的管理技术要点

(1)此阶段可按维持加产奶的需要进行全价日粮饲养,可不考虑体重变化问题。

(2)对于日产奶量高于 35 kg 的高产奶牛,一年四季均应添加缓冲剂(小苏打、氧化镁)。夏季还应加氯化钾,有利于缓解热应激对高产奶牛造成的不利影响。

(3)高产奶牛在此阶段食欲很旺盛,干物质进食量可高达每 100 kg 体重 3.5～4.5 kg,但要细心饲养才能保持稳产高产。

(4)加强日常管理如梳刮牛体,按摩乳房,加强运动,饮水充足,保证母牛高产稳产。

七、泌乳后期母牛的饲养管理技术

产后 200 d 至干奶前称泌乳后期。

1. 泌乳后期的特点　产奶量急剧下降,每月下降幅度达 10%以上,此时母牛处于怀孕后期,胎儿生长发育很快,母牛要消耗大量营养物质,以供胎儿生长发育的需要。各器官处于较强活动状态,应做好牛体况恢复工作,泌乳后期是恢复奶牛体况和增重的最好时期,但又不能使母牛过肥,并为干乳做好准备。一般母牛每日增重 500～750 g,相当于日产 3～5 kg 标准乳的养分需要。

2. 泌乳后期的日粮

(1)日粮的营养水平:日粮干物质应占体重的 3.0%～3.2%,每千克干物质含 2 个 NND,粗蛋白 12%,钙 0.45%,磷 0.35%,中性洗涤纤维 33%、酸性洗涤纤维 25%,非纤维性碳水化合物 33%。精粗比为 30∶70,粗纤维含量不少于 20%。

(2)泌乳后期日粮配方:饲养上以优质青粗料为主,补饲少量精料。在满足胎儿发育需要时,防止喂得过肥,保持中等偏上体况即可。日粮配方可参考如下。

全期产奶水平为 8 000～8 500 kg 的高产奶牛日粮:精料 10～12 kg,干草 4～4.5 kg,玉米青贮 20 kg。精料组成为玉米 48.5%、熟豆饼(粕)10%、棉仁饼(或棉粕)5%、胡麻饼 5%、花生饼 3%、葵子饼 4%、麸皮 20%、小苏打 1.5%、磷酸钙 1.5%、碳酸钙 0.5%、食盐 1%、微量元素和维生素添加剂另加。

全期产奶量为 7 000 kg 的母牛日粮:精料 9～10 kg,干草 4 kg,玉米青贮 20 kg。精料组成为玉米 48.5%、熟豆饼(粕)10%、葵子饼 5%、棉仁饼 5%,胡麻饼 5%、麸皮 22%、小苏打 1.5%、磷酸钙 1.5%、碳酸钙 0.5%、食盐 1%、微量元素和维生素添加剂另加。

全期产奶水平为 6 000 kg 以下的奶牛日粮:精料 8～9 kg,干草 4 kg,玉米青贮 20 kg。精料组成为玉米 48.5%、熟豆饼(粕)10%、麸皮 24%、棉仁饼 5%、葵子饼 5%、芝麻粕 3%、小苏打 1.5%、磷酸钙 1.5%、碳酸钙 0.5%、食盐 1%，微量元素和维生素添加剂另加。

体重 600 kg，日产奶 15 kg 母牛的日粮：玉米青贮 16 kg，羊草 5 kg，胡萝卜 3 kg，混合料 8.35 kg(其中玉米 52.5%，豆饼 24%，麸皮 19%，小苏打 1.5%、磷酸钙 1.5%、碳酸钙 0.5%、食盐 1%，微量元素和维生素添加剂另加)。

3. 泌乳后期的管理要点

(1)对泌乳后期的奶牛，在日粮供给上要根据母牛的产奶水平和实际膘情合理安排，精料可根据产奶量随时调整，一般产 3～4 kg 奶给 1 kg 精料。只要母牛为中等膘(即肋骨外露明显)，则按前述日粮组成饲喂。若已达中等以上膘情(即肋骨可见，但不明显)，则可减少 1～1.5 kg 精料，并严格控制青贮玉米的给量，精粗料的搭配需营养丰富、全面，结构合理，以保证牛的食欲与健康，使产奶量平稳下降，防止母牛过肥。

(2)在预计停奶以前必须进行一次直肠检查，确定一下是否妊娠，如个别牛可能怀双胎，则应按双胎确定该牛干奶期的饲养方案，要合理地提高饲养水平，增加 1～1.5 kg 精料。

(3)要禁止喂冰冻或发霉变质的饲料，注意母牛保胎，防止机械流产(如防止母牛群通过较窄道时互相拥挤，防止滑倒)。

八、中华人民共和国农业行业标准——无公害食品 奶牛饲养管理准则

中华人民共和国农业行业标准——无公害食品奶牛饲养管理准则 NY/T 5049—2001 全文如下：

1 范围

本标准规定了无公害牛奶生产过程中引种、环境、饲养、消毒、用药、防疫、牛奶收集和废弃物处理各环节应遵循的准则。

本标准适用于所有奶牛养殖场无公害牛奶生产的饲养与管理。

2 规范性引用文件

下列文件中的条款通过本标准的引用而成为本标准的条款。凡是注日期的引用文件，其随后所有的修改单(不包括勘误的内容)或修订版均不适用于本标准，然而，鼓励根据本标准达成协议的各方研究是否可使用这些文件的最新版本。凡是不注日期的引用文件，其最新版本适用于本标准。

GB 16548　畜禽病害肉尸及其产品无害化处理规程

GB 16567　种畜禽调运检疫技术规范

NY/T 388　畜禽场环境质量标准

NY 5027　无公害食品 畜禽饮用水水质

NY 5045　无公害食品 生鲜牛乳

NY 5046　无公害食品 奶牛饲养兽药使用准则

NY 5047　无公害食品 奶牛饲养兽医防疫准则

NY 5048　无公害食品 奶牛饲养饲料使用准则

奶牛营养需要和饲养标准(第二版)

3　术语和定义

下列术语和定义适用于本标准。

3.1　净道 non-pollutio nroad

牛群周转、饲养员行走、场内运送饲料、奶车出入的专用道路。

3.2　污道 pollution road

粪便等废弃物、淘汰牛出场的道路。

3.3　牛场废弃物 cattle farm waste

主要包括牛粪、尿、死牛、褥草、过期兽药、残余疫苗、疫苗瓶和污水。

4　引种

4.1　引进种牛,应按照 GB 16567 进行检疫。

4.2　引进的种牛,隔离观察至少 30～45 d,经兽医检疫部门检查确定为健康合格后,方可供繁殖使用。

4.3　不应从疫区引进种牛。

5　牛场环境与工艺

5.1　奶牛场应建在地势平坦干燥、背风向阳,排水良好,场地水源充足、未被污染和没有发生过任何传染病的地方。

5.2　牛舍应具备良好的清粪排尿系统。

5.3　牛舍内的温度、湿度、气流(风速)和光照应满足奶牛不同饲养阶段的需求,以降低牛群发生疾病的机会。

5.4　牛舍内空气质量应符合 NY/T 388 的规定。

5.5　牛舍地面和墙壁应选用适宜材料,以便于进行彻底清洗消毒。

5.6　牛场内应分设管理区、生产区及粪污处理区,管理区和生产区应处上风向,粪污处理区应处下风向。

5.7　牛场净道和污道应分开,污道在下风向,雨水和污水应分开。

5.8 牛场周围应设绿化隔离带。

5.9 牛场排污应遵循减量化、无害化和资源化的原则。

6 饲养条件

6.1 饲料和饲料添加剂

6.1.1 饲料及添加剂的使用应符合 NY 5048 的规定。

6.1.2 奶牛的不同生长时期和生理阶段至少应达到《奶牛营养需要和饲养标准》(第2版)要求,可参考使用地方奶牛饲养规范(规程)。

6.1.3 不应在饲料中额外添加未经国家有关部门批准使用的各种化学、生物制剂及保护剂(如抗氧化剂、防霉剂)等添加剂。

6.1.4 应清除饲料中的金属异物和泥沙。

6.2 兽药使用

6.2.1 对于治疗患疾病奶牛及必须使用药物处理时,应按照 NY 5046 执行。

6.2.2 泌乳牛在正常情况下禁止使用任何药物,必须用药时,在药物残留期间的牛乳不应作为商品牛乳出售,牛乳在上市前应按规定停药,应准确计算停药时间和弃乳期。

6.2.3 不应使用未经有关部门批准使用的激素类药物(如促卵泡发育、排卵和催产等药剂)及抗生素。

6.3 防疫

牛群的免疫应符合 NY 5047 的规定。

6.4 饮水

6.4.1 场区应有足够的生产和饮用水,饮水质量应达到 NY 5027 的规定。

6.4.2 经常清洗和消毒饮水设备,避免细菌滋生。

6.4.3 若有水塔或其他贮水设施,则应有防止污染的措施,并予以定期清洗和消毒。

7 卫生消毒

7.1 消毒剂

消毒剂应选择对人、奶牛和环境比较安全、没有残留毒性,对设备没有破坏和在牛体内不应产生有害积累的消毒剂。可选用的消毒剂有:石炭酸(酚)、煤酚、双酚类、次氯酸盐、有机碘混合物(碘附)、过氧乙酸、生石灰、氢氧化钠(火碱)、高锰酸钾、硫酸铜、新洁尔灭、松油、酒精和来苏儿等。

7.2 消毒方法

7.2.1 喷雾消毒

用一定浓度的次氯酸盐、有机碘混合物、过氧乙酸、新洁尔灭、煤酚等,用喷雾装置进行喷雾消毒，主要用于牛舍清洗完毕后的喷洒消毒、带牛环境消毒、牛场道路和周围和进入场区的车辆。

7.2.2　浸液消毒

用一定浓度的新洁尔灭、有机碘混合物或煤酚的水溶液，进行洗手、洗工作服或胶靴。

7.2.3　紫外线消毒

对人员入口处常设紫外线灯照射，以起到杀菌效果。

7.2.4　喷撒消毒

在牛舍周围、入口、产床和牛床下面撒生石灰或火碱杀死细菌或病毒。

7.2.5　热水消毒

用 35～46℃温水及 70～75℃的热碱水清洗挤奶机器管道，以除去管道内的残留矿物质。

7.3　消毒制度

7.3.1　环境消毒

牛舍周围环境(包括运动场)每周用 2%火碱消毒或撒生石灰 1 次；场周围及场内污水池、排粪坑和下水道出口，每月用漂白粉消毒 1 次。在大门口和牛舍入口设消毒池，使用 2%火碱或煤酚溶液。

7.3.2　人员消毒

7.3.2.1　工作人员进入生产区应更衣和紫外线消毒，工作服不应穿出场外。

7.3.2.2　外来参观者进入场区参观应彻底消毒，更换场区工作服和工作鞋，并遵守场内防疫制度。

7.3.3　牛舍消毒

牛舍在每班牛只下槽后应彻底清扫干净，定期用高压水枪冲洗，并进行喷雾消毒或熏蒸消毒。

7.3.4　用具消毒

定期对饲喂用具、料槽和饲料车等进行消毒，可用 0.1%新洁尔灭或 0.2%～0.5%过氧乙酸消毒；日常用具(如兽医用具、助产用具、配种用具、挤奶设备和奶罐车等)在使用前后应进行彻底消毒和清洗。

7.3.5　带牛环境消毒

定期进行带牛环境消毒，有利于减少环境中的病原微生物。可用于带牛环境消毒的消毒药有：0.1%新洁尔灭，0.3%过氧乙酸，0.1%次氯酸钠，以减少传染病和蹄病等发生。带牛环境消毒应避免消毒剂污染到牛奶中。

7.3.6 牛体消毒

挤奶、助产、配种、注射治疗及任何对奶牛进行接触操作前，应先将牛有关部位如乳房、乳头、阴道口和后躯等进行消毒擦拭，以降低牛乳的细菌数，保证牛体健康。

8 管理

8.1 总的管理

8.1.1 奶牛场不应饲养任何其他家畜家禽，并应防止周围其他畜禽进入场区。

8.1.2 保持各生产环节的环境及用具的清洁，保证牛奶卫生，坚持刷拭牛体，防止污染乳汁。

8.1.3 成乳牛坚持定期护蹄、修蹄和浴蹄。

8.2 人员管理

牛场工作人员应定期进行健康检查，发现有传染病患者应及时调出。

8.3 饲喂管理

8.3.1 按饲养规范饲喂，不堆槽，不空槽，不喂发霉变质和冰冻的饲料。应捡出饲料中的异物，保持饲槽清洁卫生。

8.3.2 保证足够的新鲜、清洁饮水，运动场设食盐、矿物质（如矿物质舔砖等）补饲槽和饮水槽，定期清洗消毒饮水设备。

8.4 挤奶管理

8.4.1 贮奶罐、挤奶机使用前后都应清洗干净，按操作规程要求放置。

8.4.2 乳房炎病牛不应上机挤奶，上机时临时发现的乳房炎病牛不应套杯挤奶，应转入病牛群手工挤净后治疗。

8.4.3 牛奶出场前先自检，不合格者不应出场。

8.4.4 机械设备应定期检查、维修和保养。

8.5 灭蚊蝇、灭鼠

8.5.1 搞好牛舍内外环境卫生，消灭杂草和水坑等蚊蝇滋生地，定期喷洒消毒药物，或在牛场外围设诱杀点，消灭蚊蝇。

8.5.2 定期投放灭鼠药，控制啮齿类动物。投放灭鼠药应定时、定点，及时收集死鼠和残余鼠药，做无害化处理。

9 病死牛及产品处理

9.1 对于非传染病及机械创伤引起的病牛只，应及时进行治疗，死牛应及时定点进行无害化处理，应符合 GB 16548 的规定。

9.2 使用药物的病牛生产的牛奶（抗生素奶）不应作为商品牛奶出售。

9.3 牛场内发生传染病后，应及时隔离病牛，病牛所产乳及死牛应作无害化处理，应符合 GB 16548 的规定。

10 牛奶盛装、贮藏和运输应符合 NY 5045 的规定。

11 废弃物处理

11.1 场区内应于生产区的下风处设贮粪场，粪便及其他污物应有序管理。每天应及时除去牛舍内及运动场褥草、污物和粪便，并将粪便及污物运送到贮粪场。

11.2 场内应设牛粪尿、褥草和污物等处理设施，废弃物应遵循减量化、无害化和资源化的原则。

12 资料记录

12.1 繁殖记录：包括发情、配种、妊检、流产、产犊和产后监护记录。

12.2 兽医记录：包括疾病档案和防疫记录。

12.3 育种记录：包括牛只标记和谱系及有关报表记录。

12.4 生产记录：包括产奶量、乳脂率、生长发育和饲料消耗等记录。

12.5 病死牛应做好淘汰记录，出售牛只应将抄写复本随牛带走，保存好原始记录。

12.6 牛只个体记录应长期保存，以利于育种工作的进行。

第五节 种公牛的饲养管理技术

一、种公牛饲养管理的基本要求

1. 保持健壮的体质 种公牛的体质健壮，具体要求种公牛的精力要充沛，具有雄性的威势，体况符合种用要求。种用体况是指种公牛具有中上等体况，腰角明显而不突出，肋骨微露而不外显，肌肉显露而不丰。种公牛如果饲养过丰，缺乏运动，会使其发胖而导致精神不振，性欲降低，精子活力下降，配种时不思爬跨。反之，饲养不良，营养不足，则体质瘦弱，也会影响种公牛的性欲和精液质量。

2. 品质优良的精液 种公牛的精液品质与其配种能力密切相关，评定种公牛精液品质的指标主要有射精量、精子活力、精子密度、顶体完整率、畸形率以及耐冷冻性等。

3. 延长使用年限 优秀种公牛来之不易，必须尽可能地延长其使用年限，以充分发挥优秀种公牛的作用。在生产实践中，应从加强饲养管理、合理使用等方面着手，确保种公牛健康长寿、终生正常生产，防止由于健康恶化而丧失种用价值，或者未老先衰而提前淘汰。

二、种公牛饲养

1. 种公牛的饲养特点 奶牛一年四季皆可发情配种，并无发情配种旺季与淡季之分。因此，在种公牛的饲养管理上也是四季均衡的，特别在使用冷冻精液技术以后，季节对种公牛配种负担的限制更加减少，对种公牛的饲养要按其配种任务的大小加以调节即可。

根据种公牛营养需要的特点，在饲料配合上做到多样配合，营养全价，适口性强，容易消化。精、粗、青料要适当搭配。精料应以生物学价值高的蛋白质为重点。精料的比例以占总营养价值的40%左右为宜。多汁料和粗料不可过量，以免使种公牛的消化器官容积扩增，形成“草腹”，影响种用价值。碳水化合物含量高的饲料(如玉米等)，宜少喂，否则易使种公牛体况过肥，配种能力降低。豆饼等富含蛋白质的精料是种公牛的良好饲料，有利于精液的形成，但喂饲过多时在体内产生大量有机酸，对精子的形成反而不利。青贮料含有多量有机酸，喂量过多，同样有害。石粉、食盐等矿物质饲料对种公牛的精液质量和健康有直接影响，尤其是钙、磷饲料必须保证供应。食盐喂量要适宜，过多对种公牛的性机能有一定程度的抑制作用。

当精料或多汁料给予过量，以致精液质量下降时，应在减少精料或多汁料的基础上，增喂适量的优质干草，经调整后精液质量可望得到明显改善。当精料太单纯，影响到精液质量时，则须增添种类，特别是在采精频繁时，须补饲鸡蛋、鱼粉等动物性蛋白。

2. 育成公牛的日粮 育成公牛比育成母牛生长快，需要较多的营养物质，特别需要以精料形式提供的能量，以促进其迅速生长和性机能的发育。营养不足会延迟性成熟的到来，并导致精液品质下降，生长速度变慢。对育成公牛除给予充足的精料外，还应让其自由采食优质干草。10 月龄后，可自由采食牧草、青贮料、青刈饲料或干草，作为日粮的主要部分。精料的喂量依粗料的质量而定。在饲喂豆科或禾本科优质粗料的情况下，混合精料可用麸皮、玉米(或大麦)、燕麦、豆饼(或胡麻饼)各 25%组成，另加 1%食盐，1.5%磷酸氢钙，微量元素和维生素添加剂

0.2%。育成公牛应保证矿物质、维生素尤其是维生素 A 的供给，饲喂优质干草和青饲草，少用劣质草料，精粗比(55～60)∶(45～40)。育成公牛单槽饲养，与母牛隔离。日粮中粗蛋白以 12%为宜。

3. 成年公牛的日粮　成年种公牛开始配种或采精以后，应该喂给全价营养平衡日粮，精料比例以占总营养水平的 50%左右为宜，同时供给优质粗饲料，注意 Ca、P 和维生素 A、维生素 E 的供给，否则造成精子数量减少和品质下降。干物质进食量为体重的 1.3%～1.6%，日粮干物质中 1.68 NND/kg，可消化粗蛋白 5.3%。

在生产实践中，各类饲料给量限额按每 100 kg 体重计算：混合精料 0.4～0.6 kg，日给量不超过 8 kg；干草 1～1.5 kg，日给量 6～10 kg；青贮饲料 0.6～0.8 kg，日给量 8～10 kg；块根饲料 0.8～1 kg，日给量 6～8 kg。配种或采精次数多时，每日还需补给鸡蛋 0.5 kg 或牛乳 2～3 kg 或鱼粉 200～250 g，骨粉 100～150 g，食盐 70～80 g。这些饲料量应根据不同公牛的体况进行适当调整，必须避免成年公牛过度肥胖，因为这样会使其性机能降低，并可能由于四肢负担过重而受损伤。

种公牛在舍饲期的混合精料配方参考如下：①玉米 60%，麸皮 15%，豆饼 20%，磷酸氢钙 2.5%，食盐 1.5%，微量元素和维生素 1%；②豆饼 30%，玉米 25%，大麦 25%，高粱 8%，麸皮 12%。日喂 3 次，定时定量，先精后粗，防止过饱。种公牛应保证充足的饮水。水质良好、清洁，冬季水温不可过低。冬季每日饮 3 次，夏季 4～5 次。在配种或采精前后、运动前后各 0.5 h 内都不要饮水。

应注意的是种公牛如果腹部过大、四肢弱则不能很好采精，所以要适当控制青草、青贮等多汁饲料的给量，粗饲料以干草为主，青草每日 15 kg，青贮每日 10 kg 为最大限度。夏季喂青刈作物和青草，适当搭配干草，冬季以干草为主，补喂青贮玉米和胡萝卜。

三、种公牛管理

1. 种公牛的生理特性

(1)记忆力强：种公牛对其周围所处的环境(如事物和人等)记忆深刻，可以多年不忘。例如，对治过病的兽医或对其粗暴殴打的人，如果再次接触时就会有抵触的现象，甚至有报复行为。因此，饲养人员应熟悉种公牛的脾性，不要给种公牛以恶意的刺激，以防种公牛的报复及伤人行为。

(2)抵御反射强:种公牛具有较强的自卫性,当陌生人和它接近时,立即表现出对来者进行攻击的态势。因此,陌生人切勿随意接近它,以防发生意外。

(3)性反射强:种公牛在采精或配种时,勃起反射、爬跨反射及射精反射都很快,射精冲力很猛。如果长期不采精,或采精技术不良,或配种方式不正确,种公牛的性格往往会变坏,容易出现顶人的恶癖,或者形成自淫的坏习惯。

2. 种公牛的管理要点

(1)注意安全:饲养人员在管理公牛时,要处处留心,注意安全,并有耐心,熟悉每头公牛的性情,如遇公牛惊恐时要用温和声音安抚。对公牛不要粗暴对待,不得随意逗弄、鞭打或虐待。同时,饲养员和采精员尽可能不参加兽医治疗工作,以免造成种公牛报复。饲喂种公牛或牵引种公牛运动和采精时,必须密切注意种公牛的表现,当种公牛出现用前蹄刨地或用角掘地行为时,应注意防止意外。对于顶人的种公牛必须采用措施,既要设法纠正又要有防范措施。

(2)拴系和牵引:种公牛必须拴系饲养,防止伤人。一般公牛在10~12月龄时穿鼻戴环,经常牵引训导,鼻环须用皮带吊起,系在缠角带上。绕角上拴两条系链,通过鼻环,左右分开,拴在两侧立柱上。鼻环要常检查,有损坏要更换。

种公牛的牵引要用双绳牵,两人分左右两侧,人和牛保持一定距离。对烈性公牛,用钩棒牵引,由一人牵住缰绳,另一人用钩棒钩住鼻环来控制。

(3)睾丸及阴囊的定期检查和护理:种公牛睾丸的最快生长发育期是6~14月龄,因此在此期应加强营养和护理。研究表明,睾丸发育的大小与精子的生成具有密切的关系,为了促进睾丸的发育,除应注意选种和加强营养以外,还要经常进行按摩和护理,每次5~10 min。同时,应注意保持阴囊皮肤的清洁卫生,定期进行冷敷,这对于改善精液品质及培育种公牛的温驯性情有重要作用。

(4)刷拭和洗浴:种公牛皮肤的护理很重要,每天应刷拭1~2次,注意经常刷净后颈、头部和前额上的污垢,以免公牛因头痒而引起顶人。夏季可用冷水边洗浴边刷拭。要经常保持阴囊和包皮的清洁。

(5)护蹄:要经常检查蹄趾有无异常,保持蹄壁和蹄叉清洁,当发现蹄病应及时治疗。每年春秋修蹄一次,保持正常蹄形。蹄的损坏,会影响运动和采精,严重者应予以淘汰。

(6)运动:公牛采精时要用四肢支撑1 000 kg左右体重,采精的重量主要负担在后肢。因此四肢坚实非常重要。加强运动有利于保证四肢坚实,还能增强体质,提高性欲,改善精液品质。肉用种公牛容易肥胖,每天最好保持4~6 h的自由运动,有条件的可在伞形运动架上每天运动2次,每次1.5~2 h,行程4 km。

(7)合理利用:种公牛一般1.5岁开始采精,每周采精1次,2岁每周采精2～3次;3岁以上公牛可每周2次,每次可射精2次,前后间隔10 min左右;交配或采精的时间,应在饲喂后2～3 h进行。要根据公牛的特点,由固定采精员采精,采精时应注意人畜安全,采精架应合适,不可伤害到种公牛的前蹄,也不可影响爬跨。采精室一般采用混凝土或铺垫橡胶垫,地面不宜过滑,以防种公牛在采精时滑跌或受到刺激而影响以后的爬跨。

(8)牛舍环境:种公牛舍应干净、卫生,地面平坦、坚硬、不漏,且远离母牛舍。牛舍温度应在10～30℃之内,夏季注意防暑,冬季注意防寒。

第十一章　奶牛场的设计与建设

第一节　奶牛对环境的要求

一、创造适宜的环境条件

奶牛生产性能的高低，不仅取决于其本身的遗传因素，还受到外界环境条件的制约。良好的环境条件，有利于奶牛的生长发育和高效生产，能使其生产潜力充分发挥出来；而恶劣的生存环境，会破坏奶牛的生产力，重者甚至会带来毁灭性的灾难，使奶牛生产蒙受不可估量的损失。因此生产实践中必须为奶牛创造适宜的环境条件，才能保证高产稳产。

1. 气温　气温对牛的机体影响最大，其变化不同程度地影响牛体健康及其生产力的发挥。牛是恒温动物，随时通过自身机体的热调节来适应环境温度的变化。奶牛生产的最适环境温度为 9～16℃；犊牛 13～15℃。在最适环境温度下，奶牛的饲料利用率最高，抗病力最强，因而经济效益最好。

高温环境，使牛的代谢率提高，大量散发体热，呼吸加快，心率增加，食欲减弱，饲料消化率下降，严重影响牛体健康。一般外界气温高于 20℃奶牛就有热应激反应，高于 26℃会出现严重反应。温度再升高，会进一步影响牛体代谢，引起“热射病”，重者造成牛只死亡。低温环境，使牛体代谢增强，食欲旺盛，但是，过低的环境温度，会使牛体散热过多，呼吸加深，脉动减缓，代谢失调，血液循环失调，尿量增多，也会导致牛只死亡。低温有时还会使牛体局部冻伤。

一般来说，奶牛具有耐寒不耐热的特点，环境气温自 10℃下降到－15℃，对乳牛体温没有影响。但高温环境对牛体影响较大。因此，在奶牛的饲养管理上，要夏防暑，冬防寒，以提高养牛生产效益。

2. 空气湿度　气湿对牛体机能的影响，主要是通过水分蒸发影响牛体散热，干扰牛体热调节。在一般温度环境中，气湿对牛体热调节没有影响。但在高温和低温环境中，气湿大小程度对牛体热调节产生作用。一般是湿度越大，体温调节范围越小。高温高湿会导致奶牛体表水分蒸发受阻，体热散发受阻，体温很快上升，机体机能失调，呼吸困难，最后致死，形成"热害"，是最不利于奶牛生产的环境。低温高湿会增加奶牛体热散发，使体温下降，生长发育受阻，饲料报酬率降低，增加生产成本。另外，高湿环境还为各类病原微生物及各种寄生虫的繁殖发育提供了良好条件，使奶牛患病率上升。一般来说，气湿在55%～85%时对奶牛没有不良影响，但高于90%时则会造成危害。因此，奶牛生产上要尽可能避免出现高湿环境。

3. 气流(风)　气流通过对流作用，使牛体散发热量。牛体周围的冷热空气不断对流，带走牛体所散发的热量，起到降温作用。一般来说，风速越大，降温效果越明显。寒冷季节，若受大风侵袭，会加重低温效应，使奶牛抗病力减弱，尤其对于犊牛，易患呼吸道、消化道疾病，如肺炎、肠炎等。炎热季节，加强通风换气，有助于防暑降温，并排出牛舍中的有害气体，改善牛舍环境卫生状况。

4. 光照(日照、光辐射)　冬季牛体受日光照射有利于防寒，对牛体健康有好处；夏季高温下受日光照射会使牛体体温升高，导致热射病(中暑)。因此，夏季应采取遮阴措施，加强防暑。阳光中的紫外线照射可使牛体皮肤中的7-脱氢胆固醇转化为维生素D_3，促进牛体对钙的吸收。紫外线还具有强力杀菌作用，使畜体血液中的红、白血球数量增加，可提高机体的抗病能力。但紫外线的过强照射也有害于奶牛的健康，会导致日射病(也称中暑)。一般条件下，牛舍常采用自然光照，为了生产需要也采用人工光照。生产上要求成乳牛舍的采光系数为1∶12，犊牛舍为1∶(10～14)。采光系数是牛舍窗户的有效采光面积和舍内地面面积之比。

5. 其他环境因素　大气环境，尤其是畜舍内小气候环境中的有害气体、尘埃、微生物和噪声常常会对奶牛健康产生不良影响，轻者引起慢性中毒，使其生长缓慢，体质衰弱，抗病力降低，生产力下降；重者会导致患病，甚至死亡。严重的大气污染会诱发传染病流行，给奶牛生产造成巨大损失。因此，加强畜舍通风换气，改善畜舍环境卫生，是畜舍建筑设计上不可忽视的重要问题。

二、环境安全控制技术

牛舍是奶牛活动(采食、饮水、走动、排粪、睡眠)的场所，也是工作人员进行各种生产活动的地方，牛舍类型及其他许多因素都可直接或间接地影响舍内环境的变化。有些发达国家对牛舍环境十分重视，制定了牛舍的建筑气候区域、环境参数和建筑设计规范等，作为国家标准而颁布执行。为了给奶牛创造适宜的环境条件，对牛舍应在合理设计的基础上，采用供暖、降温、通风、光照、空气处理等措施，对牛舍环境进行人为控制，以获得最高的生产力。

(一)牛舍的防暑与降温

1. 牛舍的防暑 对牛舍的防暑措施,可采取以下措施。

(1)搭凉棚:奶牛大部分时间是在运动场上活动和休息,因此在运动场上搭凉棚遮阴显得尤为重要。搭凉棚一般可减少30%~50%的太阳辐射热。据美国的资料记载:凉棚可使动物体表辐射热负荷从769 W/m² 减弱到526 W/m²,相应使平均辐射温度从67.2℃降低到36.7℃。凉棚一般要求东西走向,东西两端应比棚长各长出3~4 m,南北两侧应比棚宽出1~1.5 m。凉棚的高度约为3.5 m,多雨的地区可低些,干燥地区则要求高一些。目前市场上出售的一种不同透光度的遮阳膜,作为运动场凉棚的棚顶材料,较经济实惠,可根据情况选用。

(2)设计隔热的屋顶,加强通风:为了减少屋顶向舍内的传热,在夏季炎热而冬季不冷的地区,可以采用通风的屋顶,其隔热效果很好。通风屋顶是将屋顶做成两层,层间内的空气可以流动,进风口在夏季宜正对主风。由于通风屋顶减少了传入舍内的热量,降低了屋顶内表面温度,所以,可以获得很好的隔热防暑效果。在夏凉冬冷地区,则不宜设通风屋顶,这是因为在冬季这种屋顶会促进屋顶散热。墙壁具有一定厚度,采用开放式或凉棚式牛舍。另外,牛舍场址宜选在开阔、通风良好的地方,位于夏季主风口,各牛舍间应有足够距离以利通风。

另外,牛舍可设地脚窗、屋顶设天窗、通风管等方法来加强通风。在舍外有风时,地脚窗可加强对流通风、形成"穿堂风"和"扫地风",可对奶牛起到有效的防暑作用。为了适应季节和气候的不同,在屋顶风管中应设翻板调节阀,可调节其开启大小或完全关闭,而地脚窗则应做成保温窗,在寒冷季节时可以把它关闭。此外,必要时还可以在屋顶风管中或山墙上加设风机排风,可使空气流通加快,带走热量。

(3)遮阳:一切可以遮断太阳辐射的设施和措施,统称为"遮阳"(也称"遮阴")。强烈的太阳辐射是造成牛舍夏季过热的重要原因。一般"遮阳",在不同方向减少传入舍内的热量可达17%~35%。

牛舍的"遮阳",可采用水平或垂直的遮阳板,或采用简易活动的遮阳设施:如遮阳棚、竹帘或苇帘等。同时,也可栽种植物进行绿化遮阳。牛舍的遮阳应注意以下几点:①牛舍朝向对防止夏季太阳辐射有很大作用,为了防止太阳辐射热侵入舍内,牛舍的朝向应以长轴东西向配置为宜;②要避免牛舍窗户面积过大;③可采用加宽挑檐,挂竹帘,搭凉棚以及植树等遮阳措施来达到遮阳的目的。

(4)增强牛舍围护结构对太阳辐射热的反射能力:牛舍围护结构外表面的颜色深浅和光滑程度对太阳辐射热吸收能力各有不同,色浅而光滑的表面对辐射热反射多而吸收少,反之则相反。由此可见,牛舍的围护结构采用浅色光平的表面是经

图 11-1　奶牛运动场的遮阳棚

济有效的防暑方法之一。

2. 牛舍的降温　牛舍降温若采用制冷设备(空调设备)则成本较高,在经济上是不可行的,故此,可考虑采用以下的降温措施。

(1)电动风机和电风扇降温:轴流式风机是牛舍常见的通风换气设备,这种风机既可排风,又可送风,而且风量大。电风扇也常用于牛舍通风,一般以吊扇多见。

图 11-2　用于牛舍通风的电风扇

(2)淋浴降温:在牛舍粪尿沟或靠近粪沟的牛床上方设喷头或钻孔水管,可定时或不定时地为牛体淋浴,其作用是淋湿动物体表直接降温和加强蒸发散热,同时可吸收空气中的热量而降低舍温。经试验,夏季在牛舍中每隔 30 min 淋水 1 min,可使舍内气温降低 1～3℃。

(3)喷雾降温:采用淋浴降温虽然有明显的降温效果,但水滴大,蒸发慢。而采用喷雾降温能起到降低舍温的良好作用,这是由于雾状易蒸发,雾滴点很小,在未降至牛体表面之前便已蒸发掉,所以不用湿润体表也有促进牛体蒸发散热的作用。喷雾降温可用于各种牛舍,即在舍内每隔 6 m 装一个喷头,每一喷头的有效水量为每分钟 1.4～2 L,降温效果良好。

图 11-3 奶牛舍喷雾降温

(4)蒸发垫降温:蒸发垫降温可用于机械通风的牛舍。其主要部件是用麻布、刨花或专门制的波状蒸发垫纸等吸水,透风材料制作而成的蒸发垫。设置在正压通风的风管中或负压通风的进风口上,不断往蒸发垫上淋水,当空气通过时,因水分蒸发吸热,从而降低进入牛舍的空气温度。试验证明,在空气湿度小于 50%时,可使送风温度降低 6.5℃,空气湿度 60%时可降低 5℃,空气湿度达 75%时,仍可使送风温度降低 2℃以上。

3. 奶牛场的绿化 牛场的绿化,不仅可以改善场区小气候,净化空气,美化环境,而且对奶牛场的清洁、消毒、防疫和防火等起到重要作用。因此,绿化也应进行统一的规划和布局。当然牛场的绿化也必须根据当地的自然条件，因地制宜，如在寒冷干旱地区，应根据主风向和风沙的大小确定牛场防护林的宽度、密度和位置，并选种适应当地条件的耐寒抗旱树种。

在牛场场界周边可设置场界林带，种植乔木和灌木的混合林带（如属于乔木的各种杨树、旱柳、榆树等，灌木有河柳、紫穗槐等），尤其是场界的北、西侧，为起到防风固沙作用，该林带应加宽（宽 10 m 以上，至少种树 5 行）。为分隔场内各区及防火，可设置场区隔林带，如生产区、住宅区和行政管理区等都可用林带隔离，树种以北京杨、柳、榆树等为宜。

在场内外的道路两旁，绿化时一般种树 1～2 行，常用树冠整齐的乔木或亚乔木（如槐树、杏树等），树种的高矮应根据道路的宽窄来选择。靠近建筑物时，种植的树木应以不影响采光为原则。另外在道路两旁的树下还可设置花池，种植花草、四季青等，可以美化环境。在运动场的南侧及西侧，可设置 1～2 行遮荫林，一般选用枝叶开阔，生长势强，落叶后枝条稀少的树种，如各种杨树和槐树、枫树等。有时为了兼顾遮阴，观赏及经济价值，在运动场内种植枝条开阔的果树类，但应注意采取保护措施，防止牛只啃咬毁坏树木。

（二）牛舍的防寒保暖

我国北方地区冬季气候寒冷，应通过对牛舍的外围结构合理设计，解决防寒保暖问题。牛舍失热最多的是屋顶、天棚、墙壁、地面。

1. 屋顶和天棚　面积大，热空气上升，热能易通过天棚、屋顶散失。因此，要求屋顶、天棚结构严密，不透气，天棚铺设保温层、锯木灰等，也可采用隔热性能好的合成材料，如聚氨酯板、玻璃棉等。天气寒冷地区可降低牛舍净高，采用的高度通常为 2～2.4 m。

2. 墙壁　是牛舍主要外围结构，要求墙体隔热、防潮，寒冷地区选择导热系数较小的材料，如选用空心砖（外抹灰）、铝箔波形纸板等作墙体。牛舍朝向上长轴呈东西方向配置，北墙不设门，墙上设双层窗，冬季加塑料薄膜、草帘等。

3. 地面　是牛活动直接接触的场所，地面冷热情况直接影响牛体。石板、水泥地面坚固耐用，防水，但冷、硬，寒冷地区做牛床时应铺垫草、厩草、木板。规模化养牛场可采用 3 层地面，首先将地面自然土层夯实，上面铺混凝土，最上层再铺空心砖，既防潮又保温。

4. 加强管理　寒冷季节适当加大牛的饲养密度，依靠牛体散发热量相互取暖。勤换垫草，是一种简单易行的防寒措施，既保温又防潮。及时清除牛舍内的粪便。冬季来临时修缮牛舍，防止贼风。

(三)防潮排水

牛每天排出大量粪、尿,冲洗牛舍产生大量的污水,因此,应合理设置牛舍排水系统,及时清理污物、污水,有助于防止舍内潮湿,保持空气新鲜。地面、墙体防潮性能好,可有效地防止地下水和牛舍四周水的渗透。

1. 排尿沟 为了及时将尿和污水排出牛舍,应在牛床后设置排尿沟。排尿沟向出口方向呈1%~1.5%的坡度,保证尿和污水顺利排走。

2. 漏缝地板清粪、尿系统 规模化养牛场的排污系统采用漏缝地板,地板下设粪尿沟。漏缝地板采用混凝土较好,耐用,清洗和消毒方便。牛排出的粪尿落入粪尿沟,残留在地板上的牛粪用水冲洗,可提高劳动效率,降低工人劳动强度。定期清除粪尿,可采用机械刮板或水冲洗。

牛舍环境的改善和控制除注意以上问题外,还必须注意到奶牛的饲养密度、牛舍的采光和牛场的环境保护工作。例如,噪声对牛的生长发育、生产性能和繁殖性能都产生不利影响,因此要控制牛舍的噪声水平白天不超过 90 dB,夜间不超过贝 50 dB。

第二节 奶牛场建设

一、奶牛场的选址

奶牛场建在地势平坦干燥、背风向阳,排水良好,场地水源充足、未被污染和没有发生过任何传染病的地方。

1. 地势 地势应高燥、地下水位 2 m 以下,向阳避风、冬暖夏凉;寒冷地区须避开西北方向的风口以减少冬季风雪的袭击;而炎热地区则不宜在谷地和山坳内;最好具有缓坡坡度(1%~3%的坡度,最大不应超过 25%)的北高南低、总体平坦的地方。坡度大时不利于饲养管理和运输。要综合考虑当地的气象因素,如最高温度、最低温度、湿度、年降雨量、主风向、风力等,以选择有利地势。

2. 地形 地形开阔整齐,方形最为理想,避免狭长和多边形,以利于建筑物和生产线的合理布局。狭长的场地会因建筑布局的拉长而显得松散,不利于生产作业。边角太多,会影响牛场地面的合理利用。场界拉长,要增加防护设施的投资,也不利于卫生防疫。尽量少占耕地。

3. 土壤　奶牛的健康及生产力的保持与土壤的性质密切相关。不良的土壤如被有机物污染的土壤、地下水位高的土壤对奶牛的健康和生产都不利。土质沙壤土土质最理想，沙土较适宜，黏土最不适。因为土质干燥、透水性强、保温性能良好的沙壤土地，持水性小，可防止病原体的生存和繁殖；透气性好，导热性小，有利于土壤的自净及畜禽的健康和防疫。此外，由于含水量少，具有较强的抗压性，膨胀系数小，适合建筑施工。

4. 水源　水源要有充足的合乎卫生要求的水源，取用方便，保证生产、生活及人畜饮水。奶牛的耗水量大，牛场清洗用具、洗刷牛体和牛舍等需要大量的水。供水不足或水质不好的地方，不宜养奶牛。一类是地面水，如江、河、湖、塘及水库等水源。这类水源水量足，来源广，又有一定的自净能力，可供使用，但要选择流动、水量大和无工业废水污染的地面水作水源。另一类是地下水，水质洁净，水量稳定，是最好的水源，但要求地下水不得硬度过大。所有的水源，有害或有毒矿物质元素不得超标。

5. 周围环境　应便于防疫，奶牛场应建在距村庄居民区 500 m 以上的下风处；远离其他畜禽养殖场，周围 1 500 m 以内应无化工厂、畜产品加工厂、屠宰厂、医院、兽医院等。交通便利应建在离公路 500～1 500 m 的地方，便于运输饲料和送交原料奶，距离乳品加工厂最好应在 50 km 以内。电力充足有保障，离开城市、铁路，不太嘈杂而宁静的地方，远离沼泽地和易生蚊蝇的地方，也不应选在排放污水和废气的工矿企业的下风处和下游。周围饲料资源尤其是粗饲料资源丰富，且尽量避免周围有同等规模的饲养场，避免原料竞争。

二、奶牛场的布局与规划

（一）布局原则

奶牛场的布局是对各类建筑物进行功能组合与合理分区。场内各种建筑物的配置原则，应该是既保证为奶牛的生长发育和提高劳动效率创造良好的条件，又要合理利用土地和节约基本建设投资，有利于提高劳动生产效率、兽医卫生防疫和保护生态环境。同时，顺应奶牛饲养需要，种养结合进行立体开发，提高养殖用地的空间利用率。

（二）奶牛场的分区规划

奶牛场分区规划时，首先应从人畜保健角度出发，考虑地势和主风向，合理安排各区位置(图 11-4),以建立最佳生产联系和卫生防疫条件,一般可分为生活区、管理区、生产区和病畜隔离区等。

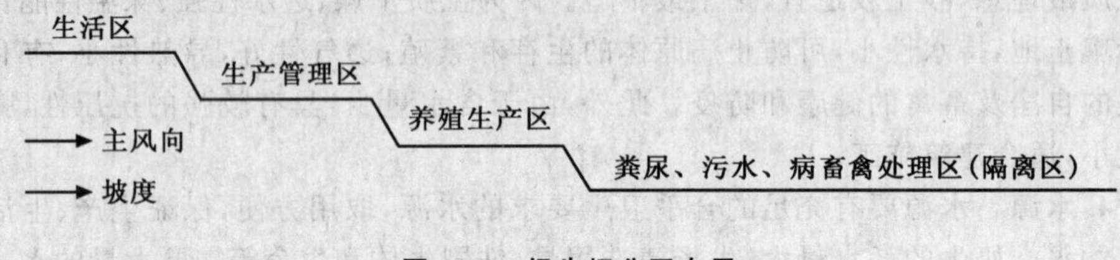

图 11-4 奶牛场分区布局

1. 生活区 对职工生活区要优先照顾,安排在牛场上风向和地势最佳地段,可设在奶牛场内,也可设在奶牛场外。

2. 生产管理区 管理区主要是奶牛场管理部门所在地。也要安排在上风向,要靠近大门口,以便对外联系和防疫隔离。

3. 养殖生产区 养殖生产区是奶牛场的核心区和生产基地。因此,要把它和管理区、生活区隔离开,保持 200～300 m 的防疫间距,以保障兽医防疫和生产安全。进出口设消毒池及消毒间等消毒设施,消毒池常用钢筋水泥浇筑。供车辆通行的消毒池,长 4 m、宽 3 m、深 0.1 m;供人员通行的消毒池,长 2.5 m、宽 1.5 m、深 0.05 m。消毒液应维持经常有效。人员往来在场门两侧应设紫外线消毒走道。生产区内所饲养的不同牛群间,由于其各自的生理差异,饲养管理要求不同,所以对牛舍也要分类安置,以利管理。规模化奶牛场可将生产区划分如下:

(1)牛舍:牛舍是牛场最主要的建筑物,安排在生产区的主要位置,其他建筑物要围绕它来配置。牛舍的方向要坐北朝南,综合当地地形、主风向以及其他条件,牛舍的朝向可向东或向西作 15°的偏转。前后两栋牛舍间的距离,以不小于 20 m 为宜,两行牛舍端墙之间应有 15 m 间隔。需饲料多的牛舍应布置在每行的第一栋。各类牛舍的摆布一般是从上风向向下风向依次为成奶牛舍、干奶牛舍、青年和育成牛舍、产房和犊牛舍。并且尽可能前后对齐,左右对称,整齐排列。前后设运动场,排水沟、绿化带。

为管理方便,各栋牛舍内应设有临时饲料贮存和调制间,饲养人员休息室。每排牛舍前用围栏围成运动场。运动场上设有防雨、遮阴的凉棚以及水槽、粗饲槽及自由采食矿物质的食槽。规模小的牛场,可在一栋牛舍内养各种年龄的牛,但内部应隔开,以便于分别管理。

(2)挤奶厅:奶牛生产和管理中心,挤奶厅与牛舍之间的距离要短,应设在牛场的北端(或南端),面向牛场进口处,这样可使运奶车辆和外来参观人员不进入饲养区,有利于防疫管理。挤奶厅建筑包括候挤室(长方形通道,其大小以能容纳1～1.5 h能挤完牛乳的牛只,每牛1.3 m^2)、准备室(入口处为一段只能允许一头牛通过的窄道,设有与挤奶台能挤奶牛头数相同的牛栏,牛栏内设有喷头,用于清洗乳房)、挤奶台(可采用鱼骨形挤奶台、菱形挤奶台或斜列式挤奶台等)、滞留间(挤奶厅出口处设滞留栏,滞留栏设有栅门,由人工控制,发现需要干奶、治疗、配种或作其他处理的牛只,打开栅门,赶入滞留间,处理完毕放回相应单元)。在挤奶区还有牛奶处理室和贮存室等。

(3)饲料加工间和饲料库:饲料加工间应靠近大门,以便于运输饲料。饲料库要靠近饲料加工间。一般采用高平房,要有水泥地面和墙裙(用水泥抹1.5 m高),防止饲料受潮和鼠害。加工间大门应宽大,以便运输车辆出入,门窗要严密。小区内还应建原料仓库及成品库。

(4)干草垛和青贮窖:干草垛和草库应设在牛舍建筑物的下风向僻静之处,并与牛舍建筑物保持一定距离,一般保持不小于60 m的间距,以防止火灾。青贮窖可设在单元两侧或生产区附近,便于运送和取用的地方。

(5)人工授精室:常设有精液处理(贮藏)室、输精器械的消毒设备、保定架等。设在距离牛舍较近的地方,以便于配种和妊检。

4. 兽医诊疗和病牛隔离区　包括诊疗室、药房、化验室、办公值班室及病畜隔离室,要求地面平整牢固,易于清洗消毒。为防止疾病传播与蔓延,这个区要设在生产区的下风向和地势低处,并应与牛舍保持300 m的卫生间距。病牛舍要严格隔离,并在四周设人工或天然屏障,要单设出入口。处理病死牛的尸坑或焚尸炉更应严格隔离,距离牛舍300～500 m或以上。

5. 粪尿污水池和贮粪场　牛舍和污水池、贮粪场应设在牛场的下风头,距离青贮窖、干草场较远处,并保持200～300 m的卫生间距。粪尿污水池的大小应根据每头奶牛每天平均排出粪尿和冲污污水量多少而定:成乳牛70～120 kg、育成牛50～60 kg、犊牛30～50 kg。

6. 奶牛场的布局　根据奶牛场规划,搞好场区布局,可改善场区环境,科学组织生产,提高劳动生产率。奶牛场布局平面图见图11-5。

根据兽医卫生防疫要求和防火安全规定,保持奶牛场建筑物之间的距离。一般规定奶牛场建筑物的防火间距和卫生间距均为30 m。此外,还要将有关兽医防疫和防火不安全的建筑物安排在场区下风向,并远离职工生活区和生产区。

为节省劳力,提高生产效率,凡属功能相同或相近的建筑物,要尽量紧凑安排,

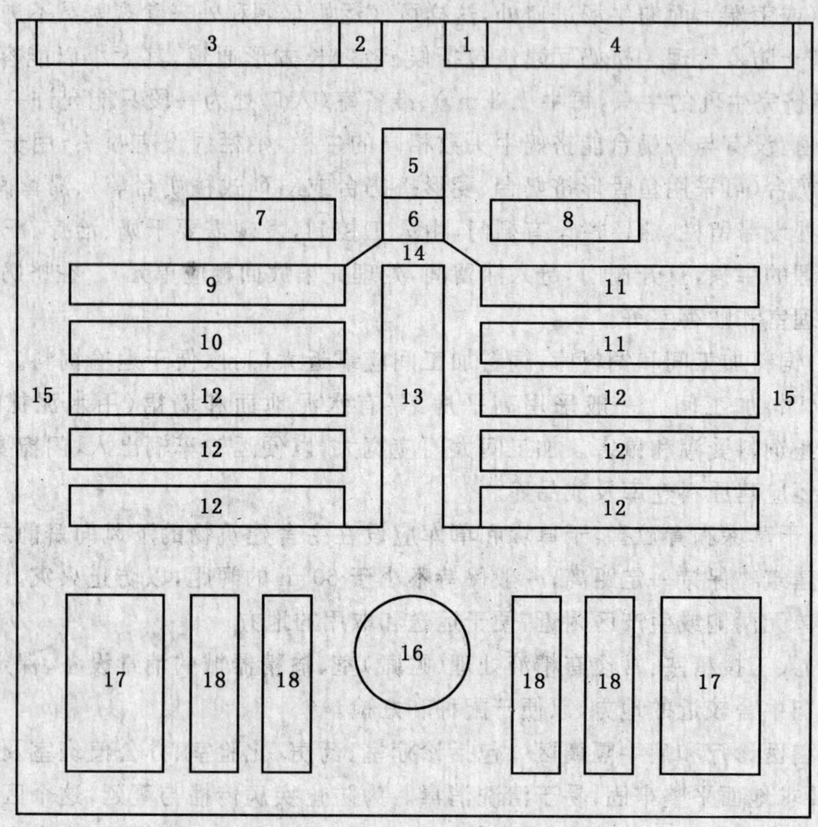

1.消毒室 2.门卫 3.饲料库及配制间 4.办公室 5.挤奶厅 6.等候区
7.人工授精室 8.兽医室 9.犊牛舍 10.产房 11.育成牛舍
12 成年牛舍 13 粪道 14.牛道 15.料道 16.沼气池
17.干草储藏间 18.青贮窖

图 11-5 奶牛场布局

以便流水作业。小区内道路和各种运输管线要尽可能缩短，以减少投资，节省人力。每个单元要平行整齐排列，并要与饲料调制间保持最近距离。

合理利用当地自然条件和周围社会条件，尽可能地节约投资。基建要少占或不占良田，可利用荒滩荒坡。奶牛舍最好采用南北向修建，以利用自然光照。为了不影响通风和采光，两建筑物的间距应大于其高度的 1.5～2 倍。

场区内各类建筑和作业区之间要规划好道路，饲料道与运粪道不交叉。路旁和奶牛舍四周搞好绿化，种植灌木、乔木，夏季可防暑遮阴，还可调节小气候。牛舍平衡对称布局可保证道路的最短距离。主干道宽 5～6 m，支道宽 2～2.5 m，路面平整，便于排水，并应保障在任何气候条件下能运进饲料。另有道路可运出粪尿（污道），二者不能交叉。如实行放牧饲养，放牧道不能与污道、公路、铁路交叉。

三、奶牛舍的建筑

（一）牛舍建筑的基本要求

1. 地基　地基是承受整个牛舍建筑的基础土层，要求地基土层必须具备足够的强度和稳定性，坚固；下沉度小，防止建筑群下沉过大或下沉不均匀而起裂缝和倾斜。沙壤土、碎石和岩性土层是良好的地基，黏土、黄土等含水多的土层不能保证牛舍干燥，不宜作地基。具备良好的清粪排尿系统。

2. 墙壁　墙是将外界与牛舍隔离开来的设施，以创造奶牛所需的小气候环境。

墙体按其功能可分为承重墙和隔墙。承重墙要求使用的材料抗压性好，经久耐用，坚固。尤其是外墙应具备坚固、抗震、耐水防潮、防火防冻、保暖隔热性好、易于清扫消毒等特点。

牛舍墙壁一般采用砖墙、土墙或石墙。砖墙具有一定的强度，较好的耐久性和耐火性，导热性较低，取材容易；缺点是吸湿能力强。砖墙需采取严格的防潮隔水措施，如砂浆勾缝、抹灰等。为了保温，砖墙体应加大厚度。为减轻墙体负荷，可选用空心砖或多孔砖。石墙具有较高的抗压强度，经久耐用，抗冻、防水、防火等优点，山区取材容易，但导热性大，蓄热系数高，所以北方地区不宜用石料作外墙，南方地区可使用。当石墙有足够厚度时，有较好的隔热效果。砖和石料适用于修建永久性牛舍。土墙取材容易，造价低，导热性小，防火、保温、隔热性好；但坚固性、耐用性不如砖、石墙，防火、防潮性能差，不光滑，不易消毒。修建土墙时基础部分宜采用石料。承重墙修建高度以屋檐高度为 2.8～3.2 m 为宜。

3. 屋顶　屋顶是牛舍的上部外围结构，主要作用是防雨水、风沙侵入，隔绝太阳辐射，起保温隔热和防水作用。要求质轻、坚固耐用、防水、防火、隔热保温；能抵抗雨雪、强风等外力因素的影响。

屋顶常见的形式有：单坡式、双坡式、联合式、钟楼式或半钟楼式（图 11-6）。

（1）单坡式牛舍：一般多为单坡式开放牛舍，由 3 面围墙组成，在正面墙上开有小窗。这种牛舍的采光性能好，通风也好，能防止奶牛患传染性呼吸道疾病，造价也较低。其重要的缺点是舍内温度难以控制，常随舍外温度和湿度的变化而变化，夏热冬冷。

(2)联合式牛舍:和单坡式牛舍相比,它在牛舍的顶部前沿多了一个短檐,这个短檐起保温、挡风、避雨的作用。

(3)双坡式牛舍:是牛舍建筑中最基本的形式,适宜于各种牛舍,特别是大跨度牛舍,牛舍的舍内床位多为对尾、对头式或多列式。这类牛舍的保温性能良好,饲养管理操作方便,造价便宜,但不利于防暑。牛舍可通过加高舍顶的高度,加大窗户,起到通风降温的作用。这种方式也可以建成小跨度单列的,适合于家庭养牛。

(4)半钟楼式牛舍:它是双坡式牛舍的另一种形式,主要区别是在舍顶向阳面设一个天窗(与地面垂直)。通风效果较双坡式牛舍好,但不及钟楼式的。造价介于双坡式和钟楼式之间。

(5)钟楼式牛舍:在半钟楼式牛舍的基础上再加一个天窗。这类牛舍通风良好,适宜于南方气温较高的地区。屋顶常用的建筑材料有瓦、杉树皮、茅草和麦秸等。瓦经久耐用,导热性强,夏热冬寒,不利于保温隔热;用植物性材料(杉树皮、茅草、麦秸)作屋顶,导热性低,有利于保暖隔热,冬暖夏凉,但不耐用,几年后就需更换。因此屋顶以瓦作材料较好。

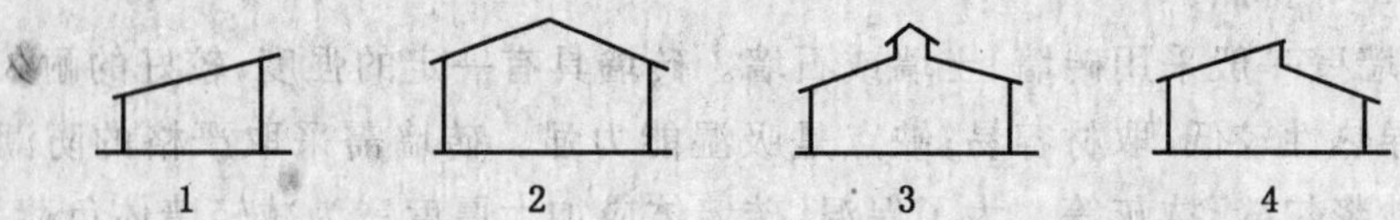

1. 单坡屋顶 2. 双坡屋顶 3. 钟楼式屋顶 4. 半钟楼式屋顶

图 11-6 牛舍屋顶形式

4. 地面 牛舍地面要求致密坚实,不硬不滑,温暖有弹性,防潮不漏水,排水方便,便于清洗消毒。坚实性能够抗拒牛舍内各种作业机械的作用;耐用性能够抵抗消毒水、粪尿的腐蚀。地面质量的好坏,关系着舍内的卫生状况。牛舍地面向粪沟方向保持1%～1.5%坡度,有利于污水的排出。以下是现在牛场中使用的各种地面,其各自的优缺点如下:

(1)土质地面:这种地面属于暖地面(软地面)类型,易于建造,造价低廉。土质地面柔软,富有弹性,也不光滑,且导热性小,易于保温。缺点是不够坚固,容易出现小坑穴而易于积留污水,粪尿,不便于清扫消毒,且易造成潮湿的环境,不宜采用。如混入石灰加强黄土的黏固性,并加以夯实,做散放隔栏饲养牛的休息床位地面是很理想的。

(2)砌砖地面:属于冷地面(硬地面)类型。由于砖的孔隙较多,导热性小,具有一定的保温性能。在施工技术较好的情况下,可以做到透水,比较坚实,便于清扫、消毒。但如果砌筑不当,不能将砌缝及砖表层孔隙加以封闭,砖就会吸存大量水分,而使牛舍过于潮湿,造成不良的空气环境。另一方面由于砖吸收了大量的水分,破坏了其本身导热性小的优点,地面易变硬变冷。砖地吸收水后,经冻易破碎,加上本身易磨损的缺点,容易形成坑穴,不便清扫及消毒。因此,牛床可采用砖地面,适宜立砌,不宜平铺。

(3)水泥地面:是目前采用较多的地面。其优点是坚实,不易破损,便于清扫、冲洗、排水和消毒,有利于卫生和收集利用粪尿。缺点是冬季寒冷、潮湿,需要垫草或铺木板。用水泥床时,最好在床面的后半部(即后肢踏的部分)划线,以利于排水和防滑。

5. 门　牛舍门高不低于 2 m,宽 2.2～2.4 m,坐南朝北的牛舍东西门对着中央通道,百头成年乳牛舍通到运动场的门不少于 2～3 个。

6. 窗　主要用来通风换气和采光。窗户面积与舍内地面面积之比,成乳牛为 1∶12,小牛为 1∶(10～14)。一般窗户宽为 1.5～2.0 m,高 2.2～2.4 m,窗台距地面 1.2 m。气候寒冷的地区和牛舍宽度小,窗户面积可小一点,有利于冬季保温;炎热的地区和牛舍跨度大,窗户面积可大一些,有利于防暑降温,通风换气。窗户的形状有直立式和横卧式两种,直立式窗户比横卧式窗户入射角和透光角大,采光好。透光角越大,进入舍内光线越多,要求窗户透光角不小于 5°。

(二)牛舍的类型与结构

1. 根据牛舍四周外墙封闭程度划分　奶牛舍可分为封闭式牛舍、开放式牛舍、半开放式牛舍、棚舍(敞开式)和塑料暖棚牛舍。

封闭式牛舍四周有完整的墙壁,又根据牛床的劣数分为单列式和双列式等。单列式只有 1 排牛床,适用于小型养殖场;双列式有 2 排牛床,分为尾对尾式和头对头式。尾对尾式中间为清粪道,两边各有一条饲料通道;头对头式中间为送料道,两边各有一条清粪通道。我国北方寒冷地区宜采用封闭式牛舍,有助于保暖。

开放式牛舍三面有墙,一面无墙,南方地区可采用开放式牛舍,一方面另可节约投资;另一方面夏秋季节降温换气性能好,冬季可在墙的开放部分挂上草帘、篾席等以抵抗寒冷侵袭。

半开放式牛舍三面有墙,一面只有半截墙,这类牛舍也适宜较温暖地区。

棚舍式(敞开式)仅有顶棚无墙壁。是近年来我国华北地区奶牛场采用的主要建筑形式。在经济条件较好的牛场，以钢材为原料，工厂制作，现场装备，屋顶为镀锌板、太阳板和彩钢，屋梁为角铁焊接；屋脊上设有可调节的风帽，牛舍适用性强、耐用、美观。

塑料暖棚牛舍。在冬季将牛舍的南侧开放部分用 0.02～0.05 mm 厚的农用透明素塑料扣棚，已达到提高牛舍温度的目的。这种牛舍适宜于我国北方寒冷地区。

2. 根据奶牛在牛舍的拴系与否划分 奶牛舍可分为散栏式牛舍和拴系式牛舍。

(1)散栏式牛舍：所谓散栏式牛舍是指奶牛除挤奶外，其余时间均不加拴系，任其自由活动。一般包括休息区、饲喂区、待挤区和挤奶区等。

散栏式牛舍设计的要求：每牛舍的饲养头数应与挤奶厅位置数相匹配，前者一般是后者的整倍数。采食饮水与卧息牛床分设。散栏式牛床可设计成单列式、双列对头式或双列对尾式、三列式，牛群规模大也可设计成四列式等。隔栏和围栏一般为钢管做成。

图 11-7 散栏式牛舍

由于散栏式牛床与饲槽不直接相连，为方便牛卧息，一般牛床总长为 2.5 m，其中牛床净长 1.7 m，前端长 0.8 m。为了防止牛的粪便污染牛床，在牛床上要加设调驯栏杆，以便牛站立时，身体向后运动，牛的粪便不致排在牛床上。调驯栏杆的位置可根据需要进行调整，一般设在牛床上方 1.2 m 处。

散栏式牛床一般较通道高 15～25 cm，边缘成弧形，常用垫草的牛床面可比床边缘稍低些，以便用垫草或其他垫料将之垫平。如不垫草的床面可与边缘平，并有4%的坡度，以保持牛床的干燥。牛床的隔栏由2～4根横杆组成，顶端横杆高一般为1.2 m，底端横杆与牛床地面的间隔以35～45 cm为宜。隔栏的式样目前主要有：大间隔隔栏、稳定式隔栏、蘑菇式隔栏、荷兰式隔栏等数十种。

走道：舍内走道的结构视清粪的方式而定。一般为水泥地面，并有2%～3%的斜度，以利于清洗。走道的宽为2.0～4.8 m，与饲槽毗连的走道要比一般的走道宽些，以便当有牛在采食时，其尾后还有足够的空间让其他牛自由往来。如采用机械刮粪，则走道的宽应与机械宽相适应。如采用水力冲洗牛粪，则走道应采用漏缝地板，漏缝地板由钢筋水泥条制作，水泥条之间的间隔（即漏缝）为3.8～4.4 cm。水泥条必须加以固定，以防漏缝变宽。同时，漏缝地板下的粪沟应有30°的倾斜度，以利于将粪冲到舍外积粪池。

饲架：饲架将休息区与采食区分开。散栏式饲养大多采用自锁式饲架，其长度可按每头牛65 cm计。

图11-8　散栏式牛舍卧床

(2)拴系牛舍：又称颈枷式牛舍，是较传统的舍饲管理模式。除运动外，饲喂、挤奶等都在牛舍内进行。

①育成牛、青年牛舍。可采用单坡单列敞开式或双坡双列对尾式封闭牛舍。每头牛占用面积6～7 m^2，牛床长1.6～1.7 m，宽0.8～1 m，斜度1%～1.5%。颈枷、通道、粪尿沟、饲槽与成乳牛舍相似。

②成乳牛舍。大多采用双坡双列对尾式封闭牛舍。每头成乳牛占用面积8～

10 m^2，跨度 11～12 m。牛床长 1.6～1.8 m，宽 1～1.2 m，坡度 1%～1.5%。中央通道 2～2.5 m，拱度 1%。饲料通道宽 1.2～1.5 m。饲槽上宽 0.6～0.7 m、下宽 0.5～0.6 m，靠牛侧槽沿高 0.3 m，料道侧槽沿高 0.6～0.7 m。颈枷多采用自动或半自动推拉式，高 1.5～1.7 m，宽 12～18 cm。粪尿沟宽 30～40 cm、深 5～8 cm，沟底要有 6%的坡度，沟沿做成斜形，以免牛蹄受伤；沟底应为方形，以便于用方锹清粪。

③产房。牛床长 1.8～1.9 m，宽 1.2～1.3 m，颈枷高 1.5 m，舍内床位数按成牛数的 10%～12%安排。拴系饲养根据拴系方式不同分为链条拴系和颈枷拴系。后者在拴系和释放奶牛的时候都比较方便，牛床可相应短一些，因此，造价和维护成本低，但被固定的奶牛在站立和卧倒时不舒适。前者优缺点正好相反。

3. 犊牛舍 多采用封闭单列式或双列式，牛床长 1.2 m，宽 0.8 m。颈枷高 1.2～1.4 m，宽 0.1 m。饲槽位于牛床前面，常为固定统槽。饲槽长度和牛床总宽度相等，上宽 40～50 cm，下宽 30～40 cm，靠牛侧槽沿高 15 cm，外侧槽沿高 35 cm。双列式饲料通道 1.2～1.5 m，中央通路 1.8～2.0 m。单列式清粪通道为 1.5 m。粪尿沟宽 20～30 cm，深 3～5 cm，边沿成斜状，为便于排水，沟底要有 6%的坡度。

近年来，国内外饲养犊牛多用露天单笼培育技术，既可避免室内外温差变化，又可防止相互吮舐，从而大大减少犊牛呼吸道和消化道疾病，提高犊牛成活率。这种犊牛舍可是固定式或移动式，犊牛舍为前敞开式箱型结构，前高 1.2 m、后高 1.05 m、长 2.4 m、门宽 1.2 m，舍外用直径 6～8 mm 钢筋制作椭圆形围栏，作为犊牛运动场，也可用木条做成长 1.8 m、宽 1.2 m、高 1 m 的长方形围栏。每头犊牛占用面积 5 m^2。犊牛舍取坐北向南位。移动式犊牛舍为一牛一舍，舍与舍之间要保持 1～1.2 m 的间距。

（三）牛舍的附属设施

1. 运动场 运动场要求平整干燥，排水良好。运动场地面，以砖铺地和土地各一半为宜，应随时修整，避免泥泞。靠近牛舍的一端应较高（坡度为 1.5%），其余三面是排水沟。每头牛需运动场面积：成乳牛 20 m^2、育成牛和青年牛 15 m^2，犊牛 8 m^2。

运动场周围设有高 1～1.2 m 围栏，栏柱间隔 1.5 m，可以用钢管建造，也可用水泥桩柱建造，再用钢筋棍串联在一起。围栏门宽 2 m。要求结实耐用。

运动场设补饲槽和饮水槽。补饲槽设在运动场北侧靠近牛舍门口，便于把牛吃剩下的草料收起来放到补饲槽内。饮水槽设在运动场的东侧或西侧，水槽宽 0.5 m，深度 0.4 m，水槽的高度不宜超过 0.7 m，水槽周围应铺设 3 m 宽的水泥地面，以利于排水。

场内的凉棚应为南向，棚顶应隔热防雨，每头牛占用面积不少于 5 m^2。凉棚高度以 3.5 m 为宜，棚柱可采用钢管、水泥柱、水泥电杆等，顶棚支架可用角铁或木架等。棚顶面可用石棉瓦、油毡材料。

2. 青贮窖的建设　见本书青贮制作部分。

3. 牛粪堆放和处理设施　粪便的贮存与处理应有专门的场地，不得将粪污随意堆放和排放，必要时用硬化地面。牛粪的堆放和处理位置必须远离各类功能地表水体（距离不得小于 400 m），并应设在养殖场生产及生活管理区的常年主导风向的下风向或侧风向处。

四、挤　奶　厅

挤奶厅应建在奶牛场的上风头或中部侧面，距离牛舍 50～100 m，位于小区的外周，有专用的运输通道，不可与污道交叉。这样既便于挤奶，又减少污染。奶牛在去挤奶厅的路上可以适当运动，避免运奶车直接进入生产区。

根据奶牛场奶牛的头数决定建造挤奶厅的个数，按照每 200～300 头牛 1 个挤奶厅的标准来建造。挤奶厅要按期检修。挤奶厅要自备发电机，以备停电时使用。

（一）挤奶厅的组成和附属设施

1. 挤奶厅的组成及相关设备　挤奶厅包括挤奶大厅、设备室、储奶间、休息室、办公室等。根据牛场规模的大小，挤奶厅可设待挤区以及牛走廊，在不挤奶时还可作为其他用途。

挤奶设备的选择可以根据奶牛场的规模大小和资金投入情况来确定，挤奶机大小的选择取决于饲养奶牛的数量、起初建设的机械化程度、将来的改进规划、劳力与资金的供给情况、能用来挤奶的时间、奶牛产奶量水平。奶牛养殖小区宜采取计量式挤奶设备，如电子计量式挤奶机械和玻璃容量瓶式挤奶机械。

应配套牛奶收集、贮存、冷却和运输等相关机械。主要包括真空泵、压缩机、冷却器、热水器、暖气炉、冰箱以及相关的办公设施。

2. 挤奶大厅的环境要求与布局形式

（1）挤奶大厅的环境要求：挤奶厅通风系统尽可能考虑能同时使用定时控制和

手动控制的电风扇；挤奶厅的墙可以采用带防水的玻璃丝棉作为墙体中间的绝缘材料或采用砖石墙；挤奶厅地面要求做到经久耐用、易于清洁，安全、防滑、防水；地面可设一个到几个排水口，排水口应比地面或排水沟表面低 1.2 cm；挤奶厅的光照强度应便于工作人员进行相关的操作。

(2)常见的挤奶台形式

①鱼骨式挤奶台。鱼骨式挤奶台因挤奶时奶牛的排列方式成鱼骨状而得名，适用于大、中、小奶牛养殖场。鱼骨式挤奶台又分为单列(中置)鱼骨式挤奶台(1×3 栏位～1×50 栏位等配置)和双列鱼骨式挤奶台(2×3 栏位、2×8 栏位、2×16 栏位、2×24 栏位和 2×32 栏位等配置)。挤奶台栏位一般按倾斜 30°设计，棚高一般不低于 2.45 m，坑道深 0.85～1.07 m(1.07 m 适于可调式地板)，坑宽 2.00～2.30 m，坑道长度与挤奶机栏位有关。这种挤奶台使牛的乳房部位更接近挤奶员，有利于挤奶操作，减少走动距离，提高劳动效率，1 人 1 日工作 8.23 h，可管理 80 头奶牛。100 头以上中、大规模的奶牛场，根据需要可安排 2×8～2×24 栏位。

图 11-9 单列(中置)鱼骨式挤奶台

图 11-10　双列鱼骨式挤奶台

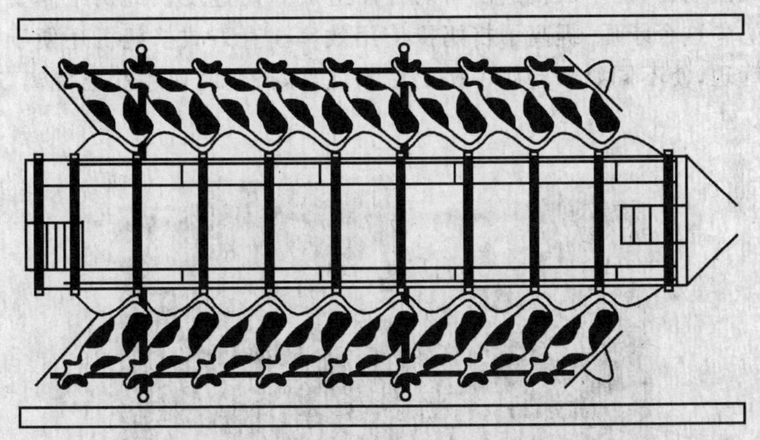

图 11-11　鱼骨式挤奶机

②并列式挤奶台。奶牛并列站位，可缩短挤奶坑道，减少挤奶员往返走动的距离，降低挤奶员的劳动强度。根据需要可安排 1×4～2×24 栏位，可以满足不同规模奶牛场的需要。并列式挤奶厅棚高一般不低于 2.20 m。坑道深 1.00～1.24 m(1.24 m 适于可调式地板)，坑宽 2.60 m，坑道长度与挤奶机栏位有关。这种挤奶台操作距离短，挤奶员最安全，环境干净，但奶牛乳房的可视程度较差。

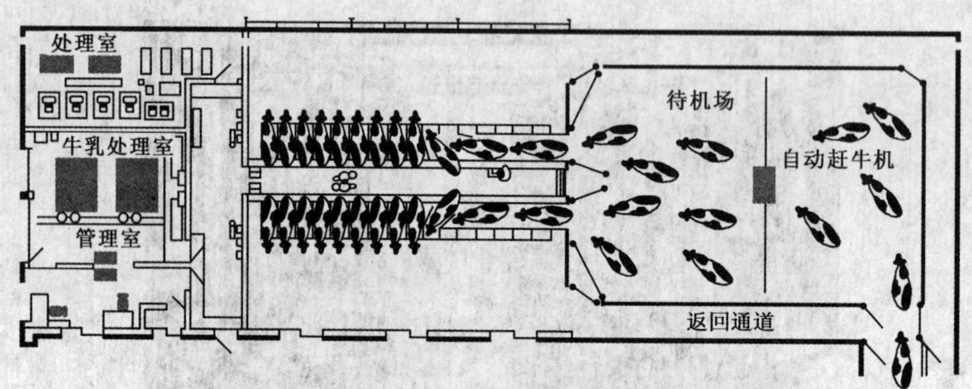

图 11-12 并列式(平行式)挤奶台

③平面直列式挤奶台。由于到挤奶站挤奶的奶牛产奶特性和每头奶牛需要的时间差异很大。平面直列式挤奶台采用单独挤奶位置控制方式,很好地解决了传统的鱼骨式挤奶台,奶牛成批进出挤奶台而造成产奶速度快的奶牛需要等待产奶速度慢的奶牛这个矛盾,提高了挤奶机使用效率。直列式挤奶机还便于挤奶站对奶牛分户管理,使不同奶户的奶牛挤奶后不混群,挤奶时奶牛相互隔离,不受其他奶牛影响。

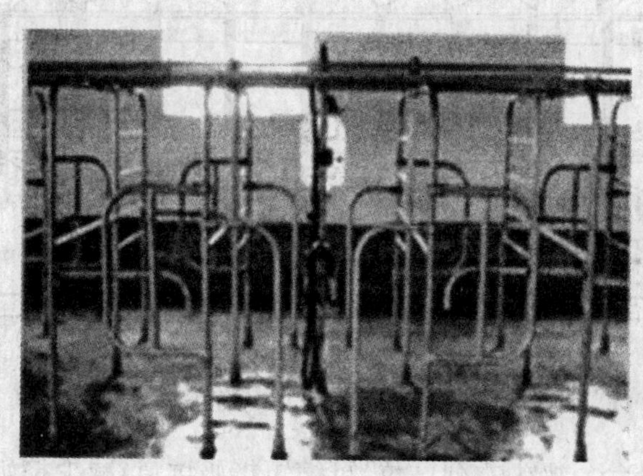

图 11-13 平面直列式挤奶台

④转盘式挤奶台。根据牛在转盘上的排列方式,转盘式挤奶台分为鱼骨式转盘挤奶台和并列式转盘挤奶台两种。利用可转动的环形挤奶台进行挤奶流水作业。旋转的平台避免了挤奶员频繁的走动,工作高效舒适。奶牛进入挤奶厅,挤奶

员在入口处冲洗乳房、套奶杯，操作方便，每转一圈 7～10 min，转到出口处已挤完奶，劳动效率高，适于较大规模奶牛场。转盘式挤奶系统，牛群连续自动地进入转盘，彼此之间无干扰。鱼骨式转盘挤奶台的挤奶员在转盘内从牛后面挤奶，并列式转盘挤奶台的挤奶员在转盘外从牛后面挤奶。转盘式挤奶台适用于 500 头牛以上养殖规模的奶牛场。

图 11-14　并列式转盘挤奶台

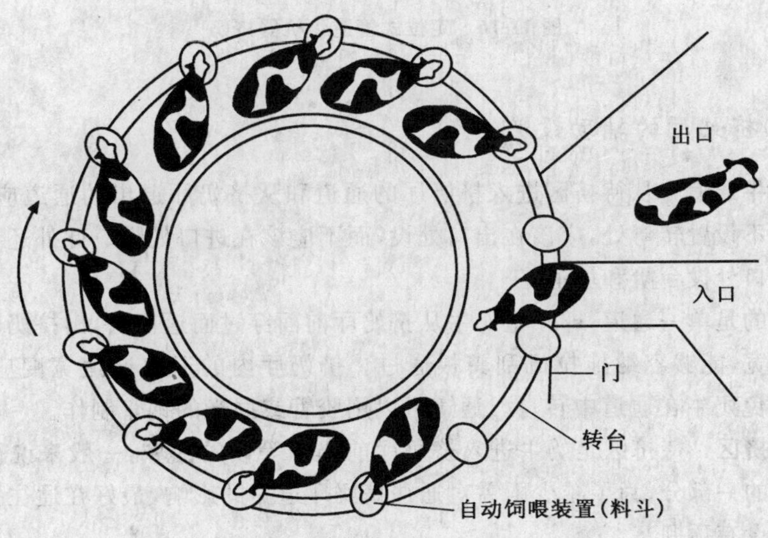

图 11-15　鱼骨式转盘挤奶台

⑤管道式挤奶台。管道式挤奶台是针对小型及中型牛场设计的，可以最大限度地利用牛舍，使用拔插式挤奶杯组，接入"真空管—输奶管"连接插座就可以开奶挤奶。拔插式挤奶杯组集脉动、挤奶功能为一体，挤出的牛奶直接进入输奶管，在全封闭系统中收集。奶牛场可最有效地监控奶牛，区别对待每一头牛。在对原有的牛舍不需要大的改动的前提下，就可实现机械化挤奶。使用管道式挤奶台也可做到防止牛舍环境对牛奶的污染，保证鲜奶质量。适用于存栏数在 100 头左右的个人养殖场。

图 11-16 定位式管道化机器挤奶

(二)挤奶厅的辅助设施

1. 奶牛通道 从待挤区进入挤奶厅的通道和从挤奶厅退出的通道应是直的。如果不得不设置转弯处，应该在出口处设，而不应该在进口处设。此外还要避免在挤奶厅进口处设台阶和坡道。

常见的是单一通道，即一组奶牛从挤奶厅前面穿过而返回去，出挤奶厅的通道应该足够宽，能够容纳拖拉机刮粪板通过。挤奶厅内的退出通道宽度应为 82～90 cm，避免奶牛在通道中转身。通道可以用胶管或抛光的钢管制作。

2. 待挤区 待挤区是奶牛进入挤奶厅前奶牛等候的区域，一般来说待挤区是挤奶大厅的一部分，为了减少雨雪对通往挤奶厅道路的影响，最好在通往挤奶厅的牛走道上设有顶棚。

在建设待挤区的时候要考虑挤牛位的多少，奶牛每次挤奶时在待挤区中待的时间不要超过 1 h。待挤厅内的光线要充足，使奶牛之间彼此清晰可见。待挤区要有通风、排湿、降温、喷淋设备等。

3. 设备间　奶罐以及其他设备放置的房间。最好能采用卷帘门，方便进出设备间。设备间应留有足够的空间以方便操作，同时还要为将来可能购置的设备留下空间。

设备间内要有良好的光照、排水、通风，应设计通风系统以便冬季能利用压缩机放出的热量为挤奶大厅保暖。真空泵、奶罐冷却设备、热水器、电风扇、暖风炉、电动门等均需要电线电器系统。将配电柜安装在设备间的内墙上可减少水气凝集，减少对电线的腐蚀。在配电柜的上下及前面的1.05 m的范围内不要安装设备，也不要在配电柜周围1 m范围内安有水管。

4. 储藏间　用来存放清洗剂(用具)、药品、散装材料、挤奶机备用零件特别是橡胶制品等。储藏室应与设备间分开，并且墙壁应采用绝缘材料，以减少橡胶制品的腐蚀和老化。储藏室内设计温度要低，最好能安装臭氧发生器。此外还要有良好光照和排水环境，还需要有一台电冰箱来存放药品。储藏室的温度应保持在4～27℃。

5. 储奶间　储奶间通常包括奶罐、集奶组、过滤设备，管道冷却设备以及清洗设备的区域。储奶间的大小与奶罐的大小有关。

储奶间要尽可能地减少异味和灰尘进入。最好能采用在进气口带过滤网的正压通风电风扇的通风系统，减少异味从挤奶厅进入储奶间。电风扇的安装位置应远离有过多的异味、灰尘、水分的地方。

储奶间应有一个加热单元或采用中央加热系统以保证奶不结冻。许多大奶罐设计成将奶罐的很大一部分伸出储奶间的墙外，这样可以减少储奶间的尺寸，降低造价。但这需要有支撑奶罐的墙壁建造技术，基础要能够经得住奶罐的重压。

五、养牛设备

现代化的养牛业需要先进的养牛设备。传统的中国养牛生产设备落后，手工操作程度高。随着养牛业的不断发展，养牛设备逐渐实现机械化、自动化和现代化，改善了养牛生产状况。养牛设备种类繁多，其中包括：饲料饲草收割与加工机械、青贮设施与机械、全混合日粮(TMR)搅拌喂料车、挤奶机械、鲜奶冷却设备、牛舍通风及防暑降温设备等。

(一)饲料饲草收割与加工机械

1. 收获机械　牧草和秸秆的收获机械可根据实际选用，如进行青贮可使用联合收割机将收获、铡切以及装车等作业一次完成，然后再用车辆运至青贮窖入窖。也可采用单一的收割机，收割后运至青贮窖，再进行铡切和入窖。如牧草进行晒制干草，可使用与四轮拖拉机配套的割草机、搂草机、压捆机和垛草机等。

(1)青饲收获机：青贮饲料联合收获机械按其结构大体可分为直接切碎式、直流式和通用式 3 种。

直接切碎式青贮收获机结构简单，通过一个旋转的切碎器完成收割、切碎、输送工作。这种机型只能用于收获青绿牧草、燕麦、甜菜茎叶等，不适于青饲玉米等高秆作物。

直流式青饲收获机具有较宽的收割台和运输带，割下的青饲料可以不加收缩而直接喂给滚刀式切割器，具有直径可调节的拨禾轮，生产率高，适应性广。

通用式青饲收割机由收割、切碎和输送部分组成，其收割部分可配换 3 种割台。第一种是全幅割台(收割牧草及平播的饲料作物)；第二种是中耕作物割台(收获青饲玉米)；第三种是捡拾器(捡拾割后稍凋萎的青贮饲料和集成草条的牧草)。切碎部分相当于一台铡草机，切碎的饲料由抛送机抛入拖车。通用式青饲收获机适应性广。生产厂家：主要有赤峰市农牧机械厂生产的 4Q8—2 型，安达县先锋祝械厂、齐齐哈尔农牧车轮总厂生产的 9QS—5 型以及 9QS—5 型青饲玉米收获机等。赤峰市牧业机械厂生产的 9SQ—10 型滚筒式青饲料联合收获机，配套动力为 40.4～58.8 kW 拖拉机即可收割细秆平播作物，也可收获行距 60～70 cm 高秆作物，高秆割台行数为 2 行。

(2)玉米收获机：专门用于收获玉米、一次可完成摘穗、剥皮、果穗收集、茎叶切碎装车进行青贮等项工作。北京联合收割机总厂生产的 4YZ—4 自走式玉米收获机，收获行数 4 行，行距宽度 70 cm，生产率为 0.86～2.5 hm^2/h，发动机功率为 110.25 kW，机器重 9 t。

(3)割草机：收割牧草的专用设备，分为往复式割草机和旋转式割草机两种，无论哪种都应具备下列条件，切割器尽量接近地面，割茬高度应低于 5 cm。切割器遇到障碍物时，能迅速(1～2 s 内)升高或偏转，有安全保护装置。切割器要锋利，并具有一定的切割速度，一般往复式割草机切割速度 2.58 m/s，旋转式割草机的切割速度平均为 65～95 m/s。割下的牧草应连续而均匀地铺放，尽量减少机器对它们碾压、翻动和打击。

(4)割草压扁机：也称割晒机，是较先进的割草机，集收割、茎秆压扁和搂草等功能为一体。常用的有纽荷兰 1475 牵引式割草压扁机、纽荷兰自走式割草压扁机 HW300、HW320、HW340 及凯斯自走式 8860 型、8860HP 型等割晒机，都能一次完成收割、压扁、成条 3 道工序。

(5)搂草机:按搂成的草条方向分成横向和侧向搂草机。横向搂草机结构虽简单易操作,但搂成的草条不整齐,陈草多,损失较大。侧向搂草机较横向搂草机复杂,但搂成的草条整齐,损失小并能与捡拾作业配套。

(6)压捆机:压捆机是将散乱秸秆和牧草压成捆,便于运输和贮存。压捆机分固定式和捡拾压捆机两类。根据压成的草捆形状分为方捆活塞式压捆机和圆捆卷式压捆机。根据草捆密度还可以分为高密度(200～300 kg/m^3)、中密度(100～200 kg/m^3)和低密度(＜100 kg/m^3)压捆机。

内蒙古宝昌牧业机械厂生产的 9KJ—1. 4A 型方捆捡拾压捆机,配套动力 22 kW以上拖拉机,工作速度 5 km/h,生产率 5 000～7 000 kg/h,草捆尺寸(60～120) cm×46 cm×36 cm,草捆重量 15～25 kg,密度 100～180 kg/m^3。

内蒙古牙克石林业机械厂生产的 92FY—300 型高密度固定式捆草机,装有前后轮,可由拖拉机牵引至工作场。草捆密度 300 kg/m^3,草捆尺寸为(50～65) cm×36 cm×46 cm,重 30～35 kg,每小时出捆 50～80 个。

吉林省白城农牧机械厂生产的 9JY—1800 圆草捆捡拾压捆机,配套动力 40. 4 kW拖拉机,工作速度 5 km/h,生产率 8～12 捆/h,草捆重 450～500 kg,草捆直径 180 cm,宽度 150 cm。

2. 加工机械

(1)铡草机:铡草机也叫切碎机,主要用于牧草和秸秆类干饲料的切短,也可用于铡短青贮料。铡草机按机型大小分大型、中型、小型 3 种机型;按切碎器形式又分为滚筒式和圆盘式两种,小型以滚筒式为多,大中型为了便于抛送青贮饲料,一般都为圆盘式;按喂入方式不同分为人工喂入式、半自动喂入式和自动喂入式;按切碎段处理方式不同分为自落式、风送式和抛送式三种。用户可根据需要进行选择。选择铡草机需特别注意:①切割段长度可以调整(3～100 mm);②通用性能好,可以切割各种作物茎秆、牧草和青饲料;③能把粗硬的茎秆压碎,切茬平整无斜茬,喂料出料要有较高的机械化水平;④切碎时发动机负荷均匀,能量比耗小,当用风机输送切碎的饲料时,其生产率要略大于切碎器的最大生产率,抛送高度对于青贮塔不小于 10 m,对其他青贮建筑物可任意调整;⑤结构简单,使用可靠,调整和磨刀方便。制造商有:山东省肥城铡草机厂、北京嘉亮林海农牧机械有限责任公司(大兴县榆垡镇)、河北省唐县第二机械厂、西安市畜牧乳品机械厂等。

(2)揉搓机:揉搓机是 1989 年问世的一种新型机械。它介于铡切与粉碎两种加工方法之间的一种新方法。其工作原理是将秸秆送入料槽,在锤片及空气流的作用下,进入揉搓室,受到锤片、定刀、斜齿板及抛送叶片的综合作用,把物料切断,揉搓成丝状,经出料口送出机外。制造商有:北京嘉亮林海农牧机械有限责任公司、赤峰农机总厂、黑龙江安达市牧业机械厂等。

(3)粉碎机：目前国内生产的粉碎机类型有锤片式、劲锤式、爪式和对辊式四种。

锤片式粉碎机是一种利用高速旋转的锤片击碎饲料的机器。生产率高，适应性广，既能粉碎谷物类精饲料，又能粉碎含纤维、水分较多的青草类、秸秆类饲料，粉碎粒度好。

劲锤式粉碎机与锤片式类似，不同之处在于它的锤片不是用销连接在转盘上，而是固定安装在转盘上，因此它的粉碎能力更强些。

爪式粉碎机是利用固定在转子上的齿爪将饲料击碎。这种粉碎机结构紧凑、体积小、重量轻，适合于粉碎含纤维较少的精饲料。

对辊式粉碎机是由一对回转方向相反，转速不等的带有刀盘的齿辊进行粉碎，主要用于粉碎油料作物的饼粕、豆饼、花生饼等。

在实际生产中应根据粉碎不同种类的饲料选用专用粉碎机。生产厂家有：北京市通县粉碎机厂、北京燕京牧机公司、黑龙江省庆安农牧机械厂、山东省泰山农牧机械厂、呼和浩特畜牧机械研究所等。

(4)制粒设备：秸秆粉碎后，加上精料和添加剂制成全价颗粒料。整套设备包括粉碎机、附加物添加装置、搅拌机、蒸汽锅炉、压粒机、冷却装置、碎粒去除和筛粉装置。制粒机有平模压粒和环模压粒两种类型。

(5)牧草加工机组：用优质牧草(如苜蓿)生产维生素草粉，并制成颗粒状或块状料。成套设备包括：高温干燥机、粉碎机、饲料制粒、压块设备和饲料暂时贮存设备。

中国船舶总公司713所研制的93QH—300型草粉加工机组，以煤作燃料，烘干机中热空气温度为500～600℃，生产率300 kg/h，耗煤量135 kg/h，耗电量60度/h，设备重量23 t。

江苏正昌粮机股份有限公司生产的正昌牧草加工设备，包括粉碎、均质、输送除尘、压块、冷却打包等可以生产块状和颗粒状成品牧草饲料，并配备多个液体添加喷头，可以加入糖蜜、纤维素酶等液体。

(6)小型饲料加工机组：主要由粉碎机、混合机和输送装置等组成。其特点是①生产工艺流程简单，多采用主料先配合后粉碎再与副料混合的工艺流程；②多数用人工分批称量，只有少数机组采用容积式计量和电子秤重量计量配料，添加剂采用人工分批直接加入混合机；③绝大多数机组只能粉碎谷物类原料，只有少数机组可以加工秸秆料和饼类料；④机组占地面积小，对厂房要求不高，设备一般安置在平房建筑物内。小型饲料加工机组有时产0.1 t、0.3 t、0.5 t、1.0 t、1.5 t，可根据需要选购。生产厂家有:江西红星机械厂、北方饲料粮油工程有限公司、河北亚达机械制造有限公司等。

(二)青贮设施与机械

1. 青贮窖　青贮窖的制作详见本书青贮制作部分。

2. 袋装青贮装填机　是经过对传统青贮饲料生产工艺进行改革后发展起来的一项实用粗饲料加工贮存技术,在发达国家已得到广泛的推广应用。袋装青贮装填机,是一种可移动式粗饲料青贮或半干青贮深加工复合作业机具,主要用于牧草、饲料作物和农副产品的切碎、压实、装袋,从而使物料在密封的塑料青贮袋中通过乳酸发酵,或通过其他生物的或化学的方法起反应,达到保存营养甚至提高营养价值的目的。与其他青贮机械比较,该机的最大特点是将切碎机和装填机组合在一起,减少了专用的运输设备,生产操作方便灵活。袋装青贮装填机加工生产青贮饲料具有如下优点:设备投资少,不需要修建青贮窖、青贮塔,不占用土地;可较好地控制青贮饲料质量,原料损失少,营养保存率高,取用方便,可减轻饲养人员劳动强度;生产灵活性强,小袋青贮便于运输,为牧草等青粗饲料产品的商品化创造了条件。

中国农业科学院草原研究所研制的9DT—1.0型袋装青贮装填机整机重量约650 kg,每小时可生产青贮饲料20袋(每袋50 kg),物料切碎长度2 cm。可用电动机或拖拉机带动,配有1 300 mm×650 mm×0.14 mm(长×半径×厚)的无毒塑料青贮袋,70%的青贮袋可重复使用2次。气候潮湿、多雨、地下水位高的地区使用价值更高。该机适用于牧草、饲料作物、甘蔗尾的青贮和半干青贮,粮食作物秸秆、甘薯藤、花生藤的半干青贮,也可用于农作物秸秆的氨化处理,亦可作为青饲料切碎机。

(三)全混合日粮(TMR)搅拌喂料车

全自动全混合日粮(TMR)搅拌喂料车,主要由自动抓取、自动称量、粉碎、搅拌、卸料和输送装置等组成。意大利龙尼法斯特和意大利司达特公司都是生产饲料搅拌喂料车专业公司,生产40多种规格和不同价位产品,其中有卧式全自动自走系列和立式全自动自走系列,可以自动抓取青贮、自动抓取草捆、自动抓取精料啤酒糟等,可以大量减少人工,简化饲料配制及饲喂过程,提高奶牛饲料转化率和奶质量。

北京现代农装科技股份有限公司畜禽机械事业部生产的移动式牛饲料搅拌喂料车和牵引式立式牛饲料搅拌喂料车,也可以满足不同奶牛场的需要。

(四)挤奶机械

有管道式挤奶机、桶式挤奶机、挤奶台(厅)三大类。以挤奶厅(台)应用最为普遍。

坑道式挤奶台和转盘式挤奶台的生产厂家有:西安市畜牧乳品机械厂、利拉伐(上海)乳业机械有限公司、北京嘉源易润工程技术有限公司、北京博达通工贸有限公司代理的GM公司挤奶机等。德国韦斯伐利亚生产的转盘式挤奶台可适合各种规模的牛奶养殖小区,牛位可从10～99位不等,并可根据要求配备自动化程度不同的设备,如刺激按摩、自动脱落、电子计量、乳房炎检测、牛号自动识别、发情鉴定等。

(五)鲜奶冷却设备

挤奶厅鲜奶冷却设备一般由温度调节仪、制冷压缩机、搅拌机、安全绝热层等组成。奶罐内外采用不锈钢板,有利于卫生管理,一般有卧式和椭圆式一体和分体式奶罐。生产鲜奶冷却设备的企业有:河南省新乡市东海制冷设备厂、广州森达酪宝畜牧用品有限公司、中国轻工业机械总公司乳品工程中心、宁波象山食品机械总厂和西安永兴食品机械有限公司等。

(六)牛舍通风及防暑降温设备

牛舍通风设备有电动风机和电风扇。轴流式风机是牛舍常见的通风换气设备,这种风机既可排风,又可送风,而且风量大。电风扇也常用于牛舍通风,一般以吊扇多见。广东顺德南方电器厂生产的南方牌FC—30型吊扇,输入功率82 W每分钟风量270 m^3。

牛舍防暑降温可采用喷雾设备,即在舍内每隔6 m装一个喷头,每一喷头的有效水量为每分钟1.4～2 L,降温效果良好。目前,有一种进口的喷头喷射角度是90°和180°喷射成淋雾状态,喷射半径1.8 m左右,安装操作方便,并能有效合理地利用水资源。喷淋降温设备包括:PVC、PE工程塑料管、球阀、连接件、进口喷头、进口过滤器、水泵等。安装一个80头奶牛舍需投资1300元(不包括水泵),生产厂家有北京嘉源易润工程技术有限公司等。一般常用深井水作为降温水源。

(七)其他器械

牛用耳标、人工授精器械等可到北京奶牛中心服务部(北京清河南镇)、上海奶牛育种中心(上海市蕴川路1600号)购买。

第三节　奶牛场废弃物处理

牛场本身是一个大型的污染源，牛每天排泄出大量的粪尿，在生产过程中采用水冲式清粪、冲洗场地、牛身、机械和容器等造成大量污水排放，因此牛场的粪尿和污水已对周围环境造成威胁，2001 年国家环保总局与国家质检总局联合发布的《规模化养殖场畜禽污染物达标排放标准》（以下简称《标准》）及配套监测方法，《标准》将畜禽养殖场的存栏规模分为一、二级，分别于 2003 年 1 月 1 日和 2004 年 7 月 1 日强制实施这一标准。要实现养牛生产的持续发展，必须改善奶牛场的环境，保持养牛生产和环境保护的协调，解决牛场自身污染以保证养牛业健康持续的发展。

一、粪尿的分离技术

利用水冲式清粪并冲洗（清洗）场地、牛身、机械和容器等，用水量相当大，造成大量污水排放。据测算，华北地区一个 1 000 头规模奶牛场，年排粪尿量 15 000t 以上（其中粪便量约占 1/3），排放的粪尿水 COD（化学耗氧量）超标 53 倍，BOD（生化需氧量）超标 76 倍，SS（水中悬浮物）超标 14 倍。要尽量控制用水量，加强粪便捡拾工作，采取人工或机械捡拾粪便，使粪尿分离、粪水分离，减少水冲式清粪、冲洗（清洗）场地的用水量；通过及时捡拾粪便，来减少牛身、场地被粪便玷污的程度，减少冲洗牛身及冲洗（清洗）场地的用水量；牛舍周围分别建造雨水渠和污水渠，做到雨污分离。通过各种手段，从整体上减少污水排放量，从而减轻污水处理的负担。

粪尿固液分离的方法主要有两类：一类是按固体物几何尺寸的不同进行分离，主要设备有筛分分离（如固定筛、振动筛、转动筛）、过滤分离（真空过滤机、带式压滤机、转辊压滤机等）以及卧式螺旋挤压机、滚刷筛等；另一类是按固体物与溶液的比重不同进行分离，主要设备有沉降分离（卧式离心机）、立式螺旋分离机、旋转锥形筛等。筛分分离，分离出的固形物含水率较高，一般在 80％左右，且筛孔容易堵筛；过滤分离和沉降分离含水率较低，一般在 65％～70％。

二、奶牛粪便的处理与利用

(一)用作肥料

1. 堆肥法 牛粪好氧处理的技术措施是堆肥处理——静态堆肥或装置堆肥。静态堆肥不需特殊设备,可在室内进行,也可在室外进行,所需时间一般 60～70 d;装置堆肥需有专门的堆肥设施,以控制堆肥的温度和空气,所需时间 30～40 d。为提高堆肥质量和加速腐熟过程,无论采用哪种堆肥方式,都要注意以下几点:必须保持堆肥的好氧环境,以利于好气腐生菌的活动,另外,还可添加高温嗜粪菌,以缩短堆肥时间,提高堆肥质量;保持物料氮碳比在 1∶(25～35),碳比过大,分解效率低,所需时间长,过低则使过剩的氮转化为氨而逸散损失,一般牛粪的氮碳比为1∶21.5,制作时适量可加入杂草、秸秆等,以提高碳比;物料的含水量以 40%左右为宜;对内温度应保持在 50～60℃;要有防雨和防渗漏措施,以免造成环境污染。

2. 利用微生物菌种生产有机肥 该工艺生产有机肥分为两部分:第一,菌种培养。将发酵放射线菌等与固液分离后的牛粪混合发酵生成菌种肥源。第二,混合发酵。将优良菌种肥与生牛粪再混合,高温发酵,即可生成全熟化有机肥。

(二)用作饲料

牛吃进去的饲料经牛瘤胃微生物的发酵分解,一部分营养物质被吸收利用,另一部分营养物质被排出体外。据测定,干牛粪中含有粗蛋白 10%～20%,粗脂肪 1%～3%,无氮浸出物 20%～30%,粗纤维 15%～30%,因此具有一定的饲用价值。饲用前最好先与其他饲料混合后密封发酵,这样适口性较好。用牛粪喂猪、鸡,发酵方法为:将牛粪与谷糠、麸皮和其他饲料混合后,装入窖、缸或塑料袋中压实封严进行发酵;种猪、仔猪一般不宜用牛粪饲料,育肥猪日粮中的添加量以10%～15%为宜,鸡日粮中添加牛粪的量,可用牛粪完全替代苜蓿草粉,其饲喂效果与等量苜蓿粉相同。用牛粪喂牛、羊,发酵方法为:将牛粪与其他牧草混合后,装入窖、缸或塑料袋中压实封严进行发酵,发酵牛粪可在牛、羊的日粮中添加 20%～40%。

(三)利用蚯蚓处理牛粪

利用蚯蚓处理牛粪,通过蚯蚓的消化系统,在蛋白酶、脂肪分解酶、纤维酶、淀粉酶的作用下,能迅速分解、转化,成为自身或其他生物易于利用的营养物质。因此，蚯蚓处理牛粪，既可生产优良的动物蛋白，又可生产肥沃的复合有机肥。这项工艺简便、费用低廉，不与动植物争食、争场地，能获得优质有机肥料和高级蛋白饲料，对环境不产生二次污染。

（四）生产沼气

沼气是利用厌氧菌（主要是甲烷细菌）对牛粪尿和其他有机废弃物进行厌氧发酵产生的一种混合气体，其主要成分为甲烷（占60%～70%），其次为二氧化碳（占25%～40%），此外还有少量的氧、氢、一氧化碳和硫化氢。沼气燃烧后可产生大量的热能（发热量为20.9～271.7 MJ/m^3），可作为生活、生产用燃料，也可用于发电。在沼气生产过程中，因厌氧发酵可杀灭病原微生物和寄生虫，发酵后的沼渣和沼液又是很好的肥料，这样种植业和养殖业有机的结合起来，形成一个多次利用、多次增值的生态系统（图11-17）。

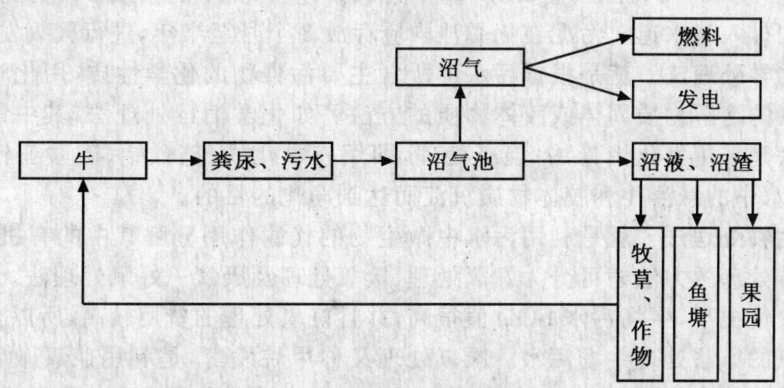

图11-17　牛粪尿厌氧发酵利用生态系统

由于禽畜养殖场沼气工程的发酵原料以粪便为主，而粪便悬浮物多，固形物浓度较高，常见的处理工艺一是全混合式沼气发酵装置，常温发酵，物料滞留期40 d左右，产气率低，平均为0.13～0.3 $m^3/(m^3 \cdot d)$；二是塞流式发酵工艺，并有搅拌、污泥回流和保温装置，发酵温度为15～32℃，产气率为1.2～2.0 $m^3/(m^3 \cdot d)$；三是上流式污泥床反应器（UASB）或厌氧过滤器（AF），或两者结合的工艺，其优点是能够使厌氧微生物很好地附着，进一步提高反应速度和产气量。

我国禽畜场沼气工程技术从20世纪80年代以来日益完善，已形成较为完善的高效的且具有多种功能的工程技术系统。目前常规工艺包括：前处理装置、厌氧消化器、沼气收集贮存及输配系统、沼液后处理装置以及沼渣处理系统。以上各个工艺环节的完善，对于产气率的提高、系统的稳定运行、减少污染与排放达标、以确保用户使用到高效稳定的燃气均已具备了较为先进的技术条件。

一般地，大型沼气工程规模的产气量为 1 000～2 000 m^3/d，其工程总投资在 300 万～1 000 万元；中型沼气工程的产气量为 50～1 000 m^3/d，其工程总投资 80 万～300 万元。今后的发展方向是向大型集约化养殖发展，因此，21 世纪以后重点是发展大型沼气工程。

三、污水的处理与利用

污水处理主要有物理处理法、化学处理法和生物处理法。

1. 物理处理法 就是利用化粪池或滤网等设施进行简单的物理处理方法。此法可除去 40%～65%的悬浮物，并使生化需氧量(BOD)下降 25%～35%。污水流入化粪池，经 12～24 h 后，使 BOD 量降低 30%左右，其中的杂质下降为污泥，流出的污水则排入下水道。污泥在化粪池内应存放 3 个月至半年，进行厌氧发酵。

2. 化学处理法 就是根据污水中所含主要污染物的化学性质，用化学药品除去污水中的溶解物质固体或胶体物质的方法。如化学消毒处理法，其中最方便有效的方法是采用氯化消毒法；混凝处理，即用三氯化铁、硫酸铝、硫酸亚铁等混凝剂，使污水中的悬浮物和胶体物质沉淀而达到净化的目的。

3. 生物处理法 就是利用污水中微生物的代谢作用分解其中的有机物，对污水进一步处理的方法。可分为好氧处理、厌氧处理及厌氧＋好氧处理法。

一般情况下，牛场污水 BOD 值很高，并且好氧处理的费用较高，所以很少完全采用好氧的方法处理牛场污水。厌氧处理又称甲烷发酵，是利用兼氧微生物和厌氧微生物的代谢作用，在无氧的条件下，将有机物转化为沼气(主要成分为 CO_2、CH_4 等)、水和少量的细胞物质。与好氧处理相比，厌氧处理效果好，可除去污水中绝大部分病原菌和寄生虫卵；能耗低，占地少；不易发生管孔堵塞等问题；污泥量少，且污泥较稳定(见生产沼气部分)。

厌氧＋好氧法是最经济、最有效的处理污水工艺。厌氧法 BOD 负荷大，好氧法 BOD 负荷小，先用厌氧处理，然后再用好氧处理是高浓度有机污水常用的处理方法(图 11-18)。

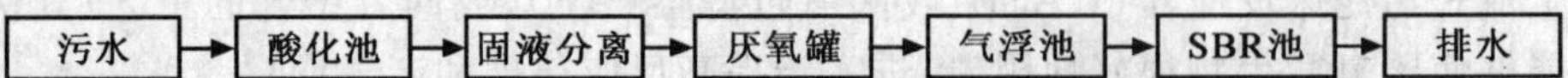

图 11-18 污水厌氧＋好氧的处理工艺

注：SBR 法又称为间歇式活性污泥法或序批式活性污泥法

第十二章　奶牛疫病防制技术

第一节　奶牛的卫生保健

一、奶牛场卫生防疫措施

（一）场址选择与规划

奶牛场场址应选择在地势平坦、向阳背风，排水良好，水源充足，无污染且未发生过任何传染病的地方。牛场应建围墙和防疫沟，周围应设绿化隔离带。生活管理区和生产区严格分开。生产区门口设消毒间和消毒池。建筑牛舍时，地面、墙壁应选用便于清洗消毒的材料，以利于彻底消毒，并应具备良好的粪尿排出系统。牛场的净道与污道应分开，避免交叉。排污应遵循减量化、无害化和资源化的原则。

（二）卫生消毒

卫生消毒是切断疫病传播的重要措施，奶牛场应建立卫生消毒制度，减少疾病的发生。

1. 消毒剂　消毒剂应选择对人、奶牛和环境比较安全、没有残留毒性，对设备没有破坏和在牛体内不应产生有害积累的消毒剂。可选用的消毒剂有：石炭酸（酚）、煤酚、双酚类、次氯酸盐、有机碘混合物（碘附）、过氧乙酸、生石灰、氢氧化钠（火碱）、高锰酸钾、硫酸铜、新洁尔灭、松油、酒精和来苏儿等。

2. 消毒方法

（1）喷雾消毒：用一定浓度的次氯酸盐、有机碘混合物、过氧乙酸、新洁尔灭、煤酚等，用喷雾装置进行喷雾消毒，主要用于牛舍清洗完毕后的喷洒消毒、带牛环境消毒、牛场道路、周围和进入场区的车辆。

（2）浸液消毒：用一定浓度的新洁尔灭、有机碘混合物或煤酚的水溶液，进行洗手、洗工作服或胶靴。

(3)紫外线消毒:对人员入口处常设紫外线灯照射,以起到杀菌效果。

(4)喷撒消毒:在牛舍周围、入口、产床和牛床下面撒生石灰或火碱杀死细菌或病毒。

(5)热水消毒:用 35～46℃温水及 70～75℃的热碱水清洗挤奶机器管道,以除去管道内的残留矿物质。

3. 消毒制度

(1)环境消毒:牛舍周围环境(包括运动场)每周用 2%氢氧化钠消毒或撒生石灰 1 次;场周围及场内污水池、排粪坑和下水道出口,每月用漂白粉消毒 1 次(每立方米污水加 6～10 g 漂白粉)。在大门口和牛舍入口设消毒池,使用 2%～4%火碱(氢氧化钠),为保证药液的有效,应 15 d 更换一次药液。

(2)人员消毒:工作人员进入生产区应更衣和紫外线消毒,工作服不应穿出场外。外来参观者进入场区参观应彻底消毒,更换场区工作服和工作鞋,并遵守场内防疫制度。

(3)牛舍消毒:牛舍在每班牛只下槽后应彻底清扫干净,定期(夏季 2 周,冬季 1 个月)用高压水枪冲洗牛床,并进行喷雾消毒。

(4)用具消毒:定期(夏季 2 周,冬季 1 个月)对饲喂用具、料槽和饲料车等进行消毒,可用 0.1%新洁尔灭或 0.2%～0.5%过氧乙酸消毒;日常用具(如兽医用具、助产用具、配种用具、挤奶设备和奶罐车等)在使用前后应进行彻底消毒和清洗。

(5)产房、犊牛舍每牛使用前后应彻底清洗和消毒。

(6)带牛环境消毒:定期进行带牛环境消毒(特别是传染病多发季节),有利于减少环境中的病原微生物。可用于带牛环境消毒的消毒药有:0.1%新洁尔灭,0.3%过氧乙酸,0.1%次氯酸钠,以减少传染病和蹄病等发生。带牛环境消毒应避免消毒剂污染到牛奶中。

(7)牛体消毒:挤奶、助产、配种、注射治疗及任何对奶牛进行接触操作前,应先将牛有关部位如乳房、乳头、阴道口和后躯等进行消毒擦拭,以降低牛乳的细菌数,保证牛体健康。

(三)定期预防免疫制度

制定和执行适合奶牛场具体情况的疫病防疫程序,定期进行预防注射和药物预防,牛群定期进行驱虫。

1. 预防接种 奶牛场应根据《中华人民共和国动物防疫法》及其配套法规的要求,结合当地的实际情况,有选择地进行疫病的预防接种工作,且应注意选择适宜的疫苗、免疫程序和免疫方法。预防接种时,两种疫苗的使用间隔至少应在 15 d

以上。奶牛几种重要疾病的免疫方法如下。

(1)牛传染性鼻气管炎:牛传染性鼻气管炎疫苗,犊牛 4～6 月龄接种,空怀青年母牛在第一次配种前 40～60 d 接种,妊娠母牛在分娩后 30 d 接种,免疫期 6 个月。怀孕牛不接种。

已注射过该疫苗的牛场,对 4 月龄以下的犊牛,不接种任何疫苗。

(2)牛病毒性腹泻:牛病毒性腹泻灭活苗,任何时候都可以使用,妊娠母牛也可以使用,第一次注射后 14 d 应再注射一次;牛病毒性腹泻弱毒苗,犊牛 1～6 月龄接种,空怀青年母牛在第一次配种前 40～60 d 接种,妊娠母牛在分娩后 30 d 接种,免疫期 6 个月。

(3)牛副流感:牛副流感Ⅲ型疫苗,犊牛于 6～8 月龄时注射一次。

(4)牛布氏杆菌病:牛布氏杆菌 19 号菌苗,母犊牛 5～6 月龄接种,免疫期12～14 个月;牛型布氏杆菌 45/20 佐剂菌苗,不论年龄、怀孕与否皆可注射,接种 2 次,第一次注射后 6～12 周再注射一次;猪型布氏杆菌 2 号菌苗,口服,用法同 19 号菌苗,免疫期 3.5 年;羊型布氏杆菌 5 号菌苗,可口服,免疫期 14 个月。

(5)魏氏梭菌病(牛猝死症):皮下注射 5 mL 魏氏梭菌灭活苗,免疫期 6 个月。

(6)口蹄疫:每年春、秋两季各用同型的口蹄疫弱毒疫苗接种一次,肌肉或皮下注射,1～2 岁牛 1 mL,2 岁以上牛 2 mL。注射后,14 d 产生免疫力,免疫期 4～6 个月。

2. 奶牛的驱虫 驱虫是一项重要的预防措施。每年春、秋各进行一次疥癣等体表寄生虫的检查,6～9 月份,焦虫病流行区要定期检查并做好灭蜱工作,10 月份对牛群进行一次肝片吸虫等的预防驱虫工作,春季对犊牛群进行球虫的普查和驱虫工作,或按以下方法预防。

(1)体内寄生虫:①4～6 月龄犊牛用左旋咪唑、芬苯达唑;②配种前 30 d 用左旋咪唑、芬苯达唑驱虫一次;③产后 20 d 用哈罗松或蝇毒灵驱虫一次。

(2)体内外寄生虫:①4～6 月龄犊牛用阿维菌素驱虫一次;②配种前 30 d 用阿维菌素驱虫一次。

(四)疫病监测

每年春秋两季(5 月、10 月)进行两次结核病、副结核病、布氏杆菌病的检疫,方法按农业部颁发的《动物检疫操作规程》进行,检出阳性反应牛应送隔离场或场外屠宰,可疑反应牛隔离复检后按法规处置。在牛群中应定期进行传染性鼻气管炎和牛病毒性腹泻/黏膜病的血清学检查。当发现病牛或抗体阳性牛时,应隔离观察,必要时注射疫苗。

二、奶牛的保健措施

(一)乳房卫生保健

乳房是奶牛实现经济价值的重要器官。乳房疾病的发生率较高,因乳区疾病失去泌乳能力,造成大约10%的奶牛淘汰和炎乳废弃,给奶牛业带来较大的经济损失。因此,应重视乳房的卫生保健。

1. 注意挤奶卫生 用温热的消毒液清洗乳房和乳头,最好用一次性消毒棉纸彻底擦干乳房和乳头,如用灭菌干布则需要每头牛一条,用后必须洗净,烘干灭菌,以减少病原微生物对乳房的侵害。机械挤奶要注意消毒,小心操作,避免乳头损害和病原微生物的传播。

2. 隐性乳房炎的检测 泌乳牛在1、3、6、7、8、9、11月等月份每月检测一次,干乳前10 d进行一次,对检测"++"应及时治疗,干乳前3 d内再检测1次,阳性牛需继续治疗,阴性牛才可停乳。

3. 控制乳房感染 临床型乳房炎需隔离治疗,治愈后才能合群。注意挤奶卫生和环境卫生,防止病原微生物传播。

4. 其他措施 对久治不愈或慢性顽固性乳房炎的病牛应及时淘汰。对胎衣不下、子宫内膜炎、产后败血症等疾病应及时治疗,防止炎症转移,波及乳房。

(二)蹄卫生保健

蹄病在奶牛疾病中发生率较高,据统计占总发病率的9%以上,严重时可导致发病奶牛的废弃,因此,应重视蹄的保健。

1. 环境卫生 应保持牛舍、运动场地面的平整、干净、干燥,及时清除粪便和污水。

2. 保持奶牛蹄部清洁 夏季可用清水每日冲洗,清洗后用4%硫酸铜溶液喷洒浴蹄,每周喷洒1~2次;冬季可改用干刷洁蹄,浴蹄次数可适当减少。

3. 定期修蹄 每年全群于春季和秋季各修蹄一次,修蹄应严格按照操作规程进行。

4. 及时治疗 对患有肢蹄病的奶牛应及时治疗,促使其尽快痊愈。

5. 其他 应给予平衡的全价饲料,以满足奶牛对各种营养成分的需求。禁止用患有肢蹄病缺陷的公牛配种。

（三）营养代谢疾病监控

1. 常规检查　每年应对干乳牛、高产牛进行 2～4 次血常规检查，为早期预防提供依据。

2. 酮病监测　产前 1 周每隔 2～3 d 检测尿液的 pH 值和尿酮一次，产后第一天检测尿液的 pH 值、尿酮和乳酮，隔 2～3 d 检测一次，直到产后 30～35 d。凡尿液酸性，酮反应阳性者，立即静脉注射葡萄糖、碳酸氢钠并采取其他相应措施进行治疗。

3. 加强干乳牛饲养管理　限制或降低高能饲料的进食量，以防止干乳奶牛过肥。可增加干草饲喂量，精粗比例以 3∶7 为宜。

4. 临产牛监护　临产前 1 周，对年老、体弱、高产和食欲不振的奶牛要加强看护，并可采用糖钙疗法，即用 25%葡萄糖和 20%葡萄糖酸钙各 500 mL，静脉注射，每日一次，连用 2～4 d。

5. 高产牛特护　高产牛在泌乳高峰期按饲料干物质的 1.5%在饲料中添加碳酸氢钠，与精料混合饲喂。

三、中华人民共和国农业行业标准——无公害食品奶牛饲养兽医防疫准则

中华人民共和国农业行业标准——无公害食品奶牛饲养兽医防疫准则（NY 5047—2001）全文如下：

1　范围

本标准规定了生产无公害食品的奶牛场在疫病的预防、监测、控制和扑灭方面的兽医防疫准则。

本标准适用于生产无公害食品奶牛场的卫生防疫。

2　规范性引用文件

下列文件中的条款通过本标准的引用而成为本标准的条款。凡是注日期的引用文件，其随后所有的修改单（不包括勘误的内容）或修订版均不适用于本标准，然而，鼓励根据本标准达成协议的各方研究是否可使用这些文件的最新版本。凡是不注日期的引用文件，其最新版本适用于本标准。

GB 16568　奶牛场卫生及检疫规范

GB/T16569　畜禽产品消毒规范

NY/T 388 畜禽场环境质量标准

NY 5027 无公害食品畜禽饮用水水质

NY 5046 无公害食品奶牛饲养兽药使用准则

NY 5048 无公害食品奶牛饲养饲料使用准则

NY/T5049 无公害食品奶牛饲养管理准则

中华人民共和国动物防疫法

3 术语和定义

下列术语和定义适用于本标准。

3.1 动物疫病 animal epidemic disease

动物的传染病和寄生虫病。

3.2 病原体 pathogen

能引起疾病的生物体，包括寄生虫和致病微生物。

3.3 动物防疫 animal epidemic prevention

动物疫病的预防、控制、扑灭和动物、动物产品的检疫。

4 疫病预防

4.1 环境卫生条件

奶牛场的环境卫生质量应符合 NY/T 388 规定的要求。

4.2 奶牛场的卫生条件

4.2.1 具有清洁、无污染的水源，应符合 NY 5027 规定的要求。

4.2.2 奶牛场应设管理和生活区、生产和饲养区、生产辅助区、畜粪堆贮区和病牛隔离区，各区应相互隔离。运送饲料和生奶的道路与装运牛粪的道路应分设，并尽可能减少交叉点。

4.2.3 非生产人员一般不允许进入生产区。特殊情况下，非生产人员需经淋浴消毒后方可入场，并遵守场内的一切防疫制度。

4.2.4 应按照 NY/T5049 规定的要求建立规范的消毒方法。

4.2.5 奶牛场内不准屠宰和解剖牛只。

4.2.6 不从有牛海绵状脑病的国家引进牛只；外来或购入的奶牛需有兽医检疫部门的检疫合格证，并经隔离观察和检疫后，确认无传染病时方可并群饲养。

4.2.7 挤奶人员须经奶牛泌乳生理和挤奶操作工艺的培训合格后才能上岗操作。除上述规定外，奶牛场的选址、布局、设施及其卫生要求、工作人员健康卫生要求、生奶存放及运输卫生要求、防疫卫生等应符合 GB 16568 及 NY/T 5049 规定的要求。

4.3 饲料、饲料添加剂和兽药的要求

4.3.1 饲料和饲料添加剂的使用应符合 NY 5048 规定的要求，禁止饲喂反刍动物源性肉骨粉。

4.3.2 兽药的使用应符合 NY 5046 规定的要求。

4.4 饲养管理要求

奶牛场的饲养管理应符合 NY/T 5049 规定的要求。

4.5 免疫接种

奶牛场应根据《中华人民共和国动物防疫法》及其配套法规的要求，结合当地实际情况，有选择地进行疫病的预防接种工作，并注意选择适宜的疫苗、免疫程序和免疫方法。

5 疫病监测

5.1 奶牛场应依照《中华人民共和国动物防疫法》及其配套法规的要求，结合当地实际情况，制定疫病监测方案。

5.2 奶牛场常规监测的疾病至少应包括：口蹄疫、蓝舌病、炭疽、牛白血病、结核病、布鲁氏菌病。同时需注意监测我国已扑灭的疫病和外来病的传入，如牛瘟、牛传染性胸膜肺炎、牛海绵状脑病等。

除上述疫病外，还应根据当地实际情况，选择其他一些必要的疫病进行监测。

5.3 母牛在干乳前 15 d 作隐性乳腺炎检验，在干乳时用有效的抗菌制剂封闭治疗。

5.4 根据当地实际情况由动物疫病监测机构定期或不定期进行必要的疫病监督抽查，并将抽查结果报告当地畜牧兽医行政管理部门。

6 疫病控制和扑灭

奶牛场发生疫病或怀疑发生疫病时，应依据《中华人民共和国动物防疫法》及时采取以下措施：

6.1 驻场兽医应及时进行诊断，并尽快向当地畜牧兽医行政管理部门报告疫情。

6.2 确诊发生口蹄疫、牛瘟、牛传染性胸膜肺炎时，奶牛场应配合当地畜牧兽医管理部门，对牛群实施严格的隔离、扑灭措施；发生牛海绵状脑病时，除了对牛群实施严格的隔离、扑杀措施外，还需追踪调查病牛的亲代和子代；发生炭疽时，只扑杀病牛；发生蓝舌病、牛白血病、结核病，布鲁氏菌病等疫病时，应对牛群实施清群和净化措施；全场进行彻底的清洗消毒，病死或淘汰牛的尸体按 GB 16548 进行无害化处理，消毒按 GB/T 16569 进行。

7 记录

每群奶牛都应有相关的资料记录，其内容包括：奶牛来源，饲料消耗情况，发病率,死亡率及发病死亡原因,无害化处理情况,实验室检查及其结果,用药及免疫接种情况,所有记录应在清群后保存两年以上。

第二节　奶牛疾病防制

一、传　染　病

(一)口蹄疫

口蹄疫俗称“口疮”、“蹄癀”,是由口蹄疫病毒引起的偶蹄动物的一种急性、热性、高度接触性传染病。其特征是在口腔黏膜、蹄部、乳房皮肤发生水疱和溃疡。

1. 病原特征　口蹄疫病毒属于微核糖核酸病毒科中的口蹄疫病毒属,分O、A、C、南非$_1$、南非$_2$、南非$_3$和亚洲型等7个主型。该病毒对酸、碱敏感,1%～2%的氢氧化钠溶液可将其杀死,但对乙醇、氯仿和酚等化学药品抵抗力强。

2. 流行特点　在自然情况下牛最易感染,其他偶蹄兽也可感染,人也有易感性。

被感染的动物可长期带毒,是主要传染源。病毒可通过接触、饮水和空气等途径进行传播。以冬、春季节发病率高,其他季节也可发生。

3. 临床症状　潜伏期平均为2～4 d。病牛体温升高40～41℃,精神沉郁,流涎,于唇内面、齿龈、舌面及颊黏膜出现蚕豆至核桃大的水疱,水疱破溃后露出鲜红色的糜烂面。食欲减退、脉搏和呼吸均加快。蹄冠皮肤上出现水泡时,表现跛行,如继发感染则出现化脓、坏死,严重时造成蹄匣脱落。

4. 诊断要点　根据口、蹄部的典型病变;本病传播速度快,流行广的可作出初步诊断。给犊牛接种,即先把健康犊牛的口腔黏膜划破,再将新鲜病料涂在划破的黏膜上,如出现典型的口蹄疫症状即可确诊。

5. 防制措施　平时应严格执行卫生防疫制度,保持清洁卫生。定期用2%的氢氧化钠对用具进行消毒,加强检疫制度。不从疫区引购牛只。每年于3、6、9、12月份定期接种口蹄疫疫苗,一旦发生口蹄疫,要及时向有关部门报告疫情,严格扑杀患病牛只,对尸体要进行无害化处理,封锁疫区,场地和用具全面消毒,直至1周后再无新病例出现,方能解除封锁。

(二)布鲁氏菌病

布鲁氏菌病是由布鲁氏菌引起的人、畜共患的一种慢性传染病。以侵害子宫、胎膜、关节和母牛发生流产为特征。

1. 病原特征　布氏杆菌属于细小,似球形的杆菌,无芽孢和荚膜,不运动,革兰氏染色阴性。不耐热,抗干燥,一般的消毒剂均能将其杀死。

2. 流行特点　病牛是主要的传染源,含有病原体的阴道分泌物、乳汁、粪便、流产胎儿、胎水等通过直接接触或消化道而广泛传播。无季节性,一年四季均可发生。

3. 临床症状　潜伏期长短不一,多数病例为隐性传染,症状不明显,部分病例发生关节炎、滑液囊炎及腱鞘炎,呈现跛行,严重时关节变形。母牛流产是本病的主要特征,且流产多发生在怀孕后 5～7 个月间,流产前表现精神沉郁,食欲减退,起卧不安,阴唇和乳房肿胀,自阴道流出灰红褐色的黏液或黏液脓性分泌物,流产胎儿多死胎或弱胎,流产后伴发胎衣不下,胎膜水肿,表面附有纤维素块。

4. 诊断要点　对本病的诊断,临床表现只能作为参考,因为大多数病例属于隐性传染,故确诊需要细菌学、血清学和变态反应诊断。

细菌学检查可取流产胎儿的肝、脾组织作为病料、直接涂片、用沙黄美蓝鉴别染色法染色,油镜下检查,即可查出病原菌。

血清学诊断一般用凝集试验。在 1∶100 或更高稀释度以上完全发生凝集者为阳性,1∶50 为可疑,否则为阴性。

5. 防制措施　加强检疫制度,特别是对新购入的牛群,隔离观察 1 个月和检疫两次,确认健康方能合群。定期预防接种,目前市场上的疫苗很多,有猪 2 号弱毒菌苗,羊 5 号弱毒菌苗,19 号弱毒菌苗等,每年注射一次。严格消毒,特别是被病牛污染的牛舍、运动场、用具等用 10%～20%的石灰乳或 2%的氢氧化钠等进行消毒,对流产胎儿、胎膜、胎水等应妥善消毒处理。对患病的病牛要进行淘汰,坚决控制和消灭传染源。

(三)结核病

结核病是由结核杆菌引起的人、畜共患的一种慢性传染病。其特征是病牛逐渐消瘦,在组织器官内形成结核结节和干酪样坏死。

1. 病原特征　结核分枝杆菌分为 3 个类型,即人型、牛型和禽型,其中以牛型对牛的致病作用最强,牛型结核杆菌是一种细长杆菌,呈单一或链状排列,革兰氏染色阳性,无芽孢和荚膜,无鞭毛,不运动。

结核杆菌对干燥抵抗力强，但对潮湿抵抗力弱，对碱比较敏感，可用2%～3%的氢氧化钠消毒牛舍。

2. 流行特点 病牛是主要的传染源，致病菌可随呼出的气体、痰、粪便、尿、分泌物及乳汁排出体外，可通过呼吸道、消化道、生殖道感染，有时也可通过皮肤感染。本病一年四季均可发生，如饲养管理不良，牛群拥挤，牛舍阴暗，营养缺乏，环境卫生条件差等均可促进本病的发生与传播。

3. 临床症状 本病呈慢性经过，潜伏期数月到数年，由于侵害的器官不同，表现的临床症状各异。

肺部结核时，病初短促干咳，后逐渐加重，变为湿咳，鼻液呈黏液性或脓性，呼吸加快，胸部听诊可听到罗音，叩诊呈浊音，病牛逐渐消瘦，泌乳量降低。

乳腺结核时，乳房上淋巴结肿大，乳房中可触摸到局限性的硬固的结节，无热无痛，泌乳量减少，乳汁稀薄，含有絮片，色黄而污浊，放置后有较多的沉淀。

肠结核时，表现消化不良，顽固性下痢，很快消瘦，粪便稀薄，有时混有黏液或脓液，波及肠系膜、腹膜和肝脾时，直肠检查可见异常。

生殖器官结核时，病牛表现性欲亢进，不断发情，但不受孕，即使受孕也易流产。

4. 诊断要点 本病仅凭临床症状难以作出诊断，故常用结核菌素试验和细菌学检查等进行诊断。

结核菌素试验于每年春、秋各检一次。其方法是：于牛的左侧颈中部剪毛，面积为50 mm×50 mm，在剪毛的中央以拇指和食指将皮肤捏起，用卡尺量取厚度并记录，然后用酒精消毒，皮内注射结核菌素液0.1～0.15 mL，成年牛可注0.2 mL，注射72 h后，观察反应，如果局部发热，有疼痛反应，肿胀面积35 mm×45 mm以上，皮肤比原来增厚8 mm以上者定为阳性反应，如果肿胀面积在35 mm×45 mm以下，皮肤比原来增厚5～8 mm之间可判为可疑，否则为阴性。

对可疑的病例进行确诊，则有赖于细菌学检查，可用病料直接涂片（如肺结核取痰液为病料，如乳房结核取乳汁，肠结核取粪便等为病料），用抗酸法染色镜检，发现病原菌即可确诊。

5. 防制措施 定期检疫，于春、秋进行2次检疫，对开放型的病牛和症状不明显的阳性牛要及时淘汰，被病牛污染的场所和用具都用20%的新鲜石灰乳进行消毒。培养健康犊牛，对受威胁的犊牛可进行卡介苗接种，每年1次。

（四）副结核病

副结核病又称副结核性肠炎，是由副结核分枝杆菌引起的慢性消耗性传染病。

以顽固性腹泻、进行性消瘦、肠黏膜增厚并形成皱襞为特征。

1. 病原特征 副结核分枝杆菌是一种短而粗的杆菌，革兰氏阳性，具有抗酸性染色呈红色。对外界不良因素具有很强的抵抗力，在粪便或土壤中可活存 7～11 个月。对于热和常用消毒药敏感，60℃ 30 min，80℃ 5 min 即可杀死。5％的福尔马林、来苏儿或 3％～5％的石炭酸，可在 10 min 内杀死。

2. 流行特点 病牛和隐性感染牛是传染源，可通过乳汁、粪便和尿排出大量的病原菌，可经消化道直接接触使胎盘感染，为地方流行性疾病，感染牛群的死亡率为 2％～10％。

3. 临床症状 潜伏期一般 6～12 个月，也有的可长达 2 年以上。有的牛可能终生带菌，而无临床表现。出现临床症状主要为持续性腹泻，进行性消瘦、贫血、水肿含有大量黏液和副结核杆菌，并有一种特殊的腥臭味。随着病程的进展，被毛无光，后躯常沾满粪污，排粪呈喷射状。据此作为初步诊断的依据。

4. 诊断要点 根据典型的临床症状初步诊断，确诊要进行病原学检查、变态反应诊断及血清学试验。

5. 防制措施 迄今为止，对牛副结核病的治疗，仍无切实可行的方法。目前，对开放性病牛，应采取扑杀处理，以防止散布病菌，扩大蔓延。

每隔 3 个月进行 1 次变态反应和血清学反应诊断，检出的阳性牛，要采取集中、隔离，分批淘汰的方法。对病牛污染过的牛舍、围栏、饲槽、用具等，要用生石灰、来苏儿、苛性钠、漂白粉、石炭酸等消毒药进行喷雾、浸泡或冲洗。运动场要经常犁翻，或覆盖洁净土壤。粪便应堆积高温发酵处理。

(五)传染性胸膜肺炎

传染性胸膜肺炎又称牛肺疫，是由丝状支原体引起的牛的一种高度接触性传染病。主要侵害肺组织，以纤维素性肺炎和胸膜肺炎为特征。

1. 病原特征 本病的病原体是丝状支原体丝状亚种，属于支原体属的成员。对外界环境的抵抗力较差，在直射阳光下的空气中几个小时则失去毒力。37℃能存活 1 周，在干燥条件下迅速死亡，对一般消毒药抵抗力不强，多在几分钟内被杀死。

2. 流行特点 病牛和带菌牛是主要的传染源，直接接触是本病的主要传播方式，经呼吸道传染，病牛呼出的气体或咳嗽出的飞沫借助空气被健康牛吸入而感染。常发地区呈慢性或隐性经过，新发地区呈流行性或地方流行性，可造成大批病牛死亡。

3. 临床症状 本病的潜伏期一般为 2～4 周，最短的为 1 周，长的可达数月。

病初症状轻微，易被忽视。随时间的推移，症状逐渐明显，出现急性、亚急性或慢性型症状。

急性型主要呈急性胸膜肺炎症状，体温升高达 40～42℃，高热稽留。鼻孔扩大，前肢开张，腹部扇动，呼吸困难。按压肋间有疼痛表现。肺部听诊出现湿性啰音，支气管呼吸音，有时见摩擦音。叩诊呈现浊音。有浆液性鼻液流出，泌乳、反刍停止，食欲废绝。可视黏膜发绀，被毛粗乱。后期心脏衰弱，脉搏细弱且加快，胸腔、胸前积水，便秘腹泻交替发生，体况极度衰弱，常因窒息而死亡。整个病程为 15～30 d。

亚急性型症状与急性型相似，但较为缓和，病程稍长。

慢性型多由急性、亚急性型转来，体温时高时低，体况瘦弱，时有干咳，消化机能紊乱。可临床治愈而成为带菌牛，当机体抵抗力降低时又可能发病，多预后不良。

4. 诊断要点 依据流行病学、临床症状、病理变化综合分析作出初步诊断，确诊需要血清学、病原学和生物学诊断。

5. 防制措施 临床治愈的病牛因长期带菌而成为危险的传染源，从长远利益考虑，扑杀病牛比治疗更为有益。本病传播缓慢，不易消灭，危害严重。因此，一旦发生本病，应立即上报疫情，严格执行封锁、检疫、扑杀病牛、消毒等措施，同时对未发病的牛普遍接种牛肺疫弱毒疫苗。常发地区应坚持每年定期预防接种。

(六)流行热

牛流行热又叫三日热或暂时热，是由流行热病毒引起的一种急性热性传染病。其特征是突然高热、呼吸迫促、伴有消化道机能和四肢机能障碍。

1. 病原特征 牛流行热病毒属于弹状病毒科流行热病毒属，病毒主要存活于病牛的血液中，用高热期病牛的血液 2 mL 给健康牛静脉注射，经 3～5 d 即可发病。本病毒对乙醚、氯仿、去氧胆酸盐溶液和胰蛋白酶敏感。－20℃以下可长期保存，56℃10 min 灭活，在 pH 值小于 2.5 和大于 9.9 时数 10 min 内灭活。

2. 流行特点 本病的发生，不分品种、年龄和性别。奶牛越高产，往往症状越严重，多发季节是降雨量多的 8～10 月份，因此时蚊蝇易于滋生，而蚊蝇恰恰是其传播媒介。病牛是主要的传染源，其高热期血液中含病毒，吸血昆虫通过吸血进行传播。

3. 临床症状 潜伏期 3～7 d，突然高热，持续 2～3 d，故名三日热。病牛精神沉郁，鼻镜干燥，反刍停止，泌乳下降。病牛活动减少，喜卧，后肢抬举困难。呼吸迫促，呼吸次数明显增加，胸部听诊，肺泡音高亢。结膜充血、浮肿、流泪、流涎，便秘或腹泻，尿量减少，褐色浑浊。流泡沫样鼻汁。

4. 诊断要点　根据流行特点和典型的临床症状等不难作出初步诊断。但确诊需要作病原及血清学诊断。应注意与蓝舌病、牛传染性鼻气管炎和副流感等疾病的鉴别诊断。

5. 防治措施　对本病的治疗目前尚无特效药物，主要是进行对症治疗。高热阶段静脉注射糖盐水 3 000 mL，肌肉注射安乃近 30～50 mL，以解热。呼吸困难者，可注射 25%的安茶碱 20～40 mL 或尼克刹米，以便缓解呼吸困难。对兴奋不安者，可肌肉注射氯丙嗪，每千克体重 0.5～1 mL，以镇静。对瘫痪者，可用 20%的葡萄糖酸钙 1 000 mL，10%的安钠咖 20 mL，25%的葡萄糖 500 mL，40%的乌洛托品 50 mL，10%的水杨酸钠 200 mL，进行缓慢静脉注射，或以 0.2%的硝酸士的宁 10 mL，肌肉注射，以兴奋神经和肌肉。

做好免疫接种，用弱毒疫苗进行接种，第一次注射后，间隔 1 个月再注 1 次，免疫期可达半年以上。康复牛在一定时期内对本病具有免疫力。注意卫生消毒，消灭蚊蝇，做好防暑降温。加强营养，以提高机体的抗病能力。

（七）牛白血病

牛白血病是由牛白血病病毒引起的牛的一种慢性肿瘤性传染病。以淋巴细胞恶性增生，进行性恶病质和高死亡率为特征。本病的发病率在我国逐年增加，对养牛业威胁较大。

1. 病原特征　本病病原体为牛白血病病毒，是一种典型的外源性 C 型肿瘤病毒。对温度较敏感，60℃以上很快失去活力。紫外线和反复冻融对其有较强的灭活作用。

2. 流行特点　主要发生于奶牛。病牛和带毒牛是本病的传染源。可通过污染的注射针头、吸血昆虫、精液等传播，新生犊牛可在分娩过程或通过母乳被感染。牛群越大、越密集，感染率和发病率越高。

3. 临床症状　本病潜伏期较长，一般在 1 年以上，多为 4～5 年。大多数感染牛不呈现临床症状，呈现症状的病牛的突出表现是体表淋巴结肿胀，直肠检查可摸到肿大的内脏淋巴结。白细胞总数明显增加，淋巴细胞比例异常增高，可占白细胞总数的 75%以上，并出现大量幼稚异常的淋巴细胞。病牛生长缓慢，体重减轻，黏膜苍白。肿瘤发生的部位不同而出现不同的症状，如侵害心脏时，心动过速，心音异常。发病后，经 2 周至数月，多数牛趋于死亡。

4. 诊断要点　本病没有临床诊断可以信赖的特征性症状，发病后所出现的症状均在疾病的晚期，故无实际诊断价值。血象检查、病原学检定和血清学检验对本病的确诊具有重要意义。

5. 防制措施 本病病原在牛群中的传播速度较慢，只要加强饲养管理，严格卫生消毒措施，可以得到控制。当牛群发生本病时，应将健康牛、假定健康牛和血清检验阳性牛分群隔离饲养，严格检疫和消毒制度，及时淘汰病牛，消灭吸血昆虫，严格选择种公牛，逐步培养健康牛群。

二、寄 生 虫 病

(一)肝片形吸虫病

牛肝片形吸虫病也叫肝蛭病，以急性或慢性肝炎、胆管炎为特征。

1. 病原特征 新鲜虫体呈红棕色，柳叶状，雌雄同体，寄生于肝胆管中。成虫产卵，随粪便排出，在水及椎实螺体内中孵育，形成尾蚴，离开螺体后脱去尾部，形成囊蚴。牛吞食囊蚴后感染发病。

2. 流行特点 本病的发生受中间宿主椎实螺的限制而有地区性，易在低洼、潮湿、沼泽地带流行，多雨年份流行严重，夏季是主要感染季节。

3. 临床症状 症状的轻重取决于牛体的营养状况和寄生虫体的多少。急性病例以犊牛多见，表现精神沉郁，体温升高，食欲减退，步态蹒跚。腹泻、贫血，肝区敏感、半浊音区扩大。临床上以慢性病例多见，表现消瘦、贫血，前胸、腹下水肿，消化机能障碍，呈现前胃弛缓，卡他性肠炎。病死牛胆管内可发现肝片形吸虫。

4. 诊断要点 依据临床症状可作出初步诊断，确诊需检查到肝片形吸虫虫卵。

5. 防治措施 定期驱虫，在发病地区每年春秋两季各驱虫 1 次，可选用碘醚柳胺内服，一次剂量为每千克体重 7～12 mg，休药期为 60 d，泌乳期禁用。三氯苯唑内服，一次剂量为每千克体重 6～12 mg，休药期为 28 d，泌乳期禁用。或用中药肝蛭散 250～300 g 内服。及时收集粪便，堆积发酵。消灭中间宿主，避免到低洼潮湿地区放牧，以减少感染的机会。

(二)梨形虫病

牛梨形虫病是由巴贝斯虫引起的血液原虫病，以高热、贫血、黄疸和血红蛋白尿为特征。

1. 病原特征 本病病原体主要有双芽巴贝斯虫、牛巴贝斯虫和卵形巴贝斯虫等，其发育均需要两个宿主，中间宿主为牛，终末宿主为蜱。蜱在吸血时将病原寄生虫传给健康牛，使其感染发病。

2. 流行特点　本病呈一定的地区性，流行季节为蜱活动的季节，8 月龄以内的小牛多能耐过，2～3 岁的牛发病较重，死亡率较高。

3. 临床症状　本病潜伏期为 9～15 d，表现突然发病，体温升高 40℃以上，呈稽留热。病牛食欲减退或消失，反刍停止。可视黏膜黄染，点状出血。腹泻或便秘。尿液红色至酱油色。

4. 诊断要点　根据临床症状可作出初步诊断，采血镜检，在红细胞内见到虫体即可确诊。

5. 防治措施　对初期或病情较轻的病牛立即注射抗梨形虫药物，对重症病例应同时采取强心、补液等措施。可用青蒿琥酯内服，一次量每千克体重 5 mg，首次剂量加倍，1 日 2 次，连用 2～4 d。在发病季节应注意牛体灭蜱、避蜱放牧。

（三）牛螨病

牛螨病是由疥螨和痒螨引起的皮肤疾病，以剧痒、湿疹性皮炎、脱毛和具有高度传染性为特征。

1. 病原特点　本病的病原是疥螨和痒螨，它们寄生于牛的皮肤，吸食组织和淋巴液。其全部发育过程均在牛体上进行，健康牛通过接触病牛和螨虫污染的栏、圈、用具等而感染发病。

2. 流行特点　犊牛最易感染，本病多发于秋冬季节，此时阳光不足，皮肤非常适合螨虫的生长发育。

3. 临床症状　疥螨和痒螨多混合感染。初期在头、颈部发生不规则的丘疹样病变，病牛剧痒，用力磨蹭患部，使患部脱毛，皮肤增厚，结痂，失去弹性。病变部位逐渐扩大，严重时可蔓延全身。病牛可因消瘦或恶病质而死亡。

4. 诊断要点　根据临床症状，结合镜检，检出虫体确诊。

5. 防治措施　治疗可用伊维菌素皮下注射，一次量每千克体重 0.2 mg，休药期 35 d，泌乳期禁用。也可用伊维菌素皮渗剂防治。或用中药擦疥散以植物油调敷。牛舍应宽敞、干燥，透光、通风良好，经常清扫，定期消毒。注意牛群中有无剧痒和掉毛现象，一旦发现立即隔离治疗。治愈的病牛再连续观察 20 d，不复发者方可合群。

（四）焦虫病

焦虫是寄生在牛红细胞内的单细胞虫体，通过蜱吸血传播，以高烧，贫血，黄疸，血红蛋白尿等为主要特征。

1. 病原特征　我国常见的有双芽巴贝斯焦虫、牛巴贝斯焦虫、环形泰勒焦虫。

焦虫在红细胞内寄生和以分裂出芽形式进行无性繁殖(泰勒焦虫先寄生在淋巴组织细胞内裂殖无性繁殖)。蜱吸血进入蜱体,焦虫在蜱体内进行有性繁殖,再吸血时传播给健康牛。焦虫可在带虫牛和蜱体内存活很长时间,为传播的主要疫源。

2. 流行特点 焦虫病主要发生在蜱活动温暖的季节。蜱在吸叮牛血时将病原寄生虫传给健康牛,使其感染发病,并很快传播。

3. 临床症状 高烧,贫血,黄疸,血红蛋白尿(巴贝斯焦虫),精神委顿,无食欲,初便秘后腹泻,体表淋巴结肿大(环形泰勒焦虫尤为严重),乏力衰竭,死亡。

4. 诊断要点 根据临床症状,结合镜检,检出虫体确诊。血液涂片染色后,显微镜检查可在红细胞内观察到成对尖端相连成锐角的梨形的典型双芽巴贝斯虫体。泰勒焦虫形态多变化,呈环形、椭圆形、逗点形等;在淋巴细胞内可见泰勒焦虫的另一类型,称石榴体。

5. 防治措施 消灭蜱和调整改变牛的饲养方式,防止蜱的叮咬吸血。

治疗:血虫净,每千克体重 5~7 mg,配成 5%溶液肌肉注射,每日 1 次,3 次为一个疗程。必要时可重复一个疗程。黄色素,每千克体重 3~4 mg(总量不超过 2 g),用生理盐水配成 1%溶液静脉注射,1~2 d 后再注射 1 次。阿卡普林,每千克体重 1 mg,配成 2%溶液皮下注射(注意可能发生过敏反应)。

三、内 科 病

(一)食道梗塞

食道梗塞是指食道的某一段被食团或异物所堵塞。本病的特征是吞咽障碍,大量流涎,呃逆和继发瘤胃鼓气。

1. 发病原因 在饥饿情况下,吞咽过急,受到惊吓而引起。如吞食较大的马铃薯,未切碎的白薯、甜菜、萝卜等块根类饲料和玉米穗及其他异物所致。

2. 临床症状 突然发病,头颈直伸,大量流涎,空口咀嚼、摇头、采食停止,惊恐不安,张口喘气,瘤胃鼓气。完全阻塞时嗳气停止,或采食、饮水后立即从口腔漏出,呼吸困难。插入食道探子时在阻塞部受阻。若颈部食道阻塞时从外面可见到局部隆起,触摸到阻塞物。如果是下部食道阻塞时,其上部食道内蓄积大量分泌物,颈左侧食管沟呈圆筒状臌起,触压时随食管的收缩和逆蠕动而吐出。

3. 诊断要点 突然发病,表现不安,大量流涎,伸头缩颈,摇头咳嗽。有食过较大食物的病史,迅速引起瘤胃鼓气。从食道送入胃管受阻,颈上部食道阻塞时,局部触诊可摸到阻塞物。

4. 防治措施　治疗本病应及时尽早排出阻塞物。排出阻塞物之前如果发生瘤胃鼓气，应先进行瘤胃穿刺排气，且把排气的套管针留置于瘤胃内，直至梗塞物被取出。

初发上部食道阻塞，将牛确实保定，尤其是头部，助手将阻塞物推送到咽部并固定，术者用左手将牛舌握住不放，手背紧顶上颌，右手伸入咽部抓住阻塞物取出。若因阻塞物表面光滑而不易被抓住时，可用较粗的铁丝，将其前端弯钩，钩住阻塞物拉出。

或将缰绳系在一后肢的系部，使病牛尽量低头，在坡道上上下驱赶二三次，有时可将阻塞物咽下。使用本法前，先皮下注射毛果云香碱，以增强食道的蠕动和分泌，以便于其咽下。

当深部食道阻塞时，先将 2%～5%的普鲁卡因 20 mL，注入食道，经 10 min 后，再向食道内灌入适量液状石蜡，然后用胃管缓慢将阻塞物向瘤胃内推送。本法适用于新发生的食道阻塞，阻塞 24 h 以上者慎用。因阻塞时间过长，阻塞部位发生变性，易造成食道损伤。

当采用上述保守疗法无效时，应立即改用手术疗法，切开食管，取出阻塞物。

平时饲喂应定时定量，防止过分饥饿和采食过急。合理调制饲料，饼类应泡软，块根类应适当切碎。

(二)前胃弛缓

前胃弛缓是指瘤胃的兴奋性降低、收缩力减弱、消化功能紊乱的一种疾病，多见于舍饲的奶牛。

1. 发病原因　本病由于长期饲喂粗硬而难以消化的饲料(如豆秸、麦秸等)使前胃感受器受到长期、过度的刺激而由兴奋转为抑制状态；或由于长期精饲料喂量过多，粗饲料不足；或突然改变饲养和饲喂方式以及给予发霉变质、冰冻的饲料或运动不足等；或长途运输，蛋白质、维生素和矿物质缺乏，特别是缺钙，引起低血钙症，使神经体液调节机能受到影响而发生。本病也可继发于创伤性网胃炎、瓣胃阻塞、瘤胃积食、瘤胃鼓气以及结核、布病和肝片吸虫病等疾病的病程中。

2. 临床症状　按照病程可分急性和慢性两种类型。急性时，病牛表现精神委顿，食欲、反刍减少或消失，瘤胃收缩力降低，蠕动次数减少。嗳气且带酸臭味，瘤胃蠕动音低沉，触诊瘤胃松软，初期粪便干硬色深，继而发生腹泻。体温、脉搏、呼吸一般无明显变化。随病程的发展，到瘤胃酸中毒时，病牛呻吟，食欲、反刍停止，排出棕褐色糊状粪便、恶臭。精神高度沉郁、鼻镜干燥，眼球下陷，黏膜发绀，脱水，体温下降等。

由急性发展为慢性时，病牛表现食欲不定，有异嗜现象，反刍减弱，便秘，粪便干硬，表面附着黏液，或便秘与腹泻交替发生，脱水，眼球下陷，逐渐消瘦。

3. 诊断要点 草料、饮水突然减少，反刍减少或停止，粪干色深附有黏液。触诊瘤胃松软，蠕动力量减弱，次数减少，持续时间短，听诊蠕动音微弱。瘤胃内纤毛虫的数量减少。

4. 防治措施 首先要提高瘤胃内的 pH 值，改变胃内微生物区系的环境，提高纤毛虫的活力。为此，可内服碳酸氢钠 30 g。在此基础上，饲喂易消化的优质干草，采取少给勤添的方式。为了兴奋瘤胃机能，可用氨甲酰胆碱 2 mg 或新斯的明 20～60 mg 或毛果云香碱 40 mg 皮下注射。隔 3 h 再重复 1 次；也可应用 10%的氯化钠 300 mL，10%的氯化钙 100 mL 和 10%的安钠咖 20 mL 静脉注射，每天 1 次，连用 2 次；为了防腐滞酵，可用鱼石脂 15 g，酒精 100 mL，常水 1 000 mL，混合内服，每天 1 次，连用 2～3 次；为防止脱水和自体中毒，可静脉滴入等渗糖盐水 2 000～4 000 mL，5%的碳酸氢钠 1 000 mL 和 10%的安钠咖 20 mL。

可应用中药健胃散或消食平胃散 250 g，内服，1 日 1 次或隔日 1 次。马钱子酊 10～30 mL，内服。针灸脾俞、后海、滴明、顺气等穴位。

平时应注意改善饲养管理，注意运动，合理调制饲料，不饲喂霉败、冰冻等品质不良的饲料，防止突然更换饲料。

（三）瘤胃积食

瘤胃积食是以瘤胃内积滞过量食物，导致体积增大，胃壁扩张、运动机能紊乱为特征的一种疾病。本病以舍饲奶牛多见。

1. 发病原因 饥饿后暴食，或长期精饲料饲喂采食，或长期饲喂难以消化的粗料（如麦秸、干甘薯藤、玉米秸等）可导致本病的发生。突然变换饲料和饮水不足等也可诱发本病。此外，还可继发于瘤胃弛缓、瓣胃阻塞、创伤性网胃炎、真胃积食等疾病的病程中。

2. 临床症状 食欲、反刍、嗳气减少或废绝，病牛表现呻吟、努责、腹痛不安、腹围显著增大，尤其是左肷部明显。触诊瘤胃充满而坚实并有痛感，叩诊呈浊音。排软便或腹泻，尿少或无尿，鼻镜干燥，呼吸困难，结膜发绀，脉搏快而弱，体温正常。到后期出现严重的脱水和酸中毒，眼球下陷，红细胞压积由 30%增加到 60%，瘤胃内 pH 值明显下降。最后出现步态不稳，站立困难，昏迷倒地等症状。

3. 诊断要点 有采食过的病史。腹围增大，左侧瘤胃上部饱满，中下部向外突出。腹痛，按压瘤胃，内容物充满，且留有压痕。瘤胃蠕动减弱、次数减少。

4. 防治措施 以排除瘤胃内容物，制止发酵，防止自体中毒和提高瘤胃的兴奋性为治疗原则。

为排出内容物和制酵,可根据临床具体情况选用硫酸钠800 g,鱼石脂20 g,水1 000~2 000 mL一次内服,或石蜡油1 000 mL一次内服。为提高瘤胃的兴奋性,可用酒石酸锑钾,8~10 g,溶于2 000 mL的水中,每日1次内服,或静脉注射10%的浓盐水500 mL。为防止自体中毒,用5%的碳酸氢钠500 mL,静脉注射,在上述静脉注射的同时应适当加入强心剂。

应用中药消积散或曲麦散250~500 g,内服,1日1次或隔日1次。针灸脾俞、后海、滴明、顺气等穴位。

在上述保守疗法无效时,则应立即行瘤胃切开术,取出大部分内容物以后,放入适量的健康牛的瘤胃液。

平时应加强饲养管理,防止过食,避免突然更换饲料,粗饲料应适当加工软化。

(四)瘤胃鼓气

瘤胃鼓气是指瘤胃内容物急剧发酵产气,对气体的吸收和排出障碍,致使胃壁急剧扩张的一种疾病。放牧的奶牛多发。

1. 发病原因 原发性的瘤胃鼓气主要由于采食大量易发酵的新鲜多汁的豆科牧草或幼嫩青草,如新鲜苜蓿、三叶草等。此外,食入腐败变质、冰冻、品质不良的饲料也可引起鼓气。本病还可继发于食道梗塞,创伤性网胃炎等疾病过程中。

2. 临床症状 病牛腹围急剧增大,尤其是以左肷部明显,叩诊瘤胃紧张而呈鼓音,患牛腹痛不安,不断回头顾腹,或以后肢踢腹,频频起卧。食欲、反刍、嗳气停止,瘤胃蠕动减弱或消失。呼吸高度困难,颈部伸直,前肢开张,张口伸舌,呼吸加快。结膜发绀,脉搏快而弱。严重时,眼球向外突出。最后运动失调,站立不稳而卧倒于地。

3. 诊断要点 有采食大量易发酵饲料的病史。腹部鼓胀、左肷部上方凸出,触诊紧张而有弹性,叩诊呈鼓音。瘤胃蠕动先强后弱,最后消失。体温正常,呼吸困难,血液循环障碍。

4. 防治措施 本病的治疗以排气减压,制止发酵,除去胃内有害内容物为原则。

为了制止发酵,可用乳酸20 mL,加水1 000 mL,或福尔马林20 mL加水1 000 mL,或10%的鱼石脂酒精150 mL,加水1 000 mL内服。对泡沫性鼓气应加入植物油以消沫。

鼓气较轻者,可将患牛置立于前高后低的斜坡上,用草把按摩瘤胃或将涂以松馏油的木棒横置于病牛口中,让其不断咀嚼以促进嗳气。当急性瘤胃鼓气或鼓气严重时，首选插入胃管放气，放气时，应控制气体排出的速度。泡沫性鼓气时，应灌入植物油等消沫药。其次可选择瘤胃穿刺放气，其方法是于左肷窝中央，消毒后，对准对侧肘头方向刺入瘤胃，拔出针芯，进行间断性地放气。若没胡套管针，也可用16号或18号的针头代替。放完气后可通过套管针向瘤胃内直接注入制酵剂。但瘤胃穿刺往往会导致腹膜炎的发生，应注意及时应用抗菌药物。

应用中药三香散200～250 g，内服。针灸顺气、脾腧、苏气、滴明等穴位或电针关元俞。

为了促进胃内有害物质排除，可内服硫酸钠800 g，加适量的水，或内服液体石蜡1 000～2 000 mL。

加强饲养管理，防止贪食过多幼嫩的豆科牧草，注意运动。

(五)瘤胃酸中毒

瘤胃酸中毒是由于采食大量精料或长期饲喂酸度过高的青贮饲料，在瘤胃内产生大量乳酸等有机酸而引起的一种代谢性酸中毒。该病的特征是消化功能紊乱，瘫痪、休克和死亡率高。

1. 发病原因 主要过食含碳水化合物的饲料，如小麦、玉米、黑麦及块根类饲料，如白薯、马铃薯、甜菜等，或长期饲喂酸度过高的青贮饲料，或过量饲喂精料，加之高产牛抵抗力低，寒冷、气候突变等应激因素诱发本病。

2. 临床症状 本病多急性经过，初期，食欲、反刍减少或废绝，瘤胃蠕动减弱，胀满，腹泻、粪便酸臭、脱水、少尿或无尿，呆立，不愿行走，步态蹒跚，眼窝凹陷，严重时，瘫痪卧地，头向背侧弯曲，呈角弓反张样，呻吟，磨牙，视力障碍，体温偏低，心率加快，呼吸浅而快。

3. 诊断要点 发病急，病程短。有过食精料的病史。消化机能紊乱，瘫痪和休克。

4. 防治措施 本病的治疗以纠正瘤胃和全身性酸中毒，恢复体内的酸碱平衡，恢复前胃机能为原则。

加强饲养管理，禁食1～2 d，限制饮水。为缓解酸中毒，可静脉注射5%的碳酸氢钠1 000～5 000 mL，每天1～2次。为促进乳酸代谢，可肌肉注射维生素B_1 0.3 g，同时内服酵母片。为补充体液和电解质，促进血液循环和毒素的排出，常采用糖盐水、复方生理盐水，低分子的右旋糖酐各1 000 mL，混合静脉注射，同时加入适量的强心剂。适当应用瘤胃兴奋剂，皮下注射新斯的明、毛果云香碱和氨甲酰胆碱等。

加强饲养管理，不突然大量饲喂谷物精料，饲喂酸度过高的青贮饲料时，适当添加碳酸氢钠。

（六）创伤性网胃炎

创伤性网胃炎是指尖锐异物随饲料被牛采食后刺伤网胃壁，引起穿孔处及其周围组织发生炎症。常伴发腹膜炎，消化机能障碍，胸壁疼痛和间歇性臌胀等特征。本病多发于舍饲的奶牛。

1. 发病原因　主要是由于在加工饲料过程中，铁丝、铁钉、缝针、兽用注射针头等混入饲料中而被牛采食。再加上由于母牛妊娠胎儿增大，分娩努责，积食、臌胀、奔跑、跳跃、过食等使腹压增高时，易使尖锐异物刺伤网胃壁发生炎症和穿孔。

2. 临床症状　在病的初期，呈现前胃弛缓，食欲减退，瘤胃收缩力减弱，反刍减少，胃蠕动音减弱，呈现间歇性瘤胃臌胀。泌乳量减少。常采取前高后低的站立姿势，头颈伸展，肘突外展、弓背、行走缓慢，不愿下坡或急转，肘部肌肉震颤，卧下、起立时谨慎，有时呻吟、磨牙。触压网胃区有疼痛反应，呈现不安、躲避或抵抗。

3. 诊断要点　顽固性前胃弛缓，逐渐消瘦。姿势与步态异常，不愿走下坡路和向左急转弯。网胃区触诊有疼痛反应。应用金属异物探测检查阳性。应用 X 线透视或摄影，可获得正确诊断。

4. 防治措施　对本病治疗，最根本的方法就是手术，且越早越好，一般多采用瘤胃切开术，通过瘤网口，将金属异物等拔下取出。对较轻的病例，可将病牛置前高后低的床垫上，以减轻腹腔脏器对网胃的压力和促使异物退出网胃壁，应用特制的磁铁，经口投入到网胃中，吸取胃中金属异物，同时肌肉注射青霉素 300 万 IU，链霉素 3 g，每天 2 次，连用 3～5 d。

加强饲养管理，禁止金属异物在牛舍内外堆放，饲草应过筛除去金属异物，定期投放牛胃取铁器，取出网胃内铁质异物。

（七）真胃变位

真胃变位即皱胃的正常位置发生变化。通常真胃变位有左方变位和右方变位两种情况，左方变位是指皱胃通过瘤胃下方移到左侧腹壁，置于瘤胃和左侧腹壁之间。右方变位又叫皱胃扭转，前者发病率高，后者病情严重。

1. 发病原因　左方变位的主要原因是由于皱胃弛缓和皱胃发生机械性转移。皱胃弛缓多见于消化不良，生产瘫痪，酮病等病程中。机械性转移主要是由于分娩、突然起卧、跳跃等情况引起。

2. 诊断要点

（1）左方变位：高产母牛多见，且多数发生于分娩后。多数病例有一些食欲，粪便稀薄或腹泻。左侧最后3个肋骨间显著膨大，但两侧肷窝均不饱满。牛乳、尿中有酮体。瘤胃蠕动音不清，但在左侧可听到皱胃蠕动音。如在此处穿刺，抽出内容物的pH值<4，且无纤毛虫。左肷部听诊，并在左侧最后几个肋骨处用手轻叩，可听到明显的金属音。直肠检查，发现瘤胃背囊明显右移。

(2)右方变位：突然发生腹痛现象，腰背下沉。粪便色黑，混有血液。右侧肋弓后方明显膨胀，冲击式触诊可听到液体振荡声，局部听诊时，并用手叩打腹部可听到乒乓声。皱胃穿刺液呈明显的咖啡色。直肠检查，在后侧右腹部能触摸到膨胀而紧张的真胃。病牛脱水，眼球下陷。

3. 防治措施 滚转法。让病牛禁食2～3 d，适当限制饮水，穿刺排出皱胃内的气体。让病牛取左侧卧姿势，再转成仰卧，再转成俯卧式，最后令其站立，如已复位，左侧肷部听诊并用手指叩击听不到金属音，如没复位，再重复进行。本法对皱胃右方变位的成功率极低。一旦整复后，可皮下注射毛果云香碱，以促进胃肠蠕动。

手术整复法。在剑状软骨至脐部，距白线右侧5 cm处作25 cm左右的切口，手入腹腔，用手臂摆动和移动的动作使皱胃复位，然后在皱胃底部与切口右侧方腹膜和肌肉作5～6个间断浆膜肌层缝合，将皱胃固定。关闭腹壁切口。

(八)酮病

酮病是由于饲料中糖不足，以致体内脂肪代谢紊乱，大量的酮在体内蓄积，血、尿、乳中均有酮出现。主要发生于奶牛，尤其是高产奶牛。

1. 发病原因 饲料中富含蛋白质和脂肪，而碳水化合物不足是本病发生的主要原因。运动不足，前胃机能减退，肝脏疾患，维生素不足，消化不良及大量泌乳易促进本病的发生。

2. 临床症状 通常在产后2～3周发病。病初表现兴奋不安，盲目徘徊或冲撞障碍物，对外来刺激反应敏感等神经症状。后期，精神沉郁，反应迟钝，后肢瘫痪，头颈后弯或呈昏睡状态。消化不良，食欲减退，喜欢吃粗料，厌精料、逐渐消瘦。呼出的气体、尿液、乳汁中有烂苹果味(酮味)。

3. 诊断要点 多发于营养良好的高产奶牛。皮肤、呼出气、尿及乳中有酮味。尿、乳中酮检验呈阳性。

4. 防治措施 补糖，用25%的葡萄糖注射液500～1 000 mL静脉注射，每天2次，同时肌肉注射胰岛素100～200 IU。补充生糖物质，用丙酸钠100～200 g，内服，每天2次，连用7～10 d。促进糖原生成，可用肾上腺皮质激素200～600 IU肌肉注射。加强护理，减少精料，增喂碳水化合物和维生素多的饲料，如甜菜、胡萝卜等。适当运动，加强胃肠机能。

（九）日射病及热射病

可统称为中暑，只是两者致病因子不同，前者是奶牛在炎热夏季受日光直接而持久的照射，而后者是由于奶牛在高温、闷热环境中，热量大量产生而不能散发引起中枢神经系统功能严重紊乱。

1. 发病原因　饲养管理不当，缺少运动或调教锻炼，体质虚弱。暑天温度过高，运动场无凉棚或饮水不足，牛舍通风不良，潮湿闷热等引起中暑发生。

2. 临床症状　日射病初期精神沉郁，有时眩晕，四肢无力，共济失调，突然倒地，全身出汗，呼吸急促，心率衰竭，静脉努张，脉微欲绝，角膜、肛门反射减退，甚至消失。常发生剧烈痉挛或抽搐，迅速死亡。热射病的病牛体温急剧上升，甚至达到42～44℃或以上，皮温增高，全身出汗，剧烈喘息，晕厥倒地。

3. 诊断　可根据临床症状，结合发病情况和病因进行分析。

4. 防治措施　本病应以预防为主。预防主要是改善饲养条件。治疗可根据防暑降温，镇静安神，强心利尿，缓解酸中毒，防治病情恶化的原则，采取急救措施。

四、中　毒　病

（一）有机磷中毒

1. 发病原因　奶牛误食喷洒有机磷农药的青草，误饮被农药污染的水引起中毒，用有机磷农药驱除奶牛体内、外寄生虫时剂量过大、浓度过高也易引起中毒。另外，人为投毒而造成中毒。

2. 临床症状和诊断　误食有机磷农药，几小时内出现症状，皮肤接触 1～7 d 或更长时间出现症状，症状随特定毒素和各种不同的毒碱或烟碱样作用而变化。常见症状为流涎，瞳孔缩小，震颤，虚弱，呼吸困难，脱水，典型症状是腹泻。

据临床症状可作出初步诊断，确诊需做实验室诊断。中毒样品应在 24 h 内冷藏形式送实验室，实验室检查可见血、血凝块、脑、视网膜和其他组织中胆碱酯酶活性降低，胆碱酯酶水平比正常低 50％以上。

3. 防治措施　皮肤接触的用水和洗涤剂冲洗。治疗最好在 24～48 h 内给药，用阿托品解毒，0.25～0.5 mg/kg，必要时重复给药，同时口服活性炭 350～700 g。

预防应加强对有机磷农药的管理，严格按照“剧毒药物安全使用规程”进行操作和使用，避免污染饲料和饮水。施过农药的场地应做好标记，禁止奶牛到刚施过农药的草场或其附近放牧采食。最好不用有机磷制剂驱除奶牛体内、外寄生虫。

(二)有机氟化物中毒

1. 发病原因 奶牛采食被有机氟农药污染的饲料和饮水或误食灭鼠药氟乙酰胺而发生的中毒。

2. 临床症状和诊断 误食后一般 3～4 h 后才能出现中毒症状,但发病很突然。以神经症状为主,表现流涎,兴奋不安,肌肉痉挛,瞳孔散大,粪尿失禁,常在症状出现后 0.5～1 h 内死亡。听诊时以心律不齐为特征。根据采食毒饵的病史,结合临床症状可初步诊断,采取饲料、饮水及胃肠内容物做毒物分析可确诊。简单的方法可用羟胺反应生成紫色羟肟酸铁络盐来定性。

3. 防治措施 一旦发现中毒,立即用特效解毒剂乙酰胺治疗,静脉注射 10% 葡萄糖酸钙或氯化钙 300～500 mL、20% 甘露醇 500～100 mL 降低脑内压,并配合静脉注射应用高渗葡萄糖、ATP、辅酶 A、维生素 B_1 等一般解毒药。

预防应加强鼠药的使用管理,及时清理毒饵和死鼠,防止牛误食。禁止饲喂喷洒含氟农药的农作物及牧草。

(三)黄曲霉毒素中毒

黄曲霉毒素中毒是一种真菌毒素疾病,主要侵害肝脏以全身性出血、消化机能障碍和神经症状等为特征。患病牛多呈慢性经过。

1. 发病原因 主要是饲料污染,采食含有黄曲霉毒素的玉米、花生、豆饼等霉变饲料而发生中毒。

2. 临床症状 犊牛生长发育缓慢,被毛粗糙逆立,食欲不振,磨牙,鼻镜干燥,无目的地徘徊,常有一侧或两侧性角膜浑浊,间歇性腹泻。个别呈惊恐或转圈运动等神经症状,后期往往陷于昏迷而死亡,死亡率较成年牛高。成年牛精神沉郁,食欲、反刍减少或停止,瘤胃鼓气,有的间歇性腹泻,贫血、消瘦,孕牛早产或流产。黄曲霉毒素中毒的确诊需测定黄曲霉毒素中毒的含量。

3. 防治措施 无特异性疗法,对症治疗。除去污染饲料,预防为主。

(四)尿素中毒

1. 发病原因 主要由牛食入过多尿素或尿素蛋白质补充料或饲喂方式不当,突然大量饲喂或将尿素溶解成水溶液喂牛以及食后立即饮水所致而引起中毒。

2. 临床症状 多在采食后 20～30 min 发病,呈现混合性呼吸困难,呼出气有氨味,呻吟,肌肉震颤,步态踉跄,后期全身出汗,瞳孔散大倒地死亡。急性中毒,全病程1～2 h即可窒息死亡。病程稍长者,表现后肢不全麻痹,卧地不起。剖检可见,胃肠黏膜充血、出血、脱落,瘤胃内发出强烈氨臭味。肺充血、水肿,脑膜充血。瘤胃pH值>8.0(活牛或染病新死后剖检),血液含氨>1 mg/100 mL,据此可作出诊断。

3. 防治措施 治疗可用食醋500～1 000 mL加水2倍灌服,静脉注射25%葡萄糖2 000 mL、10%安钠咖30 mL及维生素C 3 g、维生素B_1 1 000 mg。

预防主要在奶牛日粮中合理的使用尿素,严格控制用量。犊牛和产奶牛不喂尿素。平时加强尿素管理,严防奶牛误食或偷食大量尿素。

五、产科疾病

(一)乳腺炎

乳腺炎是指乳房受到机械、物理、化学和生物学因素作用而引起的炎症过程。按症状和乳汁的变化,可分为临床型与隐性型两种类型。该病对奶牛业危害极大,甚至可损害人的健康。

1. 发病原因 饲养管理不当,如挤奶技术不熟练,造成乳头管黏膜损伤,挤奶前未清洗乳房或挤奶人员手不清洁以及其他污物污染乳头等。病原微生物的感染,如大肠杆菌、葡萄球菌、链球菌、结核杆菌等通过乳头管侵入乳房而引起的感染。机械性损伤,如乳房受到打击、冲撞、挤压或外伤等都可成为诱因。本病常继发于子宫内膜炎及生殖器官的炎症等病程中。

2. 临床症状 当发生临床型乳房炎时,乳房患部呈现红、肿、热、痛,淋巴结肿大,乳汁排出不畅,泌乳量减少或停止,乳汁稀薄,内含凝乳块或絮状物,有的混有血液或脓汁。严重时,除上述局部症状外,伴有食欲减退,精神不振和体温升高等全身性症状。

隐性型乳房炎临床症状不明显,乳汁没有肉眼可见的异常变化,在实验检查时才能被发现,此时检查乳汁,可见乳汁中的白细胞和病原菌的数量增加,乳汁检验呈阳性反应。

3. 诊断要点 泌乳减少或停止。乳房红、肿、热、痛,乳房上淋巴结肿大。乳汁的性状异常。隐性乳房炎经乳汁检验即可确诊。

乳汁的检验在乳房炎的早期诊断和病性确定上具有重要的意义。目前采用的检测方法有4%苛性钠法、CMT法、HMT法、LMT法等。判定标准分为阴性(—),可疑(±),弱阳性(+),阳性(++),强阳性(+++)等几个等级。

4. 防治措施 对乳房炎的治疗，应根据炎症类型采取相应的治疗措施。

改善饲养管理，注意乳房卫生，增加挤乳次数，及时排出乳房内容物。减少多汁饲料的饲喂量，适当限制饮水，每次挤乳时要按摩乳房 15～20 min，浆液性乳房炎时，自下而上按摩，卡他性和化脓性乳房炎、乳房脓肿、乳房蜂窝织炎、出血性乳房炎时则不应按摩。

乳房内注药。先将患病乳房内的乳汁及分泌物挤净，用消毒液消毒乳头，将乳导管插入乳房，然后再慢慢地通过注射器将抗生素溶液注入，注完后用双手从乳头基部向上顺序按摩，使药液逐渐扩散，所用药物、用法、用量及休药期见奶牛饲养兽药使用准则（NY 5046—2001）。

乳房封闭疗法。静脉封闭，静脉注射用生理盐水配制的 0.5％的普鲁卡因溶液 200～300 mL。会阴神经封闭，在坐骨弓上方正中的凹陷处，消毒后，右手持封闭针头向患侧刺入 2 cm，然后注入 0.25％的盐酸普鲁卡因溶液 20 mL，其中可加入 80 万 IU 青霉素，若两侧乳房均患病，可向两侧注射。乳房基部封闭，在乳房前叶或后叶基部的上方，紧贴腹壁刺入 8～10 cm，每个乳区的基部可注入 0.5％的普鲁卡因 100 mL，且在其中加入 80 万 IU 的青霉素，以提高疗效。

在炎症的初期处于浆液性渗出的阶段时，可采用冷敷，以制止渗出。当炎症 2～3 d 后，渗出停止时，再改采热敷或紫外线照射疗法，以促进吸收。当出现明显的全身症状时，可用青霉素、链霉素混合肌肉注射，或磺胺类药物及其他抗生素药物进行静脉注射等。

可应用中药公英散 250～300 g，内服。每日 1 次，连用 3 次。

注意保持畜舍、用具及牛体卫生，定期消毒；按正确方法进行挤乳，避免损伤乳头；挤乳前用温水清洗乳房，挤净乳汁；干乳期向乳房内注入抗生素 1～2 次；保护乳房，避免机械性损伤。

（二）乳头管狭窄及闭锁

乳头管狭窄是指乳头管黏膜慢性炎症，导致乳头管黏膜下结缔组织增生，形成瘢痕而收缩，引起乳头管腔变小，造成挤乳困难。乳头管闭锁是乳头管括约肌或黏膜损伤而发生粘连，致使乳头管封闭，完全挤不出乳汁者。

1. 发病原因 挤乳方法不当或用乳导管治疗时方法不当，引起乳头管黏膜损伤所致。乳房创伤、挫伤，乳房炎等也可继发本病。

2. 临床症状 乳头管狭窄时，挤乳困难，乳汁呈细线状射出，仅乳头管口狭窄时，挤出的乳汁偏向一侧喷射，捻动乳头时感觉乳头管粗硬。乳头管闭封时，乳池内充满乳汁而挤不出来。

3. 诊断要点　乳池内充满乳汁，挤乳困难。

4. 防治措施　剥离粘连部分，扩大乳头管腔。

当乳头括约肌紧缩时，用圆锥形乳头管扩张器扩张，方法是在挤乳前将灭菌的乳头管扩张器涂上润滑剂，插入乳头管中停留和放置 30 min，先小后大逐渐使其扩张，然后再进行挤乳。

当乳头管内有瘢痕而收缩时，可于乳头管基部先行皮下浸润麻醉后，局部消毒，插入适宜大小的双刃乳头管刀将瘢痕组织切开，以扩大管腔。切开时注意不要损害健康组织。切开后再行挤乳，以确定切开的效果。

为防肉芽组织增生，手术后应向乳头管内插入带有螺丝帽的乳头导管，于挤乳时将螺丝帽取下即可挤奶。至完全愈合前不要抽出乳导管。

平时应按规程操作挤乳，方法要熟练、正确。牛舍及运动场的围栏高低、质量应符合标准，以防乳房及乳头发生损伤。

（三）卵巢机能减退

卵巢机能减退是指卵巢机能暂时性紊乱和衰退，以致出现不完全发情周期，或处于静止状态而停止发情的疾病。

1. 发病原因　主要是由于饲养管理不当，营养缺乏，以致机体虚弱；气候突变，环境突然改变等引起卵巢机能紊乱。此外，近亲繁殖、子宫、卵巢疾患者及全身性严重疾病也可继发本病。

2. 临床症状　主要表现为性周期紊乱、不发情，或发情不定期。发情时外部征候不明显，即或发情而无排卵。直肠检查时，卵巢上摸不到发育和成熟卵泡。

卵巢萎缩时，母牛久不发情，卵巢变小、变硬，黄豆粒大小，既没有黄体也没有卵泡，隔 1～2 周再查，卵巢仍无变化。

3. 诊断要点　发情周期紊乱，发情表现不明显，或长期不发情。直肠检查摸不到卵泡。

4. 防治措施　改善饲养管理、增加卵巢机能。主要是改善饲料质量，增加维生素、蛋白质、矿物质和微量元素的含量，喂给优质量的饲草，适当增加日照时间，给予足够的运动和适当减少泌乳。对由于生殖器官或其他方面的疾病所引起的卵巢机能障碍，应及时采取适当措施，积极治疗原发病。利用试情公牛混放于母牛群中，给予性刺激，以诱发发情和排卵。

可应用激素疗法。促卵泡激素，每次 100～150 IU，肌肉注射，隔日 1 次，一般连用 2～3 次，直至出现发情为止。当出现发情后，再肌肉注射黄体生成素效果更好。或应用孕马血清，一般用怀孕 40～90 d 的孕马血清或血液，颈部皮下注射

20～30 mL，每天 1 次，连用 2 次，第二次注射时可增加到 30～40 mL。或应用绒毛膜促性腺激素，肌肉注射，2 500～5 000 IU，必要时，隔 1～2 d 重复一次。或苯甲酸雌二醇 5～20 mg，肌肉注射。或肌肉注射牛胎盘组织液 30～50 mL，隔日 1 次，连用 3 次。或促孕灌注液 20～30 mL，子宫内灌注。

（四）卵泡囊肿

卵泡囊肿是指卵泡细胞增大变性，形成囊肿。

1. 发病原因 主要由于垂体前叶分泌的促卵泡素过多，促黄体素不足，使卵泡过度生长且不能正常排卵和形成黄体；运动不足、饲料中缺乏维生素 A 和酸度过高；长期大剂量注射孕马血清和雌激素引起卵泡滞留；卵巢炎、子宫内膜炎、胎衣不下、流产，气温突变等都可以引起卵泡囊肿。

2. 临床症状 多见膘满肥胖者，表情性欲亢进，不断发情，慕雄狂，对外界刺激敏感，荐坐韧带松弛下陷，外阴部充血肿胀，卧地时阴门开张，阴道经常流出大量透明黏稠的分泌物。直肠检查发现一侧或双侧的卵巢体积增大，卵巢上有较大的囊肿卵泡，其直径可达 5 mm。

3. 诊断要点 性欲旺盛，无规律地不断发情，慕雄狂。直肠检查卵巢体积增大，其上有较大的囊肿卵泡。

4. 防治措施 加强饲养管理，适当增加运动，饲料中补给维生素 A 和防止酸度过高。可应用绒毛膜促性腺激素，静脉注射 2 500～5 000 IU，或肌肉注射 5 000～10 000 IU，一般在用药后 1～3 d，外表症状逐渐消失。观察 1 周，显效不佳者可重复应用，但不能多次反复使用，以防形成持久黄体。也可用孕马血清。

经绒毛膜促性腺激素治疗无效者，可用黄体酮 50～100 mg，肌肉注射，每天 1 次，连用 5～7 d。或地塞米松 10～20 mg，肌肉注射，隔日 1 次，连用 3 次。或促黄体生成素 100～200 IU，肌肉或皮下注射。

也可应用手术疗法。即将手伸入直肠，用食指和中指夹住卵巢系膜，将卵巢固定，再用拇指向食指方向按压，将肿大的卵泡挤破并持续压迫使局部形成深的凹陷为止。

（五）黄体囊肿

黄体囊肿是指卵巢组织内未破裂的黄体发生变性，形成囊肿。

1. 发病原因 主要是母牛排卵时运动过多，而使血压升高；或维生素 K 不足，使机体凝血能力降低，以致破裂的卵泡腔内出血，不能形成真正的黄体；或长期应用促黄体生成素等导致黄体囊肿。

2. 临床症状　表现性欲缺乏，长期不发情，直肠检查时，可发现大小不一的囊肿，直径可达 7～15 cm，卵巢增大呈球形，触压有波动感。

3. 诊断要点　性欲缺乏，长期不发情。直肠检查卵巢变大，其上有大小不一的、有波动的囊肿。

4. 防治措施　改善饲养管理，在此基础上选用药物治疗。可用前列腺素 2 mg 作子宫、阴道实质注射，每天 1 次，连用 2 次。或用垂体后叶素 200 IU，肌肉注射，隔日 1 次，连用 3 次。

针灸刺激肾棚、肾俞等穴位。

（六）持久黄体

持久黄体是性周期黄体或妊娠黄体持续存在，超过 25～30 d 而不消退。

1. 发病原因　由于垂体前叶分泌的卵泡刺激素不足，促黄体生成激素和催乳素过多，使黄体持续时间超过正常时间范围，卵泡发育抑制；或饲料营养不全，缺乏维生素和矿物质，运动不足等；高产奶牛营养消耗过大而引起卵巢机能减退；或继发于子宫内膜炎、子宫积脓。

2. 临床症状　性周期停止，不发情，外阴部皱缩，阴道壁苍白，多无阴道分泌物。直肠检查，卵巢表面呈现绿豆至黄豆大小的一至数个突出表面的黄体，卵巢增大，隔一段时间重复检查时，其表面的黄体大小和位置不变。

3. 诊断要点　长期不发情。直肠检查卵巢表面有持续不变化的黄体。

4. 防治措施　消除病因，改善饲养管理，增强运动，饲料当中适当增加矿物质及维生素的含量，减少挤奶次数，促使黄体退化。肌肉注射促卵泡素 100～150 IU，隔 2 d 1 次，连用 2～3 次。待黄体消失后，可注射小剂量的绒毛膜促性腺激素，以促使卵泡成熟和排卵。或用胎盘组织液，皮下注射，每次 20 mL，隔 1～2 d 1 次，一般注射 3 次即可发情。也可将黄体酮与雌激素配合使用，肌肉注射黄体酮 3 次，每天 1 次，每次 100 mg，于第二次和第三次注射时，同时注射乙烯雌酚 10～20 mg或促卵泡素 150 IU。或用前列腺素 4 mg，加入 10 mL 生理盐水，注入到持久黄体一侧的子宫角内，一般于用药后 1 周左右即可出现发情。

（七）流产

流产是指胚胎或胎儿与母体的正常生理关系被破坏，而使妊娠中断。发病率达 8%以上。

1. 发病原因　主要有传染性流产与非传染性流产两个方面。传染性流产主要是由于胎膜、胎儿及母体生殖器官直接受微生物和寄生虫等因素的侵害，子宫、胎膜、胎盘感染，发炎坏死；非传染性流产见于胎膜无绒毛或绒毛发育不全；子宫动脉或脐动脉扭转，胎盘循环障碍，使子宫内膜坏死，胎儿发育不良，导致流产。此外，饲料营养不足，缺乏蛋白质、维生素 E、钙、磷、镁以及给予霉败、冰冻和有毒饲料；跌倒、冲撞等剧烈运动，鞭打、惊吓、粗暴的直肠检查等；严重失血、疼痛、腹泻以及高热性疾病和慢性消耗性疾病等；孕畜全身麻醉，给予子宫收缩药、泻药及利尿药、驱虫药、催情药和妊娠禁忌的其他药物等均可引起流产。

2. 临床症状 在流产之前，表现弓腰、屡作排尿姿势，自阴门流出红色污秽不洁的分泌物或血液。病畜有腹痛现象。有的在妊娠初期，胎儿的大部分或全部被母体吸收，常无临床症状，只是在妊娠 40～60 d，性周期又重新出现。有的早产或死胎。有的出现胎儿浸润或腐败分解。

3. 诊断要点 母牛配种后，已确认怀孕，但经过一段时间又出现了发情。母牛有腹痛、弓腰、努责、从阴门流出分娩分泌物或血液、排出不足月的死胎或活胎。怀孕后，随时间的延长，不但腹围不大，而且变小，有时从阴门流出污秽恶臭的液体，并含有胎儿组织碎片。

4. 防治措施 可针对不同情况，采取相应措施。对有流产征兆，如胎动不安、腹痛起卧、呼吸脉搏加快者和习惯性流产者，应全力保胎，以防流产。可选用黄体酮注射液 50～100 mg，肌肉注射，每天 1 次，连用 3 次。肌肉注射维生素 E。中药白术散 250～300 g，内服。胎儿死亡且已排出时，应注意母畜调养。若未排出者，则应尽早排出死胎。可先用雌激素促使子宫颈口开张，然后再用催产素。对干尸化胎儿应向子宫内灌注灭菌的石蜡油或植物油，以促进其排出，然后再以复方碘溶液冲洗子宫(用温水稀释 40 倍)。当出现胎儿浸溶或腐败分解时，应尽早将死胎组织和分解产物排出，并按子宫内膜炎进行处理。根据全身状况，配合应用必要的全身疗法。

(八)阴道脱出

阴道脱出是指阴道的一部分或全部脱出于阴门外。多发生在妊娠中、后期，年老体弱的母牛，发病率较高。

1. 发病原因 由于阴道组织松弛，腹内压升高及强烈努责所致。多见于日粮中缺乏常量元素、微量元素，运动不足或过度疲劳，阴道损伤及年老体弱等；此外，饱食后卧下，瘤胃鼓气，便秘，腹泻，阴道炎，长期处于前高后低的位置以及分娩的阵缩和努责等使腹内压升高等也是诱发本病的原因。

2. 临床症状 无明显全身症状，可见病畜不安、弓背、顾腹和作排尿姿势。轻症者，病牛卧下时，见到形如鹅蛋到皮球大小的红色或暗红色半球状的阴道壁脱出，站立时缓慢回缩。继而发展为阴道完全脱出，可见形如排球到篮球大的球状物突脱于阴门外，其末端有子宫颈外口，脱出的阴道初期呈粉红色，后因淤血等变成暗紫色肉冻状，表面常有污染的粪土，进而出血、干裂、结痂和形成糜烂或坏死。

3. 诊断要点 阴门外有粉红色、表面光滑的半球或球状脱出物。

4. 防治措施 对部分脱出，站立时能自行缩回者，一般不需整复和固定，但应改善饲养管理，补给矿物质及维生素，适当运动，减少卧地，保持前低后高的位置，内服补虚益气散 250～400 g，每日 1 次，连用 3 次，多能治愈。

对不能缩回的部分脱出和完全脱出者，则需要整复和固定。站立保定，使其前低后高。可行荐尾硬膜外麻醉。用温 0.1％高锰酸钾溶液或 0.1％新洁尔灭彻底清洗脱出部分，除去坏死组织，并涂以抗生素软膏。然后用消毒纱布托起脱出部分，趁母畜不努责时，用手掌将脱出部分向阴门内推入。待全部推入后，再用拳头将阴道顶回到原位。然后用粗线(12～14 号丝线)在阴道口间隔 3～4 cm 作两个结节缝合或荷包缝合，留出排尿孔隙。内服补中益气散。

（九）生产瘫痪

生产瘫痪是指母畜在分娩后 1～3 d 突然发生的以昏迷和瘫痪为特征的急性低血钙症。本病多发生于 5～9 岁的高产乳牛。其特征是舌、咽、消化道麻痹、知觉丧失、四肢瘫痪、体温下降和低血钙。

1. 发病原因 产后母年发生急性钙代谢障碍与本病的发生有密切关系。产后钙质大量进入初乳是血钙浓度下降的主要原因。产后健康牛血钙含量为 8.6～11.1 mg/L，而病牛则下降到 3.0～7.7 mg/L。与此同时，血液中磷的含量也相应减少。

2. 临床症状 病牛常在分娩后 12～72 h 突然发病，站立不稳，后躯摇晃，肌肉震颤，目光凝视，随即瘫痪卧地，不能站立，四肢屈曲于胸腹下，头颈弯向胸侧，人为地将头拉直，但松手后又恢复原状。病牛闭目昏睡，体表及四肢发凉，意识不清，针刺皮肤无反应，呼吸深而慢，体温下降至 35～36℃。

非典型病例于产后较长时间发生，瘫痪症状不明显，伏卧时头颈部呈“S”状弯曲，体温正常或稍低，食欲废绝，精神沉郁，但不昏睡。

血钙降低至 3.9～6.9 mg/L，有时低至 2 mg/L，正常值为 10 mg/L。血磷降低至 1.0～2.7 mg/L，正常值为 5～8 mg/L。血糖升高至 80～90 mg/L，有时高达 160 mg/L，正常值为 40～70 mg/L。

3. 诊断要点 临床特征为舌、咽、消化道麻痹，知觉丧失，四肢瘫痪，体温下降和低血钙。血液检查血钙降低，血磷降低，血糖升高。

4. 防治措施 以提高血钙含量和减少钙的流失为原则。静脉注射20%～25%的葡萄糖酸钙500 mL,6 h内不显效者可重复注射,但最多不超过3次。第二次注射时,同时注入等量的40%葡萄糖溶液,15%的磷酸钠200 mL及15%硫酸镁200 mL。

乳房送风疗法,以减少血钙流失。将乳房、乳头消毒后,把乳房中的乳汁挤净,然后将消毒的乳头管插入乳头并固定,连接乳房送风器或注射器,徐徐打入空气,以乳房皮肤紧张、弹击呈鼓音时为度。拔出乳导管,用纱布条轻轻扎住乳头或用胶布贴住,以防空气逸出。过1～2 h后解除。注意一定要将4个乳区全部注满。

当输钙后,病牛机敏灵活,欲起立而不能时,多伴有严重的低血磷症,此时可用20%的磷酸二氢钠200 mL或30%的次磷酸钙1 000 mL,一次静脉注射。

在治疗过程中应注意对症疗法,如强心,利尿,及时补糖等。

在奶牛围产前期给以低钙日粮或围产前期日粮中添加阴离子盐(NH_4Cl、$(NH_4)_2SO_4$、$MgCl_2$、$MgSO_4$、$CaCl_2$、$CaSO_4$)和镁,对本病的预防有一定的作用。

(十)子宫内膜炎

子宫内膜炎是指子宫黏膜的浆液性、黏液性或化脓性炎症,是奶牛常见的生殖器官疾病,也是导致奶牛不孕的重要原因之一。

1. 发病原因 由于配种、人工授精及阴道检查等操作时消毒不严,难产、胎衣不下、子宫脱出及产道损伤等造成细菌侵入;阴道内存在的某些条件性致病菌,在机体抵抗力降低时导致本病发生。布氏杆菌病,结核病等传染病时,也常并发子宫内膜炎。

2. 临床症状 急性子宫内膜炎时,病牛表现食欲不振,泌乳量降低,弓背努责,常做排尿姿势,从阴道排出浆液性、黏液性、脓性或污红色恶臭的分泌物。严重时体温升高,精神沉郁,食欲、反刍减少。直肠检查,可见一个或两个子宫角变大,收缩反应减弱,有时有波动。阴道检查可见子宫颈外口充血肿胀。

慢性子宫内膜炎时,全身症状不明显,从子宫流出透明的或带有絮状物的渗出物,直肠检查可见子宫松弛,宫壁变厚。子宫冲洗物静置后有沉淀,屡配不孕。

3. 诊断要点 母牛的性周期不正常,屡配不孕;从阴门流出黏液性或脓性分泌物。直肠检查可见子宫角变大。

4. 防治措施 治疗原则是消除炎症,防止扩散和促进子宫机能的恢复。

用温生理盐水1 000～5 000 mL冲洗子宫,直至排出透明液体后,经直肠按摩子宫,排尽冲洗液。如为化脓性子宫内膜炎,可用0.1%利凡诺或0.1%的高锰酸钾液进行冲洗。每天冲洗1次,连续冲洗2～4 d。为促进子宫收缩,减少分泌物吸收,可用5%~10%的氯化钠冲洗,隔日1次,连用2~3次。每次冲洗子宫后应向子宫内灌入药物,可用80万IU青霉素和100万IU链霉素溶于200 mL鱼肝油中,再加入垂体后叶素或催产素15 IU注入子宫,每天1次,连用5 d后,改为隔日1次。

对慢性子宫内膜炎的治疗,可用5%的温盐水进行冲洗,再用1%的盐水冲洗;或用3%的过氧化氢液250~500 mL进行冲洗,经过1~1.5 h后再用1%的温盐水冲洗,然后向子宫内注入抗生素。

可应用硬膜外腔封闭疗法,即在1、2尾椎间用2%的普鲁卡因溶液10 mL,硬膜外腔封闭,隔日1次,连用3次,配合子宫内灌注抗菌药物。间隔日肌肉注射乙烯雌酚50 mg。停药5 d后再重复一疗程,对本病有较好的效果。

严重时可用抗生素及磺胺类药物进行全身治疗并适当应用强心、利尿、解毒等治疗方法。

(十一)胎衣不下

胎衣不下是指分娩后一定时间内(12 h左右)不能将胎膜完全排出的疾病。多见于不直接哺乳或营养不良的奶牛。

1. 发病原因 由于日粮中钙、磷、镁的比例不当,运动不足,过瘦或过胖,母牛虚弱,子宫弛缓;胎水过多,胎儿过大等使子宫高度扩张而继发子宫收缩无力;难产后的子宫肌过度疲劳及雌激素不足等;子宫或胎膜的炎症而致胎儿胎盘与母体胎盘粘连等原因可导致发生胎衣不下。也可继发于某些传染病过程中。

2. 临床症状 胎衣不下有全部停滞与部分胎衣不下。一般从阴门外可见下垂的呈带状的胎膜,有时母牛的胎膜全部滞留于子宫内,阴道内诊时可发现子宫内胎膜。病牛表现弓背,频频努责,滞留时间过长,发生腐败分解,胎衣碎片随恶露排出。如腐败分解产物被吸收,即可表现出食欲不振,反刍减少,泌乳量减少,体温升高等全身症状。

3. 诊断要点 部分胎衣脱垂于阴门外。病牛表现弓腰、努责,从阴门排出带有胎衣碎片的恶露。

4. 防治措施 根据病情可选用药物疗法或手术疗法。为促进子宫收缩和胎衣排出,可肌肉或皮下注射垂体后叶素50~80 IU,2 h后重复注射1次;或麦角新碱2~5 mg;或应用己烯雌酚50~200 mg,肌肉注射,隔日1次。或静脉注射10%的氯化钠300~500 mL。为促进胎儿胎盘与母体胎盘分离,可向子宫内灌注5%~10%的氯化钠溶液3 000~5 000 mL。内服中药益母生化散250~350 g,以促进胎衣脱落。

手术剥离胎衣，即将病牛取前高后低姿势站立保定，用防腐剂洗净和消毒外阴部及露出的胎膜。手臂消毒后涂以灭菌的润滑油。先用左手握住外露的胎膜并适当拉紧，右手沿胎膜伸入子宫内，探查胎衣与子宫的结合状态，而后由近到远分离胎盘。剥离时用中指及食指夹住子叶基部，用拇指推压子叶顶部，将胎儿胎盘与母体胎盘分离。当剥离子宫角尖端的胎盘时，可轻拉胎衣，手向前伸，迅速抓住还没脱离的胎盘，就可顺利地剥离。在剥离时，不要用力牵拉子叶，以避免造成子宫损伤和出血。待胎衣完全剥离后，可用0.1%的高锰酸钾液或生理盐水冲洗子宫，冲洗液完全排出后，再向子宫内注入抗生素类药物，以防子宫感染。

六、外　科　病

（一）脓肿

脓肿是指在组织或器官内形成外有制脓膜包裹，内蓄积脓汁的局限性脓腔。

1. 发病原因　主要由于化脓性细菌感染而引起。常见的细菌有葡萄球菌、链球菌、绿脓杆菌、大肠杆菌及腐败性细菌等，这些细菌可经过皮肤、黏膜创伤感染并在局部生长繁殖，形成脓肿；此外，注射刺激性强的药物，如氯化钙、高渗盐水、水合氯醛等误注或漏入组织，可引起无菌性脓肿。

2. 临床症状　脓肿常发生在皮下、筋膜下或肌肉组织内。最初多呈急性炎症反应，患部肿胀，局部温度增高，皮肤发红，局部疼痛。继而化脓，病灶中央软化、有波动感，此时以粗针头穿刺可排出脓汁。

脓肿也可发生于深层组织或内脏器官，局部症状不明显，患部皮下组织呈轻微炎性水肿，触诊留有指压痕，病灶中央波动不明显，往往伴有全身症状。

3. 诊断要点　局部呈现热痛性肿胀，穿刺可抽出脓汁。

4. 防治措施　治疗原则是消除病因，消炎镇痛，促进脓肿成熟，提高机体抵抗力。在脓肿形成过程中，患部涂以鱼石脂软膏，或用温热疗法、超短波疗法等，促进脓肿尽快成熟。内服中药消黄散、消疮散 250～350 g，或黄连解毒散 150～250 g，每日一次。当脓肿成熟后，及时进行手术治疗。可局部消毒后，在脓肿最软的部位，用较粗的针头，刺入其中，将脓汁抽出，用青霉素生理盐水洗净脓腔，再将清洗液抽净，最后向其中注入抗生素；若脓肿过大，脓汁过多，则可在波动最明显的地方消毒后纵向切开，排净脓汁。或切开皮肤后，分离皮下组织，将脓肿剥离，完整摘除。

（二）创伤

创伤是指锐性外力或强大的纯外力作用于机体而引起的开放性损伤。

1. 临床症状 新鲜创伤，主要表现创口出血，疼痛，创口裂开，机能障碍。化脓感染创伤，创伤组织充血、肿胀、剧烈疼痛和局部温度升高，受伤部位组织发生坏死，分解液化，形成脓汁。肉芽创时，于创内形成粉红色的肉芽，表面有少量黏稠的脓汁，此时，疼痛现象减轻或消失。

2. 创伤处理 对于新鲜污染创伤，要及时止血，清洁创围，用生理盐水或双氧水等将创面洗净，修整创缘，对创口进行缝合，争取一期愈合。不能缝合的创伤可用桃花散创面撒布。

化脓感染时，清洁创围后，用双氧水等彻底冲洗创腔，将脓汁洗净，清除坏死组织，引流或敷药。防腐生肌散创面撒布。

肉芽创，用刺激小的生理盐水清洗掉创面的脓汁，然于创面涂布磺胺软膏或金霉素软膏，当肉芽组织快充满创腔时，可用促进上皮新生的氧化锌水杨酸软膏。如肉芽生长过度，超过创面，形成赘生肉芽时，可以用硝酸银棒或硫酸铜腐蚀，或用手术方法去掉赘生的肉芽，外敷高锰酸钾，以促进斑痕组织的形成。

（三）化脓性关节滑膜炎

化脓性关节滑膜炎是指关节滑膜层发生的化脓性炎症过程。多呈急性经过，奶牛多发部位是跗关节，严重时可波及到关节囊而形成化脓性关节囊炎。

1. 发病原因 关节部位受到损伤后，化脓性细菌感染；邻近组织感染波及；奶牛的乳房和子宫的化脓灶的转移等均可导致本病发生。

2. 临床症状 患病关节热痛，关节囊高度紧张，站立时患肢屈曲，运动时呈混合跛行，严重时经常卧地不起，关节穿刺流出脓汁。有时可自行破溃，脓汁中混有滑液。当伤口被纤维素堵塞时，屈伸患部关节才明显流出脓汁。有时呈明显的全身症状，表现体温升高，精神沉郁，食欲减少或废绝等。

3. 诊断要点 关节肿胀，有热有痛有波动，跛行严重，穿刺或破溃后流出带脓汁的滑液。

4. 治疗方法 治疗原则是控制感染，排出脓汁，减少吸收，提高抗感染能力。为了控制感染，可全身应用大剂量的抗生素。为排除脓液，对局部行外科处理，穿刺排脓。如有伤口或自行破溃，可用0.1%的利凡诺，用注射器由里向外冲洗关节腔，向关节腔内注入普鲁卡因青霉素和链霉素，或者用普鲁卡因青霉素于患病关节的上方进行环形封闭，均可收到较好的效果。

(四)腐蹄病

腐蹄病是指奶牛蹄的真皮发生化脓、坏死,具有腐败恶臭、疼痛剧烈的一种疾病。成年奶牛多发,后蹄比前蹄多发,夏季多发。

1. 发病原因 由于饲料中蛋白质、维生素、矿物质不足,护蹄不当,运动场或牛舍长期泥泞潮湿,蹄长期被粪尿浸泡,使趾间抵抗力降低,而被各种细菌如坏死杆菌、链球菌、化脓性棒状杆菌、结节状梭菌等感染而发病。

2. 临床症状 初期趾间发生急性皮炎,潮红、肿胀、频频举肢,呈现跛行。系部直立或下沉,蹄冠红、热、肿胀、敏感。随着炎症的发展,出现化脓,形成溃疡、腐烂,并有恶臭的脓性液体。病牛表现精神沉郁,食欲不振,泌乳量下降。蹄匣角质逐渐剥离,往往波及肌腱、趾间韧带、冠关节或蹄关节。

3. 诊断要点 患牛呈现明显的跛行。趾间皮肤发炎、红、肿、热、痛。炎症可波及到蹄球和蹄冠,严重时发生化脓、溃疡、腐烂、有恶臭的脓性液体,甚至蹄匣脱落。

4. 防治措施 加强饲养管理,改善牛舍卫生,保持牛舍清洁干燥。定期实施洁蹄、浴蹄、修蹄等保健措施。发生本病时,对局部进行消毒,可用饱和硫酸铜或高锰酸钾液进行清洗,彻底除去坏死的组织,然后向患部撒布高锰酸钾或碘仿磺胺,或防腐生肌散创面撒布。也可涂 5%的碘酊。如果有明显的全身症状时,可全身应用抗生素或磺胺类药物进行治疗。于系关节上方行普鲁卡因青霉素封闭。炎症初期可针蹄头、缠腕等穴位,应注意针灸后禁止涉水。

(五)蹄叶炎

蹄叶炎是蹄部真皮的无菌性炎症,多发于后肢的内侧蹄。

1. 发病原因 多因牛舍不洁,牛蹄受到粪尿、泥水长期浸泡、刺激,或机械性损伤而引起。

2. 临床症状 蹄叶炎呈现典型跛行。运步急速短小,步样紧张。如前蹄发病,病牛站立时,两前肢前伸,蹄尖翘起,蹄踵着地,同时头颈高举,两后肢尽量前踏,时常卧地。若两后蹄发病,病牛站立时,头颈低下,两前肢尽量后踏,两后肢前伸,蹄尖翘起,以蹄踵负重。如四肢同时发病,则站立困难,长期卧地。

3. 防治措施 改变牛舍和运动场卫生,改善日粮结构,减少精料,增加优质干草。治疗时采用:

(1)封闭疗法:为缓解疼痛可用 1%普鲁卡因溶液 20～30 mL 进行指(趾)神经封闭。

(2)温浴疗法:用温水浸泡,以促进渗出物吸收。

(3)对症疗法：用 5%碳酸氢钠 500～1 000 mL、10%葡萄糖溶液 500～1 000 mL静脉注射。

七、犊牛疾病

(一)脐带炎

脐带炎是指犊牛出生后，脐带断端感染细菌而发生的化脓性、坏疽性炎症。

1. 发病原因　接产时，脐带断端消毒不严或不消毒；产房或犊牛舍卫生不良，运动场泥泞潮湿；褥草不及时更换；粪便不及时清除，致使犊牛卧地后受到感染；另外犊牛相互吸吮脐带引起。

2. 临床症状　犊牛精神沉郁、消化不良、下痢。由于脐部化脓、坏死，患犊脐带局部增温，体温升高，呼吸、脉搏加快，精神沉郁，弓腰，瘦弱。由于脐带断端被腐败物质充塞，在脐带中央可触到索状物，脐带断端湿润、污红色，用手挤压可流出恶臭的脓汁，脐孔周围形成增生硬块或溃疡化脓。严重者可继发关节炎，肝脓肿等。

3. 防治措施　加强产房消毒卫生工作。对临产母牛应单独置于清洁、干净的产床内。胎儿产出后，在距腹壁 5 cm 处，用剪刀将脐带剪断，随即将断端浸泡于10%碘酊内 1 min。经常保持犊牛床、圈舍清洁，褥草要勤换；粪便及时清扫；运动场要干燥。定期用 1%～2%火碱液消毒。新生犊牛应采用单圈饲养，即一头犊牛一个圈舍，这可避免相互吸吮的机会，防止脐带炎和其他疾病的发生。

治疗方法：局部治疗时，病初可用 1%～2%高锰酸钾溶液清洗脐部，并用 10%碘酊涂擦。患部周围肿胀时，可用青霉素 80 万 IU 进行分点注射。对于严重的炎症，可先进行手术清创，并涂以碘仿醚(碘仿 1 份，乙醚 10 份)。如腹部有脓肿，可手术切开排脓，再用 3%过氧化氢溶液进行冲洗，内撒碘仿磺胺粉。

全身治疗可用 80 万 IU 青霉素进行肌肉注射，每天 2 次，连用 3～5 d。如有消化不良症状，可内服磺胺脒、苏打粉各 6 g，酵母片 5～10 片，每天 2 次，连服 3 d。

(二)新生犊牛病毒性腹泻

新生犊牛病毒性腹泻是由多种病毒引起的急性腹泻综合征。以精神委靡、厌食、呕吐、腹泻、脱水和体重减轻为主要特征。

1. 病原特征　病原主要是呼肠孤病毒科的轮状病毒和冠状病毒科的新生犊牛腹泻冠状病毒。此外，细小病毒、杯状病毒、星形病毒、腺病毒和肠道病毒也能引起犊牛腹泻，多于大肠杆菌或隐孢子虫混合感染致病。这些病毒对外界环境抵抗力弱，常用消毒药均能将其迅速杀死。

2. 流行特点 1～7 d的新生犊牛易发生轮状病毒腹泻，2～3周龄的犊牛多发冠状病毒性腹泻。病牛和带毒牛是主要的传染源，经消化道和呼吸道传染。本病一旦发生，常成群暴发，发病率高，但死亡率低。初乳不足，气候寒冷，卫生不良等因素可诱发本病，使死亡率提高。本病多发生于冬季。

3. 临床症状 病犊精神委靡，厌食，体温不显变化或略有升高。排黄色或黄绿色液状稀便。有时带有黏液或血液。严重时，水样粪便呈喷射状排出，有轻度腹痛、脱水，由于急性脱水和酸中毒可导致犊牛急性死亡。剖检可见消化道内容物稀薄，大小肠黏膜出血，肠黏膜易脱落，肠系膜淋巴结肿大。确诊需要电镜观察病毒粒子或用荧光抗体染色检查。

4. 防治措施 母牛临产前要饲喂平衡饲料，犊牛出生后要及时喂给充足的初乳，同时可应用促菌生和乳康生等生物制剂，加强对犊牛管理，尽量减少感染机会，牛舍要注意卫生，加强环境消毒和保暖防寒。

对犊牛病毒性腹泻无特异性的药物进行治疗，停止24～48 h哺乳是有益的，停乳后可口服营养电解质溶液或输注葡萄糖盐水等，如果有细菌感染并发，可口服或注射抗生素或磺胺药物。没有并发症发生，病毒性腹泻可在2～5 d后恢复。3周龄前的犊牛对病毒较敏感，因此，牛场发现病犊后应立即隔离，清除病牛粪便及污染的垫草，消毒环境和器物。

（三）犊牛大肠杆菌病

犊牛大肠杆菌病是由致病性大肠杆菌引起的一种急性传染病。以排出灰白色稀便或呈急性败血症症状为临床特点。本病发生较为普遍，常与病毒性腹泻合并发生。

1. 流行特点 本病主要危害未吃到初乳的1周龄以内的新生犊牛，2周龄以上的犊牛很少发病。新生犊牛抵抗力降低，消化机能障碍，母牛乳质不佳，牛舍不洁，气候多变等因素都可促进本病的发生。多发生于冬季。

2. 临床症状 根据犊牛的年龄和症状可分为败血型和腹泻型。败血型多发生于2～3 d的初生犊牛，呈急性败血症症状，病程短促，有的不见任何症状而突然死亡，有的在哺乳后数小时内死亡，有的伴有剧烈下痢，在1～2 d内死亡。腹泻型以1～2周龄的犊牛多发，以排灰白色稀便为特征，粪便水样或糊状，酸臭，通常持续2～4 d，轻者可以恢复，但以后发育迟滞，重者衰竭死亡。

3. 诊断要点 根据流行特点和临床症状可作出初步诊断，确诊需要作病原学检查。最好扑杀几头濒死期的犊牛，以无菌手术采取实质脏器和小肠内容物，进行病原的分离鉴定。

4. 防治措施　对怀孕后期的母牛进行预防注射，从而使犊牛建立人工的肠道免疫，发挥特异性抗病作用。在血清型已鉴定的，可用单价菌苗预防注射，如血清型未鉴定，可用多价菌苗。犊牛在生后 2 h 内应喂给初乳，加强饲养管理，保持牛舍、乳房的清洁卫生，防止新生犊牛接触粪便是预防本病发生的主要措施。

治疗内服乳康生、促菌生等生物制剂，或内服硫酸链霉素 1.0 g，或高锰酸钾 4～8 g，配成 0.5％的水溶液内服，效果较好。腹泻严重者应内服次硝酸铋 5～10 g 或活性炭 10～20 g，以保护肠黏膜，减少毒素吸收。同时，配合强心、补液等对症治疗措施。

（四）犊牛下痢

也称为犊牛饮食性腹泻。由于下痢，致使犊牛营养不良，生长发育受阻。以 1 月龄犊牛多见。

1. 发病原因　本病多由饲养管理不当和外界环境的改变引起。喂乳量过多，或喂了变质、酸败乳，致使犊牛大批发病；也常见于犊牛食入精料过多后发病；突然变更饲养员及喂乳温度或数量不定而发病。卫生条件不良（如运动场泥泞、犊牛舍潮湿、喂奶用具（奶罐、奶桶）不清洗、犊牛喝进污水）、气候骤变、缺硒等均可引起犊牛腹泻。

2. 临床症状　发病犊牛排出灰白色、水样、腥臭、稀便为特征。有的粪内带有黏液或呈血汤样，肛门周围、尾根常被粪便污染；患牛表现精神沉郁，食欲减退或废绝，被毛逆立。若发生在冬天并伴有体温升高的，则浑身发抖。由于稀粪长期浸渍，见肛门附近及坐骨节处被毛脱落。如伴有沙门氏杆菌、大肠杆菌感染，腹泻更为严重，出现脱水、酸中毒和肺炎症状。缺硒的犊牛除腹泻外，还表现出白肌病、四肢僵硬、震颤、无力。

3. 防治措施　加强饲养管理，坚持犊牛饲喂操作规程，喂乳要定温、定时、定量，不喂发酵变质牛乳。

治疗可采用：减少 1/2～1/3 的奶量，增加饮水量；对有食欲而下痢者，乳酶生 1 g，磺胺脒、碳酸氢钠各 4 g，酵母片 3 g，一次内服，每天 2 次。对有臌胀者，磺胺脒、碳酸氢钠各 5 g，氧化镁 2 g，一次罐服，日服 2 次。伴有肺炎者，磺胺脒、碳酸氢钠 5 g，内服，青霉素 60 万 IU，1％氨基比林 10 mL 一次肌肉注射，每日 2 次。对下痢脱水者，葡萄糖生理盐水 1 000 mL，25％葡萄糖溶液 250 mL，四环素 75 万 IU，一次静脉注射。

(五)犊牛血尿

血尿即血红蛋白尿。是由于大量饮水,血液渗透压改变,致使红细胞溶解而从尿中排出,其特征是尿液呈红色。本病多见于3～5月龄的犊牛。

1. 发病原因 主要原因是犊牛口渴,突然暴饮而发生。冬季寒冷,常因饮水冻结而饮水量受到限制,当遇到温水时,即会造成一时性饮水过量。3～6月龄犊牛,对精料、干草采食增加,当饮水不足,口渴而遇到水时,也易发生暴饮。

2. 临床症状 犊牛突然发病,常见暴饮后不久即出现症状,患犊精神不安,伸腰踢腹,呼吸急促,从口内流出白色泡沫状唾液,或从鼻孔内流出红色液体,排尿次数增加,色呈淡红色或暗红色,透明,无沉淀。瘤胃臌胀,叩诊具鼓音,咳嗽,肺叩诊有啰音,体温正常,一般病犊多经5～6 h后症状消除。严重者,起卧不安,全身出汗,步态不稳,共济失调,痉挛、昏迷。

3. 防治措施 加强饲养管理,血尿是能预防的。为此,应充分做好供水工作,防止暴饮。

一般情况下,多数病犊可自愈,无需治疗。严重时可采用:20%葡萄糖溶液200～300 mL,40%乌洛托品20～30 mL,一次静脉注射,配合肌肉注射10%安钠咖3～5 mL。

(六)犊牛肺炎

犊牛肺炎是肺泡和肺间质的炎症。它是由支气管炎症蔓延到肺泡或通过血源途径引起,临床上称为卡他性肺炎,支气管肺炎或小叶性肺炎。每年多发生在早春晚秋气候多变的季节。引起犊牛肺炎的细菌有巴氏杆菌、化脓性棒状杆菌、链球菌、葡萄球菌、坏死梭状杆菌和克雷伯氏菌等。犊牛地方流行性肺炎是由一些不同的病毒、衣原体和支原体引起,并有病原细菌继发感染。

1. 发病原因 饲养管理不良是导致发病的主要诱因,犊牛舍寒冷或过热、潮湿、拥挤、通风不良、天气突变或日光照射不足等,均易使犊牛诱发肺炎。

2. 临床症状 临床上以发热,呼吸次数增多,咳嗽,听诊肺部有异常呼吸音,大多数细菌性肺炎有毒血症。犊牛肺炎有急性和慢性两种。

急性肺炎时,患犊精神不振,食欲减少或废绝,中度发热(40～40.5℃)。咳嗽,起初干咳而痛苦,后变为湿咳。间质性肺炎常表现频频阵发性剧烈干咳。如果有上呼吸道感染或支气管分泌物过多,将出现鼻液,初为浆液性,后将变为黏稠脓性。听诊在支气管炎和间质性肺炎的早期,肺泡呼吸音增强,当细支气管内渗出液增多时,出现湿性啰音,渗出液浓稠时出现干性啰音。形成肺炎时,在病灶部位呼吸音减弱或消失，可能出现捻发音，病灶周围代偿性呼吸音增强。

慢性肺炎多发生在3～6月龄犊牛，最明显的症状为一种间断性的咳嗽，尤其多见于夜间、早晨、起立和运动时。肺部听诊有干性或湿性啰音，胸壁叩诊多能诱发咳嗽。多数患犊精神尚好，有食欲，个别有中度发热。

用X射线检查犊牛肺炎，可看到心叶有许多大小不一的散在性病灶分布，很少散布在整个肺。血液检验，细菌性肺炎时，常见白细胞总数增多和核左移，但严重湘氏杆菌感染，白细胞总数减少。急性病毒性肺炎病例，一般白细胞总数和淋巴细胞减少。

3. 防治措施　犊牛肺炎的治疗原则为加强管理、抑菌消炎和对症治疗。患犊牛舍要保持清洁卫生，温暖及通风良好。若怀疑有传染性时，应隔离患犊，进行消毒，并对其观察和治疗。

采用抗生素和磺胺药物治疗。一般常用青霉素或青霉素和链霉素混合肌肉注射，每天2次。也可用磺胺二甲嘧啶，每千克体重150 mg注射或口服，都可产生良好的效果。鉴于可能细菌范围较广，可用广谱抗生素四环素，每千克体重10 mg，氯霉素每千克体重20 mg，每天2次注射，比较有效。用卡那霉素注射，每千克体重15 mg，每天2次。有些病例只经一次治疗就可能见效，但在最初见效后还会复发，因此，需要重复治疗3～5 d。对症治疗是根据症状选用药物，如咳嗽频繁重剧时，用止咳祛痰药，另外，还可配强心、补液治疗等。

八、中华人民共和国农业行业标准——无公害食品奶牛饲养兽药使用准则

中华人民共和国农业行业标准——无公害食品奶牛饲养兽药使用准则(NY 5046—2001)全文如下：

1　范围

本标准规定了生产无公害食品的奶牛饲养过程中允许使用的兽药种类及其使用准则。

本标准适用于无公害食品的奶牛饲养过程的生产、管理和认证。

2　规范性引用文件

下列文件中的条款通过本标准的引用而成为本标准的条款。凡是注日期的引用文件，其随后所有的修改单(不包括勘误的内容)或修订版均不适用于本标准，然而，鼓励根据本标准达成协议的各方研究是否可使用这些文件的最新版本。凡是

不注日期的引用文件,其最新版本适用于本标准。

NY/T 388 畜禽场环境质量标准

NY 5027 无公害食品畜禽饮用水水质

NY 5047 无公害食品奶牛饲养兽医防疫准则

NY 5048 无公害食品奶牛饲养饲料使用准则

NY/T 5049 无公害食品奶牛饲养管理准则

中华人民共和国兽药典

中华人民共和国兽药规范

中华人民共和国兽用生物制品质量标准

兽药管理条例

中华人民共和国动物防疫法

进口兽药质量标准

兽药质量标准

饲料药物添加剂使用规范

3 术语和定义

下列术语和定义适用于标准。

3.1 奶牛 dairy cattle

以产乳性能为主要选择目的,经过系统选育,达到一定水平的专门化牛种的统称。

3.2 兽药 veterinary drug

用于预防、治疗和诊断畜禽等动物疾病,有目的地调节其生理机能并规定作用、用途、用法、用量的物质(含饲料药物添加剂)。包括:血清、疫苗、诊断液等生物制品;兽用的中药材、中成药、化学原料及其制剂;抗生素、生化药品、放射性药品。

3.2.1 抗菌药 antibacterial drug

能够抑制或杀灭病原菌的药物,其中包括中药材、中成药、化学药品、抗生素及其制剂。

3.2.2 抗寄生虫药 antiparasitic drag

能够杀灭或驱除动物体内、体外寄生虫的药物,其中包括中药材、中成药、化学药品、抗生素及其制剂。

3.2.3 生殖激素类药 reproductive hormonic drag

直接影响或间接影响动物生殖机能的激素类药物。

3.2.4 疫苗 vaccine

由特定细菌、病毒、立克次氏体、螺旋体、支原体等微生物以及寄生虫制成的主动免疫制品。

3.2.5 消毒防腐剂 disinfectant and preservative

用于杀灭环境中的有害微生物、防止疾病发生和传染的药物。

3.2.6 饲料药物添加剂 medicated feed additive

为预防、治疗动物疾病而掺入载体或者稀释剂的兽药的预混物,包括抗球虫药类、驱虫剂类,抑菌促生长类等。

3.3 休药期 withdrawal period

食品动物从停止给药到许可屠宰或它们的产品(乳蛋)许可上市的间隔时间。

3.4 奶废弃期 withdrawal period for milk

奶牛从停止给药到它们所产的奶许可上市的间隔时间。

4 使用准则

奶牛养殖场的饲养环境应符合NY/T 388的规定。奶牛饲养者应供给奶牛充足的营养,所用饲料、饲料添加剂和饮水应符合《饲料和饲料添加剂管理条例》、NY 5048和NY 5027的规定,按照NY/T 5049加强饲养管理,采取各种措施以减少应激,增强动物自身的免疫力。应严格按照《中华人民共和国动物防疫法》和NY 5047的规定进行预防,建立严格的生物安全体系,防止奶牛发病和死亡,最大限度地减少化学药品和抗生素的使用。确需使用治疗用药的,经实验室诊断确诊后再对症下药,兽药的使用应有兽医处方并在兽医的指导下进行。用于预防、治疗和诊断疾病的兽药应符合《中华人民共和国兽药典》、《中华人民共和国兽药规范》、《中华人民共和国兽用生物制品质量标准》、《兽药质量标准》、《进口兽药质量标准》和《饲料药物添加剂使用规范》的相关规定。所用兽药应来自具有《兽药生产许可证》和产品批准文号的生产企业或者具有《进口兽药许可证》的供应商。所用兽药的标签应符合《兽药管理条例》的规定。使用兽药时,还应遵循以下原则。

4.1 应使用符合《中华人民共和国兽用生物制品质量标准》规定的疫苗预防奶牛疾病。

4.2 允许使用消毒防腐剂对饲养环境、厩舍和器具进行消毒。但不能使用酚类消毒剂。

4.3 允许使用符合《中华人民共和国兽药典》二部和《中华人民共和国兽药规范》二部规定的用于奶牛疾病预防和治疗的中药材和中成药。

4.4 允许使用符合《中华人民共和国兽药典》、《中华人民共和国兽药规范》、《兽药质量标准》和《进口兽药质量标准》规定的钙、磷、硒、钾等补充药,酸碱平衡药,体液补充药,电解质补充药,血容量补充药,抗贫血药,维生素类药,吸附药,泻药,润滑剂,酸化剂,局部止血药,收敛药和助消化药。

4.5 允许使用国家兽药管理部门批准的微生态制剂。

4.6 允许使用附录A中的抗菌药、抗寄生虫药和生殖激素类药，使用中应注意以下几点：a)严格遵守规定的给药途径、使用剂量、疗程和注意事项；b)休药期应严格遵守附录A中规定的时间；c)附录A中未规定休药期的品种，应遵守肉不少于28 d，奶废弃期不少于7 d的规定；d)抗寄生虫药外用时注意避免污染鲜奶。

4.7 慎用作用于神经系统、循环系统、呼吸系统、泌尿系统的兽药及其他兽药。

4.8 建立并保存奶牛的免疫程序记录；建立并保存患病奶牛的治疗记录，包括患病奶牛的畜号或其他标志、发病时间及症状、治疗用药的经过、治疗时间、疗程，所用药物商品名称及有效成分。

4.9 禁止使用有致畸、致癌和致突变作用的兽药。

4.10 禁止在饲料及饲料产品中添加未经国家畜牧兽医行政管理部门批准的《饲料药物添加剂使用规范》以外的兽药品种，特别是影响奶牛生殖的激素类药，具有雌激素样作用的物质、催眠镇静药和肾上腺素能药等兽药。

4.11 禁止使用未经国家畜牧兽医行政管理部门批准作为兽药使用的药物。

4.12 禁止使用未经国家畜牧兽医行政管理部门批准的用基因工程方法生产的兽药。

（规范性附录）

表 A.1 奶牛饲养允许使用的抗菌药及使用规定

药名	制剂	用法与用量（用量以有效成分计）	休药期
氨苄西林钠	注射用粉针	肌内、静脉注射，一次量10～20 mg/kg体重，2～3次/d，连用2～3 d	6 d，奶废弃期2 d
	注射液	皮下或肌肉注射，一次量5～7 mg/kg体重	
氨苄西林钠＋氯唑西林钠（干乳期）	乳膏剂	乳管注入，干乳期奶牛，每乳室氨苄西林钠0.25 g＋氯唑西林钠0.5 g，隔3周再注1次	28 d，奶废弃期30 d
氨苄西林钠＋氯唑西林钠（泌乳期）	乳膏剂	乳管注入，泌乳期奶牛，每乳室氨苄西林钠0.075 g＋氯唑西林钠0.2 g，2次/d，连用数日	7 d，奶废弃期2.5 d
苄星青霉素	注射用粉针	肌肉注射，一次量2万～3万IU/kg体重，必要时(3～4 d)重复1次	30 d，奶废弃期3 d

续表 A.1

药名	制剂	用法与用量（用量以有效成分计）	休药期
苄星邻氯青霉素	注射液	乳管注入，每乳室 50 万 IU	28 d 及产犊后 4 d 的奶，泌乳期禁用
青霉素钾(钠)	注射用粉针	肌肉注射，一次量 2 万～3 万 IU/kg 体重，2～3 次/d，连用 2～3 d	奶废弃期 3 d
硫酸小檗碱	注射液	肌肉注射，一次量 0.15～0.4 g	0 d
头孢氨苄	乳剂	乳管注入，每乳室 200 mg，2 次/d，连用 2 d	奶废弃期 2 d
氯唑西林钠	注射用粉针	乳管注入，干乳期奶牛，每乳室 200 mg	10 d，奶废弃期 2 d
		乳管注入，泌乳期奶牛，每乳室 200～500 mg	
恩诺沙星	注射液	肌肉注射，一次量 2.5 mg/kg 体重，1～2 次/d，连用 2～3 d	28 d，泌乳期禁用
乳糖酸红霉素	注射用粉针	静脉注射，一次量 3～5 mg/kg 体重，2 次/d，连用 2～3 d	21 d，泌乳期禁用
土霉素	注射液（长效）	肌肉注射，一次量 10～20 mg/kg 体重	28 d，泌乳期禁用
盐酸土霉素	注射用粉针	静脉注射，一次量 5～10 mg/kg 体重，2 次/d，连用 2～3 d	19 d，泌乳期禁用
普鲁卡因青霉素	注射用粉针	肌肉注射，一次量 1 万～2 万 IU/kg 体重，1 次/d，连用 2～3 d	10 d，奶废弃期 3 d
硫酸链霉素	注射用粉针	肌肉注射，一次量 10～15 mg/kg 体重，2 次/d，连用 2～3 d	14 d，奶废弃期 2 d
磺胺嘧啶	片剂	内服，首次量 0.14～0.2 g/kg 体重，维持量 0.07～0.2 g/kg 体重，2 次/d，连用 3～5 d	8 d，泌乳期禁用
磺胺嘧啶钠	注射液	静脉注射，一次量 0.05～0.1 g/kg 体重，1～2 次/d，连用 2～3 d	10 d，奶废弃期 2.5 d
复方磺胺嘧啶钠	注射液	肌肉注射，一次量 20～30 mg/kg 体重(以磺胺嘧啶计)，1～2 次/d，连用 2～3 d	10 d，奶废弃期 2.5 d
磺胺二甲嘧啶	片剂	内服，首次量 0.14～0.2 g/kg 体重，维持量 0.07～0.2 g/kg 体重，1～2 次/d，连用 3～5 d	10 d，泌乳期禁用
磺胺二甲嘧啶钠	注射液	静脉注射，一次量 0.05～0.1 g/kg 体重，1～2 次/d，连用 2～3 d	10 d，泌乳期禁用

表 A.2 奶牛饲养允许使用的抗寄生虫药及使用规定

药名	制剂	用法与用量（用量以有效成分计）	休药期
阿苯达唑	片剂	内服，一次量 10～15 mg/kg 体重	27 d，泌乳期禁用
双甲脒	溶液	药浴、喷洒、涂擦，配成 0.025%～0.05%的溶液	1 d，奶废弃期 2 d
青蒿琥酯	片剂	内服，一次量 5 mg/kg 体重，首次量加倍，2 次/d，连用 2～4 d	
溴酚磷	片剂、粉剂	内服，一次量 12 mg/kg 体重	21 d，奶废弃期 5 d
氯氢碘柳胺钠	片剂、混悬剂	内服，一次量 5 mg/kg 体重	28 d，奶废弃期 28 d
	注射剂	皮下或肌肉注射，一次量 2.5～5 mg/kg 体重	
芬苯达唑	片剂、粉剂	内服，一次量 5～7.5 mg/kg 体重	28 d，奶废弃期 4 d
氰戊菊酯	溶液	喷雾，配成 0.05%～0.1%的溶液	1 d，奶废弃期无
伊维菌素	注射液	皮下注射，一次量 0.2 mg/kg 体重	35 d，泌乳期禁用
盐酸左旋咪唑	片剂	内服，一次量 7.5 mg/kg 体重	14 d，泌乳期禁用
	注射剂	皮下或肌肉注射，一次量 7.5 mg/kg 体重	
奥芬达唑	片剂	内服，一次量 5 mg/kg 体重	11 d，泌乳期禁用
碘醚柳胺	混悬剂	内服，一次量 7～12 mg/kg 体重	60 d，泌乳期禁用
三氯苯唑	混悬剂	内服，一次量 6～12 mg/kg 体重	28 d，泌乳期禁用

表 A.3 奶牛饲养允许使用的生殖激素类药及使用规定

药名	制剂	用法与用量（用量以有效成分计）	休药期
甲基前列腺素 $F_{2\alpha}$	注射液	肌肉注射或子宫内注入，一次量 2～4 mg/kg 体重	
绒促性素	注射用粉针	肌肉注射，一次量 1 000～5 000 IU，2～3 次/周	泌乳期禁用
苯甲酸雌二醇	注射液	肌肉注射，一次量 5～20 mg	泌乳期禁用

续表 A.3

药名	制剂	用法与用量（用量以有效成分计）	休药期
醋酸促性腺激素释放激素	注射液	肌内注射，一次量 100～200 μg	泌乳期禁用
促黄体素释放激素 A_2	注射用粉针	肌内注射，一次量，排卵迟滞 12.5～25 μg；卵巢静止 25 μg，1 次/d，可连用至 3 次；持久黄体或卵巢囊肿 25 μg，1 次/d，可连用至 4 次	泌乳期禁用
促黄体素释放激素 A_3	注射用粉针	肌内注射，一次量 25 μg	泌乳期禁用
垂体促卵泡素	注射用粉针	肌内注射，一次量 100～150 IU，隔 2 d 1 次，连用 2～3 次	泌乳期禁用
垂体促黄体素	注射用粉针	肌内注射，一次量 100～200 IU	泌乳期禁用
黄体酮	注射液	肌内注射，一次量 50～100 mg	21 d，泌乳期禁用
复方黄体酮	缓释圈	阴道插入，一次量黄体酮 1.55 g＋苯甲酸雌二醇 10 mg	泌乳期禁用
缩宫素	注射液	皮下、肌内注射，一次量 30～100 IU	泌乳期禁用
氨基丁三醇前列腺素 $F_{2\alpha}$	注射液	肌内注射，一次量 25 mg	泌乳期禁用
血促性素	注射用粉针	皮下、肌内注射，一次量，催情 1 000～2 000 IU；超排 2 000～4 000 IU	泌乳期禁用

第十三章　原料奶的质量控制

第一节　牛奶的理化性质

乳中营养丰富，极易受到微生物感染。了解牛乳的各种物理化学性质及其微生物性质对于牛乳的采集、储存、加工有着重要的指导意义。

一、牛奶的化学成分及营养价值

牛奶中主要成分是水、蛋白质、脂肪、乳糖和矿物质，微量成分包括微量元素、维生素、酶类、激素、色素、有机酸、生长因子和体细胞等 100 多种化学成分。牛奶的主要成分大致是稳定的，但是，由于受奶牛的品种（表 13-1）、挤奶时间、泌乳期、年龄、环境温度及疾病等因素的影响，牛奶营养成分含量在一定范围内有所变动，其中脂肪变动最大，蛋白质次之，乳糖变化最小。

表 13-1　不同品种奶牛所产奶的主要成分含量

品 种	脂肪（%）	无脂固形物（%）	蛋白质（%）	乳糖（%）	灰分（%）
娟姗牛	4.9	9.2	3.8	4.7	0.77
更赛牛	4.6	9.0	3.6	4.8	0.75
爱尔夏牛	3.9	8.5	3.3	4.6	0.72
瑞士褐牛	4.0	9.0	3.5	4.8	0.72
荷斯坦牛	3.7	8.5	3.1	4.6	0.73

1. 乳脂肪　牛奶中含量为 2.5%～6% 的脂（或脂类物质），不溶于水，以脂肪球形式存在，每毫升牛乳中含有脂肪球 20 亿～40 亿。脂肪球的大小因乳牛品种、泌乳期、饲料以及乳牛状况不同而有所区别。乳脂肪球的大小与乳制品加工有密切关系。脂肪球越大，奶油越容易分离；而脂肪球越小，则牛乳越不容易分层，均质以后乳不再分层主要是乳脂肪球变小的结果。

乳中的脂类结构复杂，97％～98％为甘油三酸酯，其余是甘油二酸酯、甘油一酸酯、磷脂、游离脂肪酸、胆固醇及其酯类。目前已经确认含有400多种脂肪酸，其中比较重要的有10多种。牛乳脂中饱和脂肪酸(SFA)、单不饱和脂肪酸(MUFA)和多不饱和脂肪酸(PUFA)的比例分别为65％～75％、30％左右和5％以内。与人乳相比，牛乳脂的不饱和脂肪酸含量较少，尤其是多不饱和脂肪酸的比例低，此外，牛乳脂中含有相当数量的短链脂肪酸，这是反刍动物乳脂的特色。由于这些脂肪酸溶点低，在室温下呈液态，易挥发，所以赋予了牛乳特有的香味和柔润的质体；另外，低链脂肪酸易受光线、热、氧气、金属等作用而使脂肪氧化产生酸败气味。由于季节的不同，脂肪酸的含量也会发生变化。冬季饲料中所含的脂肪酸前体物多，因此乳脂肪中短链脂肪酸含量较低。

乳脂肪的理化性质包括相对密度、熔点、凝固点、折射率、皂化值、碘值、酸败、氧化等几个方面，酸败和氧化是乳脂肪的重要性质。脂肪水解后会产生苦、不清洁、酸败、酸味，影响乳和乳制品的风味。同时，乳脂肪分解产生的游离脂肪酸很容易氧化，产生有毒物质如低分子醛、酮等。

乳脂肪是膳食能量的一个重要来源。近年来，膳食中脂肪类型与心血管疾病发生率之间的关系已成为营养学及医学界争议的热点话题。大多数专家认为，过多食用饱和脂肪酸有患病的可能，但适量食用乳脂肪不会造成不良影响。值得注意的是，乳脂肪中的饱和脂肪酸有短链、中等链和长链脂肪酸，且这些脂肪酸的吸收性是不同的。最近，人们对特定的脂肪酸的营养性有所关注，乳脂的可变脂肪酸含量约为4％，共轭亚油酸含量约为0.6％。研究表明，乳制品中的不饱和脂肪酸尤其是共轭亚油酸具有抗癌并减少心血管疾病发生的功能。共轭亚油酸能抑制多种类型肿瘤(包括胸瘤、前列癌、结肠癌与卵巢癌)的生长。

2. 乳糖　乳糖是由*α-D-*葡萄糖和*β-D-*半乳糖形成的一种双糖，在牛乳中含量为4.2％～5.0％，同时它也是所有哺乳动物乳汁特有的成分。牛乳的甜味完全来自乳糖，其甜味约为蔗糖的1/5。乳糖在乳中的浓度与泌乳有关。当奶牛将停止泌乳或患有乳房疾病时，乳糖的含量会变得很低。乳糖是一种还原性双糖，由葡萄糖和半乳糖组成，其溶解度比蔗糖低。

乳糖和其他糖类一样，是机体热量的主要来源。1 g乳糖可生成16.72 kJ的热量，牛乳中总热量的1/4来自乳糖。乳糖在人体胃中不被消化吸收，进入消化道后，必须先被肠壁上的乳糖酶分解成葡萄糖和半乳糖，才能被吸收。半乳糖是构成脑及神经组织的糖脂质的一种成分，对婴幼儿的智力发育十分重要。它能促进脑苷和黏多糖类的生成。乳糖能促进人体肠道内某些乳酸菌的生成，抑制腐败菌的生长，有助于肠的蠕动作用。乳糖易被乳酸菌分解生成乳酸，乳酸的生成有利于钙及其他物质的吸收，能防止佝偻病的发生。牛乳酸度的控制就是防止微生物的过度生长，而酸乳制品的制作则是有效利用有益乳酸菌的生长。

对初生婴儿来说，乳糖是很适宜的糖类。但某些种族的成年人群在成长早期就丧失了消化乳糖的功能，在大量食用含有乳糖的乳制品后，会出现腹痛、腹泻等症状，就是人们常说的“乳糖不耐症”。其原因是，未被分解的乳糖会在小肠内形成高渗透压，导致水分等进入肠腔；部分未被分解的乳糖进入大肠后，可被肠道微生物发酵，产生较多的有机酸和气体，进而引起多种不适症状。人体内的乳糖酶活性和数量与年龄有关，主要由生物进化、遗传规律等决定。就大多数人而言，肠壁合成的乳糖酶活性在出生后数日迅速达到峰值，以后逐渐降低，1～3 岁后降至峰值的 30%～50%，7～12 岁后降至 10%以下。另外，不同国家和地区的人对乳糖的消化能力差异很大，而在每一人种和民族内都有数量不等的人终身保持较高的肠乳糖酶活性，原因至今不明。

3. 乳蛋白质 正常牛乳中蛋白质含量 3.4%左右，其中，95%是乳蛋白质，5%是非蛋白态氮。乳蛋白质包括酪蛋白、乳清蛋白和少量的、酶类等。乳蛋白质具有很高的营养价值，含有人体所需的全部 8 种必需氨基酸，表 13-2 列出了乳蛋白中必需氨基酸的含量。

表 13-2 乳蛋白中的必需氨基酸

氨基酸	含量（g/100 g 蛋白质）		
	脱脂粉（FAO，1970）	酪蛋白（FAO，1970）	乳清蛋白（ForSum，1973）
色氨酸	1.4	1.6	2.4
苯丙氨酸＋酪氨酸	9.6	11.1	7.0
亮氨酸	9.7	9.5	11.8
异亮氨酸	5.2	5.4	7.6
苏氨酸	4.1	4.7	8.4
蛋氨酸＋半胱氨酸	3.4	3.2	5.2
赖氨酸	7.1	8.1	11.3
缬氨酸	6.3	7.5	7.2
必需氨基酸总量	46.8	51.1	60.9

(1)酪蛋白：酪蛋白质约占总蛋白质的 80%以上，酪蛋白又分为五大类，即 α_{S_1}-酪蛋白，α_{S_2}-酪蛋白、β-酪蛋白、γ-酪蛋白、κ-酪蛋白。酪蛋白在乳中主要与磷酸钙、少量镁、钠、钾和柠檬酸盐络合物结合形成酪蛋白胶束。胶束的存在及其特性

对乳的加工性能有很大影响，决定着乳制品在加热、浓缩及贮存期间的稳定性，在干酪的制造中起主要作用。胶束及其变化决定着酸乳和浓缩乳制品的流变性。

(2)乳清蛋白：乳清蛋白占总蛋白质的10%～12%，乳清蛋白由乳白蛋白、乳球蛋白等组成。

乳白蛋白：可进一步分为β-乳白蛋白、α-乳白蛋白和血清白蛋白。β-乳白蛋白的SH基是使牛奶加热后产生气味的原因，与κ-酪蛋白进行相互作用将影响奶的稳定性。而α-乳白蛋白是乳糖合成酶的一种。白蛋白的颗粒较小，在乳汁中是以胶体状态存在。

球蛋白：对犊牛具有极大的生理意义，在常乳中含量很低，仅0.1%，而初乳中含量为6%左右，有的可高达15%，是具有抗体活性的蛋白质。牛奶加热到65℃，球蛋白开始变性，75℃时则全部凝固。

(3)球膜蛋白：球膜蛋白占总蛋白质5%。球膜蛋白是包围在脂肪球表面的一层蛋白质，与水结合紧密。在强酸强碱或机械搅拌作用下，球膜蛋白即被破坏，这种特性在乳制品制作中具有重要作用。

(4)酶：牛奶中含有约20种酶，在生物化学反应中起着重要的作用。酶是由有机体产生的具有生物活性的蛋白质。牛奶中的酶来源于母牛的乳腺或者由微生物代谢产生。前者是牛奶中固有的正常成分，称为原生酶，后者为细菌酶。牛奶中最重要的酶有过氧化物酶、过氧化氢酶、磷酸脂酶以及解脂酶等。

(5)非蛋白含氮化合物：非蛋白含氮化合物约占乳中总含氮量的5%，奶中的非蛋白含氮化合物主要成分为游离的氨基酸、肌酸、尿素、尿酸等。

4. 乳中的维生素和矿物质

(1)牛乳中的维生素：牛乳中维生素包括水溶性、脂溶性两大类。脂溶性维生素包括维生素A、维生素D、维生素E和维生素K；水溶性维生素包括维生素C、维生素B_1、维生素B_2、维生素B_6、维生素B_{12}、泛酸、烟酸、生物素和叶酸。维生素含量虽然较少，但在生物体新陈代谢中起着重要作用。若某种维生素缺乏或不足，则可导致维生素缺乏症或免疫力下降。牛乳中的维生素除受季节、饲料、个体影响外，加工影响比较大。水溶性维生素对热和光照比较敏感，一般杀菌方式会造成半数以上的维生素损失；脂溶性维生素对热相对稳定，但维生素A对光照敏感。因此，牛乳应避光保存，防止损失和变质。

(2)牛乳中的矿物质：主要有磷、钙、镁、氯、钠、硫、钾等，还有一些微量元素存在。牛乳中的无机物大部分与有机酸结合成盐类，钠、钾、氯等大部分电离成离子，呈溶解状态存在；钙、镁少部分呈离子状态，大部分与酪蛋白、磷酸、柠檬酸结合呈胶体状态；磷是酪蛋白、磷脂及有机磷脂的成分。牛乳中无机物的含量随饲料、乳牛个体健康状况等条件而异。

牛乳中的矿物质有很高的营养价值，钙对儿童及胎儿骨骼的健康发育是非常重要的。钙的缺乏也是造成成年人骨质疏松的一个重要因素。牛乳是食用钙的重要来源，钙与磷酸化的酪蛋白结合，会改善胃肠道对钙的吸收；在酪蛋白消化过程中释放的磷酸肽会增加肠道中可溶性钙的浓度，有助于提高生物利用率。

牛乳中的其他微量元素，如铜、铁、锌、硒、钼、碘等，在生物代谢中起着重要作用。乳中矿物质含量受泌乳期、饲料、季节、乳房炎等因素的影响。

二、牛奶的物理性质

1. 牛乳的色泽 正常的新鲜牛乳呈不透明的乳白色或淡黄色。乳白色是由于牛乳中存在的酪蛋白胶粒和微细脂肪球对光不规则反射的结果；淡黄色是由脂溶性胡萝卜素和叶黄素形成；水溶性的核黄素使乳清呈荧光性黄绿色。由于季节的变化和进而导致的奶牛饲料的变化都可影响牛乳的颜色。热处理也能使牛乳颜色改变，随加热程度加强牛乳产生褐变。生产实践中，常采用与标准色泽相比较的办法，通过感官（色觉）来评估牛乳因加热而致的褐变程度。

2. 密度和相对密度

(1)牛乳的密度：是指牛乳在 20℃时的质量与同体积水在 4℃时的质量之比，表示为：D_4^{20}。正常牛乳的平均密度是 $D_4^{20}=1.030$。

(2)牛乳的相对密度：是以 15℃为标准，即在 15℃时，一定容积的牛乳的质量与同容积、同温度水的质量之比，正常牛乳的相对密度平均是 $d_{15}^{15}=1.032$。

牛乳中非脂乳固体含量高，密度增加；牛乳加水，密度下降。温度升高牛乳密度降低。刚挤出的鲜牛乳，密度比挤出后放置 2～3 h 后的低，这是由于其中部分脂肪的固化以及气体在存放中逸出的缘故。大多数密度测定仪在设计时之所以要求待测牛乳要先预热至 40～50℃并又冷却至 20℃后再测定，主要是使乳脂肪全部处于液体状态而不是部分固化状态。

3. 牛乳的滋味和气味 由于牛乳中含有挥发性脂肪酸和其他挥发性物质，所以正常新鲜牛乳具有一种特有的乳香味，味微甜。

牛乳在饲养舍（室）放置久后，易带有畜舍味、饲料味；贮存容器材质不好时，带有金属味；与其他风味物质接触时，带有风味物质固有的气味，从而导致牛乳产生异味。

4. 牛乳的酸度 牛乳的酸度是反映新鲜度和热稳定性重要标志。酸度高，新鲜度低，热稳定性差。新鲜牛乳的酸度一般为 pH 值 6.6～6.8，初乳的 pH 值为

6.0,乳房炎乳的 pH 值约 7.5。

牛乳中的酸度分为自然酸度和发酵酸度。自然酸度来源于乳中蛋白质、柠檬酸盐、磷酸盐及二氧化碳等酸性物质,发酵酸度来源于微生物分解乳糖产生的酸度,这两种酸度即为总酸度。

牛乳的酸度有几种测定和表示方法,我国常用的滴定酸度是吉尔涅尔度(°T)或乳酸度(乳酸%)表示。

吉尔涅尔度(°T):测定时取 10 mL 牛乳,加 20 mL 蒸馏水稀释,再加 0.5 mL 0.5%酒精酚酞指示剂,用 0.1 mol/L 氢氧化钠溶液滴定,按消耗的氢氧化钠溶液毫升数计算,每消耗 1 mL 氢氧化钠溶液,即为 1°T 。正常的牛乳酸度一般在 16~20°T,相当于 0.15%~0.18%的乳酸度。

乳酸度(%):取 10 mL 牛乳,用蒸馏水按 2∶1 稀释,再加 2 mL 1%酒精酚酞指示剂,用 0.1 mol/L 氢氧化钠溶液滴定,滴定后按下列公式计算乳酸百分含量。

$$\text{乳酸}=\frac{0.1\ \text{mol/LNaOH 溶液毫升数}\times 0.009}{10\ \text{mL}\times\text{牛乳相对密度}}\times 100\%$$

牛乳的 pH 值反映的是牛乳中处于电离状态的活性氢离子浓度。滴定酸度表示的是氢氧离子既与活性氢离子作用,又与滴定过程中电离出来的氢离子作用。所以,pH 值与滴定酸度不能表示出一定的对应关系。

5. 乳的热力学性质

(1)冰点:牛乳的冰点一般为－0.525～－0.565℃,平均为－0.54℃,取决于乳中低分子质量成分,主要是乳糖和盐类的含量,与乳蛋白质和脂肪的含量变化基本无关。正常情况下,牛乳冰点保持在一个稳定值。据测定,牛乳中加入 1%的水时,冰点约上升 0.005 4℃,因此冰点测定常作为牛乳是否掺水的客观依据。当牛乳冰点等于或低于－0.505℃时,可认为牛乳中未掺水(AOAC,1970)。

(2)沸点:牛乳的沸点取决于其中大量溶解性物质的含量和外界压力。在 1 个大气压下牛乳的沸点为 100.55℃左右。沸点的变化范围于 100～101℃之间,在牛乳浓缩过程时,牛乳中固形物增加,沸点会稍稍上升。

(3)牛乳的比热:牛乳温度升高 1℃所需的热量与同等质量的水温上升 1℃所需热量之比,即为牛乳的比热。一般牛乳比热为 3.89～4.02 kJ/(kg·℃)。牛乳与乳制品的比热受含脂率及测定温度的影响。乳与乳制品脂肪含量越高,比热越小;反之,含脂率越低,比热越大。在 0～60℃之间,牛乳以 15℃比热最大。

6. 牛乳的电学性质

(1)电导:正常牛乳的电导率在 25℃时为 0.5 S/m(西门子/米),正常范围为

0.40～0.55 S/m。牛乳的电导率与牛乳中离子的浓度、价数及离子迁移速度有关。向牛乳中加入 $NaHCO_3$、Na_2CO_3 等中和剂和离子化的防腐剂时，可提高牛乳电导率。由于微生物作用导致牛乳的酸度上升会使电导率提高。电导率在生产实践中常用作检验乳中掺水、掺碱以及乳房炎乳的手段。一般电导率超过 0.6 S/m 便可认为是乳房炎乳。

(2)氧化还原电位：25℃时，pH 值为 6.6～6.7 的正常牛乳样品在空气饱和状态下，氧化还原电位 *Eh* 值变化范围为 0.25～0.35 V。乳经过加热，使氧化还原电位降低。牛乳中加入 Fe^{2+} 会使 *Eh* 下降，而当 Cu^{2+} 含量上升时，则使 *Eh* 上升。微生物污染牛乳后会使乳中溶解态氧减少并使还原性代谢产物增加，因此 *Eh* 下降。将牛乳与甲基蓝、刃天青等氧化还原试剂结合时，微生物繁殖产生的代谢产物会使试剂褪色，这一方法被实践中用作微生物污染程度的检验。

7. 牛乳的黏度和表面张力

(1)黏度：牛乳在 20℃时黏度为 0.001 5～0.002 Pa/s。影响牛乳黏度的主要因素是脂肪和蛋白质含量。温度升高，黏度下降。在乳品加工过程中，脱脂、杀菌、均质等对牛乳黏度有重要影响。

黏度在乳品加工方面非常重要，如在甜炼乳加工过程中，黏度过低，可发生脂肪上浮和糖沉淀；黏度过高物料变稠。在淡炼乳生产方面，黏度过高，在贮存期中会产生盐类沉淀或形成冻胶状。在乳粉生产过程中，浓乳浓度过高(黏度也高)，雾化不好，水分不宜蒸发，出现潮粉等现象。

(2)表面张力：牛乳的表面张力与牛乳的起泡性、乳浊液状态、微生物的生长、热处理、均质、风味等有关。20℃时，牛乳的表面张力为 0.04～0.06 N/m。一般情况下，牛乳的表面张力随温度的上升而降低，随含脂率的降低而增大。

第二节 原料奶的质量管理

一、中华人民共和国农业行业标准
——无公害食品 生鲜牛乳

中华人民共和国农业行业标准——无公害食品 生鲜牛乳(NY 5045—2001)如下：

1 范围

本标准规定了无公害食品生鲜牛乳的术语、技术要求、试验方法、检验规则、贮存、运输。

本标准适用于饲养环境无污染,使用无公害饲料饲养的健康母牛产出的天然乳汁。

2 规范性引用文件

下列文件中的条款通过本标准的引用而成为本标准的条款。凡是注日期的引用文件,其随后所有的修改单(不包括勘误的内容)或修订版均不适用于本标准,然而,鼓励根据本标准达成协议的各方研究是否可使用这些文件的最新版本。凡是不注日期的引用文件,其最新版本适用于本标准。

GB 4789.2 食品卫生微生物学检验 菌落总数测定

GB 4789.18 食品卫生微生物学检验 乳与乳制品检验

GB/T 5009.11 食品中总砷的测定方法

GB/T 5009.12 食品中铅的测定方法

GB/T 5009.17 食品中总汞的测定方法

GB/T 5009.19 食品中六六六、滴滴涕残留量的测定方法

GB/T 5009.20 食品中有机磷农药残留量的测定方法

GB/T 5009.24 食品中黄曲霉毒素 M_1 和 B_1 的测定方法

GB/T 5009.36 粮食卫生标准的分析方法

GB/T 5409—1985 牛乳检验方法

GB/T 5413.1 婴幼儿配方食品和乳粉 蛋白质的测定

GB/T 5413.30 乳与乳粉 杂质度的测定

GB/T 5413.32 乳粉 硝酸盐、亚硝酸盐的测定

GB/T 14876 食品中甲胺磷和乙酰甲胺磷农药残留量的测定方法

GB/T 14962 食品中铬的测定方法

NY/T 5049 奶牛饲养管理准则

3 基本要求

生产无公害生鲜牛乳的奶牛饲养管理方式应符合 NY/T 5049 要求。

4 技术要求

4.1 生鲜牛乳产地环境要求

应符合无公害食品产地的环境标准。

4.2 感官要求

应符合表 1 规定。

表 1 感官要求

项目	指 标
色 泽	呈乳白色或稍带微黄色
组织状态	呈均匀的胶态流体，无沉淀，无凝块，无肉眼可见杂质和其他异物
滋味与气味	具有新鲜牛乳固有的香味，无其他异味

4.3 理化要求

应符合表 2 规定。

表 2 理化要求

项目	指标
相对密度，d	1.028～1.032
脂肪，%	≥3.2
蛋白质，%	≥3.0
非脂乳固体，%	≥8.3
酸度，°T	≤18.0
杂质度，mg/kg	≤4

4.4 卫生要求

应符合表 3 规定。

表 3 卫生要求

项 目	指标
汞(以 Hg 计)，mg/kg	≤0.01
砷(以 As 计)，mg/kg	≤0.2
铅(以 Pb 计)，mg/kg	≤0.05
铬(以 Cr^{6+} 计)，mg/kg	≤0.3
硝酸盐(以 $NaNO_3$ 计)，mg/kg	≤8.0
亚硝酸盐(以 $NaNO_2$ 计)，mg/kg	≤0.2
六六六，mg/kg	≤0.05
滴滴涕，mg/kg	≤0.02
黄曲霉毒素 M_1，μg/kg	≤0.2
抗生素	不得检出

续表 3

项 目	指标
马拉硫磷，mg/kg	≤0.1
倍硫磷，mg/kg	≤0.01
甲胺磷，mg/kg	≤0.2

4.5　微生物要求

应符合表 4 规定。

表 4　维生素要求

项 目	指标
菌落总数，cfu/mL	≤500 000

4.6　掺假项目

不得在生鲜牛乳中掺入碱性物质、淀粉、食盐、蔗糖等非乳物质。

5　检验方法

5.1　感官检验

5.1.1　色泽和组织状态：取适量试样于 50 mL 烧杯中，在自然光下观察色泽和组织状态。

5.1.2　滋味和气味：取适量试样于 50 mL 烧杯中，先闻气味，然后用温开水漱口，再品尝样品的滋味。

5.2　理化检验

5.2.1　密度：按 GB/T 5409 检验。

5.2.2　脂肪：按 GB/T 5409 检验。

5.2.3　蛋白质：按 GB/T 5413.1 检验。

5.2.4　非脂乳固体：按 GB/T 5409 检验。

5.2.5　酸度：按 GB/T 5409 检验。

5.2.6　杂质度：按 GB/T 5413.30 检验。

5.3　卫生检验

5.3.1　汞：按 GB/T 5009.17 检验。

5.3.2　砷：按 GB/T 5009.11 检验。

5.3.3　铅：按 GB/T 5009.12 检验。

5.3.4　铬：按 GB/T 14962 检验。

5.3.5 硝酸盐、亚硝酸盐:按 GB/T 5413.32 检验。

5.3.6 六六六、滴滴涕:按 GB/T 5009.19 检验。

5.3.7 黄曲霉毒素 M_1:按 GB/T 5009.24 检验。

5.3.8 抗生素:按 GB/T 5409 检验。

5.3.9 马拉硫磷:按 GB/T 5009.36 检验。

5.3.10 倍硫磷:按 GB/T 5009.20 检验。

5.3.11 甲胺磷:按 GB/T 14876 检验。

5.4 微生物检验

菌落总数:按 GB 4789.2 和 GB 4789.18 检验。

5.5 掺假检验

5.5.1 碱性物质:按 GB/T 5409—1985 中 2.8 检验。

5.5.2 淀粉:按 GB/T 5409—1985 中 2.11 检验。

5.5.3 食盐:按 GB/T 5409—1985 中 2.6.1.2 检验。

5.5.4 蔗糖:按 GB/T 5409—1985 中 2.10 检验。

6 检验规则

6.1 组批规则

以同一天,装载在同一贮存或运输器具中的产品为一组批。

6.2 抽样方法

在贮存容器内搅拌均匀后、或在运输器具内搅拌均匀后从顶部、中部、底部等量随机抽取,或在运输器具出料时连续等量抽取,混合成 4 L 样品供交收检验,或 8L 样品供型式检验。

6.3 型式检验

型式检验是对产品进行全面考核,即检验技术要求中全部项目。在下列情况之一时应进行型式检验:

a)新建牧场首次投产运行时;

b)正式生产后,牛乳发生质量问题时;

c)乳牛饲料的组成发生变更或用量调整时;

d)牧场长期停产后,恢复生产时;

e)交收检验与上次例行检验有较大差异时;

f)国家质量监督机构提出进行例行检验的要求时。

6.4 交收检验

交收检验的项目包括感官、理化要求、微生物要求、掺假的全部项目,为交收双方的结算依据。

6.5　判定规则

6.5.1　在型式检验中卫生要求有一项指标检验不合格，则该牧场应进行整改，经整改复查合格，则判为合格产品，否则判为不合格产品。

6.5.2　在交收检验项目中，有一项掺假项目指标被检出，则该批产品判为不合格产品。

7　盛装、贮存和运输

7.1　生鲜牛乳的盛装应采用表面光滑的不锈钢制成的桶和贮奶罐或由食品级塑料制成的存乳容器。

7.2　应采取机械化挤奶、管道输送，用奶槽车运往加工厂，从挤奶产出至用于加工前不超过 24 h，乳温应保持 6℃以下。

7.3　生鲜牛乳的运输应使用奶槽车。

7.4　所有的存乳和储存容器使用后应及时清洗和消毒。

牛乳应符合《鲜乳卫生标准》(GB 19301—2003)和《生鲜牛乳收购标准》(GB 6914—1986)，包括感官指标、理化指标及微生物指标。

二、牛乳的验收与分级

1. 牛乳的验收　鲜乳送到收奶站(厅)或乳品加工厂后，需根据验收标准规定，及时进行感官检验、掺假检验、酒精试验、滴定酸度、比重、乳成分的测定、菌落总数、抗生素残留量的检验与验收。

(1)感官检验：将鲜奶盛于玻璃容器中，观察其颜色是否为乳白或微淡黄色；组织状态是否均匀一致、不黏滑；有无凝块、沉淀及杂质等。然后嗅其气味，品尝其滋味是否正常。当发现牛奶在感官上有异常情况时，即应判断可能存在的原因，并确定进一步检验的方法。

(2)密度测定：用乳稠计进行测定时，取 200～250 mL 温度为 10～15℃混合均匀的奶样，沿筒壁小心倒入 250 mL 的玻璃量筒中，应避免产生泡沫。用手拿住乳稠计(15℃/15℃乳稠计)的顶端，小心将其放入奶样中心，并沉入到刻度 1.030 处，然后放手让其自由浮动，但不要与筒内壁接触，静置 2～3 min，读取筒内牛奶液面与乳稠计相接触处的刻度(液面月牙形底线所示刻度)。

也可用密度乳稠计(又称 20℃/4℃乳稠计)测定奶的密度，方法同上。若使用 20℃/4℃乳稠计测定，则奶温不是 20℃时，应对奶的密度进行校正。例，奶温在 30℃时测定的密度读数为 1.030，则其实际密度为：1.030＋(30－20)×0.000 2＝1.032。

(3)酒精试验:酒精试验是为检查鲜乳的抗热性而广泛使用的一种方法。在玻璃器皿内加入 1 mL 待检牛奶,然后加入等量的 68%的酒精,充分混合后,使其在器皿中流动,如在器皿底部出现白色颗粒或絮状物即说明此乳酸度已超过 20°T,并根据絮状物的大小,尚可推知奶的酸度。同样方法利用 70%的酒精测定,则可使酸度超过 18°T 的牛奶产生沉淀。根据牛乳收购标准采用 68%(*V/V*)、70%(*V/V*)、72%(*V/V*)和 75%(*V/V*)的酒精。乳与酒精等量棍合后不出现絮片的牛乳符合表 13-3 的酸度标准。

表 13-3 酸度标准(V/V)

酒精浓度(%)(*V/V*)	牛奶酸度(°T)
68	20
70	19
72	18

(4)滴定酸度:滴定酸度就是用相应的碱中和鲜乳中的酸性物质,根据碱的用量确定鲜乳的酸度和热稳定性。一般用 0.1 mol/L NaOH 标准溶液滴定,计算乳的酸度(具体操作方法详见 GB/T 5409—1985)。该法测定酸度虽然准确,但在现场收购时受到实验室条件限制。为此,使用简易法,方法是用 17.6 mL 的巴布考克氏鲜乳移液管,取 18 g 鲜乳样品,加入等量的不含二氧化碳的蒸馏水进行稀释,以酚酞作指示剂,再加入 18 mL 的 0.02 mol/L NaOH 溶液,并使之充分混合。如呈微红色,说明其鲜乳酸度在 20°T 以下。

(5)煮沸试验:取约 10 mL 牛乳,放入试管中,置于沸水浴中 5 min,取出观察管壁有无絮片出现或发生凝固现象。如产生絮片或发生凝固,表明牛乳已不新鲜,酸度大于 26°T。

(6)乳成分检测:检测的奶成分包括乳脂率、非脂固形物、乳蛋白质及乳糖等。目前,一般较大乳品厂多采用乳成分分析仪检测。有进口和国产品牌供选用。

(7)体细胞数测定:乳腺炎奶给乳品工业和人类健康造成很大危害。乳房发生炎症时所分泌的奶,其成分和性质以及体细胞数(主要由白细胞和少量脱落乳腺上皮细胞构成)发生很大变化。正常牛奶中体细胞数变动范围是 5 万～20 万/mL,如果体细胞数超过 50 万/mL 的乳汁即判定为乳腺炎奶。因此借助体细胞记数仪可检出乳腺炎奶,而且操作简便,检出率高。

(8)菌落总数检验:一般奶站(厅)现场收购鲜乳不做细菌检验,但在乳品加工厂加工以前,必须检查细菌总数和体细胞数,以确定牛乳的质量和等级。细菌总数检验的方法有美蓝还原试验、直接镜检法、平板计数法、微生物快速分析仪检测。

(9)抗生素残留量的检验:抗生素残留量的检验是验收发酵乳制品牛乳的必检指标。常用的方法有 TTC 试验、纸片法、SNAP(β-内酰胺检测盒)法。

2. 牛乳的分级　在收奶站(厅)或乳品厂对牛乳进行分级,对牛乳实施"按质论价"。

(1)感观指标:将样品加热到 20℃,由 2 名质量检验员对牛乳的外观、滋味和气味进行评价,在 3 个不同的感觉度中,牛乳分为如下等级:如果为Ⅰ级牛乳,一位评价员的决定即可,但如果牛乳低于Ⅰ级,两位评价员必须得出一致的评语;对于Ⅱ、Ⅲ、Ⅳ级牛乳,必须给出评语。

(2)理化指标:根据《鲜乳卫生标准》(GB 19301—2003)和《生鲜牛乳收购标准》(GB 6914—1986)的规定,理化指标只有合格指标,不再分级。

(3)细菌指标:根据《生鲜牛乳收购标准》(GB 6914—1986)的规定,收购牛乳的细菌指标有下列两个,每个均可采用。采用平皿菌落总数计算法,按表 13-4,每毫升内菌落总数分级指标进行评级;采用美蓝还原褪色法按表 13-5 美蓝褪色时间分级指标进行评级。两者只许采用一个,不能重复。

表 13-4　菌落总数分级

分级(级)	平皿菌落总数分组指标(cfu/mL)
Ⅰ	$\leqslant 5.0\times10^5$
Ⅱ	$\leqslant 1.0\times10^6$
Ⅲ	$\leqslant 2.0\times10^6$
Ⅳ	$\leqslant 4.0\times10^6$

表 13-5　美蓝褪色时间分级

分级(级)	美蓝褪色时间分级指标
Ⅰ	≥4 h
Ⅱ	≥2.5 h
Ⅲ	≥1.5 h
Ⅳ	≥4 min

如果牛乳中含有抗生素,则不能分级,收奶站(厅)或乳品加工厂将当天全部牛乳作废,并将责任归于该供奶户,并对其罚款。

第三节　原料奶的质量控制

一、牛乳的污染来源

牛乳的污染包括以下几个方面：微生物、药物等有害物残留、霉菌毒素、激素等。

1. 微生物　微生物无处不在，无论是奶牛个体、挤奶环境、集乳容器等都携带有大量的微生物，是牛乳中微生物的主要来源。

(1)乳牛个体：牛体本身是一个重要的微生物污染源。在不清洁的牛舍中牛体表面细菌可能高达 10^7～10^9 cfu/g，检出最多的是芽孢杆菌、大肠杆菌、微球菌。在被粪便和饲料污染后，体表微生物的数量更是显著增加。经干粪污染的牛乳有许多有害细菌，特别是大肠产气菌。此外，这些粪便还会传播乳酸菌(特别是嗜热型)、丙酸菌、丁酸菌和变形杆菌的腐败菌。如遇乳牛腹泻，其粪便在牛舍周围扩散，并且很难保持乳牛清洁，很容易造成微生物污染。

从健康乳牛乳房中挤出的乳并不是无菌的，总有一些细菌存在，一般在 200～600 cfu/mL 范围之内。另外，由于乳牛经常卧于潮湿、粪便较多的地面，乳房表面常常受到污染，乳头表面的微生物数量可达到 1×10^5 cfu/mL。微生物从乳头孔侵入乳头管内，再进入乳房内部繁殖。所以，在最先挤出的少量乳液中，会含有较多的细菌，有时乳液中微生物数可达到 1 000～10 000 cfu/mL。

(2)乳房清洁程度：挤乳前，清洗消毒乳房非常重要。乳房清洗的效果不同，也会对牛乳造成不同程度地污染。表 13-6 列举了清洗乳房的效果对牛乳污染的影响。

表 13-6　乳头表面不同处理方式对乳中微生物的影响

乳头处理方式	细菌总数(cfu/mL)
乳头表面干净，但未冲洗	7 800
水冲洗，乳头湿的	8 200
水冲洗，乳头干燥	4 500
用 40～45℃的 0.06%次氯酸钠消毒液清洗，乳头湿的	2 800
用 40～45℃的 0.06%次氯酸钠消毒液清洗，乳头干燥	1 560

(3)挤乳环境:一般挤奶过程,鲜奶是暴露在空气中进行的,所以污染的机会很多。牛场内的垫草、饲料和粪便含有大量的微生物,特别是粪便内含有大量的细菌,粪便内的细菌数可达到 $1\times10^{9}\sim1\times10^{11}$ cfu/g。牛舍地面干燥时,残留在地面上干燥的饲料和粪便会成为尘埃散布在空气中。另外,在洗刷牛体、收拾牛舍等过程中,牛舍内的尘埃和微生物的数量也剧烈增加,一般牛舍内空气中的微生物数量可达到 1 000～10 000 cfu/L,主要是芽孢杆菌、微球菌,还有霉菌的孢子。

(4)接触感染:接触感染是当牛乳与工具和乳桶直接接触时出现的污染。研究显示,接触感染是牛乳中微生物的主要来源。许多细菌在牛乳桶内和工具上能够存活到下次挤乳,如机械化挤乳时,机械管线可能携带的微生物为 $1\times10^{3}\sim1\times10^{6}$ cfu/mL;对于盛乳用的乳桶,若只用清水清洗,每毫升鲜乳中微生物含量约达 250 万个之多;用蒸汽消毒过的乳桶,则每毫升鲜乳中微生物的含量只有 2 万个左右。各种挤乳用具和容器所存在的细菌,多数为耐热的球菌属;其次为八叠球菌和杆菌。

(5)乳房炎乳:乳房炎乳又称为病理异常乳,通常是感染病原微生物引起的。患病后牛乳中的微生物数量明显增加。研究结果表明,乳房患炎症的数目与乳中微生物总数紧密相关,见表 13-7。

表 13-7　乳房炎的数目与细菌总数的关系

受感染的乳房数目	细菌总数(cfu/mL)
0	214 000
1	507 000
2	701 000
3	1470 000

(6)挤乳员:在许多情况下,挤乳员可能是传播牛乳病菌的病源,有些流行性传染病的发生就是通过这种途径。不清洁的手臂、服装、鞋帽等也是牛乳中微生物的主要来源。

(7)水:如果用于清洗的水质太差,即便乳桶中残留少量的水,也会在 24 h 后,在牛乳中产生大量细菌引起牛乳的酸败。深井水含细菌量少,但内含有大量嗜冷菌。普通井中的水质差,特别是水井渗漏导致使在地表水与井水混合。通过水,牛乳可能被许多不同的细菌,特别是腐败细菌污染。通常,有许多纯清口感好的水中,含有大量细菌,这种水是一种不被注意的潜在污染源。因此,在很难检验出乳品质量差的原因时,应建议提取水样。

2. 药物等有害物残留

(1)抗生素残留物:在奶牛饲料添加剂中或在治疗奶牛疾病时使用的抗生素,均会残留在牛奶、肌肉或组织器官中。含有诸如青霉素等抗生素的奶,可能会引发缺乏免疫力而得病的人发生过敏性反应,以及产生抗药性等不良影响。

(2)农药残留:农用杀菌、杀虫、杀鼠及除草剂,以及有机氯(如六六六、DDT等)、有机磷类(如敌百虫等)农药,如若使用不当,均可通过饲料、饮水、驱虫等多种途径污染乳汁,使牛奶农药残留超标。

(3)化学品污染:一些化学品如消毒剂、洗涤剂、中和剂等进入牛奶,造成污染。

(4)重金属残留:一些重金属通过饲料和饮水,造成鲜奶中汞、镉、铅、砷、铬及锌等重金属残留超标。

3. 霉菌毒素 霉菌毒素是由黄曲霉菌、镰刀菌及青霉菌所产生的有毒化合物,其中黄曲霉毒素影响最大。牛奶中的黄曲霉毒素是由于奶牛食入带有黄曲霉毒素的饲料如花生、玉米、棉籽以及高粱等,经消化道进入乳汁。由于黄曲霉毒素是一种致癌物,国家标准(GB 9676—88)要求牛奶中的黄曲霉毒素 M_1 含量不得超过0.5 ng/kg。

4. 激素 奶牛业使用激素的目的在于调节或促进泌乳、排卵、生长等过程。滥用激素,造成奶中激素残留。

二、异 常 乳

正常情况下,奶牛生产出的新鲜牛乳是一个稳定的胶体溶液。奶牛一旦受到饲养管理、疾病、气温以及其他各种因素的影响时,乳的成分和性质发生了变化,胶体的稳定性受到破坏。这种与常乳的性质不同,也不适于优质加工的牛乳称为异常乳。

1. 生理异常乳 生理异常乳是指初乳和末乳。初乳是产犊后 7 d 之内的乳;末乳是经 8 个月泌乳期后的乳,泌乳量显著减少至涸乳期的牛乳。因乳的成分发生变化,耐热性差,混入后可能在加热管道内产生严重结垢,导致无法连续生产;成品在保存期内易出现蛋白凝结现象,缩短产品的保存期。

2. 病理异常乳 病理异常乳是指乳房炎乳和其他病理乳。乳房炎乳中乳的成分和性质均发生了变化,不仅细菌数增加,而且还含有大量的耐热蛋白酶。加工后,成品在货架期内会发生变苦、凝块等异常现象。按国家规定,注射抗生素的乳房炎乳,1 周内不能收购。其他病理牛乳,如乳牛患口蹄疫、布氏杆菌病等疾病时分泌的乳,造成的危害与乳房炎乳相同。

3. 化学异常乳

(1)乳成分比例失调异常乳：酒精稳定性差，耐热性差，在生产加工热处理过程中易在管内结垢，导致管内无法清洗干净，不能连续生产，造成不合格品出现。

(2)风味异常乳：过度乳牛、饲料、杂草等生理异常风味乳，蚝败、鱼腥、苦等脂肪分解味乳，焦臭的日晒、蒸煮、苦等蛋白分解味乳，酸败、恶臭等微生物污染味乳，石蜡、肥皂等消毒剂味乳，均对产品质量的稳定性有很大影响。

(3)混入异物的乳：混入正常乳中不存在的异常物质，如加抗生素、防腐剂的乳。耐热性差，热处理易结垢。不但给生产带来影响，而且对人体有害，易导致严重的食品安全事故。

另外，添加了外来物质后，牛乳盐平衡(主要是钙盐)被破坏，在产品保质期内易出现蛋白沉淀或凝结等异常现象，缩短产品保质期。

4. 微生物污染乳　微生物污染乳是指被微生物严重污染的乳。牛乳细菌总数高，过多的代谢产物将严重影响牛乳的可加工性。过量的嗜冷菌、芽孢菌、霉菌等微生物代谢分泌的耐热性脂肪酶、蛋白酶，在加工过程中不能在一定的杀菌条件下灭活，必须在更长时间、更强的温度下才能灭活。由此造成产品在货架期内，由于酶活性作用，使脂肪、蛋白分解，牛乳胶体液被破坏，造成产品凝结、沉淀、分层和发苦等。

三、控制措施

1. 奶牛饲喂及疾病控制

(1)推行科学的饲养管理制度：饲喂营养均衡的混合日粮，改善奶牛的健康状况，增强其抵御疾病能力，并提高牛乳中蛋白质、脂肪的含量，保证从组成成分上能满足生产液态乳、干酪、乳粉等乳制品的要求。

精料和粗料不得腐烂、发霉变质，细菌总数不能过高，不含或少含致病菌、不含有毒化学物质、放射性物质、杀菌剂、农药等。保证有充足的洁净水源。

对牛体经常进行刷拭，每天一次，牛尾巴每日梳刷、洗涤，保持牛体清洁，无泥块、粪便与杂物粘连。

(2)做好疾病防治工作：做好传染病和寄生虫病的预防工作，对于新购奶牛必须经专业兽医进行疫病检测，对乳房进行保健，防止乳头受伤引起乳房炎。

2. 挤乳卫生

(1)乳房清洁：挤乳前，用毛巾沾上 40～45℃的 1%～2%漂白粉水或 0.06%的次氯酸钠消毒液洗净整个乳房，再用干毛巾把乳房擦干。然后用 0.3%～0.5%

洗必泰溶液药浴乳头，用干毛巾或纸巾把乳头擦干。药浴不仅可以减少牛乳的带菌量，而且可预防隐性乳房炎。毛巾或纸巾专牛专用，清洗水要经常更换。在擦干乳头的同时，应对乳头作水平方向的按摩，按摩时间为 20 s(4 只乳头×5 s)，以建立排乳反射。

挤出的头三把乳应弃掉，并收集在专用容器内，另作处理。这样能降低牛乳中的体细胞数、细菌总数。

(2)挤奶工作人员：工作人员必须身体健康，凡患有传染病、化脓性疾病以及下痢等疾病者均不得参加挤奶。此外，还需注意挤奶员的头发、衣服、手指等的清洁。

(3)挤奶厅卫生：挤奶厅内的粪便要随时清除，堆放到指定地点，不得随意堆放。挤乳前，用清水喷洒地面，防止灰尘污染。每次挤完乳后，要认真冲洗挤乳厅，不得残留任何污渍。挤乳厅每周消毒一次，防止疾病传播。

(4)挤乳设备卫生控制

①挤乳前卫生控制。挤乳前管道、奶杯组等用 85℃的热水循环清洗 5～10 min，把水放掉，用消毒后的海绵球把剩余的水推出，准备挤奶。

②挤乳后卫生控制。挤乳后用 36℃左右的温水把管道冲洗干净；把水放掉，再用 80℃、pH 11～12 的热碱性清洗液清洗管道 8～10 min；最后，用清水进行冲洗，把管道内的清洗液冲洗干净，用消毒后的海绵球把剩余的水推出。每隔 3～4 d 用 40～50℃酸性溶液（pH 3～5)代替碱性溶液清洗管道一次。龙头、管道等应经常检查并拆洗。保持机械设施内外清洁，消除残留污垢。

对于提桶式挤乳机的清洗程序和管道机是一样的，只不过提桶式挤乳机的挤乳器(奶爪)是自动清洗，而挤乳桶则采用手工清洗。但提桶式挤乳的鲜乳倒入冷奶罐时，要经 80～100 目滤布过滤，滤布要经常清洗或更换，保持清洁。

(5)贮乳容器的卫生管理

①贮乳罐(槽)的清洗。盛乳前，用 85℃的清水冲洗干净，准备盛乳。盛乳后，用 36℃温水冲洗干净，再用毛巾沾上 0.5%～1.5%的 40℃左右的碱溶液，把罐内外壁全面刷洗干净；然后，用清水把内(外)壁的清洗液冲洗干净。有条件的地方最好使用 CIP 自动清洗，清洗程序同管道式挤奶机。

②盛放容器(奶罐、奶桶、冷槽)、输奶管、奶泵及接头处的清洗。每次使用清洗完后，做到无污染、无异味，保持原本色。挤乳桶、水桶清洗干净后要倒置、离墙、离地。输乳管道清洗完毕后要盘起，口封好，挂在干净的墙面上。清洗挤乳桶、奶槽、奶罐的毛巾，使用完后要清洗干净，消毒晾干。

(6)异常乳的处理：挤奶过程中，正常乳牛与乳房炎乳牛、注射抗生素乳牛所产牛乳单独收集、处理，是保证原料乳质量的重要措施。被污染乳房炎的牛乳不允许混入到正常乳中，被感染乳房炎奶牛用过的器具必须彻底消毒。

第四节　牛乳的处理与保存

为了保证牛乳的质量，挤出的牛乳在牧场或养殖场必须立即进行过滤、冷却等初步处理。其目的是除去机械杂质，并减少微生物的污染。

一、牛乳的净化

1. 过滤　牛场在没有严格遵守卫生条件下挤乳时，乳容易被大量粪屑、饲料、垫草、牛毛和蚊蝇等污染。因此，挤下的乳必须及时进行过滤。所谓的过滤，就是将液体微粒的混合物，通过多孔质的材料（过滤材料）将其分开的操作。

凡是将乳从一个地方送到另一个地方，从一个工序到另一个工序，或者由一个容器送到另一个容器时，都应该进行过滤。过滤的方法，除用纱布过滤外，也可以用过滤器进行过滤。过滤器具、介质必须清洁卫生，及时用温水清洗，并用0.5%的碱水洗涤；然后，再用清洁的水冲洗，最后煮沸10～20 min杀菌。

2. 净化　牛乳经过数次过滤后，虽然除去了大部分的杂质，但是，由于乳中污染了很多极为微小的机械杂质和细菌细胞，难以用一般的过滤方法除去。为了达到最高的纯净度，一般在乳品加工厂采用离心净乳机净化。

离心净乳就是利用乳在分离钵内受强大离心力的作用，将大量的机械杂质留在分离钵内壁上，而乳被净化。离心净乳机的构造与乳油分离机基本相似。只是净乳机的分离钵具有较大聚尘空间，杯盘上没有孔，上部没有分配杯盘。没有专用离心净乳机时，也可以用乳油分离机代替，但效果较差。现代乳品厂，多采用离心净乳机。但普通的净乳机，在运转2～3 h后需停车排渣，故目前大型工厂采用自动排渣净乳机或三用分离机，对提高乳的质量起了重要的作用。

二、牛乳的冷却

牛乳被挤出后，必须马上冷却到4℃以下，并在此温度下进行保存，直至运到乳品厂。如果冷却缓解在这期间中断，例如，在运输途中乳温升高，牛乳中的微生物将开始繁殖，并产生酶类。尽管以后的冷却将阻止其继续发展，但牛乳质量已经下降。

1.冷却的作用 刚挤下的牛乳温度约36℃,是微生物繁殖最适宜的温度。如不及时冷却,混入乳中的微生物就会迅速繁殖,使乳的酸度增高,凝固变质,风味变差。故新挤出的乳,经净化后须冷却到4℃左右。以抑制乳中微生物的繁殖。

表13-8 乳的冷却与乳中细菌数的关系 cfu/mL

贮存时间	刚挤出的乳	3 h	6 h	12 h	24 h
冷却乳	11 500	11 500	8 000	7 800	62 000
未冷却乳	11 500	18 500	102 000	114 000	1 300 000

由表13-8可以看出,未冷却的牛乳其微生物增加迅速,而冷却乳则增加缓慢。6～12 h微生物还有减少的趋势,这是因为在低温下乳中自身抗菌物质使细菌的繁殖受到抑制。但是这种抗菌特性存在的时间长短,与牛奶被细菌污染的程度及奶本身的温度有关。牛奶被细菌污染的程度越小,细菌数越少,则抗菌期越长;反之,抗菌期则短。贮存温度越低,其抗菌期越长;在常温下贮存牛奶抗菌期越短,牛乳污染越严重,抗菌作用时间越短。因此,刚挤出的乳迅速冷却,是保证鲜乳较长时间保持新鲜度的必要条件。

2.冷却的方法

(1)水池冷却:将装乳桶放在水池中,用冷水或冰水进行冷却,可使乳温度冷却到比冷却水温度高3～4℃。为了加速冷却,需经常进行搅拌,并按照水温,进行排水和换水。池中水量应为冷却乳量的4倍,水面应没到乳桶颈部,有条件的可用自然长流水冷却(进水口在池下部,冷却水由上部溢流)。每隔3 d清洗水池一次,并用石灰溶液进行消毒。水池冷却的缺点是冷却缓慢,消耗水量较多,劳动强度大,不易管理。

(2)板式热交换器冷却牛乳:乳流过冷却器与冷剂(冷水或冷盐水)进行热交换后,流入贮乳槽。这种冷却器,构造简单,价格低廉,冷却效率也比较高。目前,许多乳品厂及奶站都用板式热交换器对乳进行冷却。板式热交换器克服了表面冷却器因乳液暴露于空气而容易污染的缺点,用冷盐水作冷媒时,可使乳温迅速降到4℃左右。

(3)冷却罐及浸没式冷却器:这种冷却器可以插入贮乳槽或乳桶中以冷却牛乳。浸没式冷却器中带有离心式搅拌器,可以调节搅拌速度,并带有自动控制开关,可以定时自动进行搅拌。故可使牛乳均匀冷却,并防止稀乳油上浮。适合于奶站和较大规模的牧场。

三、牛乳的贮存与运输

1. 牛乳的贮存

(1)贮存要求:在收奶站(厅)一般收(挤)2～3 次奶后才运往乳品加工厂。所以,在收奶站(厅)需对鲜乳进行贮存。一般多用贮乳槽,贮乳槽使用前应彻底清洗、杀菌,待冷却后贮入牛乳。

每罐须放满,并加盖密封。如果装半槽,会加快乳温上升,不利于牛乳的贮存。贮存期间要定时搅拌乳液,防止乳脂肪上浮而造成分布不均匀。冷却后的乳应尽可能保持低温,以防止温度升高保存性降低。

贮乳设备一般采用不锈钢材料制成,并配有适当的搅拌器。贮乳槽要求保温性能良好,一般乳经过贮存 24 h 后,乳温上升不得超过 2～3℃。

(2)牛乳的运输:乳的运输是乳品生产上重要的一环,运输不妥,往往造成很大的损失。目前,我国奶源分散的地方,多采用乳桶运输;奶源集中的地方,采用奶罐车运输。无论采用哪种运输方式,都应注意以下几点:①防止乳在途中升温,特别是在夏季,运输最好在夜间或早晨,或用隔热材料盖好桶(罐)。②所采用的容器须保持清洁卫生,具备 CIP 清洗系统,使用完以后及时清洗,不存积水,并加以严格消毒,乳桶(罐)盖内应有橡皮衬垫,绝不能用碎布、油纸或碎纸等代替。③夏季必须装满盖严,以防震荡;冬季不得装得太满,避免因冻结而使容器破裂。④长距离运送乳时,最好采有保温奶罐车。⑤牛乳必须保持良好的冷却状态,并且没有空气进入,运输过程的震动越轻越好。牛乳到达加工厂的乳温不超过 10℃

第五节　掺假牛乳的鉴别

一、掺水的鉴别

牛乳掺水后,使牛乳中各种成分的含量降低,并使其物理性质发生改变。当牛奶的比重降至 1.028 以下时,则有掺水的可疑。如果同时出现脂肪、非脂固形物含量也低时,特别是非脂固形物降到 8%以下时,进一步证明牛奶中掺有水。

要鉴别牛乳是否掺水,冰点测定方法是一个比较准确的方法。因为,正常牛乳的冰点是相当稳定的,而用水稀释后的牛乳,其冰点会升高,加入不同水量的牛乳其冰点也不同。

冰点的测定用冰点仪进行快速测定。掺水量可用下式方法计算：

$$掺水量=\frac{-0.05-T}{-0.05}\times100\%$$

式中：T 为被测牛乳的冰点。一般正常牛乳的冰点在－0.530～－0.550℃。

二、掺碱的鉴别

为了掩盖牛奶酸败，通过掺入碳酸钠和碳酸氢钠进行中和。牛乳中加入碱后不但滋味不佳，而且易使腐败菌生长。同时，有些维生素也被破坏，对人体健康不利。

其检验一般可采用玫瑰红酸法。即取 5 mL 样品置于试管中，加入 0.5 mL 玫瑰红酸酒精溶液（0.1 g 玫瑰红酸，用 100 mL 95％乙醇溶解后的溶液），如果是新鲜奶时呈现橙黄色，若出现呈玫瑰红色，则为掺碱的奶。其加入量与颜色的深浅呈正比（在检验时，应做对照试验）。

三、掺盐的鉴别

牛乳中掺盐，可使牛乳比重提高。使用掺盐牛乳原料会影响成品乳的风味。

取 0.1 mol/L 的硝酸银 5 mL 于试管中，加 2～3 滴 10％的铬酸钾（K_2CrO_4）溶液混匀，呈红色；取 10 mL 样品加入试管中，充分摇匀。如红色消失变为黄色，说明奶中含氯量在 0.14％以上（正常奶中氯含量为 0.09％～0.12％），认定掺有食盐。但乳腺炎的奶也出现此现象，应注意鉴别。

四、掺豆浆的鉴别

牛乳中掺入豆浆能增加比重和干物质，造成乳成分含量高的假象。牛乳中掺入豆浆，不仅影响乳的风味，而且损害消费者的利益，还会使鲜奶容易变质。

取样品 2 mL，加入乙醇、乙醚（1∶1）混合液 3 mL，25％的氢氧化钠溶液 5 mL，混合摇匀，静置 5～10 min，上清液如呈黄色，则表明奶中掺有豆浆，如呈白色则正常。

五、掺尿素的鉴别

牛乳中掺入尿素能提高非蛋白氮(NPN)的含量，会造成蛋白质含量增多的假象，并可提高比重。掺尿素的牛乳，不仅影响成品乳的口感和风味，还会损害消费者的身体健康，甚至造成中毒。

检测方法一：取被检牛乳 3 mL 放入试管中，加入 1%亚硝酸钠溶液 1 mL 及浓硫酸 1 mL 混匀，静置 5 min。待泡沫消失后，加入格里氏试剂 0.5 g，摇匀。若呈黄色，说明牛乳中掺有尿素。

方法二：取 5 mL 待检牛乳于试管中，加 3～4 滴二乙酰肟溶液(600 mg 二乙酰肟及 30 mg 硫氨脲，加蒸馏水 100 mL 溶解)，混匀，再加入 1～2 mL 磷酸混匀，置水浴中煮沸，观察颜色变化。若呈现红色，则说明乳中掺有尿素或被牛尿污染了。

六、掺淀粉的鉴别

牛乳中掺入淀粉，可通过增加其固形物来提高比重。用掺淀粉的牛乳加工会影响成品乳的风味，并使牛乳呈糊状。

将牛乳煮沸，取 1 mL 乳加入试管中，然后加入 1 滴碘液(碘的酒精溶液或 0.1 mol/L的碘液)。观察有无沉淀物出现。正常乳呈黄色；有淀粉存在时，则有蓝色或青蓝色沉淀物出现。

七、掺蔗糖的鉴别

牛乳中掺糖，可通过增加乳液中固形物提高其比重。用掺糖的牛乳加工会影响成品乳的风味。

取 3 mL 牛乳于试管中，加入 0.6 mL 浓盐酸混合，加入 0.2 g 间苯二酚，置酒精灯上加热至沸 1.5 min。若溶液呈红色，说明牛乳中掺有蔗糖。

第十四章 奶牛场的经营管理

奶牛场的经营是指企业在国家法律、条例所容许的范围内，面对市场需要及内部资源条件，确定的经营方向和目标，合理组织企业产品的产、供、销活动，以求用最少的人、财、物消耗取得最多的物质产出和最大的经济效益。管理是指根据企业经营的总目标，对企业生产总过程的经济活动进行计划、组织、指挥、调节、控制、监督和协调等工作。没有科学的管理就不能实现经营的目标。

第一节 奶牛养殖场的组织与管理

一、奶牛场的组织结构

根据奶牛场经营范围和规模，设立相应的组织机构。机构的设置一是要精简，二是要责任明确。实行场长负责制，基本包括：指挥机构，即场长、副场长、主任或科长、班组长等；职能机构，即生产部门（包括奶牛饲养、饲料生产、挤奶厅等）、购销部门（牛奶、牛粪等的销售、原材料的采购等）、后勤服务部门（生产，生活方面的物质供应、管理、维修等）及财务部门等。应设畜牧师、兽医师、产品质量监督员等。

二、奶牛场的岗位职责与管理

（一）奶牛场的岗位职责

1. 场长的职责 认真贯彻执行国家有关发展畜牧业的法规和政策，依法纳税，服从国家有关机关的监督管理；决定牛场的经营计划和投资方案，对外签订经济合同；制定牛场的年度预算方案、决算方案、利润分配方案以及弥补亏损方案；决定内部管理机构的设置，聘任或解聘牛场的员工和决定其报酬等事项；制定牛场的基本管理制度，负责向债权人提供牛场经营情况和财务状况。

2. 畜牧主管的职责 按照本场的自然资源、生产条件以及市场需求，组织畜牧技术人员制定全场生产年度计划和长远计划的建议，审查生产基本建设和投资计划，掌握生产进度，提出增产措施和育种方案；制定各项畜牧技术操作规程，并检查其执行情况，对于违反技术操作规程和不符合技术要求的事项有权制止和纠正；负责拟定全场各类饲料采购、贮备和调拨计划，并检查其使用情况；组织畜牧技术经验交流、技术培训和科学实验工作；对于畜牧技术中重大事故，要负责做出结论，并承担应负的责任；对全场畜牧技术人员的任免、调动、升级、奖惩，提出意见和建议。

3. 兽医主管的职责　制定本场消毒防疫检疫制度和制定免疫程序，并进行监督；负责拟定全场兽医药械的分配调拨计划，并检查其使用情况，在发生传染病时，根据有关规定封锁或扑杀病牛；组织兽医技术经验交流、技术培训和科学实验工作；及时组织会诊疑难病例；对于兽医技术中重大事故，要负责做出结论，并承担应负的责任；对全场兽医技术人员的任免、调动、升级、奖惩，提出意见和建议。

4. 畜牧技术人员　根据奶牛场生产任务和饲料条件，拟定奶牛生产计划；制定各类牛只更新淘汰、产犊和出售以及牛群周转计划；按照各项畜牧技术规程，拟订奶牛的饲料配方和饲喂定额；制定育种和选种选配方案；负责牛场的日常畜牧技术操作和牛群生产管理；组织力量进行牛只体况评分和体型线性评定；配合场部制定、督促、检查各种生产操作规程和岗位责任制贯彻执行情况；总结本场的畜牧技术经验，传授科技知识，填写牛群档案和各项技术记录，并进行统计推理；对于本单位畜牧技术中的事故，要及时报告，并承担应负的责任。

5. 兽医的职责　负责牛群卫生保健、疾病监控和治疗，贯彻防疫制度，做好牛群的定期检(免)疫工作；制定药品和器械购置计划；认真细致地进行疾病诊治，填写病历；每次上槽巡视牛群，发现问题及时处理；遇疑难病例及时汇报；组织力量检修牛蹄；配合人工授精员做好产科病的及时治疗，减少不孕牛；做好乳房炎的防治工作；配合畜牧技术人员共同搞好饲养管理，预防疾病发生，掌握科技动态。

6. 人工授精员的职责　每年末制定翌年的逐月配种繁殖计划，每月末制定下月的逐日配种计划，同时参与制定选配计划；负责牛只发情鉴定、人工授精(胚胎移植)、妊娠诊断、生殖道疾病和不孕症的防治，以及奶牛进出产房的管理等；严格按技术操作规程进行无菌操作，不漏配一头牛；严格执行选种选配计划，防止近亲配种；及时填写发情记录、配种记录、妊娠检查记录、流产记录、产犊记录、生殖道疾病治疗记录、繁殖卡片等；按时整理、分析各种繁殖技术资料，并及时、如实上报；普及奶牛繁殖知识，掌握科技信息，推广先进技术和经验；经常注意液氮存量，做好奶牛精液(胚胎)的保管和采购工作。

7. 饲养员的职责　按照各类牛饲料定额，定时、定量顺序饲喂，少喂勤添，让牛吃饱吃好；熟悉牛只情况，做到高产牛、头胎牛、体况瘦的牛多喂；低产牛、肥胖牛少喂;围产期牛及病牛细心饲喂,不同情况区别对待;细心观察牛只食欲、精神和粪便情况,发现异常及时汇报;节约饲料,减少浪费,并根据实际情况,对饲料的配方、定额及饲料质量有权向技术人员提出意见和建议;每次饲喂前应做好饲槽的清洗卫生,以保证饲料新鲜,提高牛只采食量;保管、使用喂料车和工具,节约水电,并做好交接班工作。

8. 挤奶员的职责 挤奶员应熟悉所管的牛只,遵守操作规程,定时按顺序进行挤奶;不得擅自提前或滞后挤奶或提早结束挤奶;挤奶前应检查挤奶器、挤奶桶、纱布等有关用具是否清洁、齐全,真空泵压力和脉动频率是否符合要求,脉动器声音是否正常等;做好挤奶卫生工作,并按挤奶操作要求,热敷按摩乳房,检查乳房并挤掉前三把奶;发现乳房异常及时报告兽医;含有抗生素的奶以及乳腺炎的奶应单独存放,另作处理,不得混入正常奶中;做好挤奶机器清洗及维护。

9. 清洁工的职责 负责牛体、牛舍内外清洁工作,做到"三勤",即勤走、勤看、勤扫;牛粪以及被沾污的垫草要及时清除,以保持牛体和牛床清洁;牛床以及粪尿沟内不准堆积牛粪和污水,及时清除运动场粪尿,以保持清洁、干燥;注意观察牛只的排泄及分泌物,发现异常及时汇报,并协助配种员做好牛只发情鉴定。

(二)建立健全规章制度

为不断提高经营管理水平,充分调动职工的积极性,企业必须建立一套简明扼要的规章制度。

1. 职工守则 以经济建设为中心,努力学习,不断提高自己的政治、文化、科技和业务素质。团结同志,尊师爱徒,服从领导。遵纪守法,艰苦奋斗,增收节支,努力提高经济效益。树立集体主义观念,积极为企业的发展和振兴献计献策。

2. 劳动纪律 严格遵守企业内部各项规章制度,坚守岗位,尽责尽职,积极完成本职工作。服从领导,听从指挥,严格执行作息时间,做好出勤登记。认真执行生产技术操作规程,做好交接班手续。上班时间严禁喧哗打闹,不擅离职守。上班时间必须穿工作服。严禁在养殖区吸烟及明火作业。安全、文明生产,爱护牛只,爱护公物。

3. 防疫消毒 企业职工必须严格遵守规定的防疫消毒制度。对牛舍、运动场、车间应定期消毒,如每年对牛经常活动的地面用1%～2%火碱消毒1次,每季度用生石灰消毒1次。生产区与生活区分开。场门设消毒室(池),并经常保持有效消毒作用。对牛群每年进行定时检疫和防疫。

4. 饲养管理规程 对养牛生产及牛产品加工的各个环节,提出基本要求,制定技术操作规程。要求职工共同遵守执行。进行岗位培训。

5. 财务制度　严格遵守国家规定的财经制度，树立核算观念，建立核算制度，各生产单位、基层班组都要实行经济核算。建立物资、产品进出、验收、保管、领发等制度。年初年终向职代会公布全场财务预、决算，每季度汇报生产财务执行情况，做好各项统计工作。

三、生产定额管理

制定科学、合理的生产定额至关重要。定额偏低，用以制定的计划，不仅是保守的，而且会造成人力、物力及财力的浪费；定额偏高，制定的计划是脱离实际的，也是不能实现的，且影响员工的生产积极性。奶牛场几种主要生产定额的制定：

1. 奶牛场人员组成　奶牛场的人员由管理人员、技术人员、生产人员、后勤及服务人员等组成。具体工种有：场长、畜牧、兽医、人工授精员、统计员、会计、出纳、饲养员、挤奶员、饲料加工人员、奶处理人员、锅炉工、夜班工、司机、维修工、仓管管理、食堂服务人员等。

2. 人员配备定额　奶牛场应根据各自的实际情况，合理制定定额，配备人员，提高劳动生产效率。

例 1：某规模为 1 000 头的奶牛场，其中成母牛 600 头，拴系式饲养，管道式机械挤奶，平均单产 7 000 kg，需 59 人。其人员配备为：管理 5 人（其中：场长 1 人、生产主管 2 人、会计 1 人、出纳 1 人）占 8.5%；技术人员 5 人（其中：人工授精员 2 人、畜牧 1 人、兽医 2 人）占 8.5%；直接生产人员 39 人（其中：饲养员 9 人、挤奶员 14 人、清洁工 7 人、接产员 2 人、饲料加工及运送 5 人、夜班 2 人）占 66.1%；间接生产人员 10 人（其中：机修 2 人、仓库管理 1 人、锅炉 2 人、洗涤 3 人、保安 2 人）占 16.9%。

例 2：某规模为 2 400 头的奶牛场，其中成母牛 1 600 头，散栏式饲养，挤奶厅机械挤奶，平均单产 6 500 kg，需 110 人其人员配备为：管理 7 人（其中：场长 1 人、场长助理 1 人、生产主管 2 人、行政主管 1 人、会计 1 人、出纳 1 人）占 6.4%；技术人员 14 人（其中：人工授精员 6 人、畜牧 2 人、兽医 6 人）占 12.7%；直接生产人员 77 人（其中：饲养员 22 人、挤奶员 22 人、清洁工 20 人、接产员 3 人、饲料加工及运送 8 人、夜班 2 人）占 70%；间接生产人员 12 人（其中：机修 3 人、仓库管理 1 人、锅炉 2 人、洗涤 3 人、保安 3 人）占 10.9%。

3. 劳动定额　劳动定额是在一定生产技术和组织条件下，为生产一定的合格产品或完成一定的工作量，所规定的必要劳动消耗量，是计算产量、成本、劳动生产率等各项经济指标和编制生产、成本和劳动等项计划的基础依据。奶牛场应根据不同的劳动作业、每个人的劳动能力和技术熟练程度，机械化、自动化水平以及其他设备条件，规定适宜的劳动定额。

(1)配种:定额 250 头，人工授精。按配种计划适时配种，保证受胎率在 96%以上，受胎母牛平均使用冻精不超过 3.5 粒(支)。

(2)兽医:定额 200～250 头，手工操作。检疫、治疗、接产，医药和器械的购买、保管，修蹄、牛舍消毒等。

(3)挤奶工:负责挤奶、清扫卫生、护理奶牛乳房以及协助观察母牛发情等工作，每天 3 次挤奶。手工挤奶每人可管理 12 头泌乳牛；管道式机械挤奶时，每人可管理 35～45 头；挤奶厅机械挤奶时，每人可管理 60～80 头。

(4)饲养工:负责饲喂、饲槽的清洁卫生，牛体刷拭以及观察牛只的食欲。成母牛每人可管理 100～120 头；犊牛 2 月龄断奶，哺乳量 300 kg，成活率不低于 95%，日增重 700～750 g，每人可管理 45～50 头；育成牛，日增重 700～800 g，14～16 月龄体重达 360～380 kg，每人可管理 100～120 头。

(5)清洁工:负责牛体、牛床、牛舍以及周围环境的卫生。每人可管理各类牛 120 头。

(6)围产期奶牛:每人定额 18～20 头，负责围产期母牛的饲养、清洁卫生、接产以及挤奶工作。

(7)饲料加工供应:定额 120～150 头，手工和机械操作相结合。饲料称重入库，加工粉碎，清除异物，配制混合，按需要供应各牛舍等。

4. 饲料消耗定额 饲料消耗定额是生产单位重量牛奶或增重所规定的饲料消耗标准，是确定饲料需要量、合理利用饲料、节约饲料和实行经济核算的重要依据。

5. 成本定额 成本定额通常指生产单位奶量或增重所消耗的生产资料和所付的劳动报酬的总和，其包括各龄母牛群的饲养日成本和牛奶单位成本。

牛群饲养日成本等于牛群饲养费用除以牛群饲养头日数。牛群饲养费定额，即构成饲养日成本各项费用定额之和。牛群和产品的成本项目包括:工资和福利费、饲料费、燃料费和动力费、医药费、牛群摊销、固定资产折旧费、固定资产修理费、低值易耗品费、其他直接费用、共同生产费、企业管理费等。这些费用定额的制订，可参照历年的实际费用、当年的生产条件和计划来确定。

第二节 奶牛养殖场的计划管理

做好奶牛养殖场计划管理工作可以合理、有效地分配使用资金，减少不必要的开支，科学预测奶牛场的经济效益与投入产出。

一、牛群周转计划

由于犊牛的出生、成年牛的淘汰、牛的买进和卖出、生长发育转群等原因，牛群常常会发生变动。为了有计划地控制这些变化，使之符合奶牛场的生产方向，保证完成生产任务，必须编制周转计划。

制定牛群周转计划时，首先应规定发展头数，然后安排各类牛的比例，并确定更新补充各类牛的头数与淘汰出售头数。一般以鲜奶生产为主的牛场，牛群组成比例为：繁殖母牛 65%～67%，育成后备母牛 20%～25%，犊母牛 10%左右。

编制牛群周转计划必须具备以下资料：

(1)计划年初各类牛的存栏数；

(2)计划年末各类牛按计划任务要求达到的头数和生产水平；

(3)上年 7～12 月份各月出生的犊母牛头数及本年度配种产犊计划；

(4)计划年淘汰、出售或购进的牛的头数。

编制牛群周转计划时，应首先制定牛群月周转计划，将各牛群的年初头数填入表中 1 月份的月初栏内，然后填入全年各月计划淘汰、出售头数，以及全年各月计划产犊数(公、母各半)。最后按各牛群月龄的增长逐月增减周转。在此基础上可编制牛群全年周转计划(预计本年度内务牛群的增减情况)，将月周转计划汇总填入表 14-1 即可。

表 14-1　某年度牛群周转计划

群别	上年结转	增加(头)					减少(头)					年终存栏	年平均头数
		出生	调入	购入	转入	其他	调出	转出	淘汰	出售	其他		
成年母牛													
青年母牛													
育成母牛													
犊母牛													
犊公牛													
合计													

二、牛群的配种、产犊计划

牛群的配种、产犊计划是牛场全年各种生产计划的主要依据。它主要制定计划年度各月参加配种的母牛头数及产犊情况。

制定本计划时,必须具备以下资料:

(1)牛群上年度母牛分娩、配种记录;

(2)牛场前年和上年所生育成母牛的出生日期及生长发育等记录;

(3)计划年度内预计淘汰的成年母牛和育成母牛的头数及时间;

(4)牛场配种产犊类型、饲养管理条件及牛群生产性能、健康状况等条件。

根据上述资料,编制本年度内母牛配种和产犊的计划(表 14-2 和表 14-3)。一般牛场母牛配种受胎率为 90%～95%,产犊成活率为 85%～95%。

表 14-2 年度个体母牛配种和产犊计划

牛别	牛号	配准日期（年、月、日）	预产期(月)											
			1	2	3	4	5	6	7	8	9	10	11	12

在编制表 14-2 时,将预产日填入相应预产月的格下方。也可将预定干奶期、预配月、预配公牛编入表中。

表 14-3 全群配种产犊计划

月别		1	2	3	4	5	6	7	8	9	10	11	12	合计
上年度配准母牛数	成年母牛													
	育成母牛													
	合 计													

续表 14-3

月别		1	2	3	4	5	6	7	8	9	10	11	12	合计
本年度预计配准母牛数	成年母牛													
	头胎母牛													
	育成母牛													
	复配母牛													
	合计													
本年度计划产犊情况	成年母牛													
	育成母牛													
	合计													

三、产奶计划

奶牛产奶量多少奶质好坏是衡量牛场经营水平的重要指标。产奶计划是制定牛奶供应计划、饲料计划和进行财务管理的主要依据。奶牛场每年都要根据市场需求和本场情况，制定每头牛和全群牛的产奶计划。

编制产奶计划，必须具备以下资料：

(1)计划年每头母牛的年龄与胎次，上胎的产奶量。

(2)计划年每头母牛最近一次产犊日期，受孕日期；预计干奶期和预产期。

(3)每头母牛泌乳期各自的泌乳曲线。

(4)确定每一头产奶母牛在计划年内一个泌乳期的产奶量和泌乳期各月的产奶量(荷斯坦奶牛胎次产奶规律，1～6胎各胎产奶(%)：77，87，94，98，100，100)。

表 14-4　奶牛场年度产奶计划　kg

奶牛号	计划年各月份产奶量												全年总计
	1	2	3	4	5	6	7	8	9	10	11	12	
1													
2													
3													
4													
*													
*													
*													
总计													

表 14-5 计划产奶与各泌乳月日平均产奶量分布 kg

计划产奶量	1月	2月	3月	4月	5月	6月	7月	8月	9月	10月
4 200	17	19	17	16	15	14	13	11	10	9
4 500	18	20	19	17	16	15	14	12	10	9
4 800	19	21	20	19	17	16	14	13	11	10
5 100	20	23	21	20	18	17	15	14	12	10
5 400	21	24	22	21	19	18	16	15	13	11
5700	22	25	24	22	20	19	17	15	14	12
6 000	24	27	25	23	21	20	18	16	14	12
6 345	25	28	26	24	22	21	19	17	15	13
6 600	27	29	27	25	23	22	20	18	15	14
6 900	28	30	28	26	24	23	21	19	16	15
7 200	29	31	29	27	25	24	22	20	17	16
7 500	30	32	30	28	26	25	23	21	18	17
7 800	31	33	31	29	27	26	24	22	19	18
8100	32	34	32	30	28	27	25	23	20	19
8 400	33	35	33	31	29	28	26	24	21	20
8 700	34	36	34	32	30	29	27	25	22	21
9 000	35	37	35	33	31	30	28	26	23	22
9 300	36	38	36	34	32	31	29	27	24	23
9 600	37	39	37	35	33	32	30	28	25	24

四、饲料供应计划

饲料是养牛生产的物质基础，编制饲料计划，是安排饲料生产、组织饲料采购的依据。规模较大的养牛场，除年度计划外，应分别按季度或按月份制定饲料计划，以保证饲料的均衡供应。饲料计划主要包括饲料需要量计划和饲料供需平衡计划两部分。先计算出饲料需要量，然后与饲料供应量进行平衡。

编制饲料供给计划的依据是：

(1)饲料需要量计划与牛群发展计划相适应。

(2)根据日粮科学配合的要求，按饲料的种类，分别计划各种饲料的需要量。

①粗饲料供应计划：

青贮玉米：成母牛采食量 25 kg/(头·d)，育成牛采食量 15 kg/(头·d)，犊牛采食量 5 kg/(头·d)。

青贮玉米月供应量＝(成母牛日采食量×成母牛头数＋育成牛日采食量×育成牛数量＋犊牛日采食量×犊牛数量)×30 d

通过以上计算公式可得出月供应量，然后乘以 12 便可得出青贮玉米年供应量。

干草：成母牛采食量 4 kg/(头·d)，育成牛采食量 3 kg/(头·d)。干草年供应量计算方法同上。

②精饲料供应计划：

精料月供应量＝[育成牛基础料 3 kg×育成牛数量＋(成母牛基础料 3 kg＋上年度奶牛头日产奶量/奶料比系数)×成母牛数量]×30 d

奶料比系数为 3，即每产 3 kg 奶增加 1 kg 精料。通过以上计算公式可得出月供应量，然后乘以 12 便可得出精料年供应量。

精料中各种原料计划数量可根据饲料配方进行计算。

(3)考虑牛场周围的自然资源，安排廉价丰富的饲料种植，建立饲料基地。

(4)根据市场可供饲料量，安排饲料采购渠道和数量。

根据牛群周转计划及各类牛群饲料定额等计划，制定饲料计划，安排种植计划和饲料储备计划(表 14-6)。

表 14-6　饲料供给计划表

类别	平均饲养头数	年饲养头日数	精饲料	粗饲料	青贮料	青绿多汁料	矿物质	牛奶
成年公牛								
成年母牛								
青年公牛								
青年母牛								
犊公牛								
犊母牛								
总计								
计划量								

注：表内“计划量”为各类饲料的年需要量加上估计年损耗量，即为该年度实际需计划的饲料量。

本表中的精饲料、矿物质的损耗按 5％计算；粗饲料、青贮、青绿多汁饲料的损耗按 10％计算。

五、财务计划

1. 收入项目　产奶收入计划、公犊牛收入计划、淘汰牛收入计划、粪便收入计划等。

2. 支出项目　饲料、兽药支出计划、职工工资支出计划、水电费支出计划、设备维修费用计划等。

3. 净利润　收入项目合计减去支出项目合计。

第三节　奶牛场常用的牛群档案与生产记录

牛群档案与生产记录是奶牛育种和生产管理的重要组成部分，是制定各项生产计划、发展生产等各项经济活动的重要依据。

一、牛籍卡

犊牛一出生就应该编辑牛籍卡，终生保存。内容包括：牛号、性别、初生重、出生日期、父本号、母本号。在牛籍卡上还有明晰的毛色标记图和简单的体尺，如身高、体长、胸围、管围，各月龄体重以及父本的综合评定等级、母本的最高产奶胎次、奶量、乳脂率等。在卡片的背后记录该牛各胎产犊和产奶的总结性信息。

表 14-7　奶牛花纹和血统

编号		品种		毛色		出生日期	
性别		特征		产地		入场日期	
花纹（或照片）							

续表 14-7

<table>
<tr><td rowspan="12">血统</td><td colspan="4" rowspan="6">父：品种：TPI：体型：</td><td colspan="4" rowspan="2">父：品种：TPI：体型：</td><td>父：品种：TPI：体型：</td></tr>
<tr><td>母:品种:年龄:体型:305 d 产量:F(%) :P(%)</td></tr>
<tr><td colspan="4">母：品种：年龄：体型：</td><td rowspan="2">父：品种：TPI：体型：</td></tr>
<tr><td>年龄</td><td>305 d 产量</td><td>F(%)</td><td>P(%)</td></tr>
<tr><td></td><td></td><td></td><td></td><td rowspan="2">母:品种:年龄:体型:305 d 产量:F(%) :P(%)</td></tr>
<tr><td></td><td></td><td></td><td></td></tr>
<tr><td colspan="4">母：品种：年龄：体型：</td><td colspan="4" rowspan="2">父：品种：TPI：体型：</td><td>父：品种：TPI：体型：</td></tr>
<tr><td>年龄</td><td>305 d 产量</td><td>F(%)</td><td>P(%)</td><td>母:品种:年龄:体型:305 d 产量:F(%) :P(%)</td></tr>
<tr><td></td><td></td><td></td><td></td><td colspan="4">母：品种：年龄：体型：</td><td rowspan="2">父：品种：TPI：体型：</td></tr>
<tr><td></td><td></td><td></td><td></td><td>年龄</td><td>305 d 产量</td><td>F(%)</td><td>P(%)</td></tr>
<tr><td></td><td></td><td></td><td></td><td></td><td></td><td></td><td></td><td rowspan="2">母:品种:年龄:体型:305 d 产量:F(%) :P(%)</td></tr>
<tr><td></td><td></td><td></td><td></td><td></td><td></td><td></td><td></td></tr>
<tr><td colspan="10">注:TPI=总性能指数;F(%)=乳脂率;P(%)=乳蛋白率</td></tr>
</table>

表 14-8　生长发育及体况评分记录表

母牛号：　　　　　　　　　　出生：　　年　　月　　日

项目	初生	6 月龄	12 月龄	15 月龄	18 月龄	头胎	2 胎	3 胎	4 胎	5 胎
体重(kg)										
体高(cm)										
体长(cm)										
胸围(cm)										
体况评分										

表 14-9　配种繁殖记录表

母牛号：　　　　　　　　　　出生：　　年　　月　　日

胎次	发情日期	配种日期	与配公牛			配种方式	妊娠日期	预产期	实际产犊期	妊娠天数	犊牛情况		
			牛号	品种	等级						牛号	性别	初生重
1													
2													
3													
4													
5													
6													

表 14-10 各胎次产奶情况表

母牛号： 出生： 年 月 日

胎次	泌乳月产奶量(kg)												产奶天数	实际产奶量(kg)	305 d产奶量(kg)	平均乳脂率(%)	平均乳蛋白率(%)
	1	2	3	4	5	6	7	8	9	10	11	12					
1																	
2																	
3																	
4																	
5																	
6																	

表 14-11 体型外貌鉴定评分记录表

母牛号： 出生： 年 月 日

鉴定时间	胎 次	结构与容量	尻部	肢蹄	乳房	乳用特征	等级	分数	备注

二、日常生产记录

1. 犊牛生长记录

表 14-12 犊牛体重记录表 kg

牛号	出生日期	第一个月			第二个月		第三个月		第四个月		第五个月		第六个月		全期平均日增重
		初生重	末重	日增重	末重	日增重	末重	日增重	末重	日增重	末重	日增重	末重	日增重	

表 14-13 犊牛体尺测定(cm)

牛号	测定日期	体高	腰高	胸深	体斜长	腰角宽	坐骨宽	胸围	管围

2. 育成牛生长记录

表 14-14　育成牛体重记录表　kg

牛 号	第 9 个月			第 12 个月			第 15 个月			第 18 个月			育成期平均日增重
	体重	增重	日增重	体重	增重	日增重	体重	增重	日增重	体重	增重	日增重	

育成牛体尺测定同犊牛(表 14-13)。

表 14-15　育成牛体型外貌鉴定评分记录

牛号	鉴定时间	胎 次	结构与容量	尻部	肢蹄	乳房	乳用特征	等 级	分数	备注

3. 牛奶产量记录

表 14-16　日产奶记录表

日期	牛号	第一次产奶(kg)	第二次产奶(kg)	第三次产奶(kg)	产奶合计(kg)	备注

表 14-17　产奶量日报表

日期	牛舍	产奶牛头数	产奶量(kg)	平均产奶量(kg)	比上日增减(kg)	备注

4. 繁殖记录

表 14-18　配种日记

日期	牛舍	牛号	配种时间		卵泡		与配公牛号	配次	受孕与否	备注
			初配时间	复配时间	左	右				

表 14-19 月受胎报表

年 月 日

牛舍	牛号	配种日期	预产期	与配公牛	牛舍	牛号	配种日期	预产期	与配公牛

5. 防检疫与病症记录

表 14-20 防检疫与病症记录

牛号	免疫		检疫		患病种类	
	免疫日期	免疫注射种类	检疫日期	检疫种类	患病日期	患病种类

6. 饲料消耗统计表

表 14-21 月饲料消耗统计表

年 月 日 kg

	头数	牛奶量	青粗饲料			多汁、青贮饲料				精饲料				矿物质			
种公牛																	
产奶母牛																	
干奶母牛																	
18 月龄以上育成牛																	
12～18 月龄育成牛																	
6～12 月龄育成牛																	
1～6 月龄犊牛																	
合计																	

第四节 计算机管理技术在奶牛生产中的应用

一、奶牛场管理信息系统的特点

随着计算机技术的普及和奶牛养殖业的快速发展，将先进科学的计算机技术应用于现代奶牛养殖业是时代的产物。以前，计算机在奶牛养殖业中应用没有得到普及，其原因有两点：一是没有比较好的软件；二是奶牛场管理者对计算机软件所发挥的巨大作用没有清楚的认识。近年来，一批科技工作者陆续设计了一批适应于奶牛养殖的应用软件，以丰顿奶牛场管理信息系统(DMS3.0)为例，具有如下特点：

(1)建立完整的奶牛谱系档案数据库，便于及时跟踪、制卡、选种。

(2)全过程、实时动态地管理整体牛群：分布、状态、周转、饲喂。

(3)在优选种母牛的基础上，选育经济有效、血缘适当、性能优良的种公牛，实现科学育种和牛群品种改良。

(4)基于奶牛繁育周期规律和生产批次规则的发情、配种、妊检、产犊、流产业务，事前预警、事中控制、事后分析的繁殖过程智能化管理。

(5)产奶数据或DHI数据的自动采集业务与产奶计划完美地结合，建立起产奶各项性能指标预测与反馈体系，达到优质分析、高产分析、高效分析的原奶生产目标。

(6)奶牛饲喂技术直接关系到生产成本，在不同生产阶段、不同生产状态时期，都要制定经济、合理、均衡的饲料配方，软件提供了有力的支撑手段。

(7)奶牛饲养专家知识库支撑下的疫病防治业务功能，是牧场兽医的好帮手。

(8)牧场物资(财务)管理是基于存货管理和仓储控制规则的物资进出存处理过程，同时提供动态库存台账及财务统计报表。

(9)规模牧场的自动化设备信息大集成，如挤奶系统、检测系统、测定系统、饲喂系统等。

DMS3.0系统将信息技术引入传统奶牛养殖业，充分利用信息管理系统优势，如：数据一致、共享，知识积累、复用，提高绩效；业务模拟、再现(计划、资源、资金……)；管理透明、可控、优化业务流程(分析历史、控制当前、预测未来)；处理快速、零距离沟通、协同等，是奶牛场实现精细养殖、优质高产、降本增效和管理现代化的有力保证。

二、丰顿奶牛场管理信息系统(DMS3.0)介绍

丰顿奶牛场管理信息系统(DMS3.0)：丰顿奶牛场管理信息系统(DMS3.0)结合国外最新奶牛科学管理经验，总结国内奶牛饲养专家在奶牛育种、养殖、生产技术和经营管理实践方面的经验，遵循我国奶牛饲养标准(第3版)开发，并经多家奶牛场实施应用发展成熟，是奶牛场降本增效和管理现代化的有力保证。完全实现奶牛生长、繁育全生命周期、胎次产奶周期及奶牛养殖企业日常生产、经营管理的规范化、科学化、透明化。

系统的核心业务功能包括：智能预警、决策支持、生产计划管理、牛群管理、繁殖管理、产奶管理、DHI分析、兽医保健、饲料配方与营养、GAP文档管理、物资管理等。

1. 智能预警 针对奶牛生长、繁育、生产、保健等生命体征特点，自动进行日常工作提示、异常业务警示和安全威胁警报等智能化服务。具体包括：预警参数定义、首次发情预警、适配牛预警、干奶预警。妊检预警、产前围产期预警、转舍预警、淘汰牛预警、休药期预警、检/免疫预警等。

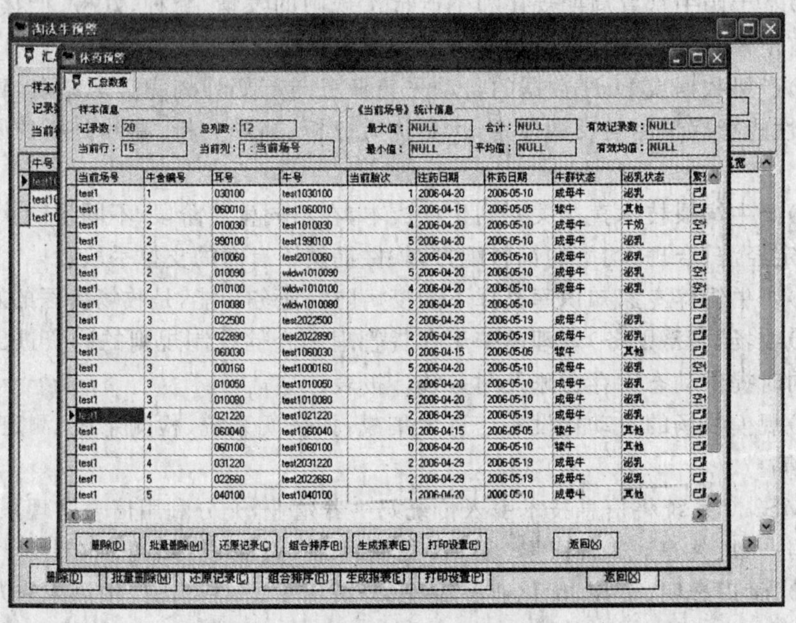

图 14-1 淘汰牛预警、休药期预警

2. 决策支持　利用联机分析技术和数据挖掘技术，对已经积累的业务数据，根据管理决策需要进行多维矩阵式图示对比分析。如牧场生产报告（日报、月报、年报）、牛群周转分析、产奶综合分析、牛群饲喂成本分析……。

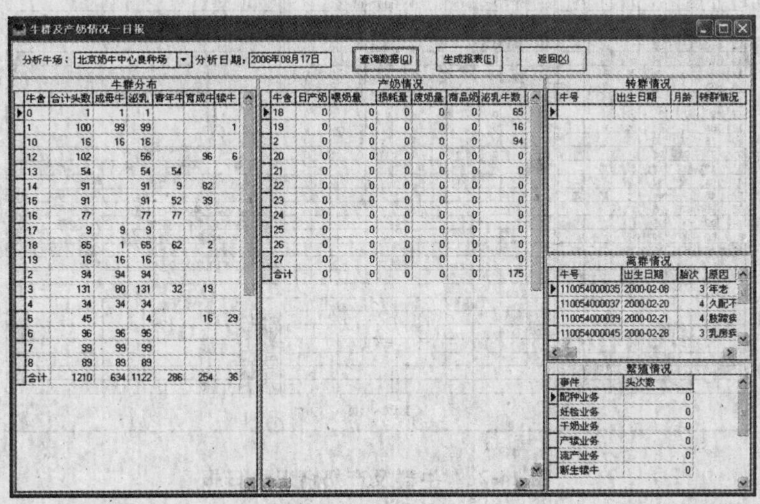

牛群分布

牛舍	合计头数	成母牛	泌乳	青年牛	育成牛	犊牛
0	1	1	1			
1	100	99	99			1
10	16	16	16			
12	102		56		96	6
13	54		54	54		
14	91		91	9	82	
15	91		91	52	39	
16	77		77	77		
17	9	9	9			
18	65	1	65	62	2	
19	16	16	16			
2	94	94	94			
3	131	80	131	32	19	
4	34	34	34			
5	45		4		16	29
6	96	96	96			
7	99	99	99			
8	89	89	89			
合计	1210	634	1122	286	254	36

产奶情况

牛舍	日产奶	喂奶量	损耗量	废奶量	商品奶	泌乳牛数
18	0	0	0	0	0	65
19	0	0	0	0	0	16
2	0	0	0	0	0	94
20	0	0	0	0	0	0
21	0	0	0	0	0	0
22	0	0	0	0	0	0
23	0	0	0	0	0	0
24	0	0	0	0	0	0
25	0	0	0	0	0	0
26	0	0	0	0	0	0
27	0	0	0	0	0	0
合计	0	0	0	0	0	175

转群情况

牛号	出生日期	月龄	转群情况

离群情况

牛号	出生日期	胎次	原因
110054000035	2000-02-08	3	年老
110054000037	2000-02-20	4	久配不
110054000039	2000-02-21	4	肢蹄疾
110054000045	2000-02-28	3	乳房疾

繁殖情况

事件	头次数
配种业务	0
妊检业务	0
干奶业务	0
产犊业务	0
流产业务	0
新生犊牛	0

图 14-2a　群体产奶分析

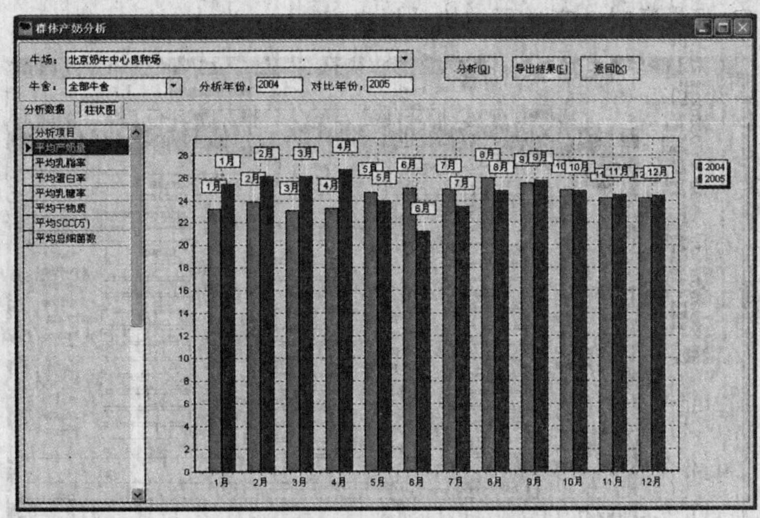

图 14-2b　牛群及产奶情况一日报

牛群及产奶情况一日报

分析场：北京奶牛中心良种场　　分析日期：2006年08月17日　　制表人：测试用户

牛群分布						
牛舍	合计头数	成母牛	泌乳	青年牛	育成牛	犊牛
0	1	1	1			
1	100	99	99			1
10	16	16	16			
12	102		56		96	6
13	54		54	54		
14	91		91	9	82	
15	91		91	52	39	
16	77		77	77		
17	9	9	9			
18	65	1	65	62	2	
19	16	16	16			
2	94	94	94			
3	131	80	131	32	19	
4	34	34	34			
5	45		4		16	29
6	96	96	96			
7	99	99	99			
8	89	89	89			
合计	1210	634	1122	286	254	36

产奶情况									
牛舍	日产奶	喂奶量	损耗量	废奶量	商品奶	泌乳牛数	日产(泌)	成母牛数	日产(成)
18	0	0	0	0	0	65	0	1	0
19	0	0	0	0	0	16	0	16	0
2	0	0	0	0	0	94	0	94	0
20	0	0	0	0	0	0	0	0	0
21	0	0	0	0	0	0	0	0	0
22	0	0	0	0	0	0	0	0	0
23	0	0	0	0	0	0	0	0	0
24	0	0	0	0	0	0	0	0	0
25	0	0	0	0	0	0	0	0	0
26	0	0	0	0	0	0	0	0	0
27	0	0	0	0	0	0	0	0	0
合计	0	0	0	0	0	175	0	111	0

转群情况			
牛号	出生日期	月龄	转群情况

离群情况			
牛号	出生日期	胎次	原因
110054000035	2000-02-08	3	年老
110054000037	2000-02-20	4	久配不孕
110054000039	2000-02-21	4	肢蹄疾病
110054000045	2000-02-28	3	乳房疾病
110054000046	2000-02-29	4	年老
110054000049	2000-03-02	4	疾病
110054000050	2000-03-02	2	年老

繁殖情况	
事件	头次数
配种业务	0
妊检业务	0
干奶业务	0
产犊业务	0
流产业务	0
新生犊牛	0

第1页 共1页

图 14-2c　牛群及产奶情况一日报

3. 牛群管理　完成牛只基本档案登记、生长性能测定、体形评定、体况评分及日常转舍处理、离场登记等，并与繁殖登记、产奶登记、兽医保健模块关联建立完整牛只档案库，提供适时动态牛群结构分析报表。

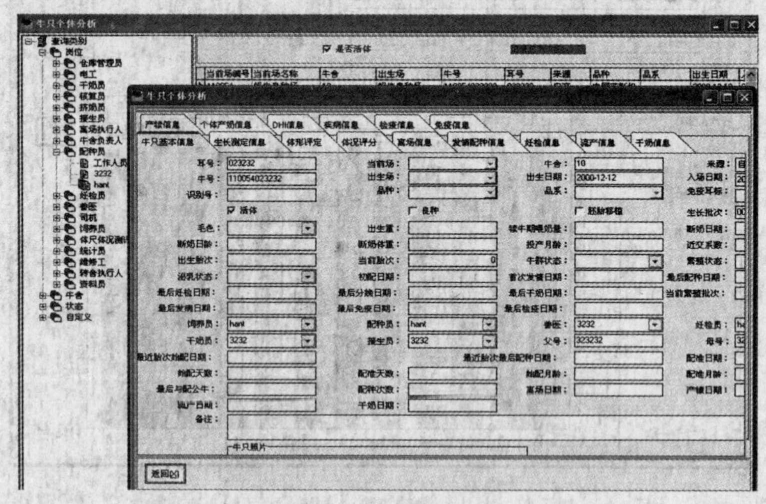

图 14-3a　牛只个体分析

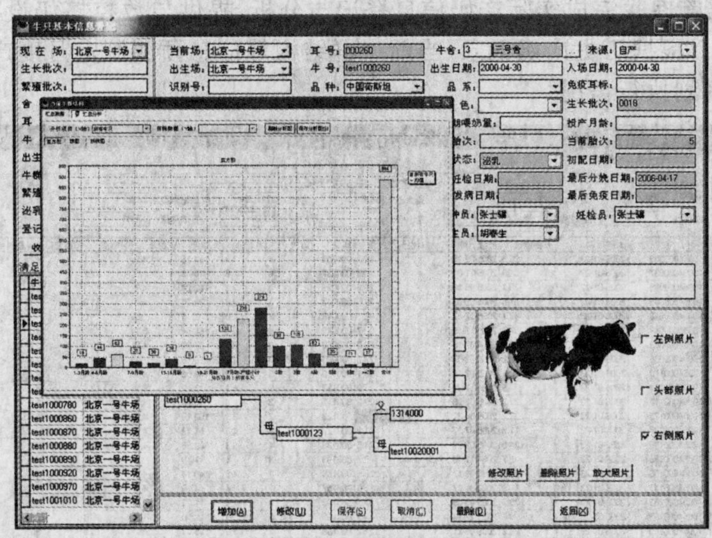

图 14-3b　牛只基本信息登记

4. 繁殖管理　根据牛只繁育周期变更规律，流程化实现繁殖过程管理与跟踪，并提供产停计划制定、近交系数分析和配种计划模拟功能。如发情配种、妊检、干奶、产犊、流产、等业务批量登记，近交系数计算、产停计划制定与跟踪、配种计划制定等。

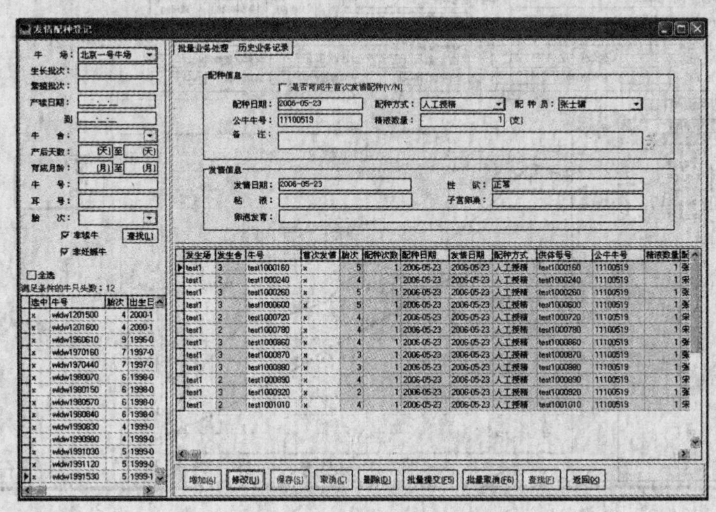

图 14-4　发情配种登记

5. 产奶管理 完成实际产奶信息登记与分析,提供与数控挤奶设备的数据导入接口程序。根据历史产奶记录、当前牛群结构等信息预测制定月度产奶计划,并跟踪、反馈计划执行情况。

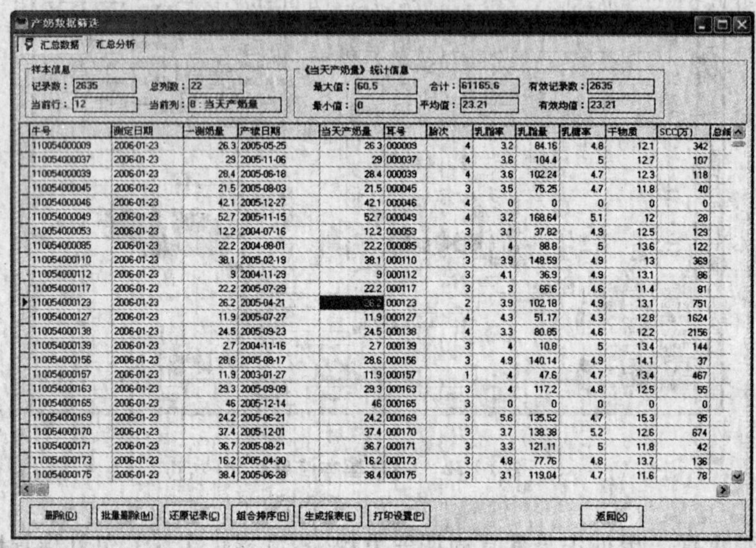

图 14-5a 产奶数据筛选

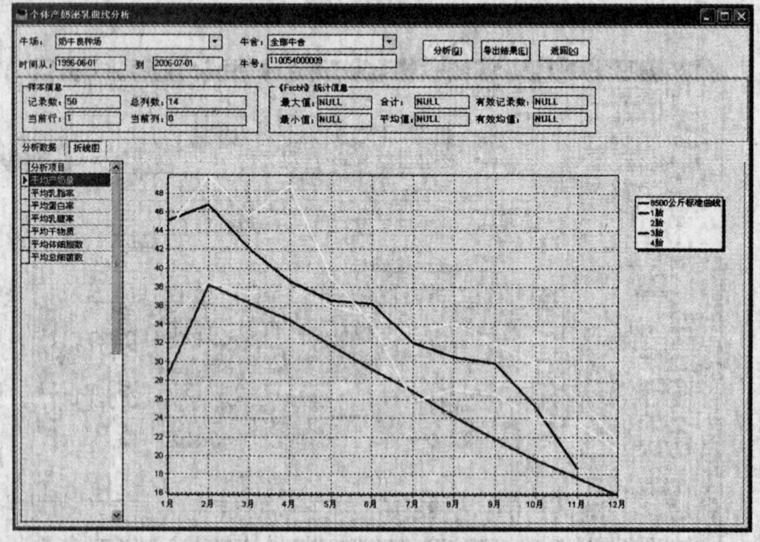

图 14-5b 个体产奶泌乳曲线分析

6. DHI 管理　提供丰富的 DHI 数据采集、分析模板自定义功能，支持各种 DHI 检测分析设备分析数据导入功能，并可协助用户完成各种客户化的 DHI 分析和预警报告。

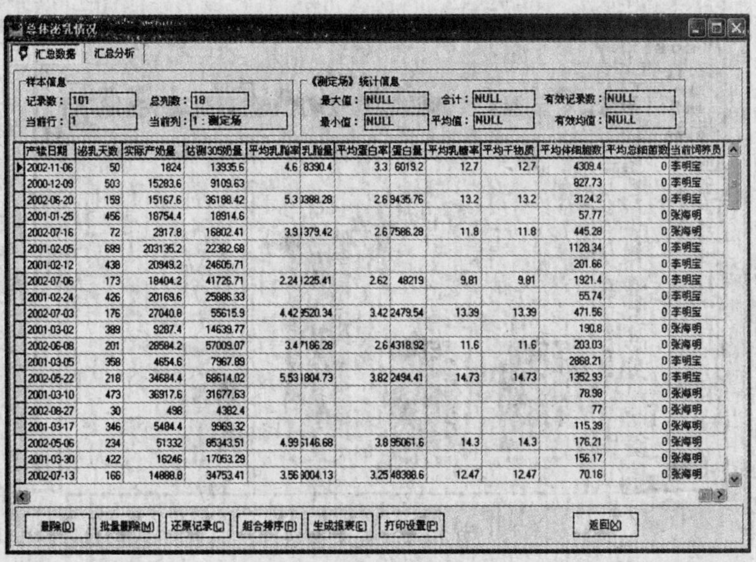

产犊日期	泌乳天数	实际产奶量	估测305奶量	平均乳脂率	乳脂量	平均蛋白率	蛋白量	平均乳糖率	平均干物质	平均体细胞数	平均总细菌数	当前饲养员
2002-11-06	50	1824	13935.6	4.6	8390.4	3.3	6019.2	12.7	12.7	4309.4	0	李明宝
2000-12-09	503	15283.6	9109.63							827.73	0	李明宝
2002-06-20	159	15167.6	36188.42	5.3	388.28	2.6	9435.76	13.2	13.2	3124.2	0	李明宝
2001-01-25	456	18754.4	18914.6							57.77	0	张海明
2002-07-16	72	2917.8	16802.41	3.9	1379.42	2.6	7586.28	11.8	11.8	445.28	0	张海明
2001-02-05	689	203135.2	22382.68							1128.34	0	李明宝
2001-02-12	438	20949.2	24605.71							201.66	0	李明宝
2002-07-06	173	18404.2	41726.71	2.24	1225.41	2.62	48219	9.81	9.81	1921.4	0	李明宝
2001-02-24	426	20169.6	25886.33							55.74	0	李明宝
2002-07-03	176	27040.8	55615.9	4.42	3520.34	3.42	2479.54	13.39	13.39	471.56	0	李明宝
2001-03-02	389	9287.4	14639.77							190.8	0	张海明
2002-06-08	201	28584.2	57009.07	3.4	7186.28	2.6	4318.92	11.6	11.6	203.03	0	张海明
2001-03-05	358	4654.6	7967.89							2868.21	0	李明宝
2002-05-22	218	34684.4	68614.02	5.53	1804.73	3.82	2494.41	14.73	14.73	1352.93	0	李明宝
2001-03-10	473	36917.6	31677.63							78.98	0	张海明
2002-08-27	30	498	4382.4							77	0	张海明
2001-03-17	346	5484.4	9969.32							115.39	0	张海明
2002-05-06	234	51332	85343.51	4.99	5146.68	3.8	95061.6	14.3	14.3	176.21	0	张海明
2001-03-30	422	16246	17053.29							156.17	0	张海明
2002-07-13	166	14888.8	34753.41	3.56	3004.13	3.25	48388.6	12.47	12.47	70.16	0	张海明

图 14-6a　总体泌乳情况

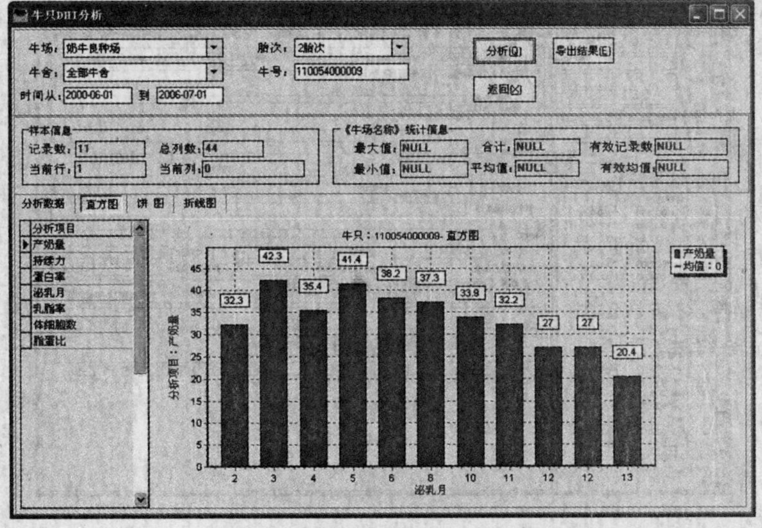

图 14-6b　牛只 DHI 分析

7. 物资管理 该子系统主要完成牧场常见物资(饲料、药品、精液、耗材等)的进出存管理,可以适时监控牧场物资动态,提供物资库存预警和财务实际库存台账结转和物资盘点功能。

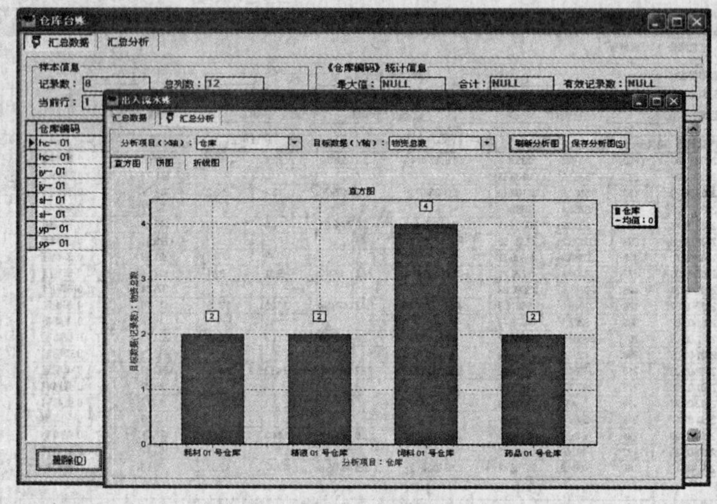

图 14-7 仓库台账

8. 兽医保健 实现基于专家疾病库支撑下的奶牛疾病登记,检疫和免疫计划制定与跟踪等。

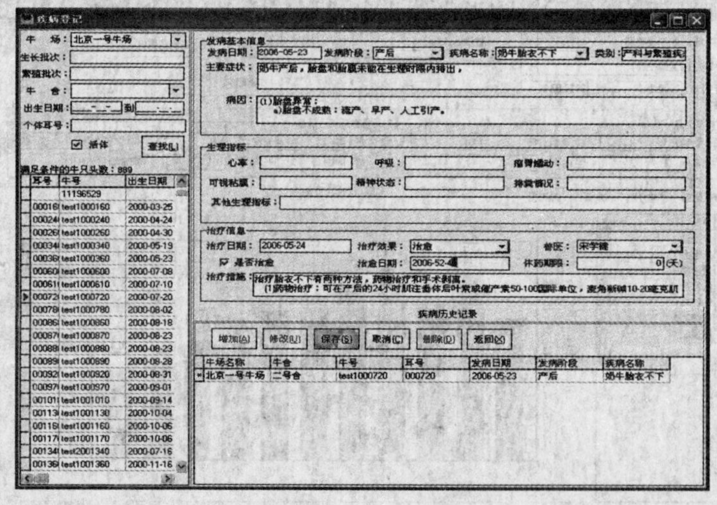

图 14-8 疾病登记

9. 配方与营养　提供国标最新最权威奶牛营养标准库和多个奶牛饲料标准配方供用户参考选用，并提供客户化的配方制作、优化计算、营养/日粮分析及配方输出功能。

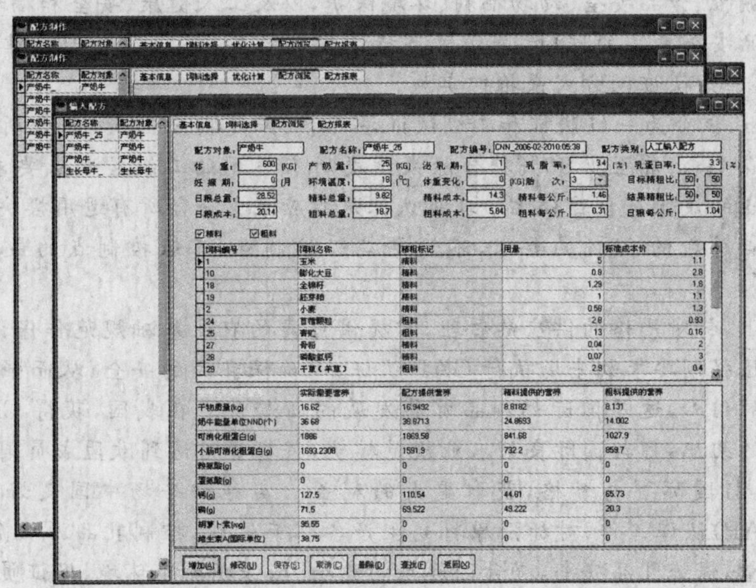

图 14-9　配方制作

10. GAP 文档管理　集成 GAP 认证体系，将其融合到猪场的日常管理中去，方便用户随时取得 GAP 认证的实时文档资料。具体包括：GAP 相关标准的下载与浏览、GAP 相关文档的生成与存放目录结构管理。

第五节　奶牛生产良好农业规范

一、良好农业规范的概念

良好农业规范（good agriculture practice，GAP）是应用现有的知识来处理农场生产和生产后过程的环境、经济和社会可持续性，从而获得安全而健康的食物和非食用农产品。

中国良好农业规范(ChinaGAP)2006年5月1日起正式实施;该系列标准包括了与奶牛养殖相关的"畜禽基础控制点与符合性规范、牛羊控制点与符合性规范、奶牛控制点与符合性规范、畜禽公路运输控制点与符合性规范"等。该系列标准从可追溯性、食品安全、动物福利、环境保护,以及工人健康、安全和福利等方面,在控制食品安全危害的同时,兼顾了可持续发展的要求,以及我国法律法规的要求,并以第三方认证的方式来推广实施。

GAP认证分为一级认证和二级认证,一级认证是指应100%符合所有适用的一级控制点要求;应至少90%符合除果蔬类所有适用的二级控制点要求;不设定三级控制点的最低符合百分比。二级认证是指应至少符合所有适用模块中适用的一级控制点总数的95%的要求,不设定二级控制点、三级控制点的最低符合百分比。

国际上,针对严格的供应链管理,需提供可靠的农业基础规范作保证,全球大型零售商已强制要求奶牛场执行GAP认证,以确保乳品的安全,从而强化人们对品质安全的信心,这是国际奶制品贸易发展的新趋势。在我国,获得China GAP一级认证的组织,可与国际良好农业规范接轨,将有资格达到欧盟成员国的互认条件,具备参与国际贸易资格,获取更大的利益。实施奶牛场中国良好农业规范(China GAP)认证工作,对加强原料奶生产各环节管理,控制乳品源头危害,保证原料奶质量,保证乳品安全,提升国际市场竞争力,保护养殖环境,保证员工与动物福利,全面履行社会责任,促进我国奶业健康发展具有重要意义。

二、良好农业规范——奶牛控制点与符合性规范

良好农业规范——奶牛控制点与符合性规范(GB/T 20014.8—2005)如下:

1 范围

GB/T 20014标准的本部分规定了奶牛生产良好农业规范的要求。

本部分适用于对奶牛生产良好农业规范的符合性判定。

2 规范性引用文件

下列文件中的条款通过GB/T 20014的本部分的引用而成为本部分的条款。凡是注日期的引用文件,其随后所有的修改单(不包括勘误的内容)或修订版均不适用于本部分,然而,鼓励根据本部分达成协议的各方研究是否可使用这些文件的最新版本。凡是不注日期的引用文件,其最新版本适用于本部分。

GB 5749 生活饮用水卫生标准

GB 10648 饲料标签

GB 16568 奶牛场卫生及检疫规范

GB/T 18407.3　　农产品安全质量 无公害畜禽肉产地环境要求
GB 16548　　畜禽病害肉尸及其产品无害化处理规程
GB 18596　　畜禽养殖业污染物排放标准
GB/T 20014.1　　良好农业规范术语

3　术语和定义

GB/T 20014.1 及下列的术语和定义适用于本部分。

3.1　初乳 colostrum

指奶牛分娩后 7 d 内、特别是前 3 d 所分泌的乳汁。牛初乳色黄，有苦味和异臭味，其免疫球蛋白、蛋白质、脂肪、无机盐以及维生素的含量均显著高于常乳。

3.2　开放式牛栏 cubicle

指在开放式牛舍中，牛只可以自由出入的栏圈。该处无拴系设备，牛只可以自由活动和休息。

4　要求

4.1　登记

序号	控制点	符合性要求	等级
4.1.1	奶牛场应取得相关许可和登记注册文件，奶牛品种应在国家或行业授权部门统一登记注册	奶牛场提供有效的登记注册文件。全部适用	1 级

4.2　饲料

序号	控制点	符合性要求	等级
4.2.1	奶牛场应进行营养方面的咨询，进行科学饲养	有相关文件和记录，且记录能证实建议来源于信誉好的公司和个人。全部适用	3 级
4.2.2	应建立并实施适宜的饲养计划，每年至少审核 2 次	有由专家签字的书面饲养计划和实施情况记录。全部适用	3 级
4.2.3	奶牛日粮中不应使用国家有关政策、法规所禁止使用的药物和动物源性饲料(奶和奶制品除外)	有饲料使用记录，保存饲料标签（饲料标签符合 GB 10648）以证实饲料符合要求，员工须知相关的要求	1 级

序号	控制点	符合性要求	等级
4.2.4	饲喂系统应能给不同年龄阶段和不同体重的牛提供足够的采食空间。不允许在围栏内的地面上喂料	感官评估。全部适用	2 级

4.3 牛舍和设施

4.3.1 总则

序号	控制点	符合性要求	等级
4.3.1.1	牛舍地面应稳固防滑。牛舍内休息区地板不应有漏缝。	感官评估。牛舍内休息区不应有漏缝式地板。	2 级
4.3.1.2	为最大限度地减少对奶牛的伤害,所有通道应维护在良好的状态。	通道内没有不均匀的表面、尖锐物体和障碍物等。全部适用。	2 级
4.3.1.3	有角牛和无角牛应分群饲养	感官评估。无牛舍则不适用。	1 级
4.3.1.4	犊牛应去角。	感官评估。全部适用。	2 级
4.3.1.5	牛舍应通风良好。周围环境应无过多的尘埃、潮气、氨气等。舍内温度和湿度应适宜。	空气质量应符合 GB/T 18407.3 的规定。	1 级
4.3.1.6	休息区域应能保持干燥。舍内应能保持冬暖夏凉。具有良好的清粪排尿系统。	感官评估。全部适用。	3 级
4.3.1.7	牛舍及其设施应易于清洗与消毒。	感官评估。牛舍及其设施要便于清洗与消毒。无牛舍则不适用。	3 级
4.3.1.8	在非舍内饲养条件下,应能让奶牛获得充足的、干燥的躺卧和自由活动区。	感官评估。对放牧饲养的奶牛进行检查,员工须知相关的要求。舍内饲养的不适用。	3 级

序号	控制点	符合性要求	等级
4.3.1.9	奶牛不应受到外部环境的影响。	感官评估奶牛受噪声、其他牲畜、蚊蝇等的侵扰及员工不正确的操作所表现出的应激症状。员工须知相关的要求。	3 级
4.3.1.10	每年应至少对牛舍进行一次彻底清扫。	感官评估。员工须知相关要求。无牛舍则不适用。	1 级
4.3.1.11	应定期清洗牛场设备(如通风设备等)。	感官评估被清洗的设备,员工须知相关要求。无相应的设备则不适用。	3 级

4.3.2　保定设施

序号	控制点	符合性要求	等级
4.3.2.1	有用来隔离病畜和受伤牲畜的保定设施。应提供便于兽医治疗的通道、治疗的设备、充足的光源和高于 2 m 的可清洗墙面。	感官评估。全部适用。	2 级

4.3.3　普通式和开放式牛栏(无普通式或开放式牛栏则不适用)

序号	控制点	符合性要求	等级
4.3.3.1	普通式和开放式牛栏应能保证奶牛躺卧、反刍和站起等正常行为不受影响。	感官评估。员工须知相关的要求和目的。	2 级
4.3.3.2	为奶牛提供干燥舒适的休息场所,场所内应铺有清洁干燥的垫料或牛床垫。	感官评估。员工须知相关的要求。	2 级
4.3.3.3	日常的卫生清扫和垫料清除工作应能保证牛床的清洁干燥。	感官评估。员工须知相关的要求。	2 级
4.3.3.4	应提供足够的垫料以预防牛体受到伤害。	感官评估。员工须知相关的要求。	2 级

序号	控制点	符合性要求	等级
4.3.3.5	在能提供足够数量的自由卧栏的条件下,应尽可能为每头奶牛都提供一个栏位。	感官评估。自由卧栏的数量不少于奶牛最大饲养量的90%。	2级
4.3.3.6	对特定牛群而言,可利用的栏位数量要超过奶牛的需要量,最好超过奶牛最大饲养量的5%。	在没有自由卧栏可供利用的条件下,可利用的栏位数量在任何时候至少要超过奶牛最大饲养量的5%。	3级
4.3.3.7	应提供适宜的自由活动区,自由活动区面积的计算应按照该群体10%的最大个体所需面积的平均值来计算。	有相关记录,且记录能证实每头奶牛所需要的自由活动区面积不少于3.00 m^2/头。	2级
4.3.3.8	牛床或卧栏的设计应能够为奶牛提供舒适的空间。	牛床或卧栏的大小要适宜。检查奶牛背部的擦伤情况和奶牛躺卧区的清洁状况。员工须知相关的要求。	2级

4.3.4 运动场

序号	控制点	符合性要求	等级
4.3.4.1	散放式饲养应按照奶牛饲养密度要求提供足够大的空间,以便所有奶牛能同时自由躺卧、反刍和站立。	感官评估。员工须知相关的要求并保存好奶牛饲养密度的记录。每头奶牛所需要的空间至少应满足以下要求,单位(m^2/头): 牛床面积(饲喂区和活动区面积) 200 kg,2.00 m^2/头 3.00 m^2/头; 300 kg,2.75 m^2/头 3.95 m^2/头; 400 kg,3.50 m^2/头 4.90 m^2/头; 500 kg,4.25 m^2/头 5.85 m^2/头; 600 kg,5.00 m^2/头 6.80 m^2/头; 700 kg,5.75 m^2/头 7.75 m^2/头; 800 kg,6.50 m^2/头 8.70 m^2/头。	2级

序号	控制点	符合性要求	等级
4.3.4.2	应有足够大的运动场以满足该牛群的需要。	感官评估，运动场的大小要满足奶牛饲养密度要求。	2 级
4.3.4.3	每头奶牛所需要运动场面积的计算应按照该群体10%的最大个体的所需面积的平均值进行计算。	感官评估。每头奶牛所需要的运动场面积至少应满足以下要求：泌乳牛，20～25 m^2/头；育成牛，15～20 m^2/头；犊牛，5～10 m^2/头。	3 级
4.3.4.4	运动场所应保持清洁干燥以保证奶牛舒适。	感官评估。员工须知相关的要求。	2 级
4.3.4.5	粪便清理和垫料清除等日常卫生清扫工作应保持环境清洁卫生，避免过多尘土、粪便等的污染。	感官评估。员工须知相关的要求。	2 级

4.4　兽医健康计划

序号	控制点	符合性要求	等级
4.4.1	所有奶牛每年应定期接受兽医检查。为保障畜群的健康和福利，应准确全面保存兽医检查的记录。如果兽医发现问题，应采取改正措施。	记录能证明：(i)兽医每年进行定期检查；(ii)兽医发现问题后采取了改正措施并进行跟踪。	1 级
4.4.2	兽医健康计划包含有常规的预防措施：如蹄部的护理（预防蹄病和腐蹄病）、结核及布病的监测和净化、乳房炎的预防、接种疫苗和驱虫程序等。	评估整个兽医健康计划中常规的预防措施及实施情况。确认“有问题”的奶牛，已对其进行了治疗、采取了措施并作好了详细记录。全部适用。	1 级

序号	控制点	符合性要求	等级
4.4.3	为监控畜群的健康状况，应记录下列内容：整体畜群的健康情况（包括死亡、疾病和兽医的访问情况）；蹄部问题（包括蹄病的处置方式、药物的治疗情况、治疗后的反应）；犊牛的健康情况（记录犊牛的主要疾病）；分娩问题（难产、产后处理措施及感染情况等）；由不正确的营养方案造成的代谢紊乱（跛行、产乳热等）；结核及布病、乳房炎的预防和治疗措施；与繁育有关的问题（难产、流产、产后护理、不育等繁殖障碍的处置等）。	标识出需要特别监控和管理的奶牛，并按照标准要求逐条研究这些奶牛的记录，以证实其符合性。全部适用。	2级
4.4.4	奶牛场应禁止屠宰和解剖牛。病死牛应及时在指定地点进行无害化处理，应符合GB 16548规定。	有无害化处理设施和记录。	1级
4.4.5	奶牛场应建立文件化的消毒制度，定期对场区周围环境、奶牛场员工及其衣物、牛舍、生产用具、牛体等消毒。奶牛场的卫生符合GB 16568的要求。	感官评估，有消毒记录，员工须知相关要求。	1级
4.4.6	建立突发性传染病的应急措施。出现法定一类传染病时应及时向有关部门进行报告并采取相应措施。	检查应急措施。有向相关部门进行报告的记录。	1级

4.5 挤奶

序号	控制点	符合性要求	等级
4.5.1	应对奶牛有规律地挤奶。	挤奶员应掌握挤奶的程序和技能。全部适用。	1级

序号	控制点	符合性要求	等级
4.5.2	包括地板等所有挤奶设施的结构设计应能最大限度地减小对奶牛造成伤害。	挤奶厅内应没有任何可能对奶牛造成伤害的因素，如光滑的地板、障碍物、锐边等。全部适用。	2级
4.5.3	挤奶时，挤奶厅内的设备应能保证奶牛舒适，不引起动物福利问题。	感官评估。挤奶时奶牛不应有不舒适的表现。奶牛场有设备的维护计划和保养记录。挤奶员能够熟练掌握设备的维护保养措施。全部适用。	2级
4.5.4	除了有药物使用记录外，应建立药物跟踪监控体系并有效实施，以确保使用过药物的奶牛在休药期间所产的牛奶得到无害化处理，并不会进入食物链。	感官评估挤奶过程，挤奶员须知相关要求，最好有书面记录的控制程序。全部适用。	1级
4.5.5	制定的挤奶程序应能确保奶牛乳房在挤奶前保持清洁干燥。	感官评估挤奶过程和/或要求挤奶员解释相关的要求。全部适用。	1级
4.5.6	挤奶过程中用来洗刷脏牛及其臀尾部、地板的清洁用水和清洗挤奶设备的饮用水，能够随时获取。	挤奶厅内有压力软管传输的清洁流动水，挤奶员要了解相关的使用规定和目的。全部适用。	1级
4.5.7	每头奶牛应经过异常检查和传染病检查后方可进入挤奶厅。	感官评估。能提供检查记录，挤奶员须知相关的要求。全部适用。	1级
4.5.8	应及时将乳房炎病牛报告给兽医并及时转入病牛群手工挤奶后进行治疗。不应对乳房炎病牛使用机器挤奶。	感官评估挤奶过程，挤奶员须知相关要求。	1级

4.6　挤奶设施

4.6.1　挤奶设备

序号	控制点	符合性要求	等级
4.6.1.1	与牛奶接触的有关设备每年应至少检查鉴定一次。设备应按照奶牛场和生产厂商的要求使用。报告、结果和测试记录应保存完好。	奶牛场能提供生产厂商的推荐文件和记录、检查鉴定服务报告和检测结果的记录。全部适用。	1级
4.6.1.2	应按照生产厂商的要求保存好更换挤奶杯衬垫和磨损部件的记录。	有更换记录。全部适用(除非手工挤奶)。	2级
4.6.1.3	应保存好记录并确保:循环洗刷清洗用水(符合 GB 5749 要求)达到足够温度且水温保持稳定。清洗、清洁设备用的化学品应按照说明书使用。	有相关记录,且记录能证实水温达到要求,清洗、清洁设备用的化学品被正确使用。全部适用。	1级

4.6.2 挤奶厅

序号	控制点	符合性要求	等级
4.6.2.1	挤奶厅应能保持: 无害虫、鸟和宠物;无易碎玻璃、杂质等潜在污染危害;墙、门、地板易于清洁清洗;足够的亮度;墙壁和窗户设计有防御气候影响的装置或设施;无害兽和害鸟藏身之所;按照有关操作指导,维护设备的清洁;无多余的残余物;无垃圾与废弃物;排水良好。	感官评估。挤奶厅应符合以下要求: 无犬、猫、鸟、啮齿动物和害虫等;照明设施应加以防护;表面易清洗。 光照强度能清晰看到奶牛,便于员工正常操作;门窗保持良好的状态;无污垢与垃圾;设备清洁干净;地面(或地板)设计合理,不打滑、易清洁、自排水;定期清洁打扫;全部适用。	1级

序号	控制点	符合性要求	等级
4.6.2.2	挤奶厅的下水道应通畅。下水道应安装易于清洗干净的防返味装置，确保挤奶厅内无浊气和臭气。排出的废水应进行处理（符合GB/T 18596的要求），避免对地表和地下水的污染。	感官评估。	1级
4.6.2.3	建立文件化的挤奶厅卫生标准操作程序（或要求）。	检查、验证挤奶厅卫生标准操作程序文件与实施措施。全部适用。	1级

4.6.3　储奶厅

序号	控制点	符合性要求	等级
4.6.3.1	储奶厅： 应有通向储奶厅的专用门；应有安全防护措施和要求，防止无关人员随意进入；应有个人的卫生设施；应没有鸟、害兽、猫、狗等出没的可能；应有控制害虫的措施；应无害兽和害鸟藏身之所；应无其他杂物和废弃物；照明灯应有防爆罩或防爆装置；地面应足够宽敞；应无脏物或垃圾；墙和门应易于清洁清洗；没有易使风、雨、冷空气等进入厅内的可能。	感官评估，储奶厅应符合以下要求： 储奶厅有可锁定的门；有热水、肥皂、毛巾；无家养动物（如猫、狗等）；建立了有害物控制措施（如家鼠、田鼠、鸟等的控制）；有害虫控制措施；无垃圾；无药物或助产设备等；对灯进行了有效防护；地板、门、墙易于清洗；有防风、防雨、防寒等设施。全部适用。	1级
4.6.3.2	储奶厅应始终保持清洁卫生。	储奶厅要清洁有序。全部适用。	1级

4.6.4 牛奶的收集设备(储奶罐和搅拌系统等)

序号	控制点	符合性要求	等级
4.6.4.1	所有收集牛奶的设备在不使用时应保持清洁并处于关闭状态。应有清洗和保持清洁的程序。	感官评估,挤奶员应掌握相关的要求和程序。全部适用。	1级
4.6.4.2	从挤奶时算起,牛奶应在2 h内被冷却到8℃以下。若不是每日收集,温度应低于6℃。	感官评估牛奶的储藏温度记录。全部适用。	1级

4.6.5 奶罐车

序号	控制点	符合性要求	等级
4.6.5.1	为方便奶罐车行驶,有排水良好的硬质地面场地与储奶厅相衔接。	该场所无积水现象或可能。感官评估。全部适用。	1级
4.6.5.2	罐车停靠场地应保持清洁,防止污染。	停靠场地清洁干净。感官评估。全部适用。	1级
4.6.5.3	奶罐车停靠场地无其他障碍物。	奶罐车停靠场所无障碍,且平整、防滑。感官评估。全部适用。	3级

4.7 卫生

序号	控制点	符合性要求	等级
4.7.1	奶牛场员工每年应至少进行一次有效体检,应有健康合格证。奶牛场有关部门应建立员工健康档案。	有职工健康档案。	1级
4.7.2	参与挤奶的员工应穿戴清洁合适的工作服、工作帽和工作鞋(靴)。工作时,挤奶员不得佩戴饰物和涂抹化妆品,并经常修剪指甲。	感官评估,员工须知相关要求。全部适用。	1级
4.7.3	有外伤的挤奶员应暂时调离工作岗位。	感官评估,员工须知相关要求。全部适用。	1级

序号	控制点	符合性要求	等级
4.7.4	对患传染病的员工有登记记录，禁止其参与奶牛场的任何工作。	感官评估，员工须知相关要求。全部适用。	1级
4.7.5	挤奶员或与牛奶有直接接触的员工，其手臂应清洁卫生。	感官评估，员工须知相关要求。全部适用。	1级
4.7.6	奶牛场应禁止吸烟。	感官评估，员工须知相关要求。全部适用。	1级
4.7.7	建立文件化的奶牛场相关卫生管理规范(或要求)。	检查、验证奶牛场相关卫生管理规范文件与实施措施。全部适用。	1级

4.8　清洗消毒剂和其他化学品

序号	控制点	符合性要求	等级
4.8.1	在使用化学药品、杀虫剂或其他洗涤消毒剂时应按使用说明严格操作。	感官评估，员工须知相关要求。全部适用。	1级
4.8.2	在奶牛场内禁止使用可能引起污染的化学物品。	通过检查无污染的润滑剂和化学品标签等，以及有关的批准文件(如说明书)，来证实达到相关的要求。全部适用。	1级
4.8.3	害虫的控制方法或处理方案应经过相关部门的确认后方可使用。	员工须知相关要求，其检查方法、控制措施要经有关部门批准。全部适用。	1级
4.8.4	暂时不用的化学品应被存储在受控场所，远离与挤奶设施有关的设备。	所有化学品要被存放在隔离区域。全部适用。	1级
4.8.5	有文件化的清洗消毒程序和记录。有清洗消毒剂使用及供应商的相关文件和记录。	员工须知相关要求。有相关化学清洗消毒剂选择、使用的记录和文件。感官评估。全部适用。	2级

三、CHINAGAP认证受理程序

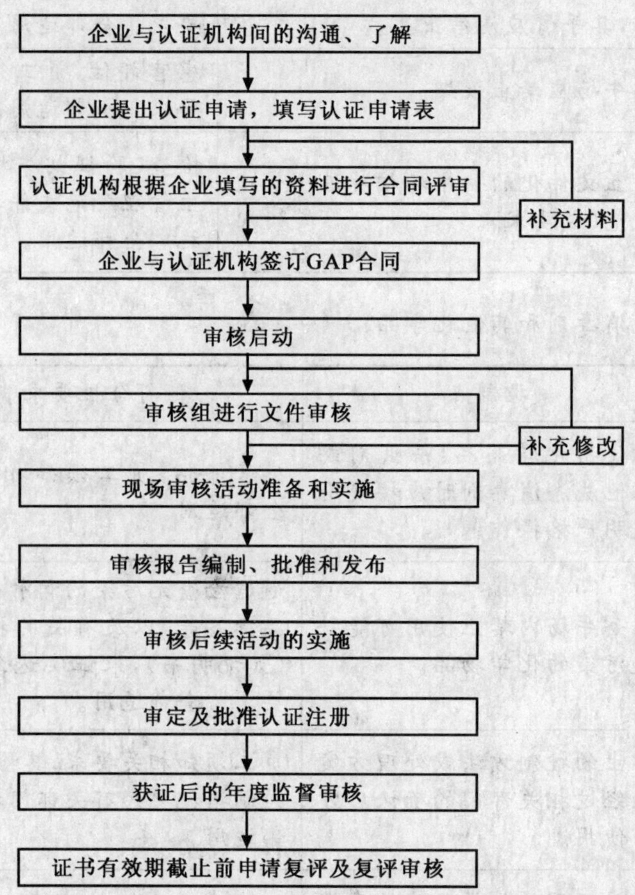

参 考 文 献

1. 安清聪,等.共轭亚油酸的生理作用及其在养殖业的应用前景.饲料工业,2002,23(10):24-25
2. 白元生.饲料原料学.北京:中国农业出版社,1999
3. 北京农业大学,等.家畜外科学.北京:农业出版社,1995
4. 蔡宝祥. 家畜传染病学. 北京:中国农业出版社,1997
5. 蔡志强,等.家畜早期妊娠诊断的研究进展.中国畜牧杂志,2000,6:49
6. 曹玉凤,等.农作物秸秆饲料处理方法和应用前景.河北畜牧兽医,1998(13)4:208
7. 陈北亨,王建辰.兽医产科学.北京:中国农业出版社,2001
8. 陈寒青,等.中草药饲料添加剂研究进展.饲料工业,2002,23(10):18-23
9. 陈喜斌.饲料学.北京:科学出版社.2003
10. 陈秀兰,谭丽,等. 家畜胚胎移植. 上海:上海科学技术出版社,1983
11. 陈艳.畜禽及饲料机械与设备.北京:中国农业出版社,2000
12. 东北农学院.家畜环境卫生学.北京:农业出版社,1981
13. 董宽虎,沈益新. 饲草生产学. 北京:农业出版社,2002
14. 董伟. 影响牛超数排卵效果的因素分析. 国外畜牧科技,1987(3):10
15. 恩斯明格 M E(美),奥伦廷 C G.饲料与饲养.北京:农业出版社,1985
16. 冯涛.华北地区大型养牛场粪便无害化处理方案.中国奶牛,2003(1):49-50
17. 冯仰廉.奶牛营养需要和饲养标准. 北京:中国农业大学出版社,2000
18. 甘肃农业大学.家畜产科学.北京:农业出版社,1996
19. 高士争.饲料添加剂脂肪酸钙的研究进展和应用前景.饲料工业,1999,20(3):32-33
20. 葛蔚,等.缓冲剂的作用机制及应用效果.中国饲料,2001,16:8-9
21. 韩正康,陈杰.反刍动物瘤胃的消化和代谢.北京:科学出版社,1988
22. 贺普霄.家畜营养代谢病.北京:中国农业出版社,1994
23. 洪永亮.奶牛场的环境综合治理措施.中国奶牛,2001(6):20-22
24. 胡坚.动物饲养学.长春:吉林科学技术出版社,1999
25. 冀一伦.实用养牛科学. 北京:中国农业出版社,2001
26. 贾慎修. 中国饲用植物志(第一卷). 北京:农业出版社,1987
27. 李德发.现代饲料生产.北京:中国农业大学出版社,1997
28. 李德发.中国饲料大全. 北京:中国农业出版社,2001

29. 李复兴,等.配合饲料大全.青岛:青岛海洋大学出版社,1994
30. 李建国,冀一伦.养牛手册.石家庄:河北科学技术出版社,1997
31. 李建国,等.奶牛标准化生产技术. 北京:中国农业大学出版社,2003
32. 李建国,等.奶牛高效养殖与乳品加工技术. 石家庄:河北科学技术出版社,2003
33. 李建国,等. 标准化肉牛养殖技术手册.北京:中国农业大学出版社,2004
34. 李建国.饲料添加剂应用技术问答. 北京:中国农业出版社,2001
35. 李建军,等.反刍动物高能添加剂——脂肪酸钙研究进展.中国畜牧兽医杂志,2000,27(2):14-16
36. 李琍,等.瘤胃微生物的肽营养.中国畜牧杂志,1999,35(2):54
37. 李胜利,等.养牛科学研究进展.北京:中国农业科技出版社,1998
38. 李英,等.草食畜禽饲料添加剂.石家庄:河北科学技术出版社,1993
39. 李英,等.河北饲料区划与开发.石家庄:河北科学技术出版社,1994
40. 李英.目标养牛新法(奶牛册). 北京:中国农业出版社,2004
41. 李佑民.家畜传染病学.北京:蓝天出版社,1993
42. 李震钟.畜牧场生产工艺与畜舍设计. 北京:中国农业出版社,2000
43. 梁学武.现代奶牛生产. 北京:中国农业出版社,2002
44. 柳楠,等. 牛羊饲料配制和使用技术. 北京:中国农业出版社,2003
45. 卢德勋.反刍动物营养调控理论及其应用.内蒙古畜牧科学特刊,1993
46. 马云,等. DHI 体系及其在奶牛饲养管理中的应用.黄牛杂志,2002,6:22-26
47. 缪应庭. 饲料生产学(北方本). 北京:农业科技出版社,1993
48. 莫放.牛生产学. 北京:中国农业大学出版社,2003
49. 内蒙古农牧学院. 牧草及饲料作物栽培学.2 版. 北京:农业出版社,1990
50. 南京农学院. 饲料生产学. 北京:农业出版社,1980
51. 倪有煌.兽医内科学.北京:中国农业出版社,1996
52. 牛树田,高产奶牛饲养技术. 北京:中国农业出版社,2001
53. 潘宝海,等.饲用酶制剂的应用研究进展.中国饲料,2001,18:18-20
54. 齐德生,等.膨润土在饲料生产中的应用及存在问题.饲料工业,2002,23(14):25-27
55. 齐莉莉,等.动物肽营养研究进展.中国饲料,2002,18:6-8
56. 钱凤芹,党佩珍.马牛羊病防治问答. 石家庄:河北科学技术出版社,1995
57. 秦志锐. 奶牛高效益饲养技术. 北京:金盾出版社,2001,247-251
58. 邱怀.牛生产学.北京:中国农业出版社,1995

59. 邱怀.现代乳牛学.北京:中国农业出版社,2002,214-229
60. 桑润滋. 奶牛养殖小区建设与管理.北京:中国农业出版社,2005
61. 桑润滋.动物繁殖生物技术. 北京:中国农业出版社,2002
62. 帅丽芳,等.微生态制剂对反刍动物消化系统的调控作用.中国饲料,2002,9:16-17
63. 宋志祥,等.奶牛日粮中添加双乙酸钠可提高产奶量.中国奶牛,1998,4:28
64. 苏纯阳,等.微量元素氨基酸(小肽)螯合物的研究进展.饲料工业,2002,23(1):15-18
65. 孙维斌,等.全脂油料籽实在奶牛日粮中的应用.中国草食动物,1999,6:33
66. 谭景和. 家畜胚胎工程研究现状与展望,生物技术通报,1995(2):3
67. 唐淑珍,等. DHI 的组织实施及应用.中国奶牛,1999,2:35-37
68. 田雨泽,等.DHI(奶牛牛群改良)技术及应用.中国奶牛,2004,4:33-35
69. 王福兆. 乳牛学.3 版. 北京:科学技术文献出版社,2004,220-224
70. 王根林.养牛学.北京:中国农业出版社,2000,170-192
71. 王恒.刘润铮. 实用家畜繁殖学. 长春,吉林科学出版社,1993
72. 王建辰,张孝荣. 动物生殖调控.合肥:安徽科学技术出版社,1998
73. 王建辰. 防止通过胚胎移植传播疾病. 国外兽医学——畜禽疾病,1988(4):24
74. 王建钦,等.种公牛的日粮配合与饲养管理技术. 黄牛杂志,2003,3:73
75. 王全军,等.低聚糖在动物饲养中的应用.中国饲料,2000,16:15-17
76. 王钟建.反刍动物尿素饲用技术研究.中国饲料,1996,16:8-10
77. 魏克佳.第二届中国奶牛发展大会论文集.包头:2006.6
78. 魏克佳.中国奶业协会第五届会员代表大会论文集.北京:2006.9
79. 肖文一, 陈德新, 吴渠来. 饲用植物栽培与利用. 北京:农业出版社,1991
80. 谢成侠,刘铁铮.家畜繁殖原理及其应用.2 版.南京:江苏科学技术出版社,1993
81. 邢廷铣.农作物秸秆饲料加工与应用. 北京:金盾出版社,2000
82. 邢廷铣.农作物秸秆营养价值及其利用. 长沙:湖南科学技术出版社,1995
83. 邢小军,等.牛细管精液冷冻新方法.第 10 届全国动物繁殖讨论会论文,武汉:2000
84. 徐学明.微量元素氨基酸络合物的特点与应用.中国饲料,2000,19:20-21
85. 许怀让.家畜繁殖学.南宁:广西科学技术出版社,1992
86. 宣长和,等.当代牛病诊疗图说. 北京:科学技术文献出版社,2002
87. 杨凤.动物营养学.北京:中国农业出版社,1993

88. 杨效民.我国牛胚胎工程技术研究与应用进展.黄牛杂志,2003,2:40
89. 尤麟. DHI记录体系及其在奶牛饲养管理中的应用.黄牛杂志,2001,1:65-69
90. 渊锡藩,等.动物繁殖学.西安:天则出版社,1993
91. 昝林森.牛生产学.北京:中国农业出版社,2006
92. 张嘉保,周虚.动物繁殖学.长春:吉林科学技术出版社,1999
93. 张坚中,徐铁铮.家畜冷冻精液.北京:中国农业科技出版社,1988
94. 张力,郑中朝.饲料添加剂手册.北京:化学工业出版社,2000
95. 张壬午,等.农业生态工程技术.郑州:河南科学技术出版社,2000
96. 张文志,等.中国荷斯坦牛体型线性鉴定性状及评分标准.魏克佳.第二届中国奶牛发展大会报告暨论文集:70-83.中国:包头,2006
97. 张忠诚,等.家畜繁殖学.3版.北京:中国农业出版社,2000
98. 甄玉国,等.反刍动物氨基酸营养研究进展.饲料工业,2001,7:16
99. 郑文波,等.动物防疫检疫技术与法规.北京:中国农业大学出版社,2002
100. 中国农业科学院哈尔滨兽医研究所.家畜传染病学.北京:农业出版社,1989
101. 中国农业科学院畜牧研究所,等.中国饲料成分及营养价值表.北京:农业出版社,1985
102. 中华人民共和国国家标准.良好农业规范 第8部分:奶牛控制点与符合性规范(GB/T 20014.8—2005).北京:中国标准出版社,2006
103. 中华人民共和国农业行业标准.无公害食品.北京:中国标准出版社,2001
104. 中华人民共和国农业行业标准.无公害食品.北京:中国标准出版社,2002
105. 周自永.新编常用药物手册.北京:金盾出版社,1987
106. 朱士恩.哺乳动物胚胎玻璃化冷冻技术研究.中国农业大学,1997

图书在版编目(CIP)数据

现代奶牛生产/李建国主编．—北京：中国农业大学出版社，2007.3
国家重大出版工程项目
ISBN 978-7-81117-169-3

Ⅰ．现…　Ⅱ．李…　Ⅲ．乳牛-饲养管理　Ⅳ．S823.9

中国版本图书馆 CIP 数据核字(2007)第 026734 号

书　名　现代奶牛生产
作　者　李建国　主编

策划编辑　赵　中　　**责任编辑**　孟　梅
封面设计　郑　川　　**责任校对**　王晓凤　陈　莹
出版发行　中国农业大学出版社
社　址　北京市海淀区圆明园西路 2 号　　**邮政编码**　100094
电　话　发行部 010-62731190,2620　　读者服务部 010-62732336
　　　　编辑部 010-62732617,2618　　出　版　部 010-62733440
网　址　http://www.cau.edu.cn/caup　　**e-mail** cbsszs@cau.edu.cn
经　销　新华书店
印　刷　涿州市星河印刷有限公司
版　次　2007 年 3 月第 1 版　2007 年 3 月第 1 次印刷
规　格　787×980　16 开本　30.25 印张　554 千字　彩插 4
印　数　1～4 000
定　价　38.00 元